スマート農業

自動走行、ロボット技術、ICT・AIの利活用からデータ連携まで

監修 神成淳司

編集協力
農林水産省
内閣官房情報通信技術（IT）総合戦略室
戦略的イノベーション創造プログラム（SIP）「次世代農林水産業創造技術」

NTS

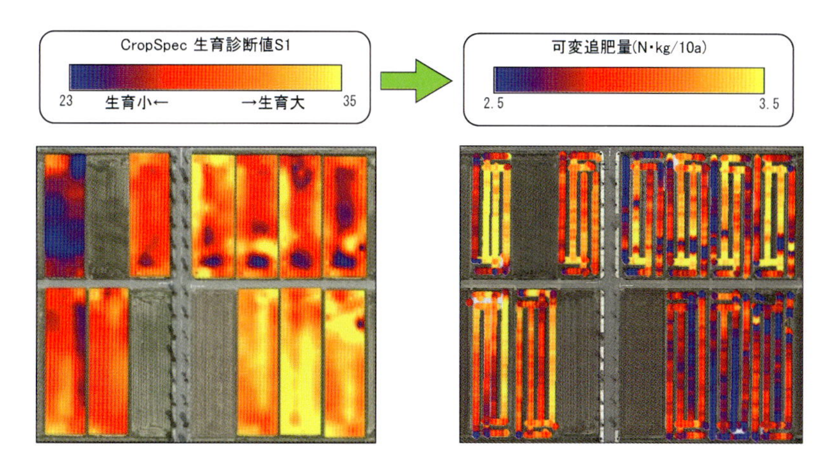

図 12　生育量と施肥量(p. 83)

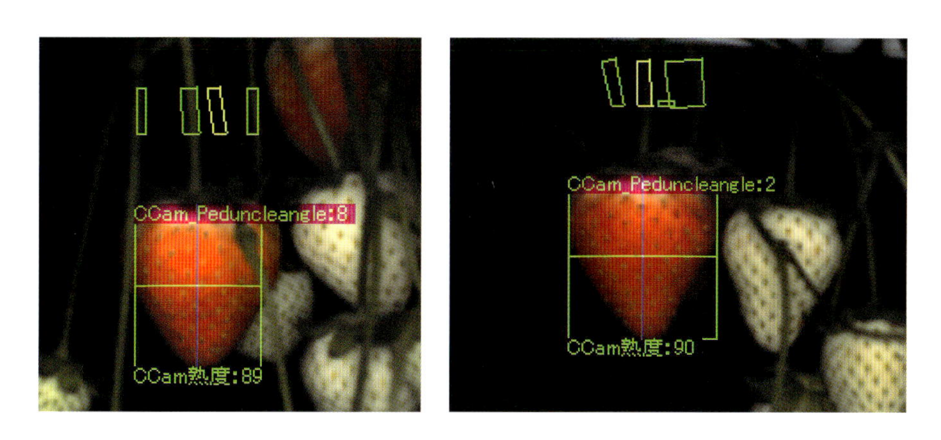

図 6　マシンビジョンによる果実と果柄の検出例(p. 122)

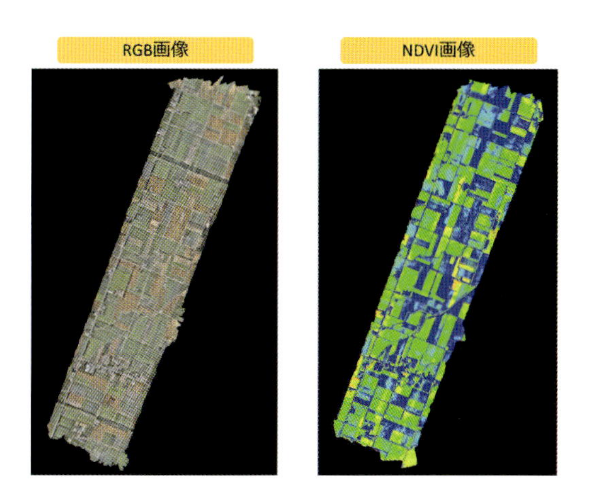

図 2　RGB 画像と NDVI 画像(p. 163)

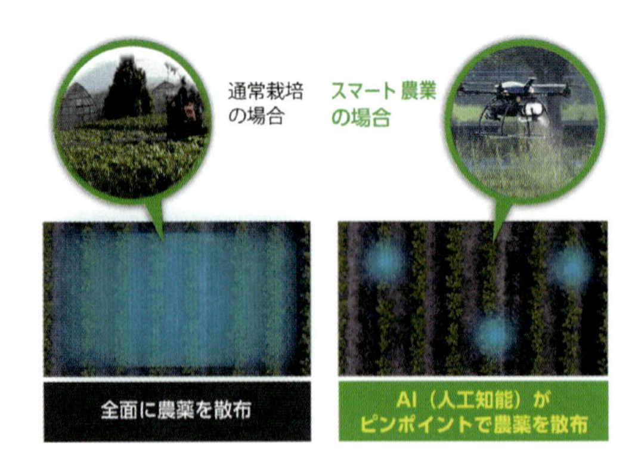

図３　全面農薬散布とピンポイント農薬散布の違い(p. 165)

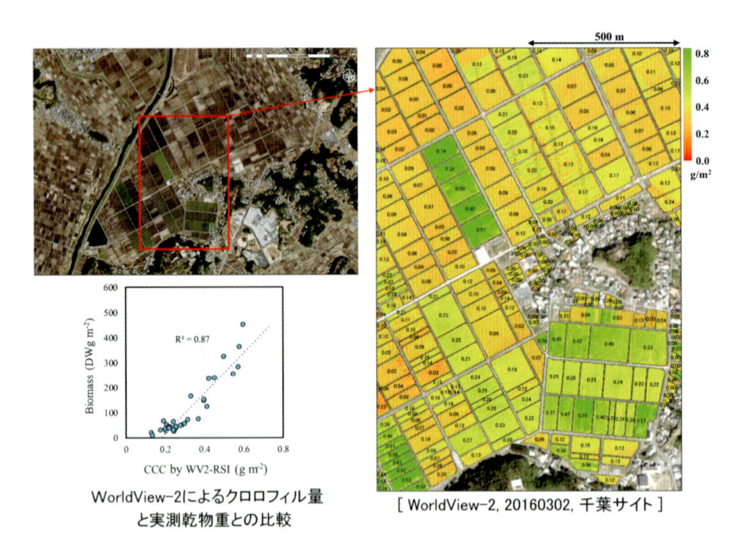

図３　衛星 WorldView-3 により推定した小麦の施肥診断期のクロロフィル量分布[17] (p. 182)

注）　図中の数値は圃場平均値。裸地圃場も含む。

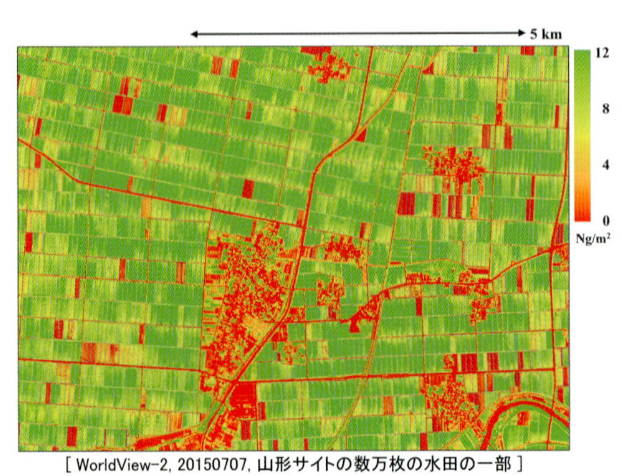

図４　衛星 WorldView-2 により推定した水稲の施肥診断期（幼穂形成期）の窒素含有量分布[17] (p. 183)

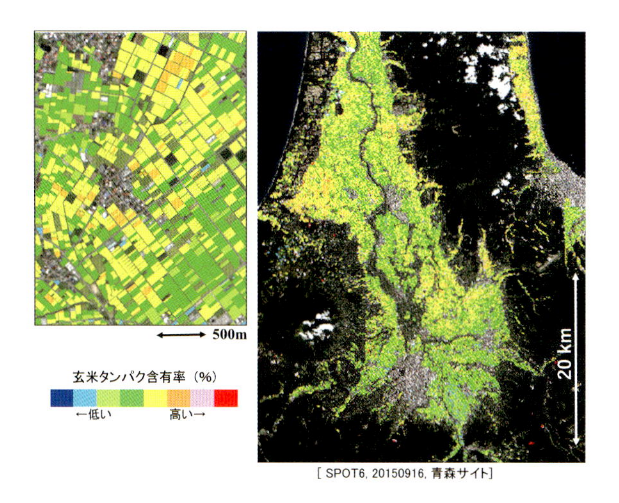

図５　衛星 SPOT6 により推定した玄米蛋白質含有率分布[27] (p. 183)

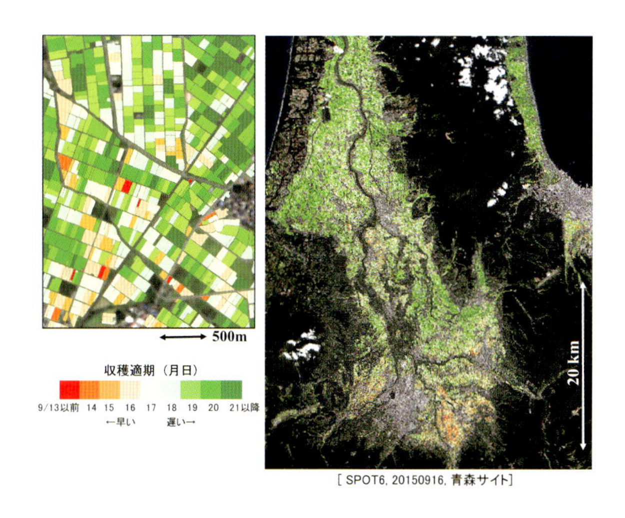

図６　衛星 SPOT6 により推定した水稲収穫適期分布[28] (p. 184)

図７　衛星 GeoEye-1 により推定したパン小麦の穂の水分含有率分布[17] (p. 185)

図 8　衛星 WorldView-2 により推定した農地土壌の肥沃度分布[17)] (p. 185)
注）　観測時点に裸地状態でなく評価対象外の圃場も含まれる。

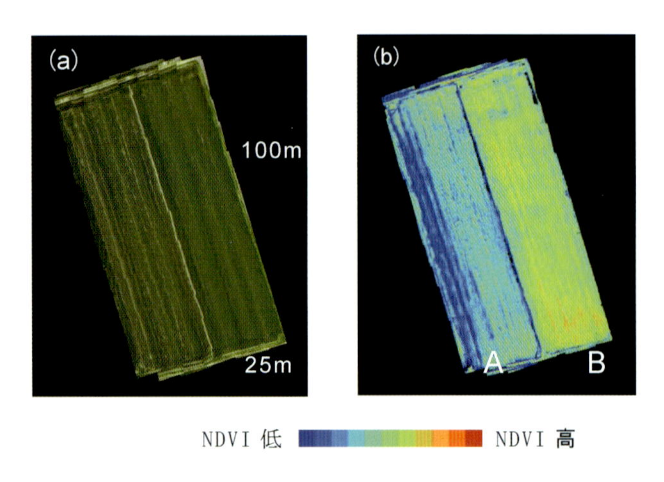

図 2　可視画像マップ (a) と NDVI マップ (b) の例 (p. 189)
圃場 B は A よりも NDVI 値が高く，生育が良いことを示している。

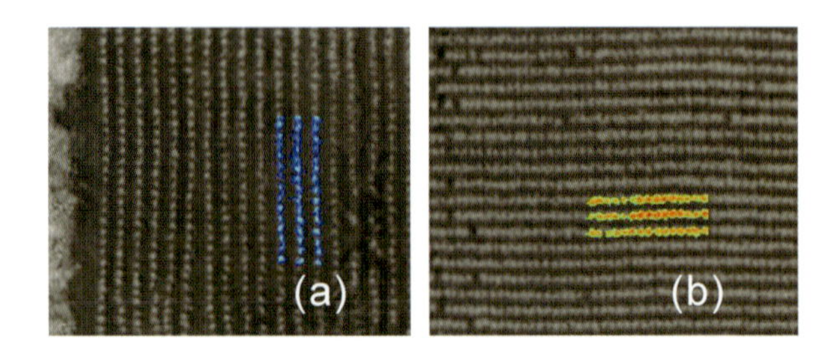

図 5　植被率算出画像 (p. 190)
(a) は植被率が低く，(b) は植被率が高い。

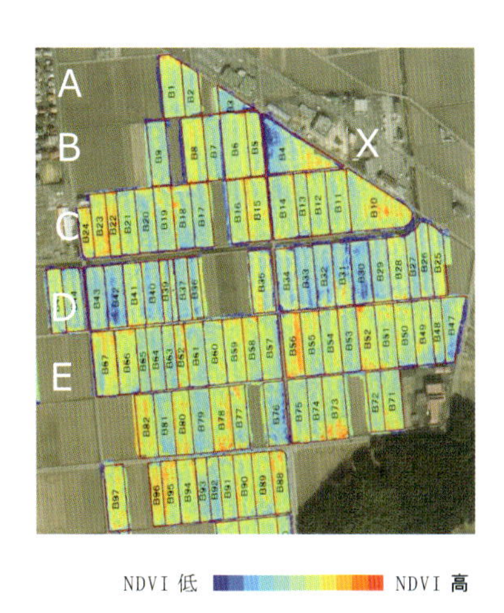

図 8　NDVI 生育マップ(一覧表示)(p. 191)
圃場全体の生育状況を一覧できる。

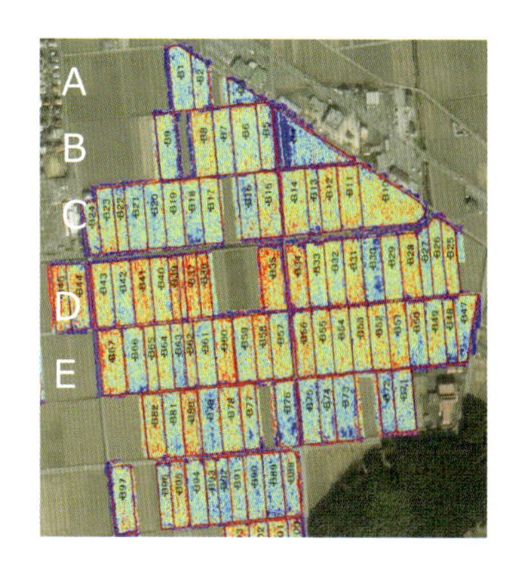

植被率-低　植被率-高

図 9　植被率生育マップ(一覧表示)(p. 191)
列 D の圃場は総じて NDVI が低く，植被率が高い。移植直後の生育は良好であったが，肥料がなくなったと考えられる。

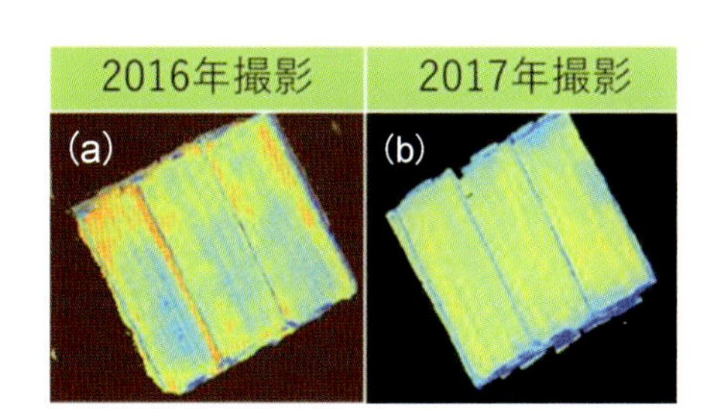

図 10　幼穂形成期 NDVI(葉色)マップ(p. 192)
(a)2016 年撮影，(b)2017 年撮影。2017 年春の基肥可変実施により生育ばらつきが減少した。

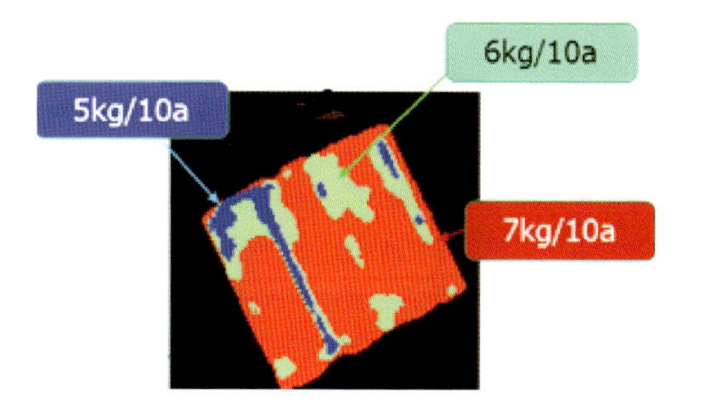

図 11　施肥量マップ(p. 192)
2016 年幼穂形成期の生育マップより基肥量を変えたもの。

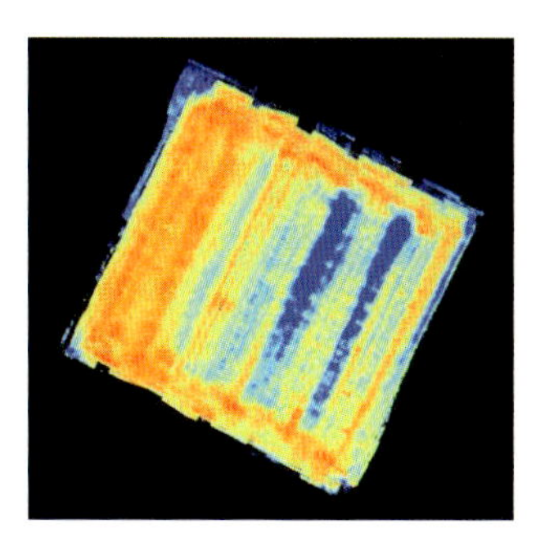

図 13　作業ムラが生育に影響を与えた状況を表した生育マップの例(p. 193)

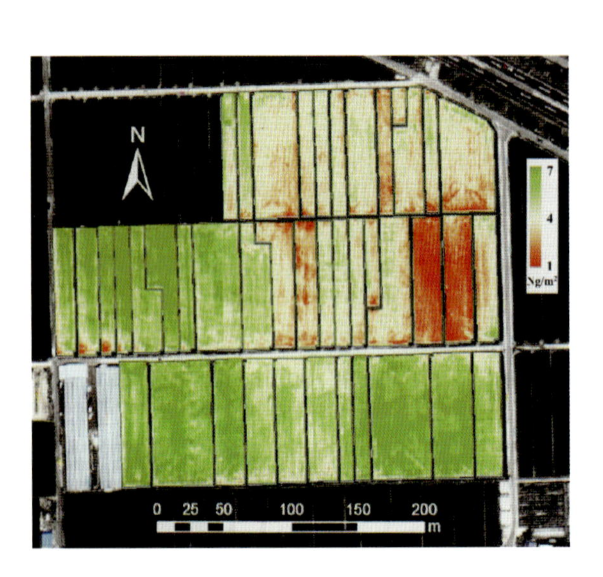

図３　水田における群落窒素含有量推定事例(p. 198)
リモートセンシング学会誌より転載。

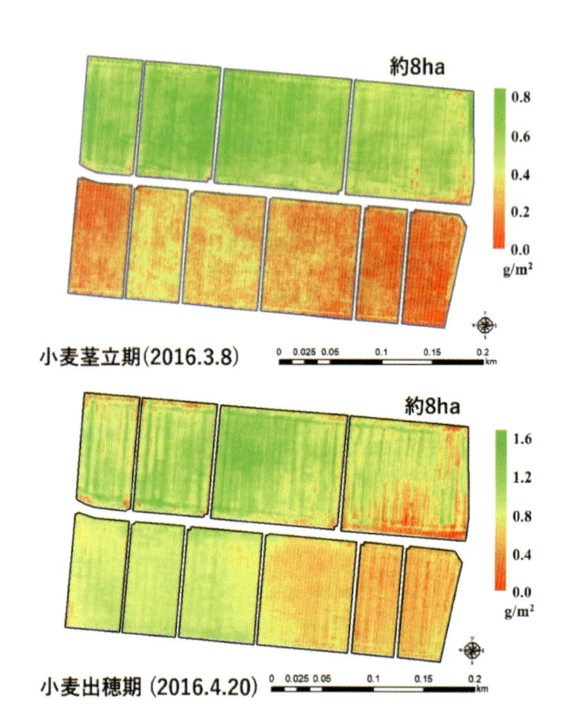

図４　小麦を対象とした群落クロロフィル指数（クロロフィル総量）推定事例(p. 198)
リモートセンシング学会誌より転載。

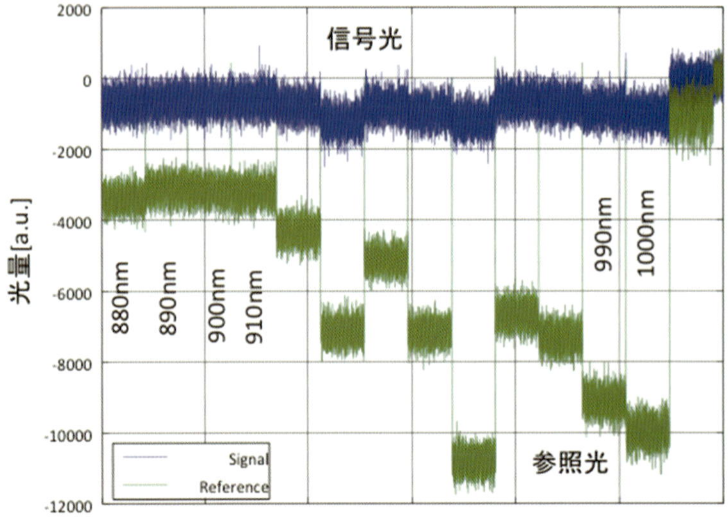

図５　ファイバー端の出力計測例(p. 210)

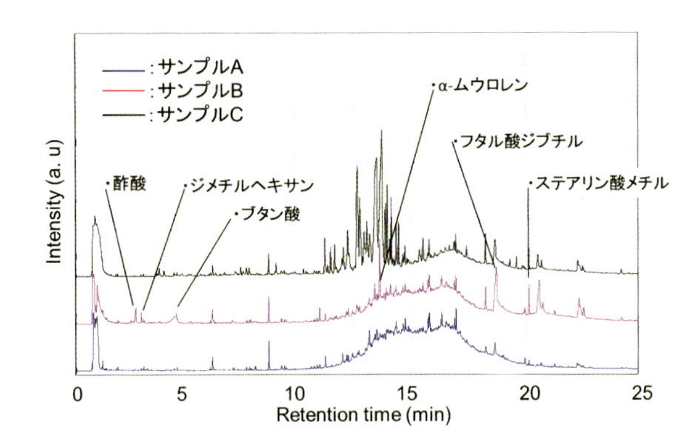

図２　イチゴ苗からの放出ガスのガスクロマトグラム(p. 220)

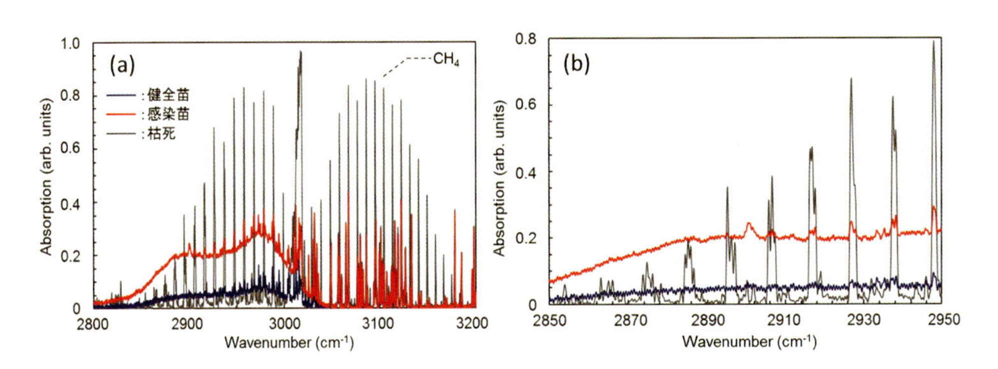

図３　イチゴの健全苗と炭疽病感染苗の放出ガスの赤外吸収スペクトル(p. 221)
((b)は(a)の拡大図)

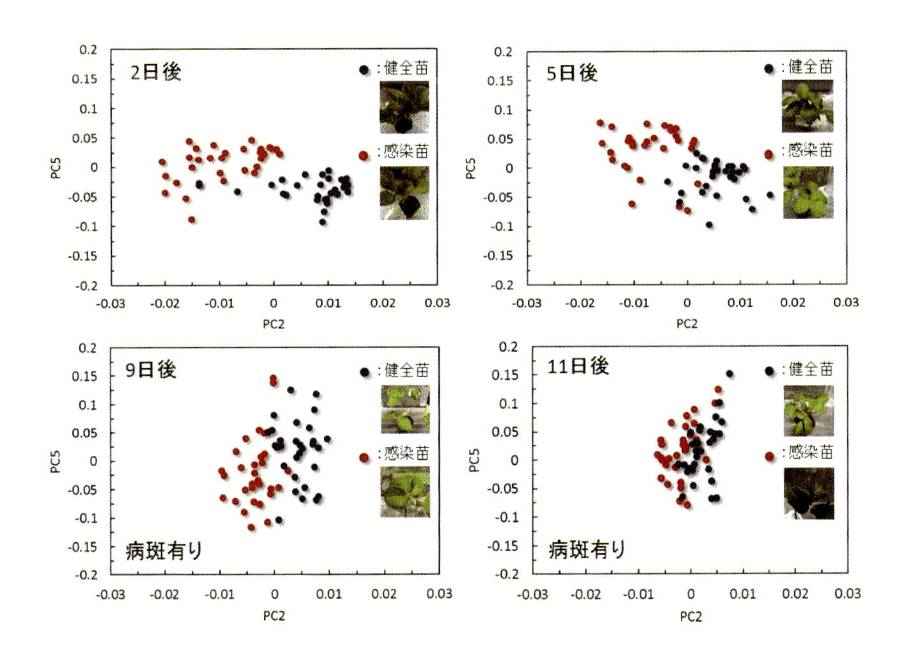

図８　センサを用いた診断結果(p. 223)

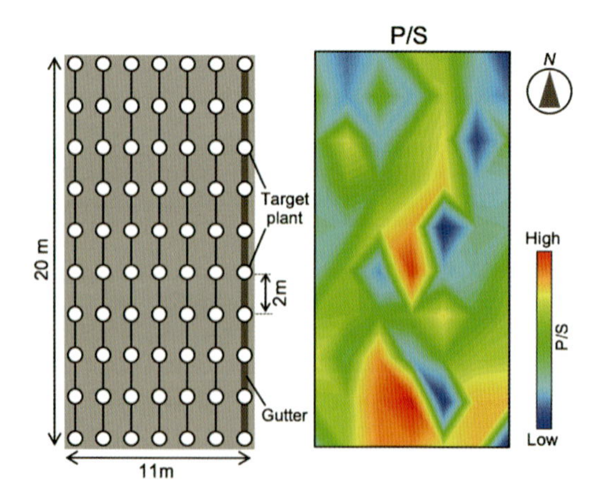

図２　実験用太陽光植物工場内のトマト個体群の光合成活性マップ(p. 226)

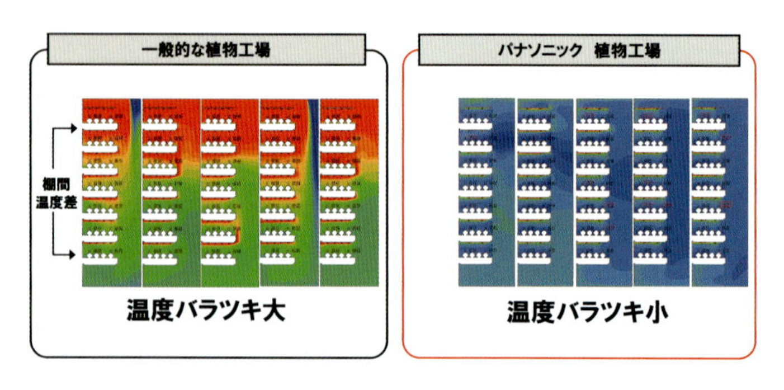

図２　特殊空調技術による栽培の均質化(p. 243)

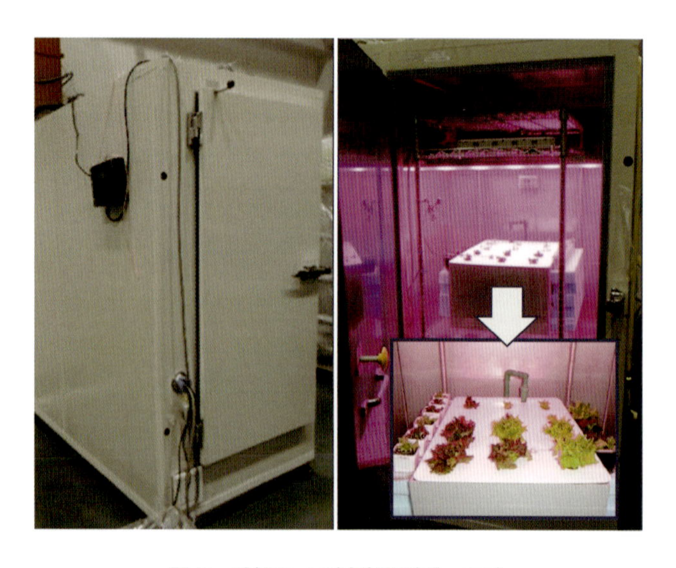

図３　外観および内部写真(p. 253)

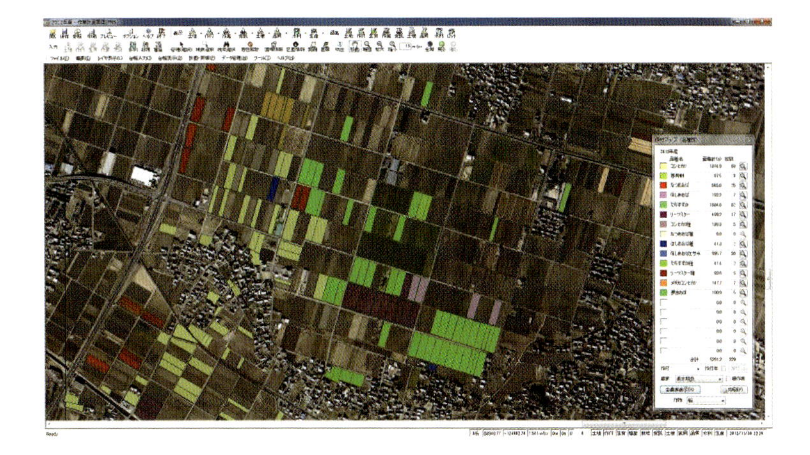

図 1　作業計画・管理支援システム(PMS)(p. 264)

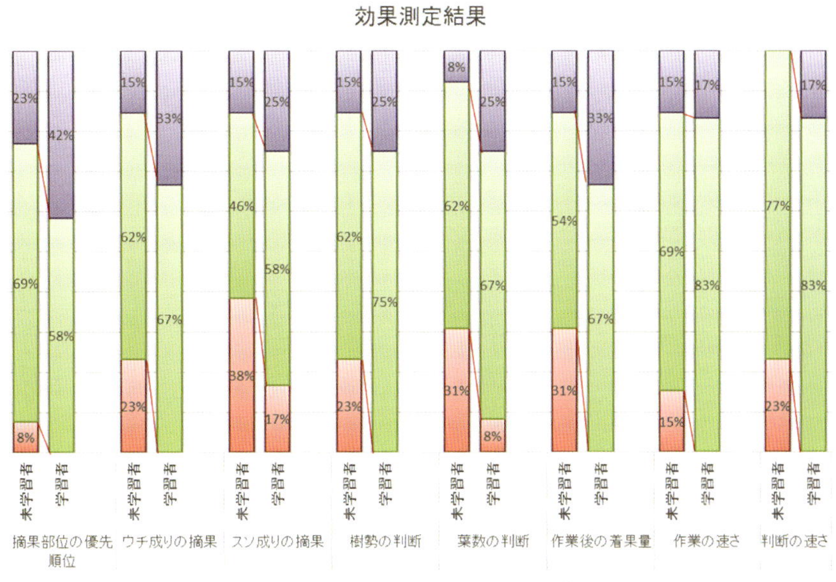

図 4　目視評価結果のグラフ(p. 301)

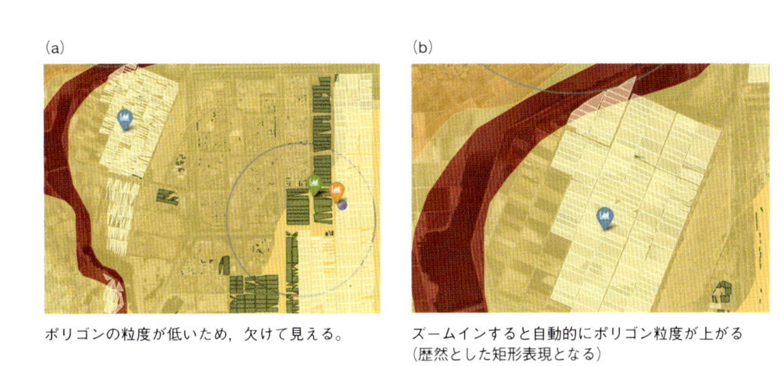

ポリゴンの粒度が低いため，欠けて見える。

ズームインすると自動的にポリゴン粒度が上がる(歴然とした矩形表現となる)

図 2　レイヤ表示例(p. 344)

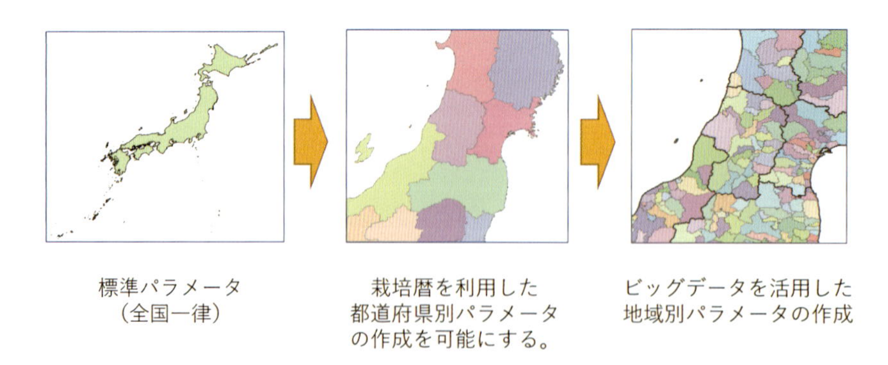

図４　発育予測パラメータの適用イメージ(p. 374)

図１　GeoMation で表示した圃場図(p. 377)

図３　実証の画面例(p. 380)

監修者・執筆者一覧

【監修者】

神成　淳司　　慶應義塾大学環境情報学部　教授／内閣官房　副政府 CIO／国立研究開発法人農業・食品産業技術総合研究機構　農業情報連携統括監

【執筆者】（執筆順）

久間　和生　　国立研究開発法人農業・食品産業技術総合研究機構　理事長

寺島　一男　　国立研究開発法人農業・食品産業技術総合研究機構本部　理事（研究推進担当 I）

神成　淳司　　慶應義塾大学環境情報学部　教授／内閣官房　副政府 CIO／国立研究開発法人農業・食品産業技術総合研究機構　農業情報連携統括監

澁澤　　栄　　東京農工大学大学院農学研究院　教授

龍澤　直樹　　内閣官房情報通信技術（IT）総合戦略室　企画官

高橋恵莉香　　内閣官房情報通信技術（IT）総合戦略室　主査

桑﨑　喜浩　　株式会社富士通総研コンサルティング本部ビジネスサイエンスグループ　プリンシパルコンサルタント

河村　　望　　株式会社富士通総研コンサルティング本部ビジネスサイエンスグループ　シニアコンサルタント

杉中　　淳　　農林水産省大臣官房予算課　課長（前 農林水産省食料産業局知的財産課課長）

石戸　拓郎　　農林水産省食料産業局知的財産課　課長補佐

辻本　直規　　農林水産省食料産業局知的財産課　課長補佐/弁護士

中島　明良　　農林水産省食料産業局知的財産課　課長補佐

松本　賢英　　農林水産省大臣官房政策課技術政策室　室長

加藤百合子　　株式会社エムスクエア・ラボ　代表取締役

野口　　伸　　北海道大学大学院農学研究院　教授

林　　和信　　国立研究開発法人農業・食品産業技術総合研究機構　農業技術革新工学研究センター　ユニット長

趙　　元在　　国立研究開発法人農業・食品産業技術総合研究機構　農業技術革新工学研究センター　研究員

高橋　　努　　井関農機株式会社先端技術部　副部長
飯田　　聡　　株式会社クボタ　特別技術顧問
西　啓四郎　　株式会社クボタトラクタ技術第一部　第一開発室長
目野　鷹博　　株式会社クボタ移植機技術部
中林　隆志　　株式会社クボタ収穫機技術部
横山　和寿　　ヤンマーアグリ株式会社開発統括部開発企画部企画グループ　主幹
元林　浩太　　国立研究開発法人農業・食品産業技術総合研究機構
知的財産部国際標準化推進室　室長
林　　茂彦　　国立研究開発法人農業・食品産業技術総合研究機構本部企画調整部
研究管理役 兼 同機構農業情報研究センター　農業データ連携基盤推進室長
戸島　　亮　　パナソニック株式会社マニュファクチャリングイノベーション本部
ロボティクス推進室　課長
田中　　進　　株式会社サラダボウル　代表取締役
八谷　　満　　国立研究開発法人農業・食品産業技術総合研究機構
農業技術革新工学研究センター高度作業支援システム研究領域　領域長
藤本　弘道　　株式会社 ATOUN　代表取締役社長
朝緑　高太　　株式会社イノフィス事業部
森山　千尋　　株式会社イノフィス企画部
坂野　倫祥　　株式会社クボタ機械先端技術研究所機械研究第一部
若杉　晃介　　農林水産省農林水産技術会議事務局研究統括官室　研究専門官
菅谷　俊二　　株式会社オプティム　代表取締役社長
休坂　健志　　株式会社オプティムインダストリー事業本部　執行役員/ディレクター
和田　智之　　国立研究開発法人理化学研究所光量子工学研究センター光量子制御技術
開発チーム　チームリーダー
井上　吉雄　　東京大学先端科学技術研究センター　特任研究員／国立研究開発法人農
業・食品産業技術総合研究機構農業環境変動研究センター　特別研究員
岡本　誌乃　　ファームアイ株式会社営業企画グループ　マネジャー
山村　知之　　ファームアイ株式会社営業企画グループ　マネジャー
石塚　直樹　　国立研究開発法人農業・食品産業技術総合研究機構
農業環境変動研究センター環境情報基盤研究領域　上級研究員
鎌形　哲稔　　国際航業株式会社営農支援サービスチーム　チームリーダー
大島　　香　　国際航業株式会社営農支援サービスチーム
小泉　佑太　　国際航業株式会社営農支援サービスチーム

小川　貴代　国立研究開発法人理化学研究所光量子工学研究センター光量子制御技術開発チーム　研究員
川原　圭博　東京大学大学院工学系研究科　教授
湯本　正樹　国立研究開発法人理化学研究所光量子工学研究センター光量子制御技術開発チーム　研究員
髙山弘太郎　愛媛大学大学院農学研究科　教授／豊橋技術科学大学先端農業・バイオリサーチセンター　特任教授
北川　寛人　PLANT DATA 株式会社　代表取締役 CEO
若林　　毅　富士通株式会社スマートアグリカルチャー事業本部　エキスパート
荒木　琢也　国立研究開発法人農業・食品産業技術総合研究機構果樹茶業研究部門企画管理部　茶業連携調整役
安達　敏雄　パナソニック株式会社コネクティッドソリューション社アグリ事業 SBU 技術部　部長
松本　幸則　パナソニック株式会社イノベーション戦略室戦略企画部技術戦略課　主幹
難波　喬司　静岡県　副知事
吉田　智一　国立研究開発法人農業・食品産業技術総合研究機構農業技術革新工学研究センター　スマート農業推進統括監
長網　宏尚　株式会社クボタ機械 IT 部　IoT 推進室長
中川　博視　国立研究開発法人農業・食品産業技術総合研究機構農業環境変動研究センター　ユニット長
岡﨑　亮太　トヨタ自動車株式会社アグリバイオ事業部農業支援室　主幹
金森　健志　トヨタ自動車株式会社アグリバイオ事業部農業支援室　室長
南石　晃明　九州大学大学院農学研究院　教授
久寿居　大　NEC ソリューションイノベータ株式会社スマートアグリ事業推進本部上級プロフェッショナル
島津　秀雄　NEC ソリューションイノベータ株式会社　主席アドバイザー／慶應義塾大学大学院政策・メディア研究科　特任教授
平川　　喬　株式会社 NTT ドコモ第一法人営業部地域協創・ICT 推進室一次産業 ICT 推進プロジェクトチーム　プロジェクトリーダー
久保康太郎　キーウェアソリューションズ株式会社サービス企画部シニアエキスパート
相馬　　麗　キーウェアソリューションズ株式会社サービス企画部
吉村　和晃　キーウェアソリューションズ株式会社サービス企画部　部長
末澤　克彦　Orchard & Technology 株式会社　代表取締役

浅井雄一郎	株式会社浅井農園　代表取締役／うれし野アグリ株式会社　取締役／株式会社アグリッド　代表取締役
中島　伸彦	慶應義塾大学大学院政策・メディア研究科　特任准教授
上原　　宏	秋田県立大学システム科学技術学部　教授
小杉　　智	株式会社ネクストスケープ　代表取締役社長
中川　弘一	株式会社ネクストスケープ社長室　室長
佐藤　拓也	株式会社ネクストスケープ社長室　農業 ICT 担当
及川　智正	株式会社農業総合研究所　代表取締役社長
北村　晃一	NEC ソリューションイノベータ株式会社スマートアグリ事業推進本部　主任
岡田　周平	株式会社ビジョンテック鳥取出張所　所長
西口　　修	株式会社日立ソリューションズ空間情報ソリューション開発部　チーフアドバイザー
久住　嘉和	日本電信電話株式会社研究企画部門プロデュース担当　担当部長
佐竹　真悟	株式会社 EduLab 事業開発室
三輪　泰史	株式会社日本総合研究所創発戦略センター　エクスパート

目　次

序　文

国立研究開発法人農業・食品産業技術総合研究機構
理事長　**久間　和生**

内閣府の総合科学技術・イノベーション会議(CSTI)は，我が国全体の司令塔として，科学技術政策の企画立案および総合調整を行う機関である。筆者は，2013年3月から2018年2月までの5年間，CSTIの常勤議員を務め，戦略的イノベーション創造プログラム(SIP)，革新的研究開発推進プログラム(ImPACT)などの画期的な国家プロジェクトの創設と推進，第5期科学技術基本計画の中核である「Society 5.0」のコンセプトの構築を行った。

我々を取り巻く環境は大きく変わりつつある。1つ目は経済・社会構造の変革である。情報化(ICT化)とデジタル化が飛躍的に進展し，人，モノ，資金，情報，文化が国境を越えて駆け巡り，これまでに経験したことのないスピードで経済・社会構造の変革が進行している。正に「Society 5.0」の到来である。「Society 5.0」とは，CSTIが第5期科学技術基本計画において我が国が目指すべき社会として提唱した概念で，狩猟社会，農耕社会，工業社会，情報社会に続く第5の社会である。すべての経済システムや社会システムはフィジカル空間(現実空間)とサイバー空間(仮想空間)で構成され，フィジカル空間とサイバー空間を高度に融合させ高い価値を創造することにより，経済発展と社会的課題の解決を両立し，人間中心の社会を実現しようとする概念である。「Society 5.0」は，国連が2015年に掲げたSDGs(持続可能な開発目標)と相通じる概念でもある。

2つ目は農業・食品産業を取り巻く環境の変化である。国内では人口減少社会と超高齢化社会が急速に進み，農業の担い手不足と食料市場の縮小が懸念されている。一方で，世界人口は大幅に増加すると見込まれており，2050年には現在の76億人から1.3倍の98億人に達し，世界の食料市場も大幅に拡大すると予測されている。また，現在の我が国の農業生産額は世界10位(2016年，UNCTADの統計より)であるが，農産物・食料品の輸出額は世界45位(2016年，同上より)に留まっていることを踏まえると，今まさに「戦略的に農産物・食料品の輸出を拡大する大きなビジネスチャンス」を迎えている。このような世界的な環境変化の中で，政府は「農業の成長産業化」，「グローバル産業競争力の強化」に向けて，有望な担い手への農地の集約化，戦略的輸出体制の整備などの施策を進め，農業経営の法人化，販売額1億円以上の法人の増加など，着々と成果を上げている。実際，農業生産額は，長期的に減少してきたが，直近は2年連続で増加し，2016年は9兆円台を回復した。また，農林水産物・食品の輸出額は5年連続で過去最高を更新し，2017年には8,000億円を越えた。しかし，人手不足と営農者の高齢化対策，生産性向上と生産コストの大幅削減など，未解決な課題も山積している。

スマート農業は，農業・食品分野における「Society 5.0」実現の基盤として重要なシステムの1つである。最新のロボット技術，ICT，AI，リモートセンシング技術等の先端技術や，農業データ連携基盤などの基盤技術を活用して，我が国農業における担い手不足と高齢化，生産性向上，生産コストの大幅削減など，これまで未解決であった課題に対応し，農業を成長産業化する新たな生産形態として注目されている。例えば，政府は，「統合イノベーション戦略(2018年6月15日閣議決定)」において，「Society 5.0」の実現に向けて特に取組を強化すべき主要分野の1つとして農業分野を取り上げた。また，当該戦略では，目指すべき将来像として，

① 担い手がデータを徹底的に活用し，スマート農業技術を導入した革新的農業を実践することで，生産性を飛躍的に向上させ，所得向上を実現

② 我が国発のスマート農業技術・システムを生かした生産拠点をアジア太平洋地域等に展開することで，我が国の農業ブランド力向上，フードロス削減等に貢献

が示され，スマート農業が我が国農業の競争力強化に不可欠であることに加え，我が国発のスマート農業技

術・システムの海外展開も見据えた姿を設定した。

さらに，当該戦略の目標として

① 2025年までに農業の担い手のほぼすべてがデータを活用した農業を実践

② 2025年までにスマート農業技術の国内外への展開による1,000億円以上の市場獲得

を掲げ，スマート農業の速やかな実用化を目指している。政府のこれらの将来像や目標は，スマート農業に寄せる大きな期待の現れである。

また，筆者が現在理事長を務めている国立研究開発法人農業・食品産業技術総合研究機構(農研機構)においても，統合イノベーション戦略に沿って，スマート農業の実用化促進に向けた取組みを強化している。1つ目は重点的に実施する研究課題の設定である。具体的には，農業・食品分野での「Society 5.0」の早期実現に向けて，

① データ駆動型革新的スマート農業の創出

② スマート育種システムの構築と民間活力活用による品種育成

③ 輸出も含めたスマートフードチェーンの構築

④ 生物機能の活用や食のヘルスケアによる新産業の創出

⑤ 農業基盤技術(ジーンバンク，土壌等の農業環境データ，病害虫防除など)

⑥ 先端基盤技術(人工知能，データ連携基盤，ロボットなど)

に関する研究開発を加速する。2つ目の取組みは，2019年から，スマート農業の普及加速化を目的とした「スマート農業加速化実証プロジェクト」を，農研機構が中心となり，都道府県，民間企業，生産者等と連携して開始することである。このプロジェクトでは，「スマート実証農場」を日本各地に設置し，SIP等で開発されたスマート農業技術の実践と，データ収集・解析を通じた現場で使える実用的な技術体系の構築を目指す。3つ目は，2018年10月1日に，新たなセンターとして，AI研究と農業データ連携基盤の整備・運用を担う「農業情報研究センター」を開設したことである。この研究センターには，以下の3つの重要な役割がある。

① 農業データ連携基盤(通称：WAGRI)の整備をさらに推進し，その運用体制を構築すること

② 徹底したアプリケーション指向のAI研究を進め，育種から農業生産，加工・流通，消費までの過程を，AI技術で最適化したスマートフードチェーンを実現すること

③ 農業・食品分野におけるAIを中心としたICTリテラシーを全国規模で高めるため，OJT(On-The-Job Training)によって，農業研究者に対するAI技術の研修を行うこと

すなわち，「農業情報研究センター」は，研究を推進するだけでなく，AIを中心としたICTリテラシーを全国的に向上させ，その結果，スマート農業をはじめとしたICTを活用した技術体系が全国各地でスピーディに実用化される環境整備を進めることを目的としている。このように，農研機構は，「スマート農業加速化実証プロジェクト」や「農業情報研究センター開設」などの戦略的な取組みによって，スマート農業の早期普及を実現し，「統合イノベーション戦略」に記載の将来像の早期実現や目標達成に貢献することを目指す。

本書は，自動運転農機，ロボットトラクター，軽作業化アシストスーツ，リモートセンシング，ICT・AI等の活用技術，農業データ連携基盤などについて，最新の動向や課題，今後のあり方などを体系的に整理したものである。例えば，自動運転が可能なロボットトラクター，水田における給排水の自動・遠隔制御システム等のSIPなどで開発し，実用化してきた機械・システムを紹介している。このため，前述のとおり，今後の政府の戦略や農研機構の取組みによって，スマート農業の現場での普及が一気に加速される情勢下で，本書が出版されることは，今まさにスマート農業の導入を検討している農業生産者や農業技術の普及指導員などの皆様に，タイムリーにお役に立ていただけるものと確信している。さらに，本書は，スマート農業技術に関する課題や今後のあり方なども整理しており，ロボット，ICT等のビジネスを農業・食品分野に展開・拡大するお考えの企業等の皆様にも，お役立ていただけると確信している。

最後に，本書を監修した慶應義塾大学教授の神成淳司先生，および編集にご協力いただいた農林水産省大臣官房政策課技術政策室，内閣官房情報通信(IT)総合戦略室，内閣府戦略的イノベーション創造プログラム(SIP)「次世代農林水産業創造技術」の皆様をはじめ，多くの執筆者の先生方に深く感謝申し上げたい。

第1編

総　論

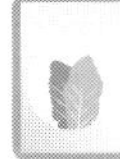

社会実装が始まったスマート農業

国立研究開発法人農業・食品産業技術総合研究機構　寺島　一男
慶應義塾大学　神成　淳司

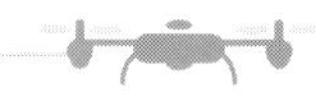

1. スマート農業とは

1.1　スマート農業とは

スマート農業は，近年，研究開発が進んでいるロボット技術や情報通信技術(ICT)を活用し，従来に比較して飛躍的な農作業の省力化や，高精度化された栽培技術により，低コストで高品質な農産物の生産を可能とする新しい営農の有り様を意味する。こうした新たな各種農業技術のより高度な相互連携を進めるのが「農業データ連携基盤」で，これにより政府の目指す「データを活用する」農業(統合イノベーション戦略2018)の実現が可能となる(**図1**)。

「農業データ連携基盤」は農産物の鮮度や品質に係る情報技術へと機能拡張を図ることで，今後展開が見込まれる「スマート育種」や「スマート物流」などと連携し，需要に応じた新品種の効率的な開発からその生産と加工，流通や販売を通じて，生産から消費まで一貫したスマートフードチェーンに展開することが期待できる。すなわち，農業だけでなく，食品産業全体にわたる大きな効率転換につながる。したがって，スマート農業の確立はこうした農業および食品に係る産業界の発展の中核に位置づけられよう。

1.2　農業における「Society 5.0」とスマート農業

科学技術基本計画において実現が提起されている「Society 5.0」は，近年，発達の著しい情報処理技術と，従来から進められてきた機械や物理的な機構，さらには素材となる物質などを組み合わせ，言い換えればCyber空間とPhysical空間を高度に融合させた社会の創造を意味している。これにより，従来問題となってきた経済発展と地球環境や社会的な環

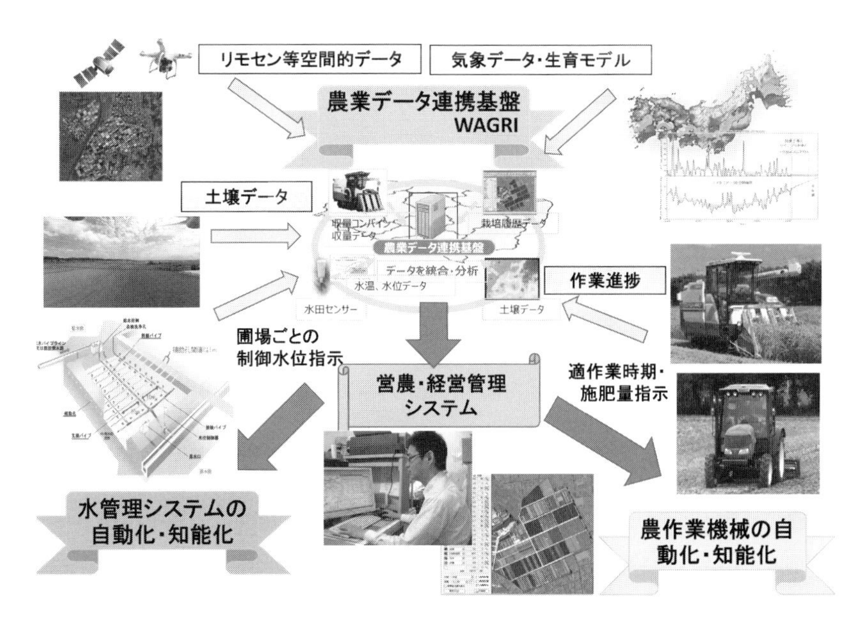

図1　データ駆動型スマート農業のイメージ

境の相互矛盾を解消して，持続性の高い社会を築き上げようとするものである。

スマート農業の目指す方向は，農業における「Society 5.0」の実現にあると言っても過言ではないであろう。例えば，ロボット農機はPhysicalなプロダクツと捉えられるが，その機能を詳細に見ると，まさしくCyberとの連携に基づく技術であることが理解できる。ロボットが正しく機能するには，正確な位置情報を必要としており，これはいわゆるG空間と呼ばれる位置情報の提供システムに依存したものである。ロボット農機といえども，圃場や周辺施設の正確なマップが基盤として与えられなければ，適切に作業を行うことはできない。このことは，他のスマート農業に係る生産システムにおいても同様である。可変施肥機による精密農業は，ドローンや衛星データ，あるいは各種のセンサが採取する作物生育データをもとに最適施肥量を圃場内の細かな区分ごとに設定し，施肥管理を行う。こうすることで余分な施肥を回避し，地下水などへの化学肥料成分の流出を最低限度に抑制する。このようなシステムは，農業における「Society 5.0」の実現に向けた1素材と見ることができるであろう。

2. スマート農業の意義

では，こうしたスマート農業の開発と導入がなぜ求められるかについて以下に記載する。

2.1　労働力の減少と規模も拡大への対応

我が国の農業は転換期を迎えている。特に，農業従事者数の減少と高齢化の進展が顕著で，耕作放棄地も増加の傾向にある。しかし，その一方で大規模化や法人化など，農業経営の著しい発展が期待され，産業としての競争力強化につながる可能性を秘めている。

図2は，茨城県下での10市町村（作付面積約3万ha）を対象とした調査結果を示している。この調査では，離農される農業者の予測をより厳密にし，その耕作地が担い手に集まると想定している。その結果，担い手経営1戸当たりの耕作面積は2015年の25 haに対して，2030年には121 haに増大することとなる[1]。およそ現状の4.8倍の耕作面積である。これを可能とするには，従来にない作業能率を有する技術体系の構築が必要となるであろう。こうした

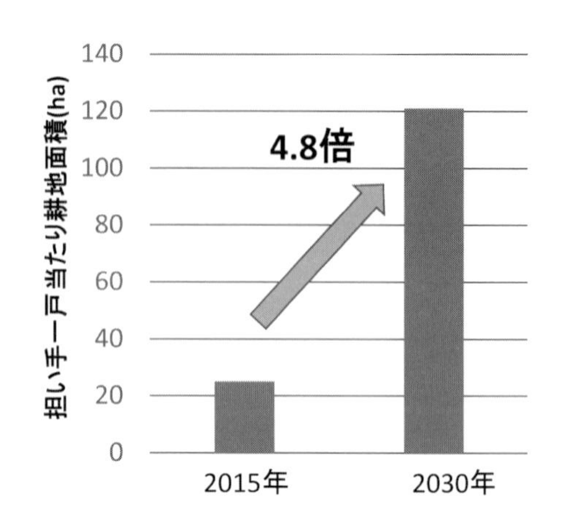

図2　担い手に集中する耕地（茨城県下10市町村）[1]

面で，1人の作業者が複数の農機を作動できる技術の開発，すなわちスマート農業でのロボット農機の開発は重要な意義を有することになる。

農業における栽培作業は耕起や播種，収穫作業だけでなく，水田では水管理や畦畔の除草作業など，これに付随する各種の作業がある。前者は労働時間として大きな割合を占め，後者は重労働となる。これらを含めた自動化を進め，総合的なスマート農業技術体系を確立していくことが求められている。また，果樹や重量野菜の生産においては，重量物の移動や運搬が作業者に大きな負担となる。アシストスーツなどの開発はこうした作業の軽労化に有効である。

2.2　法人経営への対応

表1は農業生産法人の動向について示したものである。上述したように，農業従事者数の減少に伴って農地が流動化し，また，政策的な誘導もあって農家の法人化が急速に進んできている。その規模も拡大し，100 ha以上の作付面積を有する法人経営は，2005年の55経営から2015年には234経営へと増加してきている。一方，法人に雇用される方の数も2005～2015年の10年間で約5万人以上の増加が認められている。法人化した経営体では，経営者は従業員に対して各圃場に対応した栽培管理を適切に行うよう指示しなければならない。圃場の位置とその圃場で実施すべき作業内容，例えば追肥作業の場合は，どの圃場にいつ，どういった肥料をどの程度の量で散布すべきか，これを日々的確に指示できない

表1　法人経営の動向

	法人経営体数				常時雇用者数(人)
	計	うち販売金額 1億円以上	同3億円 以上	同5億円 以上	
1995年	4,986	—	—	—	45,454
2000年	5,272	—	—	—	49,369
2005年	8,700	2,537	956	547	52,888
2010年	12,511	3,036	1,164	648	67,713
2015年	18,857	3,766	1,523	851	104,285

資料：農林水産省，農林業センサス

と，収量や品質に影響を及ぼす。法人の規模が大きくなり，対応しなければならない圃場枚数が数百に上ると，こうした指示を従来の口頭やメモなどで行うことはほとんど困難になるであろう。スマート農業におけるICTを活用した営農管理支援システムは，民間企業から多くのプロダクツが販売されているが，これらは法人経営の作業管理において，また，次年度以降の栽培管理に有効な生産履歴の記録として機能すると考える。

また，農業生産法人が新たな従業員を雇用した場合，技術の伝達と教示が必要となる。この人材育成をいかに効率的かつ適切に行い得るかは，当該法人の生産性や品質の維持に影響を及ぼす。例えばトラクタによる作業の効率と精度は，圃場内の合理的な運行の仕様，旋回や耕起深の制御など，圃場条件を加味したきめ細かな技能の有無によって左右される。通常の作業進行の中でこうした技能の継承に対して時間と労力をかけることは容易なことではない。自動化・知能化されたロボット農機はこのような技能継承をいわば代替し，新規雇用者における技能不足の問題をカバーするであろう。さらに細かな作物の管理技術，例えば果樹における選定作業や摘果作業については，AIなどを用いた教育システムなどがこれを補助し，新規就農者の技能のレベルアップを容易にする[2)]。

2.3　栽培管理の適切化

規模の拡大に伴い，圃場の枚数が増加すると，扱う作物の種類や品種，作付時期がより多様となる。その場合においても，近年の気象変動幅が拡大する中では気温や降雨量の変化に対応した適切な栽培管理が求められる。このため，日々の気象の動向を把握しておくことが必要となり，気象に係る情報システムの活用が不可欠となる。気象情報や気象予測に連動する作物の発育予測，病害虫，冷害や高温障害などの発生予測を提供する情報システムはこうした栽培上の対応に有効に機能するであろう。

栽培管理を適切に行うためには，当該圃場の作物生育状況や土壌環境などの把握も重要である。この点に関しては以前より人工衛星からのリモートセンシングの活用技術が用いられてきたが，近年は診断に適した時期に詳細な空撮画像を取得できるドローンを利用した手法が開発され，民間企業でもサービスが開始されてきている。スマート農業ではこうした作物のセンシングと気象情報に基づいた生育予測を統合した情報システムを用いることで，合理的な栽培管理による収量の向上や収穫物の品質向上が期待できる。また，センシング技術の発展に伴い，病虫害発生など，より詳細な作物体情報の取得が将来可能となるであろう。

3. 水田作におけるスマート農業の概要

以上のようなスマート農業の実現に向け，研究課題「情報・通信・制御の連携機能を活用した農作業システムの自動化・知能化による省力・高品質生産技術の開発」(以下，「SIP生産システム」)が，2014年度から5カ年の計画で内閣府戦略的イノベーション創出プログラム(SIP)「次世代農林水産業創造技術」の1課題として取り上げられた。

この課題では，主に土地利用型農業を対象としてスマート農業の核となる農業技術の開発が，国立研

自動運転田植機

成　果	内容と効果	実用化時期
ロボットトラクタ（単体）	遠隔監視で自動作業	H30年度予定
マルチロボットトラクタ作業システム	遠隔監視で2台が自動作業 作業能率160%以上	H30年度以降早期
自動運転田植機	遠隔監視で自動作業 田植作業をワンマン化 熟練者並の精度	H30年度以降早期
ロボットコンバイン（人搭乗型）	遠隔監視で2台が自動作業 作業能率170%	H30年度以降早期
準天頂衛星対応の高精度受信機	基準局不要で性能同等 低コスト化(30万円)	H30年度予定 （H29年度モニター機販売）

図3　自動走行するロボット農機の開発

究開発法人農業・食品産業技術総合研究機構，国立研究開発法人宇宙航空研究開発機構(JAXA)，国立研究開発法人産業技術総合研究所，国立研究開発法人情報通信研究機構(NICT)など所管省庁の異なる研究機関，多数の民間企業の連携により進められた。その中で取り組まれた農機の自動化技術，水管理の自動化，データを活用した栽培管理支援システムなどを中心に，スマート農業技術の具体的な事例を以下に紹介する。

3.1　実用化が近づいた自動走行するロボット農機

「SIP生産システム」ではロボット農機として，トラクタ，田植機，コンバインの自動化・知能化が取り組まれた(図3)。

このうち，標準区画向けならびに大区画向けのトラクタとコンバインについては，マルチロボット作業システムとしての開発が進められている。すなわち，自動走行のロボット農機を用い，一名の作業員が複数の農作業機を操作して作業を行うことを可能とするシステムである。2台の機械を同じ圃場，あるいは隣接する2つの圃場で，場合によっては異なる作業(耕起と播種など)を組み合わせて同時に行うことを技術的に可能とした。これらの開発ロボット農機については現地試験での効率の検証を行い，ロボット農機の作業能率は，ロボットトラクタの2台体系で従来の1台体系の160%，同3台体系では250%，一方ロボットコンバインは2台体系で170%となることが示されている。また，ロボット農機の制御機構については，現在，補正信号を活用した高精度なRTK-GPS(Real Time Kinematic GPS)が用いられているが，「みちびき」など準天頂衛星を活用した低価格で安定性の高い受信機の開発も取り組まれている。

3.2　水管理の自動化

水稲生産における水管理労力は，労働時間全体の中で大きな部分を占めることから，その省力化が求められてきた。特に，中山間地域などで，居住地区と圃場とが遠く離れている経営体においては移動に時間を要し，適正に圃場の水位を管理していくためには相応する労働時間を割かなければならない。また，水稲作では，圃場の水深を適切に管理することで水稲生育の制御や，冷害などの気象災害における影響軽減が可能である。したがって，適正な水管理を自動で行う技術の開発は栽培管理上も重要な意義を有する。一方，数十枚から数百枚にわたる圃場に対して水を供給する揚水場などのポンプの操作も，省力化の対象となるほか，水需要に応じたポンプの作動による電力使用量の削減も課題とされてきた。

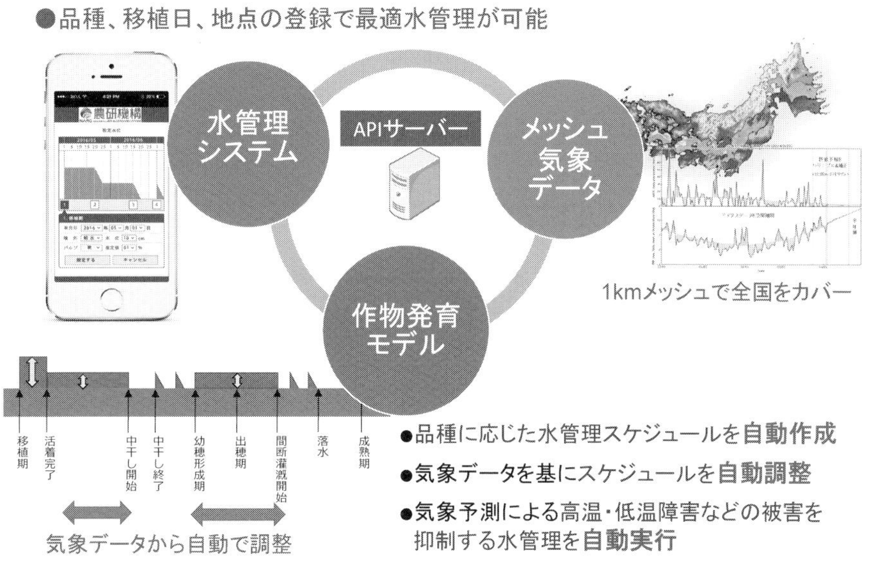

図4　気象条件や作物生育に応じた給排水モデル

「SIP生産システム」では，クラウドを通した圃場内の給排水バルブの遠隔操作および自動制御システムを開発した。また，システムにAPIを実装することで，気象情報や作物の発育予測モデルと連動させ，気象条件や作物生育に応じた給排水モデル（水管理ソフト）のプロトタイプを作成している（**図4**）。さらにソフトウエアの高度化により，灌漑時間の設定を通じて現場の多様な水管理ニーズに対応できるようになった。現地実証試験においても水管理労力の8割程度の削減が可能との結果を得ている。

圃場−広域連携型水管理システムについては，上記の圃場水管理システムとの間をAPIでつないで現地圃場に実装し，用水路に水を供給するポンプ出力の約4割を削減することが可能であることを確認した。これらを通じて水稲栽培の水管理の省力化と省エネ化が見込まれる状況となった。なお，圃場水管理システムについては2018年から試験販売が開始され，導入が始まっている。

3.3　栽培管理や作業管理を支援する情報システム

上空からの画像は作物の植え付けの有無や作物の生育状況，栄養状態を把握するツールとして有効である。このうち，衛星リモートセンシングを活用することで収穫適期や米タンパクをマップ化し，タブレット端末などにその情報を提供するシステムが開発された。青森県ではこうした情報端末を生産現場の指導員に配布し，新たな地域ブランド米の生産とタイアップして，より高品質な米の生産につなげる取組みが行われている。ドローン画像は，衛星画像に比較して適時により詳細なデータを収集できるメリットがある。これにより圃場内の生育むらを把握し，施肥での対応を可能とするなど，生育や品質の斉一化に有効である。

一方，気象データを有効に生かすシステムの開発も進んでいる。まず，気象庁から配信されるアメダス地点の気象データをもとに，1 km四方のメッシュに対応した気象情報の提供技術が開発された。農業者が栽培管理を行う圃場や地域の位置情報に応じて，よりきめ細かな気象データの提供を可能としている。こうした気象情報を活用することにより，作物の発育ステージや収穫適期を予測し，気象変動に対応した栽培管理が可能となる。これらの情報を総合的に提供するシステム「栽培管理支援システム」が開発されつつある。例えば「これから1週間は高温条件が予想されます」というような警戒情報や，「高温登熟障害回避のために，○ kg追肥したほうがよいでしょう」といった栽培管理を支援する情報の提供を目指している。また，Web APIを通じて他のシステムへの提供を図ることが可能となっており，農業データ連携基盤への搭載も一部始まっている。

また，前述したように，圃場マップなどを活用した営農管理支援ツールについてはさまざまなICTベンダーから提供されており，大規模経営農家の作業管理や営農の支援ツールとして役立てられている。「SIP生産システム」ではその機能の拡張が取り組まれた。

「SIP生産システム」以外の取組みについては，人工知能(AI)などを活用し，これまで機械化が困難であった果菜類や果樹の収穫などの複雑な作業のロボット化も進められてきている。画像認識によりトマトの熟度を判定し，収穫すべきもののみを選別収穫する技術が開発され，夜間の自動収穫など，大幅な省力化が期待できる状況となってきた。重量野菜や果実などの運搬や，荷上げ・荷降ろしなどの重労働を軽労化するアシストスーツ，圃場や畦畔の除草等の作業を軽労化する農機などの研究開発や導入実証も進みつつある。

4. スマート農業の経営上の効果

こうした技術体系を現場の生産法人において適用した場合に，どのような経営的効果が得られるのであろうか。これについて，「SIP生産システム」では千葉県山武郡横芝光町に所在する営農法人において実証試験が実施され，経営評価が取り組まれた。この実証試験で評価の対象としたスマート農業技術は，ロボットトラクタ，自動運転田植機，ロボットコンバイン，栽培管理支援システム，多圃場営農管理システムなどで，自動水管理システムについても，他の経営体におけるデータをもとに解析に加えられた。その結果，現状110 haの経営面積が，ロボット農機などによる省力効果を活用することで150 ha程度に拡大し得ることが明らかとなった。ただし，ここで注意しなければならないのは，作業の中の1作業を取り上げてロボット農機を用いて自動化しても，効果は限定的な範囲に留まるという点である。

図5に示すように，自動運転田植機とロボットコンバインが共に使用された場合にのみ経営上のメリットが得られるわけで，例えば自動運転田植機だけでは十分な効果が引き出せない。すなわち，スマート農業技術を活用して耕作面積の拡大効果を得るためには，作業全体にわたる自動化と効率化が必要であることを意味している。農業は播種作業から収穫，出荷作業まで，一連の作業から成り立つ。これらは各経営体において合理的な配置と運用が行われていることから，その中の1作業のみを省力化しても効果は限られ，作業全体の効率化が必要となるわけである。このことは，スマート農業においても，個別

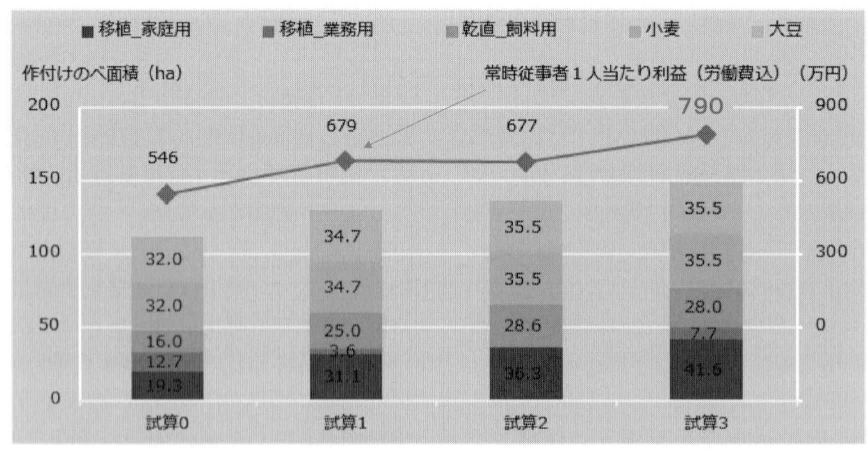

試算0：現状　5年7作　稲・麦・大豆
試算1：営農計画支援システムにて体系を改善
試算2：ロボットトラクタ、自動運転田植機、圃場水管理を導入
試算3：ロボットトラクタ、自動運転田植機、圃場水管理、ロボットコンバインを導入
なお、自動農作業機は＋100万円の初期投資増と試算

図5　スマート農業技術の経営的効果
資料：松本浩一，未発表

表2　スマート農業の研究開発に対する現場の声

	評　価	課　題
自動走行農業機械	・労力不足が進行する中，将来必要な技術 ・若い農業者でも精度が高い作業ができる	・苗箱の運搬などの省力化にも取り組んで欲しい ・ロボトラで一つの作業を省力化しても経営全体のメリットは小さい ・露地野菜などの収穫物運搬や調製作業にも自動化が必要
圃場水管理システム	・早朝と夕方の水回りをしなくなって助かる。移動も含めると2～3時間以上かかっていた ・ため池が小さく，水不足で悩んでいたが，節水もできるので助かる ・水管理の見える化で若い世代へ技術の継承ができる	・価格が高い
情報システム	・作業計画立案に必要 ・見える化でわかりやすい	・次年度の対応など処方箋も欲しい ・ユーザーインターフェースを改善して欲しい ・乾田直播などへ適応を拡大して欲しい

技術の導入ではなく，スマート農業技術体系として組み立てていくことがその効果を最大限に引き出すために肝要であることを示唆するものであり，今後の技術開発を進める上で重要な視点となっている。

5. ロボット農機の安全性確保に向けて

ロボット技術の普及を図る上で安全性の確保は避けて通れない重要な技術的課題である。特に，圃場内に出入りする人の検知が重要で，例えば作物中の人を電磁波の利用により簡便に検出する手法や，ロボットトラクタに画像処理技術を実装し，単眼カメラで裸地圃場内における走行路上の人を検知して自動停止する技術などが開発されている。併せて，安全センサの標準化や検査手法の開発も取り組まれている。

一方，ロボット技術を生かすための社会的な制度の整備については，農林水産省が2017年3月に策定した「農業機械の自動走行に関する安全性確保ガイドライン」[3]が重要な位置づけにある。自動走行農機の販売者，利用者，使用者の責任の範囲の設定，使用に当たっての訓練の実施など，安全な利用に向けた基本的な考え方が示されている。さらに，有人監視下での圃場内自動作業システムの安全性確保に向けたリスク分析では，より具体的な事例の提示が行われており，農林水産省と(一社)日本農業機械工業会で参考とされている。

6. 始まりだしたスマート農業の社会実装

以上のように，スマート農業はいくつかの課題を残してはいるが，農業の今後の展開に重要な意義を有することから，開発技術の現場への実装が始まっている。自動操舵やガイダンスシステムを搭載したトラクタなどの作業機は北海道で導入が進んでおり，本州でも普及が進むとみられる。リモートセンシングを用いた米の収穫時期やタンパク含量の推定システムは，ブランド米の生産の現場で実装が始まったことは先に述べたとおりである。自動水管理システムは2018年より試験販売が開始され，その他のロボット農機についても図3のような市販化の予定が示されている。営農管理支援システムについてはすでに多数のICTベンダーから市販化されている。しかし，これらの多くは個別技術としての導入であり，さまざまな技術を組み合わせたスマート農業体系としての整備はまだこれからである。スマート農業の導入効果は生産システム全体の改善を図ることで初めてその効果が明瞭となることから，体系化に基づく実証研究がなお必要であろう。

一方，これまでに実施された実証試験などで収集された生産現場の意見を**表2**に示した。「労力不足が進行する中，将来必要な技術である」，「若い農業者でも精度の高い作業ができる」，「早朝と夕方の水回りをしなくなって助かる。移動も含めると2~3時間以上かかっていた」，「作業計画立案に必要である」などの評価がある一方，ほかの作業にも自動化を展開する必要があること，価格がまだ高いこと，ユーザーインターフェースの改良が必要であることなどの指摘もある。さらに，スマート農業の社会実装を広範囲に進めていくためにはこうした課題の解決を図るとともに，さまざまな地域や経営体での実証を踏まえながら，真に農業の成長産業化に寄与する技術体系に組み立てていく必要がある。

7. スマート農業の社会実装加速化への取組み―農業データ連携基盤

このように個別に進められてきたスマート農業に関する取組みについて，今後の社会実装を進める上では，複数の取組みを組み合わせたり，生産部会や地域全体でのデータの共有や比較検討をしたりなど，地域の多様なニーズに合わせて複数の取組みを連携することが必要である。そこで，2017年より「次世代農林水産業創造技術」の1課題として，「農業データ連携基盤」に関する取組みが進められた。農業データ連携基盤とは，インターネット上に構築される農業分野に関する多様なデータを連携させ，データ利活用を図る場である。個々の企業が独自に整備してきた農業データの利活用環境のうち，誰もが必要とするデータや機能を，基盤上に構築して誰もが利活用可能にするとともに，個々の農業関連サービスが相互に連携し，あるいはデータを補完し合うデータハブとしての機能も兼ね備える。誰もが必要とするデータとは，例えば地図や気象データである。これらデータが農業データ連携基盤を介して提供されれば，個々の企業のデータ整備費用の低減につながる。このような協調領域の低コスト化効果を，競争領域に投資することで機能を向上させ，あるいは利用料金の低減化へとつながる。

農業データ連携基盤は，2017年末より試験稼動を開始し，2018年には国内各地で実施された複数のスマート農業の実証事業において利活用と効果検証が取り組まれた。検証結果を踏まえた機能向上を図り，2019年以降，我が国農業分野の社会基盤として，利活用されることが期待される。

文　献

1）松本浩一：水田作経営における最小適正規模の上昇の可能性に関する一考察―茨城県南西地域を想定して―，関東東海北陸農業経営研究，**108**, 71-77(2018).

2）神成淳司：ITと熟練農家の技で稼ぐAI農業，日経BP社(2017).

3）農林水産省：農業機械の自動走行に関する安全性確保ガイドライン(2017).

第1章　我が国の農業ICTの基本指針：農業情報創成・流通促進戦略

東京農工大学　澁澤　栄

1. 農作業の新機能と農法

新しい技術要素が生産技術の体系に組み込まれて生産体系が整備され，同時に技術運用の仕組みと担い手が登場するとき，技術革新が駆動される。技術の運用は技術経営管理(Management of Technology; MOT)に属する課題であり，生産様式のほか，技術の維持管理やサービス網あるいは法制度や農産物流通様式に強く影響される。また，作業の機械化・システム化は標準作業を構成し，生産様式の変更と安定をもたらす[1)]。

農業は，植物や動物の営みを利用して人々に有用な資材を生産する業である。植物あるいは動物の営みを補助する作業が農作業である。人間に着目すると，農作業は経済価値を生み出す労働にあたり，また生産プロセスに着目すると，物理的，化学的，生物的な作用に対する作物や土壌の応答管理でもある。近代における農作業の機械化は，単位時間当たり，および単位面積当たりの農業生産性を大幅に改善し，また農作業負荷を軽減するとともに，一方で，農作業死亡事故の危険性を高めた[1)]。さらに農業機械の普及は，農作業の標準化を促進した。

農業の生産現場からディジタル情報を収集して農作業や経営の判断および管理作業に利用する営農スタイルを，ここでは総じて「データ活用農業」と呼ぶことにする[2)]。データ活用農業の特徴は，農作業をしながら収益管理とリスク管理が同時にできるところにあり(**図1**)，同じ農作業でありながら，収益管理に着目すると精密農業，リスク管理に着目するとGAPと呼ばれる。用語の整理をしよう。

精密農業(Precision Agriculture)とは，情報技術を駆使して作物生産に関わる多数の要因から空間的にも時間的にも高解像のデータを取得・解析し，複雑な要因間の関係性を科学的に解明しながら意思決定を支援する営農戦略体系である[3)]。日本の場合，精密農業とは，複雑で多様なばらつきのある農場に対し，事実の記録に基づくきめ細かなばらつき管理をして，地力維持や収量と品質の向上および環境負荷軽減などを総合的に達成しようという農場管理とその戦略である。精密農業の技術要素は，圃場センシング・マッピング技術，可変作業技術，意思決定支援システムであり，最近では，センシングと判断と作業の融合技術に着目して，精密農業の技術的側面をスマート農業やAI農業などと呼んでいる。

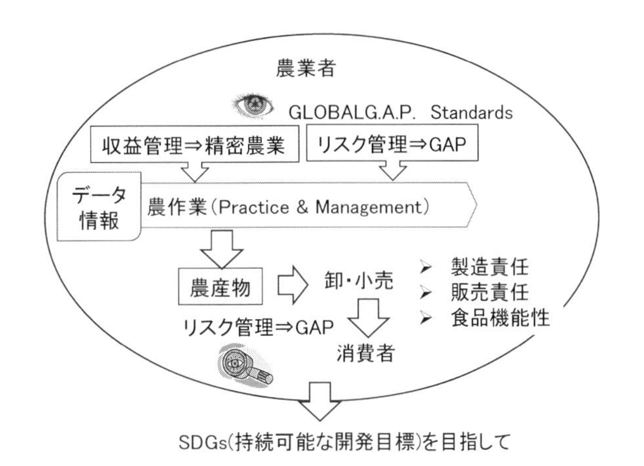

図1　農作業の機能

GAPとはGood Agricultural Practicesの略で，FAO COAG 2003 GAP文書においては，農業生産の環境的，経済的および社会的な持続性に向けた取組みであり，結果として安全で品質の良い食用および非食用の農産物をもたらすものである[2)]。日本でも，「農業生産工程管理(GAP)の共通基盤に関するガイドライン」でFAOの定義を引用している。GAPの和訳が問題となる。Goodは多義語であるが，倫理的には，行いの正しい，善良な，忠実な，という意味合いである。Practicesは常習的に行うことを意味する。したがって，GAPは適正な，あるいは，違法でない（管理業務も含む）農作業という意味になろう。GAP Standardsは「適正な農作業」の規準を示したもので「適正農業規範」となる。適正農業規範を認証する非営利団体がGLOBALG. A. P.（本稿ではグローバルGAPと呼ぶ）である。グローバルGAP規準が，出荷者や流通・小売業者に認められた農場リスク管理の国際規準である。

農産物の扱いはどうなるのか。農産物は，製造責任と販売責任によりその安全性や品質が保証される。消費者と販売業者の間に受け入れられた取引基準が，販売される農産物の質を保証するものである。農家が直売所で直接販売する場合，生産者ではなくて販売業者の責任が問われることになる。農産物の機能性は，栄養供給，嗜好・食感，生体調節の３つの機能をいい，付加価値の１つとして注目されている。

情報通信技術が農業現場で応用され，収益管理のマネジメント戦略である精密農業が多様な形で普及すると，農作業の役割や機能が一変した。農業機械の高度化により農作業と同時に農作業基幹データが大量に生産されるようになり，生産現場からのディジタル情報にもとづく収益管理が精密農業の注目するところとなった。農作業データには，作業判断のための天候や市況あるいは作物や農地の状況のほか，作業のプロセスや効果，使用した機械や施設等の稼働状況などが含まれる。

農業経営の持続性のうちで最も注目すべき課題が，事故や法令違反などのリスク管理である。克明な農作業データを活用すると，農作業の中で収益管理とリスク管理が同時にできるようになる。同じ農作業でありながら，収益管理に着目すると精密農業，リスク管理に着目するとGAPに対応する作業になる。

地力維持と農業生産力を発展させるための農作業の体系が農法であり，技術諸要素の統合したシステム技術であり，次の５つの要素から成り立つ[3]。

①　作物品種

ゲノム配列と表現型で特徴付けられる品種特性は栽培様式を決定し，耐寒性とか耐病性あるいは多肥多収性，市場性などは，農法を構築する際の基本要素である。

②　圃　場

場所（気象条件など），土壌の性質，水利条件，圃場の形やサイズ，分散状態や利用形態など，作物品種や技術の選択に制約を与える。

③　技　術

栽培方法などといわれるソフト技術，および農業機械や施設構造物に代表されるハード技術がある。ハード技術は簡単に変更できないので，農法変革の障害となる場合もあれば，逆に農法革新を決定づける。

④　生産者の動機

気分や感情，嗜好，家系，経営戦略などの生産者個人あるいは生産組織の特性であり，技術ばかり着目すると無視されがちだが，実は農法を決定し運用する主体である。

⑤　地域システム

農業政策，農協などの団体，市場へのアクセス方法，技術普及システムなど，農法を維持・普及するための地域集団システム。産地間競争を支配する要素である。

農法の５大要素は，それぞれが複数の異なる技術要素から構成されて重層的な階層構造を持っており，条件に応じて技術要素の組み合わせは無数に存在する。また，農法の５大要素が統合されて展開される場が農場であり，生産者あるいは生産組織の知的・肉体的労働，すなわち農作業を通して農法が具体化される。農作業の機械化は農法５大要素の機械化を意味しており，19世紀の英国などのように，農業の機械化が担い手の変更を伴う場合は農業革命と呼ぶことがある。現在では，農法革新が食料安全保障などの持続可能な開発目標（Sustainable Development Goals；SDGs）に大きく貢献することが期待されている。

2. スマート・フードチェーン

第５期科学技術基本計画では，ICTが発展してネットワーク化やIoTの利活用が進む中で，ドイツの「インダストリー4.0」，米国の「先進製造パートナーシップ」，中国の「中国製造2025」などに着目しつつ，第４次産業革命ともいうべき技術革新の波を先導していく官民協力の取組みを重視した。そして，サイバー空間とフィジカル空間（現実世界）とを融合させた取組みにより，人々に豊かさをもたらす「超

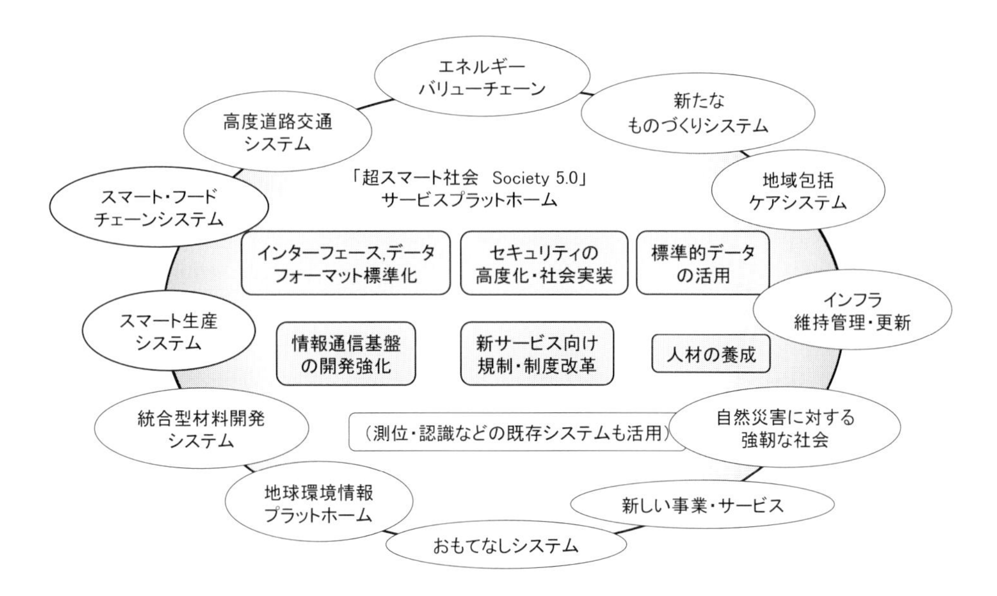

図2　「超スマート社会 Society 5.0」サービスプラットホームの構想
第5期科学技術基本計画，2016.1.19

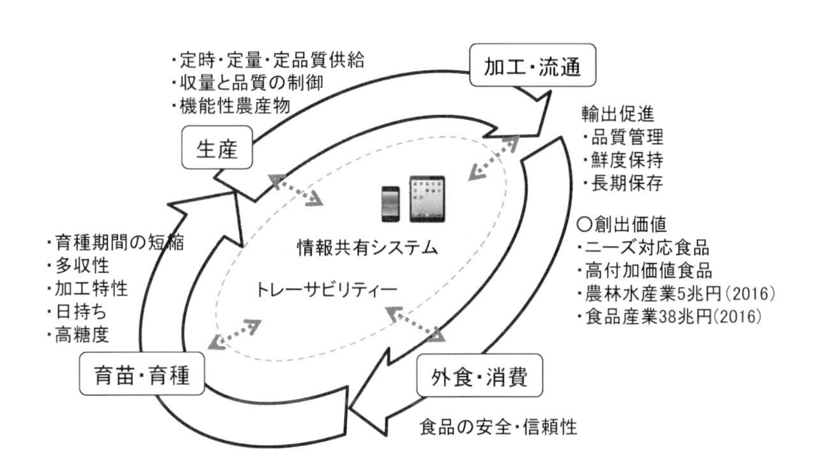

図3　研究戦略におけるスマート・フードチェーンシステム
SCTI地域戦略協議会，平成27年12月

スマート社会 Society 5.0」を提起した。Society 5.0は11のサブシステムから構成され，その中にスマート・フードチェーンシステムとスマート生産システムが位置づけられた（**図2**）[2]。

特に，スマート・フードチェーンシステムでは，育種・生産・加工・流通・外食・消費という農産物流通のシステム全体を対象にしたシステムイノベーションに資する基盤技術の強化を謳っており，従来の農業技術政策と本質的に異なる視座である（**図3**）。具体的には，国内外の市場や消費者のニーズを育種，生産，加工・流通，品質管理などに反映させ，市場競争力の高い農林水産物・食品を提供することを目指している。技術開発目標としては，多収性や日持ち性などの有用な形質を持つ品種の開発，機能性農林水産物や食品の開発および次世代施設栽培による高付加価値商品の生産と供給，輸出にも対応可能な品質管理技術や鮮度保持技術等の開発を挙げている。その実現のための施策が，省庁単独でなく，複数の府省連携事業として取り組まれていることが注目すべき新たな特徴である。

農産物の高付加価値についても，捉え方の重要な転換がある。加工業務用を市場ニーズの重要な柱と位置づけ，定時・定量・定品質・定価格の農産物供給システムを付加価値の構成要素と位置づけたことである。

スマート・フードチェーンの提案に先立ち，過去20年間の栽培技術と育種技術の研究開発力に関する国別比較調査報告を特許庁が発出している[4]。これによると，栽培技術に関する特許では，日米欧中韓における出願件数が1990年代から2000年代にかけて増加傾向にあり，日本国籍，米国籍，欧州国籍の出願人による出願件数が多いが，2000年代以降は相対的に日本国籍の出願比率が減少し，近年は中国籍，韓国籍の出願件数が急増したと指摘している。特に，日本で登録されている特許を出願人国籍別で見ると日本国籍の出願比率が93%と圧倒的に多く，日本国内で登録されている海外籍出願人の出願比率は少ない。すなわち，知財のグローバルマーケットにおける日本市場の地位はきわめて低いことが予想される。

また，育種技術に関しては，出願人国籍別出願件数が2000年前後に一度ピークがあり，2004年から再度増加傾向にある。これは米国籍および中国籍の出願件数の増加に因るところが大きい。調査期間を前半（1993～2002年）と後半（2003～2012年）に分けて見た場合，日本国籍出願人の出願件数比率は後半で1/3以下へ減少し，一方中国籍出願人では7倍以上に増加している。このようなデータ解析に基づき，学術論文の成果が特許出願や種苗産業に生かされにくいことが，日本の弱点として浮かび上がった。

この調査結果のSWAT分析により，日本農業の産業力強化のための戦略提言が取りまとめられた。概略は次のとおりである。

① 日本の強みである圃場や作物に対するセンシング技術を発展させつつ，高齢化によって失われる恐れがある熟練の知識を取り込んだ包括的な情報データベースを構築し，それらに基づく栽培管理システムを作り上げること

② 日本の強みであるセンシング技術を生かして小規模の田畑を群管理する技術開発に注力し，これらの技術を武器にアジア，アフリカなどの小規模農業中心の地域に積極的に事業を展開していくべきであり，その地域における知財権の取得を積極的に行っていくこと

③ 種苗市場は年々発展しており，世界に取り残されないために，また，我が国の安定した食料供給のために，基盤技術であるGMO（Genetically Modified Organism）の研究開発とともにNBT（New Plant Breeding Techniques）の開発が推進されるべきである

④ 欧米優位の育種技術開発に対抗するために，野菜等のゲノム育種に関連した研究拠点を核とし，国内の種苗会社を巻き込んだネットワーク作りを推進すること

⑤ 我が国の強みを生かすためには，機械化，省エネ化などスマート農業への適性の観点を踏まえた，高品質または高機能な品種の開発に注力することが望まれる

3. 農業情報流通の戦略

農業機械が情報通信技術と接続することにより，いままで個々に計測処理されてきた作物や圃場および気象などに関する情報が，農作業プロセスの中で一挙に集積あるいは統合する条件が現れ，ビッグデータ解析などの手法も利用可能になった。そこで，複雑で多様な大規模農業情報が経営判断に直結する生産知財として注目されるようになった。一方，特定の利害関係者による情報の囲い込みや独占による農業の健全な発展を阻害する危険性が表面化したので，農業情報に関する非競争領域あるいは協調領域における共有化・標準化のために，政府は「農業情報創成・流通促進戦略」（以下，本戦略）を発出した（**図4**）[5]。

本戦略は，「農業の産業競争力向上」と「関連産業の高度化」および「市場開拓・販売力強化」の３つの政策ベクトルを持ち，農業に輸出産業としての機能を持たせることを目的にしている。その共通基盤政策として，「農業情報の相互運用性・可搬性の確保に資する標準化や情報の取り扱いに関する本戦略に基づくガイドライン等の策定」と「農地情報の整備と活用」を挙げている。

相互運用性とは，異なる企業や異なる仕様のデータ管理システムであってもデータ利用が可能となる仕組みで，特定の利害団体の囲い込みを許さないことを旨とする。可搬性とは，データの所有権者が利

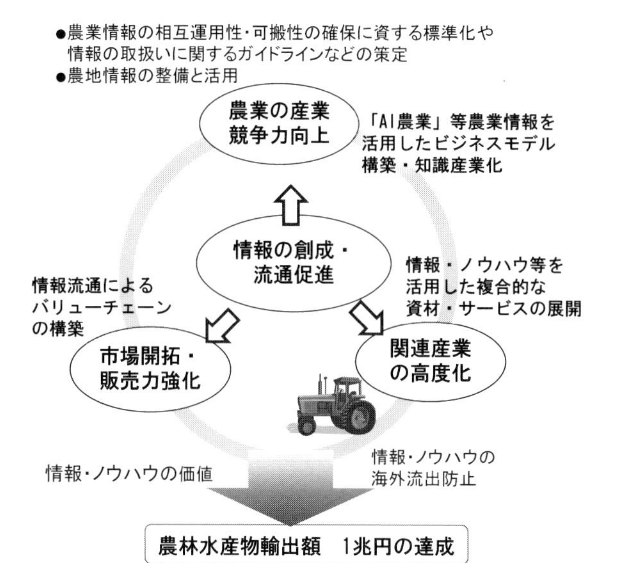

図４　農業情報創成・流通促進戦略の概要
2014 年６月３日，高度情報通信ネットワーク社会推進戦略本部決定

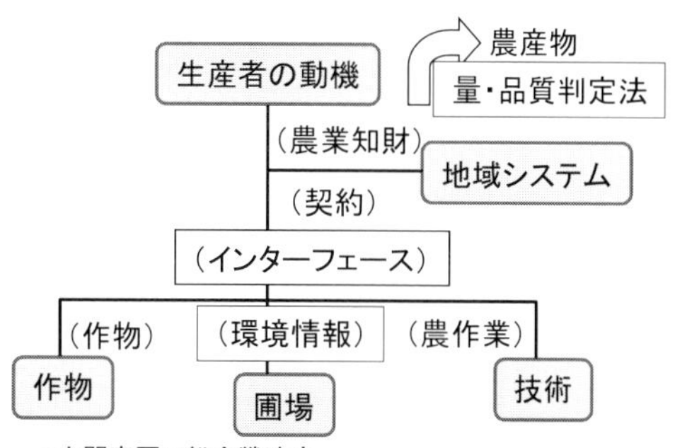

●内閣官房IT総合戦略室
　農業情報創成・流通促進戦略に係る標準化ロードマップ
　農業IT サービス標準利用規約ガイド（契約）
●農林水産省
　農作物の名称に関する個別ガイドライン（作物）
　農作業の名称に関する個別ガイドライン（農作業）
　農業ICT知的財産活用ガイドライン（農業知財）
●総務省
　農業ITシステムで用いる環境情報のデータ項目に
　　関する個別ガイドライン（環境情報）
　農業情報のデータ交換のインタフェースに関する
　　個別ガイドライン（インターフェース）

図５　農法の５大要素と農業情報標準化ガイドラインの関係（2016 年３月）

用しているデータ管理システムよりデータを自由にダウンロードでき，他の用途に利用できる機能である。データの相互運用性と可搬性の実効性を左右する価値基準として，データのオーナーシップ（所有権）問題がある。本戦略では，農場から取得した１次データは農場所有者あるいは耕作者に帰属することを原則としている。１次データを加工する場合には，関係者が所有権の帰属に関する公平な契約をすることを求めている。

また，農業委員会が管理する農地情報についてはディジタル情報化が実現され，「農地ナビ」を通じて閲覧可能になっている。

本戦略を推進するため，2016 年３月には，政府 IT 総合戦略本部で，「農業情報創成・流通促進戦略に係る標準化ロードマップ」と「農業 IT サービス標準利用規約ガイド（契約）」を発出し，農林水産省は「農作物の名称に関する個別ガイドライン（作物）」と「農作業の名称に関する個別ガイドライン（農作業）」および「農業 ICT 知的財産活用ガイドライン（農業知財）」を発出し，総務省は「農業 IT システムで用いる環境情報のデータ項目に関する個別ガイドライン（環境情報）」と「農業情報のデータ交換のインターフェースに関する個別ガイドライン（インターフェース）」を発出した。これらのガイドラインは農法の５大要素すべてに同時に関わり（**図 5**），本戦略の実行は，農作業の構造変革を強力に促進する役割を持っている。

4. スマート農業と農業の担い手

「スマート農業」が行政施策の課題に浮上したのは，農林水産省大臣官房に組織された「スマート農業の実現に向けた研究会」（2013 年 11 月 26 日発足）の活動によるところが大きい。農業機械や電気・情報通信あるいは自動車や保険などの多様な産業界，内閣官房や内閣府，総務省，経済産業省，厚生労働省の広範囲な関連行政部署，農業者や全農および産総研や農研機構，そして大学などの多様な専門分野から専門委員 25 名を招き，農業に関する業際的学際的な研究会を発足させた。趣旨は，ロボット技術や ICT を活用して超省力・高品質生産を実現する新たな農業（スマート農業）を実現するため，スマート農業の将来像と実現に向けたロードマップやこれら技術の農業現場への速やかな導入に必要な方策を検討することにあり，スマート農業の将来像と実現に向けたロードマップ（解決課題と対応）およびロボット技術の安全性確保策を課題として各界の意見を取りまとめた。

2014 年３月の中間取りまとめでは，「スマート農業」につき，先端技術を活用したイノベーションによ

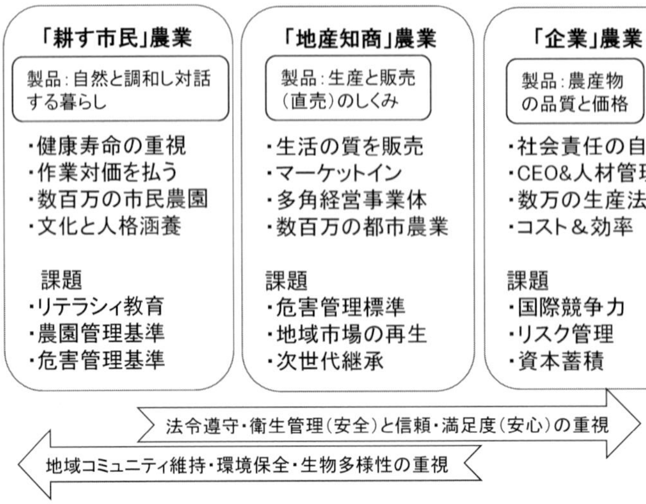

図６　地域資源を活用する日本農業の主な担い手
政府 IT 総合戦略本部，新戦略推進専門調査会農業分科会資料，2013.10.29

り「超省力」，「快適作業」，「精密・高品質」を実現する新時代の農業と定義することにした。この定義のままでは抽象的なので，なるべくユーザー目線に立ったスマート農業の将来像を提示することを試みた。

①　超省力・大規模生産を実現

トラクターなどの農業機械の自動走行の実現により，規模限界を打破

②　作物の能力を最大限に発揮

センシング技術や過去のデータを活用したきめ細やかな栽培（精密農業）により，従来にない多収・高品質生産を実現

③　きつい作業，危険な作業から解放

収穫物の積み下ろしなどの重労働をアシストスーツにより軽労化，負担の大きな畦畔等の除草作業を自動化

④　誰もが取り組みやすい農業を実現

農業機械の運転アシスト装置，栽培ノウハウのデータ化などにより，経験の浅い作業者でも対処可能な環境を実現

⑤　消費者・実需者に安心と信頼を提供

生産情報のクラウドシステムによる提供などにより，産地と消費者・実需者を直結

さらに，「第４次産業革命」における基盤技術である人工知能（AI）や IoT，ビッグデータ，ロボットの技術を農業分野で活用することにより，「スマート農業」の実現を加速化し，生産現場のみならずサプライチェーン全体のイノベーションを通じた新たな価値を創出することが提案された。センサーなどによりあらゆる情報がデータ化され，ネットワークでつながることにより，自由にやり取りが可能になり（IoT），集まった大量のデータをリアルタイムに分析して，新たな価値を生む形で利用可能に（ビッグデータ），機械が自ら学習し人間を越える高度な判断が可能に（AI），多様かつ複雑な作業についても自動化が可能に（ロボット），などの技術予想も検討された。

スマート農業研究会の活動は，内閣府総合科学技術・イノベーション会議や内閣官房政府 IT 総合戦略本部の活動と協調しながら，スマート農業を政府全体の政策課題として押し上げることに貢献した。

一方，スマート農業の担い手は誰かという鋭い問題提起が継続して出されたが，適切な回答を得るには至っていない。研究者や技術者が考え出すことは，現実から乖離した技術偏重のシナリオになりがちであり，人間や家族に目線を当てた地域コミュニティや社会システムの変化に対する洞察の欠落が常である。このスマート農業の構想も同じ弱点を持っている。著者も農業工学を専門とする技術研究者であり，技術偏重とは分かりつつも，なかなか担い手の人間像や地域社会の変貌を組み込んだ技術シナリオが苦手である。その素人が考えた，現行の農業システムが崩壊した後に登場する農業の担い手像を，参考までに紹介する（**図６**）。

①　日本の自然条件により，現行サイズと大差な

い小規模圃場群の耕作が安定した農業の姿である。

② 農業とは，植物や動物の営みの支援を基本として有用な産物を得る業である。

③ 農業は，大別して企業農業，地産知商農業，耕す市民農業に類型化される。

④ 企業農業の担い手は，数億～数十億円の売上を管理する事業経営者であり，市場アクセスを注視しながら収益管理とリスク管理を行う。

⑤ 地産知商農業の担い手は，数百万～数億円の売上げを管理する地元農産物を商う多角的事業体の家族経営であり，生産様式や生活様式が販売価値に直結する工夫をする。

⑥ 耕す市民農業の担い手は，農業あるいは農作業に対価を払う市民であり，自然と調和する暮らしに購入すべき価値を認める市民である。

⑦ 人々は，3つの類型の農業を自由に行き来し，体験できる。

⑧ スマート農業は，これらの多様な農業の担い手に利活用される技術と知の体系である。

5. おわりに

ICTをはじめとする情報通信機器や人工知能といわれるデータ科学技術の発達が世界の農業の姿を同時に大きく変えようとしている。スマート農業がサイバー攻撃の対象になることは，すでに実務者や技術者の間で話題になっていることである。また，データやセンサーの信頼性がシステム全体に深刻な影響をもたらすことも，想定すべきリスク管理の対象になりつつある。スマート農業の効率性と同時に，日本の弱点である合理的なリスク管理設計も必須の課題として認識する必要がある。

文　献

1) 澁澤栄：技術革新における機械化の役割(1編1章)，農業食料工学ハンドブック，コロナ社(in press).

2) 澁澤栄：ICTシステムを活用した未来を創造するスマート農業，月刊材料，**137**(7)，1–8(2017).

3) 澁澤栄：精密農業，朝倉書店，p. 197(2006).

4) 特許庁：平成26年度 特許出願技術動向調査—農業関連技術—(2015年3月).

5) 高度情報通信ネットワーク社会推進戦略本部(政府IT総合戦略本部)：農業情報創成・流通促進戦略(2014年6月3日).

第2章　データ流通における現状と課題

内閣官房　龍澤　直樹　　内閣官房　高橋　恵莉香

1. はじめに

本稿では，官民データ活用推進基本法(平成28年法律第103号)(以下,「官民データ基本法」)の公布・施行を踏まえて策定された「世界最先端デジタル国家創造宣言・官民データ活用推進基本計画」(以下,「IT新戦略」)に記載されている農林水産業に関連する施策を中心にデータ流通に係る現状と課題を記載した。

2. 官民データ活用推進基本法の公布・施行について

近年，スマートフォンの普及，IoTの進展，有線・無線ネットワークの高速・大容量化により，個人や事業者等が，文字情報のみならず，画像・映像データ，位置情報，センサー情報などの，月毎，日毎という定期的な情報ではなく，リアルタイムで流通・蓄積されるデータについても，インターネットを通じて送受信できるようになってきている。また，AI技術の開発，活用が進んできている。

このような技術進歩が進む中，平成26年にサイバーセキュリティ基本法が制定され，データ流通におけるサイバーセキュリティが強化された。また，平成27年に個人情報保護法の改正により，パーソナルデータの適正な取扱いを通じた利活用を促進するため，個人情報を匿名加工情報に加工し，安全な形で自由に活用可能とする制度が創設された。

データの活用は知識や知恵の共有につながるが，各々のデータが相互につながってこそさまざまな価値を生み出すという認識を，官(国，地方公共団体等)・民(国民，事業者等)双方において共有することが必要であり，そのためには，これからのデータ活用社会に対する意識の向上，官民の保有するデータの可能な限りの相互オープン化(オープンデータ)，データの分野横断的な連携の仕組みの構築，データの品質や信頼性・安全性の確保，データ活用のための人材育成や研究開発等，総合的な対策を講じていくことが必要である。平成28年12月，国が官民のデータ活用のための環境を総合的かつ効果的に整備するため，官民データ基本法が公布・施行されたところである。これにより，あらゆる分野でのデータ活用が進み，超少子高齢化社会における諸課題の解決に寄与することが期待されている(図1)。

官民データ基本法の目的は，官民データ活用の推進に関する施策を総合的かつ効果的に推進し，もって国民が安全で安心して暮らせる社会および快適な生活環境の実現に寄与することである(図2)。

官民データ基本法の第1章では，官民データの定義が規定されているほか,基本理念として,官民データ活用により得られた情報を根拠とする施策の企画および立案により，効果的かつ効率的な行政の推進に資する旨が規定されている。

第2章では，政府による官民データ活用推進基本計画の策定(8条)，都道府県による都道府県官民データ活用推進計画の策定(9条1項)，市町村による市町村官民データ活用推進計画の策定(努力義務)(9条3項)が規定されている。

第3章において，主な基本的施策として，行政手続に係るオンライン利用の原則化・民間事業者等の手続に係るオンライン利用の促進(デジタルファーストの推進)(10条)，国・地方公共団体・事業者による自ら保有する官民データの活用の推進(オープンデータの義務化)等(11条)，データ流通における個人の関与の仕組みの構築(データ流通の推進)等(12条)，情報システムに係る規格の整備，互換性の確保，業務の見直し，官民の情報システムの連携を図るための基盤の整備(サービスプラットフォームの構築)(15条)，研究開発の推進(16条)，人材育成及び確保(17条)などが規定されている。

高度情報通信ネットワーク社会形成基本法（2000年制定）
自由かつ安全に多様な情報又は知識を世界的規模で入手・共有・発信することで、あらゆる分野で創造的かつ活力ある発展が可能となる社会の形成を目指し、世界最高水準の高度情報通信ネットワークの形成等を促進

官民データ活用推進基本法
（平成28年制定）

サイバーセキュリティ基本法
データ流通における
サイバーセキュリティ強化
（2014年制定）

データ流通の拡大
AI、IoT関連技術の
開発・活用促進

個人情報保護法
パーソナルデータを安全に流通させるため、個人情報を匿名加工情報に加工し、安全な形で自由に利活用可能とする制度創設（2015年改正）

原則ITによる効率化等

生成、流通、共有、活用される
データ量の飛躍的拡大

超少子高齢社会における諸課題の解決
データを活用した新ビジネスとイノベーションの創出
データに基づく行政・農業・医療介護・観光・金融・教育等の改革

図1　高度情報通信ネットワーク社会に関連する主要な基本法

目的　インターネットその他の高度情報通信ネットワークを通じて流通する多様かつ大量の情報を活用することにより、急速な少子高齢化の進展への対応等の我が国が直面する課題の解決に資する環境をより一層整備することが重要であることに鑑み、官民データの適正かつ効果的な活用（「官民データ活用」という。）の推進に関し、基本理念を定め、国等の責務を明らかにし、並びに官民データ活用推進基本計画の策定その他施策の基本となる事項を定めるとともに、官民データ活用推進戦略会議を設置することにより、官民データ活用の推進に関する施策を総合的かつ効果的に推進し、もって国民が安全で安心して暮らせる社会及び快適な生活環境の実現に寄与する。（1条）

第1章　総則

- 「官民データ」とは、電磁的記録（※1）に記録された情報（※2）であって、国若しくは地方公共団体又は独立行政法人若しくはその他の事業者により、その事務又は事業の遂行に当たり管理され、利用され、又は提供されるものをいう。（2条）
  - ※1　電子的方式、磁気的方式その他人の知覚によっては認識することができない方式で作られる記録をいう。
  - ※2　国の安全を損ない、公の秩序の維持を妨げ、又は公衆の安全の保護に支障を来すことになるおそれがあるものを除く。
- 基本理念
  - ①IT基本法等による施策と相まって、情報の円滑な流通の確保を図る（3条1項）
  - ②自立的で個性豊かな地域社会の形成、新事業の創出、国際競争力の強化等を図り、活力ある日本社会の実現に寄与（3条2項）
  - ③官民データ活用により得られた情報を根拠とする施策の企画及び立案により、効果的かつ効率的な行政の推進に資する（3条3項）
  - ④官民データ活用の推進に当たって、
    - ・安全性及び信頼性の確保、国民の権利利益、国の安全等が害されないようにすること（3条4項）
    - ・国民の利便性の向上に資する分野及び当該分野以外の行政分野での情報通信技術の更なる活用（3条5項）
    - ・国民の権利利益を保護しつつ、官民データの適正な活用を図るための基盤整備（3条6項）
    - ・多様な主体の連携を確保するため、規格の整備、互換性の確保等の基盤整備（3条7項）
    - ・AI、IoT、クラウド等の先端技術の活用（3条8項）
- 国、地方公共団体及び事業者の責務（4条～6条）
- 法制上の措置等（7条）

第2章　官民データ活用推進基本計画等

- 政府による官民データ活用推進基本計画の策定（8条）
- 都道府県による都道府県官民データ活用推進計画の策定（9条1項）
- 市町村による市町村官民データ活用推進計画の策定（努力義務）（9条3項）

第3章　基本的施策

- 行政手続に係るオンライン利用の原則化・民間事業者等の手続に係るオンライン利用の促進（10条）
- 国・地方公共団体・事業者による自ら保有する官民データの活用の推進等、関連する制度の見直し（コンテンツ流通円滑化を含む）（11条）
- 官民データの円滑な流通を促進するため、データ流通における個人の関与の仕組みの構築等（12条）
- 地理的な制約、年齢その他の要因に基づく情報通信技術の利用機会又は活用に係る格差の是正（14条）
- 情報システムに係る規格の整備、互換性の確保、業務の見直し、官民の情報システムの連携を図るための基盤の整備（サービスプラットフォーム）（15条）
- 国及び地方公共団体の施策の整合性の確保（19条）
- その他、マイナンバーカードの利用（13条）、研究開発の推進等（16条）、人材の育成及び確保（17条）、教育及び学習振興、普及啓発等（18条）

第4章　官民データ活用推進戦略会議

- IT戦略本部の下に官民データ活用推進戦略会議を設置（20条）
- 官民データ活用推進戦略会議の組織（議長は内閣総理大臣）（22、23条）
- 計画の案の策定及び計画に基づく施策の実施等に関する体制の整備（議長による重点分野の指定、関係行政機関の長に対する勧告等）（20条～28条）
- 地方公共団体への協力（27条）

附則

- 施行期日は公布日（附則1項）
- 本法の円滑な施行に資するための、国による地方公共団体に対する協力（附則2項）

図2　官民データ基本法の概要

特に11条において，国及び地方公共団体はオープンデータに取り組むことが義務化されるとともに，事業者が保有する官民データであって公益の増進に資するものについて，同様の措置を講ずる努力義務が規定された。

3.「世界最先端デジタル国家創造宣言・官民データ活用推進基本計画」の策定

官民データ基本法に基づき，平成29年5月30日に「世界最先端IT国家創造宣言・官民データ活用推進基本計画」(以下,「基本計画」)が策定された。また，平成30年6月15日に「IT新戦略」に改訂された。

IT新戦略は，①デジタル技術を徹底的に活用した行政サービスの断行，②地方のデジタル改革，③民間部門のデジタル改革，④港湾物流やスマート農水産業を含む世界を先導する分野連携型「デジタル改革プロジェクト」，⑤抜本改革を支える新たな基盤技術等，抜本改革推進のための体制拡充と機能強化，の5つの重点取組で構成されており，特に④の「デジタル改革プロジェクト」の1つとして，スマートフードチェーンによる生産・流通改革，農業分野におけるデジタルファーストの推進，データをフル活用したスマート水産業の推進といったデータ駆動型のスマート農水産業の推進が記載されている(図3)。

4. デジタルファーストの推進

デジタル化にあたっては，紙の処理を電子的にも可能にする単なるIT化ではなく，BPR(Business Process Re-engineering)を前提とした，利用者にとっての価値や便益の創出を念頭に置いた取組みを推進し，そのさらなる拡充・横展開を進めなければならない。

行政のあらゆるサービスを最初から最後までデジタルで完結させる(行政サービスの100%デジタル化)ために不可欠な3原則(デジタルファースト，ワンスオンリーおよびコネクテッド・ワンストップ)に沿って，政府一体となってBPRを徹底し，手続オンライン化の徹底，添付書類の撤廃，ワンストップサービスの推進に取り組み，国民・企業の時間・労力の無駄を削減するとともに，行政運営の効率化を実現し，真に必要な分野・業務に行政資源を振り向けていくよう努める必要がある。

利用者中心の行政サービスを提供するため，デジタル化の3原則(デジタルファースト，ワンスオンリーおよびコネクテッド・ワンストップ)に沿った行政サービスの実現に向けた基盤の整備が必要である。行政手続等におけるオンライン化の徹底および添付書類の撤廃などを実現するため，「デジタルファースト法案(仮称)」を速やかに国会に提出する予定である。また，デジタルファーストを実現し，

図3　IT新戦略の全体像

本基本指針の位置づけ　※平成29年5月30日　高度情報通信ネットワーク社会推進戦略本部・官民データ活用推進戦略会議決定

平成28年12月14日に公布・施行された「官民データ活用推進基本法」において、国、地方公共団体、事業者が保有する官民データの容易な利用等について規定された。本文書は、これまでの取組を踏まえ、オープンデータ・バイ・デザイン（注）の考えに基づき、国、地方公共団体、事業者が公共データの公開及び活用に取り組む上での基本方針をまとめたものである。

1．オープンデータの意義

（1）国民参加・官民協働の推進を通じた諸課題の解決、経済活性化
（2）行政の高度化・効率化
（3）透明性・信頼の向上

2．オープンデータの定義

① 営利目的、非営利目的を問わず二次利用可能なルールが適用されたもの
② 機械判読に適したもの
③ 無償で利用できるもの

3．オープンデータに関する基本的ルール

（1）公開するデータの範囲・・・各府省庁が保有するデータは、原則オープンデータとして公開。公開することが適当でない公共データは、公開できない理由を原則公開するとともに、限定的な関係者間での共有を図る「限定公開」といった手法も積極的に活用。
（2）公開データの二次利用に関するルール・・・原則、政府標準利用規約を適用。
（3）公開環境・・・特にニーズが高いと想定されるデータは、一括ダウンロードを可能とする仕組みの導入や、APIを通じた提供を推進。
（4）公開データの形式等・・・機械判読に適した構造及びデータ形式で掲載することを原則。法人情報を含むデータは、法人番号を併記。
（5）公開済みデータの更新・・・可能な限り迅速に公開するとともに適時適切な更新。

4．オープンデータの公開・活用を促す仕組み

（1）オープンデータ・バイ・デザインの推進・・・行政手続き及び情報システムの企画・設計段階から必要な措置
（2）利用者ニーズの反映・・・各府省庁の保有データとその公開状況を整理したリストを公開→利用者ニーズを把握の上、ニーズに即した形での公開

5．推進体制

（1）相談窓口の設置・・・総合的な相談窓口（内閣官房IT総合戦略室）・相談窓口（各府省庁）の設置
（2）推進体制・・・内閣官房IT総合戦略室は、政府全体のオープンデータに関する企画立案・総合調整、各施策のレビュー、フォローアップを実施等

6．地方公共団体、独法、事業者における取組

地方公共団体・・・官民データ法の趣旨及び本基本指針を踏まえて推進。
独立行政法人・・・国費によって運営されていること又は実施している事業や研究があることに鑑み、基本指針に準拠して取組を推進することが望ましい。
公益事業分野の事業者・・・その公益性に鑑み、本基本指針及び利用者ニーズを踏まえて推進することが望ましい。

（注）公共データについて、オープンデータを前提として情報システムや業務プロセス全体の企画、整備及び運用を行うこと。

図4　基本指針の概要

利用者視点の行政サービスを提供するため，デジタルを前提とした業務の見直し（BPR）を行った上で，行政サービスに係る受付や審査・決裁・書類の保存業務のデジタル処理，国や地方の行政機関間の情報連携の仕組みや民間を含めた情報連携を可能とするシステムを順次整備する予定である。

農業分野においては，従来，紙ベースであった各種の農業関係手続のデジタル化に向け，まずは，認定農業者制度に係る申請手続の電子化に関する実証を平成30年度から一部地域で開始している。実証結果を踏まえ，平成31年度以降，全国展開を図るとともに，他の手続の電子化について検討を進めることとしている。

また，農業者が制度や各種補助金の申請手続や経営改善に資する情報などを一元的に入手可能となるようなポータルを構築し，農業経営の担い手育成に資するとともに，データを活用した政策立案など，行政の高度化・効率化を一層推進する予定である。

これらの取組みは，農業データ連携基盤と連携して取り組むことで，スマート農業の一層の推進が期待される。

5. オープンデータの推進

平成24年の「電子行政オープンデータ戦略」（平成24年7月4日，IT総合戦略本部決定）以降，積極的なオープンデータの推進に取り組んできたが，活用の促進が課題であり，活用しやすいよう，APIを通じて公開するなど，民間ニーズに即したオープンデータ公開が重要である。

官民データ基本法11条において，国および地方公共団体はオープンデータに取り組むことが義務化されたことを踏まえ，「オープンデータ基本指針」（平成29年5月30日，IT総合戦略本部・官民データ活用推進戦略会議決定）（以下，「基本指針」）が策定された。基本指針に基づき，オープンデータ・バイ・デザインの考えに則り，各府省庁が保有するデータの原則公開（公開することが適当ではない情報については，公開できない理由の公開）の徹底と，二次利用の積極的な促進を図り，諸課題の解決・経済活性化などにつなげていくこととしている（**図4**）。

オープンデータ化の潜在ニーズを掘り起こすべく，各府省庁においては行政保有データの棚卸リストを更新・活用しつつ，官民データ相談窓口におい

- 官民データ活用推進基本法第11条において、「国及び地方公共団体は、自らが保有する官民データについて、個人・法人の権利利益、国の安全等が害されることのないようにしつつ、国民がインターネット等を通じて容易に利用できるよう、必要な措置を講ずるものとする」と記載。
- 「世界最先端ＩＴ国家創造宣言・官民データ活用推進基本計画」（平成29年5月30日、閣議決定）以来、平成32年度までに地方公共団体のオープンデータ取組率100%を目標として推進。
- 平成30年12月16日時点の取組率は、約22%（394/1,788自治体）。

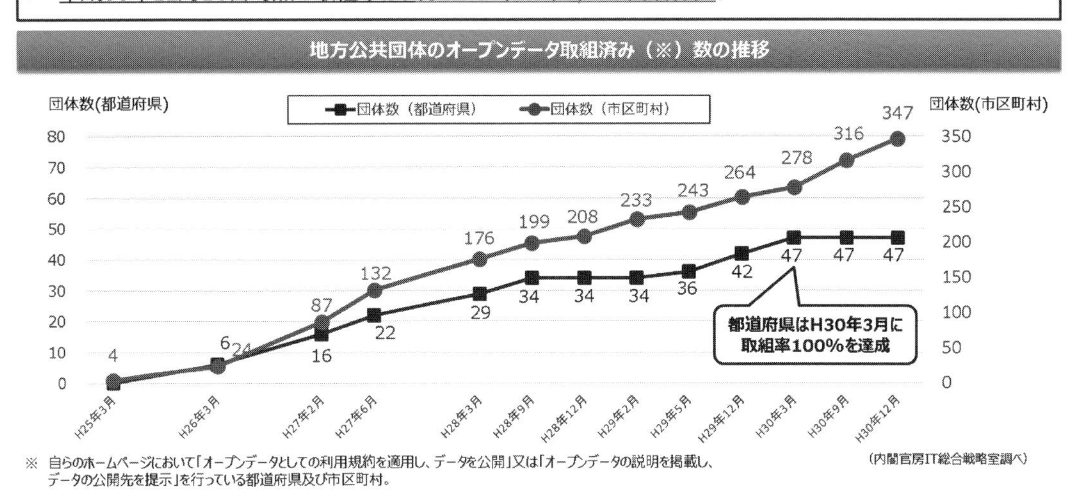

図５　オープンデータに取り組む地方公共団体数の推移

てオープンデータの公開要望の収集に努めるとともに，オープンデータ官民ラウンドテーブルを継続的に開催することで，民間ニーズに即したデータの公開を推進し，データを活用したイノベーションや新ビジネス創出を促進している。2018年9月14日には「土地・農業」分野での官民ラウンドテーブルを開催した。その結果を踏まえ，今後，農業データ連携基盤を通じて各種のオープンデータを提供する予定である。併せて，関係省庁でも気象情報，統計データ，地理空間情報のオープンデータ化など施策を推進している。

地方公共団体のオープンデータへの要請は高く，地方発ベンチャー創出や地域課題の解決につながることが期待されている。官民データ基本法に基づき，国および地方公共団体はオープンデータに取り組むことが義務化されたことに伴い，基本計画において，平成32年度までに地方公共団体のオープンデータ取組率100％を目標とする旨を記載している。地方公共団体のオープンデータ取組率について，都道府県は平成30年3月に100％を達成した。一方，市町村については，取組済み団体数が着実に増加しているものの，取組率は約20％（347団体。平成30年12月16日時点）にとどまっている。今後，規模の小さい自治体の取組を支援する必要がある（**図5**）。

国は，推奨データセットの拡充および普及啓発を進めるほか，地方公共団体職員等向けの研修の実施およびデータを保有する地方公共団体と民間事業者等との調整・仲介等の取組を通じ，引き続き，平成32年度までに地方公共団体のオープンデータ取組率100％を目標に推進することとしている。

今後，官民全体でITを活用した社会システムの抜本改革を進めていくためには，政府や地方公共団体といった官のみならず，事業者等においても，自らが保有するデータを抱え込むのではなく，分野を超えて活用し，さまざまな知識や知恵を共有することが新たな技術やサービスの開発などを促すものという認識を有することが重要である。

このような観点から，官民データ基本法では，事業者についても，データのオープン化も含め，積極的に官民データ活用の推進に努めることや，契約の申込みその他の手続に関し，オンライン処理を促進するために必要な措置を講ずることなどが規定されている。

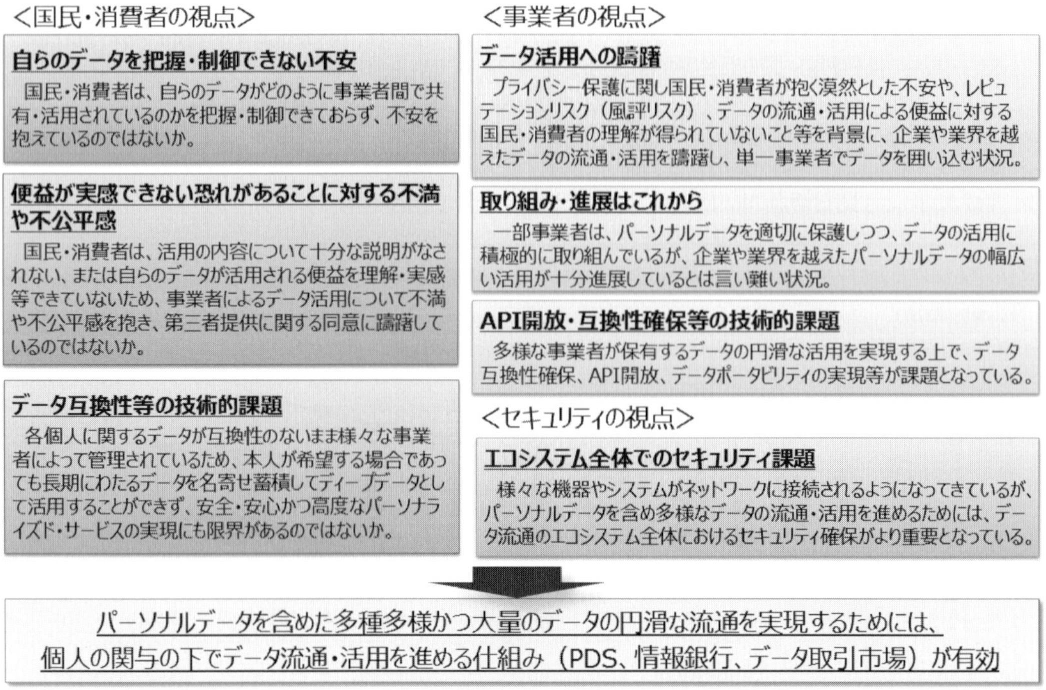

<国民・消費者の視点>

自らのデータを把握・制御できない不安
国民・消費者は、自らのデータがどのように事業者間で共有・活用されているのかを把握・制御できておらず、不安を抱えているのではないか。

便益が実感できない恐れがあることに対する不満や不公平感
国民・消費者は、活用の内容について十分な説明がなされない、または自らのデータが活用される便益を理解・実感等できていないため、事業者によるデータ活用について不満や不公平感を抱き、第三者提供に関する同意に躊躇しているのではないか。

データ互換性等の技術的課題
各個人に関するデータが互換性のないまま様々な事業者によって管理されているため、本人が希望する場合であっても長期にわたるデータを名寄せ蓄積してディープデータとして活用することができず、安全・安心かつ高度なパーソナライズド・サービスの実現にも限界があるのではないか。

<事業者の視点>

データ活用への躊躇
プライバシー保護に関し国民・消費者が抱く漠然とした不安や、レピュテーションリスク（風評リスク）、データの流通・活用による便益に対する国民・消費者の理解が得られていないこと等を背景に、企業や業界を越えたデータの流通・活用を躊躇し、単一事業者でデータを囲い込む状況。

取り組み・進展はこれから
一部事業者は、パーソナルデータを適切に保護しつつ、データの活用に積極的に取り組んでいるが、企業や業界を越えたパーソナルデータの幅広い活用が十分進展しているとは言い難い状況。

API開放・互換性確保等の技術的課題
多様な事業者が保有するデータの円滑な活用を実現する上で、データ互換性確保、API開放、データポータビリティの実現等が課題となっている。

<セキュリティの視点>

エコシステム全体でのセキュリティ課題
様々な機器やシステムがネットワークに接続されるようになってきているが、パーソナルデータを含め多様なデータの流通・活用を進めるためには、データ流通のエコシステム全体におけるセキュリティ確保がより重要となっている。

パーソナルデータを含めた多種多様かつ大量のデータの円滑な流通を実現するためには、
個人の関与の下でデータ流通・活用を進める仕組み（PDS、情報銀行、データ取引市場）が有効

図6　データ流通・活用に向けた課題

6. データ活用の現状と課題および対応策

我が国を取り巻くデータ活用の環境については，IoT機器の普及やAIの進化などにより，多種多様かつ大量のデータを効率的かつ効果的に収集・共有・分析・活用することが可能となってきており，データを活用することで新規事業・サービスの創出，生産活動の高度化・効率化，国民生活の安全性および利便性の向上等が実現すると期待されている。

諸外国においてデータを活用したビジネス・サービスの高度化に向けた取組みが進展しつつあるが，我が国ではさまざまな理由からデータの活用が企業内またはグループ内にとどまるなど，データを活用したビジネス展開が十分進んでいるとは言い難い状況である。

国内でのデータ活用が困難な状況が続けば，データを活用した事業が可能な環境を求めて我が国企業が海外に出ていかざるを得ない，AIの開発・活用にも支障が生じるといった指摘もなされているところであり，国際的な競争の観点からも，関係者の権利・利益に関する適切なバランスがとれたデータ流通・活用環境を整備することが急務である。

個人情報を含め，多種多様かつ大量のデータを企業や業界を越えて安全・安心に流通・活用できる環境が整備されることで，新規事業・サービスの創出を通じた我が国産業の競争力強化や経済活性化，国民生活の安全性および利便性の向上等が実現するとともに，急速な少子化・高齢化等の我が国が直面する課題の解決につながる（図6）。

また，安全・安心にデータを管理・流通・活用できる仕組みが確立されれば，海外からもデータを日本に預けたいというニーズが高まることが期待される。

さらに，多種多様かつ大量のデータの活用が可能となることでAIの潜在能力が最大限発揮され，第4次産業革命（Society 5.0）の実現に貢献することができる。

そこで，「データ流通環境整備検討会AI，IoT時代におけるデータ活用ワーキンググループ」においては，「個人情報を含むデータ」を中心にしつつ，それ以外を含めたデータ全般の流通・活用環境の整備に向け，データ流通に関する国民の不安や不信感を払しょくするとともに，民間企業等による積極的な

○平成27年9月　改正個人情報保護法が成立（施行は平成29年5月30日）

●改正のポイント●

1．個人情報保護委員会の新設

①個人情報取扱事業者に対する監督権限を各分野の主務大臣から委員会に一元化。
（※個人情報保護委員会の新設は平成28年1月。）

2．個人情報の定義の明確化

①利活用に資するグレーゾーン解消のため、個人情報の定義に身体的特徴等が対象となることを明確化。
②要配慮個人情報（本人の人種、信条、病歴など本人に対する不当な差別又は偏見が生じる可能性のある個人情報）の取得については、原則として本人同意を得ることを義務化。

3．個人情報の有用性を確保（利活用）するための整備

匿名加工情報（特定の個人を識別することができないように個人情報を加工した情報）の利活用の規定を新設。

4．いわゆる名簿屋対策

①個人データの第三者提供に係る確認記録作成等を義務化。（第三者から個人データの提供を受ける際、提供者の氏名、個人データの取得経緯を確認した上、その内容の記録を作成し、一定期間保存することを義務付け、第三者に個人データを提供した際も、提供年月日や提供先の氏名等の記録を作成・保存することを義務付ける。）
②個人情報データベース等を不正な利益を図る目的で第三者に提供し、又は盗用する行為を「個人情報データベース提供罪」として処罰の対象とする。

5．その他

①外国にある第三者への個人データの提供の制限、個人情報保護法の国外適用、個人情報保護委員会による外国執行当局への情報提供に係る規定を新設。
②取り扱う個人情報の数が5000以下である事業者を規制の対象外とする制度を廃止。
③オプトアウト（※）規定を利用する個人情報取扱事業者は所要事項を委員会に届け出ることを義務化し、委員会はその内容を公表。（※本人のもとめに応じて当該本人が識別される個人データの第三者への提供を停止する場合、本人の同意を得ることなく第三者に個人データを提供することができる。）

図7　改正個人情報保護法の概要

取組みを促すため，①個人を中心とした仕組みの実現，②民間企業等による取組みの促進，③技術革新の速さや諸外国の動向を踏まえた柔軟な対応が可能な枠組みの実現，④事前相談，事後的な対応の仕組みの実現の視点から検討を行い，平成29年3月に中間とりまとめを公表した。

農業分野におけるデータ流通・活用のユースケースとして，農業者が環境情報，生育情報，農作業記録，収穫情報等を収集・管理し，提供することで，高度な生育管理による高品質化，収量の向上・最適化，戦略的な農産物生産・出荷が可能となることが考えられる。また，自治体・支援団体，農機・ロボット事業者等と連携することで，「ノウハウの継承，省力化，戦略的農業経営の展開」が期待される。

現在，データを連携・共有・提供する場として，「農業データ連携基盤」（通称：WAGRI）の構築が進んでおり，平成29年12月からプロトタイプとして運用を開始している。有償の詳細な気象データの提供や，手書き・音声認識などのサービスの提供も始まっており，データ取引市場としての発展も期待される。

7. データ活用に関するルール整備

データ活用のルール整備に関するこれまでの政府の主な取組みの1つとして，匿名加工情報に関する規定等の新設を内容とする改正個人情報保護法（図7）の全面施行（平成29年5月）を受け，個人情報保護委員会は，国民・事業者の理解を深めるための説明会や相談対応を含む情報発信を実施してきた。

今後も，個人情報保護委員会は，パーソナルデータの適正かつ効果的な活用を促進し，経済活性化や国民生活の利便性の向上等の実現を目指し，個人情報の保護と適正な活用をバランス良く推進するという改正個人情報保護法の趣旨のさらなる浸透のために，引き続き個人情報および匿名加工情報の取扱いに関する事業者・国民からの相談に対応するとともに，個人情報保護法に関する事業者・国民の更なる理解の促進に向け，相談結果等を踏まえた事例集の公表等の情報発信に積極的に取り組むほか，認定個人情報保護団体等の民間の自主的取組みの支援等を行うなど，適切な活用環境を継続的に整備していくこととしている。

また，パーソナルデータについては，個人の関与

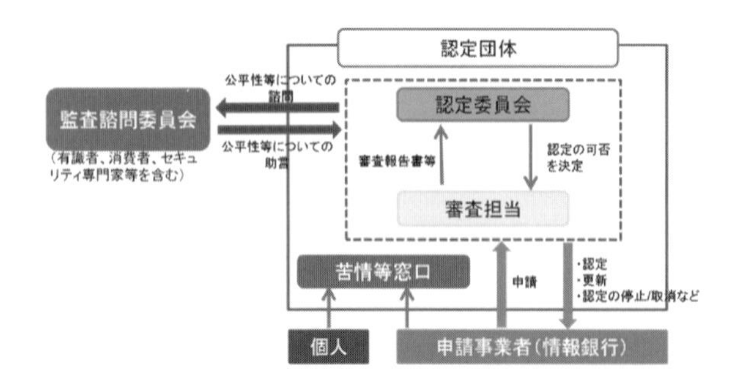

図8　情報信託機能の認定団体の運用スキーム

の下でのデータ流通・活用を進める仕組みであるPDS（Personal Data Store）や情報銀行（情報利用信用銀行），データ取引市場の実装に向けた検討が進んでおり，総務省および経済産業省の連携した研究会において，民間団体による情報信託機能の認定スキームについて検討が行われた（平成30年6月,「情報銀行の認定に係る指針 Ver 1.0」公表）。

今後は，データ活用による便益が個人および社会に還元され，国民生活の利便性の向上や経済活性化等の実現を目指し，PDS，情報銀行，データ取引市場の実装に向け，観光分野等における情報信託機能を活用した実証実験，情報信託機能の認定スキームに関する指針を踏まえた民間団体による取組状況や，諸外国の検討状況等を注視しつつ，引き続き，必要な支援策，制度の在り方などについて検討を行っていくこととしている（図8）。

その他，価値あるデータについて保有者および利用者が安心してデータを提供・利用できる環境を整備するための改正項目を盛り込んだ，「不正競争防止法等の一部を改正する法律」が成立し，平成30年5月30日に公布された。不正競争防止法は，事業者間の適正な競争を促進するため，「不正競争行為」に対する救済措置として，民事措置（差止請求権，損害賠償額の推定等）や刑事措置を定める法律であるが，平成30年改正では，①「限定提供データ（ID・パスワード等により管理しつつ，相手方を限定して提供するデータ）」の不正取得，使用等に対する民事措置の創設をするとともに，②技術的制限手段の効果を妨げる行為に対する規律の強化等を行っている。また，現在，限定提供データに関する制度について事業者の予見可能性を高めるためのガイドラインの策定を行っているところである。

世界規模で加速しているIoT，ビッグデータ，AIなどの新たな情報技術の社会実装を進めつつ，産業の新陳代謝を活性化し，さらなる生産性向上を図っていくことが，我が国産業の競争力強化の鍵となるが，これらを実現するためには，新たな情報技術を活用したビジネスを実施するための規制面での対応，企業間のデータの共有・連携のための環境整備，ベンチャー投資や事業再編の促進，中小企業の生産性向上の後押しが必要となる。政府においては，平成30年6月6日に施行された「生産性向上特別措置法」（平成30年法律第25号）において，革新的な技術やビジネスモデルの実証計画の認定についての「規制のサンドボックス」や，データの共有・連携のためのIoT投資の減税等，中小企業の生産性向上のための設備投資の促進を規定している。

8. データ連携のためのプラットフォーム整備

新たな経済社会としての「Society 5.0」の実現に向けた取組として，「高度道路交通システム」をはじめとする主要分野において，必要な技術開発やプラットフォーム開発などを実施してきている。

農業分野においては，これまで，データを活用した農業を推進するために，農業情報の相互運用性・可搬性の確保に資する農業用語等の標準化や情報の取扱いに関する政府横断的な戦略を策定し，これを踏まえた取組みとして，標準化ロードマップに基づいた8項目の個別ガイドラインや農業ITサービス標準利用規約ガイドの策定等を推進してきた。

また，耕作放棄地や所有者不明農地の増加，新規就農者の不足や農業従事者の高齢化等を受けて，担い手への農地利用集積の推進，就農希望者，参入希望法人などへの農地情報の提供，農地の利用促進や遊休農地の解消と発生防止を目的とし，農業委員会等に対し農地台帳の一部項目と農地地図のインターネット公開が平成25年12月の農地法改正により義務づけられ，平成27年4月から，農地情報公開システムにて，農地の所在や面積，所有者の貸付意向等を全国一元的に提供している。

さらに，データ活用による生産性向上等を実現するため，生産者及び公的機関や研究機関が有するさまざまな情報を集約し，異なるシステム間のデータ連携が可能となる農業データ連携基盤の構築を進めており，平成31年4月の本格サービス開始に向け，気象や土壌情報等のさまざまなデータを活用できる環境作りを進め，農業の競争力強化に資する新サービスを創出していき，ビッグデータを活用した経営改善・生産性向上や気象データ等を活用した生育予測などによる安定供給の実現を進める予定である。

農水産業を成長産業にしていくためには，拡大し続ける世界の食市場に向けて，我が国の高品質な農水産物・食品の輸出を強化することが重要であり，また，我が国農水産業の持続可能な発展に向けた競争力強化や農水産業者の所得向上を実現するためには，農水産業に関する多様な手続きを含めたデジタル化を推進し，多様な情報の活用に基づく，世界最高水準のデータ活用型農水産業の展開が不可欠であることから，農業データ連携基盤を核としてスマートフードチェーンシステムの構築を進めていくこととしている。

林業についても，効率的な森林整備のために，所有者・境界を明確化し，その情報を担い手に提供して施業集約化することが必要である。そのため，平成28年の森林法(昭和26年法律249号)改正を受け，平成30年度までに市町村が林地台帳に掲載する森林所有者や境界に関する情報を標準仕様に基づき整理し，平成31年4月から林地台帳制度の本格運用を開始する予定である。これにより，森林組合や林業事業体等が林地台帳を活用し，森林所有者に対する施業の働きかけを効率的に行い，森林施業の集約化を推進する。

水産業においても，水産資源管理の高度化と効率化，水産業分野における生産性向上の実現を目指し，漁業者，産地市場，加工流通，試験研究機関等が保有する水産業に関わる幅広いデータの取得・共有・活用が可能なスマート水産データベース(仮称)を平成32年度までに構築し，また，スマート水産データベース(仮称)の構築状況を踏まえつつ，水産行政に係る各種手続の電子化について検討を行っていくこととしている。

9. 研究開発の推進

研究開発等の推進については，官民データ基本法において「国は，我が国において官民データ活用に関する技術力を自立的に保持することの重要性」を考慮し，AIやIoT，クラウドサービスをはじめとした先端技術の研究開発・実証推進・成果普及に向けた必要な措置を講ずることとされている。

農業分野では，農業機械の遠隔監視下での無人システムを平成32年までに実現することを目指し，安全対策技術を含め，研究開発実証などを推進している。政府ではAIの本格的な導入に向けた戦略の策定に着手したところであり，農業分野でも，生産ノウハウの高度化や継承が期待される。

10. まとめ

ITやデータの活用は，農林水産業の生産性向上や競争力強化につながる重要な取組みである。

現在，農業データ連携基盤の構築を進めているが，デジタルファーストとの連携，オープンデータの提供，データ取引市場としての発展など，官民データ基本法の各条文の内容を一体的に取り組むことで，世界最高水準のスマート農業の実現を目指している。さらにAIの活用により，その早期実現が見込まれる。また，林業・水産業への横展開も期待される。引き続き，関係府省が連携して，これらの取組みを一層加速化し，データを活用したスマート農林水産業が当たり前のように実践されるようにしていく必要がある。

文　献

1) 世界最先端デジタル国家創造宣言・官民データ活用推進基本計画，平成29年5月30日，閣議決定.

2) 世界最先端IT国家創造宣言・官民データ活用推進基本計画，平成30年6月15日，閣議決定.

3) データ流通環境整備検討会：AI，IoT時代におけるデータ活用ワーキンググループ：中間とりまとめ，平成29年3月.

第3章　農業IT標準化の推移と現状

株式会社富士通総研　桑﨑　喜浩　　株式会社富士通総研　河村　望

1. 農業ITに標準化が求められる背景

我が国では，農業IT分野に対する「農業情報創成・流通促進戦略」に基づく具体的な取組みとして，「標準化ロードマップ」を策定し，2014年度以降「個別ガイドライン」の整備を進めてきている。

これは，異なるシステム間でのデータ連携の促進を通じてデータの相互運用性・可搬性を確保することで，農業のみならず他分野とのデータ連携を容易にすることを目的としたものである。また，研究開発から生産現場，さらには店頭までが同じガイドラインを基盤とすることで，産学官が連携した我が国農業IT産業の連携効果の促進，IT化された農業機材やソリューションを輸出する新たな農業ITビジネスの展開を創出するものである。

農業ITにおける標準化が必要とされる理由について，主として現場の状況から下記の2点について整理する。

1.1　日本の農業IT市場の特徴と相互運用性・可搬性の問題

日本の農業IT市場は勃興期にあり，例えば農業法人を対象としたその市場規模は約85億円(弊社独自調査)とまだまだ発展途上である。そのマーケットに対して，生産計画作成，生産管理，経営管理・分析などさまざまな機能を提供するサービスが多数存在している。そのITシステムを提供するITベンダーは，大手SIerや農機メーカーからベンチャー企業に至るまで，優に100社を超えると認識している。デファクトとなるITソリューションがまだ存在しない中で，農業者にとっては違うITソリューションに移行するケースも数多く発生し，また経営統合の結果として複数のITソリューションを使う必要が生じる場合もある。その際，データ項目がバラバラだと，自らの過去データが引き継げなかったり，統合的な経営管理ができなかったりといった問題が生じる可能性がある。

1.2　マスタ設定における相互運用性・可搬性の問題

農業現場のデータは，その農業者が自らの経営・栽培の状況を確認し次の計画に生かすことに加え，他の農業者や生産者グループの平均値と比較する，あるいはビッグデータ化して新しい知見を得るなど，他者と共有することで大きな価値を創出することにつながる。

しかし，ガイドライン策定以前には，同じITベンダーが提供する生産管理システムであっても，農業者ごとに「作業名」などのマスタを個別に設定登録するケースが多く，当該農業者がよく使う言葉をそのまま登録していた。その結果として，農業者Aと農業者Bが同じ農作業を行ったとしても，その効率性や生産性を比較することができないケースも多く存在することが問題であった(図1)。

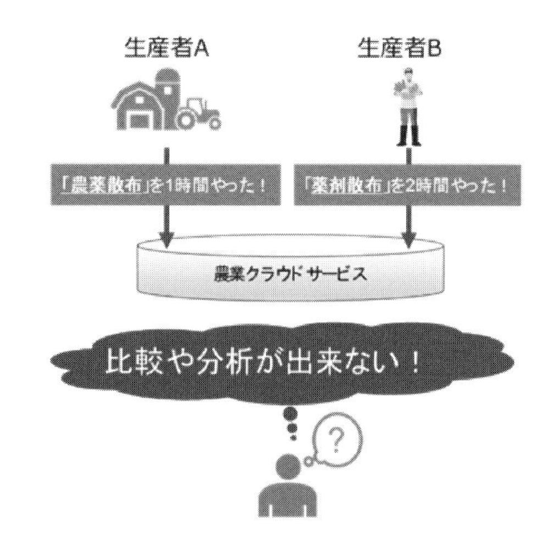

図1　用語が標準化されていないことによる問題(例)

2. 農業IT標準化の歩み

前述のとおり，農業ITの標準化は国の「農業情報創成・流通促進戦略」の下で整備が進められてきた。まず，2014年度に国内農業ITシステムの調査を広く実施し，生産者に提供されている仕組みを大きく「生産管理システム」，「生産記録システム」，「農業機械連携システム」，「複合環境制御システム」，「環境モニタリングシステム」に分類整理した。そして，そのITシステムの機能範囲が「記録・管理」に留まっており，今後はデータの高度活用・分析が期待される点，データベースの作成に統一的な手法がない点が確認された。

その結果から，緊急性の高さや網羅性を検討して，畜産分野を除く耕種・施設園芸を対象に，「農作業名」，「農作物名」，「登録農薬に係るデータ項目に関する情報」，「登録肥料等に係るデータ項目に関する情報」，「農業情報のデータ交換のインタフェース」，「環境情報」，「生育調査等の項目」，「生産履歴の記録方法に係る情報」をその対象として抽出し，標準化の個別ガイドラインが作成された。

次に，各項目の内容について記す。

3. 農業ITの個別ガイドラインの内容

個別ガイドラインは2018年9月時点で**表1**のとおり作成され，内閣官房より公表されている[1]。

本項では，暫定版を除く個別ガイドラインの内容について概要を示す。

3.1　農作業の名称に関する個別ガイドライン

農作業の名称とは，例えば，育苗・耕起・定植・防除・収穫等，農作物の栽培から収穫に至るまでの一連の基本的な作業ごとの名称である[2]。

農作業の名称が標準化されることにより，異なるシステムを活用している生産者とも作業時間や作業効率を比較し，改善することができる。また，標準化されることによるビッグデータ活用が進むことにより，作業適期の把握や，作付計画などの経営シミュレーションの実施できると期待する。また，ITベンダーにとっては，作業記録項目のマスタ設定などを容易に行うことができるようになる。

ガイドラインとして整理した用語は，①農林水産省で実施している「農業経営統計調査」で用いられている用語，②国立研究開発法人農業・食品産業技術総合研究機構，③大学共同利用機関法人情報・システム研究機構国立情報学研究所で構築された「農作業基本オントロジー」に収録されている用語，④「日本農業シソーラス」，および⑤ITベンダーへのヒアリング情報を参考としている。

ガイドラインでは**表2**のとおり，大項目（農業経営統計調査と同一），中項目，シソーラスに分類し整理を行い，農作物別に利用されている項目に対して○付けを実施している。

表1　公表されている個別ガイドライン一覧（2018年9月現在）

個別ガイドライン名称	版　数
農作業の名称に関する個別ガイドライン	第3版
環境情報のデータ項目に関する個別ガイドライン	第3版
農作物の名称に関する個別ガイドライン	第2版
農業情報のデータ交換のインタフェースに関する個別ガイドライン	第2版
生育調査等の項目に関する個別ガイドライン	第1版
農業ITシステムで用いる登録農薬に係るデータ項目に関する情報	暫定版
農業ITシステムで用いる登録肥料等に係るデータ項目に関する情報	暫定版
農業ITシステムで用いる生産履歴の記録方法に係る情報	暫定版

3.2　環境情報のデータ項目に関する個別ガイドライン

環境情報とは，農業生産における，大気，土壌，水等の植物体の周辺の状況を表すために，センサーなどで数値として取得され，計算された物理量または指標のことをいう。例えば，温度，湿度，光の強さ，二酸化炭素濃度などの値のことである[3]。

環境情報のデータ項目および［**3.4**］に示すデータ交換のインタフェースが標準化されることにより，センサー・システムの選択肢が広がり，安価なシステムが構築できる可能性がある。また，ITベンダーにとっては，接続対象システムの広がりや，他システムとの接続のための対応開発コストの削減効果が期待できる。さらに，データの高度な利活用が可能となり，生産性の向上に寄与していくものと考えら

表2　農業ITシステムで用いる農作業の名称に関する個別ガイドライン（第3版）2）別表　「項目整理表」（一部抜粋）

基本表		シソーラス	農作物別農作業名											
大項目	中項目		米	麦類	露地野菜	施設野菜	露地果樹	施設果樹	花き・花木	雑穀（なたね・そば）	豆類	いも類	その他（茶・さとうきび・い・てんさい）	備考
種子予措	加温		○	○	○	○			○				○	
	球根予措								○					
	催芽	出芽	○	○	○	○			○				○	
	種子消毒		○	○	○	○			○	○	○		○	
	浸種		○	○	○	○			○				○	
	選種	塩水選	○	○	○	○				○	○		○	
	種芋消毒											○		
	種芋選別											○		
	芒取り		○											
	その他													
育苗	育苗ハウス片付け		○		○	○			○	○	○	○	○	
	育苗ハウス組み立て		○		○	○			○	○	○	○	○	
	移植	間引き移植			○	○			○	○	○	○	○	

表3　農業ITシステムで用いる環境情報のデータ項目に関する個別ガイドライン（第3版）[3]　別表2「基本項目名，単位表」（一部抜粋）

系	System	分類	Classification	日本語名	英語名	単位	表示（HTML）
シュート	shoot	温度	temperature	温度	temperature	Cel	℃
シュート	shoot	温度	temperature	気温	air_temperature	Cel	℃
シュート	shoot	温度	temperature	温室内気温	greenhouse_air_temperature	Cel	℃
シュート	shoot	温度	temperature	屋外温度	outside_air_temprature	Cel	℃
シュート	shoot	温度	temperature	群落温度	canopy_temperature	Cel	℃
シュート	shoot	温度	temperature	葉面温度	leaf_temperature	Cel	℃
シュート	shoot	温度	temperature	地表面温度	land_surface_temperature	Cel	℃
シュート	shoot	温度	temperature	生長点温度	growing－point_air_temperature	Cel	℃

れる。

ガイドラインでは，「基本項目名，単位表」として213項目を整理するとともに，「項目名の命名法」，「データ項目の単位記述法」および「基準となる単位表」を整理することで，目的の用語が「基本項目名・単位表」にない場合や，用語はあるが単位が異なる場合にも対応できる（**表3**）。

加えて，設置位置がどこか，どういった条件で測定されているか，センサーの仕様などのメタ情報の記録フォーマットも**表4**のように整理されている。

表4　農業ITシステムで用いる環境情報のデータ項目に関する個別ガイドライン(第3版)[3]　別表6「計測結果のメタ情報記録フォーマット」(一部抜粋)

メタ情報項目	Me tadata tag	意　味	記述欄	内容(例)
フォーマットの種別	type [xlink:href]	URI(固定)	http://www.opengis.net/def/observation-Type/OGCOM/2.0/OM_ComplexObservation	http://www.opengis.net/def/observationType/OGCOM/2.5/OM_ComplexObservation
計測時間	phenomenon Time	—	—	—
	└gml:TimePeriod[gml:id]	期間のid		20160101010000090 0r0001
	└gml:beginPosition	開始時刻		2016−01−01T01:00:00＋09:00
	└gml:endPosition	終了時刻		2016−01−01T02:00:00＋09:00

表5　農業ITシステムで用いる農作物の名称に関する個別ガイドライン(第2版)[4]　別表「項目整理表」(一部抜粋)

基本表			シソーラス	品種等	収穫部位	属性項目
大分類	中分類	小分類				
果樹類	かんきつ	伊予柑		大谷いよかん、勝山いよかん、ダイヤオレンジ、宮内いよかん、弥生紅	果実	普通、ハウス栽培
		オレンジ		スイートオレンジ、バレンシアオレンジ	果実	
		かぼす		黄かぼす	果実	ハウス栽培
		きんかん		ニンポウキンカン、マルキンカン	果実	ハウス栽培
		なつみかん	なつだいだい	甘夏みかん、川野オレンジ、サンフルーツ、立花オレンジ、田の浦オレンジ、紅甘夏みかん、紅サンフルーツ	果実	

3.3　農作物の名称に関する個別ガイドライン

農作物の名称とは，例えば，稲，麦類，果樹類，野菜類等，国内で生産され，流通している基本的な農作物の名称である[4]。

農作物の名称が標準化されることにより，農薬の適正使用のチェックを自動的に実施可能となる。また，ITベンダーにとっては，作業記録項目のマスタ設定などを容易に行うことができるようになる。

ガイドラインとして整理した用語は，農薬の適用農作物名，青果標準商品コード等の流通段階で使用されている農作物名および「日本農業シソーラス」を参考として整理された。

ガイドラインは**表5**のとおり，大分類，中分類，小分類，シソーラス，品種等に分類され，その収穫部位および属性項目が記載されている。小分類は，「とうもろこし(子実)」など，複数回出現するものについては，収穫部位が記載されている場合がある。

3.4　農業情報のデータ交換のインタフェースに関する個別ガイドライン

本ガイドラインの対象とする農業情報とは，農場の内部で発生し，時系列等の単位で取得されるデータ(トランザクション)を対象としている。また，インタフェースとは，コンピュータと周辺機器，ソフトウェア間を接続するための規格・仕様のことであるが，本ガイドラインでは，特に，ソフトウェア間のデータ交換におけるデータフォーマット・API(Application Programming Interface)を指す[5]。

農業情報のデータ交換のインタフェースが標準化されることによる効果は，[**3.2**]に記載のとおりで

表 6　農業情報のデータ交換のインタフェースに関する個別ガイドライン（第 2 版）[5]　「表 2」（一部抜粋）

項　目		タ　グ	意　味	記述例
データ連携サービス情報：Service-Identification	タイトル	Title	データ連携サービスのタイトル	X 社環境データ携サービス
	概要	Abstract	データ連携サービスの概要	環境データを SOS で提供
	データ連携サービス型式	ServiceType	データ連携サービスの仕様	OGC : SOS
	データ連携サービス型式のバージョン	ServiceTypeVersion	データ連携サービスのバージョン	2.0.0
	利用料金	Fees	データ連携サービスを利用するための料金	NONE
	アクセス制限	AccessConstrains	アクセスの制限事項	YES

表 7　農業 IT システムで用いる生育調査等の項目に関する個別ガイドライン（第 1 版）[6]　別表 1－1「項目整理表（稲_主要項目）」（一部抜粋）

調査時期	項番	生　育ステージ	収　量構成要素	同義語整　理	出　典	定　義	調査法	調査数	測定単位
本田期の調　査	20	有効分げつ期間	13	―	岩手県水稲調査基準	分げつ開始より、有効分げつ決定までの期間	算出測定	―	日
					日本作物学会九州支部会編作物調査基準	分げつ開始から有効分げつ決定までの期間	算出測定	―	日
	22	無効分げつ期間	14	―	岩手県水稲調査基準	有効分げつ決定期の翌日から分げつ終止期までの期間	算出	―	日
					日本作物学会九州支部会編作物調査基準	打効分げつ決定期の翌日から分げつ終止期までの期間	算出	―	日

ある。

本ガイドラインでは国際的な環境情報の交換のための規格である SWE（Sensor Web Enablement）の，SOS（Sensor Observation Service）のデータフォーマットをリファレンスモデルとして採用し，メタ情報のデータフォーマットおよび API の入力データフォーマット等を整理している。SOS とは，観測情報を得るための WEB サービスのオープンインタフェースであり，メタ情報のデータフォーマット，データの交換のための API が決められている。

3.5　生育調査等の項目に関する個別ガイドライン

生育調査等の項目とは，例えば，出穂期，収穫期等の生育ステージごとの葉色や穂数などの項目である[6]。

生育調査項目が標準化されることにより，「出穂日○日前」などの農薬の適正使用の自動チェックや，他の生産者との生育状況の精緻な比較が可能となる。さらに，標準化によるビッグデータ活用が進むことにより，環境設定も含めた適期作業の支援，生育予測シミュレーションなどが行えるようになる可能性がある。

生育調査項目は作物ごとに整理され，2018年9月現在は稲，トマト，いちごが取りまとめられている。それぞれ収量構成要素に影響の高い項目の関係性を整理するとともに，生育ステージ項目とその他の項目に対して同義語，出典，定義などを整理している。

4. 標準化を活用した農業ITの広がり

個別ガイドラインは段階的に策定・改修されて，その内容は内閣官房のホームページに掲載されている。また，毎年ITベンダーや関係者を集めて広く告知されていることから，農業IT分野での認知はかなり進んできている。

その標準化個別ガイドラインの活用も，個々のITベンダーで戦略的に進みつつある。例えば生産管理システムを提供するITベンダーでは，ユーザーが利用を始めるときにそのユーザーが選択肢としてシステムに表示させる各用語を登録しなければならない。その際に，「農作業名」，「農作物名」は個別ガイドラインを基に，そのユーザーが使う用語やその地域特有の言葉を読み替えたりあるいはシソーラスとして紐付けしたりして登録している。現場では，ITベンダー以上にむしろ自治体やJAがガイドラインを意識しており，自治体単位での実証やJA単位での導入の場合には，ユーザー側からガイドラインに沿った用語集が提示されるケースも多い。

その結果，ガイドラインの「中項目」（農作業名）や「小項目」（農作物名）のレベルにおいては，他生産者との比較や全体の統計処理が可能となり，生産者のための機能拡張の可能性が広がっている。

4.1　実証における標準化個別ガイドライン活用の動き

ITベンダー個々の取組みに加え，国が主導して標準化個別ガイドラインを用いた実証が進んでいる。

2016年度から農林水産省の事業の一環として，生産管理を提供するITベンダーと複数の圃場センサーメーカーとが「環境情報のデータ項目に関する個別ガイドライン」および「データ交換のインタフェースに関する個別ガイドライン」を採用した実証をみかんを対象として行っている。施設園芸におけるオランダ型の環境制御システムに顕著であるが，データを管理・制御するソフトウェアはデータ連携できる圃場センサーを限定している場合が多く，結果的に全体の導入コストが割高になってしまう。

今回の実証では，ガイドラインで定めたデータ項目に沿って送受信する項目を設定し，またインタフェースもガイドラインに準拠した方式に設定することで，これまでデータ連携の実績のなかったセンサーに関しても比較的容易に連携が可能であることが確認できている。また，実証を通じて個別ガイドラインに対する要望も抽出されており，ガイドライン自体の有用性も高まっているものと考える。

4.2　フード・バリューチェーンへの展開

前述のとおり，農業ITの標準化は，生産現場のデータの相互運用性・可搬性を高めてその高度利用の促進や農業ITのコスト低減を図るという当初の目的に対して，効果を発揮し始めている。

そして将来的に，食品流通・加工・小売等の事業者や金融・保険サービス事業者，ヘルスケア関連事業者など，農業の生産現場を取り巻く産業とデータ連携することで，食品廃棄ロスの削減や物流も含めた人手不足の解消など，より広範な社会課題の解決につながるものと考えられている。

特に農業生産・食品流通・消費までを含め，多様で膨大なデータを活用して生産性や競争力の向上などを目的とするフード・バリューチェーン構築への期待が高まっている。2018年度より開始予定の内閣府の事業である第二期「戦略的イノベーション創造プログラム」では，研究テーマの1つとして「スマートバイオ産業・農業基盤技術」が挙げられており，「スマート・フードチェーンシステムの構築」が主要な研究開発項目になっている。この取組みの中で，バリューチェーンの中で必要とされる生産現場のデータが明らかとなってくることで，さらに現在の農業ITにおける標準化個別ガイドラインが改修・洗練され，重要性が高まっていくものと考えている。

文　献

1）首相官邸：高度情報通信ネットワーク社会推進戦略本部（IT総合戦略本部）新戦略推進専門調査会分科，農業取りまとめ等.

https://www.kantei.go.jp/jp/singi/it2/senmon_bunka/nougyou.html（2018年9月27日アクセス）

2）内閣官房：農業ITシステムで用いる農作業の名称に関する個別ガイドライン（第3版）（2017）.

3）内閣官房：農業ITシステムで用いる環境情報のデータ項目に関する個別ガイドライン（第3版）（2017）.

4）内閣官房：農業ITシステムで用いる農作物の名称に関する個別ガイドライン（第2版）（2017）.

5）内閣官房：農業情報のデータ交換のインタフェースに関する個別ガイドライン（第2版）（2017）.

6）内閣官房：農業ITシステムで用いる生育調査等の項目に関する個別ガイドライン（第1版）（2018）.

第４章　栽培ノウハウ等の知的財産に関する現状と課題

農林水産省　杉中　淳　　農林水産省　石戸　拓郎
農林水産省／弁護士　辻本　直規　　農林水産省　中島　明良

1. 農業と知的財産

1.1　知的財産とは

知的財産とは，知的な創作活動により生み出されたアイデアや，長年の商売により培われた営業上の信用・ブランドなどといった，精神活動の成果として生まれた価値のある無体物(情報)を総称する言葉である。知的財産基本法において，知的財産は以下のとおり定義されている。

① 発明，考案，植物の新品種，意匠，著作物その他の人間の創造的活動により生み出されるもの(発見又は解明がされた自然の法則又は現象であって，産業上の利用可能性があるものを含む。)

② 商標，商号その他事業活動に用いられる商品又は役務を表示するもの

③ 営業秘密その他の事業活動に有用な技術上又は営業上の情報

知的財産は，不動産や動産などの有体物と異なり物理的に占有することができず，所有権等の物権の枠組みでは適切に権利を保護することができないことから，無体物(情報)に所有権に準じる排他的な独占権を認め，他人の模倣等から知的財産を保護するための概念が知的財産権である。代表的な知的財産権の類型としては，図１に掲げるものが存在する。

知的創作物についての権利等

権利（法律）	内容
特許権（特許法）	● 発明を保護 ● 出願から20年（一部25年に延長）
実用新案権（実用新案法）	● 物品の形状等の考案を保護 ● 出願から10年
意匠権（意匠法）	● 物品のデザインを保護 ● 登録から20年
著作権（著作権法）	● 文芸、学術、美術、音楽、プログラム等の精神的作品を保護 ● 死語50年（法人は公表後50年、映画は公表後70年）
回路配置利用権（半導体集積回路の回路配置に関する法律）	● 半導体集積回路の回路配置の利用を保護 ● 登録から10年
育成者権（種苗法）	● 植物の新品種を保護 ● 登録から25年（樹木30年）
営業秘密（不正競争防止法）	● ノウハウや顧客リストの盗用など不正競争行為を規制

営業上の標識についての権利等

権利（法律）	内容
商標権（商標法）	● 商品・サービスに使用するマークを保護 ● 登録から10年（更新あり）
商号（会社法）	● 商号を保護
商品等表示（不正競争防止法）	● 周知・著名な商標等の不正使用を規制
地理的表示（ＧＩ）（特定農林水産物等の名称の保護に関する法律）	● 品質、社会的評価その他の確立した特性が産地と結びついている産品の名称を保護

図１　知的財産・知的財産権の種類

新たな発明を保護する特許権，書物や絵画などの創作物を保護する著作権，ブランド名やロゴなどを保護する商標権などは広く一般に知られているが，その他にもさまざまなものが知的財産権の保護の客体とされている。

多くの知的財産権は，登録によって特定の者に対して一定期間の独占権を付与する一方，その事実を世の中に広く知らしめるため，出願(申請)または登録の段階でその内容を公表することとしている。これは，一方では自己の知的財産権に関する情報に誰でもアクセス可能になってしまうというリスクも併せ持っている。

他方，対外的に秘匿されているノウハウなどの営業秘密も，不正競争防止法によって，知的財産の一類型として保護されている。

このように，知的財産には，権利の対象が公にされるものと秘匿されるものとがあるが，知的財産の管理としては，知的財産の内容を完全にオープンにすることによって技術の普及や市場の拡大を図る戦略(完全なオープン戦略)，特許権などを取得することなどにより知的財産を権利化し，第三者にライセンスすることで収益を得る(知的財産権の活用を伴うオープン戦略)，または知的財産をあえて権利化せず，営業秘密などとして保持することで他者との技術格差を保持する(クローズ戦略)がある。自らが有している知的財産をオープンにするかクローズにするかは，「オープン・クローズ戦略」といわれ，現在の経済活動において考えなければならない重要な事項となっている。

1.2　農業と知的財産

農業に従事してきた人々(以下，農業者)は，有史以来，生産性を向上するために，品種改良や農業機械の開発，肥料・農薬の改良などの工夫を行ってきた。これらは，農業者の創意工夫により生み出された新しい創造物であり，知的財産そのものである。また，多くの農業者や食品産業事業者は，農林水産物や食品を販売する際に，各地域や各企業の製品の特徴を PR し，消費者の認知度を上げるためのブランド化を図ってきた。

このように農林水産業の各所で知的財産は存在するのであり，農業は知的財産の宝庫といえる産業である。

しかしながら，日本の農林水産業界や農林水産政策を見た場合，工業や情報産業などと比べて，知的財産の重要性が認識されているとは言い難い状況にある。この背景には，選別を嫌い，新しい技術などを個人が独占せず，農村全体で共有するべきという日本の農村の伝統的な風土が存在すると考えられる。このような風土自体は，日本の農村の美徳といえるものであり，日本の農業は，地域のリーダーである篤農家が技術や新品種などを地域の農業者に普及し，共有することによって発展してきた。戦後の農林水産政策でもその基本的な考え方は受け継がれ，普及改良事業などによって全国レベルで新技術や新品種を共有するという政策を推進してきた。つまり，日本の農林水産業は，究極のオープン戦略の下で発展してきたといえる。

このようなオープン戦略が可能であったのは，日本の農林水産業は，長らく国内市場のみを対象にした閉ざされた環境下にあり，技術や品種などの知的財産も信頼できる者の間でしか共有されなかったからであろう。しかし，経済のグローバル化が進み，日本の農業が世界との競争に直面する中で，日本食のブームとともに，日本の農林水産物の高い品質や高度な生産技術が世界で知られるようになった。

日本の農林水産物の知名度の向上に伴い，日本の農林水産業の知的財産が海外に流出されるケースが頻出している。有名な例として，国立研究開発法人農業・食品産業技術総合研究機構が開発した新品種である「シャインマスカット」が中国に流出した例や，栃木県の開発した「スカイベリー」の名称が中国で商標登録されていた例があり，正しい知的財産保護が行われていれば日本により大きな収入をもたらした可能性が高いと考えられる。

日本の農林水産業が生き残りをかけて輸出や海外展開に取り組むためには，知的財産保護戦略を重視し，それぞれの経営体が適切なオープン・クローズ戦略を取ることが必要といえる。

1.3　農業のノウハウの知的財産保護に関するアンケート調査

以上述べたように，農林水産業における知的財産保護の取組みは遅れている状況にあるが，それでも種苗法に基づく植物新品種の品種登録や商標法に基づく商品等の商標の保護，地理的表示法に基づく地名を含む産品名称(地理的表示)の保護が行われているように，農業分野での知的財産保護の取組みは

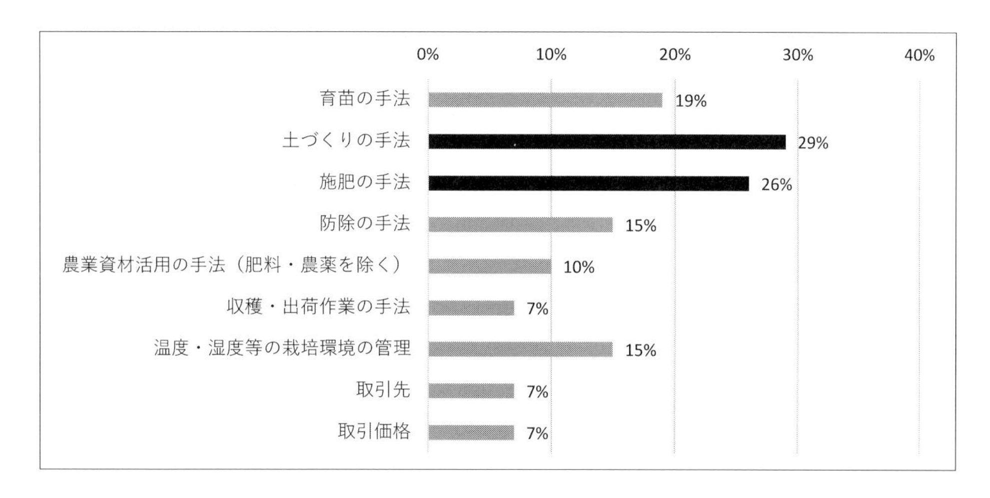

図２　農業者が有するノウハウの類型

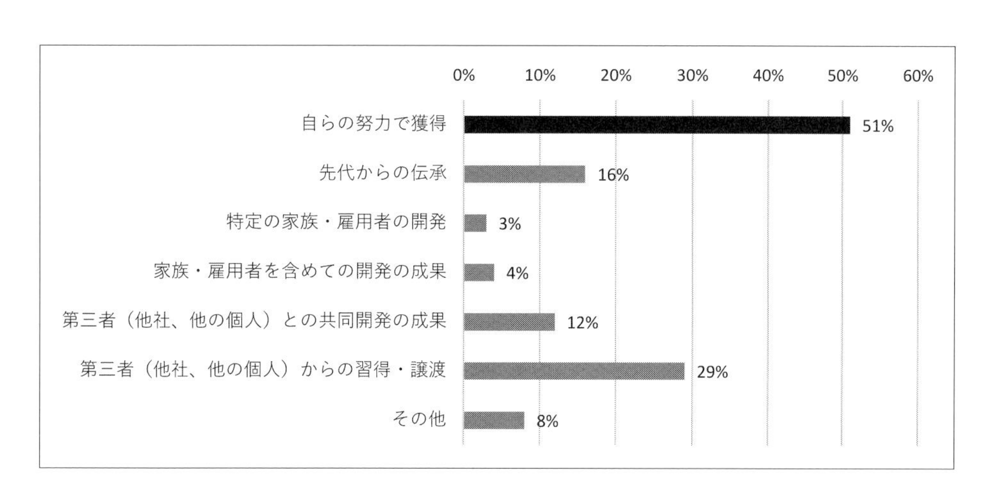

図３　どのように獲得したか

徐々に進みつつある。

ただし，農業技術，特に特許で保護される発明に該当する新技術以外の農業ノウハウの知的財産保護に関する取組みは遅れたままである。

ここで，筆者が農林水産省知的財産課長であった2017年に，農業者のノウハウに関する意識に関するアンケート調査を行ったので主要な調査結果を紹介する。

第一に，農業者がどのようなノウハウを有しているかであるが，回答者のうちの29％が「土づくりの手法」，26％が「施肥の手法」，19％が「育苗の手法」をあげた（**図２**）。

次に，上述したノウハウをどのように取得したかを聞いてみると，51％が「自らの努力で獲得」，29％は「第三者からの習得・譲渡」と回答した（**図３**）。このように農業者が有するノウハウの約半分は，農業者が自ら創出したものであることが確認できる。

このように知的財産となるようなノウハウを多くの農業者が有しているにもかかわらず，ノウハウに何らかの管理を講じている者は８％と極めて少ないことがわかった（**図４**）。

また，ノウハウの共有範囲を聞くと，10％が「自分しか知らない」，26％が「家族・雇用者しか知らない」という結果であったのに対し，「地域内の農業従事者には教えている」が47％と圧倒的に多かった（**図５**）。これは，農業協同組合の生産部会などがベースになる地域農業が農業生産の主たるパターンであり，この範囲でノウハウが共有されていることを示していると思われる。

最近の日本食ブームを支える高品質な農林水産物

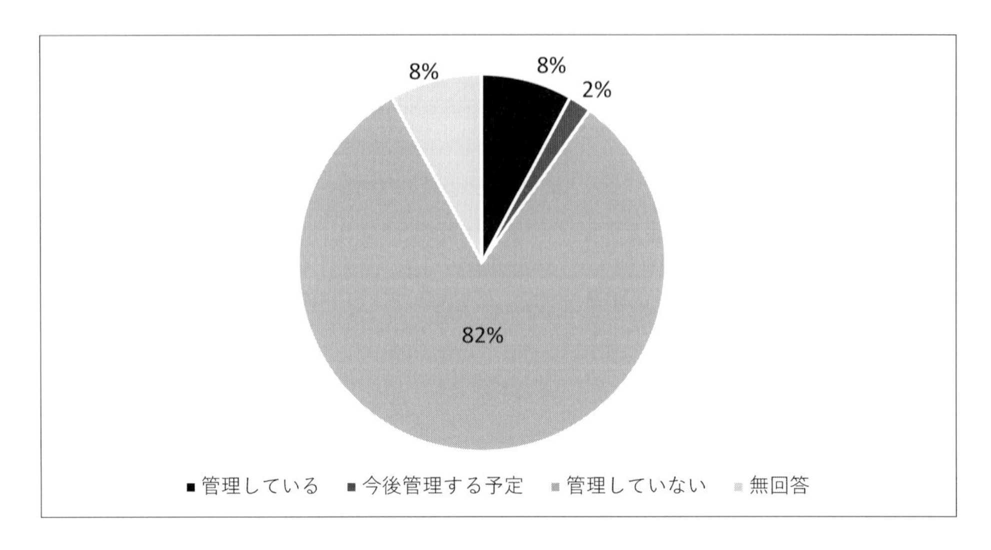

図4　ノウハウを管理しているか

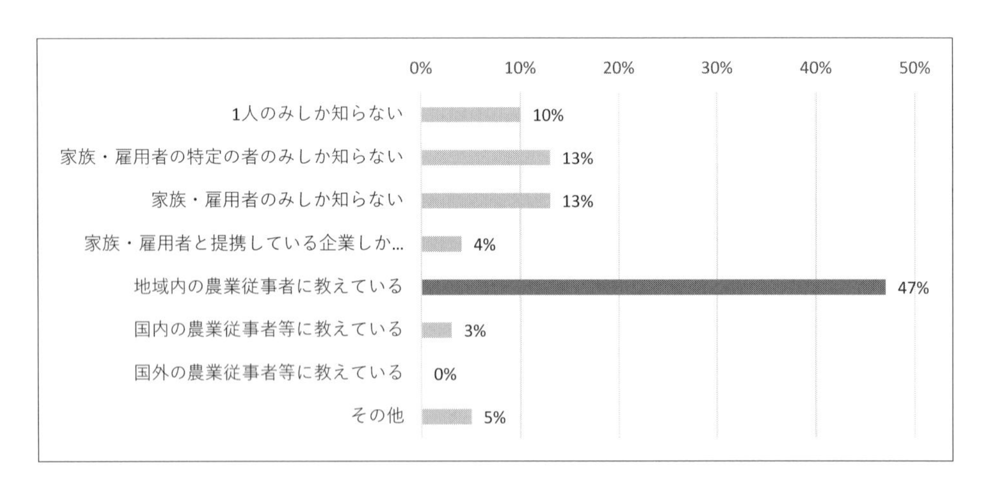

図5　ノウハウの共有範囲

等は，日本で開発された種子・種苗と，きめ細やかな生産技術に支えられている。このようなノウハウは，知的財産として活用し価値を生み出すこともできるものであるが，現在のようにノウハウの管理を行っていない状況が続けば，いずれ海外に流出する事態が懸念される。したがって，農業のノウハウの管理は，農林水産業の重要な課題となっているといえる。

2. スマート農業と知的財産保護

2.1　スマート農業が有する農業ノウハウの流出リスク

上述したように，農業におけるノウハウの知的財産保護は進んでいない状況にあるが，種苗やブランド名称などと異なり，海外に日本のノウハウが流出したという事例はあまり聞かない。これは工業分野やサービス分野において，技術者の引き抜きによる技術流出や顧客情報の流出などが大きな経済・社会問題になっているのと大きな違いがある。

これは，農業におけるノウハウは，個々の農業者の長年の経験により培われた本人にしか分からない主観的なものであり，本人ですらうまく言語化できないものであることが多いため(いわゆる「暗黙知」)，マニュアル化や客観的なデータ化が難しく，流出のリスクが低いからであろう。

しかし，このような状況を変えるのが，IoT や AI を使ったスマート農業である。スマート農業においては，トラクターに設置された環境センサーなどによって収集された気温や湿度，土壌の成分，農作業の内容などがすべてデータ化され，それぞれのデータがインターネットを通じてつながっている。つまり，暗黙知である農業ノウハウについても，どのような環境(温度，湿度，土壌，水分量)で，どのような作業(水やり，施肥，防除，除草など)を行えば，どのような品質(サイズ，重さ，糖度，色など)の農産物が生産できるかが客観的なデータで表すことができるようになる。

客観化され伝達可能な知識・情報を「形式知」というが，スマート農業の下で，各種農業データをビッグデータ化することができれば，どのような環境でどのような作業を行えば高品質な農産物ができるかの因果関係が説明できるようになる。現在の日本の農業は，海外への輸出や国内での競争のため，より高品質な産品の生産が求められている一方で，高齢化の進展により農業の人手不足は深刻であり，より効率的な作業が求められている。スマート農業は，より生産性が高く，品質の高い産品を安定的に作ることを可能にするものであり，世界中でスマート農業が導入されている理由はここにある。

しかし，スマート農業においても，注意すべき点がある。形式知化された情報は，第三者にも伝達可能であり，簡単に習得できるようになるため，流出のリスクが高くなる。例えば，日本の農業者が，海外の農機具やITベンダーの各種センサーや農業機械をセットで導入し，それらの機械の作業データはすべて海外のサーバーに集積されるとする。この場合，サーバーに集積されたデータを海外のITベンダーが何の制約もなく使えるとすれば，ITベンダーは，集積したビッグデータを解析し，日本の農業生産を再現することが可能になる。また，この解析結果を第三者に販売すれば，誰でも日本品質の農産物を生産することも可能になるかもしれない。

以上のように，スマート農業は，その利用に当たって留意すべき点があるものの，品質の高い産品を効率良く生産することを可能とするものであり，適切に使いこなすことが求められているといえる。

2.2　データやAIの知的財産としての問題

データによる技術等の流出リスクは，農業だけの問題ではない。中小企業や伝統工芸品などの分野にも暗黙知(匠の技)は存在し，熟練工が長年の経験により非常に精密な生産を行うという例は多く見られ，このような技術が日本の製造業を支えてきた。このような熟練工の匠の技も本人にしか分からないものであり，言葉にして他人に伝えることが難しいものであるが，センサーで熟練工の作業をデータ化し，解析すれば客観的な情報とすることができる。

そのため，政府としてもデータの保護の重要性を認識し，その知的財産保護について知的財産本部や経済産業省が検討を行ってきたところであり，その検討の過程において，データやAIについては，必ずしも十分な権利保護制度がないことが明らかになった。

すなわち，データについては，データが一部の公序良俗に反するようなものを除き，「有用な技術上又は営業上の情報」(知的財産基本法第2条第1項)に当たると考えられるが，これが知的財産権として保護されるためには，例えば，特許として保護されるような発明に該当するものか，または営業秘密として厳格な秘密管理を行っている必要がある。

次に，AIについては，AIの核となる学習済みモデルについては著作権等によって保護の対象になり得るが，AIが知的財産として保護される場合は限定的であり，また，AIによって創作された創作物は，人間の創造的活動によって生み出されたものとは必ずしもいえないため，知的財産法上どのように保護されるかについても確たる考え方が存在するわけではない。

2.3　経済産業省によるデータ契約ガイドラインの作成と不正競争防止法の改正

2.3.1　データ契約ガイドラインの作成

上述のとおり，データやAIについては，現行の知的財産法上の保護の対象にならない場合が多くあると考えられるが，データ等が法的に十分な保護を受けられないとすれば，IoTやAIの利活用が情報流出等につながることを懸念し，IoTやAIの活用が積極的に行われないおそれがある。

このような事態は，データ等の利活用の促進という観点から望ましいものではないことから，関係機関においても，データの利活用を促進する方策が検討されていたところである。

そして，知的財産戦略本部が「新たな情報財検討委員会」でデータの知的財産保護の問題について検討した結果，データの利活用について契約でルールを定めるための雛形を作成し，事実上統一された契約ルールの下でデータが取引される環境を整えることが望ましい方法であるとされた。

この方針に従い，経済産業省は平成30年6月に「AI・データの利用に関する契約ガイドライン」(以下，経済産業省のガイドライン)を発表したところである。同ガイドラインは，データの利用を，

① データ提供者が保持するデータを第三者に提供する「データ提供型」

② 複数当事者の関与により，従前存在しなかったデータが新たに創出される「データ創出型」

③ プラットフォームを利用しデータを共用する「データ共用型」

の3つに分類し，それぞれ契約において留意するべき点を整理するとともに，前二者については，データ契約条項例を作成した。また，利用者の利便性を図るために，経済産業省の担当政策分野の5つの重要分野(①自動走行・モビリティ・物流，②製造・ものづくり，③バイオ・素材，④プラント・インフラ保安，⑤スマートライフ)についてのユースケースを紹介している。

2.3.2 不正競争防止法の改正

契約は，データの利用権限を柔軟に設定することを可能にするものであるが，契約は契約当事者間でのみ効力を有するという限界があり，契約違反があった場合でも契約の相手方に対して債務不履行責任を追及し得るに過ぎない。したがって，契約当事者ではない第三者がデータを不正に取得した場合等の事例では，当該第三者に対して不法行為責任を追及し得る場合があっても，契約に基づいて何らかの権利行使をすることはできない。そこで，このような問題に対応するため，不正競争防止法が改正され，データの不正利用行為について新たな不正競争行為類型が設けられた。

すなわち，ID・パスワード等の管理を施した上で業として提供されるデータの不正取得・使用等を新たに不正競争行為に位置づけ，これに対する差止請求権等の民事上の救済措置を設けることとされた[*1](不正競争防止法等の一部を改正する法律(平成30年5月30日法律第33号))。

3. 農業分野のデータ契約についての取組み

3.1 農業分野での対応

農業分野においても，スマート農業を実現するためのデータ流通の環境整備の一環として，データを提供した農業者の利益等が保護されつつも，適切なデータ契約が促進されるよう，「農業分野におけるデータ契約ガイドライン」を策定することとしており，このことは，「未来投資戦略2018」ほか各種閣議決定文書にも位置付けられているところである。

このため，農林水産省では，「農業分野におけるデータ契約ガイドライン」の策定に向け，平成30年3月に，スマート農業の第一人者である慶応義塾大学の神成淳司教授のほか，弁護士知財ネット，関係団体，ICT関連企業，関係省庁で構成する「農業分野におけるデータ契約ガイドライン検討会」を立ち上げたところである(平成30年9月現在)。

「農業分野におけるデータ契約ガイドライン」は，構成や基本的な考え方については，経済産業省ガイドラインに準じることとしているが，農業分野においては，農協の生産部会や地域協議会等の法人格を有さない主体の構成員間でノウハウやデータを共有しているといった特徴があり，また，平成31年4月からデータプラットフォーム「農業データ連携基盤」の本格稼働が予定されていることなどから，これら農業固有の特殊性を考慮した内容とすることとしている(図6)。

また，農業関係者の理解が得られやすいよう，ガイドラインには農業現場のデータ契約に関わる具体例を盛り込むなどの配慮を行うとともに，契約を締結するに当たって留意すべき事項等を検討の上，契約ひな形をガイドラインに盛り込むこととした。

なお，「農業分野におけるデータ契約ガイドライン」に盛り込む予定の契約ひな形は，経済産業省ガイドラインが提示する契約類型に準じ，①データ提供型，②データ創出型，③データ共用型の3つの類型とする予定である(図7)。

3.2 「農業分野におけるデータ契約ガイドライン」に盛り込まれる事項

「農業分野におけるデータ契約ガイドライン」につ

＊1　不正競争防止法改正の趣旨に関しては、他者との共有を前提に一定の条件下で利用可能な情報は、不正競争防止法上の「営業秘密」に該当しないという背景がある。

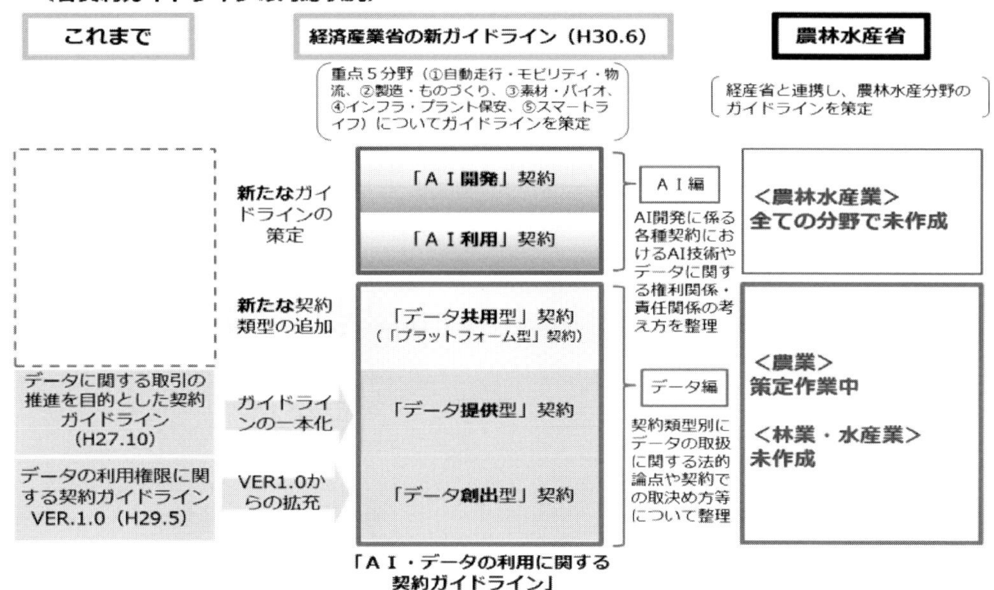

図６　「農業分野におけるデータ契約ガイドライン」と経済産業省ガイドラインの関係

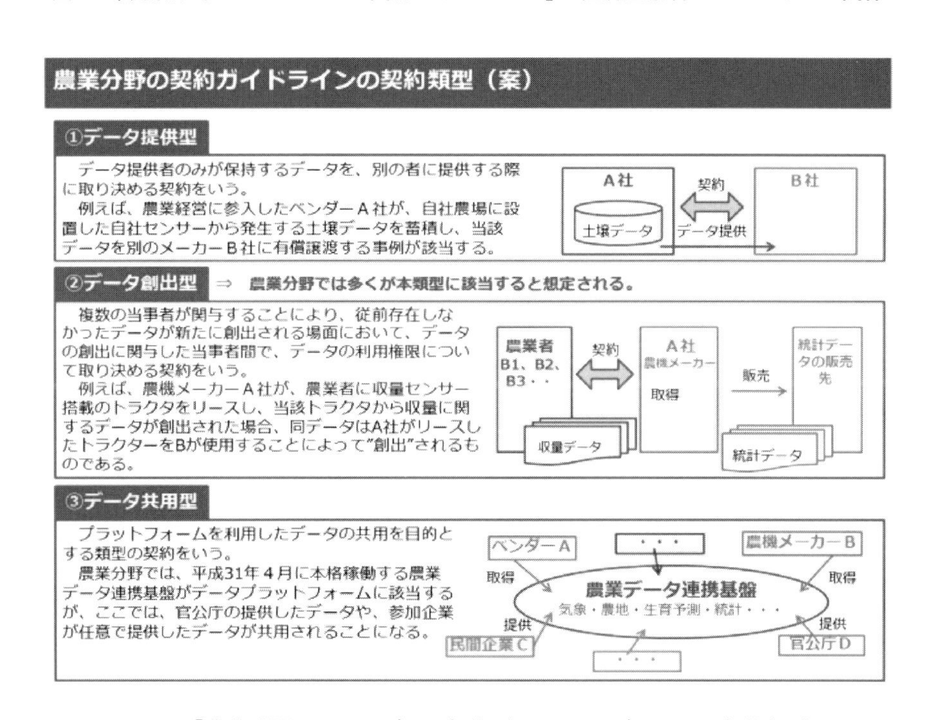

図７　「農業分野におけるデータ契約ガイドライン」における契約類型

いては，平成30年9月現在作成中であるが，以下のような事項を盛り込むこととしている。

①　データの範囲

契約で対象にするデータの範囲を当事者間で合意し，契約書に明記することが重要である。ガイドラインでは農業者がイメージしやすいよう，どのようなデータを契約の対象とすることが想定されるのか具体的に例示することとしている，なお，事前に明確な利用権限を定めることが難しいこともあることから，当事者間の協議により必要な事項を定めるバスケット条項を設けることも有益である。

②　データの粒度や個人情報の扱い

ノウハウの流出を防ぐため，データの表示桁数を減らすなどデータの粒度を荒くすることが考えられる。また，個人情報に関するものについては，その一部をデータから除くことも考えられ，このような扱いについても契約で定める。

③　データの利用目的

データの利用目的を契約で明記し，対象データの利用権限の範囲を明確にする。農業分野では，営農管理や生産性の向上といった直接的な目的のほか，農協や地方公共団体が契約当事者となる場合には，新規就農者の教育や営農指導力の強化などを目的とすることも考えられ，それに応じたデータの利用範囲を明確にする必要がある。

④　派生データの利用権限

データは，一般的に生データを加工したデータ(このようなデータを「派生データ」という)によってより大きな価値を引き出すことができる。このため，生データの利用権限とは別に，派生データの利用権限や利用範囲についても当事者間で合意しておく必要がある。データ創出型については，複数の者がデータ創出に関与しているので，派生データの帰属については，生データの創出への寄与度などを考慮して決めることが適当である。

⑤　第三者への利用許諾の制限について

対象データおよび派生データの第三者への譲渡，利用許諾や第三者との共同利用の可否およびその範囲等についても契約で定めておく必要がある。農業分野においても，データの利用を地域でしか許可しない，自治体の範囲内で許可する，海外への許諾は認めない，競合産地には認めないとするなどのさまざまなオプションが考えられる。農業分野については，法人格を持たない生産部会等の組織がデータの利用範囲であることも多いことから，利用許諾の範囲についてより慎重に定めることが必要である。

⑥　データの内容および継続的創出の保証・非保証について

データの正確性や，データを継続的に創出することの保証(または保証できないこと)についても，事前に取り決めておく必要がある。特に，農業は屋外で行われることが多いことから，自然環境の影響を受けやすく，センサーの数値は設置場所や計測環境によって影響を受けることが多く，また自然災害等によりデータの創出ができなくなることも考えられる。

また，データを農業者等が手入力で入力する場合には，入力間違いや欠損がでることも考えられる。

⑦　収益・費用の配分について

データの活用には，データを市場で取引し，第三者に提供することも考えられることから，データから利益が生じた場合の収益の分配を合意しておくことが必要である。一般に，収益の分配は，データ創出の寄与度によることが多いと考えられるので，特にデータ創出型の契約については，寄与度を明確にすることが重要である。

また，実際には，複数の当事者の寄与に基づいて収益が発生することも多いが(農業者Aが，機械メーカーBのセンサーを使用して創出したデータを，データ会社Cが入手し，Cが加工して第三者Dに提供する)，データ流通の態様等を契約時にすべて予測することは困難であることから事業の発展に応じ合意内容を見直せることとしておくことも必要である。

同様に，コスト増加が考えられる項目についても，あらかじめ当事者間で合意し契約で明確にしておくことが望ましい。

⑧　管理方法，セキュリティ

当事者間で，データの保存先や管理方法等の具体的内容を定めておくことも重要である。また，データが流出してしまった場合の損害賠償額などの責任関係のあり方についても定めることが必要と考えられる。

⑨　準拠法，管轄裁判所など

データ契約は，外資系の企業と取り交わすことも考えられるため，紛争が生じたときに，日本法を準拠とすること，管轄裁判所を日本の裁判所とすることなどを定めておくことも紛争処理の観点から重要である。

⑩　その他

データの利用期間が終了した場合の生データや派生データの扱い(削除，返還など)を決めておくことも重要である。

4. おわりに

スマート農業は，農業者の高齢化の進展に伴う人手不足などの問題の解決策となりうるものであり，一般論としては，スマート農業があらゆる場面において活用されることが望ましいと考えられる。

しかし，新たな技術を利活用するに当たっては，留意すべき事項もあり，例えば，スマート農業の活用がデータの流出につながるリスクをはらんでいることは正しく認識する必要がある。

その上で，データの流出を可能な限り防止するため，不正競争防止法等のデータに関わる関係法令にも目を配りつつ，データに関する契約を適切に締結することが不可欠であり，ますますデータの利活用の重要性が高まっていく状況においては，データに関する契約は将来の農業経営を行うに当たって必ず考えなければならないものといえよう。

農林水産省としては，農業を契機に，林業や水産業の分野における IoT・データの利活用などについて，補足的なガイドラインを作成するか否かを検討しているところである。また，AI に関する契約については，データに関する契約とは別個に検討しなければならない問題があることから，農業分野における AI に関する契約ガイドラインについても検討する必要があるだろう。

文　献

1) 慶應義塾大学 SFC 研究所：農業 ICT 知的財産活用ガイドライン.

2) 内閣官房情報通信技術(IT)総合戦略室：農業 IT サービス標準利用規約ガイド(平成 28 年 3 月).

3) 経済産業省：AI・データの利用に関する契約ガイドライン―データ編―(平成 30 年 6 月).

4) 農水知財基本テキスト編集委員会編：攻めの農林水産業のための知財戦略～食の日本ブランドの確立に向けて～農水知財基本テキスト.

5) 農林水産省：農ハウを守り活用して農業をビジネスに. http://www.maff.go.jp/j/press/shokusan/chizai/180312.html

6) 知的財産戦略本部 検証・評価・企画委員会 新たな情報財検討委員会：新たな情報財検討委員会 報告書(平成 29 年 3 月).

7) 産業構造審議会 知的財産分科会 営業秘密の保護・活用に関する小委員会：第四次産業革命を視野に入れた不正競争防止法に関する検討 中間とりまとめ(平成 29 年 5 月).

第5章　我が国におけるスマート農業の現状

農林水産省　松本　賢英

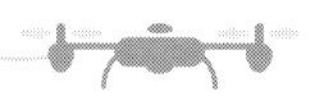

1. スマート農業が期待される背景

1.1　我が国農業の現状

現在，我が国の農林水産業は，農業者の高齢化の進行，担い手不足という状況に直面している。具体的には，農業就業者のうち65歳以上の割合が全体の6割を超え，50歳未満の割合は1割程度という構造になっており，若い担い手が不足する一方で，高齢の農業者のリタイヤが待ったなしの状況である。米国や欧州の農業従事者の年齢構成と比較しても突出して65歳以上の割合が高く，50歳未満の割合が極端に少ない構造となっており，産業としての就業人口の構成としては，非常にいびつな状況にある。

他方で，近年の経営(耕地面積)規模別の農地面積の集積状況を見ると，10 ha以上の経営体は2005年では全体の3割強であったものが，10年後の2015年には，5割弱まで増加しており，100 ha以上の経営体への集積も全体の1割程度まで増加するなど，高齢の農業者のリタイヤに伴って，担い手農家の経営面積が急速に拡大している(**図1**)。

今後もこの動きはさらに進んでいくものと考えられるが，現場では依然として人手に頼る作業や熟練者でなければできない作業が多く，人手の確保や負担の軽減が重要な課題となっている。また，50 haを超えるような大規模経営において，一層のコストの低減を図るためには，従来とは異なる新しい技術体系が必要となっている。

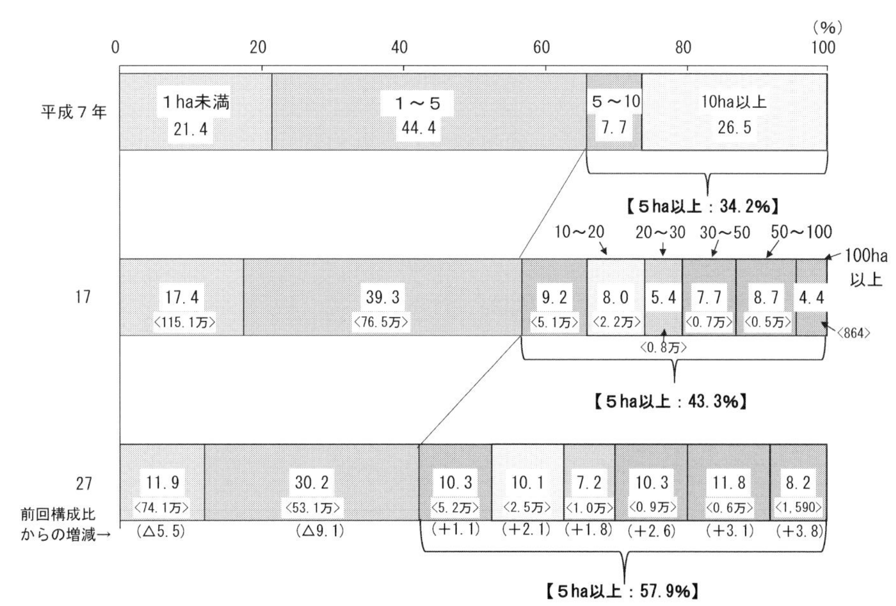

図1　経営耕地面積規模別の経営耕地面積集積割合
資料：農林水産省，農林業センサス

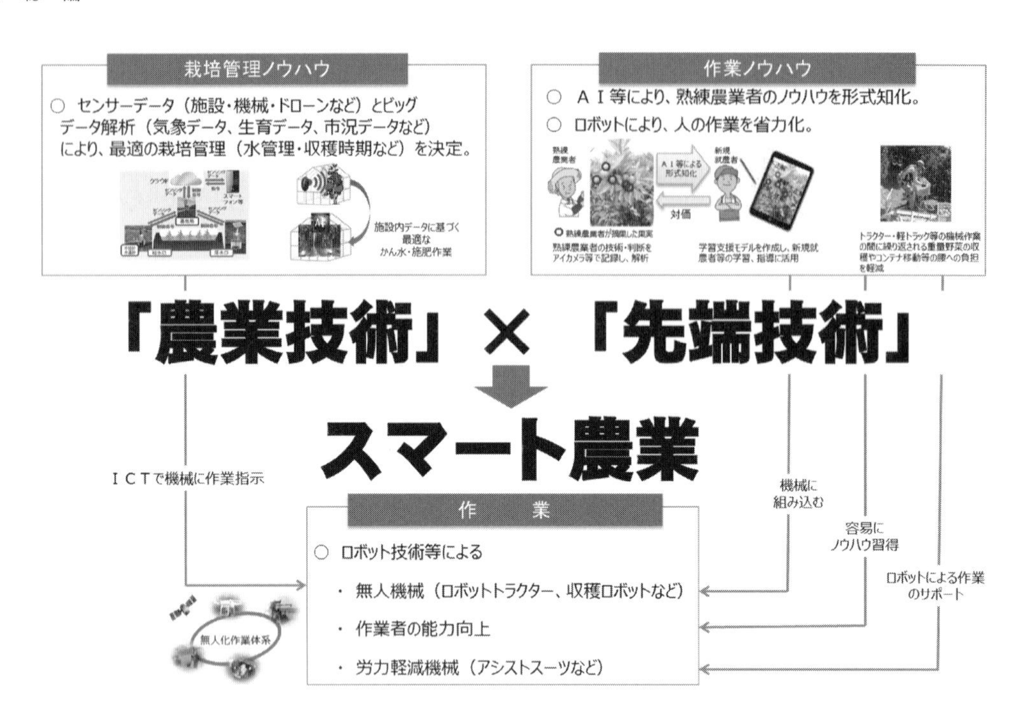

図2　技術革新による農業の将来イメージ

1.2　先端技術と農業技術の融合

こうした背景の中，農業現場からは，AI，ICT，ロボティクスなどの発展著しい先端技術と農業技術を融合させた「スマート農業」の実現が求められている。スマート農業の実現により，従来では不可能であった超省力化による生産性の飛躍的向上や，熟練農業者のノウハウを見える化，これまで人ができなかった精密な作業等が実現できる可能性が広がってきた。徐々にではあるがこれまでは実現できなかったソリューションを現場に提供できる状況となってきている(**図2**)。

2. スマート農業の技術開発の現状

スマート農業の研究開発および実用化に向けた現状について，それぞれの方向性に即して述べたい。

2.1　超省力・大規模生産に向けた取組み

1点目は，超省力・大規模生産の実現である。GPS等の衛星からの測位情報を活用した自動走行システム等の導入による農業機械の夜間走行・複数走行・自動走行などにより，現在の作業能力の限界を打破することが期待されている。

現在，有人監視下での農機の自動走行技術の開発が，国の研究開発プロジェクト等を活用して進められている。一部の農機メーカーでは，2017年に自動走行トラクターの試験販売を開始しており，他の農機メーカーにおいても2018年中の市販化が公表されている。実用化に向けては安全性の確保が重要な課題であることから，農林水産省では2017年3月に，圃場内や圃場周辺から監視しながらロボット農機を無人で自動走行させる方法を対象として，メーカーや利用者等が順守すべき項目をまとめたガイドラインを公表し，自動走行技術の現場実装に向けた環境整備を進めている。

また，農機の自動操舵システムや自動走行システムを利用する場合，GPSから受信する測位情報だけでは十分な精度が得られないため，測位情報の誤差の補正が必要となっている。このための補正波を発信する基地局が必要であり，農地の大区画化や経営規模の拡大が先行的に進む北海道を中心に，自治体や生産者団体等が基地局を設置するなどして，農業利用が進められている。

他方，2018年11月からは，準天頂衛星「みちびき」のサービスが開始され，センチメーター級の高精度の測位情報が提供される予定となっており，国のプロジェクトで低価格な受信機の開発も進められている。準天頂衛星を利用することにより，基地局が設置されていない地域でも，自動走行システム等の導入が進むことが期待される。

2.2 作物の能力を最大限に発揮する取組み

2点目は，作物の能力を最大限に発揮させる取組みである。センシング技術や過去のデータに基づくきめ細やかな栽培管理を行えば，作物のポテンシャルを最大限に引き出し，多収・高品質を実現することが可能になる。

人工衛星やドローンに搭載したカメラにより，植物の生育状況，土壌の肥沃度等の情報を把握することができるようになっており，このデータを活用して圃場ごとに施肥設計を行い，必要最小限の肥料で収量の最大化と品質の向上を図ることが可能となっている。民間企業では，人工衛星やドローンで把握できるこれらの情報を基に，農業者や農業者団体，自治体向けにセンシングデータとその分析に基づくソリューションを提供するサービスが開始されている。

青森県では，コメ新品種「青天の霹靂」の高品質化のため，津軽地域の13市町村で，2016年から衛星情報の利用を始めた。衛星画像から収穫時期を水田1枚ごとに予想した「収穫適期マップ」を作成してWebアプリで提供し，生産者は携帯端末で同マップを閲覧することで，適切な時期に収穫することが可能となっている。このほか，食味の目安となる玄米タンパク質含有量や土壌の肥沃度も衛星画像からマップ化し，生産指導での利用を進めている。このような努力もあり，米の食味ランキングで4年連続「特A」を取得しており，2018年3月には，この取組みについて宇宙利用大賞の農林水産大臣賞を受賞した。

水田農業における水管理(給水・落水による水田水位の管理)は労働時間の約3割を占めているといわれるが，経営規模が拡大すると生育状態や気象状況に合わせた細やかな水管理を行うことが困難となる。このような課題に対応するため，モバイル端末で給水バルブ・落水口を遠隔・自動制御化する圃場水管理システムが開発された。センシングデータや気象予測データなどをサーバーに集約し，アプリケーションソフトを活用して，水管理の最適化や省力化を行うことで，水管理労力を8割削減し，気象状況に応じた最適な管理で減収を抑制することが可能となっている。本システムについては，機械メーカーから既に市販化され，現場への導入・普及が期待されている。

また，施設園芸については，太陽光型植物工場等の大規模施設栽培を中心に複合環境制御装置の導入による精密な管理が進みつつあり，収穫ロボット等の開発・導入も期待されているが，大規模施設が施設園芸全体に占める割合は数%程度である。施設園芸の大宗を占めるビニールハウスについては，農業者の勘と経験による栽培が行われてきたが，近年，ベンチャー企業がAIを活用した自動灌水・施肥システムを開発し，現場への導入が始まっているところである。

2.3 きつい作業や危険な作業からの解放に向けた取組み

3点目は，きつい作業，危険な作業からの解放であり，収穫物の積み下ろしなどの重労働をアシストスーツで軽労化するほか，除草ロボット等による危険な作業の自動化が期待されている。

アシストスーツについては，介護，物流等の現場で活用されているが，屋外作業用に防塵・防水機能等を施した製品がベンチャー企業などから市販化されている。装着することで，収穫やコンテナ移動の際に身体への負担が大幅に軽減されることから，高齢者や女性の就労等にも寄与するものと考えられる。

また，農作業で最も負担感の大きい除草については，機械メーカーからリモコン式の草刈機の市販が始まっており，人が入れない場所や急傾斜のような危険な場所での除草作業もリモコン操作で安全に作業することができるようになっている。

さらに，国立研究開発法人産業技術総合研究所などが参画して無人草刈りロボットの開発も進められており，従来の乗用型草刈機(1台100万円程度)を最小限の機能に絞り込み，小型の無人草刈り機として，半額の50万円程度で提供できるよう開発が進められている。

規模拡大の障害となっている雑草管理が自動化されれば，農村地域で深刻な労働力不足の解消にも寄与できると期待される。

2.4　誰もが取り組みやすい農業を実現する取組み

4点目は，誰もが取り組みやすい農業を実現する取組みである。農機のアシスト装置により，経験の浅いオペレーターでも高精度の作業が可能となるほか，ノウハウをデータ化(見える化)し，明確に伝えられるようにすることで若者等が農業に参入しやすくなることが期待される。

水田農業においては，数センチ単位の精度でトラクター等の農機を直進させる自動操舵システムなどの販売・普及台数が近年急激に増加している。例えば，昨年から直進キープ機能を持った田植機が販売されており，経験の浅い作業者でも正確な作業が可能となっている。

果樹の摘果，剪定などは，相当程度の年数を経なければ技術の習得は難しい。しかしながら，そのノウハウを有する熟練農業者も高齢化してリタイヤが進んでおり，後継農業者の技能向上や新規就農者の技術習得のためには，熟練農業者の経験や勘に基づく暗黙知の形式知化による継承が必要となっている。このため，果実の摘果など，マニュアル化が困難とされてきた熟練農業者の高度な生産技術を見える化し，熟練技術・判断の継承や新規就農者の学習に活用するシステムが開発されており，2016年からICTベンダーより本システムの導入に関するコンサルティングサービス等の提供が始まっている。

2.5　消費者・実需者に安心と信頼を提供する取組み

5点目は，消費者・実需者に安心と信頼を提供できるシステムの構築である。データプラットフォームの構築により，生産の詳しい情報を実需者や消費者にダイレクトにつなげ，安心と信頼を届けるものである。

農業現場における生産性を飛躍的に高めるためには，農作業を自動化することやセンシングデータを活用して作物の能力を最大限引き出すことが必要であるが，その基盤としてデータをフル活用できる環境を整備することが不可欠である。

このため，内閣府の戦略的イノベーション創造プログラム(SIP)において，現在さまざまなICTベンダーや農機メーカー等が行っている農業支援システムによるサービスについて，さまざまなデータを集約・統合し，データの連携・共有・提供機能を有するデータプラットフォーム「農業データ連携基盤」(通称：WAGRI)の構築が2017年4月から進められている。

WAGRIは，農業ICTサービスを提供する民間企業(農機メーカー，ICTベンダー等)の協調領域として整備されており，WAGRIを通じて気象や農地，地図情報等のデータ・システムを提供し，民間企業が行うサービスの充実や新たなサービスの創出を促すことで，農業者等がさまざまなサービスを選択・活用できるようになることを目指している。

さらに，現在，農業生産を対象として構築されているWAGRIのサービスについて，今後，幅広い主体の参画(2018年9月現在の農業データ連携基盤協議会会員数：241)を進め，データの連携・共有・提供の範囲を，生産から加工，流通，消費に至るバリューチェーン全体に広げることとされている。

3. 国内外の動向

3.1　政府における動き

政府においては，2016年に閣議決定した日本再興戦略2016において，今後の産業全体の生産性革命を主導する最大の鍵として，IoT，ビッグデータ，AI，ロボット・センサーの技術的ブレークスルーを活用する「第4次産業革命」の推進を明記した。農業分野においては，「革新的技術の導入による生産性の抜本的改善」を掲げ，農業機械の無人走行技術について，① 2018年までに有人監視下での圃場内の自動走行システムを市販化すること，② 2020年までに遠隔監視下での無人システムの実現を達成することが位置づけられ，政府主導によりロボット農機の開発を加速化することとなった。

なお，ロボット技術の活用による生産性向上については，2014年に閣議決定された日本再興戦略2014に位置づけられており，これに基づき「ロボット革命実現会議」でとりまとめられた「ロボット新戦略」においては，農林水産業・食品産業分野において省力化などに貢献するロボットを20機種以上導入することとされている。

また，未来投資戦略2017においては，さまざまなデータを連携，共有，活用できる農業データ連携基盤を2017年中に立ち上げることや，データに基づく農業の現場への実装を推進するため，民間企業等と連携して，活用事例の拡大と新たなサービスの創出を促進することが明記された。さらに，2018年に閣議決定された未来投資戦略2018においては，農業データ連携基盤を2019年4月から本格的に稼働するとともに，幅広い主体の参画を進め，データの連携・共有・提供の範囲を，生産から加工，流通，消費に至るバリューチェーン全体に広げることが位置づけられた。

3.2　世界のスマート農業の動向

世界では，欧米を中心とする先進国で，ICTやドローン等の先端技術を活用して，各国それぞれの目的・営農形態に応じた精密農業(Precision Farming)が積極的に展開されており，今後世界的には，データ重視の精密農業は一層加速化し，競争が激化するものと考えられる。

世界の中の日本の立ち位置を見ると，日本は，米国型の大規模精密農業の技術についてほぼ同じ水準であり，今後はさらに発展を目指す段階と考えられる。また，従前からIoTを活用した持続農業を展開している日本は，欧州型の環境保全型農業も注視していく位置にいる。

欧米を中心に，トウモロコシや大豆等の土地利用型作物や一部の園芸品目に着目した精密農業が展開されているが，水稲や，トマト，パプリカ等を除いた施設園芸，果樹，野菜を対象とした精密農業はほとんど進んでいない。日本の強みである緻密な栽培に基づく糖度や見た目などの高い品質を重視した取組みは希薄である。また，センサー技術などの最先端技術は，世界に比較して我が国で多く蓄積されており，我が国の強みを活かして工業の技術を農業に応用していく環境にある。

このことから，我が国では，水田での穀物生産だけでなく，野菜や果樹等についても最先端技術を導入したスマート農業の技術開発を世界に先駆けて進めていくこととしている。例えば，多様なデータを自動でセンシングしてビッグデータ解析し，自動管理する技術や，スペック・機能の特化，ダウンサイジングなど，従来にない発想での自動作業農機の開発等が考えられる。

なお，欧米のデータプラットフォームは，大手グローバル企業が，主に自社製品の販売につなげていく目的で構築され，栽培支援サービスが展開されている。一方で，日本の農業データ連携基盤(WAGRI)は，複数のICTベンダー，農機メーカー等による農家向けサービスを充実する共通の基盤として構築されており，公的機関が牽引していることが強みになっていくと考えられる。

3.3　国内の動向

国内の農業現場に目を向けると，国立研究開発法人農業・食品産業技術総合研究機構(農研機構)が，2010年農林業センサスを基に，2020年の都府県における担い手の水田経営の面積規模を推計した結果(担い手となる農家を経営耕地面積10 ha以上などと仮定)では，高齢者のリタイヤで放出される農地を担い手農家がすべて継承すると仮定すれば，平均水田面積は67 haと現状から大幅な規模拡大が必要とされている。2010年から2020年にかけて，農業就業人口が36％減少，農家数は160万戸から105万戸に減少，放出される農地は，水田37万ha(畑・樹園地は14万ha)と見込まれている。

現実的には，高齢者のリタイヤ等で放出される農地を，現在の担い手だけでカバーするのは現状の技術を前提としては困難であることから，スマート農業の現場への普及を加速することにより，1人当たり作業限界面積を打破するとともに，新規就農者や経験の浅い者でも即戦力として作業が可能になるようにしていく必要がある。

先に述べたように，水田農業においては，自動操舵システム等の販売・普及台数が近年急激に増加している。また，圃場内の自動走行システム(トラクター)についてもこれから本格的な販売が始まろうとしている。さらに，今後田植機やコンバインについても，2019年以降に圃場内の自動走行システムが実用化されると見込まれている。

これに加えて，自動水管理システム，除草ロボット，センシング技術等を導入すれば，技術的に水田農業の作付体系全体が自動化・知能化される日も遠くはないと考えられる。

また，施設園芸についても大規模施設栽培を中心とする環境制御装置の導入が進みつつあり，企業がAIを活用したトマトの自動収穫ロボットの開発に取り組んでいるほか，大学では，イチゴの高品質流通に向けて，果実に全く触れることなく収穫可能なイチゴ収穫ロボットと非接触型個別容器を開発している。加えて，施設の大宗を占めるビニールハウスについては，AIを活用した自動灌水・施肥システムの導入が始まっているところであり，今後は，省

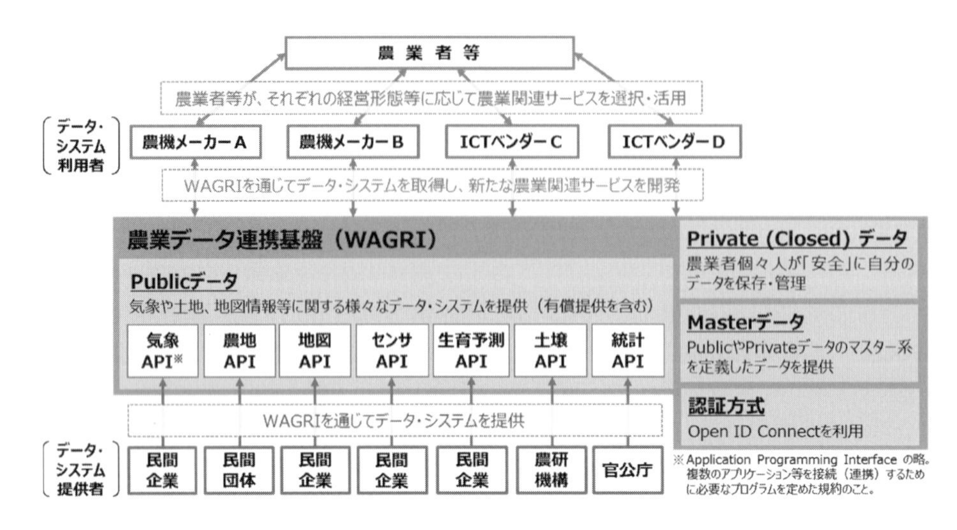

図3　農業データ連携基盤の構造

力化の鍵となる収穫ロボットや運搬ロボット，労務管理システム等の現場への導入も進んでいくものと考えられる。

他方，露地野菜や果樹については，水田農業や施設園芸に比べると，スマート農業の導入は遅れている状況であるが，企業や大学等によりセンサー技術等を導入した収穫ロボットや運搬ロボットの開発が進められているほか，ドローン等による自動受粉技術の開発，実証等が進められており，既存の機械体系と組み合わせるなどにより新たな生産体系が構築できるのではないかと期待される。

データをフルに活用した農業の実現に向け，内閣府SIPにおいて，農機メーカー，ICTベンダー等の民間企業や大学，国立研究開発法人（農研機構）等により形成されたコンソーシアムにより，2017年4月から農業データ連携基盤（WAGRI）の開発が本格的に進められ，同年12月にはプロトタイプが構築されるに至った。現在試験運用が行われており，WAGRIを通じて提供されるデータ・サービスの充実，セキュリティの向上を図った上で，2019年4月に本格稼働する予定となっている。今後は，農業生産を対象として構築されてきたWAGRIのサービスを加工，流通，消費に至るバリューチェーン全体に対象を広げられるよう，研究開発を行っていくこととされている（**図3**，**図4**）。

3.4　スマート農業の社会実装に向けた取組み

［**2.**］で述べたように，これまでスマート農業の実現に向けて，さまざまな研究開発が進められてきた結果，例えば，自動走行トラクターや自動水管理システムなどが市販化されるとともに，自動田植機や自動運転コンバインなども今後市販化される予定となっている。

一方で農業者にとって，このような新しい技術体系を実際の経営に組み入れることには，その経営効果が十分に明らかでないことから，現時点では必ずしも積極的ではない。

このような背景やさまざまな要素技術が完成しつつあることから，次のステップとしてこれらの技術を一気通貫で組み立て，実際の農家の経営規模に近い形でスマート農業を実証する「スマート農業加速化実証プロジェクト」（31年度新規事業）の要求を行っている。

スマート実証農場から得られる経営データやセンシングデータ，作業データを収集し，それを農研機構が技術面，経営面から分析・解析を行うことで，経営効果等を明らかにし，スマート農業の本格的な普及につなげていく考えである。

4. むすび

農業は他の産業と比べると，高齢化の進行，担い手，労働力不足により産業構造が脆弱であり，将来展望も極めて厳しいと考えられてきた。

しかし，近年発展著しいAI，IoT，ロボット等の先端技術と熟練農業者等の現場の技術の融合，農

生産（川上）
（生産・収穫・選別）
流通・加工（川中）
（集荷・輸送・貯蔵・加工）
販売・消費（川下）

スマートフードチェーンの構築により可能となる取組例

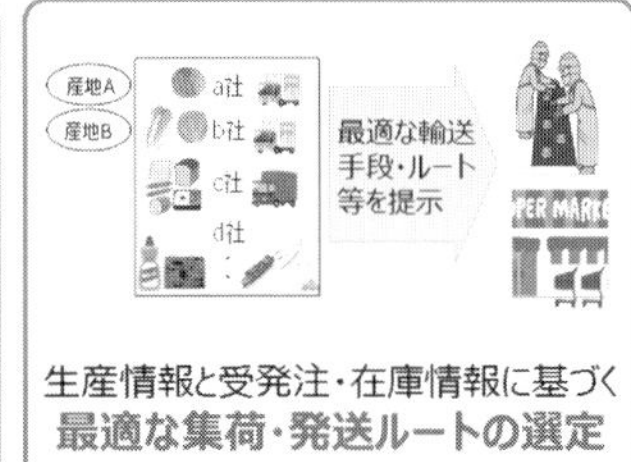

図4　農業データ連携基盤のフードチェーン全体への拡張

業データのプラットフォームであるWAGRIへのデータの集約・統合，データの解析と現場へのソリューションの提供等を進めることにより，大規模化と農産物の品質の維持・向上の両立，これまで培われてきた現場の技術の次世代への継承，若者，女性，高齢者それぞれが能力を発揮できる環境の整備がなされ，これらの課題を解決していくことができるのではないかと期待されている。

また，近年の企業の農業参入要件の緩和により，流通，建設等の企業の農業参入が進んでいるほか，農業関連ビジネスにこれまで関わりがなかったICT関連事業者，ベンチャー企業等が次々に参入しており，それぞれの分野の企業が有するノウハウ，技術が農業に活用されてきている。

新たな技術の現場への普及，それを活用した農業者の経営改善や，企業の農業参入によるビジネスとしての成果が出るためには，それぞれの関係者によるたゆまぬ努力が必要なことは言うまでもないが，今後は，農業の成長産業化の実現を目指して，実用化，製品化がなされた先端技術の現場での実証，開発サイドへのフィードバックを繰り返すことで，現場の利益を拡大する技術として磨きをかけていくことが求められていると考える。

今後このような動きを加速することで，農業が若者にとって魅力のある産業に生まれ変わっていくことを期待している。

コラム1

ITとコミュニティがつくる「やさいバス®」

株式会社エムスクエア・ラボ　加藤　百合子

農業×ANY＝HAPPYという方程式

元々産業用機械のエンジニアでしたが，10年前に農業は課題が多く，何かお役に立てることがあるのではと思い，参入しました。最初の2年間は，農業者さんを取材してPRのお手伝いをしたり，食の楽しさを表現するイベントなどを開催したり，農業を勉強する期間でした。そして，気づいたことが，農業は社会の礎であり，それゆえに，どのような事業ともかけ算することできる素晴らしい産業であることです。

現在は，この気づきを『農業×ANY(なんでも)＝Happy(課題を解決する)』という方程式で表し，農業に関する3つの改革，流通改革・生産性改革・教育改革を掲げ活動しています。流通改革は，やさいバス®と称し，つくる人・つかう人・たべる人をつなげ，おいしいを共創する仕組みを展開しています(**図1**)。

やさいバス事業について

青果流通事業を始めたのは6年前。ある総菜会社の調達をお手伝いすることから始まり，結果，総菜会社の歩留まりは格段に向上しました。しかし，この経験から，既存の流通は**図2**に示したとおり，多段階であり，購買者は誰が何をどれくらい作っているか知らず，生産者も誰が何をどれくらい必要なのか知らず，ブラックボックスなため，伝言ゲームしている間に情報が意図的か否かいかかわらず変わってしまいます。また，中間にいる流通業者は，両者のリスクを一手に背負い，購買者と契約した場合は供給量が少なければ，値段が高くてもかき集めて供給する責任を負います。それを避けるために，在庫を抱え，品質を保つための冷蔵庫を設置するなどの投資も。いずれにしても，誰もハッピーでない現状を目の当たりにしたのです。

そこで，課題整理のため，**図3**のように社会をValue, Information, Things, Humanの4層とし，課題をプロットしてみました。このレイヤー間をうま

図1　おいしいを共に創るチーム

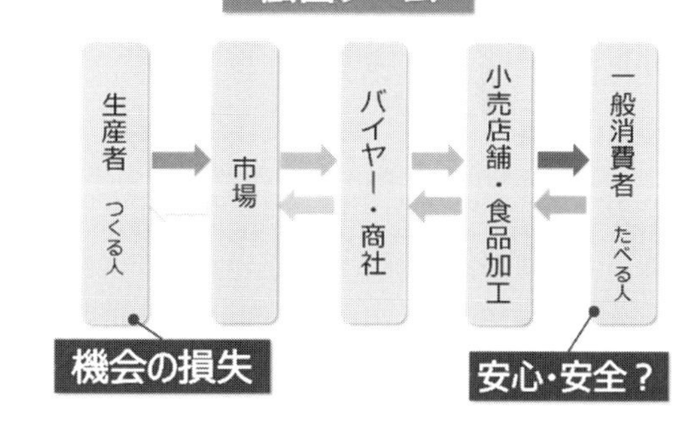

図2　多段階流通の課題

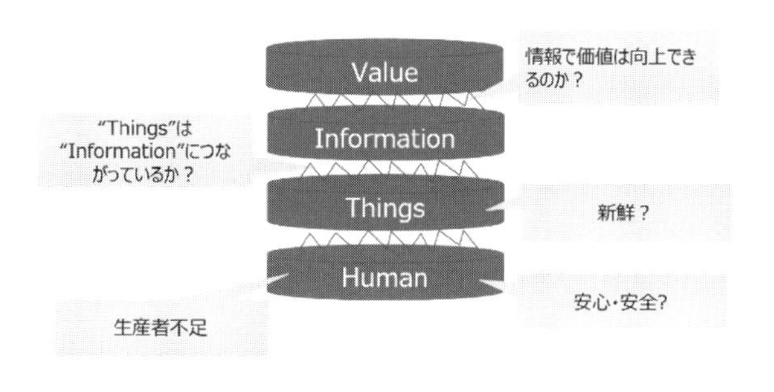

図3　4層のレイヤーと課題のプロット

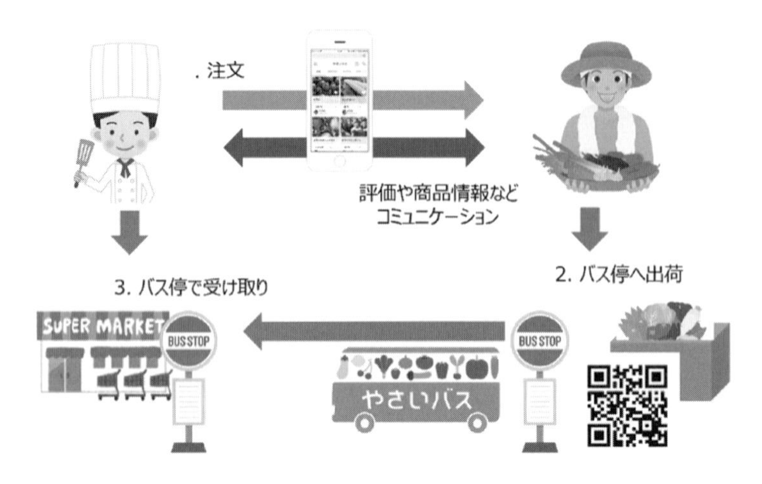

図 4　利用方法

くつなぎ，全員の Value と高めるには「情報と信頼」こそが青果流通の基礎に必要なのではと仮説を立てました。前提として，Human が幸せになることが最終目標で，それには，商品や生活そのものの Value を上げることが目標になります。

目標達成には，Things と Human に関する情報が図 1 のチーム内で共有されることが必須で，IoT を活用はするものの，人同士の信頼に尽きると考えました。キャベツ一つひとつに IC タグを付けたとしても，生産・流通過程でいかようにでも情報の付け替えが可能だからです。そこで，つくる人・つかう人・たべる人のチーム内で相互の立場を理解してもらうため，会ってもらうことから活動を始めました。

開始から一年ほどたち，飲食店の店長から，売上が上がった，利益が上がったなどの効果が表れ，口コミで取組先が増えていきました。なぜ売上が上がったのか？　理由は，3 つです。1 つは，生産者から直接届けるため，出荷した次の日には受け取ることができ，美味しくなったこと。2 つ目は，通常の流通網には乗りにくい変わった品目も手に入るようになり，お客様を飽きさせないこと。例えば，ケール，キャッサバなど。そして，最も重要な 3 つ目，提供する料理の食材にまつわる話をお客様とすることで，会話が盛り上がり，固定ファンが増えました。飲食店が野菜にかける費用を 1.2 倍にしたところで，全体の経費からすれば微々たるものです。それでファンが増えるのであれば，投資対効果は高い。そのことに，チェーン店でもようやく気づき始め，価格優先であったようなところも野菜の調達を見直し始めています。とかく，同じ野菜なら，安い方を選ぶ消費行動に長らく悩まされてきましたが，この相互理解あっての取引きは，価格勝負になることはありません。また，生産者からも，売上増加だけでなく，「おいしい」，「ちょっと前送ってもらった味と違うなあ」など率直な評価が返ってくるのがうれしいと他の生産者へ紹介の輪が広がりました。

しかし，4 年前くらいから，配送コストが上昇の一途をたどり，1 箱あたりの野菜の値段と配送賃が逆転する状況になりつつありました。そこで，ミルクランという言葉があるように，静岡県西部地域はスズキやヤマハなど輸送機器産業があり，部品メーカーからの荷物を共同配送していることを知り，野菜も共同配送すればいいと確証を持ちました。人が乗るバスのように，野菜が決まった集配所にてバスを乗ったり下りたりする物流の仕組みと，これまでのコミュニケーションを大事にすることを組み合わせた仕組みが，やさいバスです（**図 4，図 5**）。

使用するトラックは冷蔵車で，運賃は 1 箱当たり 350 円。バス停まで取りにいく必要はありますが，宅配のドアツードアの運賃はクールで定価 2,000 円以上にもなります。やさいバスを使用した結果，購買者側の飲食店では調達コストを 2％削減，生産者側は 10％も削減でき，さらに，出荷したその日に届けることもでき品質向上も果たすことができたのです。今後も人手不足と通販荷物の増加は容易に想像でき，宅配のコストが継続的に上昇することが確実視されています。スマホで受発注を行うとバスの乗車手配まで終了し，出荷者はまるで自社便を持っ

図5　やさいバスの時刻表

ているかのうように購買者に販売ができます。決済もペーパーレスで，ユーザー全体で間接コストを下げるようにしました。信頼を担保するため，システムに参加するには，基本，既存のユーザーの紹介があるとスムーズです。もし，紹介がない場合は，当社のガイドと呼ばれる社員が電話や訪問させていただき，確認後に利用開始となります。我々が最も大事にしたいのは「信頼」だからこそ，このプロセスを守っていきたいと思っています。ITシステムで業務を簡素化しながらも，誰がどうやって，どのような思いで作ったのか，購入する側もそれをどう使い，どういう反応があったのかなど，つくり手とつかい手がコミュニケーションを重ねることで，時間をかけながら相互に信頼を醸成していってもらいたいと思います。つくり手から地元での食べ方を教えたり，つかい手がつくり手の手伝いに行ったり，その逆もあれば楽しくなりそうです。

やさいバスは，まだまだ静岡県内で試運転中です。我々のチャレンジは，生産者がこのシステムを用いて，購買者とのコミュニケーションが盛り上がり，価格だけで評価されないような場になるかどうかです。フェアトレードと物流を合体させた仕組みとして，他国からも問い合わせをいただき，虐げられがちな農業者と安心安全な食の確保という点から注目されています。ローカルから産まれた事業が，グローバルでもお役に立てるよう精進していきたいと思っています。

日本の農業の可能性

日本の農業は，食材製造業として大量に，安定的に生産する体系を目指す「もの」農業と，高級食材や農業体験などの農業×観光，そのほかにも農業×環境，福祉，教育など，製造以外の社会的価値を提供する「こと」農業に大別できます。世界が「もの」農業へ傾倒する中で，日本が何とかつないできた「こと」農業は持続的で社会的に高い存在意義を残しています。国内で小さく競うのではなく，協調し合い，できる限り体系化することで，世界に向けて日本型農業の価値を表現すべきです。命を支える食を産み出す農業の持続性なくして，日本も世界も成り立ちません。農業を社会にしっかり組み込む日本型農業モデルを世界へ示すことが，日本の役割でないかと考えています。

第２編

スマート農業に関する技術開発・利用の状況

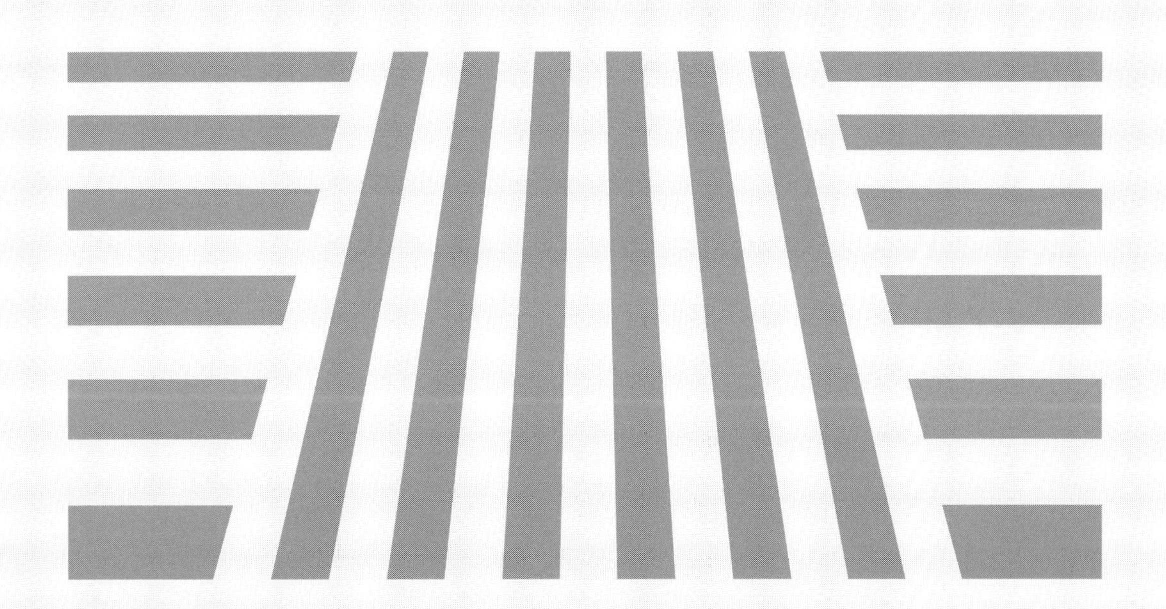

第1章　超省力・大規模生産の実現

農業における自動化の現状と今後

北海道大学　野口　伸

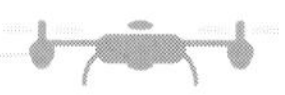

1. はじめに

日本の農業は非常に厳しい状況に置かれている。例えば，基幹的な農業従事者は5年前と比べると15%減っている。高齢化も進んでおり，現在の農家の平均年齢は67歳，65歳以上の農家が65%にも及ぶ。今後ロボットを含めた超省力技術の開発が，日本農業を持続させる上で必須である。他方，世界に目を転じると世界人口は2010年で70億人，2030年には84億人になり，その時の食料需要は現在の50%増との推計があり，今後世界の食料の需給バランスは崩れ，食料不足になるとされる(世界食糧サミット，2008年6月)。さらに，日本農業が抱えている労働力不足は先進諸国，新興国でも共通である。農業従事者の減少，特に技術を有した人材の不足が問題になっており，国際的にロボット化はニーズが高い。現在，ロボットは米国，欧州，中国，韓国，ブラジルなど世界各国で研究開発中である[1]。

農林水産省は，農林水産業・食品産業分野のロボット導入について，今後重点的に取り組むべき分野として以下の3技術を挙げている。

① GPS自動走行システム等を活用した作業の自動化

② 人手に頼っている重労働の機械化・自動化

③ ロボットと高度なセンシング技術の連動による省力・高品質生産

①については，農機メーカー各社からいよいよロボット農機が商品化される。②と③の技術は実はまだ実用化されている技術自体は多くない。②の要望には，例えば畦畔の草刈りや中山間地域の棚田のり面のような傾斜地における草刈り作業がある。草刈りのロボット化は農家ニーズが高い。中山間地域で農業就労者がリタイヤする大きな要因に，傾斜地の畦畔管理ができなくなることが挙げられる。特に高齢者にとって草刈り作業は厳しい作業であり，耕作放棄地発生の一因となっている。転倒・転落など作業中の事故も多く，農作業事故の20%を占める。このような背景から小型クローラ式で低重心位置にして急傾斜対応の草刈りロボットはニーズが高い。また，作業者が装着するアシストスーツも重量野菜の収穫やコンテナ運搬など足腰に負担強度の大きい作業を楽にする技術として有望である。すでに国内外で商品化されたものもあるが，普及はこれからである。

本稿では，土地基盤型農業で発展が期待されているGPS自動走行システムと，人手に頼っている作業の中で自動化のニーズが高い施設園芸のロボット技術の現状と今後について論じることにする。

2. ロボット農機の現状

2.1 目視監視型ロボット農機

ロボット農機の社会実装はスタートしたところである。農機業界では2018年を農業ロボット元年と位置付けている。

ロボットトラクタをはじめ，ロボット農機の基本機能は，高精度GNSS(Global Navigation Satellite System)と姿勢角センサを使用して，PCなどで作成した作業計画マップを参照しながら，走行誤差5 cm以下，作業速度も慣行作業以上を可能にする技術である[2]。また，ロボット農機は障害物検出センサを装備し，自動作業中に人や障害物を検出してアラーム，一時停止，待機など適切な行動をとることもできる[3]。ロボット農機の社会実装を進めるために，2017年3月に農林水産省は農業機械を無人で自動走行させる技術(ロボット農機)の実用化を見据え，安全性確保のためにメーカーや使用者が順守すべき事項を定めた「農業機械の自動走行に関する安全性確保ガイドライン」を策定した[4]。このガイドラインの対象とするロボット農機は，使用者が圃場

図1　ロボット農機の現状

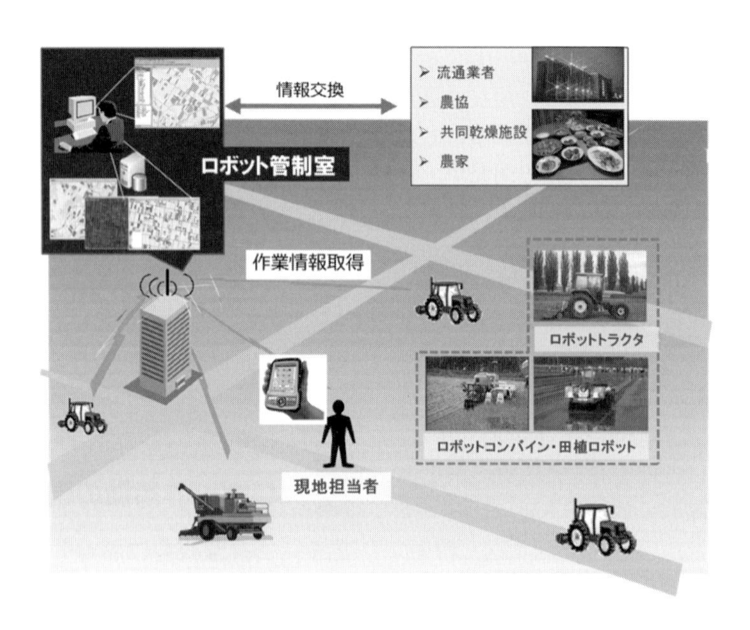

図2　遠隔監視によるロボット作業システム

内や圃場周辺から監視することが前提である(**図1**)。

その1つの利用法に人間との協調作業がある。例えば前方にロボットトラクタが無人で整地作業を行い，有人トラクタがロボットを追従して施肥・播種作業を行う。ロボットトラクタは，上述のとおり5 cm以下の誤差で高精度な自動走行ができるので，人間の能力を超えた走行性能である。後方トラクタのオペレータは，無人トラクタが残したマーカー軌跡を追従すれば精度良く作業できる。また，ロボットトラクタの走行停止・再開，走行速度の変更などは監視しているオペレータが操作できる。

2.2　遠隔監視型ロボット農機

現状のロボット農機は「有人監視下」が前提である。その次のロボット技術は，圃場間移動を含む遠隔監視によるロボット農機である。我が国の成長戦略である「未来投資戦略2018」にも，「遠隔監視ロボット農機」を2020年までに実現すると明記されている[5]。この「遠隔監視ロボット農機」の実現に向けた研究開発は，現在，内閣府SIP「次世代農林水産業創造技術」(SIP農業)において実施しているが，その特長は無人機の作業を離れたところから監視でき，圃場間の移動も無人で行う点にある。

遠隔監視によるロボット作業システムは基本的に**図2**のように地域内で複数のロボットに同時作業させるシステムで，ロボット管制室にいる1人のオ

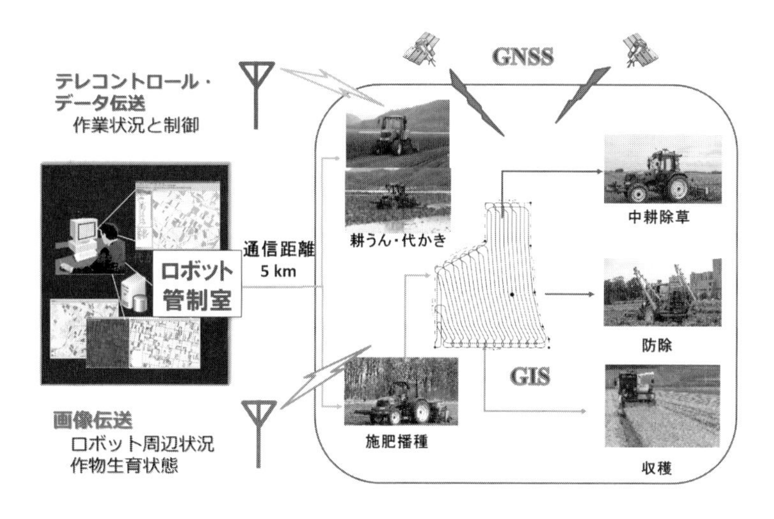

図3　遠隔監視によるロボット農機に必要な情報通信

ペレータが離れた複数の畑で作業しているロボットを管理することができる。この場合，図3のような作業監視のために2種類の通信系を必要とする。1つはテレコントロール・データ伝送であり，ロボットの作業データを伝送する機能と管制室からロボットを制御する機能を担う通信系である。この伝送系は作業の安全性を確保する上で重要である。もう1つはロボット周辺の画像伝送である。ロボットの作業状況を視覚で把握できる機能の意義は大きい。慣行の人による農作業では耕うんの仕上がりや作物生育状態を常に観察しているわけで，この圃場状況の画像伝送機能は農作業を行うロボットにとって必要である。ただし，現状ではロボット作業の遠隔監視用の適当な電波が決まっていないため，安全な遠隔監視ロボットの実現には課題が残されている。また，道路交通法と道路運送車両法の制約から，公道を使用した圃場間移動ができないことも遠隔監視ロボットが効率的に使用できない制限要因となっている。

3. ロボット農機の今後

3.1　マルチロボット

ロボット農機の将来展望の1つが1人で複数のロボット農機を監視するマルチロボットである[6]。マルチロボットとは3台以上のロボットによる協調作業であり，人間は自動運転のロボットに搭乗し，ロボット群の監視が任務となる。このシステムの場合，複数のロボットを同時に使用するので作業能率は格段に向上する。また，運転操作を必要としないため高齢者，農機操縦に慣れていない女性や初心者もオペレータの役割を果たすことができる。自動走行なので夜間でも安全に作業ができる。現在，著者の研究チームはSIP農業においてロボットの台数に制限がないマルチロボットを開発中である(図4)。同時に使用するロボットの台数は使用者が任意に決めることができる。このシステムは，大規模経営では規模拡大に対してトラクタなど農機の大型化によらず，今使っている使いやすい馬力のロボットトラクタの台数を増して対応することになる。1台の機械を大型にしないので，所有している作業機は継続使用できることで初期投資を抑えることができること

図4　複数のロボットが協調作業するマルチロボット

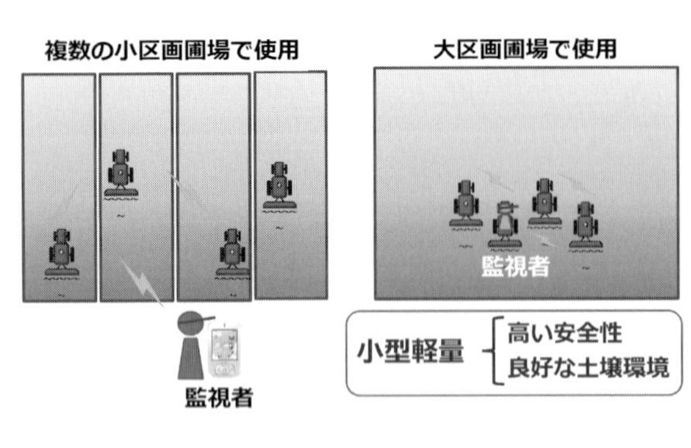

図5　圃場規模に応じたマルチロボットの使用方法

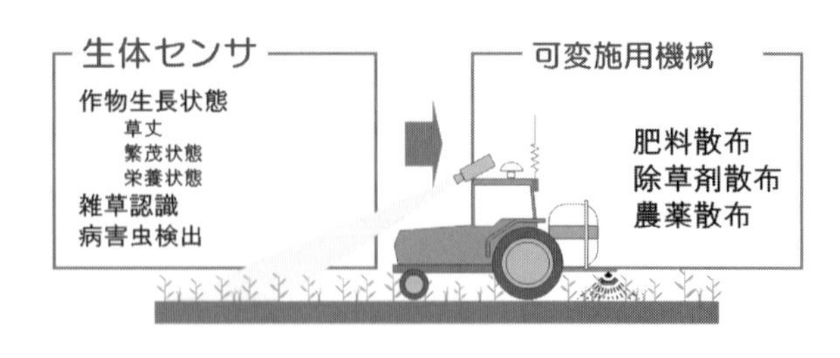

図6　ビジョンインテリジェンスによるロボット農機のスマート化

も魅力である。当然，個々の圃場の大きさや作業の進捗に合わせて台数を変更して作業する。他方，本州の集落営農では，マルチロボットを使用して作業の進捗に応じて農家がロボットを貸し借りして柔軟な作業体系を組むことができる。24時間体制で作業ができ，人手を借りずにロボットを借りることで作業能率を向上させられる。図5に示したように，ロボットトラクタそれぞれが複数の小区画圃場で作業を行う場合は監視者が搭乗して監視する必要はない。今SIP農業では低価格な高精度GNSS受信機を開発中で，これが商品化した暁には本州の中山間地で使用されている小型トラクタがロボット化し，このマルチロボットのアイデアが日本農業を大きく変える可能性がある。

このマルチロボットは欧米も注目している。現在，大規模農業を実践している欧米では大型機械による土壌踏圧が作物の生育環境を悪化させ，その対策として不可欠な心土破砕作業の消費エネルギーが増大している。EUの調査では農業生産に使用される石油エネルギーの90%が心土破砕に費やされ，石油エネルギー消費拡大を引き起こしている。また，近年の異常気象により降水量が増加し，圃場の地耐力が低下しトラクタ作業ができない日が増え，農作業に支障が出てきた。さらに，大型トラクタの車幅も限界に達し，欧州では法規制により大型トラクタが道路走行できない国も存在する。このような状況から，マルチロボットの設計思想は日本にとどまらず世界の農業に大きな変革をもたらす可能性も有しているのである。

3.2　スマートロボット

もう1つの将来像は，ロボットが生育状態を認識して最適な作業を行うスマートロボットである。ロボット農機の知能化を進めて篤農技術に近づけ，人手に頼っている重労働を軽減するロボットに発展させることもロボット農機の未来の姿である。具体例を挙げると，水稲，麦類の作物体の窒素ストレスを認識して最適な追肥作業を行うロボットや作物と雑草を識別して雑草にだけスポット防除するロボット，さらに病虫害発生個所を見つけ，被害が広がる前に防除するロボットなどがある(図6)。これらのスマート化に向けた課題はセンサにある。作物の窒素ストレス検出センサは実用化されているが，それ以外の作物・雑草の識別，病虫害予兆検出などのセンサはいまだ開発途上である。ただ，最近話題のビッグデータ・AI(人工知能)が有効であることから国際的に開発が活発に行われている。移動のための脚はロボット農機，目と頭脳はIT農業技術が担い，こ

図7　ドローンとの連携によるロボット農機のスマート化

の両者を統合することで「単純作業ロボット」から「スマートロボット」に進化するのである。さらに，目と頭脳は必ずしもロボット農機と一体である必要もない。例えば目の機能を担うドローンが上空から情報を効率的に収集し，その情報を脳の機能を担う外部の高性能コンピュータに伝送・解析して，その最終結果だけをロボット農機に伝送して精密な作業を行うことも可能である(図7)。このような形態をとると個々のロボットに目と脳が不要になり共同利用できるので，ロボットの低コスト化に寄与する。ただし，これにはIoT利用が必須である。IoTとはさまざまなモノがインターネットに接続され，情報交換することにより相互に制御する仕組みであり，複雑なシステムを低コストに構築できる。このようにスマートロボットの実現には最先端技術であるビッグデータ，AI，IoTが基盤になる。

4. 施設園芸おけるロボットの現状と今後

4.1　イチゴ収穫ロボット

農業現場では施設内で働くロボットの導入も期待されている。施設園芸では育苗，管理，収穫，調製，出荷などほとんどの作業がいまだ手作業であり，労働力不足は深刻である。例えばイチゴ生産における育苗，定植，管理，収穫，調製，出荷などの合計労働時間は10a当たり2,019時間にもなり，稲作労働時間の25時間/10aの80倍といったデータもある。

このような事情から，イチゴ収穫ロボットは国立研究開発法人農業・食品産業技術総合研究機構農業技術革新工学研究センターなどで開発を進めている[7]。イチゴなどの果菜類を収穫するロボットを開発する上で必要な要素技術は，①果実のセンシング技術，②果実のハンドリング技術，③走行技術の3つである。走行技術は施設ではレールなどの走行ガイドを敷設できるので難しくなく，技術課題は果実の「センシング技術」と「ハンドリング技術」にある。センシング技術とは熟したイチゴを認識して，位置を計測することである。この視覚・認識判断機能には技術的に解決すべき課題が多い。AI利用も研究されているが，いまだ開発途上にある。

現状で最も進んだ農研機構のシステムはLED照明と単眼カメラでイチゴの着色度合いを判定し，果実位置は2眼のステレオカメラで計測する。果実の採果ハンドは切断刃付き開閉爪がイチゴの果柄部分を検出・切断し，果実を傷めないように摘み取りができる(図8)。ただし，収穫は適期果実の60～70%にとどまる。これは，果実が葉に隠れている場合や果実同士が重なり合っている場合など，個々の果実を正確に認識することが困難だからである。また，採果時間も9秒/果であり，人に比べるとかなり遅い。このようにロボットの性能が人よりも劣ることから，実はイチゴ収穫ロボットには夜間作業させることが望ましい。日中であれば太陽光のもと作業することになるが，晴天，曇天，雨天など天候や時間

ロボット全景

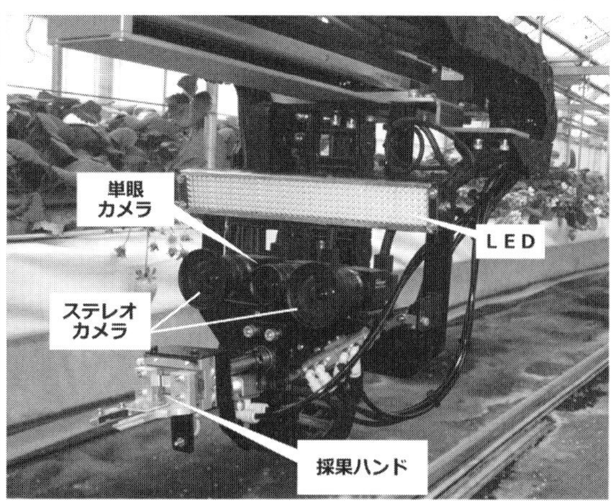

画像認識部と採果ハンド

図8　イチゴ収穫ロボット
提供：内藤裕貴氏(農研機構・農業技術革新工学研究センター)

によって明るさや色合いが変化する。この太陽光の変化によってイチゴの見え方が変わり，正確な熟度判定は難しい。この問題は夜間にLED照明を使うと解決できる。また，ロボットの収穫速度が遅いことも人が作業しない夜間であれば問題にならない。翌朝，収穫残しのイチゴを人が収穫すればよい。このようなロボットと人で役割分担すると作業者の作業負荷のみならず，ロボットの性能を極める必要もなくなり，ロボットの製造コストも抑えることができる。イチゴ生産量が日本一の栃木県にある宇都宮大学でもイチゴ収穫ロボットを開発している。

付加価値の高い果物，野菜，花卉(かき)などの高価格な農産物を法人組織で大規模に生産することで，ロボット導入の効果を最大化できることも魅力である。次世代施設園芸は消費者が求めるオーダーメイドな食料生産を可能にし，農産物の生産から消費までのフードチェーン全体を対象にした自動化が進んだ生産システムになることが予想される。また，アジア・オセアニア地域をターゲットとしたイチゴなど果物の輸出の可能性もあり，施設園芸用のロボットは期待される技術である。

4.2　植物生育診断ロボット

前述した「③ロボットと高度なセンシング技術の連動による省力・高品質生産」の一例を説明したい。このような高度な技術は，温度，炭酸ガス濃度，溶液濃度など生産環境を制御できる太陽光植物工場にまず導入される。ロボットとセンシング技術の連動という技術は，まさに知能化されたロボットといえる。栽培ノウハウの可視化とデータ化は太陽光植物工場において重要な課題といえる。また，太陽光植物工場は自然エネルギーや水資源を効率的に利用できる生産システムに展開できることも特徴の1つである。太陽光植物工場では地域固有の気象資源を有効に活用して最適な環境制御を行わなければ，植物の生産性を向上させることは難しい。その理由から，地域の自然環境を把握した上で植物工場内環境を制御することが要求される太陽光植物工場は，いまだ高い技術を有した人のオペレーションが必要で，工業化・産業化に発展させる上で大きな障害となっている。すなわち，太陽光植物工場による食料生産を工業化・産業化するためには非接触なセンシング技術によって植物生体の状態を検出して，検出データに基づいて最適な環境状態を探していくことが要求される。このコンセプトはSpeaking Plant Approach(SPA)として世界的にもよく知られている。センシングデータと栽培プロセスのデータベースから栽培ノウハウを抽出して知識ベースに展開することが，まさに知識の可視化でありインテリジェント制御に直結する。特に植物の生育センサが重要であ

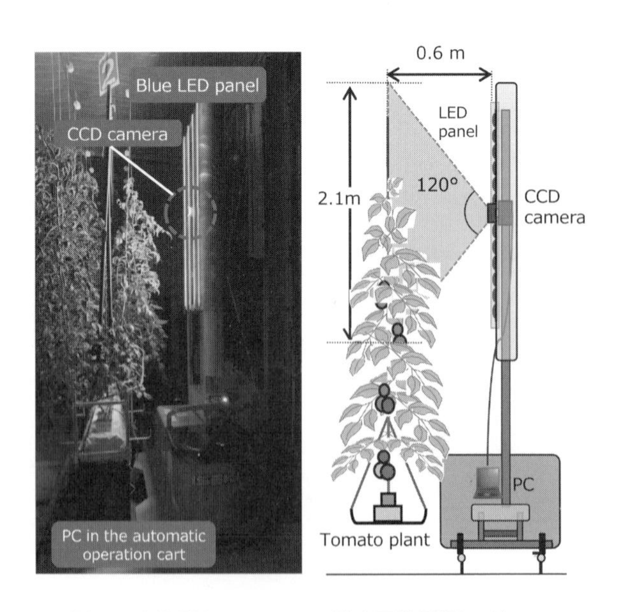

図9　実装型クロロフィル蛍光画像計測ロボット
提供：高山弘太郎氏(愛媛大学農学部教授)

る。ここでは，その生育をセンシングするロボットの例として愛媛大学植物工場研究センターと井関農機㈱の共同研究によって生まれた実装型クロロフィル蛍光画像計測ロボット[8]を紹介する（**図9**）。クロロフィル蛍光という量を画像で計測するのであるが，このクロロフィル蛍光から植物の光合成機能を知ることができる。この画像計測を植物工場全面にわたって行えば，植物の光合成機能を空間分布として知ることができ，この分布は生育の空間変動でもある。診断装置は自動走行機能を装備しているので生育診断ロボットといえる。この診断結果に基づいて植物工場内の環境を適切に制御してトマト糖度のような品質向上に役立てることができる。

5. おわりに

日本農業の持続性をロボットによって確保できるかどうかは，今後これら革新技術を最大限活用できる農業経営組織や作業体系を生み出せるかどうかにもかかっている。基本的にロボット1台は労働者1人に相当し，人手不足の解消に有効であることは明白である。実際にはロボットは昼夜を問わず24時間連続作業が可能であり，その労働生産性は2～3人の労働力に匹敵する。今後ロボット技術は国際市場を念頭におき，しかも要素技術の共通化を図ることで製造コストの削減に努める必要もある。また，ロボットの開発・普及には技術的課題に加え，制度の整備も重要となる。特に水田作，畑作などオープンフィールドで作業を行うロボットは行政主導による制度の整備なくして普及は難しい。今後の関係府省の理解と効果的な施策に期待したい。

文　献

1）日本学術会議：日本学術会議提言，25（2008）.
2）野口伸：農林水産技術研究ジャーナル，**35**（2），10（2012）.
3）N. Noguchi : Agricultural Automation - Fundamentals and practices, CRC Press, 15–39（2013）.
4）農林水産省：ロボット農機に関する安全性確保ガイドライン（2018.3.27 参照）. http://www.maff.go.jp/j/kanbo/kihyo03/gityo/g_smart_nougyo/attach/pdf/index-6.pdf
5）内閣府：未来投資戦略 2018（2018.6.15 参照）. https://www.kantei.go.jp/jp/singi/keizaisaisei/pdf/miraitousi2018_zentai.pdf
6）C. Zhang and N. Noguchi : Development of a multi-robot tractor system for agriculture field work, Computers and Electronics in Agriculture, 142, 79（2017）.
7）内藤裕貴：アグリバイオ，2017年12月号（2017）.
8）山弘太郎，仁科弘重：植物環境工学，**20**（3），143（2008）.

第１章　超省力・大規模生産の実現
第１節　農業機械の自動走行技術

第１項　標準区画向けマルチロボット作業システム

国立研究開発法人農業・食品産業技術総合研究機構　林　和信
国立研究開発法人農業・食品産業技術総合研究機構　趙　元在

1. はじめに

高齢化等による農家人口の減少や農業生産法人数の増加などを背景に農業生産組織の経営規模拡大が続いており，農林水産省が５年ごとに調査を行っている農林業センサスによれば，都府県ではおおむね 5 ha 以上，北海道においてはおおむね 30 ha 以上を耕作する営農組織数が増加している状況である[1)]。また，2020 年のオリンピック・パラリンピックにおける食材調達基準に見られるように，生産物の安全性を保証するためにトレーサビリティの確保・向上が欠かせない要素となって生産工程の詳細な記録や記録された情報の可視化などが求められるなど，農業生産の現場においては規模拡大と緻密な情報管理という相反する課題への対応が急務となっている。

このような情勢の中，国立研究開発法人農業・食品産業技術総合研究機構（以下，農研機構）では 2014 年度に開始した「戦略的イノベーション創造プログラム（次世代農林水産業創造技術）」（SIP）[2)]において，IT 等の先端技術による農業のスマート化により高品質・省力化を同時に達成する生産システムの実現を目指して，農業機械の自動化技術の高度化および圃場情報に基づく作業機械の高度化・知能化技術の開発に取り組んだ。これまでにも GPS の位置情報等により自律走行を行う農作業ロボットが開発されてきたが，実用化のためには安全性確保と超省力作業の実現が不可欠である。そこで，SIP においては圃場区画の大きさにより標準区画向けと大区画向けの２つの場面を想定し，複数の農作業ロボットを安全に同時に作業させるマルチロボット作業システムを開発した。

本書次項以降には，各農業機械メーカーから製品化されたロボットトラクタについて概要が説明されることから，本稿では SIP において本州の農業地帯を想定した 30a から 1 ha 程度の標準区画水田圃場を対象に，圃場が一定程度連担している場合を想定した２台のロボットトラクタから構成される「標準区画向けマルチロボット作業システム」（開発システム）について，その構成等の概要と開発システムを利用することによって得られる作業能率の向上効果などを紹介する。

2. 開発システムの概要

開発システムは，２台の市販農用トラクタ（井関農機㈱ TJV85（62.5 kW）および TJV95（70.8 kW））をベース車両としたロボットトラクタ，トラクタと通信を行って作業状態を監視する監視端末から主に構成される。ロボットトラクタ車両の開発改良は，井関農機㈱が担当し，農研機構革新工学センターが車両制御プログラム，運用プログラムの開発を担当し，両者協力体制の下で開発および実証試験を行った。

2.1　ロボットトラクタ

ロボットトラクタは市販農用トラクタをベースに，RTK-GNSS 受信機，慣性計測装置（IMU；Inertial Measurement Unit），操舵用モータと制御用 PC による自律走行機能に加え，遠隔からロボットトラクタ周辺の監視を行うための全方位が撮影可能なネットワークカメラ，前方を撮影するカメラと画像処理端末による人検知システム，監視端末との通信

図1　ロボットトラクタ

図2　監視端末

を行う無線通信装置(2.4 GHz Wi-fi)などが装備されている(**図1**)。制御用PCは，トラクタ車両および各種センサとCAN(Controller Area Network)を介した通信により制御を実現するとともに，無線通信装置を介して，トラクタの座標，姿勢，動作状態などの稼働情報を後述する監視端末に送出するとともに，監視端末から作業の開始や停止等の指示を受けることができる。人検知システムではYOLO(リアルタイム画像認識を行うアルゴリズム)による人の検出と逆遠近変換処理で検出した人までの距離の推定を行い，設定距離より近くに人を検出した場合には，ロボットトラクタの走行や作業を停止させることが可能となっている。

2.2　監視端末

監視端末は，Microsoft Windows上で動作する監視と運用を行うための監視プログラムが導入されたノート型あるいはタブレット型のPCである(**図2**)。監視プログラムは，先に述べたロボットトラクタから送出される稼働情報を受信し，同時作業を行っている2台のロボットトラクタの状態や作業経路など各種情報をグラフィカルに表示することができる。また，監視端末画面上に表示された大型の停止ボタンにより，2台のロボットトラクタを同時に非常停止させることが可能である。さらに，ロボットトラクタに搭載されたネットワークカメラの映像により，肉眼での確認が難しい離れた場所にあるトラクタ周辺の状況を確認することも可能である。なお，SIPにおける開発スタート段階には，マルチロボット作業システムは「農作業ロボットによる作業を複数同時に人の監視なしに実現する」と明記したが，現行法規の下では自動システムにおける最終的な責任の所在を明確にするため監視者の存在が不可欠であることが明らかとなったため，「人の監視なし」を「人の監視の負担を軽減して」と変更した経緯がある。監視端末におけるロボットの稼働状況の表示やカメラ映像の表示は，特にロボットトラクタと監視等作業員の距離が離れた際の監視負担の軽減に寄与するものである。

2.3　開発システムの運用

開発システムは，前述のとおりロボットトラクタ2台と監視端末から主に構成され，最低1名の監視等作業員の監視の下で運用される。ロボットトラクタの監視は基本的に目視にて行い，監視端末は前述のとおり監視の負担軽減のために用いられ，2台の同時作業を想定する範囲，つまり監視等作業員とロボットトラクタの距離は，おおむね1つのいわゆる農区内に連担して存在する圃場において逐次作業を進めていく際に生じる距離を想定している。これは，Wi-fiを利用したロボットトラクタと監視端末間の通信に距離の制約があること，圃場から圃場への移動には監視等作業員の乗車が必要なことなどによるものである。作業時には各圃場に1台ずつのロボットトラクタを配置して自動作業を実施させ，監視等作業員1人が2台の監視や圃場間移動等を行うことにより，作業能率を上げることを狙いとしている。

3. 開発システムによる作業

SIPにおいては，実質4年間の研究期間の前半にロボットトラクタのハードウェアおよび制御プログラムの開発を行い，後半は両者の改良を継続しつつ千葉県山武郡横芝光町の農事組合法人アグリささもとにて圃場作業試験を行うことで利用効果を確認した。圃場作業試験として実施した作業は，2台が同じ作業を行う作業体系として，耕運作業，代かき作業を，2台が異なる作業を行う作業体系として，乾田直播と播種後の鎮圧作業，麦稈(ばっかん)処理と大豆播種作業である。以下に，これら2つの作業体系による各圃場作業試験の結果について述べる

3.1　2台による同種作業(耕運および代かき作業)

ロボットトラクタ2台を用いて，1名の監視等作業員が圃場間の移動と乗車作業による最外周作業ならびに監視端末を用いた監視作業を担当する作業条件で,自動耕運,代かき作業を実施しタイムスタディを行った。監視等作業員は目視での監視を基本に監視端末を併用した作業監視を行うが，ロボットトラクタと監視端末間は，農地の見通し条件で約600m程度の距離で通信が可能なことを確認した。

耕運作業では，延べ5枚3.1haの水田を供試し，作業幅2.4m(重ね幅0.1m)，作業速度約0.6m/sの作業設定で往復行程および枕地作業2周を実施した(**図3**)。その結果，3.1haを5.0時間で処理できたことから作業能率は54.2a/hであり，ロボットトラクタ1台の平均作業能率34.9a/hの約1.78倍の作業能率が得られた(**表1**)。ただし，農水省が定めた「農業機械の自動走行に関する安全性確保ガイドライン[3]」ではロボット農機の使用上の条件として使用者の監視を定めており，これに則り安全性を確保するためには，一方のロボットトラクタが最外周作業と圃場間移動を行う監視ができない時間は他方の自動作業を停止させる必要があるため，ガイドラインへの準拠を考慮するとロボットトラクタ1台当たりの1.36倍の作業能率となった。このことから，最外周での手動運転を自動運転へ変更し，監視等作業員はロボットトラクタに乗車して搭乗しているロ

図3　2台同時の耕運作業

表1　2台同時耕運作業の作業能率

	圃　場	面　積(a)	作業時間(h) 自動作業	手動作業	合　計	作業能率(a/h)	比　較
各圃場の自動耕耘作業(5枚の隣接水田)	1	68.3	1.66	0.31	1.97	34.7	—
	2	79.9	1.79	0.33	2.11	37.8	—
	3	54.5	1.40	0.21	1.61	33.8	—
	4	71.5	1.68	0.34	2.02	35.4	—
	5	36.3	0.95	0.23	1.18	30.7	—
	合計	310.5	7.48	1.42	8.89	34.9	1.00
2台による作業能率					5.00	62.1	1.78
ガイドラインに準拠した手順による試算値※					6.54	47.5	1.36

※一方のロボットトラクタで手動作業、圃場間移動をしている間、他方を停止させた条件での試算値

図４　２台同時の代かき作業

図５　乾田直播と鎮圧の異種同時作業
手前：乾田直播，奥：鎮圧作業

図６　麦稈処理と大豆播種の異種同時作業
手前：麦稈処理，奥：大豆播種

ボットトラクタの監視とともに，他車を遠隔監視することなどによりこのロスタイムを減らすことが必要と考えられた。

代かき作業においても同様に，総面積4.2 haの水田を供試し，作業幅5.0 m（重ね幅0.1 m）の条件で荒代かき作業を実施したところ（**図４**），２台の同時作業による作業能率は１台の平均作業能率の約1.69倍の作業能率が得られた。耕運作業と同様にガイドラインに準拠した作業手順とした場合，代かき作業は耕運作業よりも作業行程数が少なく，圃場内作業時間も短いため，ロボットトラクタ１台当たりの1.24倍の作業能率にとどまる試算結果となり，最外周行程の自動化による改善が有効と考えられた。

3.2　２台による異種作業の実施（乾田直播・鎮圧作業試験，麦稈処理・大豆播種）

水田農業においては，従来の耕運，代かき，移植体系に加え，作業時期の分散や転作作物への対応が求められていることから，開発システムが対応する作業種類を拡大することは重要な開発テーマである。そこで，現地実証地での隣接水田において，水稲の乾田直播と播種後のケンブリッジローラによる鎮圧作業，フレールモアによる麦稈処理と大豆播種の異種作業を２台のロボットトラクタで行い，その適応性を検証した。

乾田直播と鎮圧作業では，ロボットトラクタ１台に高速汎用播種機（作業幅2.4 m）を，もう１台に牽引式ケンブリッジローラ（作業幅4.5 m）を搭載した（**図５**）。作業は，先行する１台目のロボットトラクタが播種作業を行い，２台目のロボットトラクタは１台目が播種を完了してから鎮圧作業を行うという流れで，３筆2.2 haの水田で作業を実施した結果，2.3 haの播種と鎮圧を6.0 hで完了することができ，２台のロボットトラクタが同時に稼働することによる作業時間の短縮はおおむね1.0時間程度と考えられた。

麦稈処理と大豆の播種作業では，ロボットトラクタ１台にフレールモア（作業幅1.8 m）を，もう１台に高速汎用播種機（作業幅2.4 m）を装着し，３筆2.5 haの水田で作業を実施した結果，2.5 haの麦稈処理と播種を8.6時間で完了することができ，作業時間の短縮効果はおおむね3.4時間で程度と考えられた（**図６**）。この異種作業試験では，最大で30%程度の作業時間短縮効果が認められた。一方で，農研機構や現地生産者の所有する作業機を使用したため，必ずしもロボットトラクタの機関出力に最適な作業機を使用することができなかった事情もあるが，異種作業種の組合せと作業機の選択によって組合せ方によっては2台のロボットトラクタによる作業能率に差がつき，作業進行上のボトルネックとなるため，運用方法の検討も慎重に行う必要があることが明らかとなった。

4. おわりに

本稿で紹介したマルチロボット作業システムは，第4回「未来投資に向けた官民対話[4]」において，総理が「農業に最先端技術を導入します。2018年までに，圃場内での農機の自動走行システムを市販化し，2020年までに遠隔監視で無人システムを実現できるよう，制度整備等を行ってまいります」と述べたうち，後者のシステムとしての開発を目指したものである。これまでの実証試験などの結果から，複数台のロボットトラクタを監視するためには，ロボットトラクタ自体の障害物や人検出能力を上げ，人が行う監視作業を補助・補完する技術が必須であることが明らかとなり，現在も開発に取り組んでいるところである。コスト面では，ロボットトラクタの位置計測に使用する衛星測位機器が高価であるとともに，高精度測位のための補正情報の経費(基地局設置あるいは補正データ利用料・通信費等)が必要である。これらを回避するため準天頂衛星から得られる補正情報により高精度位置計測できる安価な受信機の開発も進んでおり，大きな期待が寄せられている。

ここで紹介した標準区画向けマルチロボット作業システムの開発研究は，内閣府戦略的イノベーション創造プログラム(SIP)「次世代農林水産業創造技術」により実施したものである。

文　献

1) 農林水産省：2015農林業センサス確報第2巻農林業経営体調査報告書.
http://www.e-stat.go.jp/SG1/estat/List.do?lid=000001154297

2) 内閣府：戦略的イノベーション創造プログラム「次世代農林水産業創造技術」.
http://www8.cao.go.jp/cstp/gaiyo/sip/keikaku/9_nougyou.pdf

3) 農林水産省：プレスリリース「農業機械の自動走行に関する安全性確保ガイドライン」の策定について(2017).
http://www.maff.go.jp/j/press/seisan/sizai/170331.html

4) 首相官邸：未来投資に向けた官民対話(第4回)(2016).
http://www.kantei.go.jp/jp/97_abe/actions/201603/04kanmin_taiwa.html

第２項　スマート農機群

井関農機株式会社　高橋　努

1. はじめに

現在，日本の農業は生産者人口の急激な減少や大規模化など大きな変化の中にあり，これらの変化に対応するものとしてスマート農業への期待は大きくなってきている。弊社はスマート農業を可能にするスマート農機群の提供を通して，「夢ある農業」の実現に向けた取組みを行っている。スマート農機の特徴は２つあり，１つはGNSS(Global Navigation Satellite System，全球測位衛星システム)を活用した自立走行システムや，ICTを活用し自動化された超省力農業が可能となる農業機械，いわゆるロボット農機である。もう１つは，センシング技術を活用し，経験と勘の農業から，誰もが品質や生産性を上げ，ICTによりセンシングデータを分かりやすく可視化することで，データを駆使した戦略的な農業を可能とする農業機械やサービスである。

本稿では，弊社が提供するこれらスマート農機群を紹介する。

2. 有人監視型ロボットトラクタ

有人監視型ロボットトラクタは，「農業機械の安全性確保の自動化レベル」の“レベル２”に該当するものであり，有人の監視下で無人のロボットトラクタが作業を行うものである。ロボットトラクタの構成はGNSSとIMU(Inertial Measurement Unit，慣性計測装置)・ステアリングモータといった本体を制御する機器と，障害物センサ・監視用カメラ・警告表示装置・遠隔操作装置といった安全のための機器で構成されている(図1)。

ロボットトラクタの走行は，圃場には目印となるものがなく，走行する経路も作業によって異なることから，GNSSから取得する位置情報に基づいて走行経路作成し走行している。有人で監視を行いながら作業を行うことが前提ではあるが，安全に作業を行うために基本情報となるGNSSには高い精度が要求される。

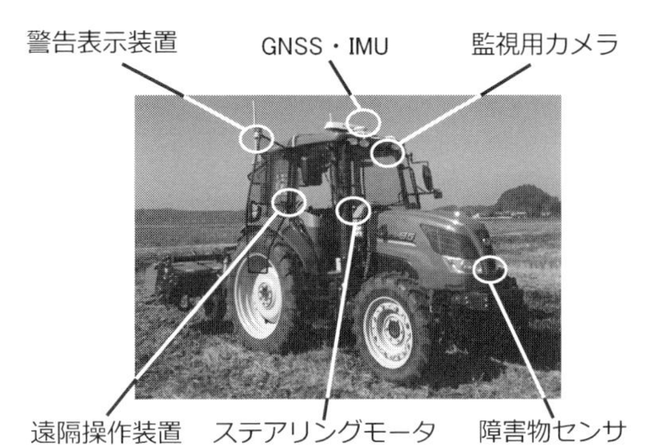

図１　ロボットトラクタ

弊社では，RTK-GNSS(Realtime Kinematic，干渉測位方式)を用いて高い精度を確保し，ロボットトラクタでの無人作業を実現している。無人での作業開始前に，あらかじめ有人の操作により圃場の外周を走行することで，圃場の形状を把握しロボットトラクタが作業を行う作業エリアを確定させる。作業エリアが確定されると，トラクタに装着した作業機の幅や作業工程を指定し，作業経路が自動作成されるシステムを搭載した。このシステムはタブレットのソフトにより行われ，作業経路の設定や圃場情報の登録などの設定が簡単にできるものとなっている。作業経路が作成されると，オペレータはロボットトラクタを作業開始位置に移動させ，もう１台のトラクタに乗り込み作業を開始する。ロボットトラクタの作業開始時には，目視や監視用カメラ，障害物センサによる安全確認を行い，作業開始の指示をロボットトラクタに出すことを義務付けている。さらに，オペレータからの指示があっても，障害物センサが，物体を検出している間はロボットトラクタが動き出すことがないよう安全制御を織り込むなど，「農業機械の自動走行に関する安全性確保ガイドライン」に準じた対応を行っている。障害物センサには赤外線センサと超音波センサを採用し，それぞれの特徴を生かして障害物の検出を行っている。走行中は障害物の検出を行い停止させる必要があるため，前方および後方には平面ではあるが広角で長距離の検出が可能な赤外線センサを採用した。センサが障害物を検出するとホーンによる警告を行った後に，停止動作に入り安全距離で停止する制御を行っている。さらに，赤外線センサの死角となる範囲のカバーと，ロボットトラクタ本体近傍の障害物を検出するセンサには，超音波センサを採用した。これらのセンサとカメラによる監視装置を装備することで安全に作業が行えるよう対応を行っている。

ロボットトラクタの運用に関しては作業を効率化するための手段として，1人のオペレータが無人のトラクタを監視しながら同時に作業を行う「有人・無人協調作業システム」や，監視者が複数の無人トラクタの作業の監視を行うシステムの開発に取り組んでいる(**図2**)。

有人・無人協調作業システムでは，無人のロボットトラクタが先行して整地作業を行い，その後方から有人のトラクタが追従して整地作業や播種作業などの異なる作業を行うことが可能である。オペレータは無人のロボットトラクタの作業跡に沿って作業を行えばよいので，オペレータの作業負荷が軽減され，作業能率の向上を目指すものである。一方，監視者が複数の無人トラクタの監視を行うシステムでは，無人のロボットトラクタを隣り合う圃場に入れ，同時に無人運転をさせるものである。ロボットトラクタはあらかじめ設定した走行経路で整地作業を行い，監視者は，圃場の端からの目視とトラクタに搭載したカメラの映像で運転状況の監視を行う。いずれのシステムにおいても有人による監視が必要であるが，オペレータの作業負荷の軽減，作業の効率化だけでなく，誰もが容易に作業が行えるシステムとなっている。

有人監視型ロボットトラクタは超省力化農業の実現が可能な農業機械であり，これから発展していくことが期待されている。今後適応作業を増やし，圃場の外周まで自動で作業を行うなど発展していくことで，日本の農業の効率化に大きく貢献できるものと考える。

3. 直進アシスト田植機

直進アシスト田植機は，オペレータの操作をアシストする自動操舵技術を搭載した田植機で，オペレータが乗車した状態で使用する自動化レベルの「レベル1」に該当するものである。構成はGNSSとIMU・ステアリングモータで構成される「直進アシスト機構」により，直進作業をアシストしている(**図3**)。

直進アシスト田植機では，GNSSにDGNSS(Differential GNSS)を採用している。DGNSSは緯度・経度の絶対位置の精度は1m程度であるが，基準点に対する短時間での相対位置精度は数cmから10cm程度であり，さらに起動してから測位するまでの時間が短いといった特徴がある。田植えを行う国内の標準的な圃場の広さであれば，基準線に対する相対精度が確保できれば直進アシスト機能を実現することが可能であり，DGNSSの精度でも作業するには十分な精度を有している。直進アシスト田植

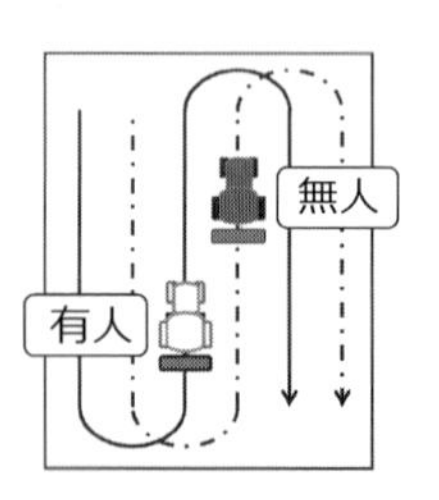

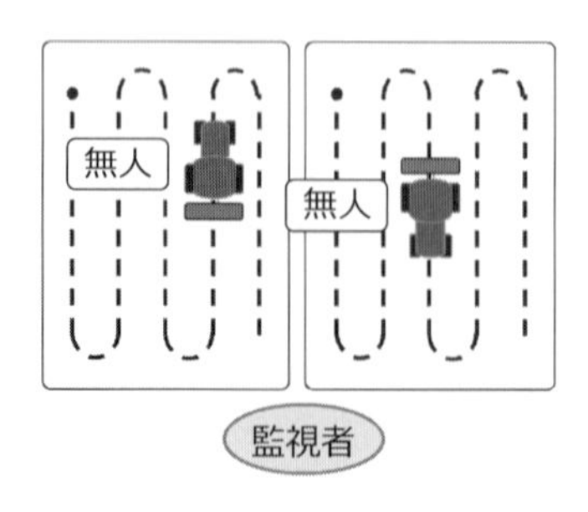

図2　ロボットトラクタの作業例

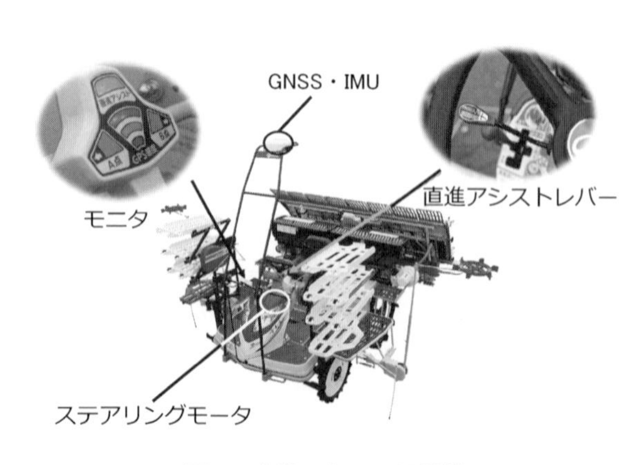

図3　直進アシスト田植機

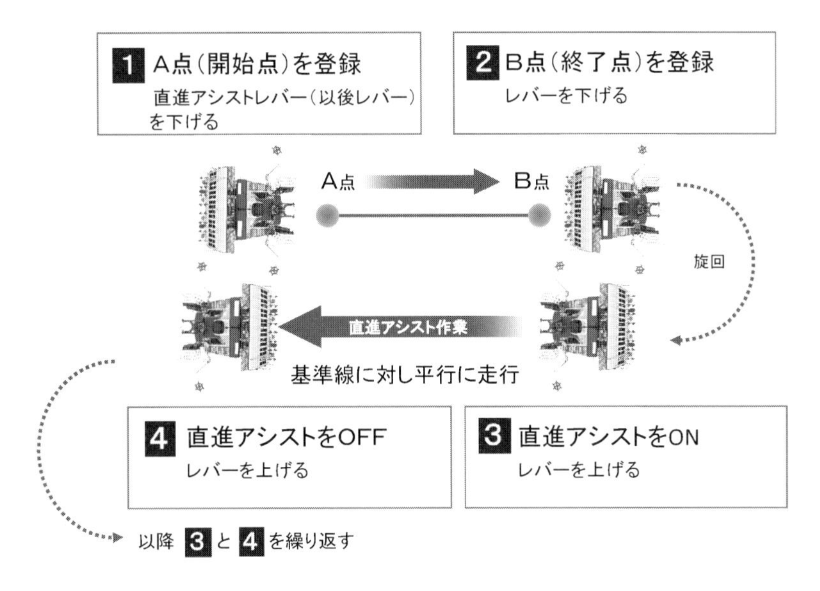

図4　直進アシスト田植機作業例

機のステアリング制御は，GNSSからの位置情報とIMUや各種センサからの情報により，機体を目標ラインに近づけるための制御を行っている。しかしながら，田植えを行う圃場の条件である土質や深さ，機体の装備によっても直進の精度は大きく異なってくることが開発段階で分かった。そこで，制御に必要な最適なパラメータ値を決定するために標準田はもちろんのこと，湿田，超湿田での走行試験，さらには補助車輪装着時の確認を全国各地で試験を重ね，制御パラメータ値を決定し制御に織り込み対応を行った。最終的には装備の有無や圃場の深さや土質やわだちなどの条件に応じて，直進制御のパラメータを使い分ける制御とし，操舵量調整ダイヤルを設け調整することでさまざまな圃場に適応する直進作業を実現した。

直進アシスト田植機のシステムは，オペレータがあらかじめ手動でA点とB点を設定すると，A・B点を基準とした基準線に対して自動で平行に走行するシステムである。オペレータが旋回を行い，条合わせを行った後に，直進アシスト機能を有効にすると自動で直進することから，オペレータは植付状態や肥料・薬材の確認に専念することができ，直進作業による疲労を軽減できるシステムとなっている（図4）。

弊社の直進アシスト田植機では，簡単操作をコンセプトに，誰でも簡単に作業を行え，また，熟練者も楽に操作できるよう，シンプルで分かりやすい操作性を実現している。オペレータが簡単に直進作業を行えるよう，ハンドルを握りながらでも操作が可能な位置に直進アシストレバーを設け，このレバー操作により基準線の登録・直進アシスト機能のON・OFFを行うことができる構成とした。植え付けの開始点と終了点はレバーを下げるだけで登録が可能であり，この2点間を結ぶ直線が基準線としてコントローラに記憶される。旋回後にレバーを上げると，直進アシスト機能が開始され，再度レバーを上げると解除されるようになっている。また，作業中でも視線をそらさずに直進アシスト作業が一目で確認できるモニタをハンドルの前方に配置していることも特徴の1つである。旋回後の植付開始位置を合わせる際に，モニタランプの点滅により左右方向を誘導するので，簡単に条合わせをすることができるようレイアウトしている。さらに衛星の感度や，直進アシスト機能のON・OFF状態も直感的に一目で分かるようにしており，誰でも簡単に，そして楽に操作ができる装備となっている。次のポイントは，安全・安心の機能である。直進アシスト機能がONの状態では，オペレータは機体の操作から解放されるため，前方への注意がそれてしまう場合があり，圃場を逸脱したり，障害物に乗り上げるなど，危険な状態になる可能性が想定される。そこでオペレータが前方を見ていない場合でも，圃場の終端（あぜ）

が近づくと警告音で知らせる機能を設けるとともに，さらに直進した場合には電動HSTを制御し，エンジンを停止させることなく車速に応じて徐々に減速を行い停車させる制御を織り込んでいる。これらは，停車時のショックが少なく安全に停車できること，さらにエンジンを停止しないことから作業を直ぐに再開できることから，安心して使えると市場で高く評価されている。また，GNSSが測位できなくなった場合も同様に機体が自動で減速・停車する仕様としている。その他にも，直進アシスト中に障害物などがあり，緊急回避が必要な場合に，ステアリングを手動操作すると手動運転操作に切り替わる機能や,直進アシスト中に機体の傾きを常時監視し，万が一障害物やあぜに乗り上げてしまった場合にはエンジンを自動停止する機能を織り込むなど，さまざまな安全・安心機能を織込み，誰でも安心して作業が行えるようなシステムを構築した。

田植え作業では，苗を真っ直ぐ正確に植付けを行うことが求められ，特に熟練した操作が必要とされてきた。苗を真っ直ぐに植えることで，苗の生長が均一になること，田植え後の管理作業（草取りや防除作業）やコンバインでの刈取作業が効率的に行えることから，田植えの精度は稲の生長に重要な要素となっている。これまで熟練者であっても長時間の田植え作業はストレスのかかる作業であり，疲労軽減が課題となっていた。また，経営規模を拡大していく中で，新規就農者や機械に不慣れな従業員が増加しており，運転技術の習熟には多くの時間が必要なことから，効率化が進まず経営の負担にもなっていた。直進アシスト田植機は，オペレータの疲労軽減や機械操作に不慣れな方でも簡単に田植え作業を行えることを実現しており，これらの課題解決を行えるものとなっている。

4. 土壌センサ搭載型可変施肥田植機

土壌センサ搭載型可変施肥田植機は，本機に搭載した２種類のセンサが圃場の作土深（作土層の深さ）とSFV（Soil Fertility Value，土壌肥沃度）を田植えと同時に検出し，最適な施肥量をリアルタイムで自動制御する田植機であり，センシング技術により経験や勘に頼らなくても高度な農作業を行うことができる機械である（図５）。

田植えを行う圃場条件の１つである作土深は，機体前方部の左右に配置した超音波センサが水面までの距離を計測し，田植機が圃場に入った際の車体の沈下量で算出している。また，センサの取付けは走行時のタイヤにより発生する波の影響を受けない位置に配置することで，より安定した精度を確保している。２つ目の圃場条件であるSFVは前輪の内側に配置した左右の電極センサで測定を行った電気抵抗値と作土深から算出を行っている。前輪の内側に電極板を設け，その間に電流を流し電気抵抗値を測定する。電気抵抗値と土壌の養分総量の相関式は，複数年かけて実証試験を繰り返し確立したものである。これら２つのセンサのセンシング情報と，あらかじめ生産者が設定した施肥設定に基づき，リアルタイムで植付場所ごとに施肥量を自動調節しながら田植え作業を行う機械である。

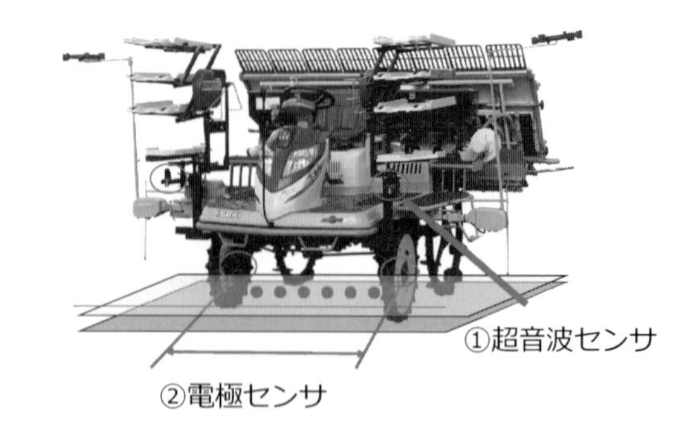

図５　土壌センサ搭載型可変施肥田植機

生産者はAndriod対応の無料アプリ「ISEKIアグリサポート」を用いて，基本施肥量の設定や作土深・SFVにより減肥する割合を設定する。また，このアプリでは，２つのセンサで圃場の状態を測定した結果と自動制御された施肥量（減肥率）を，GNSSの位置情報と紐付けされたデータとして圃場別に記録を行っている。生産者がこのアプリを用いて圃場ごとに記録された結果を参照し，その後の生育状態や秋の収穫時の結果と比較することで，その後の栽培管理の改善や翌年の施肥設計をデータに基づき行うことができるシステムを構築した（図６）。

従来の側条施肥田植えでは，１枚の圃場単位で均一の施肥量で作業を行うため，土壌が深いところや肥沃度が高い場所では通常の施肥量でも稲が育ち過ぎてしまい,生育むらや倒伏が発生することがある。倒伏すると品質や食味の低下の原因になるほか，コンバインでの収穫作業においては作業能率を下げ，故障の原因にもなることから，生産者は倒伏が発生

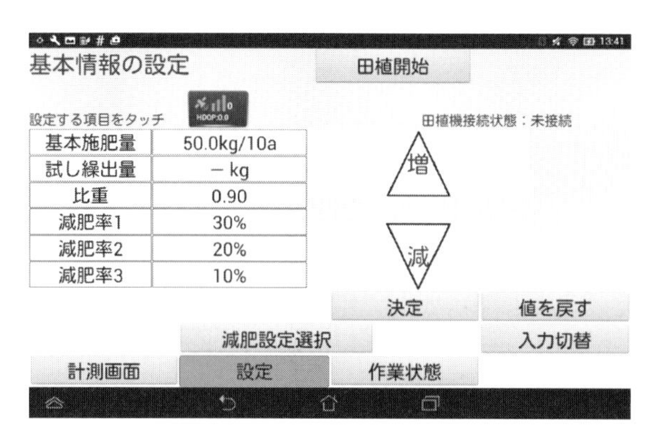

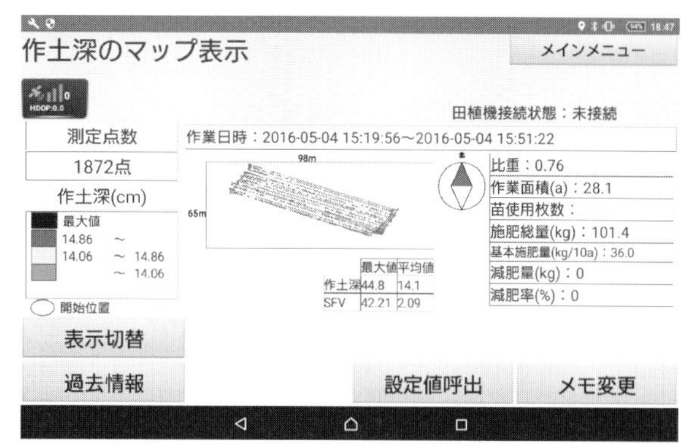

図6　ISEKI アグリサポート

図7　土壌センサ搭載型可変施肥田植機の効果

しないように圃場の条件を加味し施肥量を決定する必要があった。しかしながら，1つの圃場でも，場所によって圃場の条件は一様ではなく，トラクタやコンバインの旋回が多い場所では深さにむらができ，堆肥の散布むらや転作作物などが原因で肥沃度にもむらが発生する。また，大規模化のために複数の圃場を1枚の圃場に合筆した場合には，深さと肥沃度にむらができてしまう。これまでは，圃場の状態に合わせてその場所ごとに適量の施肥を行うことはできなかった。土壌センサ搭載型可変施肥田植機は，田植えと同時に土壌の状態（作土深とSFV）を計測し，植付箇所ごとに自動で施肥を低減させ，その後，稲が均一に生育できる最適な施肥を行うことを実現した機械である。同条件での圃場において，慣行田植えと可変施肥田植えを行った結果，慣行区では倒伏が発生したことから，コンバインでの収穫時間が長くなり，作業ロスが発生した。一例であるが，可変施肥田植えをすることで倒伏低減・収穫作業ロスの低減の効果が確認できる結果となった（図7）。

土壌センサ搭載型可変施肥田植機は，農機単体で田植えにおける施肥作業を最適化することができるシステムであり，これまで農家の経験や勘に頼っていた農業から，誰もができる農業へステージを進めることができる業界初の田植機である。未熟練者でも生産性を確保し，肥料の削減にもつながるこの技術は，大規模経営・大区画圃場の抱える課題である，基盤整備圃場，休耕地再生圃場やブロックローテーションした圃場など土壌状態にバラつきがある圃場でも稲の生育を均一化できることから，品質を確保しながら規模を拡大することができる技術であり，今後の日本の農業に貢献できるシステムである。

5. 収量コンバイン

収量コンバインは，機体の後方に収穫した穀物の水分を測定する水分計を配置し，グレンタンクの重量を測定するロードセル（重量計）を本機に配置することで，収穫作業と同時に，刈り取った稲麦の重量と水分を測定することができるコンバインであり，栽培管理の最終評価をデータで行うことができる機械である。また，これらの収穫情報は「ISEKI アグリサポート」を用いて圃場別に自動で集計・記録されていくシステムを構築しており，生産者がデータを活用できる環境を提供している（図8）。

収量コンバインによる収穫作業では，収穫と同時に水分と収穫量が把握できることから，複数の圃場で同時に収穫作業が進んだ場合でも，乾燥施設へ受け入れを行う前に適切な乾燥機を指示することができ，効率的に乾燥施設を運用することが可能である。また，乾燥機では水分のバラつきが少ないほど均一な乾燥が行えることから，水分値を事前に把握し管理することは重要な要素となっている。そして，収

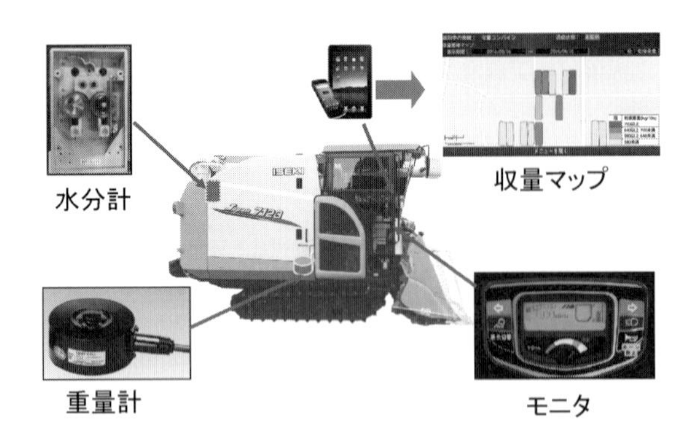

図8　収量コンバイン

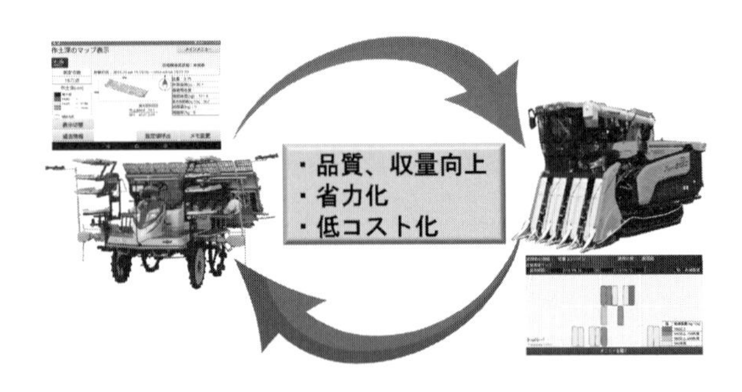

図9　基準施肥量の設定

量コンバインの最大のメリットは，圃場別に収穫量の記録が残るため，圃場に対して行ってきた年間の作業の評価を，データに基づいて行うことが可能になることである。前項の土壌センサ搭載型可変施肥田植機と収量コンバインを活用し，倒伏の有り無しや収量をデータに基づき管理することで翌年の田植えの際の施肥設計を容易に行うことが可能となった。例えば，倒伏したが収量が多く取れた場合，翌年はもっと減肥が可能であるという判断ができる。反対に倒伏はなかったが，収量が不足している場合は基本施肥量を増やす，もしくは減肥を控えるといった判断を生産者が容易に行うことができる。この生育や収量という結果を見て翌年の施肥設計を行うPDCAサイクルを重ねていくことで，生産者は品質や収量の向上を実現し，収穫時の省力化やコスト削減が可能となるのである（図9）。

これまで一般の生産者が圃場別の収量を把握するためには，圃場別に乾燥を行い乾燥後の籾から収穫量を把握するしかなく，非効率であることから実際に行われることはなかった。収量コンバインが登場するまでは，土作りに始まり，田植えや追肥作業などさまざまな作業を行い栽培した結果である収量が正確に把握できないことから，これらの作業を振り返って評価することができなかったのである。収量コンバインを使用することにより，データを使った農業経営を行うことが可能となり，最適な栽培管理を導き出すことが可能となった。収量コンバインは栽培管理の結果を把握するためには欠かせない機械であり，スマート農業を実現するためのキーとなるものである。

6. スマート追肥システム

スマート追肥システムは，作物の生育状態を乗用管理機に搭載した生育センサによりリアルタイムにセンシングを行いながら，生育状態に合わせて最適量の追肥（施肥）を自動で行うシステムである。作物の生育状態に合わせて追肥をすることで，その後の生育状態が均一になり，収穫の際に収量を確保し品質を安定させることが可能となる技術である（図10）。

システム構成は乗用管理機に生育センサとブームタブラを搭載し，それぞれのシステム間で情報伝達を行いながら追肥作業を行うよう構成している。生育センサは，作物の生育量を非接触で測定するセンサで，㈱トプコンが開発した「CropSpec」を使用している。CropSpecは2波長のレーザーを作物に発光し，その反射率から作物の窒素含有量を測定して，リアルタイムにセンシングを行いながら施肥量を決定することが可能である。特徴は，レーザーを使用することから，太陽光などの環境に左右されない，

図10　スマート追肥システム

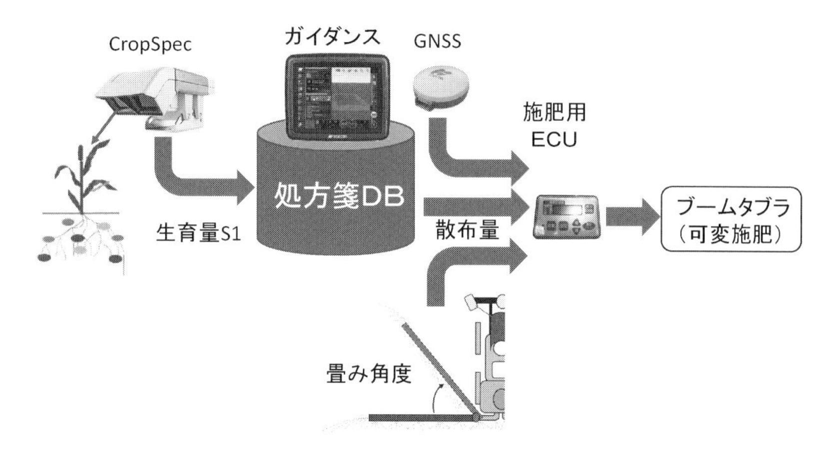

図11　システム構成

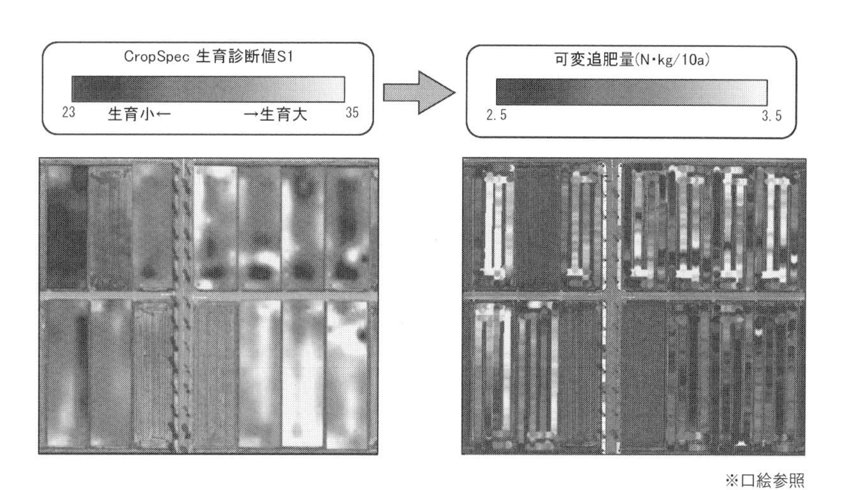

※口絵参照

図12　生育量と施肥量

安定した測定が可能であることである。また，複数年にわたり水稲における実証データを数多く取得し生育診断の検証を実施している。肥料を施肥するブームタブラは初田工業㈱が製造しており，弊社と共同開発したシステムである。乗用管理機の移動速度に合わせて，肥料の繰出量を自動で調整し，均一に散布を行うことができる車速連動制御を搭載している。また，ブームタブラの散布幅は全長15mあり，圃場の最終工程で散布幅が合わないときや異形圃場では，噴管を折り畳みながら散布を行い，圃場形状に追従させる場合がある。折り畳んだ状態で通常と同じ量の肥料を散布すると施肥量が多くなることから，噴管の折り畳み具合に合わせて散布量を減じるブームタブラ可変散布幅システムを構築し，高精度散布を実現した(**図11**)。

稲の追肥は適正時期に適切な施肥を行わなければ，収量の確保ができないだけでなく，品質や食味の低下にもつながる。また，肥料が過剰となると作物が育ちすぎてしまい，その結果秋の収穫時期に作物が倒れてしまう場合がある。作物が倒れると収穫作業においては，作業能率を下げ，機械の故障の原因になることから，これまで農家は収量を確保し品質を安定させるために，生育状態を葉の色を見て判断し，その場所ごとに施肥量を調整していた。特に稲の場合，7月～8月の夏の時期に稲の成長に合わせて適正時期に追肥を行う必要があり，生産者は，一つひとつの圃場に入り生育状態を葉の色と葉色板を比較しながら判断し，施肥量を調整していた。熟練の農家になると，葉の色を瞬時に判断し，施肥量を調節する作業を行えるが，これらの作業は重労働で過酷な作業となっており，経験の浅いオペレータでは行えない作業であった。

スマート追肥システムは，これらの作業を経験や勘に頼らないセンシング技術と散布技術により自動で行うことができるシステムであり，従来の動力散布機による追肥作業と比較すると約10倍の作業効率を実現している。さらに，本機に搭載したGNSS情報と測定した生育状態・施肥量を紐付けてマップ化することで，誰もができる農業へ変革させることができる画期的なシステムとなっている（**図12**）。

また，稲・麦への適応性があり，大規模化や新規就労者への対応も可能で，品質の安定化が実現することで農業の生産性を大幅に向上させることができる技術である。特に多圃場管理を行う必要がある大規模農家においては，大区画圃場や条件の違う圃場を管理する必要があることから，スマート追肥システムから得られたデータを共有し活用することで，さらに規模の拡大と安定した収益を上げることが期待されている。

スマート追肥システムは，戦略的イノベーション創造プログラム（SIP）の中で，鳥取大学，石川県農林総合研究センター，㈱トプコン，初田工業㈱と共同研究を行い，開発中のシステムである。

7. おわりに

弊社はスマート農業を実現するためは，超省力農業に寄与する自動直進技術や無人運転を行うロボット化技術の商品化と，データ駆動型農業に寄与する可変施肥田植機やスマート追肥システムの商品化が必要と考え，開発を進めてきた。

現在，稲作においては収穫後の乾燥調製を管理するスマート収量管理の開発も進めており，これらの商品化により稲作一貫体系のスマート農機群の充実を行っていく予定である。今後もさまざまな農作業に対応するロボット技術やセンシング技術を搭載したスマート農機群の提供を通して，新しい日本の農業の実現に向け貢献していく。

第１章　超省力・大規模生産の実現
第１節　農業機械の自動走行技術

第３項　自動運転農機「ファームパイロットシリーズ」

株式会社クボタ　飯田　聡　株式会社クボタ　西　啓四郎
株式会社クボタ　目野　鷹博　株式会社クボタ　中林　隆志

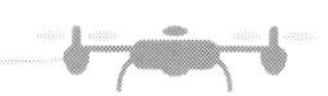

1. 自動運転農機に取り組む狙い

日本農業は，高齢化による就農者の大幅な減少，農作物輸入の自由化などにより大きな転換点を迎えている。このような状況下で日本農業を発展させていくためには，農業を儲かる魅力的なビジネスに変えていく必要がある。

農業を儲かる魅力的なビジネスに変えるためには，①耕運や収穫などの機械化済み作業の効率を引き上げ，省人・省資源化を大幅に進めること，②超精密化により収量・食味・機能性成分をアップし，圃場単位面積当たりの収入を上げることが必要である。また，日本農業は，③繁忙期の重労働や長時間作業を管理・抑制できるようにすること，④勘や経験に乏しい新規就農者でも始められ，続けられるようにすることなど，農業の働き方改革を促進して若者に選ばれる持続可能な産業にすることが求められている。

㈱クボタ（以下，クボタ）はこのような課題を解決すべく，ロボット技術やICT・IoT技術による自動運転農機の研究開発とその普及を進めている。

2. 研究開発の状況

自動運転農機は，農林水産省の定義では図１に示すような３つのレベルに分かれている。クボタで

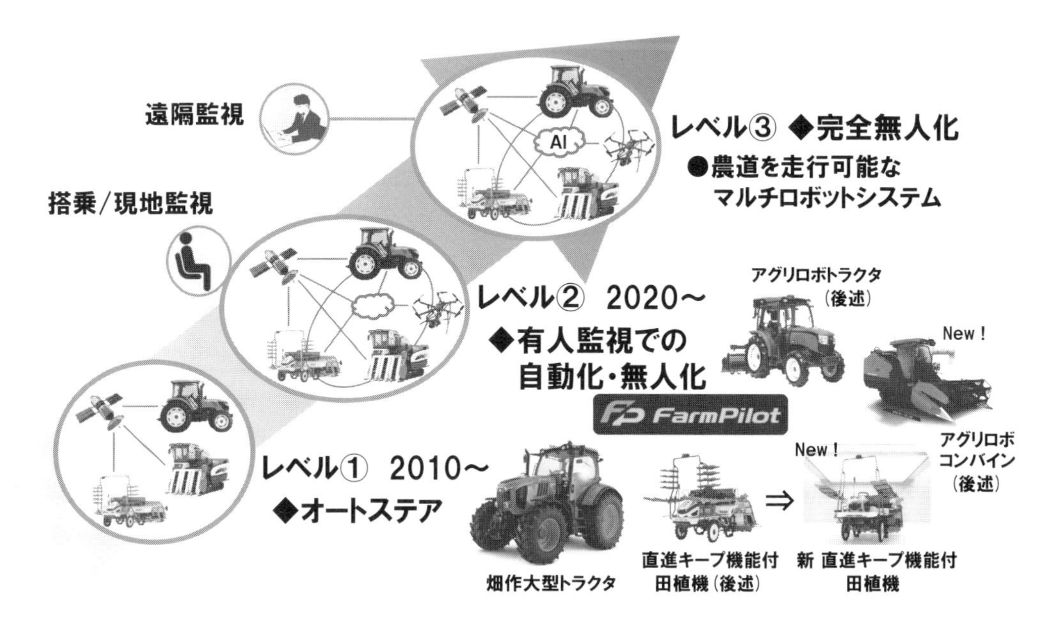

図１　自動運転農機のレベルとクボタの取組み

はそれぞれのレベルにおいて，図１に示すように自動農機の開発を推進しており，「ファームパイロットシリーズ」として上市してきた。

レベル①は，高精度GPS装置などを利用した自動操舵(オートステア)の技術である。オートステアの技術は欧米では2000年ごろに大型トラクタで実用化されており，クボタでは2015年に販売した，本格畑作市場向け大型(130～170馬力)トラクタM7シリーズから採用している。また，次弾の直線キープ機能付田植機(詳細後述)では，独自に開発した小型で安価な制御システムを搭載した。今後はアグリロボコンバイン(詳細後述)などさまざまな農機を市場に投入していく予定である。

レベル②は，有人監視下での自動化・無人化であり，無人走行機と有人監視機の複数機による協調作業も含まれる。このレベルは，システム体系が完成すると作業効率が従来比で1.3～1.5倍に向上することが実証実験で確認できており，国内外の産官学で活発に研究開発が進められている。クボタでは，第1弾としてアグリロボトラクタ(詳細後述)を2017年秋からモニタ販売している。今後は本格販売に向けて改良を進めるとともに，同レベルのコンバインや田植機も開発中である。

3. 今後の進化の方向性

クボタでは，まずレベル②の農機群の開発と普及を目指している。具体的には，例えばトラクタでは制御システムを高度化し，外周作業の無人化や畑作対応(傾斜地対応，インプルメント協調制御等)など，圃場内作業のさらなる自動化を進めている。ただし，あらゆる農地への対応は困難なため，自動化用圃場基盤の整備などが必要である。併せて，GNSS(Global Navigation Satellite System，全球測位衛星システム)や安全関連システムのVE(Value Engineering)も進めている。また，内閣府が戦略的イノベーション創造プログラム(SIP)で進める準天頂衛星システムへの対応も推進中である。

次に，レベル③の遠隔監視による完全無人化では，農道を走行し，複数の圃場での無人作業を実現する必要がある。これには，3Dダイナミックマップの活用など自動車メーカーの技術を取り入れること，無人農機の異常復帰機能など安全システムのさらなる高度化や監視・制御の高速化のための5Gなど農業用高速通信インフラの整備が必要となる。なお，トラクタであればインプルメント装着状態での自動走行には道路交通法の緩和が必要である。レベル③の実現には，このように研究開発だけではなく，規格やインフラを整備する必要がある。SIP(内閣府戦略的イノベーション創造プログラム)への参画など，産官学で密に連携して進めていきたい。

なお，自動運転農機は，単体運用ではその効果が限定的である。このためクボタでは，完全自動ではない農機も含む複数農機の最適な運用・管理ができるよう，後述のKSAS(Kubota Smart Agri System，クボタ独自の精密農業システム)に自動運転農機の稼働支援システムを構築し，複数農機における最適走行ルートの作成を支援するとともに，自動運転農機の情報を収集しモニタリング・活用できる仕組みの構築を進めている(**図2**)。

次項より，それぞれの製品・技術について説明する。

4. 直進キープ機能付田植機「EP8D-GS」

4.1　開発コンセプト

田植作業は，さまざまな稲作基幹作業の中でも，特に高い精度が求められる作業である。作業精度が低く，苗の植付け跡が蛇行していると，稲の生育不良や収穫作業の効率低下につながり，結果的に収量低下を引き起こすためである。しかし，凹凸が多く，ぬかるみによるタイヤの滑りが頻繁に発生する水田で田植機をまっすぐに走らせることは，未熟練オペレータにとっても神経を使う負担の大きな作業である。

クボタでは，国内農家が抱えるこれらの課題を解決するため，田植機向け直進自動操舵機能(直進キープ機能)の開発に取り組んだ。未熟練オペレータでも簡単に高精度な田植作業が行え，国内農家の経営に大きく寄与する製品とするため，開発コンセプトを「誰でも・簡単に・楽に田植えができる機械」とした。

本項では，このコンセプトを実現するために開発した技術について紹介する。

4.2　開発機の概要

開発した直進キープ機能付田植機は，GNSS測位ユニットと慣性センサ(Inertial Measurement Unit；

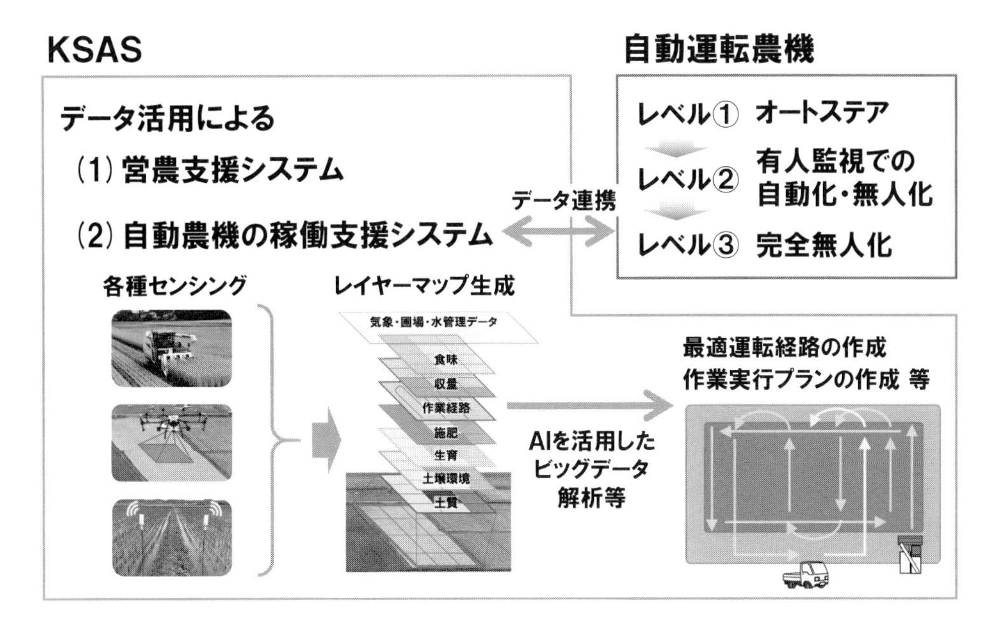

図2　自動運転農機とKSASの連携

図3　開発機のハードウェア構成

IMU)を搭載し，これらのセンサによって機体の位置や姿勢を検出することができる。

また，モータと減速機構を組み合わせた操舵機構によりハンドルをモータで駆動できる(**図3**)。開発した直進キープ機能は，これらのセンサや操舵機構により，あらかじめ設定した方向に自動で直進走行する機能である。

4.3　開発目標

開発目標は以下のとおりとした。

① 良好な操作性

既存の自動操舵装置は画面を見ながら複雑な設定項目(走行パターンや作業機の幅など)を入力するといった操作が必要であり，初めて使用するオペレータには操作が難しい。そこで，短時間の指導のみで操作を習得できる，誰でも簡単に使える操作インターフェースの開発を目標とした。

② 高精度測位とリーズナブルな販売価格の両立

田植作業においては，条間(苗列の間隔)を30 cmとすることが一般的である。この作業条件で苗列同士の重なりが発生しないよう，設定した目標走行ラインからの誤差が±10 cm以下となる作業精度が必須である。一方で，国内農家に広く受け入れられる製品とするためには，従来機から10%以下の販売価格アップで製品化する必要があった。高い測位精度と低価格化を両立するため，安価なセンサの組み合わせによる独自の測位精度向上技術の開発に取り組んだ。

③ 水田圃場に適した制御技術の開発

水田圃場においては，泥による滑りや，耕盤の凹凸にタイヤがはまり込むことによる操舵特性の変化など，特有の現象が発生する。そこで，水田圃場においても安定して目標とする作業精度を実現可能な，田植機向けの新たな制御技術の開発を目標とした。

④ 安心して作業できる機能の搭載

開発機能は未熟練オペレータによる使用を想定しており，ヒューマンエラーの発生頻度が高いことが懸念される。そこで，考えられるオペレータの不注意や誤操作への対策機能を搭載することで，誰でも安心して作業できる製品とすることを目標とした。

4.4　開発内容

4.4.1　操作インターフェース

一般的な田植作業では，田植機を水田の長辺方向に直進走行させて苗を植付ける。水田の端に到達すると180°旋回し，次は前行程で植えた苗列の隣に苗を植付けながら逆方向に直進走行する。この作業を繰り返して水田の全面に苗を植付けていく。すなわち，田植作業の大部分は，ある決まった方向への直進走行であるといえる。

そこで，図4に示す従来機にスイッチを3つ追加しただけの，設定した方向への直進走行に特化したシンプルな操作インターフェースを考案した。オペレータは，最初の行程で2つのスイッチ(始点A，終点B)を押して直進自動操舵の規範となる直線(基準線)を登録する。登録後は180°旋回した後，植付走行しながら自動操舵の入/切を切り替えるスイッチ(GSスイッチ)を操作するだけで自動操舵機能を使用することができる(図5)。オペレータの操作を絞り込んだことにより，誰にでも簡単に使える操作インターフェースを実現した。

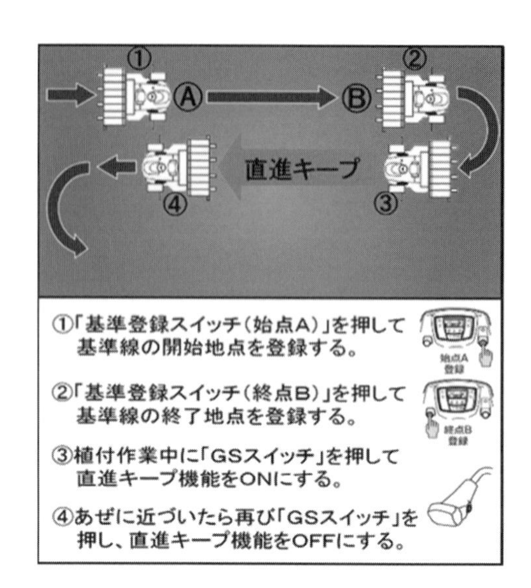

図5　開発機能の使用手順

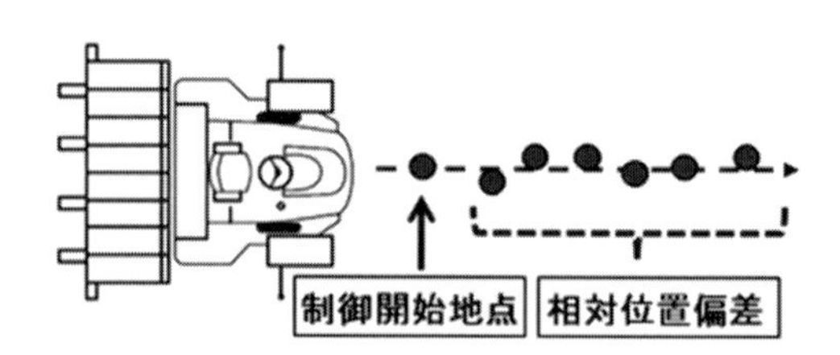

図6　相対的位置偏差

4.4.2　高精度センシング技術

(1)　位置情報の高精度化

田植作業のように高い測位精度が要求される作業の場合，高精度なRTK(Real Time Kinematic)-GNSSを利用することが一般的である。しかし，RTK-GNSSは高価であり，トラクタに比べ，年間稼働率の低い田植機への搭載は困難であった。そのため，本開発では安価で中精度なDGPS(Differential GPS)を採用した。しかし，DGPSの絶対測位精度は約60 cmであり，精度目標±10 cmを満たすことができない。ただ，数分程度の短時間であれば相対的な位置変化は安定して測位可能であり，田植作業1行程に要する時間はおおむね数分以内であるため，DGPSでも工夫により高精度な測位を実現できると考えた。

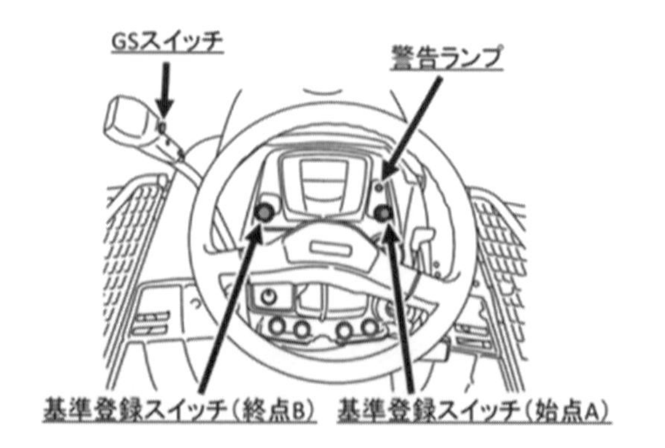

図4　操作インターフェース

開発した測位手法の考え方を図6に示す。制御開始地点を基準位置とし，走行中の相対的な位置変化に基づいて目標走行ラインからの偏差を推定する信号処理アルゴリズムである。この手法により，各行程での植え始めから植え終わりまでの間，高精度な位置情報を利用した制御が可能となった。

(2)　方位角情報の高精度化

高精度な方位角情報を得るため，安価型の慣性センサであるMEMS(Micro Electro Mechanical Systems)IMU(Inertial Measurement Units)を採用した。IMUは，短期的には高精度な方位角演算が可能で

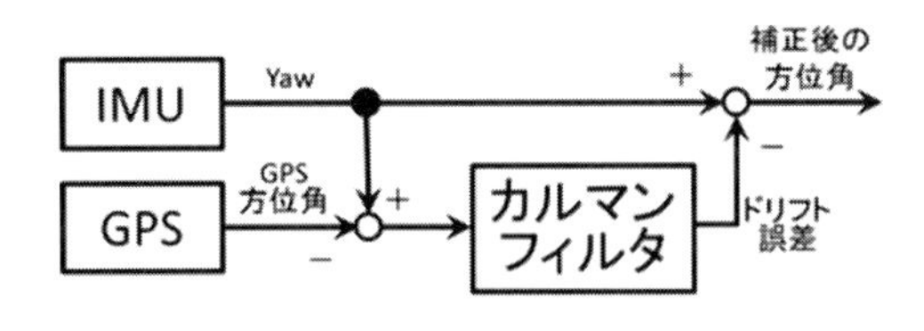

図７　フィルタ構成

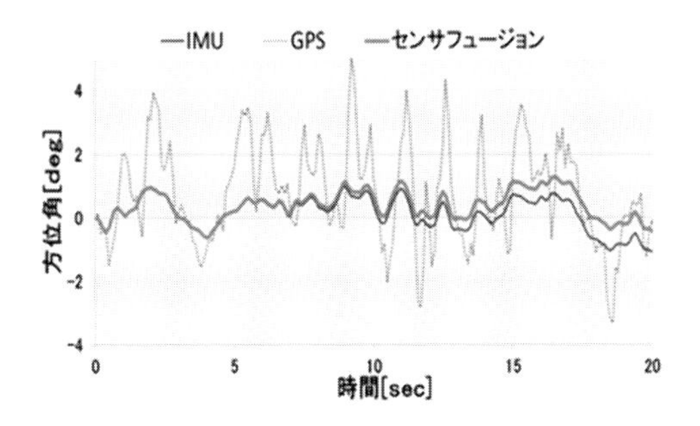

図８　センサフュージョンによる精度向上

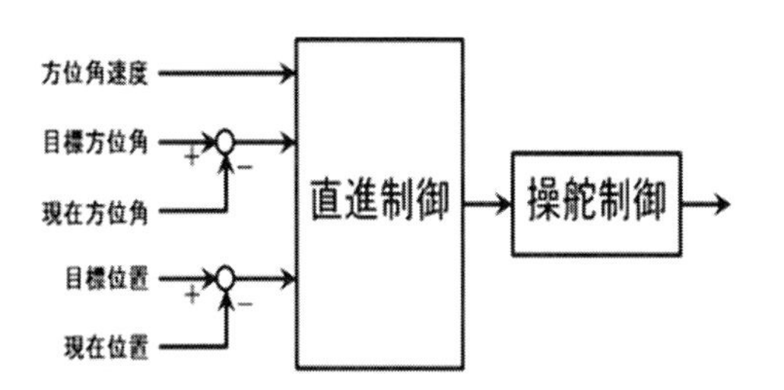

図９　操舵制御ブロック

あるが，時間とともに誤差が増大していくという特徴がある。一方，DGPS も２点の位置情報から方位角を演算できるが，位置情報の誤差による影響を大きく受けるという特徴がある。そこで，それぞれの信号が異なる誤差特性を持つことに着目し，センサフュージョン処理による高精度化を図った。

方位角を補正するフィルタの構成を図７に示す。それぞれのセンサから得られた方位角にカルマンフィルタを適用することで精度向上を図っている。カルマンフィルタとは，誤差特性の異なる複数信号から真値を推定する状態推定アルゴリズムである。本構成は一般に相補フィルタと呼ばれ，誤差成分をカルマンフィルタで予測し，この誤差予測値を元の信号から差し引く手法である。この手法により，IMU の時間経過による誤差をキャンセルし，高精度な方位角演算が可能となった(図８)。

4.4.3 直進制御技術の開発

基準線との位置偏差を最小とするように操舵制御した場合，苗を植え付けた軌跡(植え跡)はジグザグ状になってしまう。この手法では位置偏差の総和を最小にできるが，熟練オペレータが手動操舵で植付けた場合に比べて美観が悪いという印象を持たれやすい。

そこで，熟練オペレータのハンドル操作を分析し，人間の操舵操作に近い，滑らかな制御とする方法を志向することにした。具体的には，「目標方位からの方位偏差最小(目標方位に向かってまっすぐ走る)」および「目標軌跡からの位置偏差最小」という２種類の制御目標を設定し，それらを合成することで操舵出力を決定するという制御アルゴリズムを構成した(図９)。

加えて，水田圃場は土質や深さなど，条件のばらつきが非常に大きく，田植機が操舵に機敏に反応して機体の向きを変える圃場もあれば，前輪がスリップして操舵通りに素早く反応しない圃場もある。このため，目標との偏差量のみによって操舵角度を決定するという一般的な操舵制御の手法では，精度の良い走行制御を行うことは困難である。そこで，目標との偏差量に加え，車両の状況に応じて操舵角度を決定する操舵制御アルゴリズムを考案し，方位および位置情報に基づいて車両が所望の挙動となるような制御系を構成した。これにより，例えば滑りやすい圃場では自動的に大きな操舵角となるように制御されるなど，幅広い条件下で安定した性能を発揮するロバスト性の高い制御を実現した。

4.4.4 安心サポート機能の開発

(1) あぜへの接近防止機能

自動操舵機能使用中は操舵操作に集中する必要がなくなるため，オペレータは後ろを振り返って植付け跡を確認できる。また，苗や肥料，薬剤の減り具合などにも意識を向けながら作業を行うことができる。一方，自ら操舵操作を行う場合と比べて前方への注意力が低下するため，あぜへの接近に気が付かずに乗り上げてしまう可能性がある。

そこで，あぜへの接近を検知し，衝突や乗り上げを防止する機能を搭載した。位置情報を利用してあぜへの接近を警告するアルゴリズムを図10に示す。

これは前行程で植付け作業を開始した地点を仮想

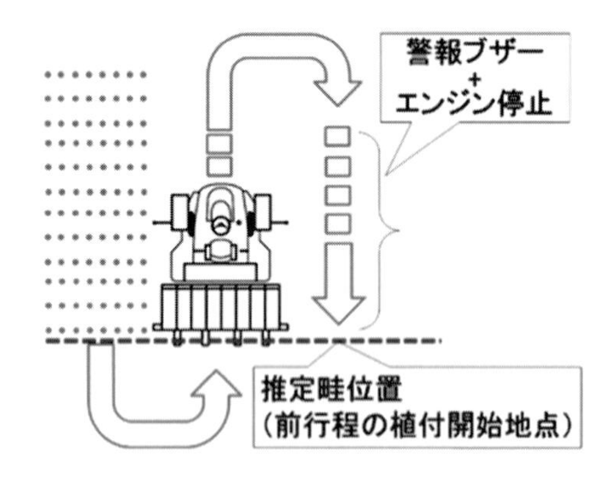

図10　あぜ接近防止機能

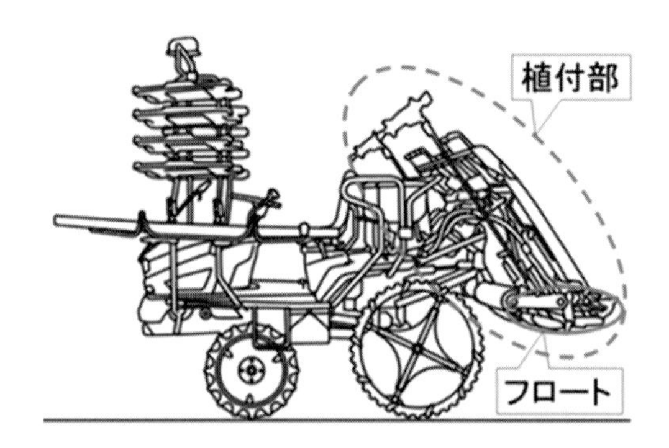

図11　操舵制御ブロック

的なあぜ位置として登録し，自動操舵中にあぜへの接近が検出されると，ブザーによってオペレータに警報し，あぜの直前まで到達するとエンジンを自動停止する。したがって，周囲に意識を向けながらでも安心して作業を行うことができる。

(2) 水田外での誤使用防止機能

農道での高速走行中やトラックへの積み下ろし作業中などに誤って自動操舵機能が有効になった場合，思わぬ方向への操舵によりオペレータに不安を与える可能性がある。そこで，水田内での植付け作業時にのみ自動操舵できるようにした。田植機の植付け部には，フロートと呼ばれる部品が装備されている(**図11**)。植付け作業時には植付け部を下降位置にセットし，このフロートを接地させることで，泥面を均しながら作業を行う。一方で，水田の外を走行するときには，フロートが地面と接触しないように植付け部は上昇位置にある。そこで，フロートの接地状態を監視することで植付け作業中であるかどうかを判断できると考え，フロートの接地を検出するセンサを利用し，接地状態の時にのみ自動操舵

図12　性能試験結果(作業跡写真)

表1　性能試験結果(95%信頼区間)

	石垣島	福島	千葉
2σ[cm]	4.51	3.47	6.82

機能を有効にできるようにした。

4.5　市場評価

全国各地で開発機の性能試験を実施し，直進キープ機能の評価を行った。各地における植付け跡の写真を**図12**に，測定データから得られた位置偏差の95%信頼区間を**表1**に示す。圃場条件の異なる幅広い地域において，目標とする±10 cm以下の位置偏差を達成できることを確認できた。

また，実際に各地のユーザーに直進キープ機能を使用してもらい，市場ニーズに応え得る性能となっているかを確認した。実施したアンケートでは，開発目標の「操作の簡単さ」，「作業精度」，「安心作業」について，それぞれ93%，87%，80%のユーザーから「評価する」との回答を得た。また，従来機+10%という販売価格について，「購入する価値があるかどうか」意見を収集した結果，90%のユーザーが「購入する価値がある」と回答した。これらのアンケート結果から開発機が国内農家のニーズに合った製品であることが確認できた。

4.6　まとめ

人材不足が深刻化する日本農業の課題解決のため，業界初となる田植機向け直進自動操舵機能である「直進キープ機能」の開発に取り組んだ。独自の測位，制御技術開発により，低価格ながらオペレータ

図 13　開発機(EP8D-GS)

の熟練度に左右されない高精度田植作業を実現できた。さらに，シンプルな操作インターフェースや安心サポート機能を織り込むことで誰にでも使いやすい製品に仕上げた(**図 13**)。この直進キープ機能を搭載した田植機は，2016 年 9 月から販売を開始した。販売開始から 2018 年 7 月までの同クラス田植機出荷台数のうち 70％が直進キープ機能を搭載したモデルとなっており，国内農家に広く受入れられる製品となった。

最後になるが，2018 年 9 月から，株間キープ機能，施肥量キープ機能，条間アシスト機能などを搭載し，さらに使いやすく効率的になった新型を販売している。今後も革新的な機能を継続的に開発し，日本農業の持続的な発展に貢献していきたい。

5. アグリロボトラクタ「SL60A」

5.1　開発コンセプト

トラクタは作業機を付け替えることによりさまざまな作業が可能となるが，日本国内においては水田のロータリ耕運と代かきがトラクタの主な作業である。稼動時間の大部分を占める耕運と代かき作業における効率化が求められている。

一般的なロータリ隣接耕運作業の流れとしては，ロータリの幅から枕地の幅を決めた後，圃場の形状から作業の開始位置を決める。作業開始位置までトラクタを移動させ，ロータリを降ろして耕運を始める。耕運中は，稲株・コンバインのクローラ跡の凹凸・土壌の柔らかさなどの条件が変化する圃場の上で負荷や振動を受けながら，目標とする経路に沿って，走行しながら適正な作業を行う必要がある。あぜ際まで作業を進めた後，ロータリを上げて小回り旋回し，旋回後は残耕が生じないように既耕地と枕地に合わせてロータリを降ろす。そして，目標とする経路に進路を合わせて作業を行い，以後はこの動作を繰り返す。

効率良く作業を行うためには，圃場の形状と作業中のトラクタの位置を正確に測り，作業機の幅や圃場の形状に応じた効率の良い作業経路を設定し，刻々と状況が変化する圃場の中で目標とする経路に沿った走行をすることが必要となる。

本開発では，①一連のトラクタ作業工程を無駄なく高精度に自動化させることによって無人運転を実現し，作業の高効率化・省力化・軽労化を実現する，②2台の自動運転トラクタによる協調作業を実現させることによってさらなる効率化と省人化を図る，③これら自動運転トラクタを運用するにあたっての安全性を確保する。この3点を目標に開発を進めた。

5.2　開発機の概要

5.2.1　自動運転システムの概要

① トラクタが RTK-GNSS 基地局(以下，基地局)，衛星と通信を行い，自機の位置情報および圃場の外形位置情報を測位する(**図 14**)。

② 自動運転ルートは，圃場形状に合わせた最適ルートを設定し，そのルートに沿って自動運転を行う。

③ 自動運転開始，中断，停止は監視者が適宜判

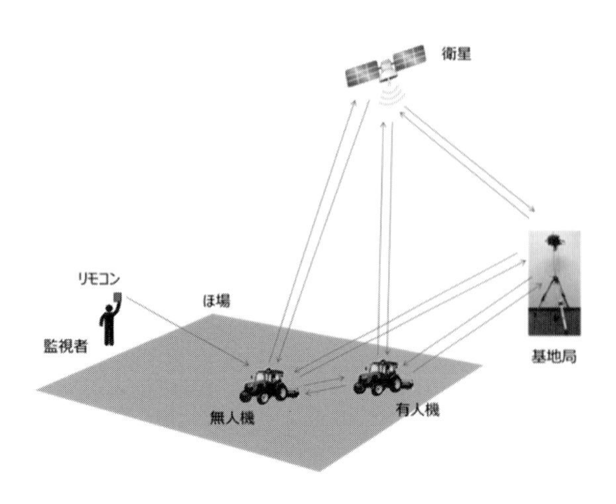

図 14　自動運転システムの概要

断し，無人機と通信を行うリモコンにて指示する。

④　協調作業の際は，上記の通信に加え，無人機と有人機の車両間の通信により，無人機周辺状況をモニタリング，双方の位置情報および作業情報の共有を行う。

5.2.2 自動運転トラクタの作業領域

自動運転可能な圃場内の作業域としては圃場中央部の隣接耕運部と枕地耕運の最内周部とした(図 15)。水田においては，揚排水のための水口や取水バルブなどがあぜから圃場内へ突出している場合があることに加え，コンクリート製のあぜも多く，トラクタや作業機の接触や衝突の可能性を考慮して枕地外周部は作業域から除外した。

２台協調作業時においても，上記と同じ作業域とした(図 16)。作業順序としては，先行する無人自動トラクタが一筋置きの間接耕運を行い，既耕地間の未耕地部分を有人自動トラクタが作業を行うこととした。無人トラクタを常に先行させることにより，有人トラクタに乗車している監視者の目視による監視を行いやすくすることが可能となる。

5.2.3 自動運転トラクタの操作方法

初めに圃場の形状をトラクタに記憶させるマッピング作業を行う(図 17)。圃場外周をトラクタで走行し，ターミナルモニタを用いて各ポイントを登録して，圃場の形状を記憶する。測位ポイントを増やすことでさまざまな形状の圃場にも対応できる(図 18)。

図 15　単独自動作業のイメージ

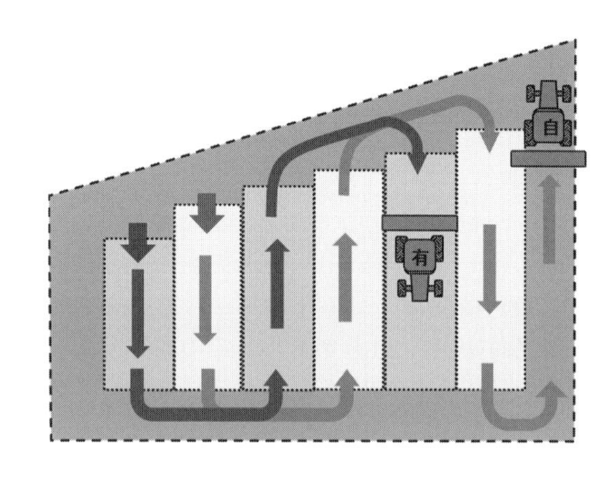

図 16　２台協調自動作業のイメージ

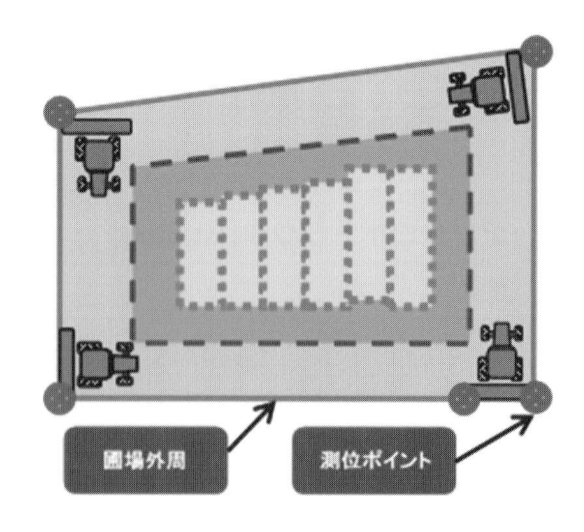

図 17　圃場マッピングのイメージ

マッピング後にターミナルモニタにおいて作業経路の選択や作業条件などを入力後，リモコンまたは車室内のスイッチを用いて自動運転を開始する。

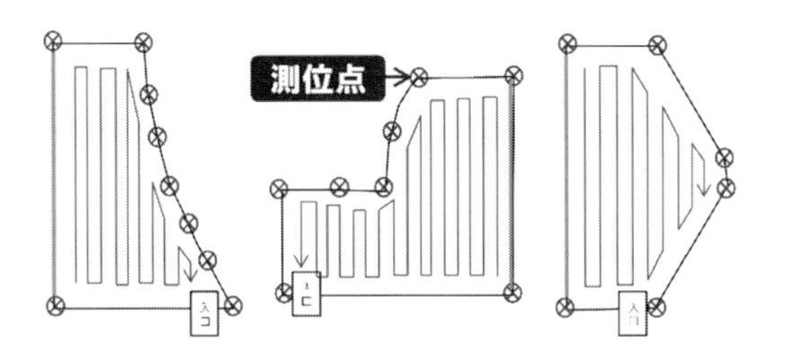

図18　対応できる圃場形状の例

入力したデータに基づいてトラクタの自己位置をGPSユニットで測位しながら，経路から外れないように自動でステアリングを制御し，自動運転を行い，設定した作業が完了すると自動でトラクタが停止する。その後，オペレータが手動で枕地外周を耕運する。

5.2.4 アグリロボトラクタの構成

自動運転を実現するために搭載した主な機器およびシステムとして，高精度な位置情報を得られるRTK-GNSSユニット，圃場の位置情報の登録・作業経路の生成・条件設定・情報表示のためのターミナルモニタ，電子制御操舵システム，センサおよび機器類から得られる情報を基に統合制御を行う自動走行制御システム，監視者の車両周囲の監視を支援する安全監視システム，車両間の情報共有および無人機の周囲をカメラ監視するための通信システム，監視者が作業の開始・中断・停止を行うためのリモコン通信機器，遠隔監視と車両コントールが可能なタブレット端末があり，アグリロボトラクタはこれらの多岐にわたるさまざまな機器およびシステムによって構成されている(図19～21)。

図19　外装部品構成①

5.3 開発内容

5.3.1 ルート作成技術と自動走行制御技術

自動運転では，常に一定の経路を走行し続けるだけではなく，自動旋回，離れた目標経路上にある作業開始点への移動など，各種動作シーケンスを切り替えなければならない。これら一連の作業を高効率に行うため，以下の技術開発を行った。

①　ルート作成技術

1台車両での単独作業と2台車両(1台は無人自動，もう1台は監視者が乗車しての自動もしくは手動)の協調作業を可能にした。作業終了後に既耕地を踏まず出入口から圃場外へ移動できるよう，作業終了場所が圃場の出入口近くになる作業ルートの生成と，2台協調作業の作業ルートでは，どのような

図20　外装部品構成②

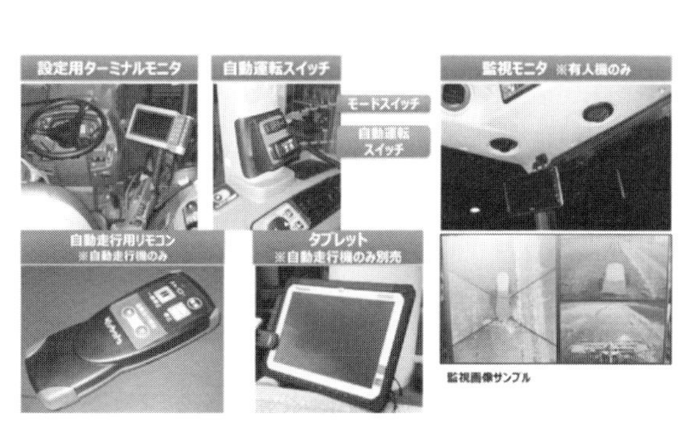

図21　内装部品構成

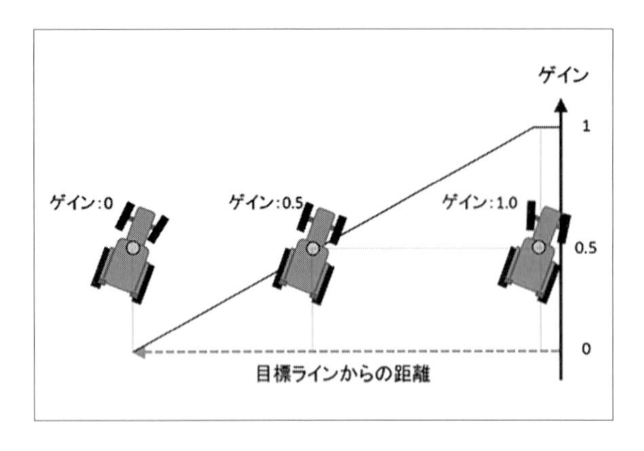

図22　目標ラインからの距離とゲイン

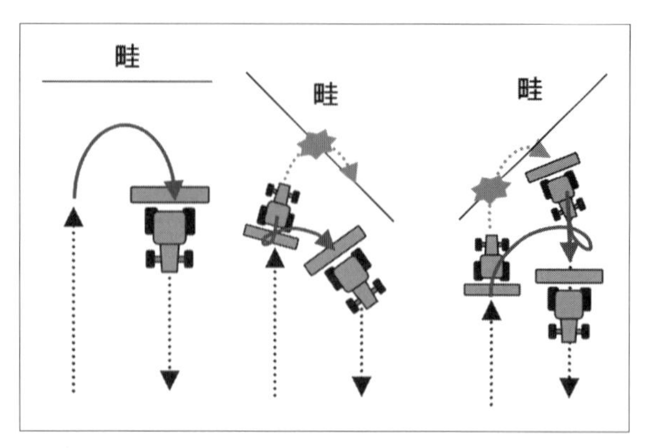

図23　切り替えし経路のイメージ

圃場形状でも必ず先行車両が追走車両の障害にならないように，作業終了場所が出入口近くになる作業ルート生成ができる制御アルゴリズムを構築した。また，作業ルートは作業時間が最短となるルートを自動で算出しオペレータに提示して，さらにルートのカスタマイズもできるようにした。

②　直進制御技術

制御目標を「目標方位に向かって走る（方位偏差最小）」および「目標経路からの位置偏差を最小」の2種類設け，それらの合成により操舵出力を決定する制御アルゴリズムを実装し，圃場状態にかかわらず，蛇行感のない高い走行性を実現している。また，アグリロボトラクタは「自動運転」を行うため，直進走行のみならず，旋回動作，開始・終了点への移動など，各種動作シーケンスを切り替えながら一連の作業をこなしていく。

そのため，走行制御アルゴリズムにも高い適応性が求められる。特定の目標経路に沿った制御動作中は，位置偏差および方位偏差共に比較的小さな値で安定的に推移するが，旋回動作から直進動作など，動作シーケンスが切り替わった直後は，瞬間的に大きな位置偏差が発生するため，そのままでは操舵出力が過大となり，目標経路への収束性が低下することとなる。そこで，車両が目標経路に接近するほど方位ゲインを強め，進入角度が徐々に小さくする可変ゲインアルゴリズムを開発し，機体の状態に応じて常に最適な制御が行えるようにした。図22に目標ラインからの距離とゲインの関係図を示す。

③　旋回制御技術

枕地部の狭いスペースで既耕地に踏み込まず，また圃場から逸脱しないような旋回を実現するために，旋回動作中は旋回経路からのズレが一定以上になると減速し，さらにズレが大きくなると再度切替し動作を行うなど，新たな旋回経路を生成するリトライ制御により旋回精度を向上できる技術を構築した（図23）。

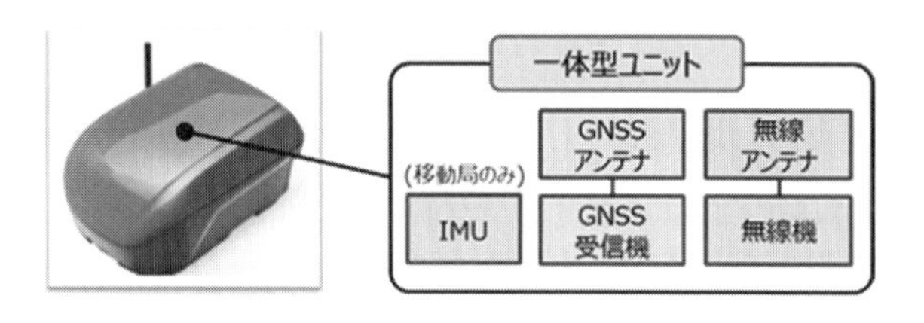

図24　GNSS一体型ユニットの構成

④　セーフティ制御技術

以下の状態を検知した場合は，自動走行を中止するようにし，安全性の向上を図った。

イ）走行上の異常発生時
・走行経路から逸脱した時
・マッピングした圃場の外に逸脱した時
・傾き（ロール，ピッチそれぞれ）が大きい時
ロ）作業における異常発生時
・スリップ，スタックを検知した時
・エンジン負荷が大きい時
ハ）トラクタ本体，エンジンの故障発生時

5.3.2 RTK-GNSS一体型ユニットの開発

構成機器を集約した一体型RTK-GNSSユニットを開発した。本ユニットでは，GNSSアンテナと高精度化ソフト（IMUとGNSSを組み合わせたハイブリッド航法）の開発により，高性能なRTK-GNSSユニットを実現した（図24）。

5.3.3　容易な操作性の実現

自動運転時の煩雑な事前設定や作業中の設定変更を直感的かつ容易な操作性を実現するために，運転席横にターミナルモニタを搭載した(図25)。また，トラクタを外部から操作するためのリモコンを開発した(図26)。自動運転開始時には誤動作防止のため2つのボタンを同時に押さないと開始できないようにすることで，安全性向上を図った。また，停止時は瞬時に停止できるようにボタン1つで停止できるような構成とし，簡単な操作と誤動作防止を両立した。

5.3.4　障害物検知システム

農林水産省の自動運転ガイドライン[1]では，トラクタを自動で作業させるために監視者がトラクタ近傍で監視することとしている。しかし，実際にはすべての工程が完了するまでを監視者が目視で途切れなく監視し続けることは難しく，監視者の監視を支援するために，トラクタ周囲の障害物を検出し，衝突前に自動的にトラクタを停止させるシステムが必要である。

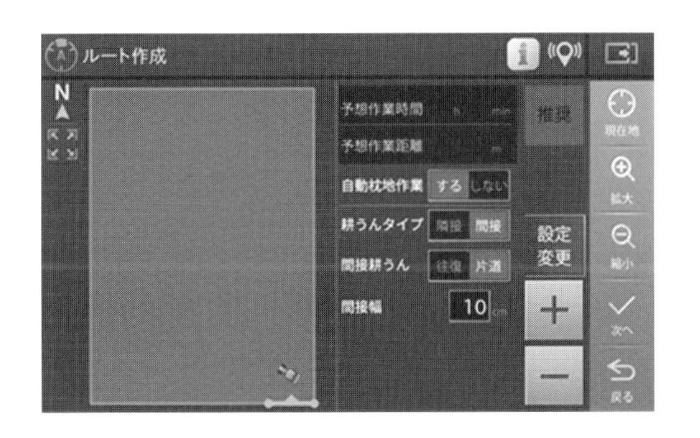

図25　ターミナルモニタ設定画面

図26　リモコン

また，農業機械の自動運転に関する国際規格(ISO18497)[2]が発布される見通しであり，この規格の要求に適合することが必要となる。規格では障害物を検知するためのシステムに対し，障害物モデルが定められており，自動運転の際にはこのモデルを検知し，衝突する前に自動停止することが求められている。

トラクタはボンネットの外側に前輪があり，作業機はキャビンの幅よりも広く，車両外形が複雑な形状をしている。そのような状況下でも上記国際規格(ISO18497)に適合させるために，トラクタ周囲の障害物を網羅的に検知する複数のセンサを組み合わせてトラクタに搭載した(図27)。

自動運転時に検出した障害物と衝突する前に停止するために，車両の左右および後方にレーザスキャナを搭載した。選定したレーザスキャナは1つの平面を広角でスキャンできるため，遠方にある障害物を検出するのに適している。一方で，トラクタの至近距離にはスキャナ走査平面下に死角ができるため，超音波ソナーを配置し，背の低い障害物を検出可能とした。超音波ソナーは，検知距離は短いが，近傍の空間を検知できるため，発進前のトラクタ近傍の検知に適した特性を持っている。いずれのセンサも発進前・自動運転中で検出機能は有効とし，相補的に検出能力を活用している。

アグリロボトラクタでは，3台のレーザスキャナと8個の超音波ソナーによってトラクタ周囲の障害物監視を行う構成とした。しかし，搭載したレーザスキャナ，超音波ソナーは周囲に物体が存在することは検知できるが，その物体が何かを特定すること

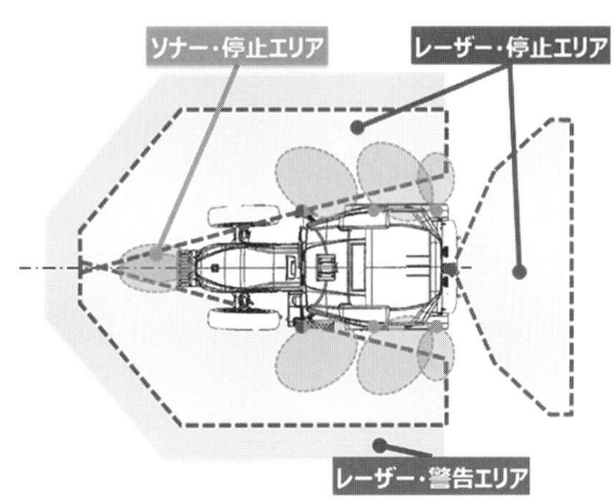

図27　障害物検知範囲

図 28　開発機（SL60A）による２台協調作業

はできない。トラクタの作業環境では，圃場内の雑草，収穫後の株あと，タイヤに付着した泥など，障害物として誤検出され得るものが数多く存在する。

障害物の誤検出は可用性を低下させ，無人による効率化という目的そのものを損なう可能性があるため，さまざまな圃場で評価を繰り返し，障害物の誤検出を回避するための調整や検出アルゴリズムの開発を行い，安全性の向上を図った。

5.4　市場評価

作業の高効率化，高精度化，省人化，軽労化をコンセプトに自動運転トラクタとしてアグリロボトラクタを開発した。自動運転および協調作業の実現により，市場要求である効率的な農業経営の実現に大きく貢献できるものと考える（**図 28**）。2017 年９月のモニタ販売以来，購入されたお客様からは「就労間もない若いオペレータでも高効率で高精度な作業を行うことができ，ありがたい」など高い評価をいただいている。

5.5　まとめ

現在，本格販売に向けお客様からの評価や要望も踏まえてブラッシュアップを進めている。また，馬力帯違いの他のクボタトラクタやコンバイン・田植機への技術展開を推進している。農作業全体の効率化を図ることで，農業の働き方改革の一助となるようにしていきたい。

6. アグリロボコンバイン「WRH1200A」

6.1　開発コンセプト

コンバインによる収穫作業では，刈り残しなく作業を行うため，複数のレバー等を操作して，進行方向・速度・刈取り部の高さ調整を何度も行う必要がある。それと同時に，コンバイン周囲に人や障害物が存在しないかといった安全面にも気を配る必要があり，非常に高いスキルや経験が必要とされる。また，収穫時期になると収穫・モミ運搬・乾燥・出荷といった作業を連日こなす必要があるため，特に高齢の方には負担が大きい。

そこで，コンセプトを「誰もが，簡単操作で・楽に・無駄のない最適収穫ができるコンバイン」とした。本項では，このコンセプトを実現するために開発した技術について紹介する。

6.2　開発機の概要

今回開発した自動運転コンバインは，人がコンバインに乗車した状態で動作し，危険回避は搭乗者が行う。例えば，コンバインが人や障害物と接触しそうになった場合には，搭乗者が走行やエンジンを停止させる必要がある。無人状態で自動運転させるためには，コンバインが人や障害物に接近した際に安全のため停車させる必要があるが，本機はそういった機能を搭載していない。

複数のコンバインユーザーに聞き取り調査を実施したところ，無人でなくとも直進や旋回が自動で刈取り状態の確認に集中でき，収穫作業が楽になるコンバインが欲しいといったニーズが高かった。

コンバインでの収穫作業は刈取り状態を常に監視する必要がある。車速や刈取り部の高さなどの調整を怠ると収穫ロスや収穫したモミの選別悪化，最悪の場合は詰まりが発生するため，経験を積んだ熟練者であっても負担が非常に大きい。そのため「直進や旋回を自動で行ってくれれば，人の乗車が必要でも刈取り状態の確認に集中でき，収穫作業が非常に楽になる」といった意見が多数あった。

こうした背景から，まずは有人の自動運転コンバインの開発に取り組んだ。

6.3　基本的な機能と構造の概要

6.3.1　自動運転での作業方法

(1)　マップ作成

自動運転を行う準備として，通常作業と同様に手動運転で圃場の最外周から刈取りを行う。このとき，刈取りを行った領域の幅（一般的にあぜから作物までの距離となる）が全周で６ｍ以上となれば，作業を行った際のコンバインの位置情報から圃場マップが作成される。６ｍ以上としている理由は，自動運転１周目の旋回で必要とされる領域を得るためである。この圃場マップを基にして，残りの作物を自動で収穫する（図 29）。

(2)　旋回方法/排出位置の設定

圃場マップを作成後，旋回方法と排出位置の設定を行う。旋回方法は図 30 のとおり，α 旋回とＵ旋回の２種類あり，どちらの旋回方法で作業を行うかは，ユーザーが選択できる。排出位置とは，コンバインのグレンタンク内のモミが満タン近くになった際やその圃場の作物を刈り終えた際に，コンバインが自動で移動する地点であり，モミ運搬車の位置付近に設定する。圃場ごとに必ず設定が必要な項目は上記の２項目だけであり，マップ作成後は簡単に自動での収穫作業に移行できる。

(3)　収穫作業

圃場マップの作成と設定を終えると，自動的に最適な走行経路を算出し，自動運転を開始する。最適な走行経路とは，収穫作業中の走行距離が最短となる経路のことである。自動運転中，直進走行・旋回・刈取り部の昇降は自動で行うため，オペレータはレバーなどの操作をせずに，収穫状態の確認や周囲の安全監視に集中することができる。

グレンタンク下には，タンク内のモミ重量を計測できる収量センサを設置してあり，グレンタンクが満タン近くになると自動的に刈取りを止め，作業前に設定したモミ排出位置まで移動する。排出位置への移動後，排出操作はオペレータが手動操作で行い，排出が完了したら再度最適な走行経路をとって自動運転を再開する。

6.3.2　システム構成

自動運転コンバインのシステム構成を図 31 に示す。まず，RTK-GNSS から位置情報と方位情報がターミナルモニタに送られ，位置情報と方位情報から圃場マップと経路を作成する。ターミナルモニタは，タッチパネル型のモニタとなっており，マップや経路作成の他，旋回方法やモミ排出位置の設定にも使用する（図 32）。圃場マップと経路の情報は自

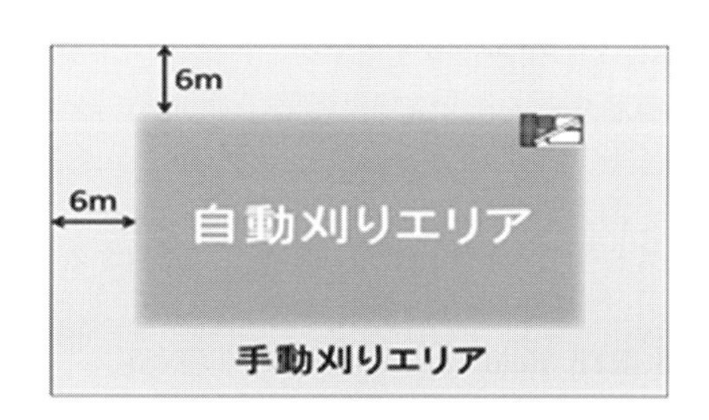

図 29　自動運転の作業エリア

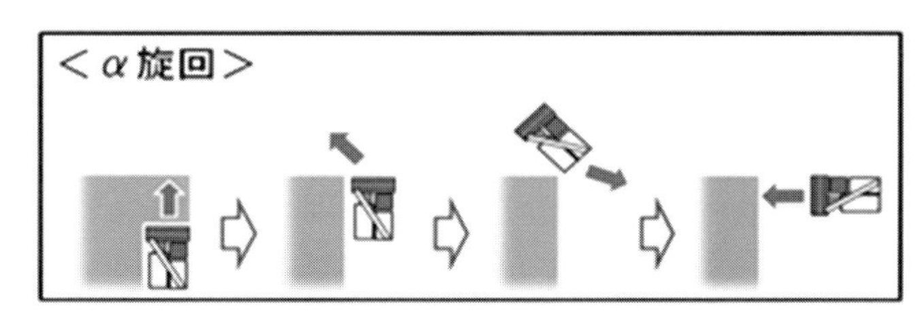

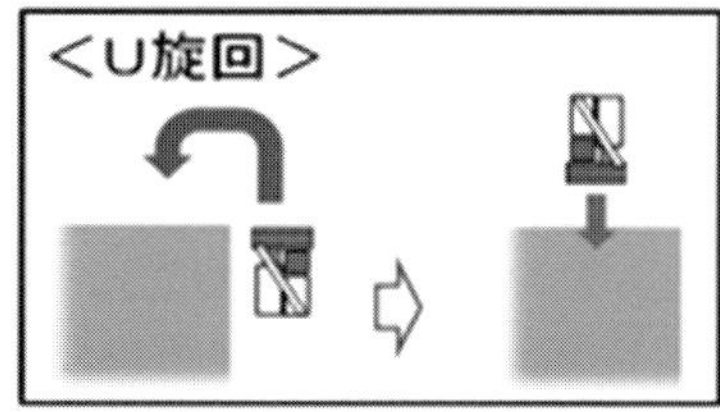

図 30　旋回方向

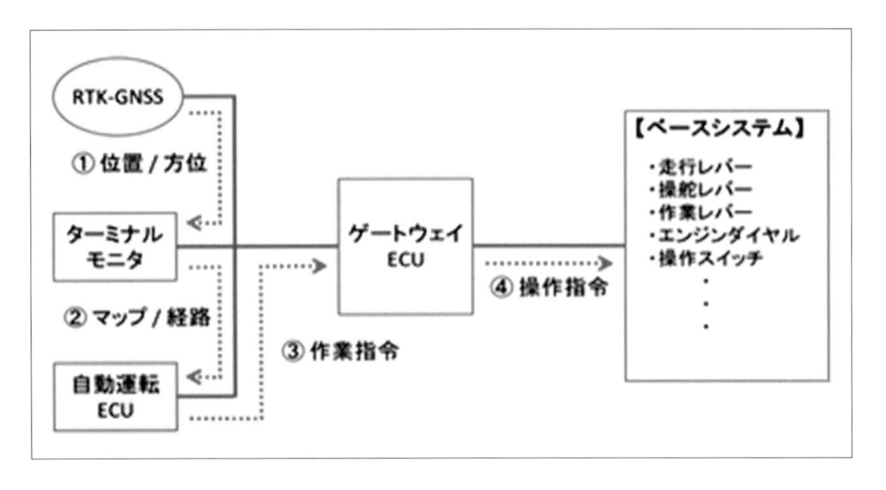

図31　自動運転コンバインのシステム図

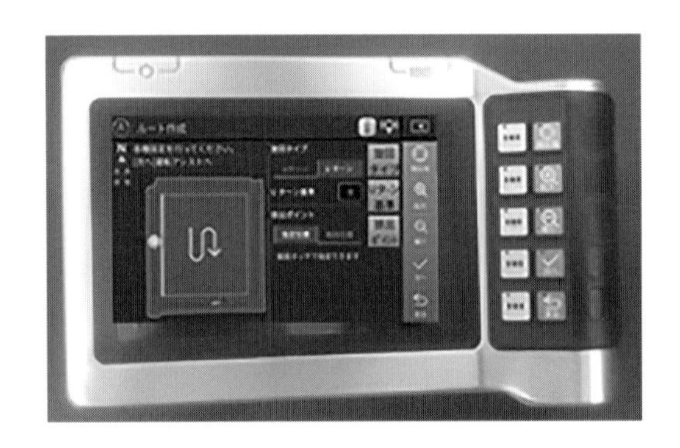

図32　ターミナルモニタ

図33　RTK-GNSS

動運転ECUに送信され，送られた情報とコンバインの位置情報をもとに次の動作を決定し，ゲートウェイECUへ作業指令を送る。ゲートウェイECUでは，自動運転ECUから受け取った作業指令をベースシステムの操作指令に変換して送信する。

6.3.3　RTK(Real Time Kinematic)-GNSS

作物を刈り残さずに，自動で前後進や旋回を行うためには精度の高い位置・方位情報が必要となるため，本機はアグリロボトラクタと同じ，当社製のRTK-GNSSユニットを採用した。移動局をコンバインのルーフ上に設置し(図33)，基地局からの補正データを利用することにより，±2, 3 cmの測位精度が得られる。

このユニットにはIMUが内蔵されており，コンバインの姿勢情報に加え，地盤の悪い圃場でも，IMUとRTK-GNSSの出力情報を組み合わせることで，高精度かつ高レートな位置・方位出力を得ることができる。

6.4　開発内容

6.4.1　走行制御

(1)　操舵制御

自動運転中の走行制御方式について説明する。まず，RTK-GNSSユニットからコンバインの現在位置と現在方位とを求める。そして，目標経路に対する位置偏差と方位偏差とを算出し，それぞれを最小とするように操舵制御を行う(図34)。また，コンバインでは急な方向修正を行うと，刈取り部の側面で作物を押し倒してしまい倒された作物が刈り残ってしまう。そのため，操舵制御量を自動調整することで，作物を押し倒さない操舵制御を実現した。

(2)　旋回安定性の向上

圃場の硬さや沈み量といったさまざまな条件は，地域・天候・季節などの違いにより異なる。また，刈取りによるグレンタンクの重量により，ウェイトバランスに偏りが発生し左右の旋回力に差が出る。

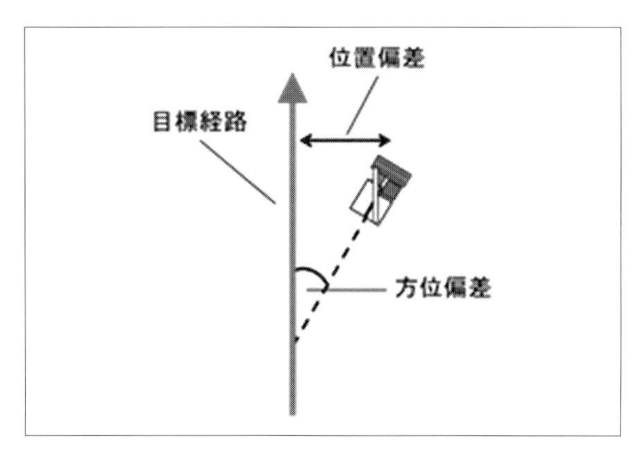

図34　操舵テスト

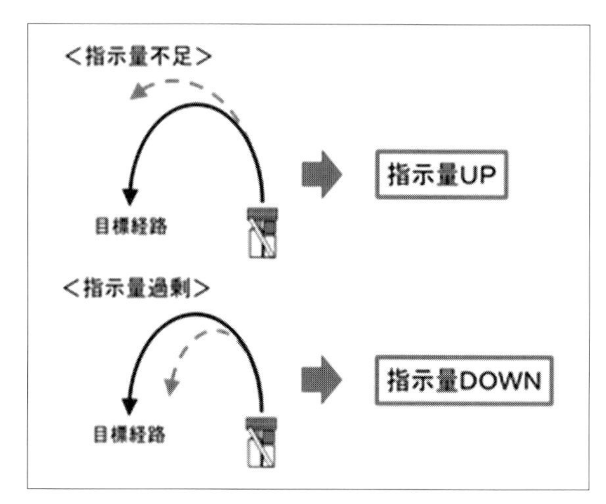

図35　操舵指示の自動調整

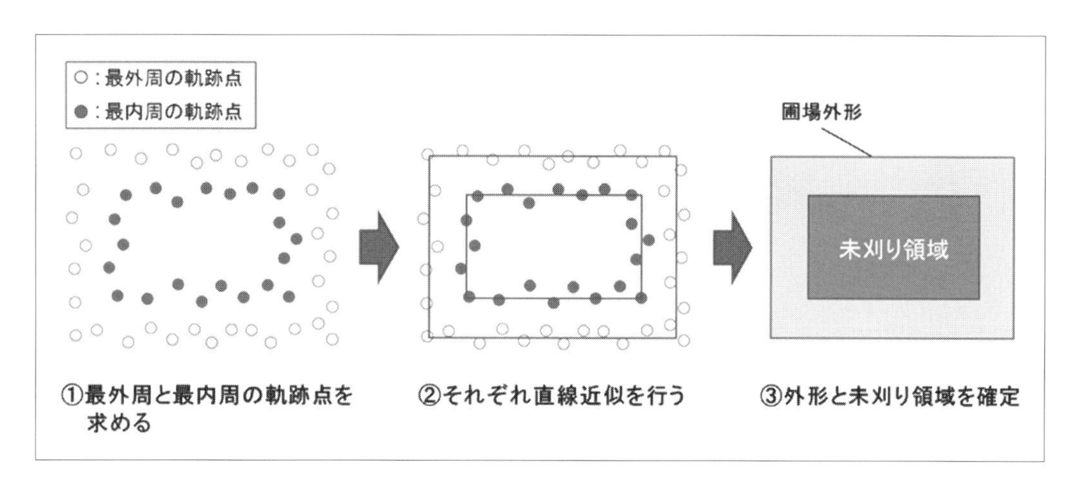

図36　圃場マップの作成イメージ

これらの条件が変わるとコンバインの旋回性も異なってくるため，同じ走行制御プログラムで動作させても，精度良く走行できない場合が出てくる。この問題を解決するために，旋回ごとに操舵指示量の過不足を検出し，指示量が不足しているときには次回旋回時の指示量を増やし，指示量が過剰な時は次回旋回時の指示量を減らす自動調整機能を実装した（図35）。この結果，多様な条件下でも安定した旋回性を実現した。

6.4.2 マップ作成方法

自動運転するため，手動での周囲刈り時に圃場マップを作成することは先に述べたが，自動運転作業の前段階であるこのマップ作成作業が煩雑なものであれば，ユーザーが使用をためらい，実用的な機械ではなくなる可能性があった。そのため，極力簡単な操作でマップ作成が行えるように検討を重ね，周囲刈りを通常どおりに数周行うだけでマップ作成が完了できるようにした。

具体的には，まず手動にて周囲刈りを2～3周行った際の軌跡点から，最外周の軌跡点と最内周の軌跡点を求める。その後，最外周と最内周の軌跡点毎に直線近似を行い，圃場外形と未刈り領域を求める（図36）。この未刈り領域の各辺と圃場外形との最短距離がすべて6m以上となれば，マップ作成は終了する。

以上のとおり，通常の周囲刈りを行い，最外周と未刈り領域との距離が6m以上となればマップが

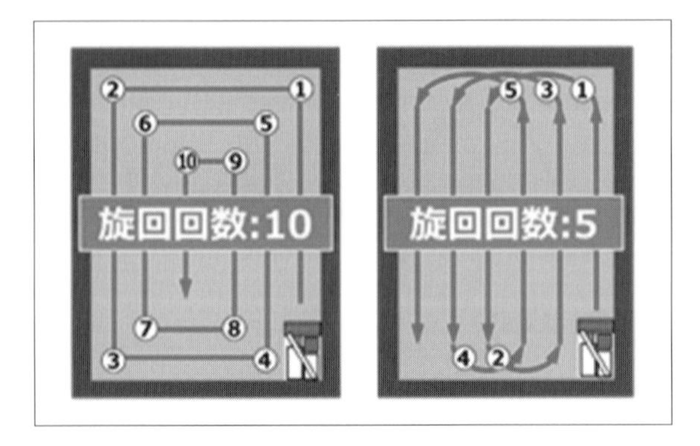

図37　旋回回数の違い

作成されるため，ユーザーもとまどいなくマップを作成できる。

6.4.3 最適経路選択

(1) 旋回経路

自動運転中の旋回方法はα旋回とU旋回とがあり，自動運転開始前にどちらの旋回で刈取りを行うかをユーザーが選択する。α旋回の場合は，未刈り領域の最外周を左回りで刈取りを進めていく。U旋回の場合，未刈り部分とコンバインの最小旋回径に応じて，旋回時の走行距離が短くなる経路を随時選択し刈取りを進めることで，旋回時の空走距離を削減し，無駄のない走行が実現できる。同じ圃場サイズで作業する場合，旋回回数が少ないU旋回の方が作業時間を短縮できる(図37)。

5,000 m^2の圃場で比較を行った結果，U旋回の方が10%作業時間を短縮できることを確認した。

(2) 排出位置への移動

コンバインの収穫作業では，収穫したモミをコンバインのタンクに溜めていき，満タンとなった時点でモミ運搬車の位置までコンバインを移動させて，排出作業を行う。手動での刈取り作業では，モミ運搬車から遠い場所でタンクが満タンになり無駄な走行が発生することがある。本機では，事前に設定したモミ排出位置から遠い場所でタンクが満タンになりそうであればその前に排出位置へ自動移動して無駄な走行を行わない(図38)。

具体的には，グレンタンク下に取り付けた収量センサでタンク重量を測定し，タンクが満タンになる地点を予測する。モミ排出位置を開始点として，次の1周の途中で満タンになると判定すると，自動で

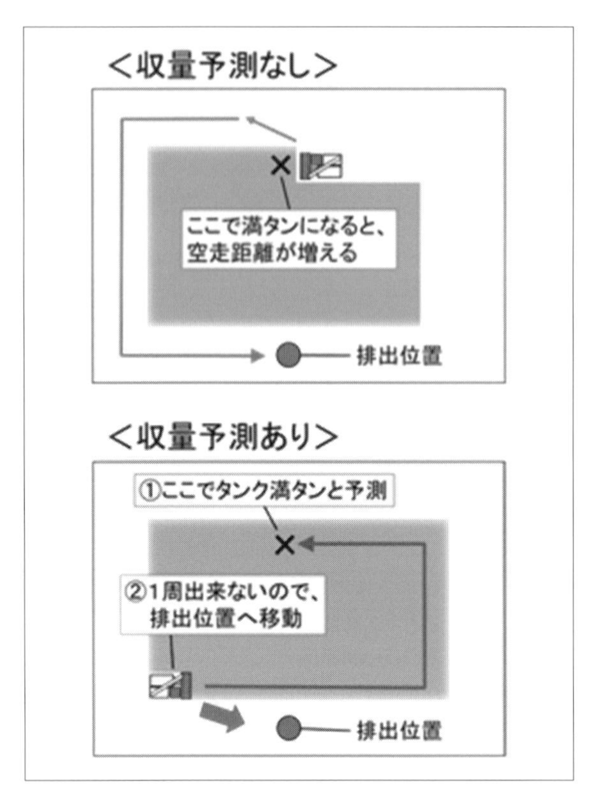

図38　収量予測による排出位置への移動

排出位置へ移動する。

6.5 市場評価

試作機モニタを実施した結果，ほとんどのユーザーから「作業が楽になった」といった声をいただいた。本機は2018年12月に発売したばかりで，本格的に刈取り作業に使用されるのは2019年春以降となるが，多くのお客様の負担軽減につながることを期待している。一部ユーザーからは「周囲刈りも自動化して欲しい」という改善要望をすでにいただいており，お客様にとってもっと価値ある製品になるよう改良していく(図39)。

6.6 まとめ

今回の製品はユーザーが乗車し，周囲の安全や作業状態を監視しているが，最終的には無人運転を目標としている。無人運転では，安全確保のためコンバインの周囲に人や障害物が存在した際，直ちに走行を停止させることが求められる。そのためには，コンバインに障害物を検出するセンサを設置する必

図 39　開発機（WRH1200A）

要があるが，コンバインはトラクタや田植機とは異なり周囲に作物がある状態で作業を行う機械であるため，障害物と作物とを見分けることができる低価格なセンサの開発が必要である。

また，コンバインは詰まりや収穫作物の状態変化が伴うものと認識しているユーザーが多く，「作業状態を見ていたい」あるいは「見ていないと不安だ」という意見がある。無人で運転させるためには，より安定して収穫作業できるようにコンバインの基本性能の向上も不可欠である。

無人運転には上記の他にもさまざまなハードルが存在するが，それらの課題をクリアして無人運転コンバインを実用化できれば，就農者の大幅減少といった日本農業の課題解決策の１つとなり得ると期待する。

文　献

1）農林水産省：農業機械の自動走行に関する安全性確保ガイドライン（平成 29 年 3 月 31 日付け 28 生産第 2152 号農林水産省生産局長通知）.

2）ISO/FDIS 18497 : Agricultural machinery and tractors-Safety of highly automated agricultural machines.

第４項　自動運転農機「ROBOT TRACTOR」―持続可能な農業を実現する，ヤンマーのテクノロジー

ヤンマーアグリ株式会社　横山　和寿

1. はじめに

農業を取り巻く環境として，農業人口の減少と高齢化が今後さらに加速していく中で，「持続可能な農業」の実現に向け「農業を食農産業へ発展させる」ため，ヤンマーでは，「A SUSTAINABLE FUTURE ―テクノロジーで，新しい豊かさへ。―」をテーマにおいてヤンマーグループの技術を集結し，研究開発を進め，自動運転農機シリーズ「SMART PILOT」(ヤンマーの自動運転技術を搭載したシリーズのブランド名)(**図１**)の第１弾として「ROBOT TRACTOR(以下，ロボトラ)」を本年度(2018年)に商品化した(**図２**)。

図１　「SMART PILOT」

図２　ロボトラ外観図

2. 開発コンセプト

本開発では，下記３点を目標にロボトラの開発を進め，商品化を実現した。自動運転を多くの方に少しでも身近に体験して使用いただけるために，自動運転装置のユニット化・モジュール化を行い，トラクタ本機の一仕様としての販売に止まらず，既販機への後付けが可能なオプション対応を可能とした。

①　高精度自動走行制御技術の実現

高精度に自動運転させることで，オペレータの操作技術や経験，熟練度に依存することなく，作業の高効率化，軽労化，省力化を実現する。

②　直感的な操作性の実現

ロボトラのコントロールには直感的に分かりやすいユーザーインターフェースの開発を行い，作業者が走行経路などを設定しなくても自動で作業経路が計算されるなど，容易なロボトラ操作を実現する。

③　安全性確保技術の実現

ロボトラを安全に使用していただくためのシステム開発を行い，実証試験と改良を繰り返すことで安全性確保技術を実現する。

3. 「ROBOT TRACTOR：ロボトラ」の概要

3.1　ロボトラシステムの概要

ヤンマーのロボトラは，独自開発のGNSS(Global Navigation Satellite System)ユニットを搭載し，タブレット端末を用いて圃場内の決められた経路を自動的に走行するトラクタである。ロボトラとオペレータが運転するトラクタ(以下，有人トラクタ)の２台を１人のオペレータが協調運転して農作業を行うことが可能なシステムである(**図3**)。また，農林水産省が制定した「農業機械の自動走行に関する安全性確保ガイドライン」(以下，ガイドライン)に沿う安全装置を装備することで，使用者監視下においてロボトラ単独による農作業を行うシステムにも対応している。さらにこれらロボトラ機能だけでなく，オートトラクタ機能(オペレータが搭乗した状態での自動運転機能)と自動操舵機能を装備してお客様の作業ニーズに合わせた作業が可能である。

図３　ロボトラと有人トラクタの２台による協調運転作業例

3.2　ロボトラのデータ連携

ロボトラは単に作業を行うだけでなく，同時にさまざまなデータを収集し，ロボトラの作業履歴としてICT(Information and Communication Technology)を活用したヤンマーのスマートアシスト(機械の情報などをヤンマーのデータサーバーに蓄積して農業経営の改善に役立つ情報を管理，分析することができるシステム)で統合管理することが可能である。これらのデータは作業能率の向上による経営コストの削減，作業ノウハウの継承などに役立てることが可能である。

4. 開発の取組み

4.1　農林水産省の実証事業への参画

2014年に農林水産省が公募した「農林水産業におけるロボット技術導入実証事業」に参画し，コンソーシアムメンバーと共にロボトラの実証試験を実施して，ロボトラを研究目的だけでなく，実際にお客様にロボトラを使用していただく中で，ロボトラ導入の有効性の効果測定，課題などを抽出し商品化へ向けてフィードバックを行った。

本取組みにより，2016年10月に開催された「第７回ロボット大賞(農林水産大臣賞)：我が国のロボット技術の発展やロボット活用の拡大等を促すため特に優れたロボットや部品・ソフトウェア，それらの先進的な活用や研究開発，人材育成の取組みなどを表彰する制度」を受賞することができた(**図4**)。こ

表彰状

第７回ロボット大賞(農林水産大臣賞)

ヤンマー株式会社殿

貴殿の「ロボットトラクタの研究開発」は「第７回ロボット大賞」において将来の農業の生産性向上への貢献度と期待度が高く最も優秀であることが認められました
よって「第７回ロボット大賞(農林水産大臣賞)」を授与しここに表彰します

平成二十八年十月十九日

農林水産大臣　山本有二

図４　第７回ロボット大賞(農林水産大臣賞)受賞

の受賞は，近年大きな課題となっている労働力不足への対応という社会ニーズを満たすとともに，省人化と安全性の両立や，遠隔操作によるロボットトラクタの完全自動化を目指した取組みが高く評価されたものであった。

4.2　使用者の監視下での無人状態での自律走行の実現

農林水産省が制定したガイドラインでは，4段階の自動化レベル(レベル0からレベル3)が設定されており，その中でロボトラは農業機械の自動化レベル2(使用者の監視化における無人自律走行)に対応したシステムを実現している。また同時に，自動化レベル1(使用者が搭乗した状態での自動化)のシステムを実現することで，有人での高精度な自動運転のニーズにも対応している。

現在は，次のステップである農業機械の自動化レベル3(無人状態での完全自律走行)を見据えたシステムの開発を推進している。

5. ロボトラの特徴と機能

5.1　RTK-GNSS一体型ユニットの開発による優れた作業精度

ヤンマーが独自開発したGNSSユニット(**図5**)はロボトラの現在位置を検出するとともに，ロボトラに搭載したIMU(Inertial Measurement Unit)で測位誤差を補正することで高精度な測位制御を行い，精密な農作業を可能とする。

また，基地局ユニット(**図6**)は持ち運びが可能な移動式小型基地局として独自開発することで，JAや自治体設置の基地局が設置されていない地域でもロボトラを利用できるようにした。

図5　GNSSユニット(移動局)

図6　基地局ユニット

5.2　走行制御技術の実現

5.2.1　直線制御技術

RTK-GNSS(Real Time Kinematic-Global Navigation Satellite System)ユニットや各種設定条件，センサ類から得られる情報を基に，トラクタの自動走行制御システムと統合制御するアルゴリズムの開発を行った。各種圃場条件での凹凸やトラクタの作業中の状態により位置ズレを防止し，蛇行のない高精度な直進走行性能を実現した。

5.2.2　旋回制御技術

旋回制御については，直進制御領域とは別に旋回制御領域を設定し，トラクタの車速やエンジン回転を直進部分と旋回部分で区別することが可能である。旋回領域で予め設定されたトラクタの旋回半径や旋回条件を基に旋回制御のアルゴリズムを開発し，直進部分から旋回部分にスムーズに制御移行することで，次の直進部分の走行経路にフラつきなく正確に走行経路に入ることが可能である。

5.3　直感的に分かりやすい操作性の実現

ロボトラのコントロールは，直感的な操作を可能にするユーザーインターフェースを搭載したタブレット端末を用いることで容易な操作が可能である。また，タブレット端末の地図情報から，ロボトラの自車位置や管理している圃場の位置を視覚的に確認できるとともに，各種の設定はタブレット端末

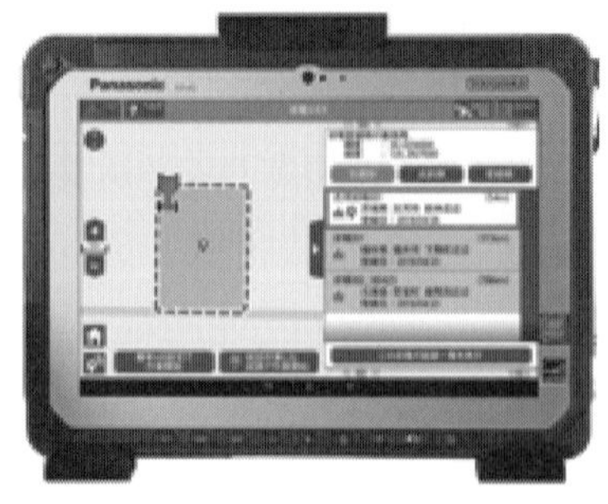

図７　ロボトラを用いて外周走行で圃場登録（２回目以降は登録不要）

図８　作業機登録

図９　作業領域登録

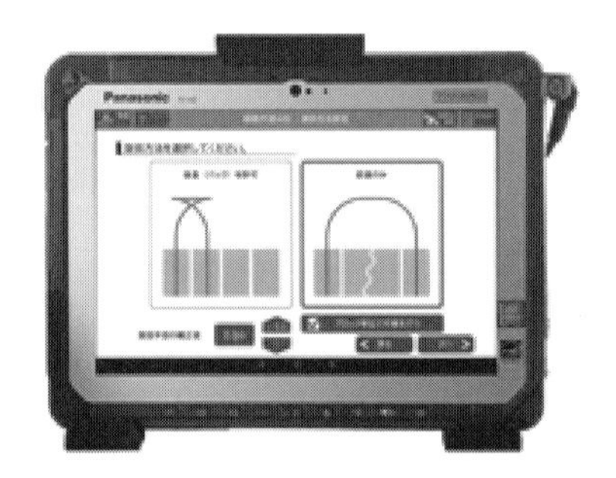

図 10　経路設定

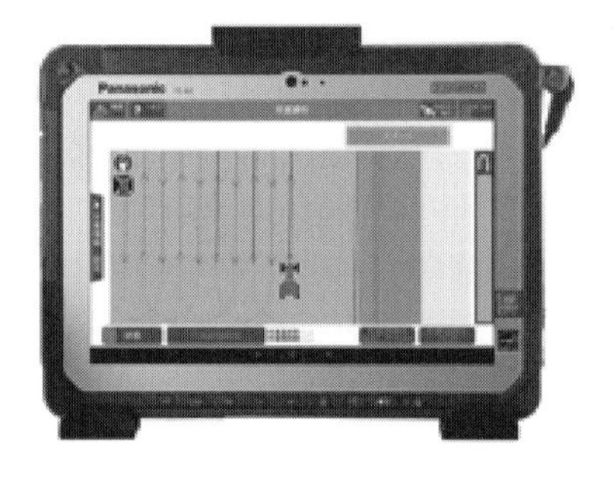

図 11　運転スタート

を用いて圃場登録（図 7），作業機設定（図 8），圃場作業領域設定（図 9），作業経路（図 10）などの各種設定を行うことで，圃場形状に応じた最適な作業経路を自動で作成し，自動運転をスタートすることができる（図 11）。お客様自身が煩わしい走行経路などを設定する必要がなく，容易にロボトラを使用することが可能となる。さらに，登録した圃場データ等は位置情報と共にスマートアシストで統合管理され，作業履歴として閲覧することができる。

5.4　安全性確保技術の開発

農林水産省から 2017 年３月 31 日に策定されたガイドラインに準拠したシステムを構築して安全性確保を行っている。

5.4.1　タブレット端末による現在位置および作業位置の確認

ロボトラの作業状態をタブレット端末に表示された地図情報に現在の自車位置や作業位置，作業経路や作業状態を監視することが可能である。地図情報があることで視覚的にも容易に判断することが可能

図12　タブレット端末と緊急停止リモコンによるロボトラのスタート・ストップ操作
タブレット端末にはコックピットカメラ画像を表示

図13　人や障害物を検知する安全センサ

である。

5.4.2 タブレット端末での操作性

タブレット端末によるロボトラのスタート・ストップの操作が可能である(**図12**)。作業中においてもあらかじめ設定したロボトラの作業速度・エンジン回転数などを圃場条件に応じてその場で最適な指示に変更が可能である。また，ロボトラに無段変速(I-HMT)を搭載しているため，スムーズな動作で安全に効果的に作業を行うことが可能である。

さらに，タブレット端末以外に緊急停止リモコンも装備しており，タブレット端末とは別系統でロボトラを停止可能なシステムを構築して2重系統で安全性の確保を実施している。

5.4.3 安全監視装置

ロボトラにはコックピットカメラを搭載し，タブレット端末に表示されたロボトラの前後の映像を確認できるため，監視下において目視のみで監視する際に生じる死角をカバーすることができる(図12)。安全装置として障害物検知装置と合わせてより安全性を確保したシステムを搭載している。

5.4.4 障害物検知装置の開発

ロボトラの周囲の障害物を検知するためにレーザーセンサと超音波を搭載する構成とした(**図13**)。トラクタの作業環境では極力作業を停止させず安全に作業を継続させるために，既販売のレーザーセンサに農機独自のアルゴリズムを追加した制御を織り込んだ。また障害物を検知したらすぐ停止するのでなく，一定条件においてTTC(Time To Collision)による車速制御を入れて，衝突予測時間に応じた減速制御アルゴリズムを実現した。

5.4.5 その他の停止条件

設定した圃場領域からロボトラがはみ出す前，直進部分と旋回部分の両方の領域において，ロボトラが目標経路からある一定以上の距離を逸脱した場合や各種通信関係の通信が途絶えた場合には，すべての機能を安全に停止する制御アルゴリズムを導入した。

5.5 オプション対応

ヤンマーのロボトラは，トラクタ本機の仕様設定以外に既販機へのオプション対応の設定を実現している。ロボトラの導入を容易にすることで自動運転を少しでも身近に体験して使用していただくために，自動運転に必要な機材のユニット化・モジュール化を実現した。この実現によりオートトラクタ，ロボットトラクタの対応，またオートトラクタからロボットトラクタへのアップデートの対応とともに，既販機へオプション対応が可能であり，既存のトラクタを活用することが可能である。

以上により，LCV(Life Cycle Value，個々の農業機械がその生涯にわたってどれだけ価値を高めるかの指標)を高めて，お客様にロボトラを導入しやすい環境づくりを整えた。

5.6 データ連携

ロボトラで行ったすべての機械稼動情報をスマートアシストの営農支援コンテンツの中で確認することが可能である。作業の見える化を実施し作業を自動的に管理することを，ヤンマーのスマート農業の中心に位置づけており，経験と勘に頼っていた作業の見える化を実施する。また，地図情報，気象情報などのデータを有する多様な領域の企業・大学とも連携し，農業のIoT化に発展できるシステムの構築を目指している。

このような農業全体をトータルコントロールができることで，農業経営効率に大きく寄与していくことができると考えている。

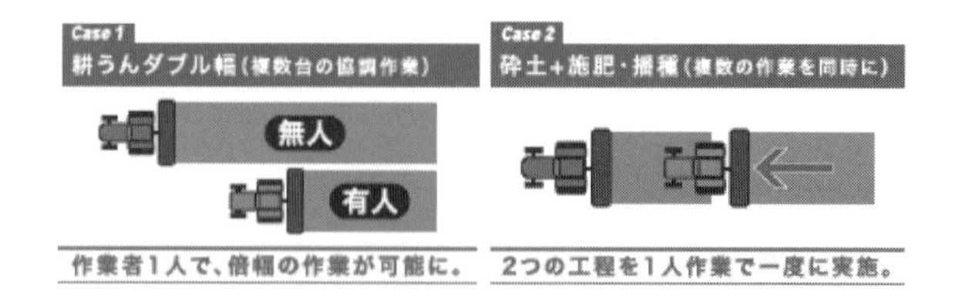

図14　協調運転作業のメリット

6. ロボトラと有人トラクタによる作業メリット

農業人口の減少や高齢化など，農業の抱える課題に対応し，超省力や大規模生産，また誰もが取り組みやすい農業を可能にするため，農作業を「誰でも」，「正確に」，「効率良く」行えるロボットと人による協調作業の実現を目指している。

ロボトラと有人トラクタでの協調作業のメリットとして，作業効率が大幅にアップすることが大きく2点挙げられる(図14)。

1つ目が，ロボトラと有人トラクタ2台で同じ作業を同時作業することで，オペレータ1人で倍幅の作業が可能になること。また，経験の少ないオペレータであってもロボトラの跡を追い，作業していない領域だけ作業を行うので，正確に直進して作業することが可能になる(図14のCase 1)。

2つ目が，2つの異なる作業を1人で同時に行う複合作業が可能となること。例えば，前方のロボトラで耕す作業を行い，随伴しながら後方の有人トラクタは種をまく作業など，複合作業が同時に行えることで作業効率が向上する(図14のCase 2)。また，同時に複合作業することで天候の影響に左右されにくく，より計画的に作業が行える。

7. 利用に当たっての留意点

ロボトラを利用していただくには，ヤンマーアグリ㈱が実施する使用者訓練(座学と実技)を受講して，ロボトラの使用上の情報，リスクの存在，保護方策を十分確認していただく必要がある。別途，指導者教育(座学と実技)も実施することで使用者に適切な指導ができる体制を整える。ロボトラを安全に使用していただくために，安全性確保ガイドラインに沿う安全装置(障害物検出装置など)で障害物を検知した場合やタブレット端末・停止リモコン・

図15　オートトラクタとロボットトラクタ

GNSS基地局などから一定以上離れた場合に自動走行が一時停止する安全設計，また設定した経路から逸脱した場合やトラクタが大きく傾いた場合，トラクタが異常を検出した場合にも自動走行が停止する安全設計への理解が必要である。

使用者は，ロボトラの取扱説明書をよく読んで記載内容に基づいた使用方法で利用することが必要である。適応作業機を確認してロボトラで使用できない作業の場合でもオートトラクタ機能，自動操舵機能を使用することで，効率化，省力化を図ることが可能である(**図15**)。

8. 今後の展開

ロボット農機の社会実装を実現する上で重要なのは衛星測位技術の進化で，準天頂衛星「みちびき」の本格的なサービスインに伴い，さまざまなデバイスやシステムが開発され安価に高精度な位置情報が得られることが期待される。

また，人検知，障害物検知の技術も自動車メーカーの自動運転の取組みで，カメラ，レーザー，レーダー，ソナーなどのデバイス開発，商品化が年々進んでおり，モジュールの外販なども検討されていることで，低価格化にも取り組まれていることから，共通の技術を用いることで公道での自動走行を見据えたより安全性の高いロボット農機が社会実装される時代がすぐそこまで来ている。

今後は，単なるロボット化技術のみならず，①自動化レベル3に向けた遠隔監視を視野に入れた安全確保策技術，②衛星・UAV(Unmanned Aerial Vehicle，無人航空機)などを用いたリモートセンシングデータのロボット農機への活用，③データ連携基礎事業(SIP：内閣府戦略的イノベーション創造プログラム)で進める，圃場情報，農薬，肥料情報，土壌情報等との連携技術など，広い意味でのICTとRT(ロボット化技術)の融合が進むと考えられる。人がロボット化技術を有効に活用していく本格的なロボット時代の到来が実現するものと期待されている。

9. ロボトラの販売について

ロボトラは今年度(2018年)の販売を行う準備をしている。ロボトラはYT4L，YT5シリーズに仕様設定して販売する。また仕様設定以外に，同シリーズの既販機へオプション対応を設定しロボトラの拡販を目指している。

今後ヤンマーの他のトラクタへ技術展開を推進しシリーズ化を検討している。適応作業機の拡大に伴うソフトの改良など行い，さらに使いやすくすることを実施して，ロボトラの社会への普及に貢献する次第である。また「無人状態での完全自律走行完全自動走行レベル3」に向けた開発も推進する予定である。

10. まとめ

開発コンセプトである，①高精度自動走行制御技術の実現，②直感的な操作性の実現，③安全性確保技術の実現を実施し，さらにトラクタ本機の一仕様の販売に止まらず，市場にある既販機への後付け対応を実施した。

これからロボトラを本格的に販売していく中で，お客様からの評価や要望をもとにより有効的なシステムへと進化をさせていきたい。ロボトラで培ったヤンマーのテクノロジーを他のトラクタや農作業機械へ技術展開し，自動運転農機を使用することが当たり前で誰もが容易に利活用できる農業現場にしたいと考えている。

さらなる作業効率向上と省力化に向け，遠隔監視による無人自律走行や完全無人自動運転農機の実現を視野に入れ，日本の農機メーカーの一員として世界で通じるロボット農機社会の実用化を目指したい。

「A SUSTAINABLE FUTURE～テクノロジーで，新しい豊かさへ。～」をテーマにヤンマーアグリ㈱のビジョンである「農業を食農産業へ発展させる」とともに「持続可能な農業」の実現に貢献する所存である。

第５項　スマート農業のための制御通信規格の国際標準化

国立研究開発法人農業・食品産業技術総合研究機構　元林　浩太

1. 制御通信の共通化の流れ

1.1　制御通信共通化の必要性

農作業機械の制御が高度化するにつれ，トラクタと装着作業機や各種の電子装置の間でのデータ通信の方法を共通化する必要性が高まってくる。制御通信の方法を共通にすれば，メーカーごとに通信方法が異なることで生じていた問題が解決され，メーカーとユーザーの双方にコスト削減と利便性の向上をもたらす。具体的には，メーカーにとっては多数の接続相手に対応するための製品バリエーションを減らすことができ，ユーザーにとっては１機種で多くの異なるメーカーの機器とも接続が可能になる。例えば，速度センサの信号とコネクタが統一されていれば，作業機を付け替えても同じセンサを使って車速に連動した自動制御が実行できる。また，作業機操作用の端末の通信仕様とコネクタが統一されていれば，装着作業機ごとに用意していた高価な操作端末が１台で済むようになり，大幅なコストダウンにつなげられる。

したがって，トラクタや作業機，センサ，各種の制御機器などメーカーの異なる機器を相互に接続するには，転送されるデータのフォーマットを含む通信プロトコルの統一が重要である。農業機械における制御通信の共通化は，1980年代にセンサ・インターフェースの統一としてドイツで始まり，現在ではさまざまな制御通信が統一され，国際標準として広く使われるようになった。

1.2　信号取り出しコネクタ(ISO 11786)

標準化されたインターフェースの最も初期のものとして，異なるメーカーでもセンサ情報を共通の仕様で取り出せるように規定されたコネクタがある(図１)。丸形のコネクタ形状，７本のピン配置のほか，車速，PTO回転数，ヒッチ位置等の信号の仕様が決められている。当初はドイツ国内規格(DIN 9684)であったが，現在ではISO 11786[1]という国際規格になっている。欧米では，CAN(Controller Area Network)インターフェースを持たない比較的低コストなトラクタを中心に普及している。

図１　信号取り出しコネクタ(ISO 11786)

1.3　CANとその上位プロトコル

1.3.1　基本プロトコルCAN

CANは，自動車のリアルタイム制御系のための省配線技術として，Robert Bosch GmbH社により提唱された基本プロトコルである。これは，分散配置されたECU(Electronic Control Unit，電子制御ユニット)を２線式のシリアルバスで結ぶ車載LAN規格[2]である。各ECUは，任意に定義できる識別子(Identifier；ID)，８バイトまでのデータ領域および制御領域からなるメッセージを送信するが，規格ではそれらの具体的な値や意味合い等は定義していない。そのため，目的に応じてそれらを定義した上位プロトコルが多数存在し，それぞれ分野の標準仕様として使用されている。

また，CAN では接続機器にアドレス情報を与える必要がないことから，システム構成の拡張や変更にも柔軟に対応できる。また，バスがアイドル状態の時はどの機器でもメッセージを送信することができ，メッセージが衝突した時には優先順位に従ってCAN 特有の衝突調停が行われるほか，強力なエラーマネジメント機能により高い信頼性が確立されている。

1.3.2 農用バスシステム LBS

農業機械のための制御通信規格として最初のものは，1997 年にドイツ国内規格 DIN 9684 part 2～5 規格として制定された「農用バスシステム（Landwirtschaftliches BUS System ; LBS）」[3]である。これはIDが11 ビットのCAN 2.0A 仕様の上位プロトコルであり，統一仕様の仮想端末（Virtual Terminal ; VT）や作業機接続コネクタ等，物理層の主要な要素は後のISO 11783 に継承されている。LBS に対応したトラクタや作業機は2000 年頃に欧州で普及し，後継規格ともいえるISO 11783 が出現した後も，後方互換性を維持するために一部の市販機に搭載され続けている。

1.3.3 米国規格 SAE J1939

米国の自動車技術者協会（Society of Automotive Engineers ; SAE）が2000 年頃に策定したSAE J1939 規格群[4]は，バスやトラック・オフロード車両等を対象にした制御通信ネットワーク規格である。これは29 ビットID が利用可能なCAN 2.0B 仕様の上位プロトコルの1つであるが，コネクタやハーネス等の物理層はLBS およびISO 11783 とは異なる仕様が定義されている。米国では当初，これを基礎に農業機械車上ネットワークの開発が行われたほか，後の国際規格ISO 11783 でもトラクタ内部の動力系や油圧系の制御メッセージにJ1939 がそのまま適用されたため，高い整合性がある。また，J1939 対応のGPS 受信機等も早くから利用可能であったため，農業機械分野での使用実績も多い。

2. 国際規格 ISO 11783

2.1 ISO 11783 規格の概要

ISO 11783「農林業機械―シリアル制御・通信データネットワーク」は，国際標準化機構ISO が定めた国際規格であり，SAE J1939 と同様にCAN 2.0B 仕様の上位プロトコルである。この規格では，「農林業用トラクタと直装・半直装・けん引及び自走式の作業機の制御通信のためのシリアルデータネットワーク」について規定しており，その目的は「トラクタ又は作業機に搭載されるセンサ，アクチュエータ，制御機器と情報保存・表示装置の間のデータ転送方法及びそのフォーマットを標準化すること」を目的としている[5]。

表1　ISO 11783 規格の構成

Part 1	規格全般について
Part 2	物理層
Part 3	データリンク層
Part 4	ネットワーク層
Part 5	ネットワーク管理
Part 6	仮想端末
Part 7	作業機メッセージ
Part 8	動力系メッセージ
Part 9	トラクタ ECU
Part 10	タスクコントローラと管理情報システム
Part 11	データ・ディクショナリ
Part 12	診断サービス
Part 13	ファイルサーバ
Part 14	シーケンス制御

この規格は全14 のパート，1,000 ページを超える膨大な規格（表1）であり，2001 年以降に各パートが順次公開されてきた。その内容はOSI 参照モデル[6]に対応して，物理層，データリンク層，ネットワーク管理等の定義が示され，さらにアプリケーション層として仮想端末，作業機メッセージ，トラクタECU，タスクコントローラ，診断メッセージ等の仕様が述べられている。これらは技術の進歩に伴って随時改訂を繰り返しており，2018 年には，比較的小型の作業機械に適した低コスト物理層（Cost Optimized Physical Layer）の定義が追加された。また，通信メッセージの仕様については，オンラインデータベース「ISOBUS Data Dictionlary」[7]で確認できる。

2.2 ISO 11783 における通信の基礎

ISO 11783 による車上ネットワークの基本的な構

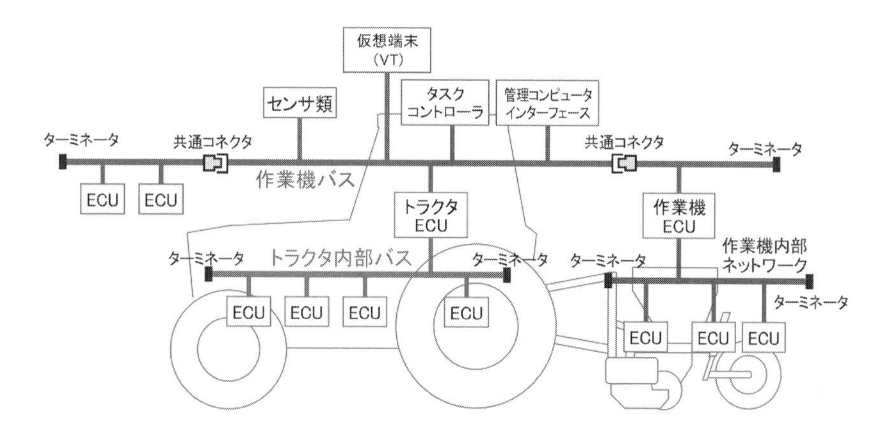

図2　ISO 11783によるネットワークの構成例

図3　作業機接続用の共通コネクタ
左：トラクタ側，右：作業機側

成は，トラクタECUで相互に橋渡しされるトラクタ内部バスと作業機バス，作業機バスに接続されたVTおよび作業機ECUが基本となる(**図2**)。

規格では，まず物理層としてネットワークのトポロジー，ハーネスや自動終端回路の電気的特性，作業機接続コネクタ(**図3**)や運転席用増設コネクタの形状とピン配置，電気的特性の試験方法等が定められている。

データリンク層として，メッセージの種類を定義するパラメータグループ番号(Parameter Group Number；PGN)や送信元アドレス(Source Address；SA)等の値や意味づけ，CANフレームの29ビットID中での割り当て等が定義されている(**図4**)。また，CANでは1つのメッセージで伝送できるデータは8バイトまでであるが，長いデータを分割して転送するためのトランスポートプロトコルと呼ばれる手順も定められている。

さらにネットワーク管理手順として，送信元アドレスの変更機能，NAMEと呼ばれる各制御機能の属性情報の登録機能，アドレスクレームと呼ばれるアドレス自動設定機能やネットワーク初期化手順等が決められている。

このようにISO 11783では，単に通信メッセージのIDやフォーマットを規定するだけでなく，ネットワーク上での動作手順を詳細に規定することにより，異なるメーカーの機器が動的に着脱されても安定的に機能(プラグ・アンド・プレイ)するシステムを可能にしている。

2.3　ISO 11783のアプリケーション層

ISO 11783では，農業機械制御のために以下のようなアプリケーションが実施できる。

2.3.1　仮想端末

ISO 11783-6では，仮想端末(VT)と呼ばれる入出力装置の仕様が定義されている。これは，ISO 11783ネットワークに接続されたECUのユーザー・インターフェースであり，例えば装着作業機の状態表示，設定値の入力から作業機の操作まで，すべてこのVTを通して行うことができる。この仕様に対応した製品は，トラクタ標準装備品や後付け用機器として各社から供給されており，最近ではVTをアプリの1つとして組み込んだ複合端末も多く見られるようになった(**図5**)。

2.3.2　作業機メッセージ

ISO 11783-7では，接続された機器の制御に必要な指示(Command)値や応答(Response)値のためのメッセージ仕様が定義されている。具体的には，日

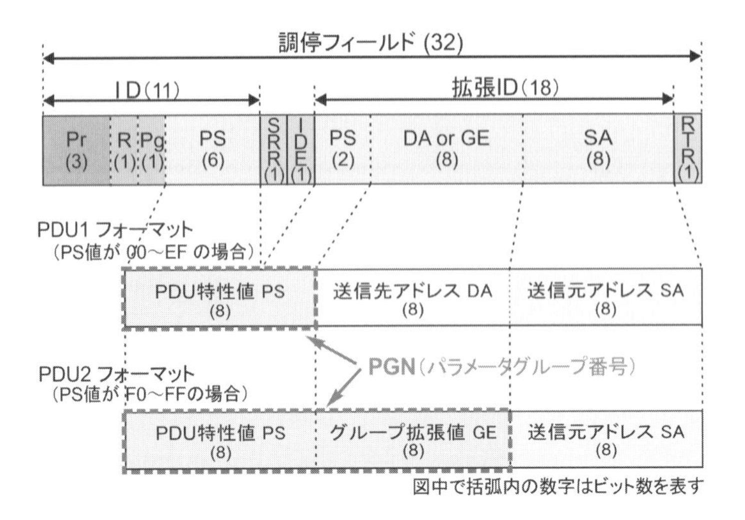

図4　ISO 11783 メッセージの ID の割り当て

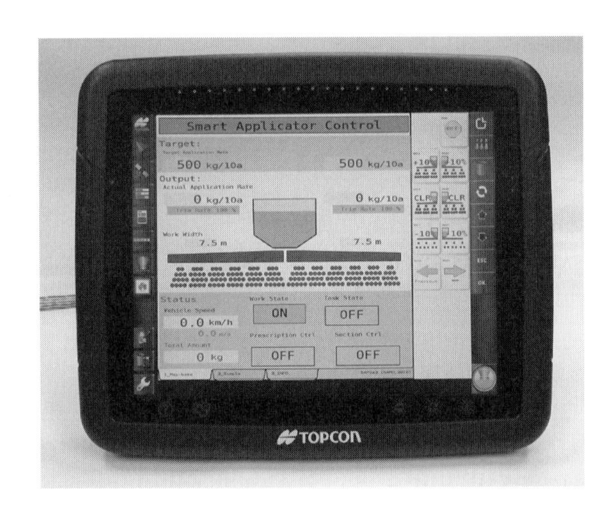

図5　VT を実装した複合端末の例

時，車速，ヒッチ，PTO，外部油圧バルブ，灯火等に関するメッセージが含まれる。また，作業機ECUへの直接的な指示や応答には，プロセスデータメッセージが使われる。

2.3.3　トラクタ ECU

作業機バスとトラクタ内部バスの間の物理的・論理的ゲートウェイとして，ISO 11783-9 ではトラクタ ECU の役割と仕様が定義されている。ネットワーク上での作業機の互換性は，トラクタ ECU が作業機バスに与える機能と情報によって規定されるため，トラクタ ECU はクラス区分されている。クラス1ではトラクタ側から最低限の情報を作業機バスに送信するのみであるが，最上位のクラス3では作業機バスからトラクタ内部バスへの指示の受け入れを許しており，例えばヒッチ位置や車速等のトラクタ機能を作業機バス側から制御できる通信仕様となっている。

2.3.4　タスクコントローラ

タスクとは，圃場内のどの位置で，どの機械が，どのような作業を行うかといった作業計画を記述したもので，例えば，圃場内の場所に応じて施肥量を変えるような局所管理を行う際の処方箋マップがこれに当たる。ISO 11783-10 では，ISO-XML 形式によるタスクの記述方法が規程されている。トラクタや作業機等の圃場移動制御システム(Mobile Information Control System ; MICS)は，車上のタスクコントローラでタスクファイルを読み込み，位置情報に応じてリアルタイムで作業機に必要な指示を出すとともに，作業履歴(ログ)を記録する。

作業計画の作成や作業履歴の管理を行うコンピュータは，圃場管理システム(Farm Management Information System ; FMIS)と総称されるが，本規格ではその仕様までは規程しておらず，ISO-XML形式のファイルの仕様のみが定義されている。

2.3.5 診断サービス

ISO 11783の重要な要素の1つとして，診断サービスが挙げられる。これは，ネットワークに接続された個々のECUの故障診断に用いられるだけでなく，各ECUの属性情報の収集にも用いられる。ISO 11783-12では，ネットワーク上での問い合わせに対応して，各ECUがあらかじめ記述されたメーカー名，型式，シリアル番号，ハードウェアバージョン，ソフトウェアバージョン，認証情報，対応機能等の情報を返答するための手順が示されている。

3. 実装標準ISOBUS

3.1 業界団体AEF

国際規格であるISO 11783は，「ISOBUS」という統一名称のもと国際的に普及が進んでいる。すなわち，ISO 11783が極めて大規模で複雑な規格であり，そのままでは容易に実装できないため，規格の統一解釈や実装・普及支援のために国際農業電子財団(Agricultural Industry Electronics Foundation；AEF)が2008年に設立された。AEFには，世界の主要な農機メーカーをはじめ220社を超える企業・団体等が加入しており，ISO 11783の普及推進を目的にマーケティングや認証試験を行うほか，複雑な規格の統一解釈や実装のためのガイドラインの策定，相互接続試験の開催や互換性確認ツールの開発等を行っている。

3.2 ISOBUSのモジュール

AEFでは，ISO 11783規格の実装ガイドラインとして，ISOBUSの最低要件とISOBUS機能(Functionality)を定義している。ISOBUS最低要件はMinimum Control Functionとも呼ばれ，ISO 11783規格群のうち物理層，データリンク層，ネットワーク管理および診断メッセージを指す。AEFでは，これらの要件を満たさない機器はISOBUS対応と認めないこととしている。

ISOBUS機能は，ISO 11783規格を実装する際に構成モジュールとして扱う機能の分類である。例えば，「UT-Server(汎用端末サーバー)」，「UT-Client(汎用端末クライアント)」，「AUX(外部入力装置)」，

表2　AEF指定のISOBUS認証機関

DLG Test Center	ドイツ
ISOBUS Test Center	ドイツ
Nebraska Tractor Test Laboratory	アメリカ
REI(Reggio Emilia Innovazione)	イタリア
KEREVAL	フランス

「TECU(トラクタECU)」，「TC-BAS(タスクコントローラ・基礎)」，「TC-GEO(同・地理情報)」，「TC-SC(同・分割制御)」等の区分があり，バージョン番号と組み合わせて「UT 2.0」のように表示される。例えば，作業機の制御ユニットをISOBUSに接続し，ISOBUS上のVTを入出力装置として使用するためには，この制御装置は最低要件と「UT-Client」の条件を満たさなければならない。

3.3 ISOBUSの認証技術

AEFでは，ISOBUSの認証試験技術を国際的に統一するために，最低要件と各Functionalityに対応したテストプロトコルとして「AEF Conformance Test Tool」を開発した。このツールは，後述する認証試験でも使われるものであり，AEF会員企業であれば年間いくらかの費用を支払って最新版を使用することができる。そのため，開発機器の適合性の確認に有効である。

ISOBUS認証試験は，AEFが指定した試験機関(**表2**)で実施される公式のISOBUS適合性試験である。ソフトウェアに関する試験としては，最低要件および必要とするISOBUS機能に関する検査が，Conformance Test Toolを使って行われる。また，ハードウェアに関する試験としては，ISO 11783-2に記載された電気的特性に関する試験が行われるほか，ISO 14982[8]または10605[9]に対応したESD(静電気放電)試験データも求められる。認証試験に合格したトラクタや作業機，電子機器等は，認定証が発行されるとともに，ISOBUS適合と表示できるようになり，指定の認証ステッカー(**図6**)の使用も可能になる。

なお，国産技術としては，国立研究開発法人農業・食品産業技術総合研究機構(以下，農研機構)が2018年にスマート施肥機用の作業機ECU(**図7**)で，「UT-Client」機能の認証を取得したのが最初であ

図6　ISOBUS 認証ステッカー

図7　ISOBUS 認証を取得した国産 ECU

る[10]。これは当該 ECU が ISOBUS に接続可能であり，ISOBUS 対応のどの VT と組み合わせても機能することを示している。

3.4　ISOBUS データベース

認証試験に合格した機器は，AEF のオンラインデータベース[11]に掲載される。掲載されるのは機種名，ソフトウェアバージョン，認証された ISOBUS 機能等である。閲覧者は，メーカー名，製品カテゴリ，ISOBUS 機能等から機器を検索できるとともに，任意の組合せでの接続互換性のチェックが可能である。例えば，トラクタにどの端末が装備されていれば，どの作業機と組み合わせて，どの機能が実現できるか等を容易に確認することができ，機械購入の際の機種選定に有効である。

このデータベースは，PC 版の他にスマートフォン用のアプリも公開されている。無料アカウントを作成すれば誰でも閲覧可能である。

3.5　AEF の最新の動向

AEF には 11 の部会(Project Team ; PT)があり，農業機械の制御通信技術に関するさまざまなガイドラインを策定するとともに，それらの ISO 規格化に取り組んでいる。

例えば，PT-05 “ISOBUS Automation” 部会では，TIM(Tractor Implement Management)の検討を行っている。これはクラス 3 のトラクタ ECU を実装するための仕様であり，ヒッチ，PTO，油圧取り出し，車速，操舵等のトラクタ内部機能を外部から ISOBUS を介して安全に操作するために，PKI(公開暗号鍵)技術を用いる。AEF では，そのためのガイドラインの策定，認証ライブラリの開発，接続互換性試験ツールの開発，相互接続試験の実施等を行っている。

また PT-09 “FMIS” では，圃場作業機械，管理コンピュータおよび種々のクラウドの間でシームレスにファイル転送を行うための仕様について検討を行っている。EFDI(Extended FMIS Data Interface)と呼ばれる仕様がこれであり，すでにガイドラインが検討段階に入っているほか，欧州ではプロバイダによるサービスも始まっており，今後の動向に注意が必要である。

その他にも，無線通信(PT-11)，高速 ISOBUS(PT-10)，カメラインターフェース(PT-08)，高電圧システム(PT-07)等の部会が活発に活動しており，新たな仕様のガイドライン策定やそれらの規格化に取り組んでいる。

4. 日本国内規格 AG-PORT

AG-PORT は，大規模な実装仕様である ISOBUS を適用せずに，最低限の装備で車速連動制御等を実現するために，一般社団法人日本農業機械工業会が農研機構と共同で開発した規格[12]である。ISO 11783 を基礎にしている点は ISOBUS と同様であるが，より小型で低コストな農業機械を対象とするために最低要件が緩和され，作業機接続コネクタは CAN 通信のみの 2 ピンの小さなもの(**図8**)となっている。また，VT やタスク管理等の高度な機能は考慮されていないが，小型トラクタでも比較的容易に統一仕様の車速信号を取り出すことができる。そのため，おおむね機関出力 75 kW 以下の国産トラクタや対応作業機に装備され，車速連動制御に使われるよう

図8　AG-PORT コネクタ
左：トラクタ側，右：作業機側

になった。

しかし，AG-PORT 要件のみでは ISOBUS の最低要件を満たさないため，厳密には ISOBUS との互換性はないことになる。近年，ISOBUS 標準装備の大型輸入農機が増加するにつれ，国内メーカーでも ISOBUS 対応化の気運が高まっている。そのため，AG-PORT は ISOBUS 化へ橋渡し的な技術と捉えられることもある。

5. 今後の展望

ISOBUS を基礎とする制御通信技術の標準化は，作業機制御のための車上通信から，基地局コンピュータとの圃場管理データの交換，さらにはクラウド上の大規模管理システムとの通信にも波及し，メーカー間の差異を吸収してデータ交換仕様の統一へと向かっている。農業全般に渡るデータ交換標準化の取組みの1つとして，米国の業界団体 AgGateway が挙げられる。この団体ではサプライチェーンや灌漑技術も含めた標準化活動を国際的に推進しており，その中で圃場における機械作業のためのデータ交換仕様として ADAPT（Agricultural Data Application Programing Toolkit）[13]が提案されている。これはオープンソースのオブジェクトモデルであり，これに対応するためのプラグインを各社がそれぞれ開発・提供することで，異なる FMIS の間でデータ交換を可能にするものである。AgGateway が AEF と協調し，すでに"ISO プラグイン"が開発されたことから，今後はより広範囲でシームレスなインターオペラビリティが確立されると見込まれる。

文　献

1) ISO : ISO 11786, Tractors, machinery for agriculture and forestry — Serial control and communications data network — (2007).
2) ISO : ISO 11898-1, Road vehicles-Controller area network (CAN) — Part 1 : Data link layer and physical signaling (2003).
3) H. Auernhammer : Die Elektronische Schnittstelle Schlepper-Gerät (The electronical tractor-implement interface), Landwirtscahftliches BUS-System — LBS, KTBL Arbeitspapier 196, 18-30 (1993).
4) Society of Automotive Engineers : SAE J1939, Serial control and communications heavy duty vehicle network (2013).
5) ISO : ISO 11783-1, Tractors, machinery for agriculture and forestry — Serial control and communications data network —, Part 1 : General standard for mobile data communication (2007).
6) ISO : ISO 7498, Open systems interconnection — Basic reference model (1984).
7) VDMA : ISOBUS Data Dictionary.
http://www.isobus.net
8) ISO : ISO 14982, Agricultural and forestry machinery — Electromagnetic compatibility — Test methodes and acceptance criteria (1998).
9) ISO : ISO 10605, Road vehicles — Test methods for electrical disturbances from electrostatic discharge, second edition (2008).
10) 農研機構：プレスリリース（研究成果），開発した電子制御ユニットで ISOBUS 認証を取得（2018）.
11) AEF : AEF ISOBUS Database.
https://www.aef-isobus-database.org
12) 日本農業機械工業会規格：JAMMAS 0027-2017，農業機械の通信制御共通化プロトコル（AG-PORT）（2017）.
13) R. Bullock et al. : ADAPT : Interoperability through an industry open-source toolkit, ASABE paper 162462264 (2016).

第１項　循環移動式栽培装置と連動する定置型イチゴ収穫ロボット

国立研究開発法人農業・食品産業技術総合研究機構　林　茂彦

1. はじめに

我が国のイチゴ栽培は，促成栽培という作型が一般的である。これは９月末頃にビニールハウスの中にイチゴ苗を定植し，冬期には暖房を施して栽培する方法で，収穫期は12月から翌年の５月ぐらいまで続く。この間，農家は毎日，収穫やパック詰め，そして出荷の作業に追われることになる。農林水産省の統計データによると，平成28年度産のイチゴの作付面積は5,370 ha，生産量は159,000 t，産出額は1,749億円（農産物のうち９位）で温州ミカン（1,761億円）と肩を並べている。高値出荷が望めることから地域の基幹作物となっているものの，10 a当たりの作業時間が2,000時間を超え，機械化が進んだコメの生産（30時間/10 a程度）に比べると，実に70倍の開きがある。果菜類の特徴として，栄養生長と生殖生長が同時に推移することから，順次実をつける。したがって，一定の大きさや熟度になった果実のみを摘み取る，いわゆる選択収穫が行われている。イチゴの場合，果皮が柔らかく慎重な取扱いが必要なことに加え，見栄えや輸送性にも考慮したパック詰めが求められることも，長時間作業の要因となっている。

これまでに吊り下げ式の高設栽培を対象として，栽培ベッドの通路を走行し赤熟果実のみを収穫する移動型イチゴ収穫ロボットを開発した。その後，この収穫ロボットの開発で得られた技術知見を基に，新たな食料生産システムを目指して，移動栽培と組み合わせた定置型イチゴ収穫ロボットの開発に取り組んだ。本稿では，次世代イチゴ生産システムの構想と，定置型イチゴ収穫ロボットの機構と性能について紹介する。

2. 次世代イチゴ生産システム

次世代イチゴ生産システムの構想図とレイアウトを図１，図２にそれぞれ示す。本システムの中核と

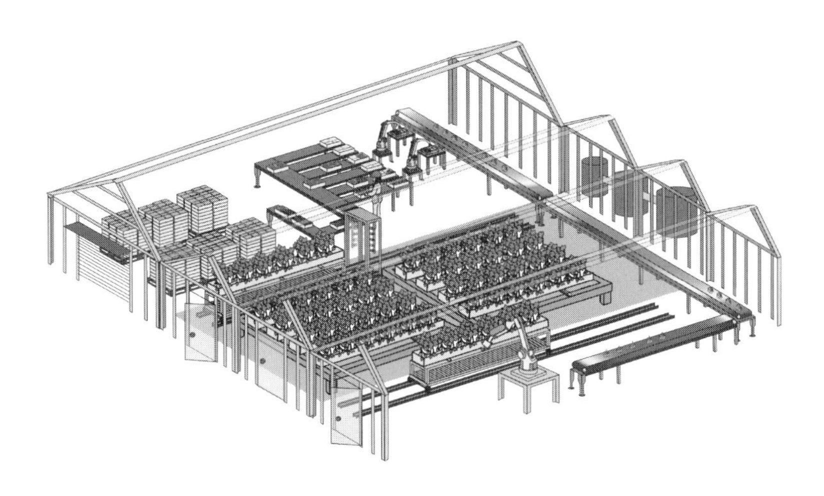

図１　次世代イチゴ生産システムの構想

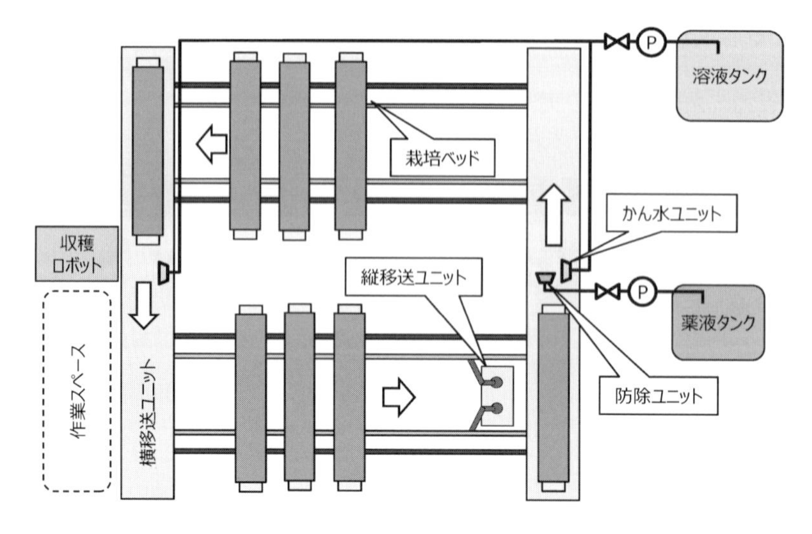

図2　次世代イチゴ生産システムのレイアウト

なるのが移動栽培装置である。これは，イチゴの植わっている栽培ベッドを循環させることにより，従来必要であった作業用の通路をなくし，密植栽培する仕組みである。移動栽培では，作業者は横移送ユニットの前に立って定植や下葉取り，収穫を行う。目指すシステムでは，作業者に代わってこの位置に収穫ロボットを設置することで，収穫ロボットは移動が不要になる。加えてカメラを含む各種センサ群や照明を定点に配置することで，ロボットに適したセンシング環境を創出できるという点からもロボットとの親和性が高い。

イチゴなどの果菜類を収穫するロボットに求められる要素技術は，一般的に，①走行技術，②センシング技術，③マニピュレーション・ソフトハンドリング技術といわれているが，上述したように本システムではロボットの走行は不要になる。次に，センシング技術については，果実の収穫適否の判断が必要であり，具体的にはキュウリやナスなどは長さが収穫判定の基準であるが，イチゴの場合には色み具合を基準に画像処理で判定することになる。さらに，ソフトハンドリングについては，対象作物にあった採果ハンドが求められ，本研究では果皮が柔らかいイチゴを摘み取るため，果柄を把持して切断するエンドエフェクタを考案した。

将来的には，生育診断ロボット[1]や収穫果実の自動搬送，パック詰めロボット，ICTを活用した計画出荷，LED照明による環境制御，培養液の廃液を出さないゼロエミッション技術と組み合わせたシステム統合が期待される。

3. 循環式イチゴ移動栽培装置

イチゴ生産において単位面積当たりの収量を増加させるには，①株当たりの収量を増加させること，②面積当たりの栽植株数を増加させること，これら2つのアプローチがある[2]。前者として，品種改良による多収品種の育成や，栽培温度の制御による作期拡大などの研究が進められており，後者に対しては密植栽培が試みられている[3]。提案する循環式イチゴ移動栽培装置は後者の方法で，作業用の通路をすべてなくして栽培ベッドを循環移動させることで，栽植本数を通常の1.5～2倍まで増加させることができるシステムである[4,5]。

栽培装置は，制御ユニット，縦移送ユニット，横移送ユニット，かん水ユニット，防除ユニットから構成される（図2）。**図3**は農林水産省が推進する復興プロジェクト（略称名：先端プロ）で，大規模施設園芸ハウス（宮城県山元町）に設置した移動栽培装置である。長さ3.6 mの栽培ベッドを52台搭載でき，大きさは縦13.5 m，横7.7 mである。栽培ベッドの初期位置は，左右の縦移送ユニットにそれぞれ25台満載され，手前と奥の横移送ユニットにそれぞれ1台ずつ搭載された状態である。栽培ベッドが横方向に移送された後，縦移送ユニットにより長手方向に移送されることで1サイクルが完了して，初期位置に戻る。作業者は横移送ユニットの手前，つまり栽培施設の妻面で作業を行うことになる。定置作業により，①ハウス内を歩く必要がなくなる，②暑熱環境が改善される，③作業に適した資材のレイアウトができる，などのメリットが期待できる。作業効率の向上には，次のベッドが作業者の前に来るまでのサイクル時間をできるだけ短くする必要がある。また，規模拡大を図るうえで収穫作業時間が律速要因となっている[6]。なお，最新の装置ではサイクルタイムは24秒程度まで向上している[5]。

図３　循環式イチゴ移動栽培装置(宮城県)

4. 定置型イチゴ収穫ロボットの開発

4.1　基本機構

循環移動式栽培装置と連動する定置型イチゴ収穫ロボットは，円筒座標型マニピュレータ，マシンビジョン，エンドエフェクタおよびトレイ収容部から構成され(**図４**)，移動栽培装置の横移送ユニット中央に設置する(**図５**)。マニピュレータの動作範囲は回転180°，昇降400 mm，前後300 mmである。マシンビジョンは，固定のCCDカメラ２台と，エンドエフェクタに取り付けたCCDカメラ１台からなり，CCDカメラ２台でステレオ画像処理を行い赤色果実の位置を推定し，ハンドアイカメラで果柄を検出する。ステレオカメラをエンドエフェクタから分離独立させることで，採果後すぐに果実探索ができ，タイムロスの削減が期待される。エンドエフェクタは，切断刃付き開閉フィンガと光電センサからなり，果柄の傾きに合わせて左右に傾斜する機能，トレイ収容時に手首を下げる機能を具備している。

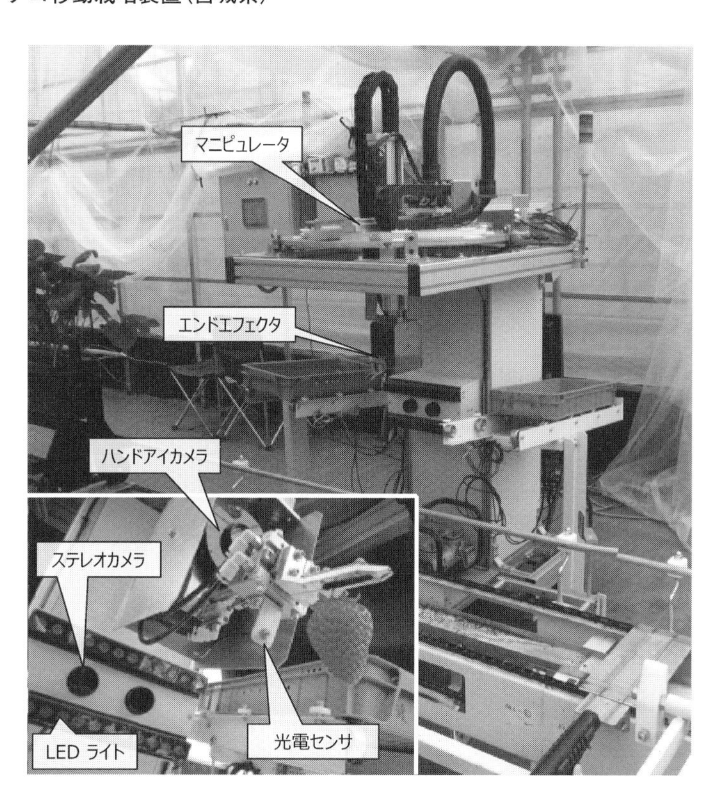

図４　定置型イチゴ収穫ロボットの構成

図５　定置型イチゴ収穫ロボットによる収穫作業

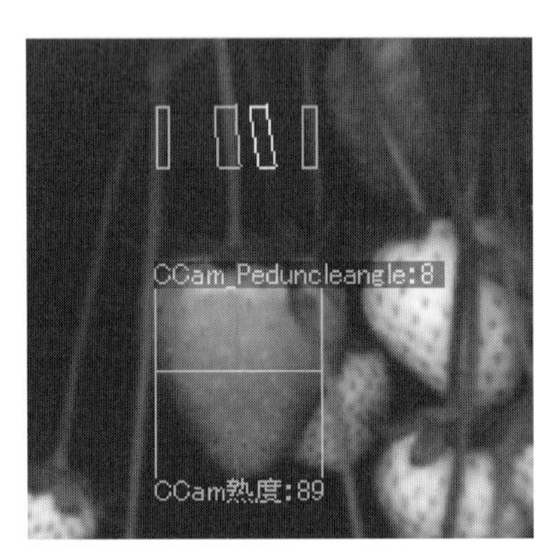

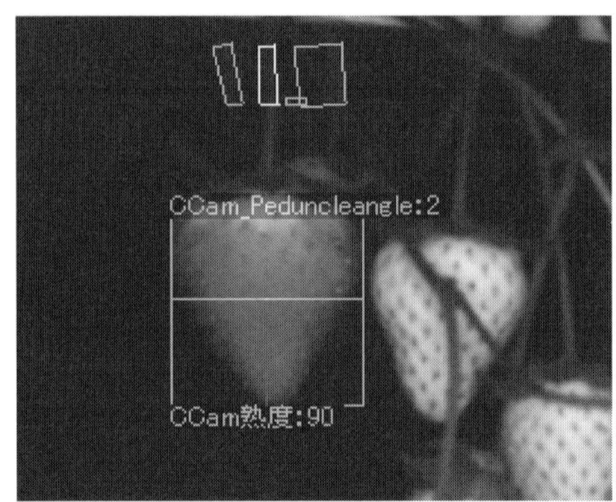

※口絵参照

図６　マシンビジョンによる果実と果柄の検出例

4.2　収穫動作

定置型イチゴ収穫ロボットによる収穫動作は，次のように行われる。栽培ベッドの横移送中に，固定のステレオカメラで赤色果実の有無を走査して果実を検出すると，栽培ベッドを一時停止させ，エンドエフェクタ搭載カメラで着色度判定と果実の重なり判定を行う(**図６**)。対象果実の周辺に障害物がないなどの収穫条件を満たせば，エンドエフェクタが果実に接近し，果柄を切断する(図４の左下)。果実が未熟であったり，他の果実との重なりがあったりすると，栽培ベッドを移送させ，撮影角度を変えて再度判定し，収穫条件を満たせば採果を行う。

ここで実際のイチゴ栽培を見てみると，生育中のイチゴ果実の大きさや形状，着果状態は，収穫時期や栽培方法により大きく変化する。そのため，生産者は，生育の状況や市場の動向も加味して，その日の収穫量を加減したりする。このような生産者の判断を取り込む目的で，ロボットのマシンビジョンアプリケーションには「重なり厳格モード」と「重なり標準モード」を組み込んだ。「重なり厳格モード」は重なり判定の領域を拡げることで，判定を厳しくし未熟果の誤収穫を低減する。一方,「重なり標準モード」は判定領域が狭いため，近くに果実があっても収穫を試みることになる。さらに，収穫ロボットの稼動時間を拡大するため，昼間に動作するアプリケーションモジュールも備えている。

4.3　収穫性能

定置型イチゴ収穫ロボットの収穫試験は，前述した移動栽培装置より小型で，栽培ベッド 16 台が搭載可能な栽培装置を用いて行った。これまでの研究から，品種による着色過程の違いが収穫適否の判定に大きく影響することが知られている[7]。具体的には，赤色部と緑白色部の境界が鮮明な品種で良好な判定結果が得られていることから，本試験では境界が比較的明確な「あまおとめ」を供試した。

現地試験において，収穫成功率は「重なり厳格モード」で30％弱，「重なり標準モード」でおよそ60％であり[8]，夜間運転と昼間運転における差は認められなかった。なお，収穫成功率は，収穫時期および果序が進むにつれて上昇する傾向が見られた。一方で，着色度の判定ミスにより収穫適期前の果実を採果する場合が散見された。また，果実１果を収穫する処理時間は9～12秒であった。

5. おわりに

次世代イチゴ生産システムの開発を目指して，定置型イチゴ収穫ロボットの開発を行い，収穫した果実の販売も行って実用性を検証した。本開発では，プログラマーがイチゴの特徴（形状や色，果実の配置など）を理解し，それを数値化することで収穫アルゴリズムを記述している。他方，さまざまな産業分野においてICTや人工知能の活用が進む中，収穫ロボットの将来を考えると，撮影したイチゴ画像を基に収穫適期果実や収穫順序，収穫方向を熟練者がコンピュータに教示することで，AIが熟練者の知識や作業手順を自動で習得するということが現実味を帯びてきている。このようなAI開発では，従来のアルゴリズム開発とは全く別のアプローチが求められることとなり，今後の展開が注目される。本研究の一部は，農林水産省の農業機械等緊急開発・実用化促進事業のもと，シブヤ精機㈱と共同開発したものである。

文　献

1) S. Yamamoto et al. : Basic study on non-destructive growth measurement of strawberry plants using a machine-vision system, Greensys 2013 Program & Abstract book, Jeju, Korea, 108–109 (2013).

2) 池田英男：イチゴ高設栽培の導入と課題，農耕と園芸，**61** (9), 14–16 (2006).

3) Y. Nagasaki et al. : Development of a Table-top Cultivation System for Robot Strawberry Harvesting, *JARQ*, **47** (2), 165–169 (2013).

4) 吉田啓孝ら：イチゴの高密植栽培のための移動栽培装置の開発，農業機械学会誌，**70** (4), 98–106 (2008).

5) S. Hayashi et al. : Development of Circulating-Type Movable Bench System for Strawberry Cultivation, *JARQ*, **45** (3), 285–293 (2011).

6) 齋藤貞文ら：イチゴ高密植移動栽培における作業性の調査と適正規模の導出，農業機械学会誌，**74** (6), 457–464 (2012).

7) S. Hayashi, et al. : Evaluation of a strawberry-harvesting robot in a field test, *Biosystems engineering*, **105**, 160–171 (2010).

8) S. Hayashi et al. : Development and Practical Application of Stationary Strawberry-Harvesting Robot Integrated with Movable Bench System, *J. of JSAM*, **79** (5), 415–425 (2017).

第２項　トマトの自動収穫ロボット

パナソニック株式会社　戸島　亮

1. 日本の農業における将来の労働力不足対策としての期待

我が国においては，近年，農業従事者の数は減少傾向にあり，労働力不足は今後の大きな課題であると考えられている。**図１**に示すように，2005年に300万人以上であった農業就業人口は，2010年に約260万人に，2016年には200万人を下回る状態となり，農業従業者の減少は顕著である。さらに，高齢者比率も高くなっており，図１が示すように2005年に農業従事者全体の58.2％だった65歳以上の農業就業者は，2016年には65.2％に達しており，今後の農業の担い手不足について懸念される状況である。そのような背景の下，将来の農業における労働力不足への対策として，農作業の効率化，人材育成などの対策とともに，ロボティクス技術を生かした農作業の自動化にも大きな期待が寄せられている。

ここで，ロボットを導入することによる人作業の代替による経済的なメリットについて考えると，1 ha未満の中規模サイズ，小規模サイズの圃場よりも大型施設のほうが経営効果を得やすい。また，ロボットの使用においては，その稼働率を高めることが経済効果を大きくするためには重要である。そのような観点で自動収穫に適した作物について検討すると，生産量が高く，1年を通して収穫作業が続くということからトマトが適していると考えられる。また，トマトの生産における個別の作業について考えると，収穫作業にかかる工数が他の作業と比較して多いといわれている。よって，トマト栽培における収穫作業の自動化ニーズは高い。

以上のことから，トマト収穫の作業を自動で実現できるトマト収穫ロボットは，農園導入時の経営効果も大きく，農園の期待も大きい。

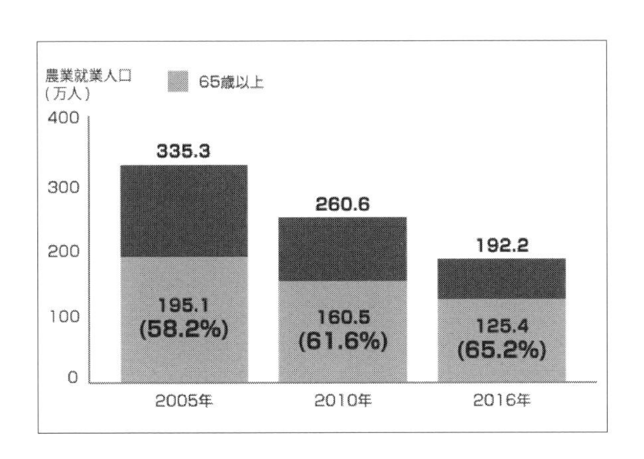

図１　農業就業人口と高齢者比率の推移

2. 収穫ロボットに期待される性能と課題

現在，トマト収穫ロボットについては，パナソニック㈱，スキューズ㈱が開発を行っているが，商業化されたものはなく，実証段階である。**図２**および**図３**に，パナソニックが開発しているトマト収穫ロボットを示す。パナソニックの収穫ロボットについては，現在，商品化に向けた取組みを進めている段階である。

収穫ロボットの基本的な動作フローの一例としては，

① 園内を走行して収穫対象のトマトがある房を見つける

② 収穫対象のトマトがある房の近傍で収穫対象のトマトの位置を検出する（エンドエフェクタ[実際に収穫作業を実施するロボットの手の部分]の収穫動作を成功させるための位置検出精度が必要であるが，この精度はエンドエフェクタの形状などにも依存する）

③ 茎や葉など他の構成物にぶつからないようにアームなどを用いてエンドエフェクタを収穫対

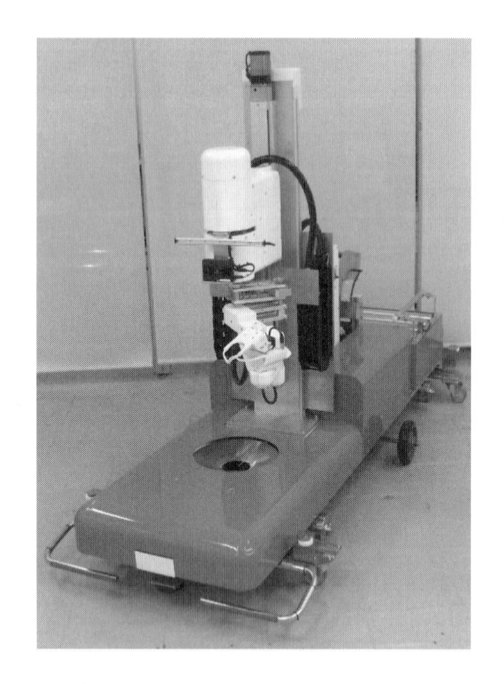

図２　パナソニック製トマト収穫ロボット（2015 年発表）

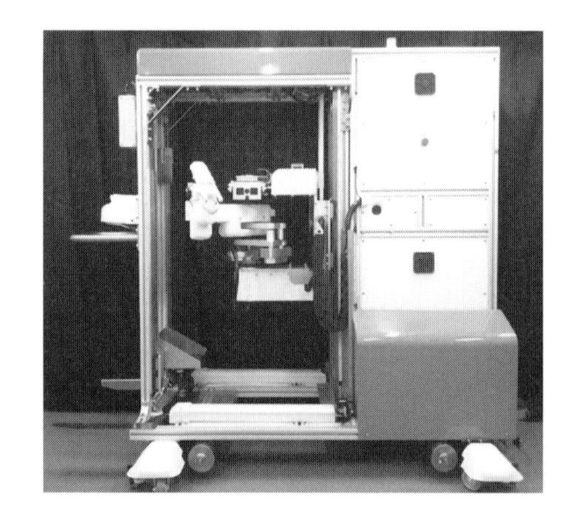

図３　パナソニック製トマト収穫ロボット(2017 年発表)

象トマトの位置に持っていく
④　エンドエフェクタによる収穫
となる。

これらの動作を実現するための収穫ロボットの主な構成部としては，房やトマト，茎などを認識するためのセンサー，不整地やレールの上を移動するための移動機構部，収穫のもぎ取り作業や切り取り作業を実施するエンドエフェクタ部，収穫対象トマトに対してエンドエフェクタを伸ばすアーム部，各種計算や画像処理を実施する演算部に大別される。そして，これらの構成部を支える技術として，移動技術，センシング技術，マニュピレータ技術などの開発が必要である。

図４　軌道走行用のローラーの一例

移動技術については，温水管パイプや台車通行用レールなどの上を走行する軌道走行型と，露地栽培などに対応する不整地走行型がある。軌道走行型に用いる移動機構の例として，図４に示すローラーなどがある。軌道走行の場合，不整地と比較して安定した走行が期待できるが，パイプやレールなどが設置されていない場合は新たに設置する必要が出てくる。また，畝と畝の間の移動についてはレール上の走行とは異なる移動構造が必要になる。完全自動の収穫ロボットの実現のためには，畝間の移動についても自律移動できることが必要になってくる。一方，不整地走行型については，ぬかるみや凹凸など走行面の条件が悪い場合の安定走行の実現が重要である。特に凹凸などにより走行がずれた場合に，ジャイロなどを用いての位置補正なども必要となる。また，収穫対象のトマトの前で停止するための技術として，自己位置認識技術の確立が必須である。

センシング技術については，収穫対象候補のトマトの探索，トマトの熟度判定，トマトおよび周辺構成物（茎，葉など）の三次元位置検出などに対応する必要がある。トマトの熟度判定については，多くの場合，色情報をもとにした解析が行われるが，近年はAIを用いたランク学習などへの期待も高まっている。農園においては，市場の需要などにより収穫すべきトマトの色味も指定されることが多い。よってトマト収穫ロボットについても，単純に収穫適期か否かの判定だけでなく，熟度が判別できる機能が

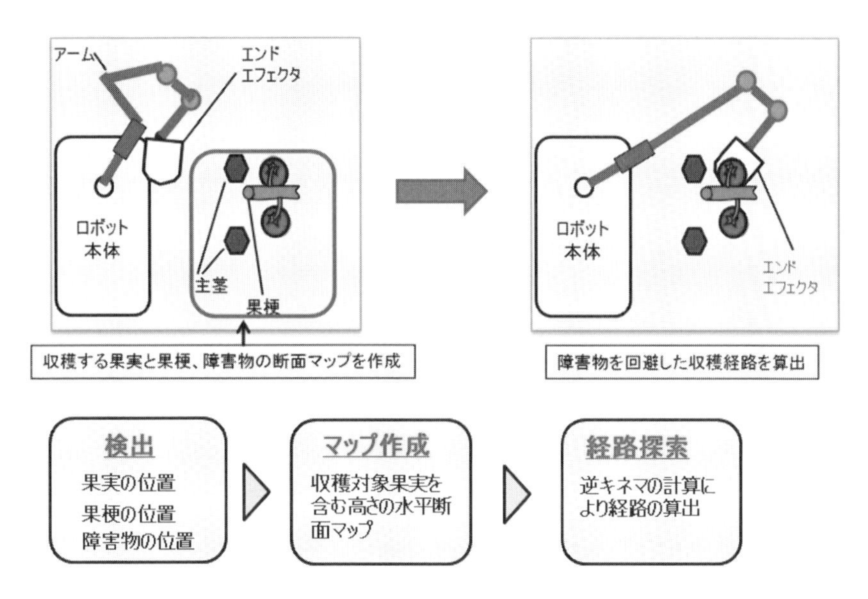

図5　水平多関節アームの経路計算例

必要であり，その点においてランク学習は適していると考えられる。また，トマトや茎などの三次元位置検出については，ステレオカメラやTOFカメラ(Time-of-Flight Camera)などを用いた方法が考えられる。収穫ロボットが使用される環境は屋外であることが多く，その環境下での色再現性，位置検出精度の確保も必要になってくる。特に太陽光などが誤差要因として影響することが多いため，撮像系についての検討は重要である。このような画像に画像処理を施す，あるいはAIの学習に用いることで，トマトの高精度検出が可能となる。

次にロボットアームについては，水平多関節アーム，垂直多関節アームなどの使用が考えられる。ここで，アームを伸ばす経路を生成する際には，葉や茎など果実以外の構成物を検出することが重要である。果実の位置と，他の構成物との位置とを認識したうえで，アームがそれらと干渉しない経路を計算することで，アームによる安定したアプローチ動作が可能となる。**図5**に水平多関節アームの経路生成方法の一例を示す。これは，収穫対象のトマト果実がある水平面でのマップであり，このマップをもとに逆キネマ計算でアームが他の構成物と干渉しない経路を計算している。水平多関節アームの場合は平面(二次元)での計算で経路を求めることができ，三次元の計算が必要な垂直多関節アームの場合よりも容易である。この計算において，どこにも干渉を回避する場所がない場合は，収穫ができない。その点では，経路探索の選択肢の多い垂直多関節アームのほうが有利である。

エンドエフェクタは，トマトを実際に収穫する部分であり，収穫ロボットの構成部の中でも特に重要な部分になる。トマトの収穫方法として，果実を個別に1個ずつ収穫する場合と，房ごと収穫する場合があり，エンドエフェクタについても収穫方法に対応したものを開発する必要がある。また，果実の収穫を実現する機構としては，刃物を使う構造，刃物を使わずもぎ取る方式が考えられる。**図6**に，もぎ取る方式のエンドエフェクタの例を示す。これは，トマトの小果梗に存在する離層の部分で分離する力を加えることを狙いとしたエンドエフェクタである。小果梗とトマトの間の部分への引っ張る力と小果梗と果梗の間の部分を押し込む力を同時に加えることで，離層の部分でもぎ取ることが可能となる。

以上の構成部について，それぞれの構成部からの情報をもとに制御を実施することで，安定的な収穫動作が可能となる。

具体的には，

① トマト収穫ロボット本体の移動(移動部)
② 移動時における赤い果実を含む房の認識(センサー部)
③ 赤い果実を含む房に対する認識により果実と作物構成物(葉や茎など)の位置検出と色検出

動作説明

1. トマト引き込み

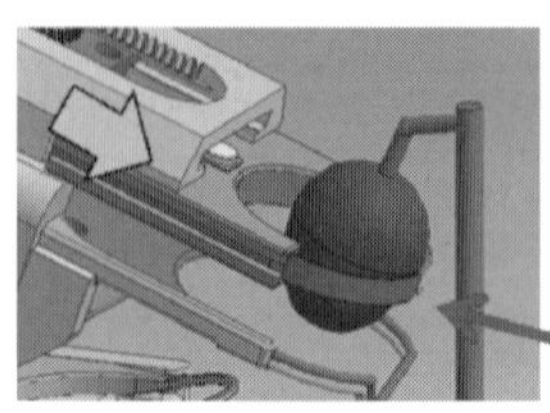

2. 収穫リング挿入

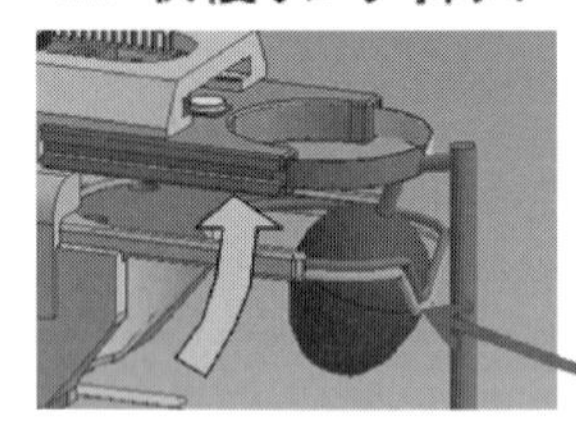

3. 分離、収穫

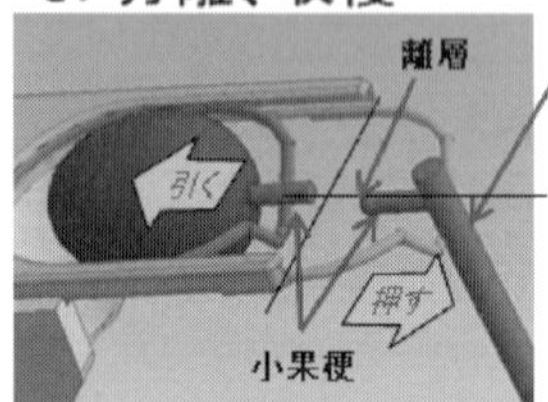

図６　もぎ取り式エンドエフェクタの動作の一例

（センサー部）

④　他の物体と干渉しないアームの経路の計算（演算部）

⑤　アームによる果実へのアプローチ（アーム部）

⑥収穫（エンドエフェクタ部）

という一連の動作をシーケンシャルに実施することで果実の安定収穫が可能となる。

追加で必要な機能として，収穫したトマトの収納機構，さらには収納したトマトの集荷機構なども必要である。トマトの収納については籠などに保存することが考えられるが，収穫が進み，籠が満杯になると，籠を交換する機構も必要になる。

3. 収穫ロボット実用化に向けた課題

収穫ロボットの農園における実使用には，さまざまな課題があると考えられる。主なものとしては以下の課題が考えられる。

- 課題１：ロボット導入により経営効果につながるパフォーマンスの確保
- 課題２：ロボットの運用方法の検討
- 課題３：栽培方法の調整によるロボット作業精度の向上の検討

課題１は，ロボット導入にかかるコストを人件費削減額よりも小さくすることで，ロボット導入の効果を確保することが重要である。これは，トマト果実１個（あるいは１房）をロボットにより収穫するのにかかる費用を，トマト果実１個（あるいは１房）を人が収穫するのにかかる費用よりも小さくするということである。そのために重要なことは大きく２点である。１点目はロボットの導入コストをできるだけ低く抑えることである。このコストについては，ロボット本体の価格に加えて，ロボットを維持，メンテナンスするコストも含まれる。２点目は，ロボットの性能を向上させることである。収穫の成功率が高いほど，また１つの果実の収穫に要するタクトが短いほど，時間当たりに収穫できる果実は多くなり，ロボットの生産性を向上することができる。また，連続稼働時間を長くすることも重要である。収穫ロボットの動力としてはバッテリーの使用が考えられるが，充電が十分な状態で動作可能な時間が長いほど効率的なロボットの運用が可能になると考えられる。

課題２については，農園においてどのように収穫ロボットを運用することが効率的なのかという観点で運用方法を検討する必要がある。農園における人の作業は基本的に日中に実施される。よって，例えば夜に収穫ロボットによるトマト果実の収穫作業を実施し，果実をためておくことで，朝から選果・梱包作業を実施でき，農園全体の生産性を高めることができる。収穫ロボットを農園に導入する際には，収穫ロボットの効率的な運用という観点で全体のシステムを設計することも必要になってくる可能性がある。

課題３については，作物の生産者側からの取組みの必要性になる。実際の圃場においては，ロボットによる動作では非常に収穫が困難な果実も存在する。例えば，ロボットから見て葉の裏に隠れた果実，あるいは茎に挟まれた位置にあるような果実である。そのような果実が多い場合，ロボットによる収穫率も低下し，ロボット収穫動作の生産性も悪化する。よって，植物の生育状態を調整することで，で

図7　トマト農園で実証中のトマト収穫ロボット

きるだけロボットが収穫しやすくするというアプローチもロボットによる収穫率を向上させるためには重要であると考える。

以上の課題を解決することが，収穫ロボットの実用化においては重要であり，開発者，作物生産者が一体となってロボットの活躍できる場を創生していくことがロボットの農園への導入に向けては必要であると考える。

4. 他の作物への応用

トマト以外の作物の生産を取り巻く状況に目を向けても，収穫などの労働力の確保は今後の大きな課題である。収穫ロボットについても，例えばキュウリやナスなどの他の植物への応用が将来的には重要になってくると考えられる。ここでは，移動技術，センシング技術，マニュピレータ技術について，他の作物の自動収穫への展開を考える。

移動技術については，作物に依存せず，ロボットが走行する土地の状態に依存する。よって，トマト収穫ロボットに用いる技術の転用も可能である。センシング技術について，収穫対象作物の検出は，トマト収穫ロボットの撮像系については応用が可能である。しかしながら，画像処理を用いた検出の場合，トマトならトマトの特徴量の抽出，キュウリならキュウリの特徴量の抽出が必要であり，新たな開発を行う必要がある。一方，AIを用いた検出については，それぞれの作物の画像を学習させることで検出が可能になると考えられ，画像処理を用いた検出よりも他の作物への展開が容易であると考えられる。

マニュピレータ技術に関してエンドエフェクタについて考えると，その設計仕様は，作物のなり方，大きさ，形などに依存する。よって，それぞれの作物に適したエンドエフェクタの開発が必要である。トマト収穫ロボットを構成する技術の中で，エンドエフェクが最も他の作物への展開が難しい技術であると考えられる。

5. まとめ

ここまで述べたように，トマト収穫ロボットは，種々のロボティクス技術を搭載したロボットであり，その実用化に向けた技術開発の価値も非常に高い。また，現在の日本の農業を取り巻く背景を考えると，このロボットにかかる期待も大きい。しかしながら，実用化に向けてはまだまだ課題も多いのが実情である。農園導入により経営効果が得られる実用性の高いロボットの導入には，開発者，生産者など組織を超えた連携が必要である。トマト収穫ロボットの社会への導入は日本の農業にとってのエポックメーキングとなり，新しい農業の幕開けになると考えられる。

コラム2

農業の新しいカタチを創りたい—大規模施設の展開

株式会社サラダボウル　田中　進

次世代農業の可能性

私たちはスマート農業を語る立場にはないが，今，農業がダイナミックに変化し，今まで以上に面白く，大きな可能性を秘めていることをお伝えできるのであれば，こんなにうれしいことはない。できれば，農業経営を自ら実践する一人として，リアルな想いを伝え，少しでも多くの人に農業の世界に足を踏み入れてもらいたい。繰り返される農業ブームから脱却し，農業を他の産業と変わらない産業と捉えてもらえる時代になってほしい。

15年前に農業法人㈱サラダボウルを立ち上げた。今と同じように「農業には大きな可能性がある」，「成長産業になる」と言っていたが，当時を振り返ると，どこかやせ我慢し肩肘張って根拠なくそう言っていたのかもしれない。今は，自ら実践してきた事実と社会環境の変化も相まって，当時と比べ物にならないほどの強い実感を伴った「農業の大きな可能性」を感じている。

このコラムでは，資本を持たない一個人が始めたベンチャー生産法人の大規模施設展開を，1つの事例として紹介させていただく。日々，課題と向き合い，その解決に奔走し，小さな改善を一つひとつ積み重ねて今があり，何か特別な取組みをしてきたわけでもない。誰もできない特別なことではなく，誰でもできる当たり前のことを当たり前に取り組みたいと考えてやってきた。あえて言えば，さまざまな企業との連携によって課題解決が進み，展開が加速したことだろうか。私たちの事業戦略や展開が正しいかどうかはわからない。実際は，やっと農業経営に挑戦できるスタートラインにたどり着いたに過ぎない。まだそんな立場でしかないが，

① Science と technology によって農業のカタチが大きく変わり

② 変化のスピードが早く，スケールが大きく，農業がダイナミックに変貌していて

③ 地域を飛び越え，産業を飛び越えた連携によって新しいカタチが生まれている

ことを実際の農業現場で体感している。そして，農業が次世代の成長産業に変貌するティッピングポイントをもうとっくに過ぎているとも…。

サラダボウルのはじまりとターニングポイント

サラダボウルについて紹介させていただきたい。勤めていた金融機関を辞め，“農業の新しいカタチを創りたい”という想いのもと，2014年4月1日に農業法人㈱サラダボウルを設立した。私は農家の次男だが，兄が父の後を継いでおり，実家の経営とは関係なくゼロから立ち上げた。地域に点在する遊休農地を自ら探し，直接地主さんに頼んで借り受け，荒廃農地を重機で開墾し，自分たちでビニールハウスを建て，離農者から使わなくなった農機具を安く譲って頂き，毎日アパートから畑に通ってトマトを生産した。社員1名と8名のパートさん，そして，電気も水道もない月5,000円で借りたカセットハウスを事務所にしてはじまった。

地域に遊休農地が増える時代背景の中で，創業当初から借り受ける農地は増え続けた。農業をやりたいという若者も全国から年間100名以上集まってきてくれた。取引先からも新しい品目の打診や出荷量の増加要請も続いた。（**図1**）

これだけ聞くと，さも順調に思われるだろう。しかし，肝心の「ものづくり」の実力がなく，設立してからの数年間は先が見えず，毎日苦しかったという記憶しかない。栽培面積が増えるほど生産性は下がり，圃場数や品目・品種が増えるほど品質が落ち，

図1　設立数年目のサラダボウルメンバー

マーケット クリエーション	プロダクション マネジメント	コスト マネジメント	プライシング
見える化	農業ビジネスの【10のキー・ファクター】		人材育成
適正規模経営	事業ポートフォリオ	データ マネジメント	多付加価値化

図2　サラダボウルが考える強い農業現場を創る「10のキー・ファクター」

人が増えるほど混乱が増していった…。何とかしなければこのままでは会社はもたない…。

強い農業現場を創るための「10のキー・ファクター」

強い危機感が原動力となり，みんなが一丸となって小さな地道な現場カイゼンを重ねた。日々コツコツと課題を取り除き，一つひとつの小さな取組みを積み上げ，標準化と改善を繰り返した。そして，少しずつ状況が好転していった。いつしかその取組みが整理され，「強い農業現場を創るための10のキー・ファクター」(図2)という経営戦略にカタチを変えた。どん底から脱却するために，明確なやるべきことに注力した結果だった。

10のキー・ファクターは，あらゆる産業に共通するマネジメント要素だと考えている。農業だからと特別に構えるものでもなければ，農業だからできないという理由にもならない。他産業で当たり前に実践されている取組みやノウハウを学び，取り入れた。とにかく何でもやってみた。10年以上前に策定したこの経営戦略が，大きくカタチを変えた現在のサラダボウルグループでも，変わらず礎となっている。

ようやく自分たちなりの「カタチ」が見えはじめた。農業経営に手ごたえを感じ，将来に希望を見出すことができるようになった。追い込まれた状況がターニングポイントとなり，アーリーステージをしぶとく乗り越えることができた。

統合環境制御型大規模グリーンハウスとの出会いと展開

生産現場が改善され，経営が安定してきた5年ほど前にオランダの施設園芸を視察した。それまでは日本の農業しか知らず，「日本の農業技術は世界一だ」と聞かされていて，疑いなくそう思っていた。

そして，はじめて訪れたオランダで目の当たりにした光景に強烈な衝撃を受けることとなった。最初はただただ規模感に圧倒され，ハウスの中を電動バ

図３　山梨にあるアグリビジョンの栽培面積３ha の圃場風景

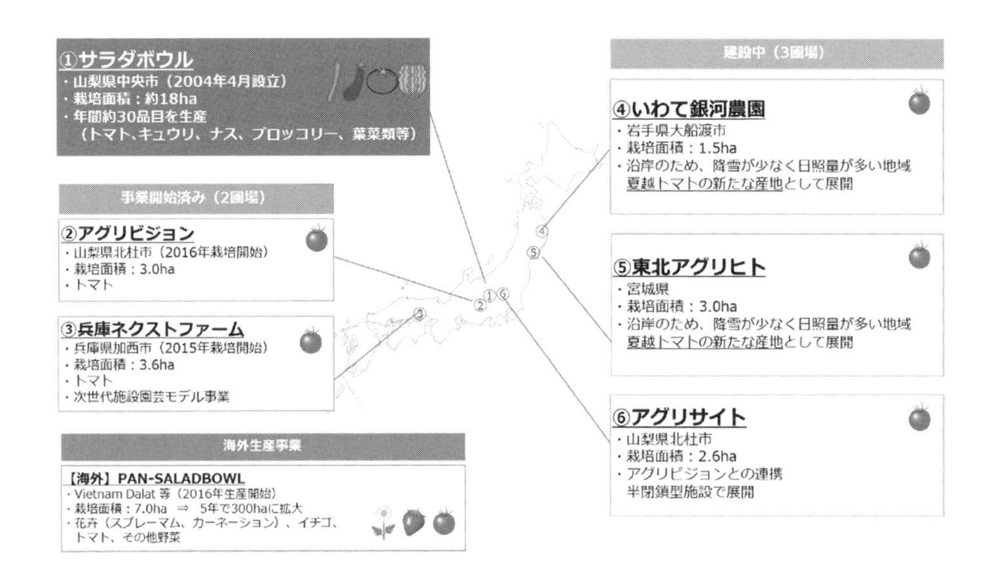

図４　サラダボウルのグループ展開

イクで移動する姿に釘付けとなり，収量を聞いて驚愕した。しかし，視察も数日が経過する頃にはビジネスモデルの完成度の高さに震えるほどの怖さを覚えていた。この強烈なインパクトが，サラダボウルグループの次の展開に向かう新しい決意を生み出してくれた。

農業経営者と言いながら現場の実務にしか目がいかなかったことを思い知らされ，フードバリューチェンや，その中で果たすべき生産者の役割を必死に考えた。自分たちなりの新しいカタチを創りたいという創業当時の想いがより一層強くなった。

帰国後，間もなくチャンスに恵まれ，山梨県（**図３**）と兵庫県でそれぞれ３ha と3.6 ha の統合環境制御型大規模グリーンハウスを展開できることになった。

さらに，今年度に３か所（岩手県大船渡市；1.5 ha，宮城県大郷町；3.0 ha，山梨；2.6 ha）の大規模施設の建設を同時に進めることができている（**図４**）。

今後も各地で継続して建設していく計画となっている。資本などの背景も何も持たない零細企業がこのような展開を実行するために，３つの要素を整える必要があった。

大規模施設園芸の展開に必要な経営プラットフォームとメソッド

①　トータルフードバリューチェーンにおける経

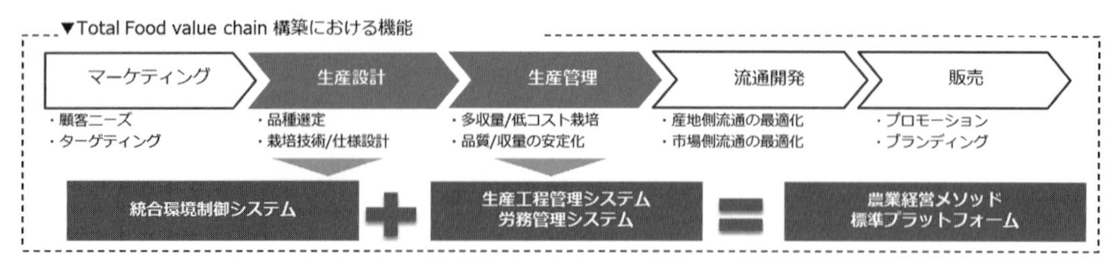

☛**統合環境制御型大規模グリーンハウス**生産による
☛**高品質・4定(定時・定量・定質・定価格)**を実現し
☛**商品戦略(プロダクトポートフォリオ)** に基づいた
フードバリューチェーンづくりを実践する

図 5　Total Food Value Chain 構築における機能

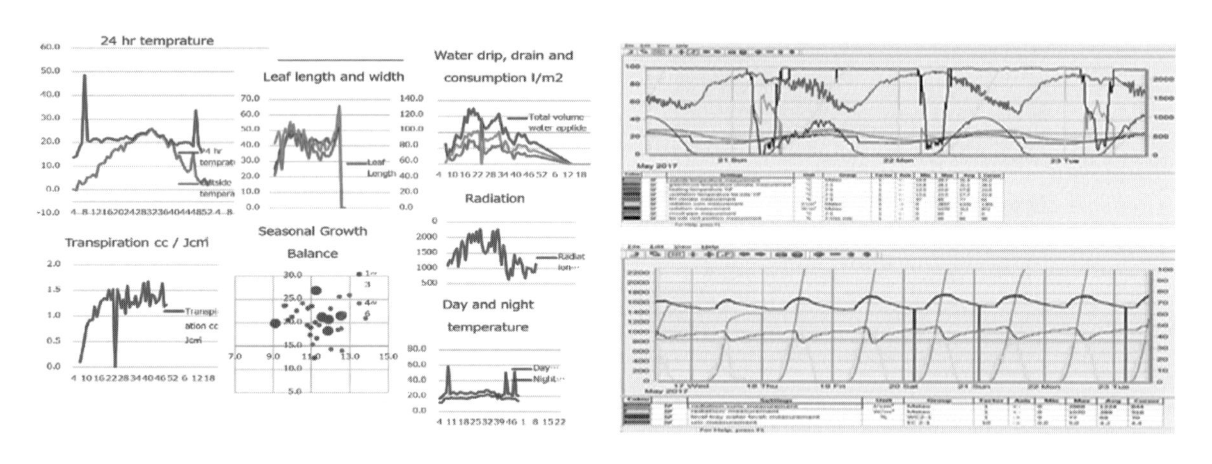

図 6　各種のセンシングデータ

営戦略
② 標準プラットフォーム
③ 大規模圃場運営メソッド

マーケティングからはじまり，生産工程管理，品質管理，労務管理，原価管理，人的資源管理，物流，セールスプロモーションやブランディングに至る中で，生産者としての事業ドメイン(領域)とコア・コンピタンス(強み)をはじめに再度整理した。特に戦略と戦術を明確に切り分けて考え，戦略を生産設計と，戦術を生産管理と位置付け，経営戦略を実行可能にする標準プラットフォームを考え，大規模圃場の運営を可能にするメソッドを作った(**図 5**)。特にチームビルディングは大事な要素であり，1 つの大規模施設を立ち上げるのに 2～3 年は掛けていることは強調したい。どんな産業にも共通する経営戦略(10 のキー・ファクター)への取組みがベースにあり，その上にこれらが加わったことで大規模施設の同時に複数の展開が可能になったのではないかと考えている。

もちろん，これらを実践するにあたりセンシングやモニタリングに代表されるようなさまざまなデータマネジメント手法(**図 6**)が基礎にある。データの取得だけでは意味がなく，今後は正確に分析し戦略策定に活かせるかが問われる。農業経営でもデータサイエンティストがキーパーソンとなる日も遠くないと感じており，その準備も進めている。

IoT の取組みでいえば，NTT 様と開発を進めている AI 機能を搭載した収穫予測システムには大きな期待を寄せている(**図 7**)。また，導入を計画している自動搬送システムでリアルタイムに取得できる正確な情報をもとに精度と生産性の高い労務管理も可能にしたい。自動収穫ロボットの開発なども実走に近づいていると聞く。現場では農業の可能性は広がり続けていることを実感する。

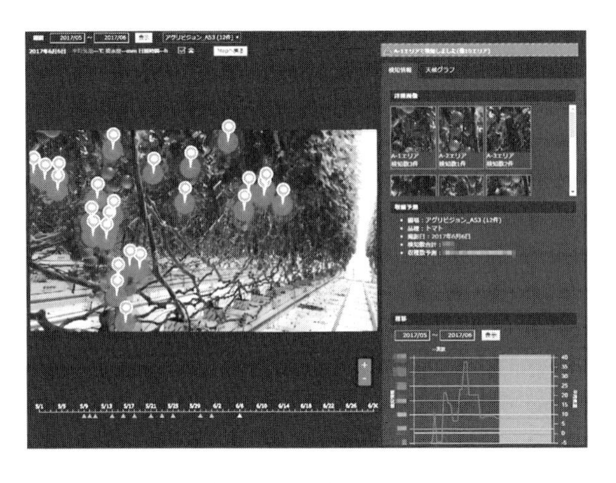

図７　AI機能を搭載した収穫予測システムの画面イメージ

サラダボウルグループの見据える将来

今年度３か所に新しい統合環境制御型大規模グリーンハウスの建設を進めており，順調に行けばさらに次の展開へとつながるだろう。すでに複数の候補地で具体的な計画も進んでいる。基本的には，自分たちから進出を計画することはなく，地域に必要とされ，地域に期待されてはじめて展開を検討する。その時に，必ずしも条件の良い地域を狙って進出するわけではない。農業は地域に根差した産業だ。うまくいかないからと言ってその地域を逃げ出すわけにはいかない。私たちは農業者として，農業経営という手段を使って，条件不利地域を普通に，普通の地域をより良く，良い地域をもっと良く，できれば最良の地域にしたいと考えている。だからこそ，モノづくりとしての力を，企業として経営力を身につけなければいけないと考えている。

私たちは農業を地域にとって価値ある産業にしたい。地域から求められ，地域に期待され，応援される事業として展開したい。産業的に見ると，１つの施設は小さな規模かもしれないが，そこには地元の金融機関，資材メーカー，物流会社，流通事業者，そして地域の働き手にみなさんがかかわってくれる。地域の多くの人や企業とつながって，はじめて成り立つ事業である。規模は小さいが，地域(田舎)のハブ産業として人をつなぎ，企業をつなぐ，価値ある事業にできると思っている。誰かと争い，何かを奪い合って大きくなるのではなく，自ら価値を創り出し成長していきたい。

これまで「農業だから仕方がない」，「農業だからできない」と言い訳が多かったかもしれない。しかし，農業もScienceとTechnologyで大きく変わるだろう。これまでできなかったことが当たり前にできる時代になった。農業経営者は，Farmerではなく Agronomist(アグロノミスト)にならなければいけない。Grower(栽培責任者)やCrop Manager(労務管理者)はWorker(作業者)ではなくData Scientistとしての役割も求められる時代だ。ScienceとTechnologyは社会や地域を豊かにし，人を幸せにしてはじめて価値があると思う。私たちは，それらの力を借りて，安心して誇りをもって働き，社会や地域を豊かにする会社になりたい。幸いにも，サラダボウルグループにはファーストペンギンとしての企業文化がある。非常識をカタチにする，「できっこない」に挑戦し，次の時代の当たり前を創る，そんな気概をもった仲間が集まってくれている。

「If you go fast, go alone. If you go further, go together!!」

(早く行きたければ一人で行きなさい。遠くに行きたければみんなで行きなさい。)

農業の新しいカタチを創りたいという創業から変わらない強い想いのもと，これかもこれまでと同じように進んでいきたいと思う。

第２章　農作業の軽労化

農作業の軽労化の現状と今後の課題

国立研究開発法人農業・食品産業技術総合研究機構　八谷　満

1. 農作業における軽労化への期待

稲作や畑作といった土地利用型の農作業においては，概して機械化作業技術がほぼ確立されている。しかしながら，農業センサスなどをみても，この10年ほどで高齢農業者の離農などが主要因となって農地が流動化し，地域農業担い手への農地集約が急速に進んでいる。その結果，受け手となる担い手経営では経営規模の拡大とともに，広域に分散した圃場を管理する必要に迫られ，多筆・分散農地によって生じている生産者への負担増に対して抜本的な軽減策が急務となっている。具体的には，圃場の連担化と併せて，水利条件の整備を同時に進めていくことが重要である。

水稲作における労働時間の推移を**図１**に示す。この半世紀において，これまでに新たに確立された農法や農業機械技術の導入，区画拡大などによって単位面積当たりの労働時間は80％以上削減されてきた。しかしながら，特に大規模な土地利用型営農では，複数の品種や作期，栽培方法などを組み合わせるため，灌漑・排水に係わる圃場水管理の複雑化と労力増大が懸念されてきた。さらに，上述のとおり，担い手への農地集積による分散農地の増加によって，圃場水管理に要する時間がより増加してきた。水管理を省力化し，さらに高品質で安定的な生産に寄与する緻密な水管理システムが不可欠とされてきたが，昨今ICTを活用したいくつかの圃場水管理システムが開発・上市され，普及の緒に就いている。

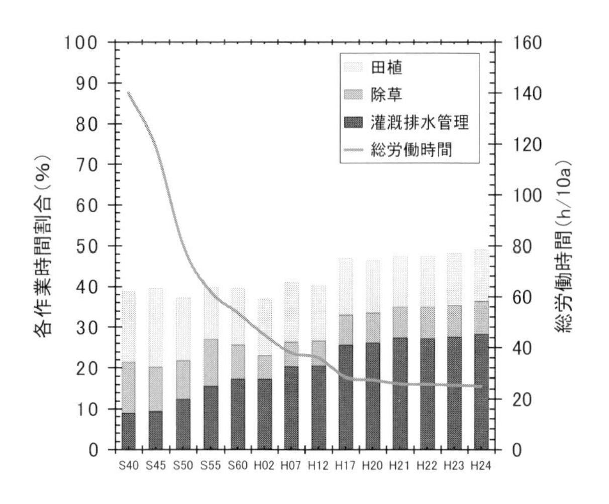

図１　水稲作における投下労働の推移

一方，食料の安定的生産には病害虫の防除は欠かせない作業となっているが，近年になって注目されているドローンが北海道をはじめとして全国的に市場の認知度が拡大傾向にあり，水稲中心に畑作や果樹，森林等の病害虫防除に使われ，作業者にとっては以下のような点で利便性が高く，省力効果が高い作業となりつつある。

① 簡便な操作性ゆえに，防除作業者に委託せず，自分が実施したい日に散布可能
② 従来なら防除業者から断られた中山間部や狭小部においても小回りが利くため，散布可能
③ 15 kg程度と軽量で，折り畳みが可能なモデルもあることから，軽トラックに一人で積み込みができ，積み下ろしの負担軽減
④ 従来の農薬散布用のラジコンヘリに比して，機器単体で200万円程度と購入しやすい
⑤ その他，飛行騒音が比較的小さく，近所に迷惑をかけにくいこと，また作物と一定距離を維持したままの散布が可能，さらに今後は自律航行解禁の可能性を有している

すなわち，農薬散布ドローンは慣行の車両型管理作業機に比して，中小規模農地はもちろん，ラジコンヘリなどで散布がされている広大な圃場や分散錯圃にも対応できる特徴を兼ね備えている。以上により，多筆・分散農地によって生じている生産者への負担増に対して１つの大きな解決策として，圃場水管理システムと農薬散布ドローンは注目に値する。

本章別項において詳細を参照されたい。

一方，露地野菜作においては未だに機械化されていない作目，あるいは作業工程が残されている。また，専用の農業機械が開発されても当該作目の栽植様式等に地域性があって統一されていないことから，導入できずに手作業に依存せざるを得ない場面も散見される。さらに，露地野菜作以上に，果樹栽培においては，整枝剪定や着果管理，収穫など多くの作業が機械化されておらず，手作業による長時間労働を要している。果樹栽培の中でもブドウ栽培は，花穂整形やジベレリン処理，摘粒，袋掛けなど数多くの着果管理作業を要し，面積当たりの労働時間が比較的長い。我が国のブドウ栽培は一般的に棚仕立て栽培であり，着果位置が作業者の頭上付近となるため，これらの管理作業は腕を上げたつらい作業である。これらの管理作業は作業適期が短いため，作業に追われることも多く，１日中腕を上げた作業が数か月続くことになる。近年，作業者の労働負担あるいは作業強度を軽減する目的でいわゆるアシストスーツの開発が盛んに行われ，農業分野でも研究開発が進められてきた。以下，アシストスーツを例に軽労化の概念および概要を示す。

2. 軽労化の概念

各種作業において人の負担を軽減する技術は，作業者を専用機械やロボットに置き換える「機械化・自動化」と，作業者の肉体的・身体能力的な補助を行う「アシストスーツ」とに大別することができる。さらに，アシストスーツは，「増力化技術」と「軽労化技術」の２つに大別できる。

「増力化技術」とは，人の力を増幅することで，人の身体能力では実行不可能な作業を実現するためのアシスト技術である。例えば，重量物搬送や組み付けなどの工場作業を支援するバランサやパワースーツ，歩行訓練リハビリのためのパワースーツなどがあり，これらは人の身体能力を機械的に増幅し，人ができないことをできるようにするための技術といえる。一方，「軽労化技術」とは，人の身体能力の一部を補助し，人の能力で実行可能な作業において，人の労力や疲労を軽減するためのアシスト技術である。人の作業形態を変えずに，人ができることを楽にできるようにするための技術と位置づけることができる。ゆえに，作業においては，人の能力が主体であり，最大筋力を上限にアシストを行うのが，アシスト技術における“本質安全設計”の考え方と捉えることができる。農業分野の「軽労化技術」に資するアシスト技術は，以下に大別できる。

①　“能動的”なアシスト機能

モーター等の動力源を介して，おおむね 20～30 kg を上限とした収穫物等重量物の持ち上げ作業や中腰作業をアシストする（一部は歩行・運搬作業をもアシスト）。

②　“受動的”なアシスト機能

動力源を有さない簡便な機構で，主に上肢の姿勢を維持する。

いずれにせよ，農業用アシストスーツの使用環境は主に屋外であり，炎天下の暑熱環境での作業場面をも勘案すれば，以下の３項目からなる 3S アシスト，“Secure assist”（安全なアシスト），“Sustainable assist”（持続的なアシスト）および“Subliminal assist”（さりげないアシスト）が求められる。“能動的”なアシスト技術の詳細は本章後段に委ねることとし，以下，主に果樹生産現場にて導入が進んできた，腕上げ姿勢を補助して作業を楽にする装着型補助器具（以下，補助器具）を取り上げて概説する。

3. 腕上げ姿勢を補助するアシスト技術

3.1　構造

図２は，いずれも，いわゆる腕上げ作業補助をするためのものであり，作業者の腰に装着する作業ベルト，腕を載せるための腕受け部，およびそれらを接続する連結機構から構成される非常に簡易な構造である。また，モーター等の動力やバネ等の弾性部材を用いておらず，動力なしで使用することができる。図２の製品は，それぞれ約２kg（左側），3.8 kg（右側）と軽量であり，作業者の体格に合わせて各部の長さ等を調整して装着できる。いずれも，腕受け部が左右方向にも上下方向にも自在に動くような構造となっている。

3.2　作業能率への寄与

農業現場で用いる機械・装置は，概して屋外・暑熱環境下で長時間用いられることが多いことから，特に作業者の身体への装着に際しては，その脱着の容易性が当該製品の評価に直結する。この補助器具の装着方法は，腰に作業ベルトを締め，腕受け部の

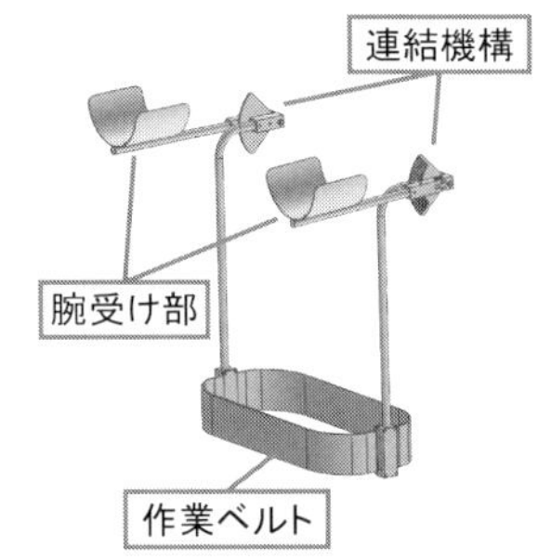

図２　腕上げ作業補助器具の外観と概要

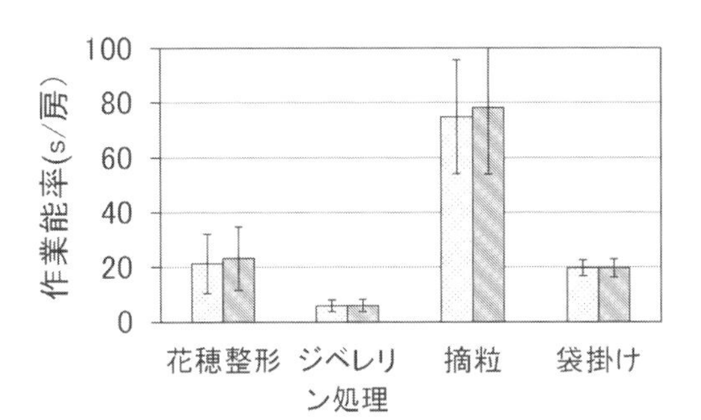

注）各作業 6～9 名（20 歳代～50 歳代、男性・女性）の平均値。エラーバーは標準偏差を示す。

図３　装着の有無による作業能率の比較（例）
図２(a)を用いた際の調査結果

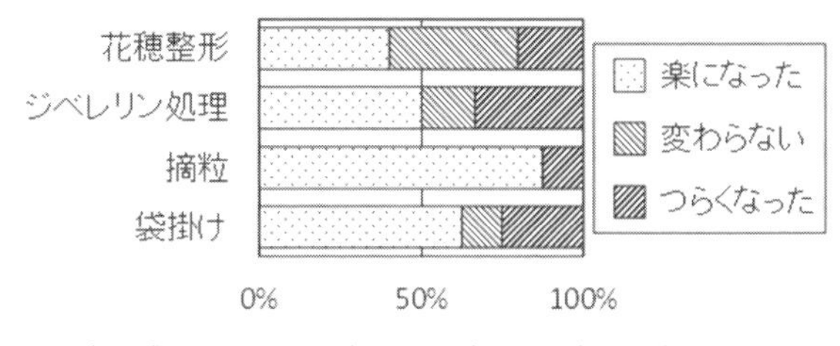

注）各作業 5～8 名（20 歳代～50 歳代、男性・女性）、補助器具装着有無各１時間程度の比較試験後の評価結果。

図４　労働負担軽減効果の聞き取り調査結果（例）
図２(a)を用いた際の調査結果

バンドを面ファスナーで腕に巻くだけであり，慣れれば１人でも30秒程度で装着することができる。図２(a)においては，作業者は任意の高さに腕を上げてから肘を内側に寄せるか，もしくは，肘を内側に寄せた状態で任意の高さまで腕を上げると，腕受け部が下方向に動かなくなるため腕の重さを作業ベルト，つまり腰部で支持する。腕を支えている状態では，椅子の肘掛けに腕を載せているような感覚で作業を行うことができる。肘を外側に開くことで溝と爪が外れ，腕を自由に上げ下げすることができる。図２(b)もほぼ同様に，腕の支持状態と自由に動かせる状態の切り替えが容易であるため，装着しても腕の動作に支障なく従来同様の作業ができる。ただし，これまで，花穂整形や袋掛けや花穂を溶液に浸漬するジベレリン処理，あるいは小さい果粒や不良果粒をハサミで除去する摘粒作業について，慣行的な手作業と当該技術を用いた際の作業能率を比較検証した結果においては有意な差は見られなかった（**図３**）。一方で，装着によって上肢の疲労が軽減され，１日当たりの作業能率が高まるといった使用者の主観評価も散見される。

3.3　労働負担軽減効果と取扱性

身体装着型による補助器具においては，作業能率面での効果以上にその軽労化の効果が求められる。作業者への聞き取り調査では，花穂整形やジベレリン処理，摘粒，袋掛けの作業で補助器具を使用することで「楽になった」との回答が得られ，特に，ブドウの栽培管理作業の中でも作業能率が最も低く労働負担軽減の要望の高い摘粒作業について，約９割の作業者から「楽になった」との回答を得た（**図４**）。

摘粒作業は同じ高さに腕を上げている時間が長いため，補助器具によって腕を支持することによる高い効果が発揮されたと考えられる。また，袋掛け作業は慣行作業では袋束を腰の位置につけて，そこから袋を取り出し，頭上の高さの果実に袋をかける作業を繰り返すが，補助器具を用いると，腕を支えられた状態で作業することができるため，腕の高さに袋束を装着して，腕を上げた状態のままで袋を取り出し，果実に袋をかける作業ができ，約６割の作業者から「楽になった」との回答を得た。一方，花穂整形作業のように果粒がある程度重くなり果房が下を

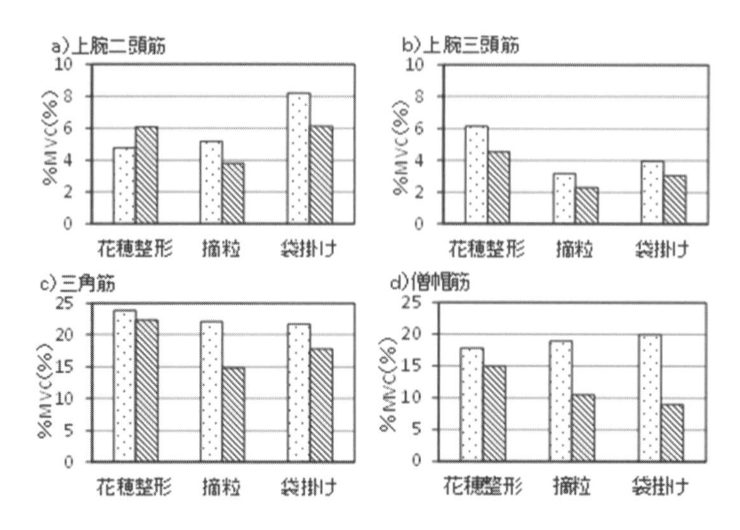

図５　装着の有無による筋活動量の比較(例)
図２(a)を用いた際の調査結果

向くまでの時期や，房の高さのバラツキが大きい場合など，作業時の腕の高さが頻繁に上下する場合に補助器具を装着すると作業が煩わしくなることがあり，「つらくなった」との回答も一部で見受けられた。取扱性については，腕上げ支持と解除のしやすさや装置の重さ，腕上げ時の作業性は良い評価が多かったが，体格に合わせた調整のしやすさについてはやや否定的な意見が散見された。

補助器具装着の有無による違いが身体に及ぼす効果について，定量的な評価の一環で，果樹栽培作業時の筋活動量に及ぼす影響について検討した結果を示す。測定に際しては，ディスポーザブル電極による表面筋電計を用いて，対象部位を選定して筋活動を検索するのが一般的である。なお，表面筋電計を用いた各筋の最大筋活動量(MVC；Maximal Voluntary Contraction)を測定するに際しては，十分な休息を入れ筋疲労が起こらないように配慮する必要がある。各作業要素の筋活動量を測定し，MVC を基準に正規化して筋活動量の指標とする(％ MVC)。

ブドウ棚栽培圃場で行った試験では，花穂整形や摘粒，袋掛けの作業で補助器具を装着することにより，腕(上腕二頭筋・上腕三頭筋)や肩(三角筋)，首(僧帽筋)の作業中筋活動量が，補助器具を装着しない慣行作業と比較しておおむね低くなった。特に，摘粒作業における肩と首の筋肉，袋掛け作業における首の筋肉の低減効果が大きかった(**図５**)。

以上のように，動力なしで簡易な機構の補助器具であっても，農業生産現場においては労働負担軽減に貢献できる可能性が高いと考えられる。上げた腕を支持する補助器具であるため，棚栽培のブドウのように，果実の高さや着果状態の方向が比較的揃っている樹種での利用効果が高いと考えるが，他の樹種や他の作業においても利用可能性は大いにあると期待される。

4. 弾性材を補助力源とするアシスト技術

農業現場においては，主に上肢を対象とした受動的なアシスト技術が先行して普及しているが，その他に弾性体のみによる筋力補助の機能を有する製品も散見される。こうした機能のアシスト技術は背部の筋力補助のみならず，体幹を安定化させる機能を併せ持つ。

当該技術は，装置の構造と補助力源の特性によって得られる補助効果が一意に決まるという特徴がある。一般的に，能動的な機能のアシストスーツ(後掲)においては，生体をセンシングすることにより，筋負担に合わせた能動的な補助力制御が行われているのに対し，弾性体による当該技術においては静的条件や拘束条件などからアシスト力が設計され，動的な負担が考慮されていなかった。しかし，農業をはじめ，介護や物流などさまざまな場面で特定の動作に合わせた補助を行うためには，その運動負荷を考慮に入れた装置の設計が必要である。そこで，身体力学系モデルを用いた動作解析により動作と身体負担の関係をあらかじめ定量化することで，作業の動

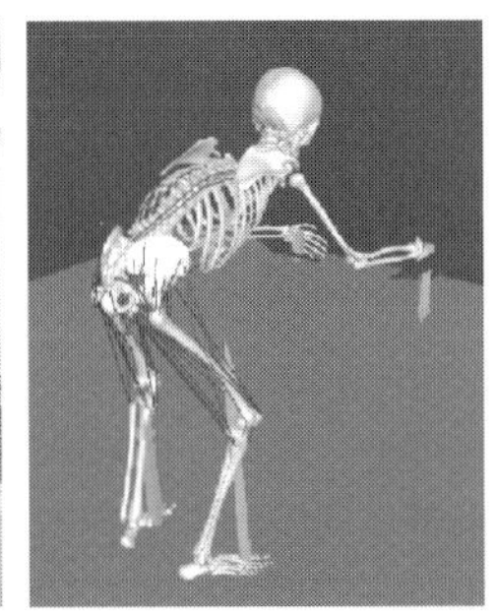
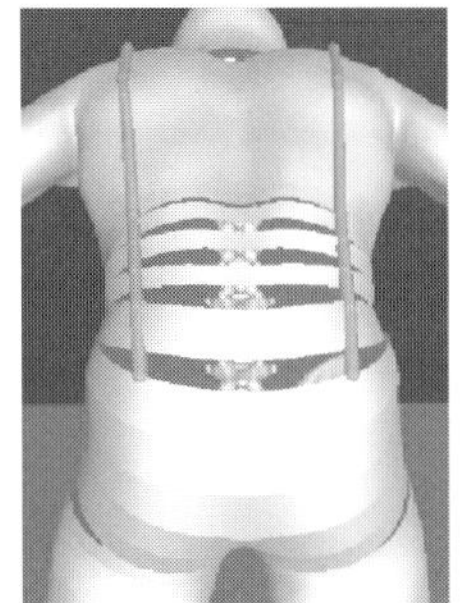
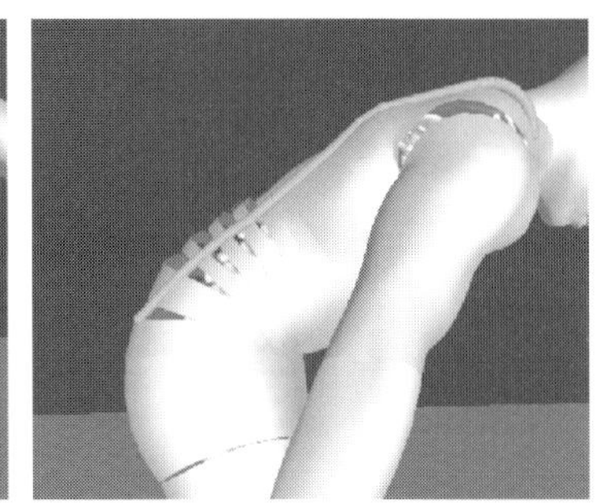

図6　情報ロボット技術を用いた軽労化スーツの設計[3)]

的な負担に対して所望の補助効果を実現する，情報ロボット技術に基づく弾性材特性と配置の最適設計手法：モーションベーストアシスト技術が開発されている(**図6**)。詳細は文献2)を参考にされたい。

5. まとめ

本稿では，農作業の軽労化に資する技術概要について述べた。このような軽労化技術，アシスト技術を社会実装するには，その効果の理解を促すだけでなく，技術を導入した後の作業の仕組みから設計することが望まれる。そのためには，アシスト技術の適合性を評価し，正しい技術導入と指導に結びつけることが求められる。

文　献

1) 大西正洋，深井智子，太田智彦：農業食料工学会誌，**78**(2), 179-187(2016).

2) T. Kusaka, T. Tanaka et al. : *International Journal of Automation Technology*, **3**(6), 723-730(2009).

3) 田中孝之：農業食料工学会関東支部セミナー「アシストスーツ開発・利用の現状と適用可能性を探る」, 31-35(2016).

第１項　腰用パワードウェア ATOUN MODEL Y の農業利用

株式会社 ATOUN　藤本　弘道

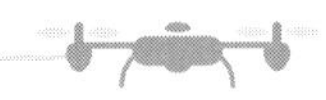

1. 農作業負担の軽減への期待

2018 年 7 月，尾花沢スイカで知られる山形県北村山郡大石田町で腰用パワードウェア ATOUN MODEL Y(以下，パワードウェア MODEL Y)が導入された。パワードウェア MODEL Y(図 1)は，装着により作業時の腰の負担を軽減できる"着るロボット(パワーアシストスーツ)"で，重量物運搬作業時に作業者にかかる腰のモーメントを約 100 Nm 分軽減する。これにより，集荷場での荷下ろしや圃場での収穫作業などにおける身体の負担を軽くしようとする取組みである。集荷場には 10 台のパワードウェア MODEL Y が並び，生産者の方々に有償で貸し出されていた。

この山形のスイカ農家の事例から遡ること 2 か月前には，奈良県天理市の米農家や兵庫県の酒米農家での苗代づくりにパワードウェア MODEL Y が利用され，何百枚ものパレットをビニールハウスに並べる作業の実証試験が行われた(図 2)。パレットをしゃがみこんで地面に並べていくため，1 枚ごとにスクワットと同じ動作を行うことになり，身体への負担が非常に大きい。それをパワードウェア MODEL Y によって軽減する。このように，農業法人では働き方を改善するさまざまな取組みが始まりつつあり，パワードウェアによる作業負担の軽減に寄せられる期待は日に日に大きくなっている。

2. 腰の負担軽減に関する評価研究

「腰のモーメントを約 100 Nm 分軽減する」と書いたが，実際にパワードウェアは，腰の負担軽減に貢献できるのか。これに関しては，厚生労働省の平成 28 年度労災疾病臨床研究事業「重量物挙上に伴い発生する腰痛の予防を目的とした装着型ロボットの効

図 1　腰用パワードウェア ATOUN MODEL Y

図 2　苗代づくりでの利用シーン(奈良県天理市)

果」として，福井大学学術研究院教育・人文社会系部門の山田孝禎准教授により，ATOUNの装着型ロボット（旧機種）を用いて，重量物挙上時において腰部関節の伸展時に発揮される筋力発揮の抑制に及ぼす効果の検討，および装着型ロボットの腰痛予防効果を明らかにするための評価研究が行われている。

健康な青年男性10名（年齢：22.4±5.0歳，身長：172.5±6.1 cm，体重：67.6±5.9 kg）が，背筋および膝関節を伸展させたまま股関節を90°に屈曲し，各被験者の体重の0，20あるいは40％の重量物を保持した姿勢から，検者の合図の後，重量物を挙上。重量物挙上中の腰部伸展に関係する筋・筋群（脊柱起立筋，多裂筋，大臀筋および中臀筋）の筋力発揮を，装着型ロボットの有無により評価した（各重量物条件における挙上動作は，それぞれ3試行実施し，装着型ロボットによるパワーアシストの有無および重量物条件における挙上動作の試行順はランダムに設定）。評価結果の一例として，図3に装着型ロボットの装着の有無による脊柱起立筋の変化を示す。山田准教授は，「装着型ロボットにより，重量物挙上中の腰部伸展に関係する筋・筋群の筋力発揮は有意に低下し，腰痛予防に大きく資する効果をもたらすと示唆された」と結論づけている。

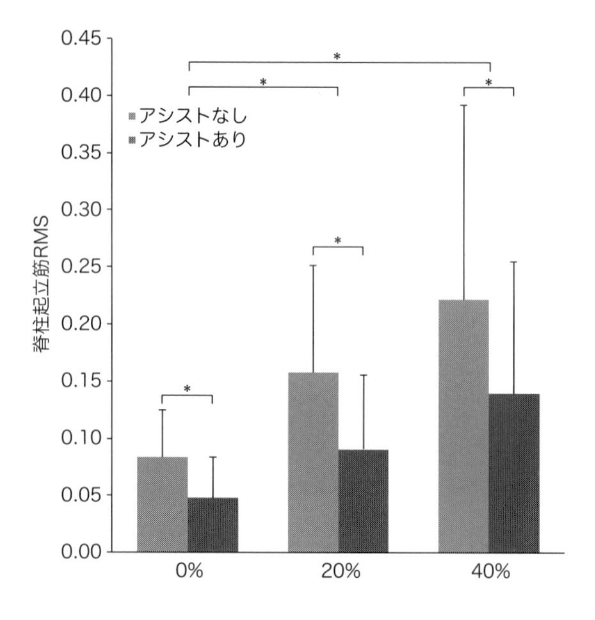

図3　重量物挙上動作時における脊柱起立筋EMGのRMS

3. 農業用に求められる機能の把握

こうした負担軽減の効果を社会に生かすべく，ATOUNでは当初，腰用パワードウェアを物流用途や工場用途に絞って提供していた。その一方で，開発当初から腰用パワードウェアの農業利用を期待する声も少なくなく，農業の現場への適用に必要な機能の検討を行ってもきた。

2014年の農林水産省の「農業界と経済界の連携による先端モデル農業確立実証事業」で，福井県の農家の協力の下で，パワードウェアの農業利用におい

図4　福井での実証試験の様子

て求められる機能の検討を行った。さつまいもや里芋の栽培を行う2か所の農業法人で腰用パワードウェアのプロトタイプを用いて実証試験(**図4**)を実施し，課題を抽出。その結果，①防水・防塵機能の不足，②着用状態での軽トラックなどの運転への対応，③導入コストの低減，といった課題の存在が明らかとなった。こうした結果を受け，ATOUNでは，2016年度の出荷モデルから国際防護等級IP55相当(防塵形であり，噴流水に対する保護が可能)の防塵防水機能を追加している。また，最新機種のパワードウェアMODEL Yでは，電源を切った状態で圃場において軽トラックやフォークリフトに乗車できるように，突起をなくしたスムーズなデザインを採用した。さらに，構造設計を大幅に見直しすることでカーボン樹脂による一体成型を可能とし，部品点数を減らして導入コストの半減を図った。もちろん，パワードウェアMODEL Yにおいても防塵防水性能は維持し，国際防護等級IP55の試験に合格している。さらに，本体を覆うカバーを取り付けることで，より高い防水性(IPX6)を実現することも可能である。

2017年には，奈良県農業研究開発センター 大和野菜研究センターが，評価研究事業において，ATOUNの旧機種やパワードウェアMODEL Yのプロトタイプなどを用いて実証試験を実施。重量野菜などの収穫や集荷に加えて，キクなどの定植作業向けに有効であることが確認されている。定植作業では，特に中腰作業における姿勢保持機能が効果的に活用された。実験で使用した機体は，物流や工場などでの利用を装丁したものであったが，今後，パワードウェアの制御プログラムの最適化を行うことにより，農作業においても効果的な補助を実現しうることが判明した。

4. まとめ

すでに見たように，ATOUNでは，パワードウェアの農作業利用に向けて，実証試験による課題抽出と改善作業を行い，農作業現場への導入を進めてきた。パワードウェアは，装着者の状態をセンサで計測し，動作意図に応じてモータなどのアクチュエータで動作補助を行う。その際，装着者の状態を計測するなかで，装着者の動作意図だけでなく，さまざまな身体状況の推測も可能となる。もっと言えば，身体状況に応じて装着者の作業時の作業負担を軽減するだけでなく，装着者の作業管理も可能となる。この仕組みを発展的に利用すると，農業用パワードウェアを用いて，作業中の身体状況をモニタリングすることにより，単純に身体の負担を軽減するのみならず，作業そのもの，労働そのものを，より安全でより効率的なものへと変えていくことが可能となる。ネットワークを介して，身体状況をデータとして把握し，分析することで，より本質的な働き方の変革を担うツールになると考えている。

文　献

1) 奈良の果樹研究会：奈良の果樹，300, 4-5(2018).

第２項　農業における「マッスルスーツ」の可能性

株式会社イノフィス　朝緑　高太　　株式会社イノフィス　森山　千尋

1. はじめに

株式会社イノフィス(以下，当社)は，「生きている限り自立した生活を実現する」ことをミッションに掲げる東京理科大学発ベンチャー企業である。ミッション実現の一途として，より多くの方が生涯にわたって健やかに活動できるよう，肉体労働時の作業を支援するウェアラブルロボット「マッスルスーツ」の開発，製造，販売を行っている。

このマッスルスーツは，腰部を中心に身体を動かす原動力を補強することで，重量物の運搬や中腰姿勢の保持などの作業を助け，身体負担を軽減させる。最大の特徴として，アクチュエータに，空気圧式人工筋肉を採用していることから，電力が要らず，安全で使いやすく，また安価な導入が可能である。

超高齢社会において，数々の産業で人手不足が深刻な問題であることは今さら言うまでもないが，こうした人手不足に対応するための大掛かりな産業用ロボットの導入や設備のフルオートメーション化できる事業所は，作業内容やコスト面，設備面などから限られているといえる。

そこで，このマッスルスーツは，低コストかつ導入もしやすく，作業の省力化や労働環境改善を図る有力なツールとして，介護福祉サービス，製造業，建設業，物流業，そして農業の現場で活用いただいており，2019年2月現在で累計3,800台以上を出荷している。

ここでは，マッスルスーツについて説明するとともに，農業における有効性，可能性をお伝えしたい。

なお，2018年現在，「マッスルスーツ Power」，「マッスルスーツ」，「マッスルスーツ Edge」の３モデルで製品展開しているが，本稿では総称として「マッスルスーツ」という。

2. マッスルスーツの概要

2.1　開発経緯

2001年，東京理科大学助教授(当時)の小林宏により，人工筋肉を用いて人の動作を助ける装置「マッスルスーツ」の研究が始まった。当初は，自力で動くことが困難な方を対象とした，腕を補助する装置を開発していたところ，工場を試験場として実証実験する中で，ほとんどの従業員が腰を痛めている状況から，腰部の補助に特化したマッスルスーツの着想を得るに至った。

その後，訪問入浴介護サービスや物流関連の事業者から実用化の要望を受け，2013年に腰補助用マッスルスーツのプロトタイプを完成させた。この訪問入浴介護サービス事業者では，介護業務の従事者の多くが，身体負担の高さから50歳を前に離職していくことを問題視し，その解決として，従事者の身体を守り，人材を確保する装置を求めていた。

プロトタイプの完成を受け，「マッスルスーツ」を広く提供するために，2013年末，小林教授が当社を設立。開発当初から現在に至るまで，労働環境の向上を図るため，本当に使える装置を目指し，作業現場の意見を吸い上げるとともに，大学研究室での迅速な開発スピードを活かすことで開発を続けている。

2014年に販売を開始した当初のモデルでは，駆動源である圧縮空気を供給するのに，コンプレッサを用いた外部供給，もしくは，空気を充填したタンクの搭載の方法をとっており，スイッチ操作によって空気を送り込むための電磁弁を開け閉めする必要

図1　マッスルスーツ Edge

があった。すると，ユーザーからは，作業性の向上や利用環境の拡大，軽量化を求める意見が聞かれたため，2016年に，外部供給やスイッチ操作の要らないスタンドアロン化に成功。また，2018年9月には，より軽量に，より廉価に，さらに動きやすくという要望に応えたエントリーモデル「マッスルスーツ Edge」の販売を開始している（図1）。

2.2　マッスルスーツの仕組み

マッスルスーツは，下半身に対して上半身を回転させる（すなわち，上半身を伸展させる）力を起こすことで，腰部のサポートを実現している。

アクチュエータには，McKibben型と呼ばれる空気圧式の人工筋肉（以下，人工筋肉）を採用している。人工筋肉は，伸縮性の少ないナイロンメッシュでゴムチューブを覆い，両端を金属でかしめた簡易な構造で，また，直径38 mm，長さ300 mm，重さ130 gと小型かつ軽量である（図2）。にもかかわらず，圧縮空気を供給することで，最大200 kgfという強い収縮力を発揮する。

マッスルスーツでは，この人工筋肉を背面のフレームに内蔵している。圧縮空気の供給によって膨張した人工筋肉は，装着者の動作に応じて引っ張られると同時に，元の長さに戻ろうとして収縮する（図3）。この収縮する力を利用して，物を持ち上げる際には，重量物と装着者自身の上体を持ち上げる力を補い，前かがみになって作業をする際には，装置に身体を預けることで後ろから支えられるように中腰姿勢を保つことができる。さらに，なめらかに収縮する人工筋肉によって，人体の動きに追従した自然な動作が可能であり，強制的に動かされている感覚が少ない。

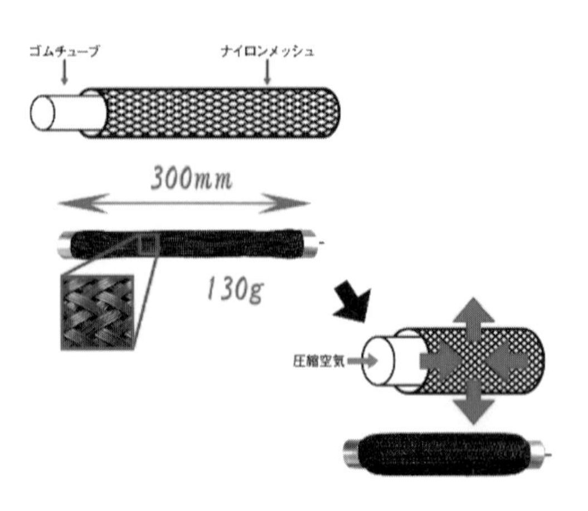

図2　アクチュエータに使用している人工筋肉
圧縮空気の供給により非常に強い力で収縮する。

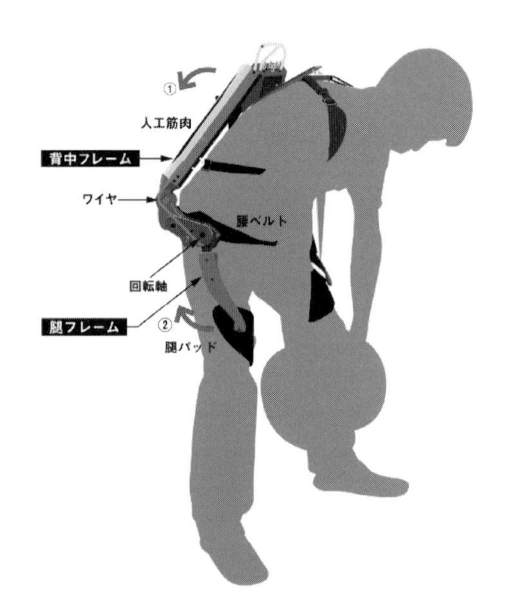

図3　マッスルスーツの動作原理
①人工筋肉の収縮によって背中フレームが引き起こされ，②その反力を腿で抑える。これにより，腰部の補助が実現する。

2.3　マッスルスーツの優位性

本項では，2018年現在，当社の最もスタンダードなモデルである「マッスルスーツ」(2017年リリース)，およびその後続モデル「マッスルスーツ Edge」(2018年リリース)を基に製品の説明をする。

前述のとおり，マッスルスーツの優位性としては，電力を用いずに，安全で使いやすく，かつ安価に導入できるということがいえる。具体的には，以下のような点が挙げられる。

① 安全
- 作動時にスイッチ操作やセンサー検知が要らず，装着者の動きに合わせて効果を発揮することから，装置が想定外の動きをすることがない
- 電子系統がないため，防爆性に優れている

② 使いやすい
- 電源が要らず，屋外や水場など，幅広い環境で利用ができる
- 稼働時間に制限がない
- 約10秒で，装着あるいは脱着が可能
- 駆動源の供給は，外部供給や事前の充電等が要らず，圧縮空気を機体に付属の手押しポンプ(長さ15 cmほど)で注入するだけで完了。また，注入する量によって，補助力も調整できる(**図4**)

図4　駆動源の供給方法
背中のフレームに内蔵された人工筋肉に，手押しポンプを使って空気を注入していく。作業に合わせて，30～50回ほどプッシュする。

③ 安価
- 50万円を切る製品展開
- 導入に伴う事業所の設備や作業工程の変更が少ない

これらの優位性により，屋内外問わずさまざまな作業現場で導入いただいており，また，企業や産業全体に対して，以下のような副次的効果も挙げられる。

- 作業による腰痛発生の予防および労働災害リスクの軽減
- 人手不足の対策(休業および離職率の低減，シニアや女性の活用，新規就労者へのピーアール)
- 企業や業務イメージの改善

2.4　マッスルスーツの補助力

それでは，マッスルスーツによる補助の効果はどのようなものか，お伝えしたい。装着時には最大25.5 kgf～35.7 kgfの補助力が発生する。これは，[**2.2**]で述べた，下半身に対して上半身を回転させる(上半身を伸展させる)力として発揮するものである。

図5，**図6**をご覧いただきたい。この両図は，マッスルスーツを着用している場合とそうでない場合に，動作時に腰椎椎間板にかかる圧縮力，すなわち腰部への負担を，身体の関節点に設定したマーカーを基に収集したデータからそれぞれ解析したものである。

図5では，重量物を持ち上げる動作，図6ではスコップを使った動作を行っている。いずれも，非着用時には，身体をかがめてから起き上がる(重量物を持ち上げる)際には，腰椎への圧が強くかかっている。それに対して，マッスルスーツの使用時では，腰部への負担が大幅に軽減されており，特に図6では，体勢が変わるときの振幅が少なく，ほぼ一定の負荷で作業できるといえる。

3. 農業分野におけるマッスルスーツ

●作業範囲や導入の効果

ここまで述べてきたとおり，マッスルスーツは腰部を補助することで，重い物を持ち上げる，中腰姿勢を続ける，といった際に効果を大きく発揮することができる。こうした動作は，農作業において，土を耕すところから，種や苗の植え付け，除草，収穫，

選別，出荷に至るまでのさまざまな過程で見受けられる。

例えば，広い畑の中を，常にかがんだ状態で収穫作業をする際の身体への負担が相当に大きいことは，図5からもうかがい知ることができよう。ここに装置のアシストが加わることで，負担の軽減はもちろん，少ない力で安定的に作業を続けることができ，作業効率の向上をもたらすのである。

また，マッスルスーツは，本体重量が最軽量モデルで4.3 kg，電源や付帯設備等を必要としないといった点から，持ち運びも自在で，いつでもどこでも使用することができる。さらに，1台で適用可能な作業内容が多いという利点がある。これにより，大規模な田畑はもちろんのこと，面積や立地などから，大きな農機の投入が困難な田畑でも導入がしやすいといえる。

4. おわりに

当社では，これまでに，各地の農業高等学校にマッ

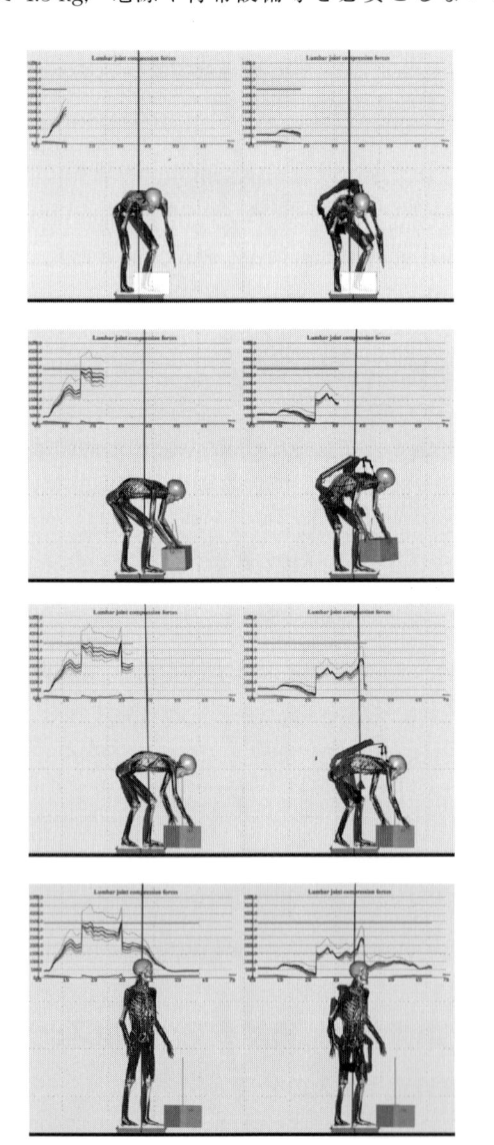

図5　12 kgのコンテナを持ち上げて移動させる動作の腰椎椎間にかかる負担を解析したもの

左がマッスルスーツ非使用時，右が使用時。後ろのグラフが高ければ高いほど，腰椎椎間に圧がかかっている。

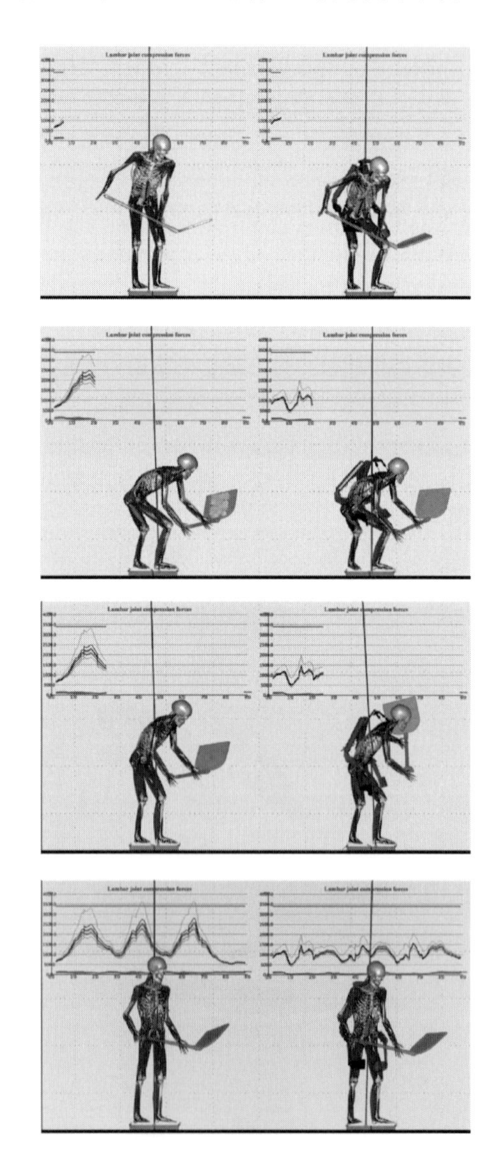

図6　スコップで土砂や雪などをすくい上げる動作を3度繰り返した際の解析

スルスーツを無償で貸与する活動を行ってきた。すでに農業を営んでいる方はもちろん，これから就農する方にアシストスーツの存在を認知してもらい，新たな農業の環境づくりを考えていただく機会の創出となることを目指している。

動作を補助するとともに身体負担を抑えることは，日々の業務を効率的に，そして永続的に健やかに働き続けるためにも年齢性別に関係なく必要であると考えており，当社の製品に限らず，アシストスーツが，道具として当たり前のように使われる将来を願っている。

第３項　ウインチ型パワーアシストスーツ「WIN-1」

株式会社クボタ　坂野　倫祥

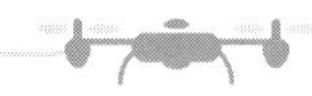

1. 開発コンセプト

国内農業において，野菜や果物などの収穫物が詰まったコンテナの重量は20 kgにもなる。このコンテナの運搬過程では，トラックの荷台や運搬用パレットへの積み込み作業などで，未だ手作業の工程が多く存在し，軽労化が強く望まれている。この課題を解決するために，㈱クボタでは，収穫物コンテナの運搬に適したパワーアシストスーツを開発した。

開発のコンセプトを設定するにあたっては，さまざまなコンテナ運搬作業での身体負担について分析を行った。その結果，中腰でコンテナを持ち上げる際の「腰への負担」と，腰から上にコンテナを持ち上げる際の肩や腕の「上半身への負担」が大きいことが分かった。農家では，コンテナをトラックの荷台やパレット上に積み上げて管理することが多いので，積み上げる際の上半身への負担の割合が高い。そこで，クボタでは，「誰でも簡単に使えて，腰と上半身の負担が軽減できるアシストスーツ」を開発のコンセプトとして掲げ，以下の目標を設定した。

① アシスト能力

重量20 kgのコンテナを肩の高さ（コンテナ４段積みの高さ）まで持ち上げる際に，腰と上半身を確実にアシストできる。

② 操作性

誰でも容易に，意図どおり操作できる。

③ 重量

長時間の装着を想定し，機体重量は10 kg以下とする。

④ 安全性

国際安全規格に準じた開発により，十分な安全性を確保する。

2. 基本構成とアシスト方式

本アシストスーツの特徴である基本構成とアシスト方式を，以下に紹介する。

2.1 基本構成

機体は，腰をアシストするための「①腰アシスト部」，上半身をアシストするための「②ウインチアシスト部」，コントローラやバッテリを搭載した「③本体部」で構成されている（**図１**）。このような上半身型のアシストスーツにすることにより，肩，腰，太腿のベルトで体に固定するだけで，１人で簡単に装着できる。

2.2 アシスト方式

本開発では「腰アシスト」と「ウインチアシスト」による複合アシスト方式を開発した（**図２**）。腰アシストは，脚アームで太腿を押し下げて上体を引き起こし，荷物を持って立ち上る際の腰の負担を軽減する。ウインチアシストは，両肩上のウインチアームから下げたワイヤで荷物を吊り，背面のウインチ機構（モータ，減速機，リール）でワイヤを牽引し，荷物の引上げ・引下げをアシストする。これら２種類のアシストを複合的に組み合せて，地面から肩の高さ（コンテナ４段積みの高さ）まで荷物を持ち上げる一連の作業の軽労化を行う。

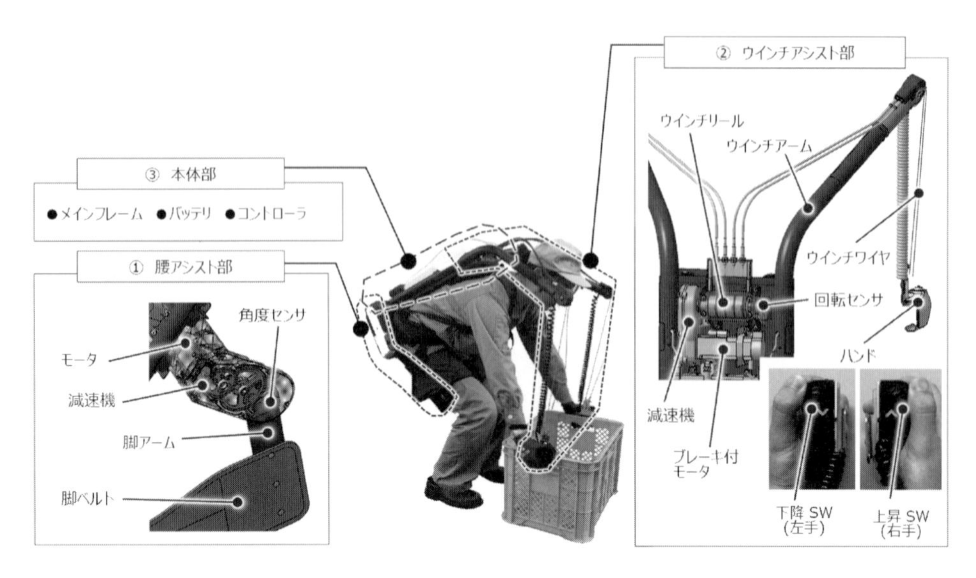

図１　WIN-1 の基本構成

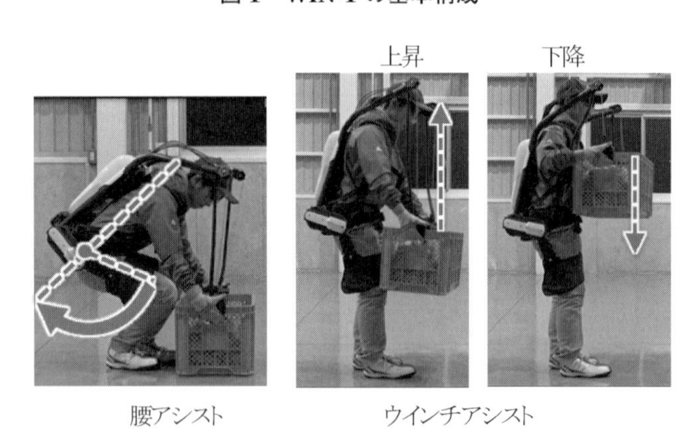

図２　WIN-1 のアシスト方式

3. 開発技術

3.1　アシスト制御技術

左右のハンドに設けられた２つのON/OFFスイッチ(「上昇SW」と「下降SW」)を操作するだけで，自然な流れで荷物を地面から胸の高さに積み上げ，または積み下ろしができる制御方式を開発した(図３)。

作業者による各スイッチの操作に加え，脚ギヤケースに内蔵した角度センサで脚アームの角度を検出し，作業者の姿勢を推定しつつ，ウインチと腰アシストを複合的に制御している。荷物を持ち上げる際は，しゃがんで荷物を把持した後に，上昇SWを押すと，ワイヤのたるみ取り制御を行う(図３①)。その後，上昇SWを押したまま立ち上がろうとすると，作業者の姿勢変化を検出して，腰アシストが作動する(図３②)。これにより作業者の確実な意思の下，身体の動きに合わせた自然なタイミングでアシストが働くようにしている。さらに上昇SWを押したまま，作業者が立ち上がり終えると，立ち上がった姿勢を検出して，腰アシストからウインチアシストに自動的に切り換わり，荷物を引き上げる(図３③)。このように，作業者は上昇SWを押しながら立ち上がるだけで，腰アシストとウインチの切り換えを意識せずに，一連の流れで荷物の積み上げ作業を行うことが可能である(図３①〜④)。また，荷物の積み下しの際は，下降SWを押したまましゃがみ込むだけで，姿勢変化に応じてウインチの下降および腰アシストを自動で切り替えるため，ウインチと腰アシストの切り換えを意識せずに，自然な作業が

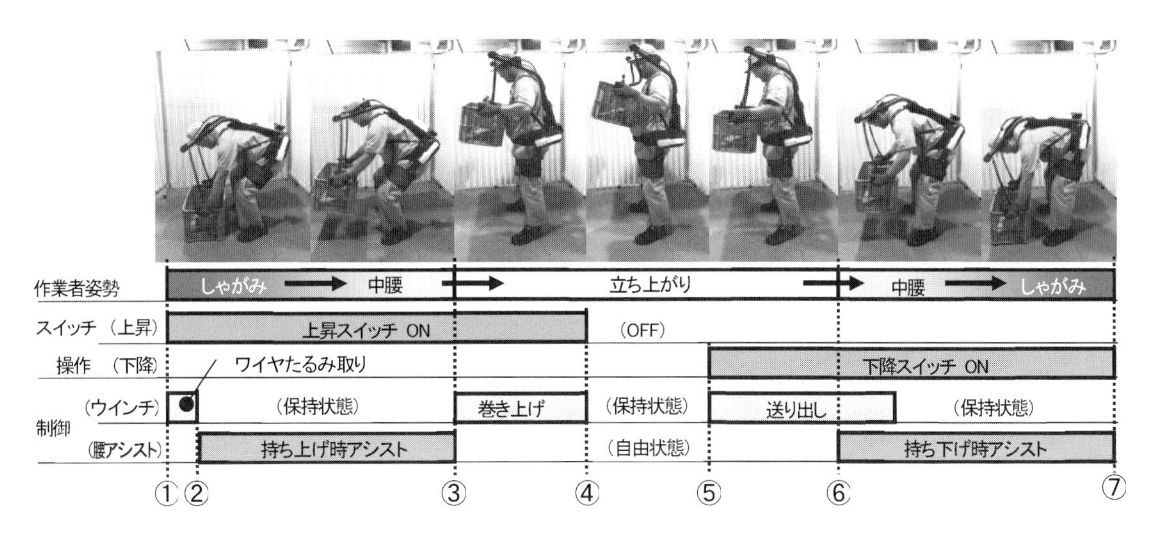

図3　WIN-1 を使用した作業での操作と制御の流れ

図4　荷重分散構造

荷重
荷重
荷物持ち上げ時
[μST]
0
解析結果
ひずみ測定結果

図5　メインフレームの解析とひずみ測定

可能である（図3⑤～⑦）。

3.2　荷重分散構造

前述の上半身型のアシストスーツでは，コンテナを持ち上げた際に，荷重が体の一部に集中しないように，上手く体に分散させることが重要であった。

今回開発した荷重分散構造では，荷物を持ち上げた際に上半身をやや後ろにして重心バランスをとることにより，コンテナの荷重は肩や腕などの上半身を介さず，ワイヤとメインフレームを通じて，腰部へ伝わる。さらに，腰に巻いたベルトで腰全体へ広く荷重を分散しながら，体幹で支持する独自の構造とした（**図4**）。

3.3　軽量化技術

開発初期の試作機は重量が約30 kgにもなったが，構造や材料，動力機構，電装品の見直しなど，さまざまな方法で軽量化に取り組み，目標重量以下の9.5 kgを達成した。それらの取組みのうち，効果の大きい3点について紹介する。

3.3.1　メインフレームの軽量化

アルミ合金で軽量化したメインフレームは，重量2.0 kgであったが，製品全体の重量目標を達成するためには更なる軽量化が必要であった。そこで，近年航空機などで採用が進む炭素繊維強化樹脂（CFRP）の採用に挑戦した。設計の際は，強度を確保した上で，アルミ合金と同等以上の剛性を確保できるように，解析を用いて炭素繊維の配向や板厚等を決定した。さらにひずみ測定や耐久試験による評価で性能を確認した。その結果，十分な強度と剛性を確保した超軽量なフレームを実現し，900 gにまで大幅に軽減した（**図5**）。

3.3.2 ギヤケースの軽量化

腰アシスト部には，脚からの反力を受け止めるのに十分な強度が求められる。また，限られたスペースに，アシスト能力に必要なギヤトレーンを配置する必要がある。それらと軽量化を両立するために，炭素繊維強化熱可塑性樹脂(CFRTP)を使用したギヤケースを開発した。さらにギヤの軸受部は，ギヤケースと別体のアルミフレーム構造から，ギヤケースと一体のモノコック構造に見直した。その際，解析によりギヤの配置スペースと強度を確保しながらギヤケースを薄肉化し，軽量化を実現した。また，ひずみ量の測定により設計値の裏付けも行った(**図6**)。その結果，十分な強度で740 g減の大幅な軽量化を可能にした。

3.3.3 脚アームの軽量化

脚アームは大きな荷重がかかるため，高い剛性が必要であり，当初はアルミ合金による構造体であった(**図7**(a))。その後，さらなる軽量化のために，従来と全く異なる発想でシンプルな樹脂板に変更した(図7(b))。新しい脚アームの特徴は，アーム自体は横方向の剛性が低い樹脂製の板であるが，太腿にベルトを巻き付けて，太腿と板を一体化する点である。太腿と板を一体化することで板の横方向の変形を抑制しつつ，太腿に効率的にアシスト力を伝えることを可能にした。その結果，脚アームの重量を1.2 kgから500 gにまで大幅に軽量化できた。

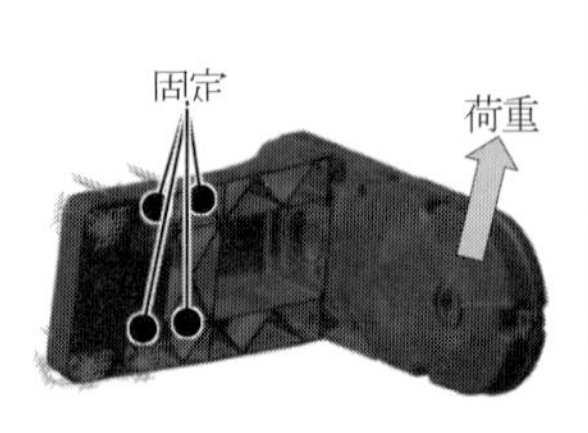

図6　腰ギヤケースの解析とひずみ測定

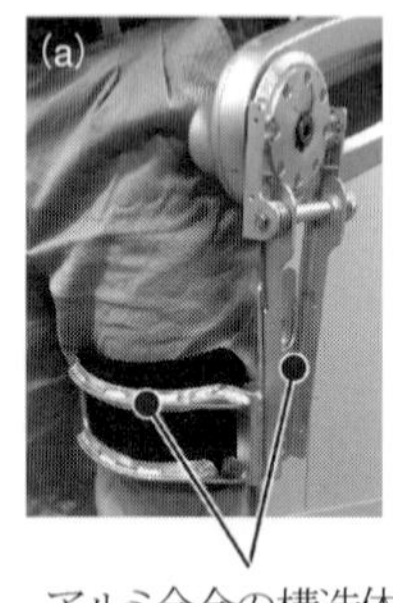

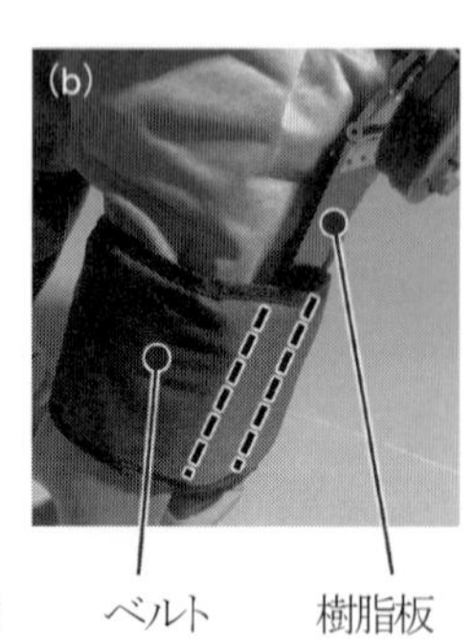

図7　脚アーム

3.4　安全設計

人が装着して使用する製品であるため，特に安全性の確保には注意して設計を行った。生活支援ロボットの国際安全規格(ISO 13482)に準じたリスクアセスメントプロセスにより，開発段階で総数183件のリスクを抽出し，リスクの除去または低減を図る設計改良を施した。次に特徴的な対策事例を紹介する。

3.4.1 ウインチワイヤの二重化

ウインチワイヤが傷み，万一破断したとしても荷物が落下しないよう，左右それぞれのハンドに主ワイヤと予備ワイヤの2本のワイヤを取り付け，計4本のワイヤを使用する方式を採用した。通常時には主ワイヤにのみ荷重が掛かるようになっており，主ワイヤが万一破断したときでも予備ワイヤで荷物の落下を防ぐことができる(**図8**)。

3.4.2 ネガティブブレーキの採用

荷物を吊り上げている時に，何らかの異常により電源が遮断された場合でも，ウインチのブレーキが解除されて荷物が落下することがないように，ウインチモータの電磁ブレーキにはネガティブ方式を採用した。万一，電源が遮断しても機械的なバネの力でブレーキが掛かるようになっており，十分なブレーキ力で30 kgの荷物を吊り上げたまま保持することができる(**図9**)。

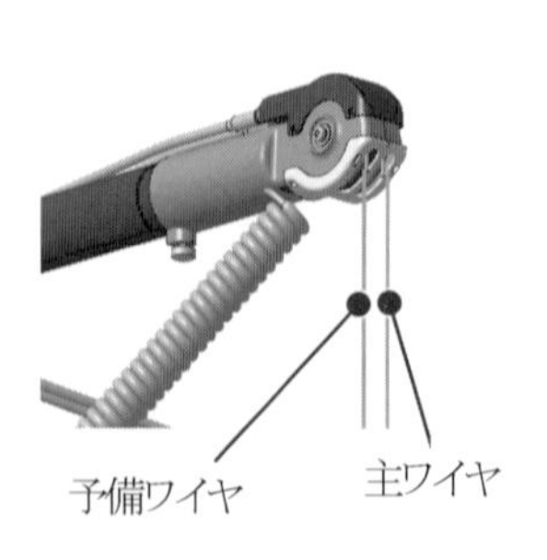

図8　ウインチワイヤの二重化

図9　ネガティブブレーキの採用

4. 評　価

本機は，2種類の客観的評価([**4.1**]および[**4.2**]参照)と，1種類の主観的評価([**4.3**]参照)により，多面的に軽労効果を評価した。結果，どの評価でも高い軽労効果があることが確認できた。

4.1　人体モデルを用いた解析評価

コンピュータ上の人体モデルを用いて，20 kg のコンテナを床から持ち上げた際の身体各部の負担として，各関節のトルクを解析した。その結果，スーツ非装着時の関節トルクに対して，装着時は肩部で91%，腰部で68%軽減されていることを確認できた(図10)。

4.2　筋電位計測による身体負担の実測

人体モデルを用いた解析評価と同じ姿勢条件で，20 kg のコンテナを床から持ち上げた際の身体各部の筋電位量(筋肉負荷相当)を計測した。その結果，筋電位計測においても，スーツ装着時には肩部が73%，腰部が60%軽減されていることを確認できた(図11)。

4.3　VAS を用いた疲労感の評価

作業者が実感した身体各部の疲労感を比較するために，VAS(Visual Analog Scale)という，主観的な感覚や感情の程度を定量化する手法を用いて評価した。その結果，肩や腰の他，背中，太腿を含む全ての部位において，スーツ装着時の方が非装着時よりも疲労感が少ないことが確認できた(図12)。

なお，本評価は国立研究開発法人農業・食品産業技術総合研究機構農業技術革新工学研究センターの「革新的技術開発・緊急展開事業(うち地域戦略プロジェクト)」の支援を受けて行った。

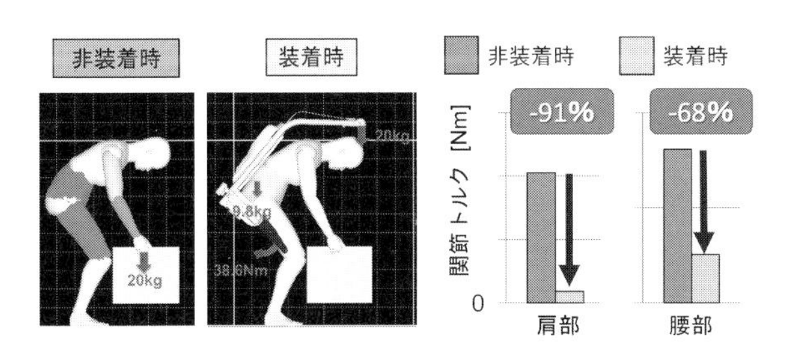

図10　人体モデルを用いた解析結果

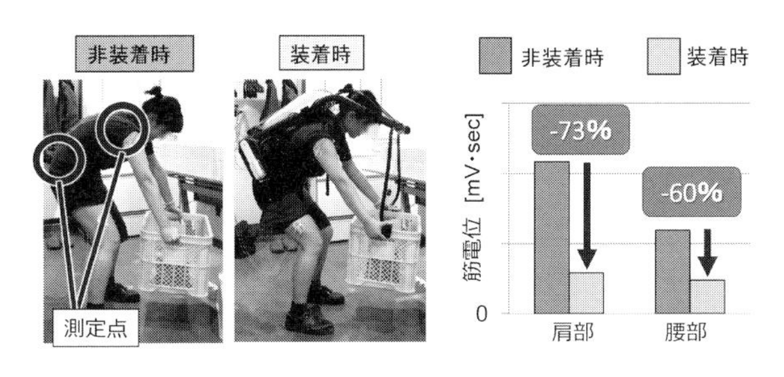

図11　筋電位計測による身体負担の実測結果

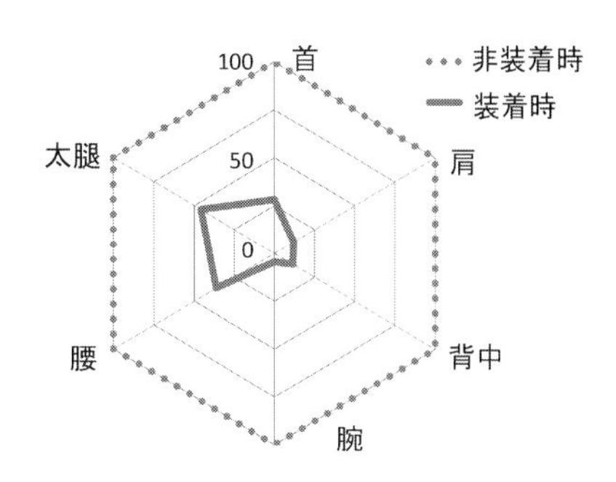

図12　VAS を用いた疲労感の評価結果

5. まとめ

以上のように，「ウインチアシスト」と「腰アシスト」を組み合わせた独自のアシスト方式を開発し，農業特有の重量物を多段に積上げる作業に対応したウインチ型パワーアシストスーツ WIN-1 を，2017年に製品化した。同時に，コンテナ以外の荷物を持つためのオプションハンドとして，工具を使わずに簡単に交換が可能な，リンゴ箱用ハンドや取手穴付きダンボール用ハンドも採用した(図13)。

その結果，実際に WIN-1 を購入していただいた農家の方々や，展示会で試着された方々からは，高齢者や女性でも重量物を楽々と運搬し，積み上げる

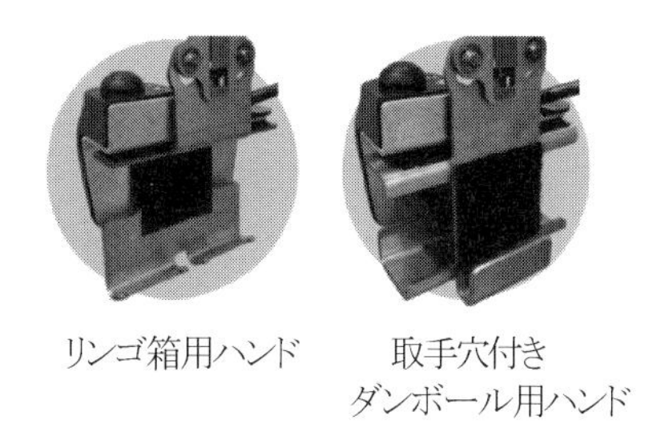

図13　オプションハンド

図 14　ジャガイモ収穫作業での活用事例

ことができるので，農作業の軽労化に役立つと，高い評価を頂いている(**図 14**)。

さらに，製造業や運送業などの農業以外の分野からも，WIN-1 の機能に着目して，重量物の運搬作業で活用したいとの問合せを多くいただいており，それらのニーズに応えるためにさまざまなオプションハンドを開発中である。

これらの技術を基に今後も機能拡張や派生機の開発に取り組み，より多くの農業シーンで軽労化に役立つ製品を開発することで，国内農業の持続的な発展に貢献していきたい。

第１項　水田水管理作業の自動化

農林水産省　若杉　晃介

1. はじめに

水田の水管理作業は田植えや防除，収穫作業と異なり，機械化が進んでいないことから，多大な労働時間を費やしている。加えて，農家人口の減少に伴い，担い手に農地が集約されることで，作付時期の長期化や複数の品種や栽培方法を組み合わせることから，水管理の複雑化が顕著になっている。さらには，気候変動に伴い，高温障害や豪雨に対する水管理の繊細さも求められている。

水位や水温などセンシング技術を用いることで水田の水管理状況をパソコンやモバイル端末などによって遠隔でモニタリングすることが可能である。さらに，各圃場に備わった給水バルブや落水口にIoT(Internet of Things)の機能を搭載させることで，センシングデータに基づき，遠隔制御信号を送って給排水操作を行うことが可能であり，これらの一連の技術は圃場水管理システム(On-Farm Remote Automatic Water Management System)と呼ばれる[1]。

2. システムの概要

2.1　システムの構成

圃場水管理システムは通信機能を備え，電気信号によって給水バルブ・落水口を操作する制御装置(アクチュエータ)とセンサ類，インターネット通信を行う基地局，クラウド上のサーバソフトおよびPCやスマートフォンなどの情報端末によって構成されている(図１)

2.2　システムの制御手順

水田内に設置されたセンサによって観測された水

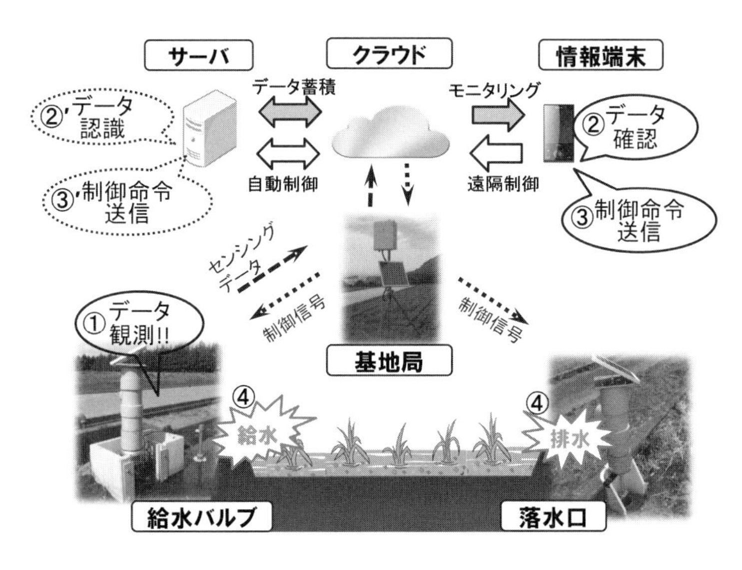

図１　圃場水管理システムの概要

位や水温データは，無線によって基地局に送られ，基地局からクラウドに送信される(図1の①)。ユーザーは操作端末でデータを確認し(図1の②)，必要に応じて給水や排水の制御命令を操作端末から送信する(図1の③)。また，サーバ上に存在する水管理用アプリケーションソフトによって，あらかじめ設定水位等を入力した場合，得られたデータと設定によって自動で制御命令を送信する(図1の②′および③′)。制御命令は基地局を通じて各制御装置に送信され，給水や排水が行われる(図1の④)。

2.3　制御装置の構造

制御装置は電源となるソーラパネルとバッテリー，駆動部のモーターとギア，回転軸，通信を行うモジュールとアンテナ，および制御基板で構成されている(**図2**)。装置の中心にある回転軸を既設の給水バルブの弁軸と連結させることでバルブの開閉を行う。給水バルブはパイプライン地区に設置されるため，灌漑施設の水圧によって開度調整を行う必要がある。そのため，回転軸の回転数をエンコーダやリミットスイッチなどで制御する機能も必要となる。制御機構としては通常のバルブの操作と同一のため，ハンドルを回転させて弁体を開閉する形状の給水バルブであれば容易に取付けが可能となる。

落水口は一般的にコンクリートますに付属される堰板を使って湛水や落水，水位調整を行う。また，塩ビ管による二重管を用いたスライドによって任意の水位に調整できる落水口の場合もある。本制御装置では，可動部において，モーターの回転運動を堰の上下運動に変換することで給水バルブと同一の制御装置を用いて落水の制御を可能とした(**図3**)。

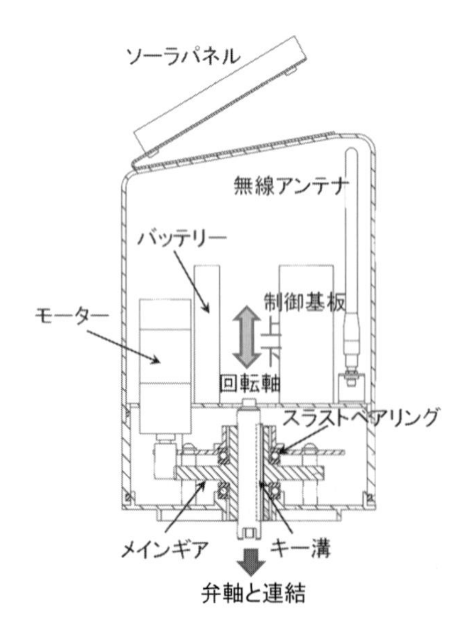

図2　自動給水バルブの制御装置

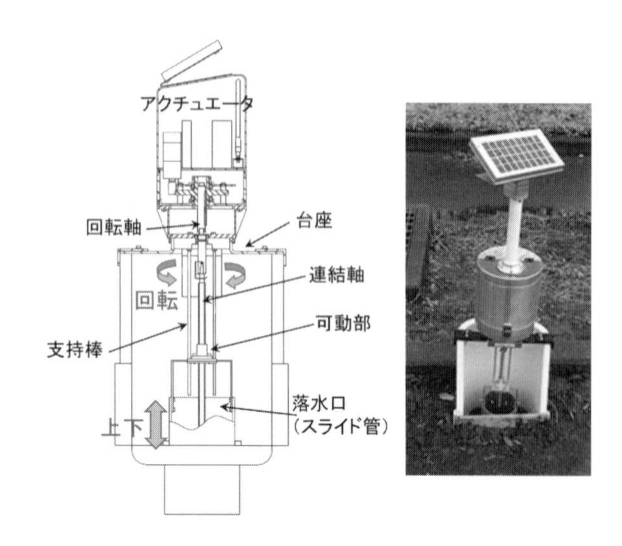

図3　自動落水口の設置状況

2.4　通信システム

水管理に必要なセンシングデータは，給水バルブに設置したアクチュエータに有線，または無線で接続されたセンサにより一定間隔で取得し，アクチュエータに内蔵される通信機器(子機)から基地局(親機)に送信される(図1)。センシングのみを目的とした場合，通信間隔は1時間程度でよいが，遠隔制御を行う場合は10分程度が望ましい。子機と親機間の通信は通信費や免許などが不要でかつ省電力が可能な無線通信技術LPWA(Low Power Wide Are)を使用する。中でもサブGHz帯(920 MHz帯)を用いた特定小電力無線はWi-SUN，LoRa，SIGFOXなどが存在し，数kmの通信距離を持つ無線通信規格もある。無線通信において通信エラーをゼロにすることは困難である。モニタリングにおけるセンシングデータはエラーが発生しても一定間隔で最新のデータが順次送信されるため大きな問題にはならないが，制御命令送信時に通信エラーが生じた場合，給・排水装置の誤作動が発生し，作物生育に及ぼす影響が懸念される。そのため，通信エラーによる誤作動が生じないような仕組み(フェイルセーフ)が必要となる。

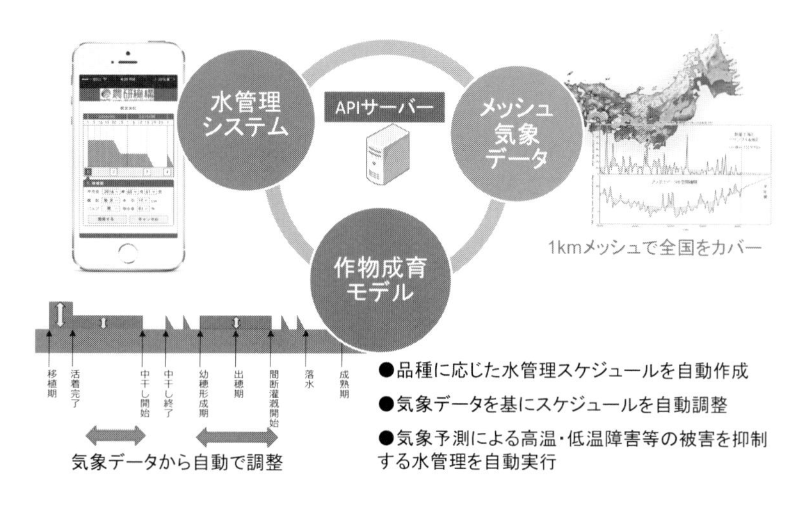

図4　最適水管理アプリの概要

3. システムの機能

3.1　水管理用アプリケーションソフト

クラウド上のサーバソフトには，以下の機能が備わっている。

① データ表示閲覧機能

水位や水温センサのデータを表示，グラフ化する。

② バルブの遠隔操作機能

給水バルブと落水口をリアルタイムに遠隔操作する。

③ 水管理の自動制御機能

センシングデータを元に設定した水位を自動制御する。

④ 時間灌漑機能

夜間灌漑など灌漑する時間を設定する。

⑤ 気象災害時の警告機能

設定した水位よりも実際の数値に差が生じた際に警告(メール)する。また，想定される水温よりも高温または低温の場合についても同様。

⑥ 圃場間連携機能

数10～100枚程度の圃場を同一の作付け体系でグルーピングし，同一の水管理体系で管理する。

3.2　APIによるコンテンツ間連携(最適水管理アプリ)

圃場水管理システムをAPI(Application Programming Interface)によって他のコンテンツと連携することで，より一層の効率化と高度化が可能になる。具体的には本システムと1kmメッシュで気温や湿度，降水量や気象予測が得られるメッシュ農業気象データ[2)]と栽培品種ごとの発育モデル[3)]を連携することで，品種や移植日，地点をあらかじめ入力することで，気象条件の変化にも対応した最適な水管理スケジュールを自動で作成し，それを実行することが可能となる(**図4**)。

これによって，作期を通じて，最適な水管理を自動で行うことができ，大幅な水管理労力の削減が可能となる。他にも営農管理支援ソフトと連携することで，田植えや防除といった営農計画を作成すると，圃場水管理システムが代かきに必要な灌漑や薬剤に応じた湛水管理などを自動で行うことが可能となる。

3.3　システムの導入効果

圃場水管理システムを導入した水稲作水田において，システムの効果について検証した[1)]。

用水量調査では，本システムを用いると減水深(蒸発散＋浸透量)の同一量を灌漑しており，無駄な用水利用がほとんどないため，人手による一般の水田に比べて約50％の節水効果が現れた。また，水管理に要する労働時間は約85％の削減となった。最適水管理アプリを利用することで，さらなる省力化と気象を要因とする減収抑制や品質向上なども期待できる。さらに，幹線水路のポンプ場や頭取工などの広域水管理システムと連携することで，需要に応じた用水供給が可能となり，水資源の有効活用や水利施設の運転費削減にも寄与する。

文　献

1）若杉晃介，鈴木翔：農業農村工学会誌，**85**(1), 11–14 (2016).

2）国立研究開発法人農業・食品産業技術総合研究機構：メッシュ農業気象データ利用マニュアル(2014).
http://adpmit.dc.affrc.go.jp/paper/index.html

3）堀江武，中川博視：日本作物学会紀事，**59**(4), 687–695 (1990).

第２項　ドローンを活用したピンポイント農薬散布テクノロジー

株式会社オプティム　菅谷　俊二　　株式会社オプティム　休坂　健志

1. 農業分野におけるドローン活用の広がり

ホビー用，撮影用，軍事用として登場したドローンも，昨今ではさまざまな産業・ビジネスへの活用が広がりつつある。一例では，建物などの点検業務，測量業務，災害時の被害状況把握，宅配業務，医療品や物資の輸送など，多岐にわたっている。農業の分野においても，テレビや新聞で見ない日はないほど，ドローンの活用が広がってきている。活用例としては，上空から撮影を行い，圃場のモニタリングを行うことで生育状態を把握し，播種，農薬散布，施肥を最適化する技術などがあり，これらによって農業分野における効率化や大規模化を推進している。特に水稲栽培において，農作業の省力化の基盤となっている。農薬散布は，これまで動力噴霧器や無人ヘリコプターを使った「全面散布」が前提であったが，農林水産省が2018年３月に公表している「無人航空機による農薬散布を巡る動向について」によると，全国8,300 haの圃場にてドローンによる農薬散布が実施されており，無人ヘリの代替または無人ヘリとの併用によって，今後も拡大が見込まれている。

2. ドローンの空撮画像活用とその課題

ドローンの登場により，今までは見ることが難しかった，上空からの画像を，手軽に，低コストで手に入れることができるようになった。4K撮影による画像は，非常に鮮明で，高度10 m程度からの撮影であれば，葉っぱの虫食い状態までも把握することができる（図１）。また，可視光だけではなく，さまざまな波長帯の画像を見ることができるマルチスペクトルカメラによる撮影を行うことで，人の目では把握できない画像解析（NDVI画像による解析など）を行うことができるようになった（図２）。

図１　大豆の食害

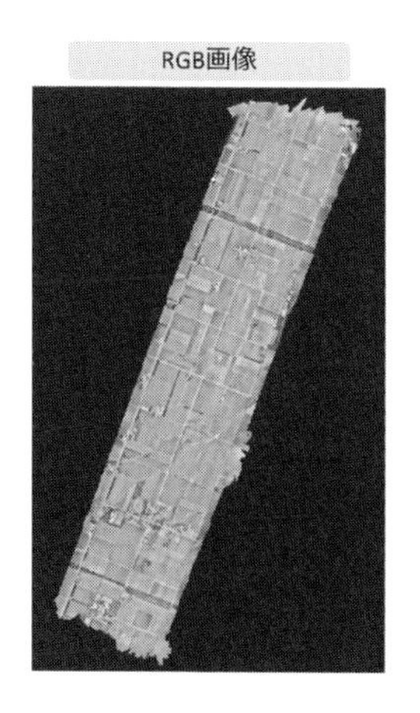

※口絵参照

図２　RGB画像とNDVI画像

しかしながら，課題も存在する。1つ目は撮影画像の枚数の多さが挙げられる。飛行高度を下げることで高解像度の画像を撮影することができるが，その分，撮影枚数が非常に多くなってしまい，人が1枚1枚見るとなると，膨大な作業を要してしまう。2つ目は，特定箇所のみを抽出する手間が挙げられる。生育調査のための特定の葉色箇所や病害虫の被害箇所のみを抽出したい場合でも，すべての画像に目を通して確認する必要があり，これも現実的な作業ではない。これらの課題を解決するためには，コンピュータの力を借り，画像を解析し，大量のデータを，正確に，すばやく処理する必要がある。

3. 画像解析の手法とAIを用いた解析の必要性

画像から必要な情報を抽出し，統計的なデータを得る「画像解析」。1990年代にコンピュータが普及してきた頃から取組みが本格化し，多種多様な分野において活用されてきた。例えば，天文写真からの新天体発見，航空写真や衛星写真を用いた観測情報の統計化，医療画像による診断，事件・事故に関する調査および証拠，身近なところでは画像から文字を読み取る「OCR」(Optical Character Recognition，光学的文字認識)，指紋・虹彩・顔認証をはじめとする各種生体認証システムなども，画像解析の活用例といえる。

では画像解析の手法はどうか。画像解析は，まず必要な情報が抽出しやすいよう，ノイズ除去や強調などの画像処理を実施し，その画像に対して，マスクを用いて必要な部分と不必要な部分にセグメンテーションを行う。こうして2値化された画像に「モルフォロジー演算」と呼ばれる画像処理を行った後，領域解析によって統計的なデータを得る，というのが一般的な流れである。

コンピュータが普及した現在，画像の処理自体はコンピュータが行ってくれる。しかし，コンピュータ側では画像に何が写っているのかが判断できないため，その前処理として人の手により対象物を指定する工程が必要である。この前処理工程によって，コンピュータ側では単なるピクセルの集合体から意味ある情報を抽出できるようになるわけであるが，一方でこうした前処理工程には手間や時間がかかり，処理が増えるほどミスも発生しやすくなる。

そこで近年注目されているのが，AI(Artificial Intelligence，人工知能)を用いた画像解析である。AIを用いた画像解析では，人間が事前にアルゴリズムを設定しておくだけで，「機械学習」によってAIが前処理から最終的な解析までの各工程を一貫して処理できるようになりる。例えば，顔を認識させる場合，目/鼻/口の位置や形など“特徴点”となる部分が抽出できるように設定しておけば，あとはコンピュータ側で背景と顔の判断を行ってくれる。

さらに，人間側でこうした特徴点の抽出指示を行うことなく，AIが画像データから自動で特徴点を見つけ出してくれるのが，「ディープラーニング」である。このディープラーニングには，一定量のデータさえあれば機械学習と比べて大幅に処理時間を短縮でき，なおかつ人間側の手間が削減できるという強みがある。このように画像解析は，進化するAIによって劇的な変化を遂げている。

4. 圃場の空撮画像とAIを活用した解析

前述のAI(以下，ディープラーニングを含む)を用いて，オプティムでは大豆畑の画像解析にAIを活用した解析を開始した。大豆の病害虫による被害はいくつも存在するが，特にハスモンヨトウは植物の葉を食べ尽くすことから，生産者は早期かつ的確な防除が必須となる。そこで，ハスモンヨトウの「食害痕」と葉が白く変色する「白変葉」を検出して，被害状況を早期に発見，把握する解析手法を開発した。これにより，早期発見を行うことができるようになり，被害が拡大する前に対処を行うことができるようになった。

5. ピンポイント農薬散布テクノロジーとは

農薬散布は，これまで動力噴霧器や無人ヘリコプターを使った「全面散布」が一般的であった。広い畑のどこに虫がいるのか，どこから発生しているのか，どの程度の被害なのか，人間が地上からすべて把握することはできないため，被害のない場所にも撒かざるをえなかった。また，「減農薬栽培」に取り組む生産者たちは，全面散布の「回数」をいかに減らすかに力を注いでいたのである。

ところが，ドローンは鳥の目で害虫または害虫被

図3　全面農薬散布とピンポイント農薬散布の違い
※口絵参照

害箇所を探し出し，そこだけに狙いを定めて農薬を撒くことができる。㈱オプティムでは，これを「ピンポイント農薬散布テクノロジー」と呼んでいる。具体的には，ドローンが自動飛行で空中から圃場全体を撮影。その画像からAIが害虫位置を特定し，ドローンが自動飛行でピンポイントに農薬散布を行う(**図3**)。これは，同じ「一回」でも，散布する量が格段に減らすことができる。農薬にかかるコストも，散布の時間や労力も，そして生産者自身が農薬を浴びるリスクも，無農薬に近い次元まで低減して栽培することができる。必要な箇所に，必要最低限の農薬を散布する，というコンセプトである。

なお，㈱オプティムでは，2018年10月にピンポイント農薬散布・施肥テクノロジーに関する基本特許を取得した。具体的には，ドローンやロボットなどが撮影した画像をAIがディープラーニングなどを使って解析し検出対象が検出された地点へドローン・ロボットなどが移動し，対象に応じた所定の装置を駆動する技術を特許として権利化した。本特許を用いることで，不必要な農薬散布を行うことなく，ピンポイントでの農薬散布や，施肥を実施したい地点のみに対して肥料の散布を実施することができる。

6. ピンポイント農薬散布栽培の実証実験と成果

2017年度には，農業生産法人㈱イケマコ(以下，イケマコ)と共同で，イケマコが管理する88アールの枝豆・大豆畑を2分割し，一方は通常栽培，もう一方はドローンを用いたピンポイント農薬散布栽培を実施し，残留農薬量，収量，品質，労力・農薬コスト削減効果を比較する実証実験を行った(**図4**)。圃場は約290か所に区分けされて空撮され，AIが画像を解析することで，290か所のうちに害虫の潜む箇所が39か所に特定される。害虫の存在が確認された場所にドローンが自動で飛行し，ピンポイントに農薬を散布していく。

結果，全面農薬散布を行う通常栽培と比べて，収量，品質は例年どおりにもかかわらず，削減対象とする農薬使用量が10分の1以下にまで減少させることができた。これにより，農薬散布に関わる労力やコストの削減といった効果が確認された。残留農薬については，以下の検査機関および検査方法にて

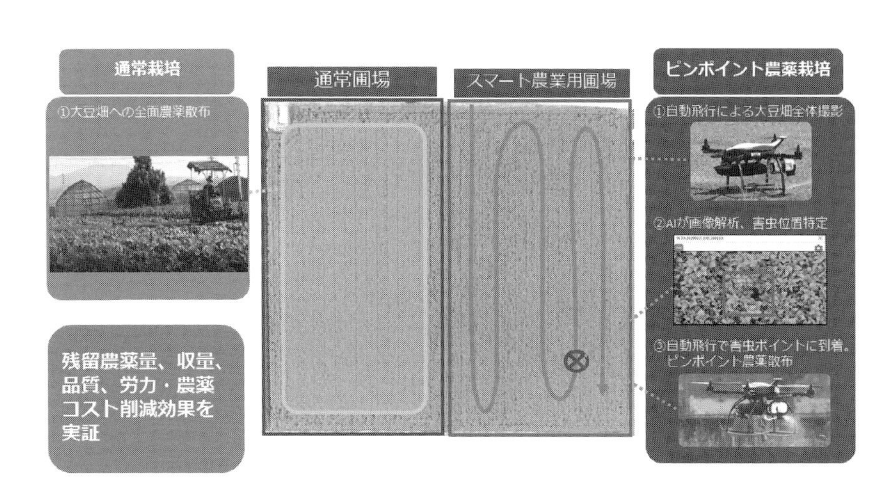

図4　ピンポイント農薬散布の実証実験イメージ

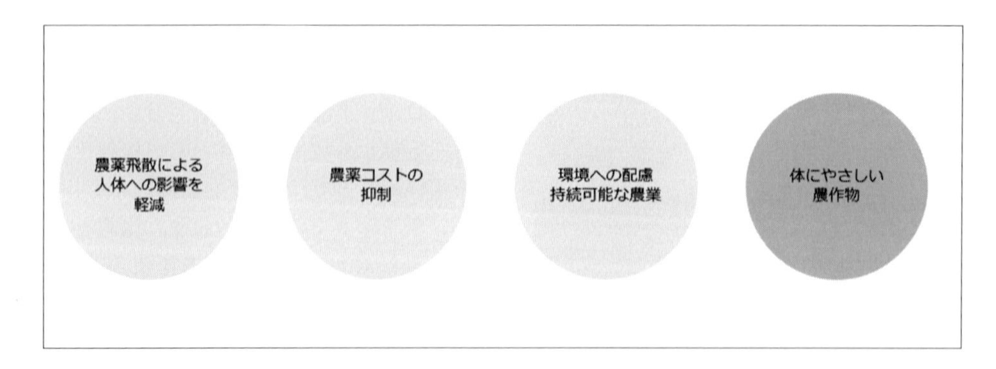

図5　ピンポイント農薬散布の4つのメリット

表1　残留農薬の検査結果詳細

農薬名	通常栽培基準値*	ピンポイント農薬散布栽培
エトフェンピロックス	3	不検出(0.01以下)
クロラントラニリプロール	1	不検出(0.01以下)
テフルベンズロン	1	不検出(0.01以下)
ジノテフラン	2	不検出(0.01以下)

＊　基準値は公益社団法人日本食品化学研究振興財団が定めた基準値

残留農薬の検査を行った。その結果，ピンポイント農薬栽培にて育てられた大豆は，残留農薬が「不検出(0.01 ppm以下)」であるという検査結果が得られた。

- 検査機関：㈱ブルーム(佐賀県登録 環境計量証明事業者)
  検査監修：佐賀大学農学部 渡邉啓一教授
- 検査方法
  - ・対象となる各大豆畑(通常栽培，ピンポイント農薬栽培)の5か所から株を採取(合計10株。両大豆畑の境目を避けて採取)
  - ・各圃場の5株を1検体として(合計2検体)，4農薬(殺虫剤)について検査
  - ・ガスクロマトグラフ質量分析(混合物を高感度で分離分析する分析手法)にて測定
- 検査結果詳細(単位ppm)
  検査結果の詳細は，**表1**のとおりである。

2018年度には，兵庫県篠山市でピンポイント農薬散布テクノロジーを用いた「丹波黒大豆・枝豆」の栽培に成功した。農薬使用量は99%削減，残留農薬不検出(0.01 ppm以下)，労力は30%削減することができた[*1]。

また，同年度に，大分県，佐賀県，福岡県にてピンポイント農薬散布テクノロジーを用いた「お米」の栽培にも成功した。削減対象農薬を最大で100%削減することができ，残留農薬もすべてにおいて不検出(0.01 ppm以下)となった。

7. ピンポイント農薬散布テクノロジーのメリット

ピンポイント農薬散布によって，農薬使用量を削減することは，さまざまなメリットが考えられる(**図5**)。

1つ目は，生産者に対する農薬の人体への影響を軽減することができる点が挙げられる。農薬の人体被害にはネオニコチノイド中毒などがあるが，可能な限り農薬使用量を抑えることで，人体への被害も軽減する必要がある。2つ目には，農薬コストを抑えることができる。利益に直結するだけに目に見えたメリットがある。3つ目は，環境への配慮である。持続可能な農業を目指していく上で，土壌や水は人類にとっての共通の資源として考える必要がある。農薬は使用法に応じて適正量を使用しなければ，環境汚染にもつながってしまう危険もはらむ。農薬使用量を抑えることは持続可能な農業にもつながっていく。そして，4つ目として，消費者にとっても，

＊1　「丹波ささやまおただ」にて，30 aの圃場に対して動力噴霧器を用いて散布をした際の労働時間と，ピンポイント農薬散布テクノロジーを用いて散布をした際の労働時間を比較。

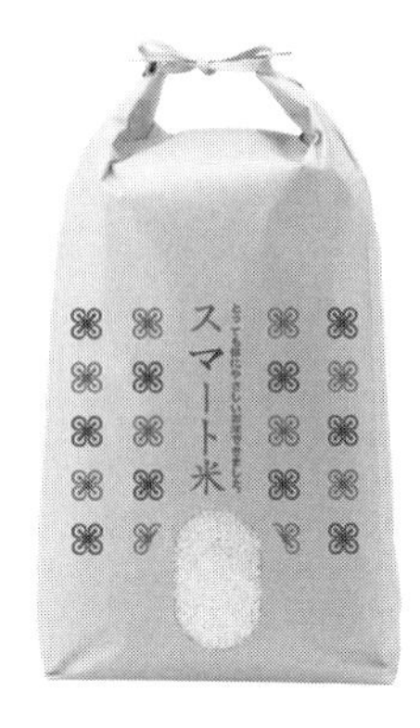

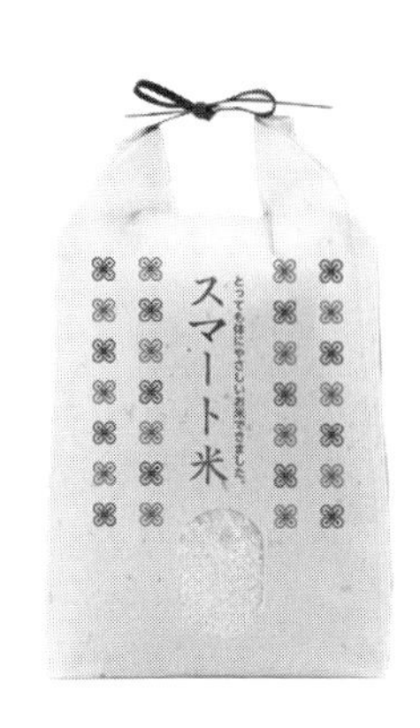

図6　スマート黒枝豆／スマート米

農薬使用量を抑えた農作物を食べることができるということは大きなメリットとなる。体にやさしいものを食したいと考える消費者も一定層存在している。このように，ピンポイント農薬散布によって，農薬の使用量を抑えることで数多くのメリットを享受することができる。

8. AIやドローンを使い農薬使用量を抑えた農作物ブランド「スマートアグリフーズ」

AIやドローンを使い農薬使用量を抑えることで，体にやさしい農作物ができ，消費者にとってもメリットを生むことができた。そこで，これらの農作物に対して，「スマートアグリフーズ」というブランドをつけて販売することに挑戦した(図6)。2017年度のイケマコと共同で開発，生産した枝豆・大豆については，福岡三越にて独占販売を行った。通常の枝豆が100g当たり67円(税抜)であるのに対し，「スマートえだまめ」は通常価格の約3倍にあたる200円(税抜)に設定して販売することにした。その結果，市場価格を大幅に上回る価格であるにもかかわらず，即日完売するという成功を収めることができた。2018年度の「スマート丹波黒枝豆」についても，㈱高島屋にて販売していただき，丹波黒枝豆のブランドも相まって，100g当たり385円(税抜)の高値で完売することができた。「スマート米」についても，百貨店，ECサイトの販売を開始した。これらの結果を通じて，お客様の声や販売状況を分析して分かったことは，農薬使用量を抑えた農作物の需要が多いということ，価格についても各農作物のブランド許容量と同程度の価格弾力性があるということである。

また，AIやドローンなどの技術を使うことで，農作物の高付加価値化を実現できるということこそが，稼げる農業を目指す上での試金石になると確信した。

今後，大量生産した際の価格については，売れ行きを見ながら継続して検討していきたいと考えている。

9. ピンポイント農薬散布テクノロジーの実用化における課題

ここまで，ピンポイント農薬散布テクノロジーのメリットを中心にご紹介してきたが，実用化における課題についてもご紹介しておく。

課題について，大きくは，技術(運用)上の課題，ビジネスモデル上の課題が存在する。まず，技術(運用)上の課題については，現時点におけるドローンの飛行性能限界が挙げられる。ドローンがバッテリー交換をせずにフライトできる時間とカバー面積の目安は，小型ドローンで軽量なカメラのみを搭載した場合でも20分～30分，2ha撮影程度になる。大型ドローンで10Lの農薬を搭載したドローンの場合，10分～15分，1ha散布程度になる。大規模な圃場を管理するには，バッテリー交換の手間なども存在するので，さらなるバッテリー寿命の向上，もしくは燃料の根本的な変更が必要になってくる。

また，AIによる解析をリアルタイムに行うことが難しい点も技術（運用）上の課題として挙げられる。ドローンで画像撮影をしながら，同時にリアルタイム解析するには，現時点におけるGPU（Graphics Processing Unit）の性能の限界もあり，現実的ではない。1 ha分の画像を解析する場合でも３時間程度の時間を要してしまう。これについては，検出対象物体を検出するために必要な解像度と高度（1画像当たりの撮影範囲）を変化させることや検出精度を許容すること，リアルタイム画像転送無線技術の確立，さらにもっと強力なAIのエッジコンピューティング手法の登場など，複数要因での解決が必要になってくると思案している。

次にビジネスモデル上の課題についてである。1つに，ドローン本体の価格が高価であるため，生産者がドローン本体の価格をペイするためには，3 ha以上かつ価格を市場価格よりも高く設定した状態である必要があり，初期費用が先行してしまうリスクがある点が挙げられる。さらに，スマートアグリフーズで栽培した場合に，栽培した作物が売れないリスクも存在する。上記リスクを差し引いたとしても，挑戦する価値があると判断に足る，何かしらのモデルが存在しない限り，実用化は難しいと思案している。

10. スマートアグリフーズの新たなビジネスモデルとスマート農業アライアンス

技術（運用上）の課題については，当面の間は運用による回避が可能で，今後の地道な技術開発により解決が見込まれる課題だと考えています。しかしながら，ビジネスモデル上の課題については，新たなビジネスモデルによる解決が必要である。そこで，㈱オプティムでは，３つの生産者メリットを打ち出した新たなビジネスモデルを提案した。1つ目は，ドローン本体やピンポイント農薬散布テクノロジーに必要なAIによる解析ソリューションを無償で提供することである。これにより初期費用が先行してしまうリスクを防ぐ。2つ目は，生産された「スマートアグリフーズ」はすべてオプティムが市場卸価格で買い取らせていただくということである。これにより，栽培した作物が売れないリスクを防ぐ。そして３つ目は，付加価値を付けて販売した農作物の利益から，買取価格にプラスして利益配分するモデルにすることである。これにより，一般市場で販売するよりも多くの利益を受け取ることができるようになる。

これらの３つの提案を行うことで，生産者のリスクへの心配ごとは軽減され，新たな挑戦へのモチベーションも増えることで，ピンポイント農薬散布テクノロジーの実用化が進むのではないかと考えた。

そして，あとはこれらを実施したい，やる気ある生産者の方々に，いかにして情報をお届けするか。これには２つの仕掛けを用意した。

1つに，AI・IoT・ビッグデータを活用して“楽しく，かっこよく，稼げる農業”を実現するべく，スマート農業を推進する未来志向の生産者コミュニティ「スマート農業アライアンス」を2017年12月に設立した。このアライアンスの中に，「スマートアグリフードプロジェクト」を設け，スマート農業を推進する未来志向の生産者にプロジェクトに参画していただき，AI・IoT・ドローンを利用し「減農薬」を達成して，高付加価値がついた農作物の生産，流通，販売を行っていく。

２つ目には，農業とITの未来メディア「SMART AGRI」を2018年4月に立ち上げ，スマート農業の事例を掲載することで普及を促すことはもちろんのこと，対象読者は，スマート農業に取り組む気のある未来志向の生産者であることが多いため，この中から，「スマート農業アライアンス会員」を募集しました。

結果，2018年12月時点でアライアンス会員は800名を超え，2018年度の農作物買い取り実績では，米と大豆を合わせて，約200トンにのぼりました。この結果を見る限り，生産者にとって新たなビジネスモデルへの期待度は非常に高いということが分かった。

11. おわりに

既存の栽培技術とAI・IoT・Robotなどの新しいテクノロジーの融合により，単純に既存栽培技術のデジタル化を行うのではなく，新しいテクノロジーを取り入れた，新しい栽培技術を作っていくことにこそ，新たなイノベーションが創出されてくるのだろうと確信している。

1962 年に出版されたレイチェル・カーソン著書の『沈黙の春』では，DDT をはじめとする農薬などの化学物質の危険性を，鳥たちが鳴かなくなった春という出来事を通して訴えた。現在においては，必ずしもすべての主張が正しかったとは考えられていないが，少なくとも，農薬が生態系や環境などに影響を与えるものであることを自覚し，必要最低限の量を持って，うまく農薬と付き合っていくことが必要だと思う。ピンポイント農薬散布テクノロジーは，今まで，人手では困難だった，「目で見て，必要な箇所のみを対処する」ことを，AI とドローンを活用することにより，簡単に実現してくれる。さらに，㈱オプティムはそのテクノロジーをコスト削減の手法としてだけではなく，農作物の付加価値をつける手法として活用している。本テクノロジーが「楽しく，かっこよく，稼げる農業」の実現に貢献し，日本の農業はもとより，世界の農業に寄与できれば幸いである。

第３章　センシング技術の活用

先端農業計測技術の概要

国立研究開発法人理化学研究所　和田　智之

1. はじめに

宇宙技術や最先端の計測技術，分析技術，遺伝子技術，AI 技術などさまざまな最先端技術が農業分野で利用され始めている。新しい技術を分析すると，農家が，観測や肌で感じ，状況を判断し，判断した結果から実際の行動に移るという３つのステップに最先端の科学技術が導入され始めている。さらに，遺伝子技術や，環境因子の制御技術など，生物学的な新しい手法も利用され始めている。

本章では，農家の一連の作業の最初の従来は五感で行われていた，状態の理解がかわる作業の高度化，すなわち農業計測の現状をまとめる。詳細な議論に移る前に，本稿ではその概略を紹介する。

2. 農業計測の進展

第一は，宇宙応用を農業分野が積極的に取り入れていることである[1]。農業では，気象が大変重要である。年間を通じた気象予想は，農作物の種まきの時期から，最終的な収穫作業の時期，さらにその収益に大きく左右する情報である。気象計測では，非常に狭い領域の予想から非常に幅広い地球規模の観測が可能である。地表の土壌情報の取得も可能となっている。植生ライダーといわれる手法による，地球規模の収穫予想も可能であり，市場予測とも大きく連動する。近年は，大型農地をトラクターの自動運転による作業が実施されている。位置を決める GPS 等のサービスも宇宙利用の成果である（図１）。

こうした，宇宙分野の利用に対して最近では，ドローンやロボットの発展も著しい。計測装置を搭載したドローンが上空から直接簡易な計測が可能となろうとしている。全自動ロボットによる計測も進んでいる。上空からでは測れない情報も計測が可能となる。

農業計測の進展には，センサ技術の進展が大きな位置づけを持っている[2]。光センサ，アンテナ，振動センサ，ガスセンサ，圧力センサなどさまざまなセンサが出現している。筆者の専門領域に限って言えば，微弱光を捉えるのにこれまででは，光電子増

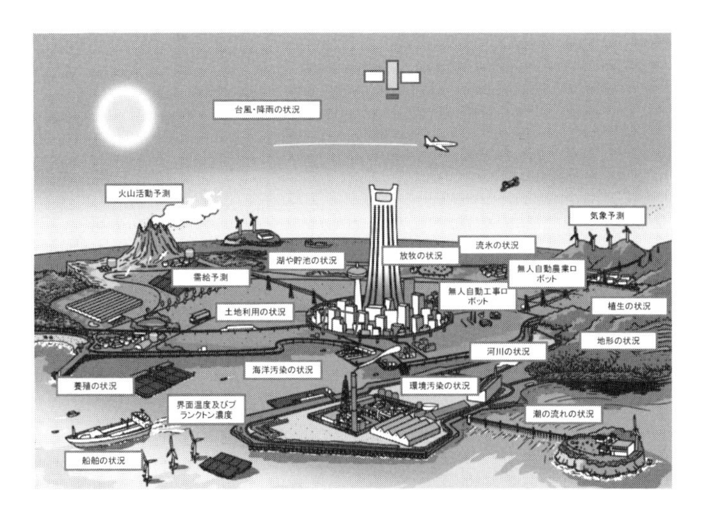

図１　衛星の応用分野

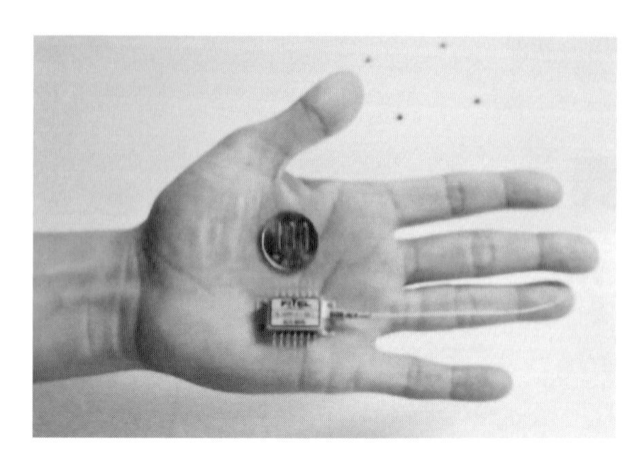

図２　コンパクトの周波数安定化されたLD

倍管が必要であったが，近年はアバランシェダイオードが生まれている。さらに，波長領域も，深紫外線領域から赤外線領域へと広がっている。画像化技術では二次元，三次元の優れたアレイ化したセンサも誕生している。さらに，電磁波領域にセンサ技術が展開した。また，イメージインテンシティーファイアのように，時間のゲート機能を持つ高増幅素子も比較的安価に利用できるようになった。素子の低ノイズ化のため，冷却素子も液体窒素を利用することなく，冷却素子が比較的自由に利用できるようになっている。こうしたセンサ技術と合わせて，光源の進捗も著しい。赤色から近赤外線領域では，半導体レーザーが低コストで利用できるようになった。超小型で，一般的には発行部は1 mm以下である(**図２**)。ドライブする電源も小型のものが用いられる。他波長領域では，固体レーザー，ファイバーレーザーが利用できるようになっている。固体レーザーでは，半導体レーザーほどではないにしても，小型，低コスト化が進んでいる。非線形波長変換法との組み合わせにより，赤外から深紫外の広い領域で小型固体レーザー，半導体レーザーの高調波も利用できるようになった。また，光源は，差周波発生により中赤外線領域でもレーザー光を得ることができるようになった。現在も急速に発達しているのは，カンタムカスケードレーザーと呼ばれる中赤外域の半導体レーザーである。中赤外線は，分子の精密計測に注目されている波長領域である。非コヒーレント光でもブロードな白色光源と，レーザーほどではないにしても，波長幅10 nm程度の光がLEDから得られるようになっている。分光用の光源としては複数を使うことで十分な光源である。出力や波長帯に大きく異なるものの，1チップ数千円と低価格である。

こうしたハードの急速な進展により，いろいろな分析技術が農業応用で利用可能となっている。光によるセンシング技術の基本的な原理は，①透過，②吸収，③反射，④蛍光，⑤ラマン分光，さらに近年では，非線形光学分光法として，CARS(コヒーレントアンタイストークス分光法)，4光波混合法を利用した分光法など新規の分光法も提案されている。

こうしたデバイス，計測法の発展により，新しい農業計測が可能となりつつある。光を非侵襲で計測対象に照射し，その反射，蛍光等を見る装置をライダーと呼んでいる[3]。光を使った遠隔検知の計測法の呼称である。衛星やドローンからの計測にも利用されている。近年では，葉の蛍光を見ることにより，光合成の総量を計測する応用研究も見られている。基本的な応用では，農作物の検査装置にも利用されている。近年話題となっている機能性成分や，従来から注目されていた果物の糖度の選果機による計測も代表例である。自動走行しているトラクターから畑の土の養分の様子を測る装置も実装されている。センサ光源，さらに分光法の組み合わせは非常広がっている。まだ，利用されていない手法，応用が多数存在する。大型センシング装置が小型で低価格に利用できるようになり，ロボットやドローンといった新しい機器との組み合わせによりその応用領域はさらに無限に広がっている。単に，高性能化されたカメラと組み合わせ，画像処理をするだけでも新規の計測は可能となっている。

必要性から見たセンシング技術も紹介する。1つには，環境センシングである。農業の最も基本の農作物を取りまく環境を計測する必要性がある。より最適化した農業の実証のためには，重要な課題である。このほか，農作物の病気を光で非侵襲に計測しようという取組みがある。植物は，人間と同様に病気にかかると内部から発生するガスに特殊な成分が発生することがわかっていた。その成分を赤外線レーザーで捉えることに成功している(**図３**)[3]。これは，非侵襲で，また比較的初期に病気の計測が可能となったことから，新しい利用法が期待されている。こうした植物から得られるガス計測は，鮮度の評価にも利用できる可能性がある。

土壌の評価にも，こうした技術は使われようとしている。農業の新しい課題に土壌の中に存在する微

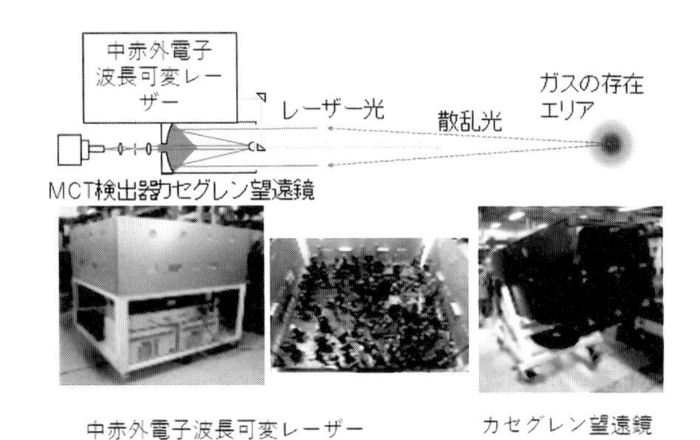

図3　理化学研究所で開発された中赤外レーザーを利用した遠隔検知システム

生物との関係が着目されている，特に共生といわれる生物同士がwin-winの関係を築いている例が多数存在しており，これらの計測と能動的な制御が着目されている。

3. おわりに

最初に，これまでの農業の3つのステージの1つとしての農業計測の進展について応用事例を含めて述べた。さらに，ゲノム編集や，エピゲネティックといった言葉で言われている遺伝子レベルの制御や，環境因子によるゲノムの発言の制御など新しい領域も進んでいる[4]。特に，環境とゲノムとの議論は，ホットな話題であり，センシングがその展開の重要な役割を担っている。簡単に内容を述べれば，環境の変化で生物は発現する遺伝子が変わるというものである。仮にゲノム編集をした生物での，編集部分を上手に発現させる環境がないとゲノムの影響は外に現れないという意味である。逆に，環境を変えると発現する遺伝子は，通常の生物でも変化するというものである。農作物の機能性成分の制御に本技術が用いられるようとしている。こうした応用でも絶えず計測は重要な役割を担っている。さらに，得られたデータは，AIやIT技術によって解析され，現場にフィードバックすることにより農業の高度化は進んでいる。

今，農業は，これまでにない計測技術によって新しい変革を迎えようとしている。本章では，今も進展している農業計測技術について解説する。

文　献

1）辻野照久：科学技術動向，**143**, 44–50(2014).
2）奥山雅則：電子情報通信学会，**100**, 913–918(2017).
3）湯本正樹，斎藤徳人，和田智之：第34回レーザーセンシング研究会論文誌，p-E2(2016).
4）Y. Kurihara et. al.：Proceedings of the National Academy of Sciences of the United States of America. https://doi. org/10.1073/pnas. 1804971115

第１項　高解像度衛星群による先進リモートセンシングとスマート農業への応用

東京大学　井上　吉雄

1. はじめに―スマート農業における作物・圃場実態情報の重要性

近年，温暖化の影響は，例えば，コメの稔実不良(例：白未熟粒)や外観品質の劣化(例：胴割米)などの高温障害としてすでに生産現場でも問題が顕在化している[1,2]。また，市場経済のグローバル化に伴い，国内農業に対する国際競争力強化への要請は高まっている。

一方，農業従事者は持続的に減少するとともに，高齢化が進み，耕作放棄地は2015年には40万haを超えている[3]。また併行して，小規模の農地を多数集積した経営規模の拡大が急激に進行している。そのため，管理の粗放化や篤農技術が次世代に継承されにくいという問題が顕在化し，収量・品質の確保だけでなく，我が国農業と食糧生産基盤の持続性が危ぶまれる事態となっている。

本書の主題である「スマート農業」は，上述のような諸問題への技術的打開策として有望視されている。「スマート農業」は，センサ技術や情報技術，ロボット技術等を高度に活用して，農業生産における意思決定の最適化や省力化，省資材化を進め，生産性と収益性，持続性の向上を図る技術体系である[4]。一般に，農業技術においては，長年の経験に培われた高度なノウハウとスキル(篤農技術)が必要とされる。篤農技術は，①作物や土壌を診る技術，②意思決定の技術，そして③作業技術が，高度に統合されたものとみなせる。これに対して，スマート農業では，①センシング，②情報通信，③人工知能，および④ロボット等の先進技術を活用することによって，上記のような篤農技術を代替あるいは補完し，「データに基づいた客観的で伝達しやすく誰でも使いやすい技術」を志向している。いわゆる「精密農業」[5]は，作物生育や土壌条件のバラつきなどの空間的な変異に応じて必要な場所に最適な管理を行うもので，「スマート農業」に包含される概念といえる[4,6]。

作物生産管理の基本は作物の生育や土壌の実態情報に基づいた診断であり，リモートセンシングは，上述のうち特に①「作物や土壌を診る技術」と②「意思決定を支える技術」としてスマート農業を支える重要な技術である。特に広域・多数の圃場を対象に，産地としての戦略的な判断や作業管理の最適化を行う上で，衛星リモートセンシングは空間診断情報を省力的・定量的に収集する手段として固有の優位性を発揮する。

スマート農業管理への応用では，高い空間解像度とデータの適時取得が重要な要件であり，近年多数打ち上げられている高解像度光学衛星センサは今後のスマート農業の展開にとって重要な役割を果たすと考えられる。

本稿では，スマート農業への応用に着目して，高解像度光学衛星センサによる作物・圃場情報の計測評価手法およびその具体的活用法について述べる。

2. 高解像度光学衛星センサのスマート農業における応用場面とデータ要件

農業生産では，作付計画(配置や時期)～播種/移植～診断と制御作業(栄養，水，雑草，病害虫等の管理)～収穫管理(刈取りや乾燥調製)～生産情報の集積・整理の営農サイクル(図1)を繰り返しつつ，変動する気象条件の下で収量・品質の最大化とその持続性が追究される。

スマート農業では，肥料・農薬・水・エネルギー・労力を過不足なく使用し，かつ収量・品質を確保するため，このような営農サイクルの主要な意思決定において個々の圃場ごとあるいは圃場内の空間変異の実態に関する空間情報を用いる。表1にスマート農業における高解像度光学衛星センサの主な利用場面，および求められる情報の要件を整理した。これらの情報は主に，作物の可変施肥農機による施肥量の調節や収穫適期の予測，土壌管理や水管理，病・虫・雑草害の防除のための判断の基礎となる[4]。したがって，観測の頻度あるいは適時幅は，潅漑管理のための水ストレス評価のように適時性の要求度が数日以内と短いものから，土壌肥沃度の評価のように6か月程度の長いものまである。ただし，大部分の用途で作物の生育段階や作業時期に対応した情報が特定の比較的短い期間に必要とされるため，観測の適時幅は1週間程度以下の場合が多く，適時観測への要求度は他の応用に比べて格段に高いといえる。

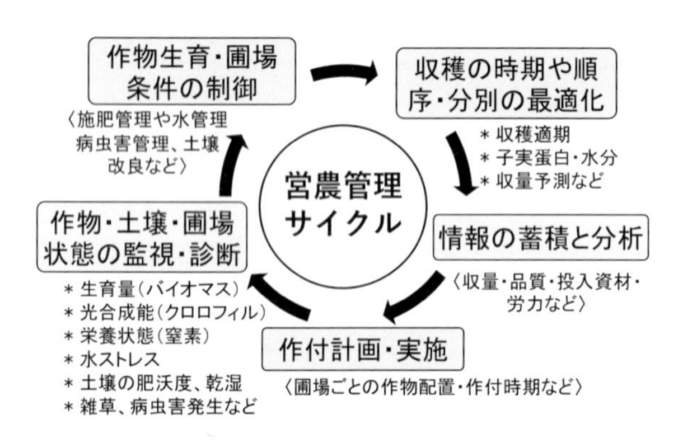

図1　スマート農業におけるリモートセンシングの主な応用場面と求められる情報[15]

近年特に可視～近赤外域の波長領域に対応した高解像度の衛星センサが多数利用できるようになっており，観測頻度は格段に高まっている。後述するように同一仕様の多数の小型衛星センサによる連携観測(コンステレーション)が現実のものとなっており，適時観測確率は高まっている[7]。ただし，スマート農業の実用場面では，ユーザーが必要とする有用情報が比較的短い適期に確実に提供できることが求められるため，衛星個数の増強だけでなく，動的モデルと同化法(Assimilation)などを合わせて実用化する必要がある[8]。

必要な空間解像度は圃場サイズによるが，いずれの用途でも1～10 m，できれば5 m程度までの解像

表1　スマート農業応用におけるリモートセンシングの主要な応用場面とデータ要件[17]

計測対象	具体的な情報	主な用途	①頻度/適時幅	②伝達時間	③有用なセンサ
作物発育段階	出穂期・成熟期等	適期収穫等	3～5日	2日	可視－近赤外 MSS/HS，SAR
作物成長量	バイオマス・収量等	収量予測等	1週	2日	可視－近赤外 MSS/HS，SAR
作物水分状態	水ストレス・水分等	灌漑管理等	1～3日	0.5～1日	熱赤外，可視－近赤外 MSS/HS
作物生理活性	クロロフィル等	施肥調節等	1週	0.5～1日	可視－近赤外 MSS/HS，熱赤外
作物栄養状態	窒素，リン等	施肥調節等	1週	2日	可視－近赤外 MSS/HS
子実品質特性	玄米蛋白・水分等	収穫調整等	1週	2日	可視－近赤外 MSS/HS
病虫害発生	予兆・病徴等	薬剤等防除策	1週	2日	可視－近赤外 MSS/HS，熱赤外
作物倒伏程度	被害程度等	土壌施肥管理	1週	2日	可視－近赤外 MSS/HS
土壌肥沃度	腐食含有率等	土壌施肥管理	6か月	1日～1週	可視－近赤外 MSS/HS
土壌水分	乾湿・保水力等	灌排水管理等	3日	0.5～1日	可視－近赤外 MSS/HS，熱赤外，SAR
雑草発生	発生分布等	局所防除等	1週	2日	可視－近赤外 MSS/HS

※1　データ要件のうち，④空間解像度：1～10m，⑤観測範囲：圃場群～地域，はすべての利用場面で共通。
※2　MSS：マルチスペクトルセンサ，HS：ハイパースペクトルセンサ
※3　これらの要件は標準的な目安であり，事象の発生状況や情報の利用の仕方により変動する。

表2　スマート農業に利用可能な主な高解像度光学衛星センサの概要[20]

衛星センサ	波長帯(μm)	解像度	周期	観測幅	備　考
GeoEye-1 WorldView-4	0.45 ～ 0.92(4ch)	1.6m	3日	15 km	2009年 2016年
WorldView-3	0.43 ～ 0.95(8ch)*	1.2 m	1日～	16.4 km	2009年
WorldView-2	0.43 ～ 2.3(16ch)*	1.2 m	1日～	16.4 km	2014年
DEIMOS-2	0.42 ～ 0.89(4ch)	3 m	2 ～ 3日	12 km	2014年
Skysat	0.45 ～ 0.90(4ch)	2 m	1日～	8 km	2013年；7機
Dove	0.46 ～ 0.86(4ch)	3.7 m	1日	16.4 km	2017年；100機超
RapidEye	0.48 ～ 0.10(5ch)*	6 m	1日～	77 km	2008年；5機
Pleiades	0.49 ～ 0.85(4ch)	2.8 m	4日～	20 km	2011年；2機
SPOT-6/7	0.48 ～ 0.83(4ch)	8 m	13日	60 km	1986年～アーカイブ
Sentinel-2	0.44 ～ 2.2(13ch)*	10 m ～	5日	13 km	中解像度/無料公開
Landsat 8	0.45 ～ 2.35(7ch) 10.4 ～ 12.5(2ch)	30 m 60 m	16日	185 km	1972年～アーカイブ 中解像度/熱赤外 無料公開

＊　Red Edge バンドを含む。

度が望ましい。空間解像度の制約は現時点でほぼクリアされているとみなせる。

有用情報がユーザーの手元に届くまでの伝達時間も，水ストレスや施肥調節の用途で0.5～1日と短いが，近年はインターネットを介したデータ伝送とWebGIS等のツールによる情報閲覧が一般化し，もはやあまり強い制約条件とは考えられない。観測範囲は，多数の圃場群(大規模営農では数百枚，産地スケールでは数万枚)が対象になるが，多くの衛星で観測幅は10～100 km程度であるため，十分カバーできるレベルになっている[4]。

一方，衛星画像データから各用途に必要な情報を得るためには，分光反射率や輝度温度，後方散乱係数などの計測信号から知りたい情報を精度良く生成するためのアルゴリズムが重要となる。表1に例示したように，可視–近赤外，熱赤外，マイクロ波の各波長領域のセンサが有用であるが，熱赤外域は利用可能な衛星センサが乏しいのが現状であり，マイクロ波域ではスマート農業用途への利用は研究段階にあるといえる[9]。可視–近赤外域のハイパースペクトルセンサはスマート農業用途では最も有望である。ハイパースペクトル衛星センサの打上げ計画は各国で進められているが(ENMAP，HyspIRI，HISUI等)，実用的な運用は2019年時点ではまだ実現していない。したがって，高解像度のマルチスペクトルセンサの利用が最も現実的である[10]。

表2に2019年時点においてスマート農業に利用可能な主な衛星センサの概要を示した[9]。可視～近赤外域の4バンド仕様のものが多いが，可視～近赤外域にレッドエッジ(赤と近赤外の間の狭い波長領域)を含む8バンドをもつセンサや，短波長赤外まで含む16バンドを観測するセンサを有する商業衛星なども利用可能となっている。レッドエッジを含め，可視～近赤外域で特に植物生理生態情報の計量に有用なバンドはすでに多くの研究によって明らかになっており[10,11]，試験衛星でも多くの検討がすでになされてきたが，それらの成果が商業衛星センサにも反映される段階に進んできたといえる。近年の衛星センサの開発・運用の顕著な傾向として，同一仕様の非常に多数(例：100個超)の小型あるいは超小型衛星センサのコンステレーションにより，全陸域を高頻度(例：毎日1回)で観測する民間サービスが競って進められている[6]。この場合，バンド仕様は可視～近赤外域の4バンドに限定されており空間解像度も3～5 m程度であるが，観測頻度の実質的向上はスマート農業での利用上は大きなメリットが

表 3　衛星およびドローンをプラットフォームとしたリモートセンシングの適性比較[17)]

仕　　様	衛　　星	ドローン
観測範囲	数百 km^2(産地スケールに好適)	数 ha ～数十 ha(大規模営農スケールに好適)
空間解像度	1 ～ 8 m(観測幅 10 km ～)	数 cm ～(高度とセンサ画素数による)
回帰周期	数日に 1 回程度～	随時
適時性	天候に依存(特に適期作業向けはリスク)	機動性高
天候の影響	雲・大気の影響を受けやすい(マイクロ波を除き)	降雨・強風を除き観測可能
搭載センサ	光学・マイクロ波・熱赤外(バンド，周波数は各衛星に固定)	光学・マイクロ波・熱赤外センサ・ライダー等ユーザー選択性高
データ処理・補正等	大気補正，オルソ補正，アルゴリズム演算	輝度補正，多数画像のオルソモザイク，アルゴリズム演算
データ取得	良好な画像を選定して購入	オペレータによる独自計測が必要

ある。ただし，ほぼランダムに撮られた多数の画像を集めて使用することから，特に広域の場合には，データの物理精度や幾何学的精度の確保や利用のしやすさなどが課題といえる。

スマート農業への応用でもう 1 つ重要な要件は，衛星利用の費用対効果である。近年，画像単価は数円～数十円程度/ha となっており，画像コストよりもむしろ有用情報の生成と提供に関わるサービスに要するコストが問題になると考えられる。例えば，数千 ha のブランド米生産における産地スケールの有用情報提供にかかるコスト(画像代＋解析ソフト維持費＋GIS データ使用料等)は，生産物 1 俵(60 kg 約 14,000 円)当たり 30 円程度との試算もある。ただし，この例は自治体による公的サービスの一環であることから，上記以外の経費はコストに反映されていない点には留意が必要である。営利事業の場合では，人件費や専用計算資源など上記以外の様々な経費が必要となるため，低コスト化のための技術や工夫が必要となる。例えば，データ処理の自動化・迅速化による費用の低減化や，増収や品質向上あるいは省力効果の高い応用場面を含む多用途でのデータ利用，気象情報等他の情報ソースとの複合的利用などによって利用効果を拡大することが有効と考えられる。フランスでのコムギを対象とした実用化事例(FARMSTAR)では，衛星データの取得・処理～診断マップ作成～処方箋作成までの情報サービスが年間 150 円/ha 程度で利用できる。このようなサービスはすでに 2017 年時点で約 18,000 農家(約 80 万 ha)に利用されている。サービス導入により，収量が 10～15% 増加，蛋白質含有率が 0.8% 程度向上，および窒素肥料が 10～17% 節減となる効果があり，2～3 万円/ha 程度の所得増加が見られ，情報サービス契約の年々更新率は 90% に達するとされている。

近年，ドローン(UAV，UAS)の性能の進歩と普及は著しく，世界的にもさまざまな用途での利用が期待されており，リモートセンシングのためのプラットフォームの 1 つとしても有望である。前述したフランスの情報サービスの事例でも，衛星とともにドローンが補助的に併用されている。**表 3** にスマート農業への応用から見た衛星およびドローンをプラットフォームとしたリモートセンシングの適性を比較した[4,12)]。ドローンリモートセンシングは，観測の随時性や超高解像度，低コストなどの面で，衛星リモートセンシングよりも優位性があるが，広域を一挙に観測することは不可能である。衛星が平野規模で数万筆の圃場の実態を一挙に観測できることが最大のメリットである。ドローンには機動性や高解像度というメリットが生かせるため，主たる利用スケールは数十～100 ha の営農規模となる。ただし，独自の飛行計測を実施して安定的に良質な画像データを取得するためには，観測環境(日射や風)の影響，輝度補正や幾何補正，モザイク処理などのように，ドローンリモートセンシングに固有の諸問題をクリアする必要がある。したがって，数百 km^2 の広域を低コストでカバーする用途には衛星センサを，100 ha程度の小面積をカバーするにはドローンが好適といえる[11]。筆者らがスマート農業向けに開発した低層自律飛行センシングシステムは，可視動画，分光画像，および熱画像の3つのセンサモジュールからなり，多くの診断指標を算出するアルゴリズムを備えており，最も先進的なシステムの1つといえよう[12]。

3. 高解像度光学衛星センサによる診断情報作成の基礎

3.1 有用情報評価のためのアルゴリズムと計量モデル

スマート農業への応用においては，行政施策担当者や農家・農業指導員等の診断や意思決定に有用な情報を衛星データから抽出・生成することが不可欠である。すなわち，衛星センサによって計測される分光反射率等の物理データから，表1に整理した生育診断上意味のある植物生理生態情報(例：クロロフィル量，バイオマス，光合成容量等)や土壌情報を推定するアルゴリズムや計量モデルが不可欠になる。

作物群落の生理生態特性の評価アルゴリズムについては，世界的にも膨大な実験的，理論的研究がなされ，さまざまな分光反射指数や多変量統計モデル，反射プロセスモデル等が提案されてきた[13~20]。特に，可視～近赤外域の反射スペクトルは，植物の生理生化学的な光利用と本質的な関係があるため，植物の量や成分，機能に関わる多くの特性を計量する上できわめて有用である[14,15]。赤や近赤外の波長域は特に植生に感度が高いため，また，表2に示したように大多数の衛星センサがこれら2バンドを含む広波長帯のセンサであるため，それを前提としたアルゴリズムが提案されてきた。この2バンドを用いる正規化植生指数(NDVI；Normalized Difference Vegetation Index)は最も多用されており，その改良版であるSAVIやWDVI，MSAVI，EVIなど多くの分光指数が考案され利用されている[13~17]。一方，植物群落の分光反射プロセスに関する物理モデルについても多くの研究があり，群落の分光反射率を，個葉と土壌の分光反射率，群落の幾何学構造，太陽天頂角等をパラメータとして，葉面積指数や個葉水分，クロロフィル濃度等と関係づけるプロセスモデルが開発されてきた(例：PROSAIL)[18]。これらの物理的プロセスモデルは反射率の絶対精度への要求レベルが高いことや，モデルに明示的に盛り込める因子が限定されていること等のために，群落変量の逆推定には必ずしも十分とはいえない。しかし，主要な変量間の応答や相互関係の検証や解釈には有用である。

以上を踏まえると，光学衛星センサをスマート農業に利用する際には，分光反射指数法が最も現実的と考えられる。ただし，スマート農業における実用の観点からは次の点に留意する必要がある。

① スマート農業では，適時観測の確保と目的変量を精度よく評価するために，バンド仕様が必ずしも同一でない複数の衛星センサを活用する必要性が高い(異種仕様センサの複合的利用)。

② 目的とする各変量を評価する上で，表2にリストしたようなセンサのうち最適なセンサを選定し，かつ最適なバンドを用いてそれに対応した計量モデルを導出する必要があるが，事前にその見通しをつけることは難しい(好適な衛星センサの選定)。

③ バンド仕様はセンサごとに異なり，かつ，「赤」と「近赤外」等といっても実際にはバンドの波長位置や幅は同一でない(表2)。したがって，そのようなバンドのデータから求められる演算値(例：NDVI)もセンサごとに異なり，回帰モデルのパラメータもセンサにより異なる。特にレッドエッジ等のバンドでは，パラメータに対するバンド位置・幅の影響は比較的大きいと考えられる(センサ仕様の差異)。

④ 以上を考慮すると，目的変量(例えばクロロフィル量)を評価する計量モデルを作成するためには，原則として，センサごと，地域ごと，対象ごとに，衛星観測と同期した地上調査データを取得し検量線を求める必要がある。ただし，これには多大な労力と時間，経費を要する(キャリブレーションの困難性)。

3.2 ハイパースペクトル基礎データによる一般化分光指数法の活用

今後利用可能となる新規センサも含め，多数の異種仕様の光学衛星データをスマート農業に実用していくためには，上述した問題に対応する方策が求められる。ここでは，筆者らが考案したハイパースペ

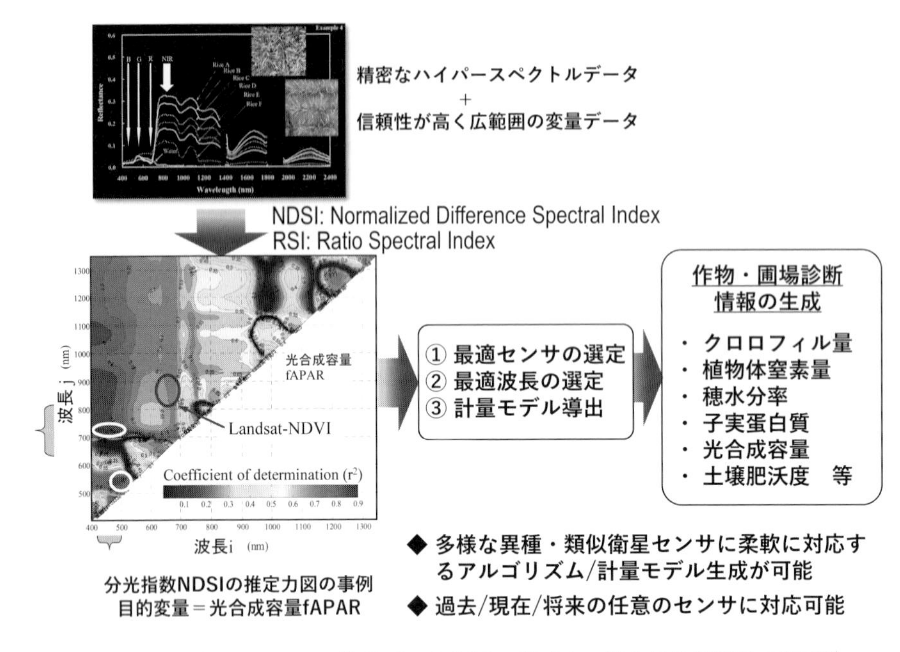

図2　ハイパースペクトル基礎データ解析に基づく一般化分光指数法の概要[17]

クトル基礎データに基づく手法[10,11,20]を解説する。

これまで，植生や土壌のリモートセンシングに関しては，マルチスペクトルデータだけでなく，ハイパースペクトルデータを用いた研究が多くなされてきた。その主たる目的は，対象の変化に対応した反射スペクトルの応答を解明することや，将来打ち上げられるハイパースペクトルセンサを高度利用するためのデータ処理法を開発すること，また，目的とする個々の生態系変量を精度良く評価するためのアルゴリズムやモデルを考案することであった。

それらの研究の結果，目的とする生態系変量の評価には，必ずしもハイパースペクトルの全波長を使用する必要はなく，適切に選定した少数バンドの分光反射率を用いた分光反射指数が高い評価力を有することが明らかになっている。例えば，全波長バンドを用いるPLS回帰法(Partial Least Squares Regression)によるモデルは，最適な2バンドの正規化演算による分光反射指数に比べて，必ずしも評価力が高くないだけでなく，別データへの応用性はむしろ劣ることがある[10,11]。

そのため，筆者らは，[**3.1**]で考察した課題①～④をクリアし，かつ異種衛星センサを最適利用するための方策として，ハイパースペクトル基礎データの解析による「一般化分光指数法」によって目的変量ごとの最適アルゴリズムと計量モデルを導く方法が効果的と考えている。この方法で用いる分光指数としては，任意の2波長を用いるNDSI(Normalized Difference Spectral Index)とRSI(Ratio Spectral Index)およびそれに補正係数を加味したSAVI(Soil Adjusted Vegetation Index)[16]のような指数が含まれる。これらの分光指数には，多くの衛星データに適用できる簡易性，および誤差因子に対して一定の補正効果があるというメリットがある。

$$\mathrm{NDSI}(R_i, R_j) = (R_j - R_i)/(R_i + R_j) \qquad (1)$$

$$\mathrm{RSI}(R_i, R_j) = R_i/R_j \qquad (2)$$

R_i と R_j：波長 i nm, j nm における分光反射率

現在，スマート農業に利用できる衛星データは離散バンドに限られるため(表2)，分光反射率 R のみ使用するが，ハイパースペクトルデータが得られる場合には，各波長における微分値も使用できる[10,11,19]。

ハイパースペクトルデータに基づく一般化分光指数法のスキームを**図2**に示す。この方法では，目的変量の変動に対応したハイパースペクトルデータから求めた任意の分光指数の予測力(r^2 や *RMSE* の

統計指標）が得られるため，目的変量の予測に最適な波長の選定と，それに対応した計量モデルを導くことが可能である。同時に，任意のセンサのバンド仕様に応じて，それらを利用した場合の予測力に見通しをつけることができるため，観測目的に最適な衛星センサの選定やそれによって得られたバンドデータの最適利用アルゴリズムを探索することが容易になる。これまで，植物が関与する情報の取得にはNDVIが多用されてきたが，個々の目的変量推定にとってNDVIが最適なことはむしろ稀であることから[10,11,19,20]，目的とする変量の推定にとって，より効果的なアルゴリズムを選定する上でこの方法は有用である。また，過去の衛星データについてもセンサのバンド仕様に応じた計量モデルを導くことができるため，アーカイブデータを用いて，関心のある変量を過去にさかのぼって推定する際などにも活用できる。

なお，一般化分光指数法は地表面の精密な分光反射率計測に基づいているため，分光反射率が精度良く得られる限りにおいて汎用性があり，地上計測データ，航空機やドローンによる分光計測データにも共通的基本技術として活用することが可能である。物理的に一貫性の高い分光反射率データの取得は計測センサ・プラットフォームによらずリモートセンシングの基本であり，有用な診断情報生成の基礎である。そのため，輝度/大気補正，幾何学補正は重要な基盤的分野として多くの研究がなされてきた[21]。輝度/大気補正法は，観測時の大気状態等のデータを使用する放射伝達プロセスモデル（例：6S, FLAASH）を用いる方法と，画像自体のデータを用いる方法（例：QUAC）に大別される。筆者らが異種光学衛星センサによる画像を対象にこれら3種類の補正法を施した画像を地上データと比較した結果によると，地上データとの一致度はQUAC＞6S＞FLAASHの順で高く，QUACや6Sでの補正により，分光反射率や分光指数の精度を確保できることがわかった[21]。そのため，以後の事例においては，基本的にQUACを用いて分光反射率画像を生成し，それに対してそれぞれに適切なアルゴリズムを適用している。

4. 高解像度光学衛星センサのスマート農業への応用例

本項では産地スケールや大規模営農圃場における品質・収量向上に向けた高解像度光学衛星センサの活用事例を概説する。診断情報生成のためのアルゴリズムについては，基本的に上述したハイパースペクトル基礎データの解析結果とアプローチをベースに，多様な衛星センサのバンド仕様に対応した最適アルゴリズムと計量モデルを導き，それによって診断マップを生成している。評価結果の妥当性確認や精度向上のための現地チューニングのために，関連形質の実測による簡易検証を行っているが，将来的には現地での個別検証データを取得することなく省力かつ高精度な診断情報生成技術を確立することが期待される。

4.1　小麦群落のクロロフィル量

小麦の伸長開始期に衛星WorldView-3（2015年）およびWorldView-2（2016年）の8バンドセンサを用いて観測し，これらのセンサのバンド仕様に対応したクロロフィル計量モデルを適用し，クロロフィル量の空間分布を評価した事例を**図3**に示す[22]。群落クロロフィル量の推定アルゴリズムについては，前項で解説したように，レッドエッジの特定波長が利用できるセンサの場合には，その反射率を用いる分光指数が最適であることが分かっており[10,15]，ここではそれに基づいて各センサの波長仕様に対応するモデルを用いている。この事例ではクロロフィル量の化学分析データは実測はされていないが，茎立期の小麦では枯死葉がほとんどなく，地上部のバイオマスと総クロロフィル量は密接な線形関係にあることが分かっているため，観測時期に近い時期のバイオマスとの比較によって（2015年$r^2=0.79$；2016年$r^2=0.87$），クロロフィル分布が妥当なものであることが確認されている。

小麦栽培では，追肥は収量・品質向上にとって主要な管理技術であり，茎立期（茎の伸長開始期）および出穂期の生育量，特にクロロフィル量の診断結果は，過不足のない肥料の施用の基礎として活用される。実際，この時期のクロロフィル総量と収量・品質との間には密接な相関関係が認められた（播種時期別に見た場合，収量については$r^2=0.60〜0.85$，子実蛋白質含有率については$r^2=0.3〜0.76$）[4]。

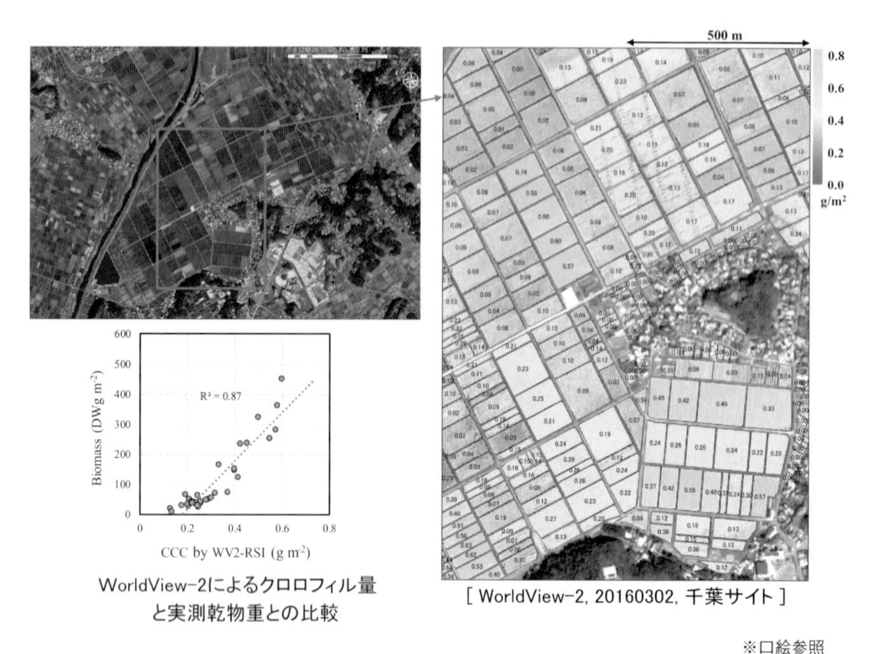

※口絵参照

図3　衛星 WorldView-3 により推定した小麦の施肥診断期のクロロフィル量分布[17)]

注）図中の数値は圃場平均値。裸地圃場も含む。

4.2　水稲の植物体窒素量

水稲の場合，小麦とは逆に玄米蛋白質含有率を低く抑えることが良食味・高品質の要件とされており，そのためには窒素施肥量を控えることが求められる。しかし，これは増収には逆行するため，品質と収量の水準を同時に確保するためには，圃場ごとの生育の実態に応じて追肥量の調節を適切に行う必要がある。篤農技術では，一部の圃場を対象に草丈や茎数，葉色を圃場に入って調査し，それを基準とした判定が行われることが多い。しかし，栽培面積の拡大に伴って労力や精度の面で限界があり，今後は衛星データによる広域的な省力調査法を実装することが期待されている。

図4は水稲群落を対象として，幼穂形成期（重要な追肥診断時期）に群落窒素量を推定した事例である[22)]。WorldView-2 を用いた8バンド画像から生成したもので，約 200 km^2 における数万枚の水田地帯の一部を例示している。ハイパースペクトルデータの解析により，群落窒素量の推定にはレッドエッジを用いた分光指数が最適であることが分かっており，品種・地域の異なる多様な水稲群落において高い推定力（r^2>0.8～0.9）を示すことが検証されている[22)]。これをベースにして，WorldView-2,3 の8バンド画像が利用できる場合にはそれに応じた最適アルゴリズムを，また，4バンドセンサしか使えない場合には，次善のアルゴリズム（NDVI 等を用いるモデル）を適用することが可能である。ここで例示した結果では，現地での少数の実測データとの間に密接な関係が確認されている（r^2＝0.5～0.6）。

なお，この地域では全域の圃場区画ポリゴンが利用できるため，GIS により圃場ごとの平均値を算出し，玄米蛋白質含有率（この事例では 7.5%）の目標水準に照らして圃場ごとの追肥の要否・施用量が判定される。追肥診断のカギとなる作物情報を事前に広域的に取得することで，対応の必要な圃場のみ，あらかじめ選定し必要なレベルの量を施用することにより，地上調査および施肥作業に要する労力を軽減し，かつ肥料を効率的に使用しつつ，食味と収量の確保を図ることが可能となる。また，本画像の空間解像度は約 1.6 m であるため，図からも明らかなように圃場内の空間変異も容易にとらえることができる。現時点で市販されている肥料散布機は，これらの高精細の空間変異に対応した可変散布を実現する段階にないが，今後，農作業機の機能改善と低コスト化が進めば，圃場単位だけでなく圃場内の群落窒素量分布に対応した施肥調節も可能になることが期待される。

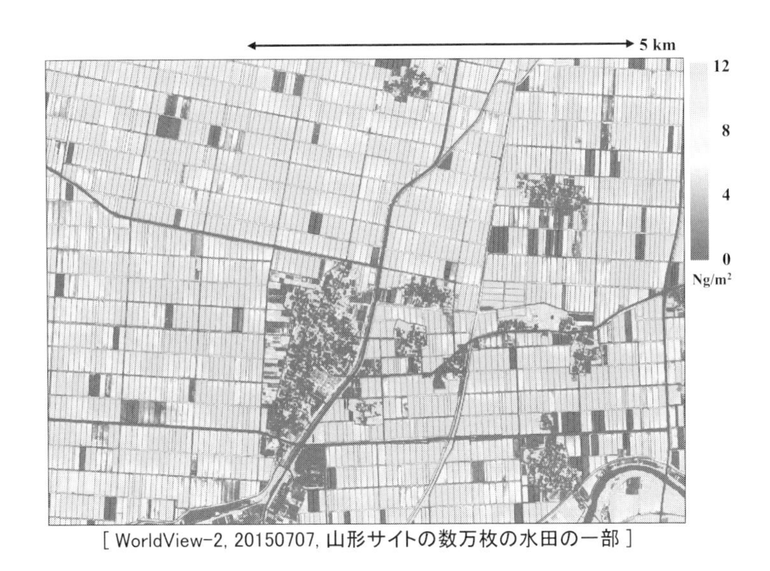

図4　衛星 WorldView-2 により推定した水稲の施肥診断期（幼穂形成期）の窒素含有量分布[17]
※口絵参照

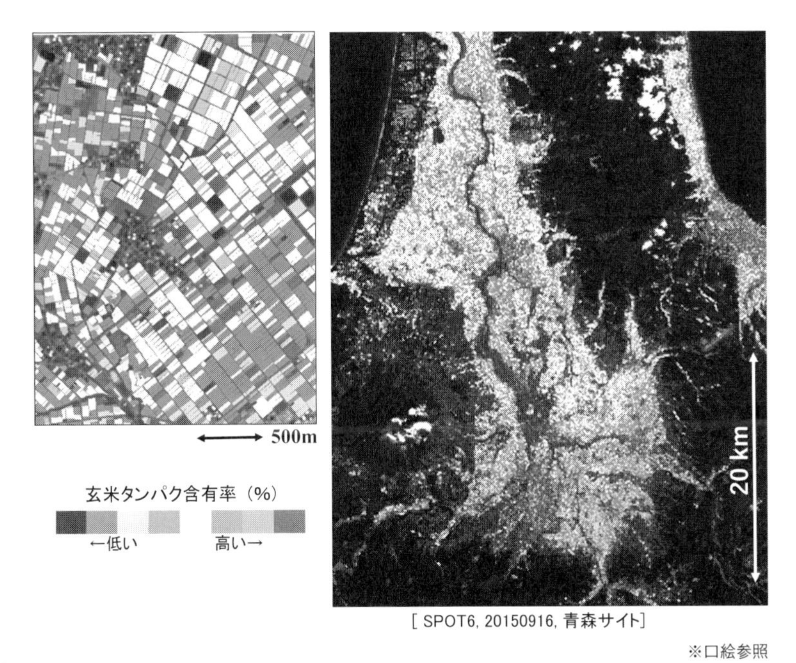

※口絵参照
図5　衛星 SPOT6 により推定した玄米蛋白質含有率分布[27]

4.3　水稲の子実蛋白質含有率

近年，国内の水稲生産では良食味米の生産に向けた産地間の競争が激しくなっており，自治体試験機関等で新品種の開発や普及に向けた努力が続けられている。食味の指標として玄米の蛋白質含有率が用いられており，前項の事例のように施肥管理によって蛋白質含有率を基準内に抑制することが推奨されている。一方，衛星データによって，収穫前に圃場ごとの子実蛋白質含有率を予測することで，基準をクリアする圃場群をまとめて収穫・調整する区分化収穫や，圃場ごとの子実蛋白質含有率データを次年度の施肥管理に反映させる等の指導が可能となる。**図5**に青森での広域的な蛋白質含有率マップ作成の事例[23]を示す。この事例では，3,000 km² に及ぶ

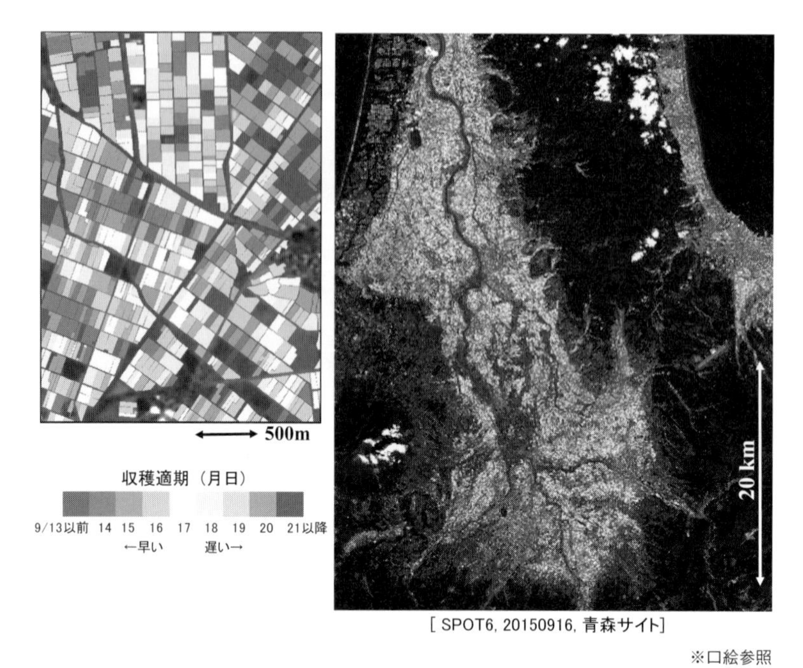

図6　衛星SPOT6により推定した水稲収穫適期分布[28]

広域をカバーするため，コストも勘案してやや空間解像度を落とし，SPOT6/7およびRapidEyeが使用されている。評価アルゴリズムとしては，ハイパースペクトルデータ解析による収穫時期の子実蛋白質含有率推定力に高い波長のうち[20]，データが取得された衛星センサのバンド仕様に応じて緑と近赤外を用いた分光指数NDSI(R_i, R_j)によるモデルを適用している。地上でのサンプル調査データとの比較結果では，この方法による圃場ごとの子実蛋白質含有率の予測値は，多年次にわたり他のモデルよりも相対的に高い予測力(r^2＝0.5〜0.6)が認められている。

4.4　水稲の収穫適期

近年，米粒の中央部が割れる胴割米の発生によって品質等級が低下し，それに伴う大きな損害が各地で問題となっている(青森県では2012年に1.1億円)。胴割米は収穫作業が成熟期を過ぎると急激にその発生リスクが高まる。成熟期は圃場ごとにばらつきがあるが，広域的な積算気温を目安とした従来の適期判定法では，実際には刈遅れとなる圃場が多いことも分かってきた[24]。そのため，事前に圃場ごとの収穫適期の情報が得られると，産地スケールでの品質確保対策として特に有効である。また，適期収穫により乾燥費用の低減効果も期待される。

図6に青森県津軽平野全域を対象に登熟中期のSPOT6の画像を用いて収穫適期予測マップの作成した事例を示す[24]。ここでは，同一の時期に取得したRapidEyeとも比較されているが，それぞれの仕様に応じて，SPOT6ではR655とR825を，また，RapidEyeではR710とR805を用いた分光指数NDSI(R_i, R_j)を，多年次の平均実測成熟期データと併用する方法で，圃場ごとの収穫適期を暦日で予測している[24]。SPOT6とRapidEyeのいずれの衛星センサを用いた場合でも，r^2＝0.6〜0.8の水準で収穫適期予測データが提供されている。なお，同一画像の異なるバンドを使用して玄米蛋白質含有率と収穫適期の両方を予測できるため，画像コスト節減とデータ処理の効率化につながる。

4.5　小麦の成熟進度

図7は茨城県の畑圃場におけるパン小麦の成熟進度を，衛星GeoEye-1を用いて推定した事例を示す[12]。WorldView-2/3などの4〜8バンド仕様を含むコンステレーションのうち，結果的に適時に観測された4バンド仕様のGeoEye-1によって取得された画像を用いている。穂の水分状態と最も良好な関係を有する分光指数(3バンドを使用した正規化指数)を用いている。地上実験によって，小麦の穂の水分

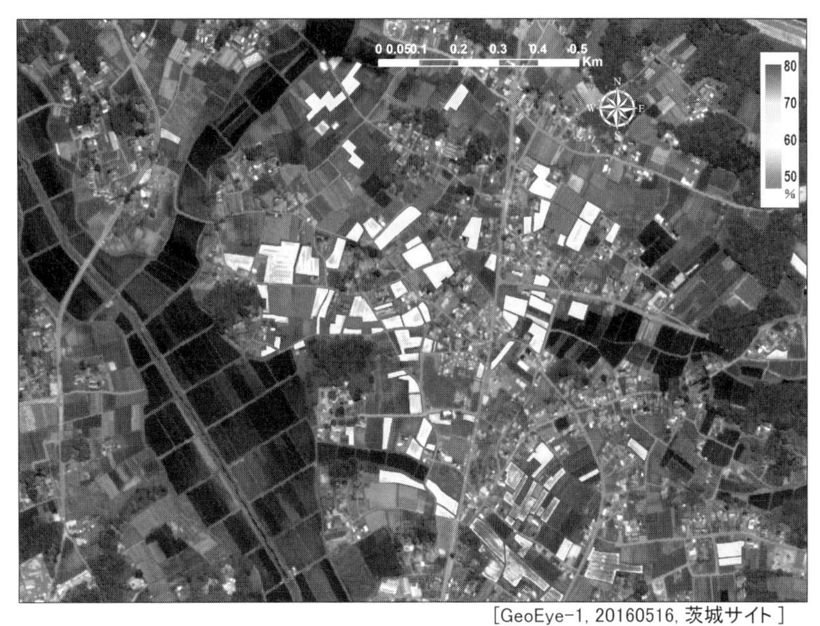

[GeoEye-1, 20160516, 茨城サイト]

※口絵参照

図7　衛星 GeoEye-1 により推定したパン小麦の穂の水分含有率分布[17)]

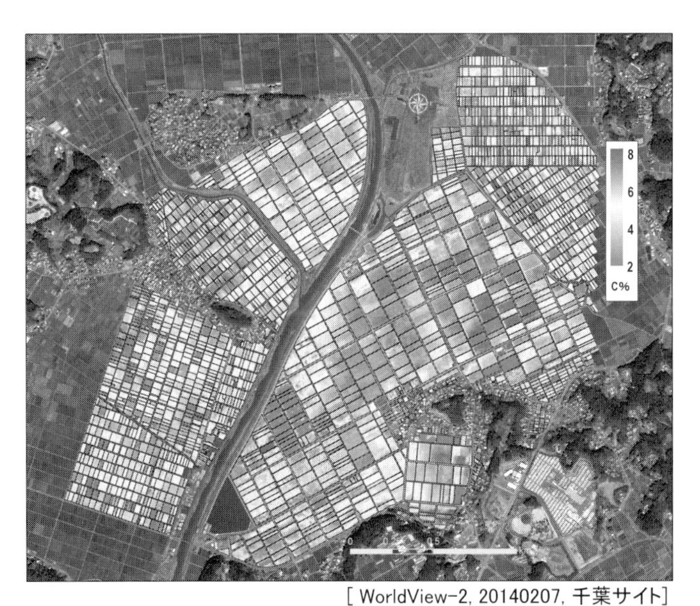

[WorldView-2, 20140207, 千葉サイト]

※口絵参照

図8　衛星 WorldView-2 により推定した農地土壌の肥沃度分布[17)]

注）観測時点に裸地状態でなく評価対象外の圃場も含まれる。

含有率がクロロフィルの低下程度や収穫前日数と密接な関係にあることが分かっているため，可視～近赤外4バンドのうちクロロフィル低下程度に関係する分光指数を用いて間接的に穂の水分含有率を推定している。この事例では，現地圃場で実測した穂の水分含有率と衛星データによる推定値のとの間に，良好な線形関係($r^2=0.8$)が得られている。広域に分散した多数の圃場について，圃場ごとの収穫適期情報を事前に取得できるため，収穫作業の順序や刈取り時期の最適化が可能となり，品質のそろった出荷ロットを作成する労力や乾燥経費の軽減につながると期待されている。

4.6　土壌の肥沃度

土壌の肥沃度は作物の生産上，保水性/排水性と並ぶ重要な農地因子である。土壌の肥沃度レベルが圃場ごとに把握できれば，堆肥等の土壌改良資材の投入や，今後作付ける作物の施肥設計をより的確に行うことが可能となる。また近年は，新たな圃場を多数組み入れることで営農規模の拡大が急速に進みつつあるため，栽培実績のない個々の圃場の生産性等に関する情報を事前に把握することは農地管理上の重要な課題である。

一般に腐植含有率が土壌肥沃度の評価指標とされるが，腐植含有率は炭素含有率と比例関係にあるため，実質的には土壌炭素含有率を肥沃度の評価指標として使用できる。**図8**はWorldView-2の複数バンドを用いたアルゴリズムにより推定した土壌の炭素含有率マップである[4,25]。土壌肥沃度の評価には，基本的に作物や雑草のない裸地状態で，かつ耕起された平坦な表面状態が望ましい。本画像では，観測された農地は概ね裸地状態であり，小麦圃場など一部の圃場を除いて分析による実測値とも密接な相関関係($r^2=0.63$)にあった[17]。土壌の炭素含有率は圃場ごとあるいは圃場内の場所によって変異があるが，時間変動は比較的小さいため，年1回程度の評価でも十分有効と考えられる。

5. おわりに—先進的農業における社会実装に向けて

本稿では，主として高解像度光学衛星センサをスマート農業へ応用する観点から，応用場面，センサ要件，および評価アルゴリズムについて，具体的な応用事例とともに紹介した。スマート農業を実現する上で，年々変動する圃場ごとの生育・収量・品質に関するデータを管理記録データとともに集積して解析し，作付計画や施肥管理等の最適化を図ることが重要である。それには，圃場ごとの土壌や生育，収量などの実態データをリモートセンシングによって省力的かつ面的に捉え，地理空間情報システム(GIS)上で位置情報をもったデータとして集積していくことが不可欠である[9]。

さまざまな観測対象のうち，農業生態系は植物，土壌，水面等の生態系要素を網羅的に含み，かつそれらが短期間に大きく変動するだけでなく，播種，施肥，収穫，水管理等々各種の人為管理が加わるという特徴がある。そのため，スマート農業への応用は，多くの応用分野のなかでも適時性や空間解像度，波長特性等の技術面，ならびに費用対効果等の社会経済面の両方で，最もデータ要件が厳しい用途の1つであると考えられる(表1参照)。

地球観測衛星に搭載されたセンサは，可視～近赤外～短波長赤外～熱赤外～マイクロ波まで多様であり，科学，実業，教育等多くの分野で活用が進みつつある。センサ開発面では，欧州のコペルニクス計画の一環として打ち上げられたVenμsのように，既存商業衛星にはない先進的仕様/運用の光学衛星もあり，新たな研究と応用が進みつつある。

今後利用可能になるセンサ群も含め，衛星センサを地域・作目・作期等の異なる多様な生産現場に適用してスマート農業応用での実効をあげるためには，クリアすべき課題も残されている。管理作業の意思決定支援の面だけでなく，農作業機による診断画像の直接利用を促進するためにも，有用情報の適時・迅速な生成は特に重要な要件である。すでに多数衛星のコンステレーションによる高頻度観測は実現しつつあるが，併行して異種センサ画像のデータフュージョンや動的モデルとのアシミレーション手法等有望な手法について実用化を進める必要がある。一方，計測データから有用診断情報を生成するための植物情報評価アルゴリズムについては，レッドエッジの活用等を含め，すでに多大な研究蓄積がある。そのため，スマート農業などでの社会実装においては，衛星データから正確な診断情報を安定的に生成するための基礎となる物理的一貫性の高い正確な輝度データ生成法を確立することが，改めて重要な研究課題になると考えられる。

産地スケール，大規模営農スケールのいずれにおいても，品質，収量，省力を同時に実現する上で，空間情報技術活用へのニーズは高い。衛星画像，データ処理，提供サービス等の様態は適用するスケールや生産場面での利用ニーズに応じて異なるが，費用対効果の高い用途を中心に，多角的な利用に取り組む必要がある。

謝　辞

本研究の一部はSIP「戦略的イノベーション創造プログラム」の支援を受けた。

文　献

1) IPCC : Climate Change 2014: Impacts, Adaptation, and Vulnerability, Part A(Eds. C. B. Field et al.), 1-32. Cambridge University Press, Cambridge(2014).
2) S. V. K. Jagadish, M. V. R Murty and W. P. Quick : *Plant, Cell & Environment*, doi: 10.1111/pce. 12430(2015).
3) 農林水産省：2015年農林業センサス報告書(2015).
4) 井上吉雄：日本リモートセンシング学会誌, **37**, 213(2017).
5) 井上吉雄：日本作物学会紀事, **66**, 335(1997).
6) 井上吉雄：計測と制御, **59**, 747(2016).
7) https://www. planet. com/ (2017.6.6)
8) Y. Inoue : *Plant Production Science*, **6**, 3(2003).
9) 井上吉雄編著：リモートセンシング・GIS・GPS―スマート農業・環境分野に役立つ空間情報テクノロジー―, 森北出版(2019).
10) Y. Inoue, R. Darvishzadeh and R. Skidmore : Hyperspectral Assessment of Ecophysiological Functioning for Diagnostics of Crops and Vegetation, Hyperspectral Rremote Sensing of Vegetation (2nd Ed. : Eds. P. S. Thenkabail, G. J. Lyon, A. Huete), Volume III : Biophysical and Biochemical Characterization and Plant Species Studies, CRC Press-Taylar and Francis group, Boca Raton, London, New York, 25-72(2019).
11) Y. Inoue, M. Guérif, F. Baret et al. : *Plant, Cell & Environment*, **39**, 2609(2016).
12) 井上吉雄, 横山正樹：日本リモートセンシング学会誌, **37**, 224(2017).
13) C. S. T. Daughtry, C. L. Walthall, M. S. Kim et al. : *Remote Sensing of Environment*, **74**, 229(2000).
14) M. F. Garbulsky, J. Peñuelas, J. Gamon et al. : *Remote Sensing of Environment*, **115**, 281(2010).
15) A. A. Gitelson, U. Gritz and M. N. Merzlyak : *Journal of Plant Physiology*, **160**, 271(2003).
16) A. R. Huete : *Remote Sensing of Environment*, **25**, 295(1988).
17) A. R. Huete, K. Didan, T. Miura et al. : *Remote Sensing of Environment*, **83**, 195(2002).
18) S. Jacquemoud, W. Verhoef, F. Baret et al. : *Remote Sensing of Environment*, **113**, S56(2009).
19) Y. Inoue, J. Peñuelas, A. Miyata and M. Mano : *Remote Sensing of Environment*, **112**, 156(2008).
20) 井上吉雄, G. Miah, 境谷栄二, 中野憲司, 川村健介：日本リモートセンシング学会誌, **28**, 317(2008).
21) 石原光則, 井上吉雄, 小野圭介ほか：日本リモートセンシング学会誌, **34**, 22(2014).
22) Y. Inoue, E. Sakaiya, Y. Zhu and W. Takahashi : *Remote Sensing of Environment*, **126**, 210(2012).
23) 境谷栄二, 三上竜平, 小野浩之ほか：日本リモートセンシング学会第61回学術講演会論文集, 133(2016).
24) 境谷栄二, 三上竜平, 小野浩之ほか：日本作物学会第243回講演会要旨集, 169(2016).
25) Y. Inoue and X. Zhi : *Proc. IGARSS2012*, 105(2012).

第２項　スマート農業向けリモートセンシングシステムによる生育状況測定技術とその活用

ファームアイ株式会社　岡本　誌乃　　ファームアイ株式会社　山村　知之

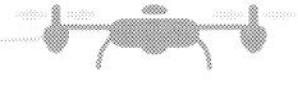

1. はじめに

日本では，農業従事者の高齢化と新規就業者不足によりノウハウの継承が難しくなってきている。また，耕地の集積化など経営の大規模化が進んでいる中，ノウハウを持たない従事者が圃場の状態を科学的に把握し(見える化)，品質と収穫量を安定的に確保できる対応技術の提供が望まれている。

本稿では，リモートセンシングによる水稲の生育状況測定技術，生育マップ作成技術とその活用事例について紹介する。

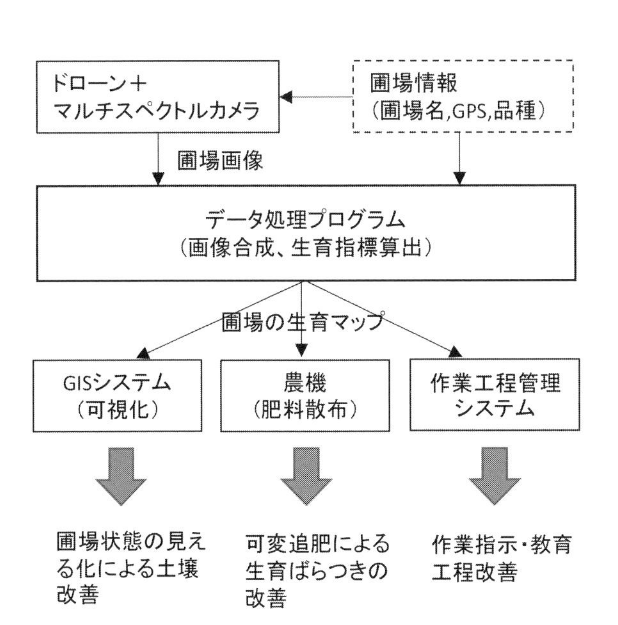

図１　全体システム

2. リモートセンシングデータ処理システム

2.1　全体システム

図１に全体システム図を示す。撮影対象圃場の圃場名や品種・GPS位置などの圃場情報に基づいて，マルチスペクトルカメラを搭載したドローンで空撮を行う。得られた画像データは，PCベースのデータ処理プログラムにて圃場単位で合成され，後述するNDVI(Normalized Difference Vegetation Index)および植被率の生育指標が算出される。農業試験場や研究所では，水稲の生育は葉色・茎数・草丈３つの指標で評価されている。NDVIは葉色，植被率は茎数に相関しており，草丈が大きく変わらない条件においてNDVIと植被率で圃場の生育状況を

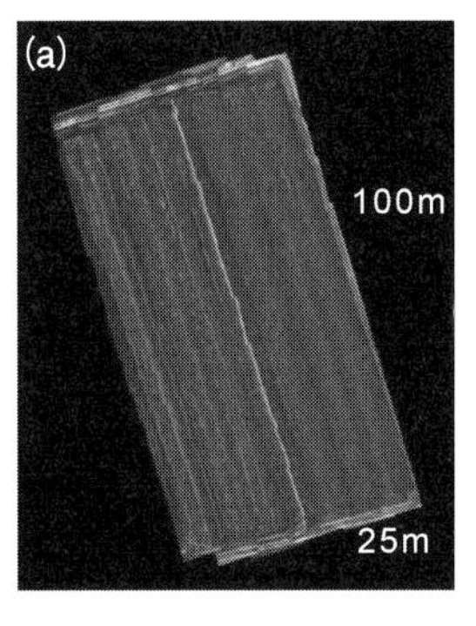

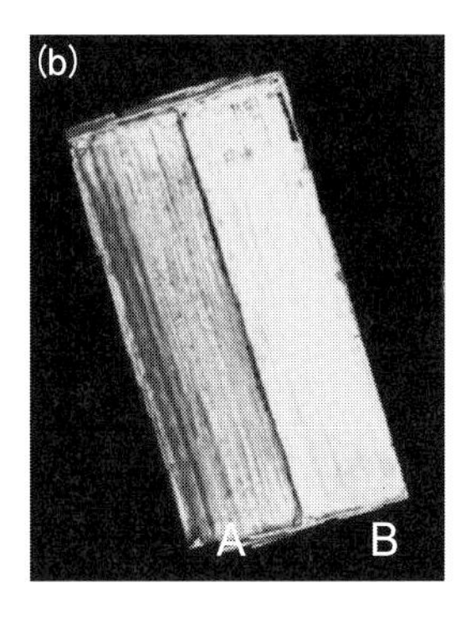

NDVI 低　　NDVI 高

図２　可視画像マップ(a)とNDVIマップ(b)の例
圃場BはAよりもNDVI値が高く，生育が良いことを示している。
※口絵参照

評価できる。圃場の生育指標データは，撮影時に取得したGPS情報でタグ付けされ，生育マップとしてGIS(Geographic Information System)等の地図ソフトで可視化できる。**図2**(a)は可視画像マップ，図2(b)はNDVIマップの例である。圃場Bは圃場Aに比べNDVIが高く，生育が良いことを示している。

生育マップは施肥量に変換され，無人ヘリコプターなどの肥料散布機によって圃場の部分ごとに施肥量を変えること(可変施肥)で生育ばらつきの改善が可能となる。また，生育マップは作業工程管理システム等で作業指示や教育,工程改善に利用できる。

2.2　マルチスペクトルカメラ搭載ドローンによる空撮システム

圃場全体の生育状況の評価を広範囲で高速に行うために，ドローンにマルチスペクトルカメラを搭載した空撮システムを用いる。**図3**に外観を示す。ドローン，マルチスペクトルカメラ，GPSおよび方位計で構成される。**図4**に構成を示す。マルチスペクトルカメラはモノクロカメラに可視光/近赤外光のみ選択するバンドパスフィルタを装着している。カメラとGPSの制御はタブレットPCで行い，蓄積された画像はフラッシュメモリによって外部に出力される。

ドローンの飛行時間は1回最大15分でおよそ2haの撮影が可能である。飛行高度30m条件で地上分解能は3cmである。30aの圃場で40～50枚の画像が撮影される。

取得された画像よりNDVIおよび植被率の生育指標が求められる。NDVIはリモートセンシングで一般的に用いられており，$NDVI=(IR-R)/(IR+R)$で表される[1]。ここで，IRは近赤外光の反射率，Rは可視光の反射率である。

NDVIが高いほど稲体の窒素含有率が高く栄養状態が良いことを示している[3]。植被率は稲体の茎数に相当する指標であり，画像における土と葉の割合を算出する。**図5**(a)は低い植被率，(b)は高い植被率を示している。

どちらの指標も，各地の農業試験場で測定された葉色・茎数の生育調査結果と高い相関が得られている(**図6**，**図7**)。

NDVIは，衛星リモートセンシングをはじめ生育状況を表す指標として従来から利用されている。衛星リモートセンシングは広範囲を一瞬で撮影できるという利点がある一方で，曇天時は圃場が雲に隠れてNDVI値が算出できない。また，従来のリモートセンシングは天候や時刻によりNDVI値が変わってしまうという問題点がある。弊社は独自の光学補正技術により，天候や時刻によらず安定したNDVI値を算出でき，経年変化の把握が可能である。

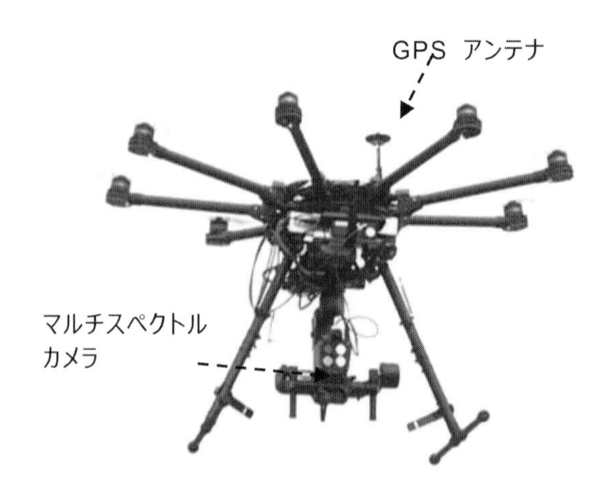

図3　マルチスペクトルカメラ搭載ドローン空撮システムの外観

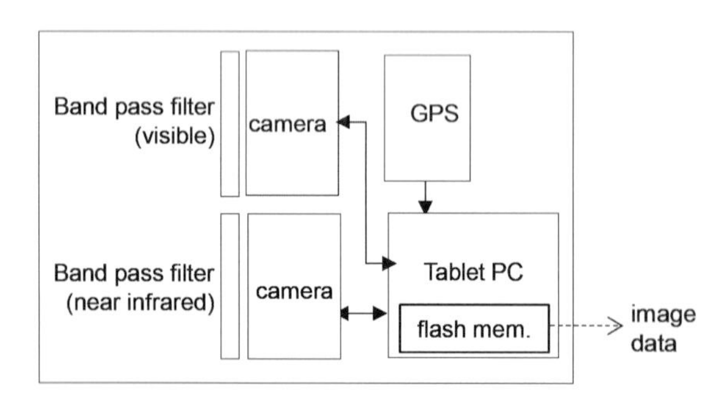

図4　マルチスペクトルカメラの構成

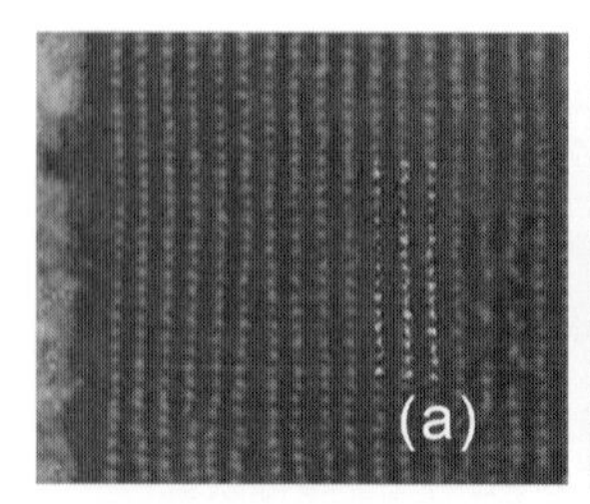

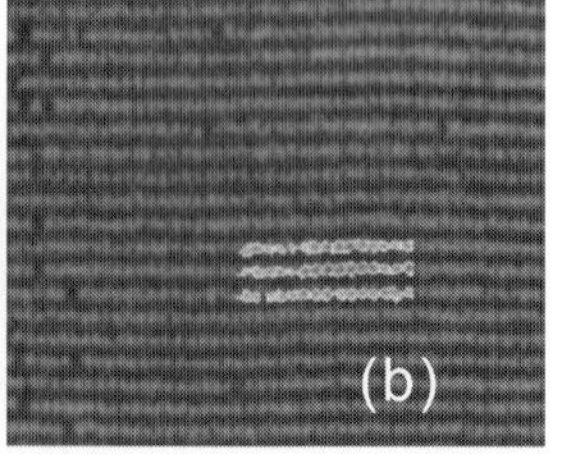

※口絵参照

図5　植被率算出画像

(a)は植被率が低く，(b)は植被率が高い。

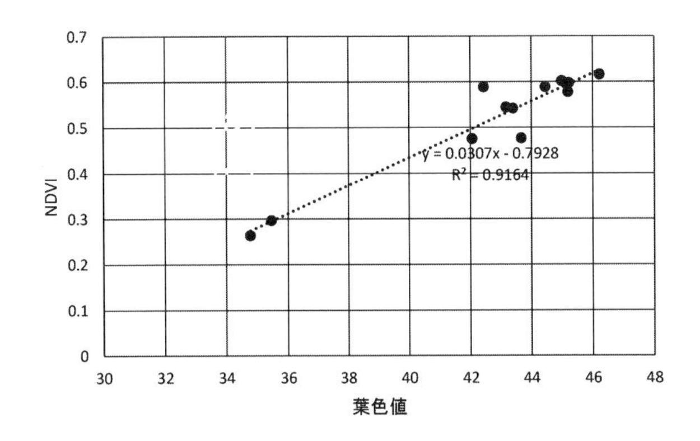

図6　NDVI と葉色値の相関グラフ

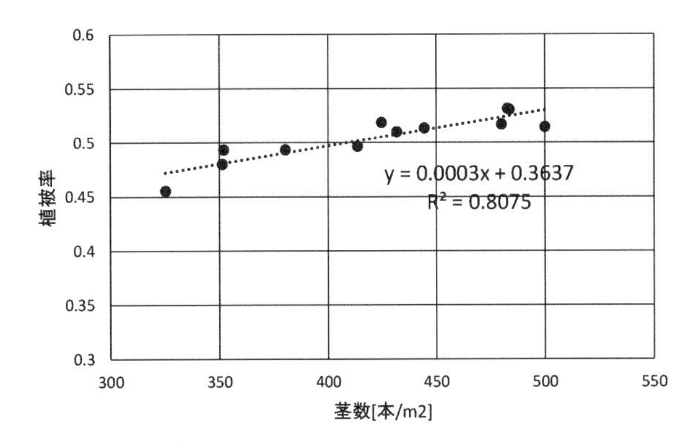

図7　植被率と茎数の相関グラフ

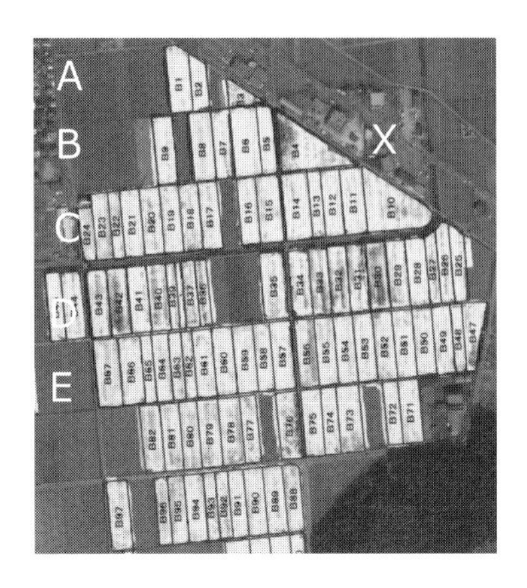

NDVI 低　NDVI 高

※口絵参照

図8　NDVI 生育マップ（一覧表示）
圃場全体の生育状況を一覧できる。

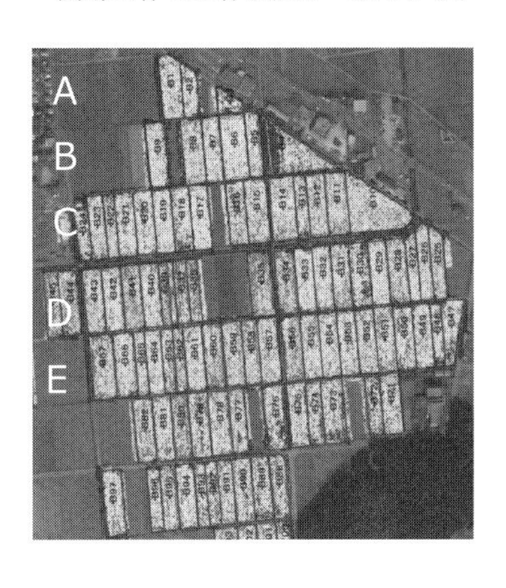

植被率-低　植被率-高

※口絵参照

図9　植被率生育マップ（一覧表示）
列 D の圃場は総じて NDVI が低く，植被率が高い。移植直後の生育は良好であったが，肥料がなくなったと考えられる。

3. 提供価値について

3.1　圃場生育状況の「見える化」

マルチスペクトルカメラから求められた生育指標は，弊社リモートセンシングサイトで閲覧可能である。**図8**は生育マップを一覧表示できるモードである。品種別表示や肥培管理別表示などが可能であり，同じ栽培条件の圃場の生育状況全体を把握することができる。

図8と**図9**は約100圃場の同品種のNDVI/植被率マップ例である。圃場Xは，圃場内で青から緑へカラースケールが大きく変化している。複数の圃場を合筆させたため，圃場間の地力（土壌が保持する窒素量）の差が生育差として現れたものと考えられる。また，D行の圃場はまとまってNDVIが低く，植被率が高い。茎数は多いが葉色は薄い状態であり，田植え直後の生育は良かったが，途中で肥料切れを起こしていると考えられる。これらのまとまった生育差は土壌のばらつきによって発生する。対策としては，堆肥の導入など土壌窒素の保持力強化が望ましい。圃場生育状況の「見える化」によって改善すべき箇所を絞り込み，効率的な土壌改善が可能となる。

土壌診断についても，生育不良箇所のみ実施すると効率的である。従来の土壌診断は圃場内5か所からサンプリングした土壌の混合物を分析するので，圃場の平均的な状態評価であった。一方，生育マップを活用すると，NDVI（葉色）や植被率（茎数）の不良箇所の土壌を採取して分析し，改善対策を実施できる。「リモートセンシングによる面の評価」→「特異箇所の抽出」→「ピンポイント対策実施」により，効率的かつ効果的な改善対策が可能となる。

3.2　可変施肥による収量・品質の安定化

リモートセンシングマップを活用した対応策の例として「可変施肥」がある。幼穂形成期に取得した生育マップを施肥量マップに変換し，ブロードキャスターや無人ヘリコプターなどの肥料散布機により部分ごとに施肥量を変えて散布(可変施肥)する。このことにより，生育ばらつきの改善，ひいては収穫物の質と量の安定化が可能となる。

図10(a)は2016年幼穂形成期の生育マップである。圃場内生育ばらつきが大きいことがわかる。**図11**はこのばらつきに応じて基肥量を変えた施肥量マップである。可変施肥機能付きブロードキャスターに施肥量マップデータを読み込ませて散布を行った。GPSを備えており，施肥量マップに基づいて場所ごとに散布する肥料量を変えることができる。基肥の可変散布の結果，図10(b)のとおり生育のばらつきが減った。

次に追肥の可変散布については，当該年度の幼穂形成期の生育マップを施肥量マップに変換し，無人ヘリコプターにより可変追肥を実施する。本機もGPSを備えており，施肥量マップに基づいて場所ごとに散布量を変えることができる。このことにより，生育ばらつきや後期生育の窒素量過不足を是正する。

表1は，同一生産者の圃場における可変施肥実施による反収の変化を記したものである。2014年は慣行どおり均一施肥を実施，2015年より可変施肥を実施した。「はえぬき」の場合は，2014年均一施肥実施時の圃場間反収差4俵/10aから，2015年には同差2.7俵/10aと圃場の反収差が減少した。

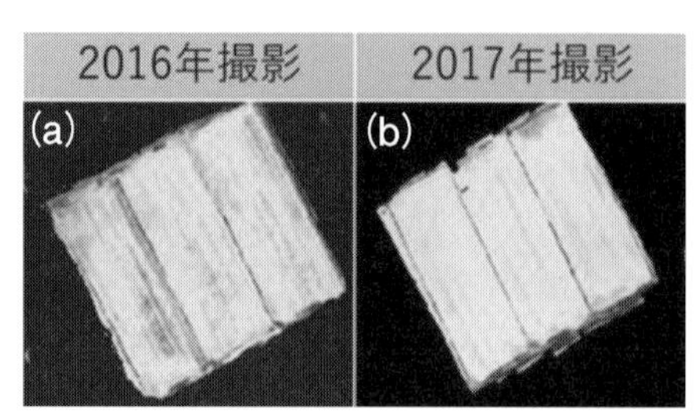

※口絵参照

図10　幼穂形成期NDVI(葉色)マップ

(a)2016年撮影，(b)2017年撮影。2017年春の基肥可変実施により生育ばらつきが減少した。

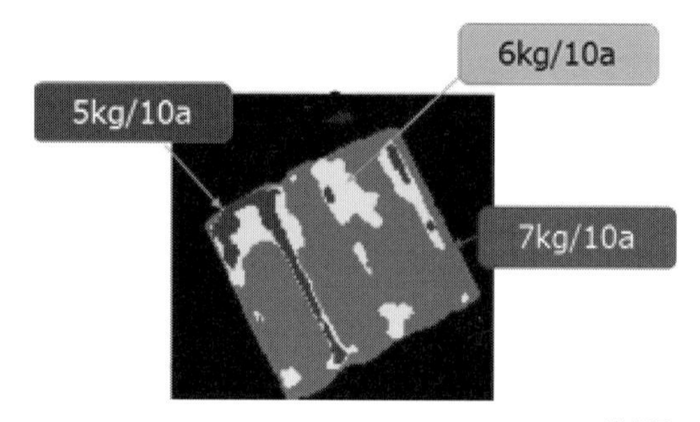

※口絵参照

図11　施肥量マップ

2016年幼穂形成期の生育マップより基肥量を変えたもの。

表1　可変施肥実施による圃場ごとの反収変化

		均一施肥	可変施肥	
		2014年	2015年	2016年
コシヒカリ	最大反収(俵/10a)	10.3	9.5	9.9
	最小反収(俵/10a)	7.0	7.7	9.0
	差異	3.3	1.8	0.9
つや姫	最大反収(俵/10a)	11.0	9.4	10.3
	最小反収(俵/10a)	9.3	8.4	9.0
	差異	1.7	1.0	1.3
はえぬき	最大反収(俵/10a)	11.0	10.5	10.6
	最小反収(俵/10a)	7.0	7.8	9.1
	差異	4.0	2.7	1.5

可変施肥により圃場間の反収差が減少した。

3.3　工程改善および作業指示や教育への利用

生育マップのばらつきは，土壌起因だけではなく，作業のムラによっても発生する。**図13**右側の青い部分は，画像の周波数を分析した結果，トラクター作業が原因と推測した。農家へのヒアリングの結果，作業を一部省略した部分に肥料不足が発生していたことが分かった。このムラを作業者へフィードバックすることで工程の改善が可能となる。作業工程管理システムでムラを経年で評価することで工程の改善度合いが定量化できる。

日本の農業現場は圃場の集約化が進んでおり，経営者＝作業者から，経営者と作業者が分業化された経営形態に変化しつつある。圃場の観察力のある経営者が現場スタッフに指示・教育する場合，これまで生育状況を主観的に表現していたが，マップによって生育が定量化されることで，迅速かつ正確な情報共有が可能となる。

3.4　リモートセンシングからさまざまな営農支援メニューへの展開

リモートセンシングによる生育マップの活用3事例を紹介した。生育ばらつき発生要因は，土質や栽培管理技術力，灌排水，天候により変わってくる。リモートセンシングにより，生産者が漠然と頭に描いていた生育状況や圃場状態を，場所を特定し数値

図12　可変施肥無人ヘリコプター

図13　作業ムラが生育に影響を与えた状況を表した生育マップの例　※口絵参照

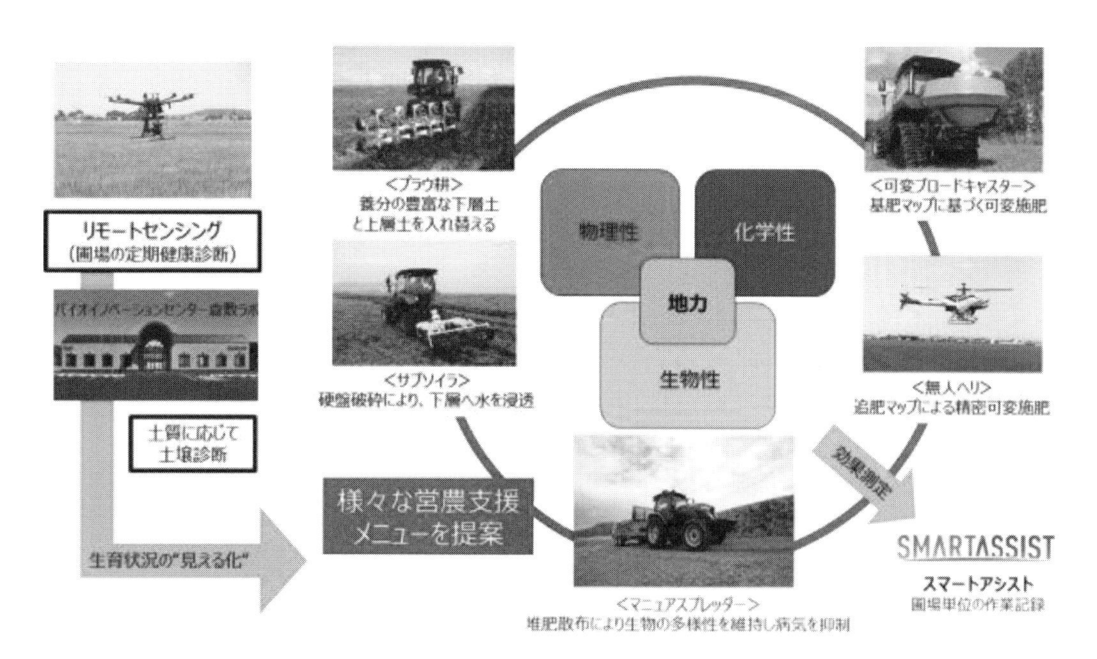

図14　さまざまな土壌改善メニュー
リモートセンシングからさまざまな営農支援メニューを実施して土壌改善を実施する。

化されて見える化できたことにより，知見と紐づけて対策を考えやすくなったと生産者様から評価していただいている。対策後は再びリモートセンシングにより生育状況を取得し，対応策の効果を確認して次の課題抽出を行う。このような取組みを継続的に続けることにより，圃場の物理性・化学性の改善を進め，水稲の質量の安定化を図っていく。

4. 今後の展開

今後は，NDVI・植被率以外に，病気診断や雑草検知などセンシングの幅を広げることで生育マップの価値を高められると考えている。また，他作物への展開として，水稲の技術を応用しやすいイネ科の小麦，大規模な作付けが行われており，見える化の効果を得られやすいダイズ等の土地利用型作物，将来的には野菜や果樹の付加価値の高い作物にも広げていきたい。

現状，農家や専門家が生育マップの分析を行い，土壌改良等の施策を決定している。今後は全国の経年データを蓄積し，ビッグデータ・機械学習の技術を活用して改善提案の自動化まで発展させたい。近年失われつつある篤農家の目と頭脳を代替することで，日本だけでなく世界の農業に貢献できると考えている。

文　献

1) J. W. Rouse, R. H. Haas, J. A. Schell and D. W. Deering : Monitoring vegetation systems in the Great Plains with ERTS, Third ERTS Symposium, NASA SP-351 I, 309-317 (1973).

2) 今野周，長谷川正俊，武田正宏：水稲「はえぬき」の施肥量と収量・品質・食味，東北農業研究，**50**, 57-58(1997).

3) 片桐哲也，安藤和登，松本由美，森静香，藤井弘志：ドローンによる圃場生育評価と無人ヘリによる可変追肥システムを利用した水稲の収量・品質改善について，計測と制御，**55**(9) (2016).

4) 片桐哲也，岡本誌乃：スマート農業に向けたリモ―トセンシングシステムの開発，KONICA MINOLTA TECHNOROGY REPORT，15(2018).

第３項　ドローンリモートセンシングによる作物・農地診断情報計測技術

国立研究開発法人農業・食品産業技術総合研究機構　石塚　直樹

1. はじめに

近年，ドローンと呼ばれる無人航空機の技術が急速に発展するとともに用途の拡大・普及が進んでおり，世界的にも「空の産業革命」，「ドローン・イノベーション」などと呼ばれ，注目を集めている。農業分野においてもドローンの利用がすでに始まっており，その利用は大きく分けると２つに分類される。１つは，農薬散布，播種など空中から農業資材を撒く形でなんらかの農作業を行うもの，つまり手の代わりである。もう１つは，生育監視など空から見ることを行う，つまり目の代わりとなるリモートセンシングである。

本稿では，ドローンを用いたリモートセンシングによる作物・農地診断情報計測技術について紹介する。

2. 従来のリモートセンシングとの違い

農地を上空から俯瞰することで，農業に関する情報を得る試みや研究には歴史があり，カメラやセンサを上空に運ぶプラットフォームも，バルーン，航空機，人工衛星などさまざまなものが使われてきた。特に，人工衛星に搭載されたセンサを用いて農地を計測する衛星リモートセンシングは，1972年のLandsat打上げ以来，盛んに研究や利活用が図られてきた。一方，研究レベルではさまざまな成果を挙げてきた衛星リモートセンシングであるが，農業分野における実利用となると，数えるほどしかないのが現状である。これには，コストなどさまざまな要因があるが，最も大きな制限要因は，観測頻度と観測の不確実性である。

一般的に衛星画像というと，太陽光の反射を捉える光学センサ画像を指すことが多く，宇宙から観測するため，雲があると地表面を見ることができないという難点がある。農地は，地表面が耕起（湛水），播種（移植），生長，収穫，残渣，耕起と比較的短時間で大きく変化する。さらに，作物を計測する際，知りたい情報を得るためには観測に適した時期・ステージに計測する必要があり，その観測適期は大抵数週間～数日と短い。例えば，先に挙げたLandsatでは16日に１回の観測であるため，月に１度から２度の観測機会があるが，その時に覆雲している場合，観測頻度はさらに低下することになる。それゆえ，いかに有用な情報が広域に得られる技術であっても，「天気が良ければ」という条件が付いてしまうため，事業やビジネスとして成り立ちづらいのである。

衛星リモートセンシングにおける観測の不確実性は，農業分野のみならず，防災等のほかの分野においても同様に問題である。それゆえ，センサや衛星を傾ける，光より波長の長いマイクロ波を使う，同じ衛星を数多く打ち上げるなど，観測頻度を向上させるさまざまな方法が開発されてきた。現在では，数百機の超小型衛星を用いることで，ほぼ毎日という観測頻度を得るサービスも始まっているが，数日や毎日といった高頻度で観測をするには，非常に高いコストが必要となる。

それに対し，ドローンリモートセンシングは，天候の影響を受けないわけではないものの，非常に高頻度の観測を手軽にすることが可能である。また，衛星観測は定常観測の場合，こちら側で観測のタイミングを指定することはできず，オーダー観測可能なものであっても，数日から数時間前までにオーダーを入れる必要がある。それに対し，ドローンの場合，気象条件が許せば思い立った時にすぐ飛ばして観測することが可能である。この機動性の高さが従来のリモートセンシングとの大きな違いである。さらに，ドローンは衛星や航空機と比べると，各段に低い高度から観測を行うため，数cmといった非常に高い解像度の画像を容易に取得することが可能である。この高頻度で，高空間分解能の画像を低コストで機動的に取得可能というドローンリモートセンシングの特徴は，前述の衛星リモートセンシングが農業分野で実利用されづらかった要因を解決できるものであるため，非常に高い期待と注目を集めている。

3. ドローンリモートセンシングによる作物・農地診断情報計測技術

先に，リモートセンシングは目の代わりと説明した。しかし，人間の目にはさまざまな限界もある。それに対し，ドローンに搭載されるカメラやセンサは，人間では容易に見ることができない上空からの視点による観測や，人間の目では捉えることができない波長を観測することも可能である。ここでは，ドローンリモートセンシングによる作物・農地診断情報を計測した事例を紹介する。

3.1　不陸計測

農地の起伏や凹凸は，生育ムラや乾湿害の原因の1つとなる。それゆえ，農地の平坦でない状態，これを不陸(ふりく，ふろく)と呼ぶが，どのくらい不陸があるかという情報は，作物生産に有用な情報である。農地の不陸計測にはLiDAR測量を用いることが多く，地上で計測を行う場合，圃場内を格子状に点で計測する，または，走行しながら基準点からの上下動を線状に計測する。航空機LiDAR測量の場合，1 m^2 当たりに数点という高い密度で計測を行っていくため，面に近い状態で圃場内の不陸を把握可能である。それに対し，ドローンを用いて不陸を計測する場合，航空機LiDAR測量よりさらに高密度に凹凸状態を計測することが可能である。

ドローンによる不陸計測は，従来からある有人航空機による航空写真測量の技術と，近年のコンピュータビジョンの技術であるSfM(Structure from motion)とMVS(Multi view stereo)を組み合わせて行う。航空写真測量において地形を計測するには，位置の異なる2枚の航空写真の重複部分の微妙な見え方の違い(視差差)を用いて，航空機からの距離の違いを計測してゆく。ドローンにおいても同様に2枚の画像の視差差から距離を計測する。これは，人間が2つの目の視差差から距離を推測しているのと同じ原理である。航空写真測量の場合，従来は航空機の位置および機体の傾きを高頻度に計測しておくことで，航空機の位置から地上の凹凸を算出している。ドローンの場合，現在主流となっているのは，取得した画像の重複部分から画像の特徴点や対応点を自動的に抽出し，カメラの位置や方向を推定するSfMと，3枚以上の画像の重複部分からステレオ視を行うMVSを利用することで，画像から三次元モデルを構築する手法である。また，この処理を通じてオルソ画像が作成できることから，複数枚の画像を用いるドローンリモートセンシングの場合，この処理を行うことが多い。本稿でこの後に紹介する事例においてもすべてSfM・MVSが用いられている。

農地の不陸計測は，平時の作物生産のための情報としてのみならず，地震等の災害により農地に大きな不陸が発生した場合，不陸の量によって災害復旧対策の方法が異なってくるため，有用な情報となる。ここでは，2016年に発生した平成28年度熊本地震(以降，熊本地震)の被災農地における計測事例を紹介する[1]。

対象は，熊本県熊本市東区秋津町の水田圃場である。地震発生時，この付近の圃場では転作コムギが作付けされており，その後，地震による給水ポンプや用水路の損壊によって農業用水の利用ができない状態にあったこともあり，多くの圃場では転作ダイズが作付けされた。コムギの収穫後の7月15日に，ドローン(Phantom3 Professional，DJI社製)に標準装備のカメラ(FC300X)を用いて高度約50mから圃場を空撮した。8時28分から8時38分までのフライトで124枚の空撮画像を取得した。また，GCP用に任意の場所に設定した基準点からの相対的な高低差を，16地点についてオートレベル(ソキア社製，B20)を用いて計測し記録した。解析に使用したソフトウェアは，Agisoft社PhotoScan Professionalバージョン1.2.6である。圃場内の不陸量は，圃場平均標高を基準面(0 m)とした上で，基準面からの高低差(凸部：プラス，凹部：マイナス)で表現した。その結果，空間解像度約2.5 cmのオルソ画像と，

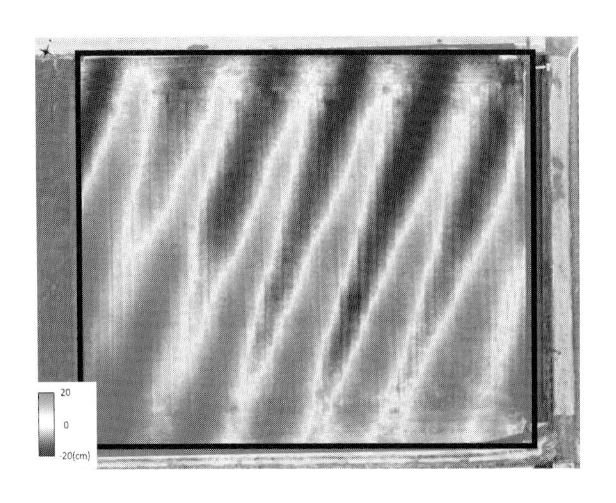

図1　熊本地震被災農地における不陸計測事例
0 cm が圃場平均面。

空間解像度約5 cmのDSM(Digital Surface Model)を得ることができ，秋津地区で発生した不陸被害を面的に把握することが可能となった(**図1**)。

対象地において，公共測量作業規定に基づいて作成された航空機LiDAR測量による計測値を正しいものと仮定し，圃場内のおよそ2.8万点を対象にドローンによる計測値とt検定を行ったところ，両データ間に有意な差は認められなかった。コストについては，km^{2}単位面積当たりで比較すると，航空機LiDAR測量が270万円ほどであるのに対し[2)]，ドローンの場合，本研究で使用した機材においてはドローン本体，ソフトウェア等の初期費用を含めても80万円程度であり，およそ1/3という試算結果になった。農研機構では，この方法をマニュアル化し，HPにて公開をしている。

http://www.naro.affrc.go.jp/publicity_report/pub2016_or_later/laboratory/niaes/manual/080528.html

3.2　育種研究への応用

ドローンリモートセンシングを育種の分野で利用した事例として，文献3)より紹介する。品種育成や栽培研究において，対象作物の形質情報を取得するフェノタイピングは，人の目視評価やマニュアル測定あるいは接触・破壊計測で行われる場合がほとんどである。そのため多大な労力を必要とするとともに，個体数や栽培面積を増やすことが難しい。そこで，ドローン空撮画像から効率的にフェノタイピングを行った事例を紹介する。

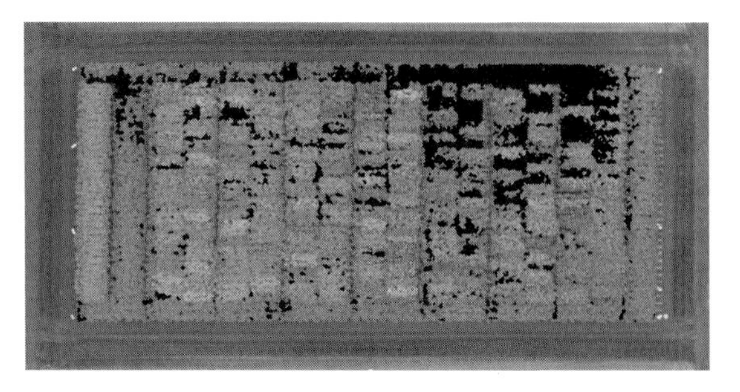

図2　馬鈴薯病害の自動検出例(黒色部分が病害と判定された場所)
杉浦綾氏提供。

対象は北海道農業研究センターの試験圃場である。馬鈴薯疫病抵抗性検定圃場では，品種，植付密度，追肥の有無などの栽培条件により区切られたプロットが設けられ，この圃場を無防除で管理し，疫病の発生状況から条件の違いによる病害抵抗性を調査している。事例では，360プロット270品種・系統が植えられた試験圃場において，疫病が発生する7月中旬から8月中旬まで定期的に空撮を行い，時系列画像から病害抵抗性の1つの指標であるAUDPC(Area Under Disease Progress Curve)を算出して病害抵抗性を評価している(**図2**)。試験圃場のうち4 haの範囲を撮影するのに要するフライトは高度100 mで約5分であり，約60枚の画像を取得している。ここでは，生長量として葉の植被率を対象としており，画像から葉の領域を自動抽出している。地上からの目視記録によるAUDPCの比較結果は決定係数0.77であり，十分な精度を得たとしている。

3.2　生育計測

ドローンを用いた作物の生育情報の取得として，最も容易にできるのは，空中からの写真である。このような使い方は，数年前からすでに先進的な農家などで行われており，農家の目視観察を代替するものであるとともに，空中からの俯瞰という視点の拡張を可能としている。また，圃場に入らずとも圃場内部の様子を知ることができることも利点の1つであり，土壌伝染病の防止という効果も期待できる。

センサには人間の目に見えない波長を捉えることが可能なものが多く存在する。つまり，これは目の性能向上であり，人間の目では捉えられないような違いや変化を観測できる可能性がある。特に農業においては，植物が多く反射する近赤外波長の光を観測可能なセンサが用いられることが多い。ここでは，マルチスペクトルセンサによる観測事例として，文献4)より紹介する。なお，本事例は内閣府SIPプログラム(戦略的イノベーション創造プログラム)内の課題「生産システム」における成果である。

3.2.1　水稲の事例

対象は山形県のB法人(営農規模約40 ha)の水稲圃場であり，1枚の平均が0.1〜0.3 haとなっている。使用したドローンは㈱自立制御システム研究所のMS-06LAである。使用したセンサはTtracum mini-MCAであり，高度100 mでデータを取得した際の空間解像度は約8 cmである。**図3**は，水稲圃場を対象として群落窒素含有量(gm^{-2})を算出した分布図の一部(約8 ha分)である。この圃場ではブランド米の食味を確保するために厳密な施肥基準があり，幼穂形成期の葉色判定に基づき追肥の可否や量が決定される。しかし，地上調査での対応には限界があるため，リモートセンシングによる省力化が強く求められている。幼穂形成期の群落窒素量と玄米タンパク質含有量の間の関係に基づいた，省力的施肥診断法が開発されつつあるため，このドローン計測結果をもとに施肥診断を行うことが検討されている[5]。

※口絵参照

図3　水田における群落窒素含有量推定事例
リモートセンシング学会誌より転載。

3.2.2　小麦の事例

対象は，千葉県のA法人(営農規模約80 ha)の圃場であり，1枚の平均が0.5〜1.3 haとなっている。使用したドローンおよびセンサは3.2.1の水稲の事例と同じである。**図4**は，小麦圃場を対象として群落クロロフィル指数(クロロフィル総量g/m^2)を算出した分布図の一部(約8 ha分)である。解像度は1 mにリサンプリングしてある。同期計測されたバイオマスデータを用いた簡易検証により$r^2=0.88$という関係があることが確認されている。観測が実施された茎立期(3月上旬)と出穂期(4月中旬)は，いずれも小麦の重要な追肥診断時期である。この情報に基づき，追肥を行うことにより，収量の確保やタンパク質含有率の向上，生育ムラの解消などを図ることが可能となる。

SIP生産システムでは，スマート農業パッケージの試験として，これらのドローンリモートセンシング情報から圃場内の追肥量をマッピングし，多圃場営農管理システムを通じてスマート追肥システムに入力データとして渡し，可変追肥を自動的に行う試験を行っている。

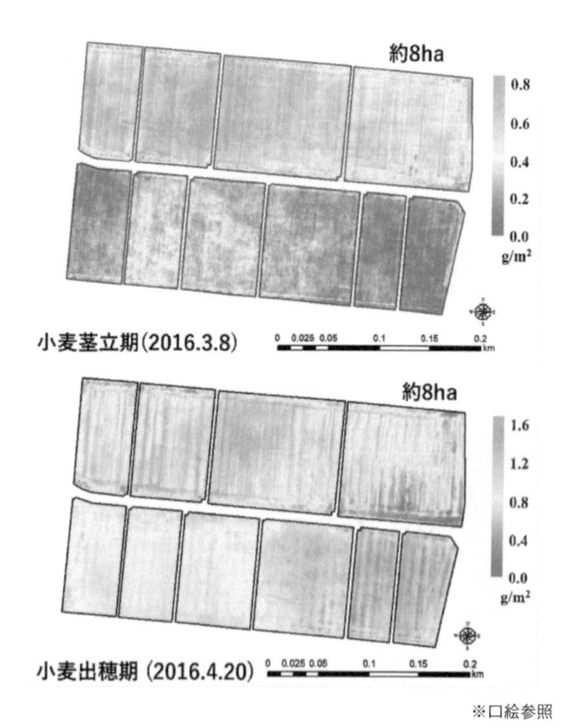

※口絵参照

図4　小麦を対象とした群落クロロフィル指数(クロロフィル総量)推定事例
リモートセンシング学会誌より転載。

4. おわりに

ここまで，ドローンリモートセンシングによる作物・農地診断情報計測技術について，事例紹介を行ってきた。データ駆動型のスマート農業において，リモートセンシング技術は，いわば目の役割を果たしている。そして，さまざまな計測技術により，その目は鳥の目，複数の目，科学の目とさまざまに能力を拡張してきている。そして，作業を行う手足としての自動スマート農機群に情報を渡す，もしくは，スマート農業における脳の部分となるAIに有用な作物・農地診断情報を渡す役割を担っている。面的な広がりを持つ農地の空間情報を得る手段としてリモートセンシング技術の重要性は増してきており，その中でもドローンは機動性の高さによる観測の適時性，観測頻度，空間分解能などから強力なツールである。安定した情報取得のためには，ドローンおよびセンサといったハード開発のみならず，運用を含めた画像取得方法，アルゴリズムなどのデータ処理方法，汎用性や堅牢性を高めるための広範なデータ収集によるbigデータ整備体制構築などを進める必要がある。

謝　辞

熊本地震の事例は，農林水産省の平成28年度農林水産業・食品産業科学技術研究推進事業の緊急対応研究課題として実施された。生育計測に関する事例は，総合科学技術・イノベーション会議のSIP（戦略的イノベーション創造プログラム）「次世代農林水産業創造技術」（管理法人：農研機構　生物系特定産業技術研究支援センター，略称「生研センター」）によって実施された。ここに謝意を表す。

文　献

1）石塚直樹，岩崎亘典，坂本利弘：システム農学，**34**(2)，41–47(2018).

2）古川健作，秩父宏太郎：UAV（無人航空機）を用いた空中写真測量技術の適用性について，平成27年度国土交通省北陸地方整備局事業研究発表会(2015).
http://www.hrr.mlit.go.jp/library/happyoukai/h27/A/A08.pdf

3）杉浦綾：日本ロボット学会誌，**35**(5)，369–371(2017).

4）井上吉雄，横山正樹：日本リモートセンシング学会誌，**37**(3)，224–235(2018).

5）後藤元，石塚直樹，井上吉雄：日本作物学会第242回公演要旨集，85(2016).

第４項　マルチプラットフォームセンシングによるクラウド型営農支援サービス「天晴れ」

国際航業株式会社　鎌形　哲稔
国際航業株式会社　大島　香
国際航業株式会社　小泉　佑太

1. はじめに

日本の農業や酪農業の生産現場では，就農者の高齢化や経営継承者の不足，離農した生産者の圃場を継承するなどの理由により，一人当たりの耕地面積の増加や圃場が点在することにより管理範囲が拡大している。これにより，就労時間の増加やすべての圃場に目や手が行き届かなくなることに起因する収量や品質の低下が発生しているため，生産現場では，収量や品質，生産性の向上および生産工程全体のコストの削減が求められている。

農作物の品質や収量の向上には，土壌の地力，排水性などの圃場の状態，農作物の生育ステージ，天候に対応した営農の実施などに考慮する必要がある。特に農作物の生育ステージに応じた営農においては，適期かつ適量での施肥，除草作業や培土といった手入れ，適期での収穫が必要となり，これらを実現するために，定期的な圃場の見回り作業が必要不可欠である。圃場の見回り作業時間の効率化や適期での営農作業の実現には，農作物の生育状況・情報の可視化が有効であり，これには空からのリモートセンシング技術の利活用が必須である。国際航業㈱では，生産性・品質・収量などの向上を目的とし，リモートセンシング技術を活用した空から診た情報をクラウド型の営農支援サービス「天晴れ」にて提供しており，農業生産の現場のニーズに応えるべく，日夜，サービスメニューの改良・開発を行っている。

2. マルチプラットフォームセンシング

2.1 衛星リモートセンシングの現状

1972 年に LANDSAT-1 号が打ち上げられて以降，さまざまな地球観測衛星が打ち上げられ，取得された画像の利活用が検討されてきた。農業分野におけるリモートセンシング技術の利用はこれまでも多くの研究がなされており，農作物の生育診断や品質向上や施肥設計等に寄与する情報を把握できると報告されている[1)–3)]。

1999 年の IKONOS（空間分解能：1 m〔パンクロマチック〕，4 m〔マルチスペクトル〕）の出現以降，高空間分解能の画像も利用できるようになり，近年では，WorldView-3 のような空間分解能：0.31 m（パンクロマチック），1.24 m（マルチスペクトル）の画像も利用できるようになっている。

しかしながら，これらの衛星は機体重量が 2,600 kg 前後と大型となっており，航空写真に近い空間分解能の画像を取得できるものの，撮像機会が数日に 1 度という衛星が多く，農作物の生育期に曇りがちな日が多い我が国においては，生産者を中心とするエンドユーザーが欲しいタイミングでデータが取得できないという課題がある。

一方，近年では RapidEye のような小型衛星（100 kg～500 kg 程度），SkySat や GRUS のような超小型衛星（100 kg 以下）の衛星が登場しており，DOVE に至っては，3U サイズ（10 cm × 10 cm × 30 cm）で機体重量も 4 kg である。これらの衛星は，空間分解能は 2 m～6 m 程度であるものの，数機～

表1　人工衛星とドローンの特性比較

	人工衛星	ドローン
撮像範囲	・広域を一度に撮像可能 ・一般的に 15 km ～ 70 km 程度の幅で観測	・一般的には一度の撮像で 2 ～ 3 ha
天候の制約	・雲の制約を受ける ・快晴が望ましい	・曇天でも撮像可能 ・風の制約を受ける
撮影環境の制約	・500 km ～ 700 km 上空から撮像するため，大きな制約はない	・周辺の構造物や地物の制約あり ・飛行禁止エリアが存在
空間分解能	・0.3 m ～ 30 m ・日本の農業では 0.3 m ～ 10 m	・1 cm ～ 5 cm 程度
観測波長帯	・可視光域～近赤外域 ・衛星によって短波長赤外や熱赤外も利用可能	・基本的には可視光域 ・近赤外域や熱赤外域の情報を取得するには専用の高額なカメラが必要

100機以上の同種衛星によるコンステレーションを構築することで，毎日もしくは1日に数回観測できるようになっているとともに，従来の商用衛星に比べ，大幅に安価で画像を入手すること可能となっている。超小型衛星のコンステレーションについては，さまざまな機関から計画が発表されており，欲しいタイミングでデータが取得できる可能性が高まると期待される。

2.2　ドローンの現状

我が国は2009年頃から回転翼タイプのドローンの民生利用の検討が本格化したが，当時はドローン本体の販売価格が1,000万円程度となっており，普及には費用面で大きな障壁があった。近年，DJI社などから安価なドローンの販売されるようになったことにより，ドローンが急速に身近なものとなった。

ドローン分野における技術進歩は著しく，飛行時間や積載可能重量の増加，悪天候下でも利用できる機体も多くの企業から提供されるようになっており，これらを肥料・薬剤散布や低高度リモートセンシングのプラットホームとして活用したサービスも増えている。さらに，ドローンの普及が広がるとともに，ドローンに搭載可能な近赤外域の情報も取得可能なマルチスペクトルカメラやレーザ計測器も利用できるようになり，農業分野への適用に関する検討・利用が進んでいる[4]。

2.3　利用目的に応じたプラットホームやセンサ選択の重要性

農業分野の生産性の向上や農作物の生育状況の可視化などにおけるリモートセンシング技術の有効性は明らかであるが，人工衛星とドローンの特性に関して，**表1**に示すようにそれぞれに一長一短がある。なお，それぞれの特性については一般的な特性を挙げているに過ぎず，すべての人工衛星やドローンの特性を網羅しているわけではない。

農業に限ったことではないが，生育状況・雑草分布・病害虫の有無など，把握したい事象や条件，精度などに応じて，最適な空間分解能（画像の解像度）や波長帯が異なることから，いずれのプラットホームやセンサを利用するか適切な判断が必要である。

3.　生育診断に必要な解析技術の開発

3.1　農業の生産現場に寄り添う

農作業の生産性の向上や農作物の生育状況の可視化などにおけるリモートセンシング技術の有効であるが，これらの技術情報を利活用する農業関係者の方々に，その有効性を実感していただく必要がある。このためには，従来の営農と全くやり方の異なる技術や営農方法へ転換するやり方では，ハレーションが起こりやすく，有効性を実感していただくのは難しい。そこで筆者らは，営農のタイミングごとに圃場に足を運び，従来の営農をどのように行われ，どのような点を課題に感じているかを丁寧にヒアリングし，リモートセンシング技術を活用することで解決でき，導入する費用対効果が見込める課題部分から検討を行うことで，農業生産の現場のニーズに合致した解析技術の開発を進めるとともに，リモートセンシング技術の導入効果や導入による生産現場のメリットを分かりやすく説明することを心掛け，理解を得ている。

3.2　生産現場での生育判断に則した地上調査の実施

水稲や小麦などの生育を判断する際，生産者の方々は葉色や作物の植物高などを見ており，この結果に基づいて施肥量の調整などを行っている。葉色の判断においては，一般的には葉色カラースケール(富士平工業㈱)や葉緑素計(コニカミノルタ㈱，SPAD-502)が用いられている。リモートセンシング技術を活用した営農支援サービスを各地で高精度に実現するには，使用する人工衛星，地域，対象作物に応じて衛星観測と同期した地上調査が必要[5]であることから，「天晴れ」のアルゴリズムを開発するにあたり，各地で衛星観測と同期した地上調査を実施した。

地上調査においては，従来の葉色の判断に用いられている葉色カラースケールや葉緑素計の調査に加え，分光特性の計測，坪刈り・試料分析を実施した。また，いくつかの調査圃場においてはドローンに赤外線カメラを搭載して空撮を行った。

3.3　生育診断アルゴリズムの開発

営農支援サービス「天晴れ」における生育診断アルゴリズムの開発は，生育期であれば葉色，収穫期であれば穂水分率といった従来からの営農判断指標との相関性を，地上調査で取得した各種の情報と人工衛星の分光特性との関係性を分析することで行っている。また，生産現場のニーズへの対応可能性を検討するため，生産者の方だけでなく，大学や農業試験場などの有識者，農業協同組合や農業改良普及センターなどの営農指導員の方々の助言を受けながら，各農作物の営農のタイミングでの衛星画像の取得，地上での分光計測の実施，試料分析などを行い，頑健性の評価，生産現場の利用性の評価などを得て，生育診断のアルゴリズムを開発している。

水稲や小麦では品質を評価する上でタンパク含有率が，小麦の収穫時期を判断する上で穂水分率が目安となっている。タンパク含有率や穂水分率を人工衛星の画像から推定する際，既往研究では一般的に正規化植生指標NDVI(Normalized Difference Vegetation Index)が用いられている[1)2)6)]が，生育ステージや品種などの違いによって誤差が大きくなり，生産者の方の認識や感覚と異なる結果になる可能性が確認できた。

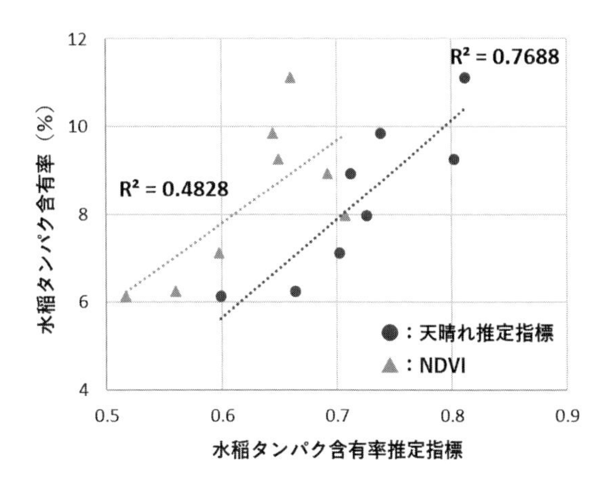

図1　水稲タンパク含有率の推定結果

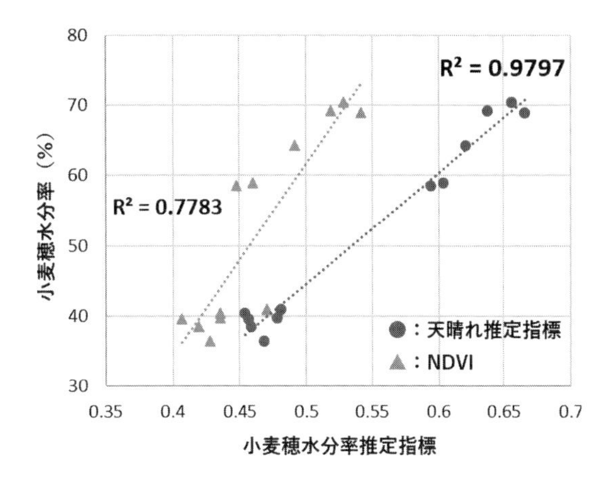

図2　小麦穂水分率の推定結果

水稲タンパク含有率の推定結果(**図1**)，小麦穂水分率の推定結果(**図2**)に示すように，NDVIによる推定結果は検量線からの外れ値が多くなっているのに対し，「天晴れ」で用いている指標は大きな外れ値もなく，強い相関関係がある推定アルゴリズムを構築できている。特に，小麦の穂水分率の推定に関しては，穂水分の見回りを行う成熟期初期から収穫期のいずれの時期においても安定的に推定できるアルゴリズムであることが確認できた。

4. クラウド型営農支援サービス「天晴れ」

営農支援サービス「天晴れ」の特徴は，インターネット環境と圃場 GIS データがあれば，解析や診断結果の閲覧に高額なシステムを用意する必要がなく，オーダーからレポート受け取りまでを Web 経由で行うため，24 時間いつでも利用することができる点である。人工衛星を活用した診断メニューについては，時間分解能の高い衛星を主軸として，国際航業㈱が代理店となっている衛星群を用いていることから，営農において農作物の生育状態を見たいタイミングで診断レポートを取得できる可能性が非常に高いサービスとなっている。圃場 GIS データについては，GIS データの標準的なフォーマットとなっているシェープファイル形式に対応しており，他の営農履歴管理サービスや圃場管理システムで整備されたデータを活用することも可能で，これらのシステムをすでに導入している農業協同組合や生産者の方々にも利用しやすいサービスとなっている。

ドローンを活用した診断メニューについては，ドローンの機種に対する制約はなく，近赤外域の波長も取得可能なマルチスペクトルカメラで撮影された画像に対応しており，撮影した画像を加工することなく解析依頼に利用することができる。

営農支援サービス「天晴れ」では現状，**表 2** に示す作物および診断メニューに対応している。

表 2　「天晴れ」対応作物と診断レポートの種類

対応作物	レポート種類
大　豆	生育診断，収穫適期診断
小　麦	穂水分率，タンパク含有率
牧　草	雑草検出，不良植生割合
水　稲	籾水分，タンパク含有率

5. 農業生産の現場からの評価

営農支援サービス「天晴れ」の診断レポートを利用していただいた生産者の方からは，圃場の状況とよく合致しており，8～9 割程度の精度があると評価いただいている。また，たとえ 7～8 割の精度であっても，どこの圃場のどの場所から確認しに行けばよいかの目安になる，地域の圃場の状況を網羅的に確認できる，収量や品質，生産性の向上および生産コストの削減にという非常に有効なサービスであるとの評価をいただいている。活用事例と生産者の方からの評価を以下に示す。

5.1　小麦の生産現場への適用

小麦生産の現場では，高収量化，高品質化，生産コストの削減が求められている。特にコストの削減については，収穫後の乾燥コスト削減のため，穂水分率が 30％以下になってから収穫する生産者が多い。一方で，収穫期の降雨により穂が濡れることで穂発芽の現象が発生してしまう可能性があり，発生すると品質が大きく低下してしまうため，効率的な収穫作業計画を立てるための高精度な収穫適期を見極める穂水分率の推定のニーズが高い。

従来，収穫時期には圃場を見回り，穂水分をサンプリング調査した上で，収穫の時期や順番を決めている。このサンプリング調査は試料を採取しやすい地点で実施され，圃場全体を見渡せないこともあり，いざ収穫を始めたところ，サンプリング調査結果に基づく事前の認識と異なり，穂水分が低いのは一部だけで収穫適期にはなっておらず，別の圃場の収穫に移動することもあるという。このため，小麦生産者の方からは，「天晴れの穂水分率マップ」があることで，以下のような効果があると評価いただいている。

- 所有している圃場全体が可視化されているため，圃場内・圃場間での生育度合いを比較することができるため，サンプリング調査する圃場や地点の選定，見回り作業の省力化を実現
- 人工衛星の画像で広域に可視化されることにより，圃場の状況を網羅的に把握でき，効果的な収穫順序立案を実現
- 乾燥機に投入する際の穂水分の均質化が図れることで乾燥コストの削減につながり，従来と比較して 2 割～4 割程度のコスト削減ができた

5.2　水稲の生産現場への適用

水稲の生産現場では，施肥の回数や方法は地域や生産者によって異なるものの，稲の生育に合わせて複数回に分けて施肥を行う方法から，田植前に基肥として全量を施肥する方法が広がっている。一方で，各地で新しいブランド米が誕生しており，これらのブランド米基準に達するには厳しい食味・品質基準が設けられているとともに，分肥による施肥を行わ

なければならないなどの決まりがある。特にブランド米を生産している地域の生産者の方や食味が良いとされる低タンパク米の生産に取り組んでいる生産者の方からは，「天晴れのタンパク含有率マップ」があることで，以下のような効果があると評価いただいている。

【追肥のタイミング】

・圃場の見回り作業の省力化が可能
・施肥量の最適化を図ることができ，コスト削減につながる
・人工衛星の画像で広域に可視化されることにより，地域全体でのブランド米の安定生産に活用可能

【収穫のタイミング】

・タンパク含有率の高低差による収穫物のグルーピングが可能
・ブランド米の品質維持のため，基準適合した圃場の選定が可能
・台風などの接近時に優先的に収穫すべき圃場の選定が可能

5.3　酪農業における草地の生産現場への適用

酪農の現場では，自給飼料の向上のための草地更新事業の促進が求められているものの，管理する圃場面積の増加に伴い，圃場の牧草の状態を適切に把握できていない生産者も多く，牧草の品質低下が問題になっている。また，地域によって播種されている草種や収量などが異なるため，草地更新から次回草地更新までの目安となっている年数はあるものの，明確な基準などは定められていないと認識している。一方で，草地更新直後にもかかわらず，圃場の湿地化，雑草の繁茂，野生生物の食害などの影響により，2～3年程度で更新前の状況に戻ってしまうなど，問題が生じている事例もある。以上の状況のから，酪農の現場では，効率的・省力的な草地管理・牧草の生産が求められている。酪農家の方からは，「天晴れの草地診断マップ」があることで，以下のような効果があると評価いただいている。

●前回草地更新時からの経過年数による草地更新対象圃場の選定ではなく，草地の劣化状況に合わせて草地更新圃場の選定をすることができ，草地更新コストの削減，事業費の有効利用につながった
●酪農家としての牧草を見る目を養う上で非常に有用であり，新規就農者への支援ツールとして活用できる

6. おわりに

「天晴れ」で対応している作物や診断メニューは表２に記載したとおりである。すでに「天晴れ」を利用していただいている，もしくは導入を検討している生産者の方々からは，「この作物の診断はできないのか」，「対応作物でこんな診断ができたらなおよい」などのお問い合わせや要望を多数いただいている状況である。現在，これらの要望に応えるべく，サービスの提供と並行して，圃場での調査やアルゴリズム開発を推進している。さらに，これまで農機メーカー，営農履歴管理サービス，生育診断サービスの個々の取組みを一元管理して「結果の見える化」を実現することを目的とした新潟市の国家戦略特区における「スマート農業企業間連携実証プロジェクト」[7]にも参画し，企業間やサービス種別を横断したスマート農業の実現に向けた取組みを進めている。

スマート農業に関連する技術の利活用が生産現場で広まり，生産者の省力化，効率化，コスト削減等に役立てることを切に期待するとともに，我々自身も今まで以上に生産現場の声に耳を傾け，営農支援サービス「天晴れ」の開発にご協力いただいたすべての農業関係者の方々に感謝するとともに，ご期待に沿えるサービスの提供に努める。

文　献

1) 安積大治，志賀弘行：日本土壌肥料学雑誌，**75**(1), 103 (2004).
2) 安積大治, 林哲央, 志賀弘行：日本土壌肥料学雑誌, **77**(3), 317(2007).
3) 牧野司：北海道草地研究会報，**44**, 17(2010).
4) 白谷栄作，桐博英，高橋順二，大石哲，村木広和：農業農村工学会誌，**83**(10), 839(2015).
5) 井上吉雄：日本リモートセンシング学会誌，**37**(3), 213 (2017).
6) 半谷一晴，石井一暢，野口伸：環境情報科学論文集，**23**, 155(2007).
7) 新潟市：「スマート農業企業間連携実証プロジェクト」プレスリリース．
https://www.city.niigata.lg.jp/shisei/seisaku/jigyoproject/kokkatokku/tokku/aguri/smart-agri.html(2018.5.15)

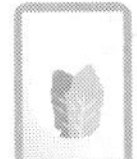

第１項　非侵襲糖度計測の検討

国立研究開発法人理化学研究所　小川　貴代　　国立研究開発法人理化学研究所　和田　智之
慶應義塾大学　神成　淳司

1. 非侵襲糖度計測の背景

●糖度計測の現状

農業生産における品質の向上・安定に向けては，生産物を客観的・定量的に評価するための測定技術の発展が欠かせない。これまで，生産現場の環境や，生産物そのものの計測手法の開発とその実用化が進められてきた。その中でも，とりわけ農産物の「糖度」については，特に販売価格や品質を決定することから重要視され，1990 年代半ばより目覚しい普及を遂げてきた。例えば，静岡県のみかん選果場の糖度計導入率は 1990 年には 1％台に過ぎなかったが，現在では，すでに 97％の選果場において全個計測が行われている。

このように，現在の糖度測定技術は，収穫後の選別に不可欠な役割を果たしており，消費者に対して農産物の安定品質での供給を実現してきた。ただし，選果場での全量検査に導入されている糖度計は大型で，数十～数百万と高額である上，測定対象の個体差により測定結果のばらつきが大きく，大まかな選果にしか使えない。糖度や外観が値段の指標になる「ブランド果実」などの場合，高精度な測定が必要なため，破壊式の糖度計での測定が必要となっており，出荷個体の糖度保証の観点での問題も残る。また，食生活や生活環境の変化などに伴い，鮮度の良さや食味・食感，地域性，機能性など，農作物に求められるニーズがますます多様化・高度化しつつある。今後，さらに食品流通の国際化・広域化に対応して内外の市場を開拓していくためには，高品質で商品価値の高い農作物を安定的に供給するための技術開発が重要となる。本稿では，赤外分光法[1]を用いた非侵襲糖度測定の現状と，その高精度化に向けた取組みを紹介する。

2. 赤外分光法を用いた糖度の非侵襲測定

2.1　吸収分光の原理

光を用いた糖度測定では，吸光度（入射光と透過光の比）が，照射対象の濃度と比例関係にあるという Lambert-Beer の法則を活用し，果物に含まれる糖に特徴的な吸収波長を選択して検量線を作成し，糖度の推定を行うものである。図 1 は物質を透過させた際の入射光と透過光の関係を示す。

このとき，入射光強度 I_0 と透過光強度 I_1 は，Lambert-Beer の法則：

$$A = -\log(I_1 / I_0) = \varepsilon c l \tag{1}$$

に従う。ここで，A：吸光度，ε：モル吸光係数，c：モル濃度，l：光路長である。これを果物等の糖度に適用する場合，糖に特徴的な吸収帯での吸収量を測定し，実際に含まれる糖の量（糖度）と比較することで，検量線を決定することができる（図 2）。

糖の検量線を決定するためには，果物に含まれる糖に特徴的な吸収帯を調べる必要がある。そこで，標準物質としてグルコースの吸収スペクトルを計測

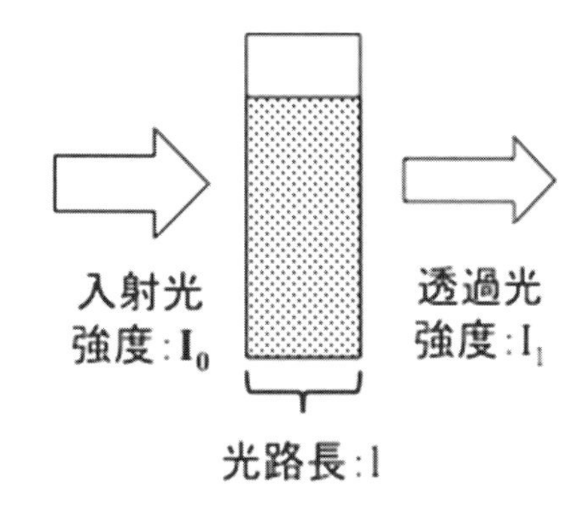

図 1　吸収分光の原理

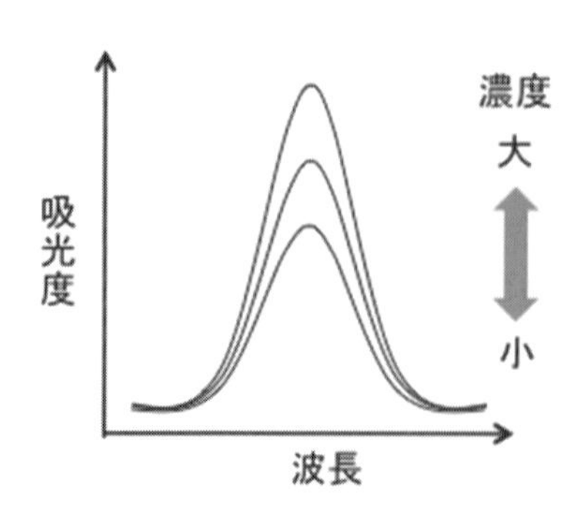

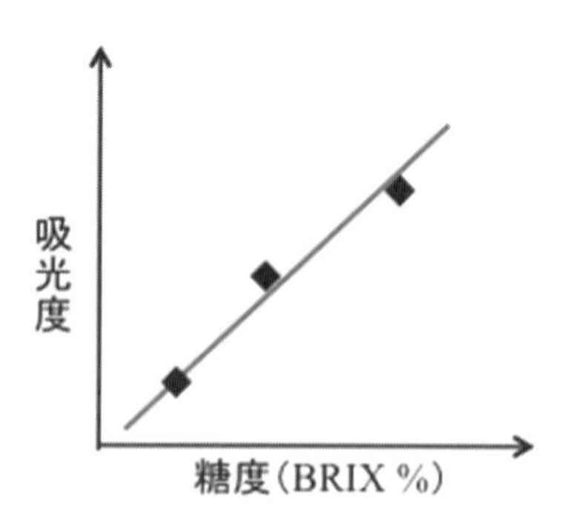

図2　吸光度からの検量線の決定

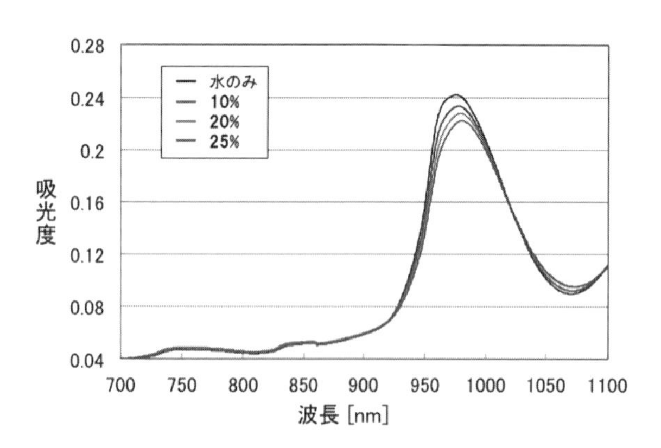

図3　グルコース溶液の吸収スペクトル

※口絵参照

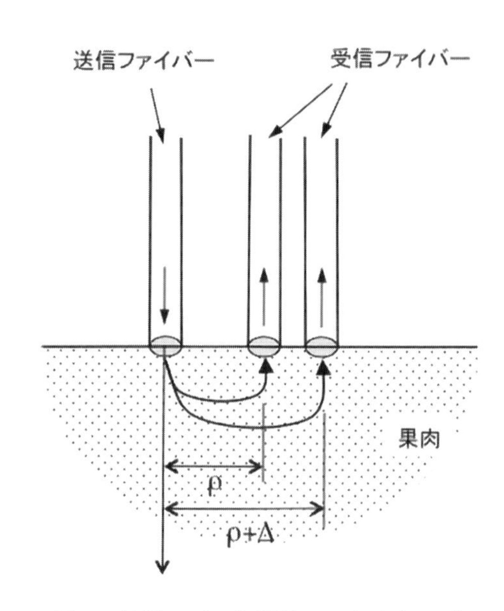

図4　拡散モデルを提供した計測系の例[2)]

した。**図3**は，分光光度計(SHIMADZU UV-3600)を用いて測定した，水およびグルコース水溶液の吸収スペクトルである。

横軸は波長，縦軸は吸光度を示しており，測定の結果，975 nmを中心としたブロードな吸収帯が存在することがわかる。グルコース濃度を変化させた場合，このピークの吸光度が変化していることがわかる。この吸収帯は水の吸収に由来するものであるが，グルコース濃度に比例して変化することが確かめられた。

ブドウ等，透過性の高い果物では，単純な検量線で糖度の計測ができる。

しかしながら，計測対象である果実には，光による透明度が低く，拡散により実行的な相互作用長が変化するものが多く，その場合，もう少し複雑な解析が必要である。

2.2　拡散モデルによる非侵襲計測の理論的考察

拡散係数の大きな果物等の計測では，特に，不純物の影響や実行的な伝搬長の決定が難しく，さまざまな解析モデルが導入されている。ここでは，拡散モデルを利用した解析法を紹介する。**図4**に示す計測系を仮定する。

光が1点から入射され，果実の中を伝搬して任意の位置から出射される。入力をS，出力をU，拡散係数D，吸収係数をμ_aとする。拡散方程式は，

$$\left(\nabla^2 - \frac{\mu_a}{D}\right)U(\boldsymbol{r},t) = -\frac{1}{D}S(\boldsymbol{r},t) \tag{2}$$

で示すことができる[3)]。

この時，境界条件として，外部からの光の流れ込みがないものとする。この拡散方程式の解は，

$$U(r_{\parallel},z) = \frac{1}{4\pi D}\left(\frac{e^{-\mu_{\mathrm{eff}} r_1}}{r_1} - \frac{e^{-\mu_{\mathrm{eff}} r_2}}{r_2}\right) \tag{3}$$

$$r_1 = \sqrt{(z-z_0)^2 + r_{\parallel}^2} \tag{4}$$

$$r_2=\sqrt{(z+z_0+2R_{\mathrm{surf}})^2+r_{\|}^2} \tag{5}$$

$$r_{\|}^2=(x-x',\ y-y') \tag{6}$$

R_{surf} は界面での反射率である。ここで，

$$z_0\approx\ell^*=1/(\mu_a+\mu_s') \tag{7}$$

とすると，有効吸収定数 μ_{eff} は，

$$\mu_{\mathrm{eff}}=[3\mu_a(\mu_a+\mu_s')]^{1/2} \tag{8}$$

で与えられる。ここで μ_s は散乱係数である。

表面反射の影響を0とすれば，解は，

$$\phi(\rho,z)=\frac{P_0}{4\pi D}=\left\{\frac{exp\left[-\alpha\mu_a\left((z-z_0)^2+\rho^2\right)^{0.5}\right]}{\left((z-z_0)^2+\rho^2\right)^{0.5}}-\frac{exp\left[-\alpha\mu_a\left((z+z_0)^2+\rho^2\right)^{0.5}\right]}{\left((z+z_0)^2+\rho^2\right)^{0.5}}\right\} \tag{9}$$

で最終的に与えられる。

一方，測定される相対反射率 R_{exp} は，

$$R_{\mathrm{exp}}(\lambda,P_3)=P_3R(\lambda)=\frac{P(\rho+\Delta)}{P(\rho)} \tag{10}$$

ここで，λ：波長，ρ：参照光入射—検出間隔，Δ：参照光—信号光間隔差，P_3 は装置パラメータ，R は理論的に計算される相対反射率，P は検出ファイバーでの出力である。

R は，

$$R(\rho,\Delta)=\frac{P(\rho+\Delta)}{P(\rho)}=\frac{\Omega(\rho+\Delta)}{\Omega(\rho)}exp\left\{-\alpha\mu_a\left[\left((\rho+\Delta)^2+z_0^2\right)^{0.5}-\left(\rho^2+z_0^2\right)^{0.5}\right]\right\} \tag{11}$$

ここで，Ω を次式で定義する。

$$\Omega(\rho)=\frac{P_0z_0}{2\pi\left(\rho^2+z_0^2\right)}\left[\alpha\mu_0+\frac{1}{\left(\rho^2+z_0^2\right)^{0.5}}\right] \tag{12}$$

$$\mu_a=\kappa\cdot\mu_a^{gs} \tag{13}$$

$$\mu_a^{gs}=a_0+a_1\times C \tag{14}$$

ここで P_0：入射強度，ϕ：光のパワー強度，μ_a^{gs}：グルコースの吸収係数，κ：比例係数，a_0：水の吸収係数，a_1：糖度1％ブドウ糖吸収係数，C：糖度である。また，

$$\alpha=(3+\mu_s/\mu_a)^{1/2} \tag{15}$$

$$z_0=1+\mu_s \tag{16}$$

$$\mu_s=P_1\lambda^{-P_2} \tag{17}$$

で示される。ここで，P_1, P_2 は測定対象の組織の構造等に関係する定数である。

解析は，相対反射率 R の解析解が実測値 R_{exp} に一致するような内部パラメータを Levenberg–Marquardt 法により求めることになる。ここで，フィッティングにより求める内部パラメータは，糖度 C，散乱係数 μ_s，装置パラメータ P_3 である。内部パラメータが決定されると，拡散方程式の解が決定される。言い換えると，糖度と計測結果の関数が得られることになる。

この方式の特徴は，スペクトルの微分を取ったフィッティングが必要ないため，連続的な波長による分光は必要なく，数波長の計測で解が得られることになる。

3. 非破壊糖度計の開発

3.1　解析モデルを使った計測例

［**2.2**］で議論した拡散モデルを利用した計測結果を図5に示す。レーザーには，チタンサファイアレーザーを用い，10 nm ごとに波長をスキャンして，2000パルスの計測を行った結果である。

本結果をもとにして計測した糖度とすりつぶしたリンゴから測定した糖度の関係を**図6**に示す。

計測された結果，0.87の相関が得られた。筆者らのモデルの特徴は，スペクトルを微分する必要がないため，離散的な波長を利用することが可能であることで，それにより装置開発の選択が拡大される。

3.2　非破壊糖度計測装置の開発

これまで，さまざまな非破壊糖度計測装置が開発されている。一般的にはランプを利用し，分光器で分光したスペクトルをラインセンサで計測する装置が主である。本方式では，装置が比較的大きくなるために，設置型で利用される場合が多く，かろうじて人間が肩にかつぐことができる装置で，価格は比

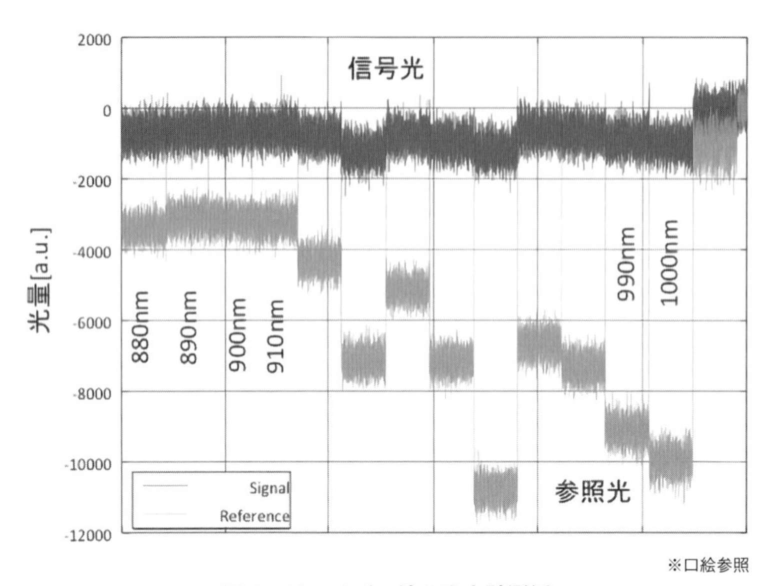

※口絵参照

図5　ファイバー端の出力計測例

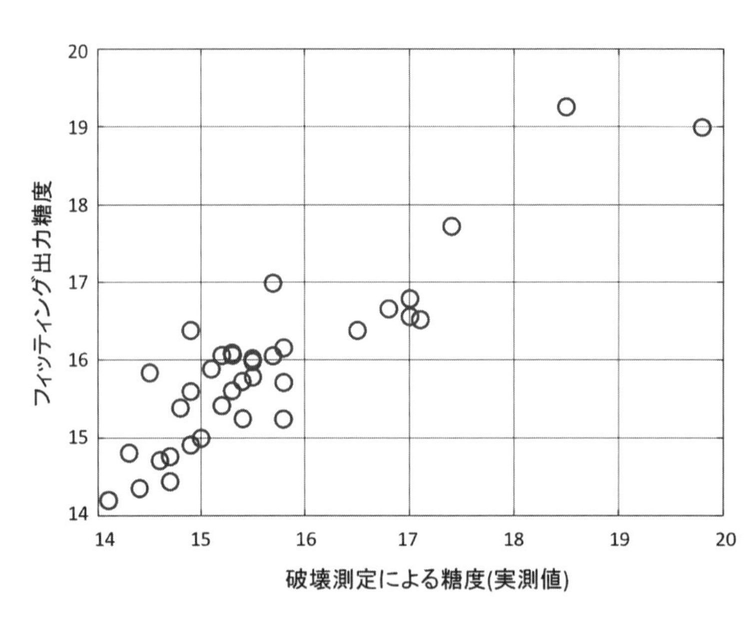

図6　すりつぶしたリンゴの糖度と非侵襲計測された糖度との関係

較的高額のものとなっていた。装置は，分光器を搭載しているため，精密な装置で振動等に弱く，また電源もランプの発光に利用されるため大型バッテリーを必要としてきた。ランプの寿命や，交換時のキャリブレーションなどメンテナンスにもコストがかかる装置となっていた。当然この装置は，圃場での計測や，個別の農家が保有することは難しく，さらに，流通や販売店舗で利用されることは極めて少なかった。しかしながら，近年の製品価値から，要望される糖度や機能性成分を生産現場から販売店舗までで利用できる簡易で小型な非侵襲計測装置が常に必要とされてきた。また，分光器としての分解能は極めて低く，精度の高い計測は難しい状況にあった。糖度で価格が決まるような作物では，より精密な計測が求められている。このような精密な分光計測を行うには，大型の分光器や，輝度の高い光源が必要であり，さらに装置の大型化は避けられない状況であった。

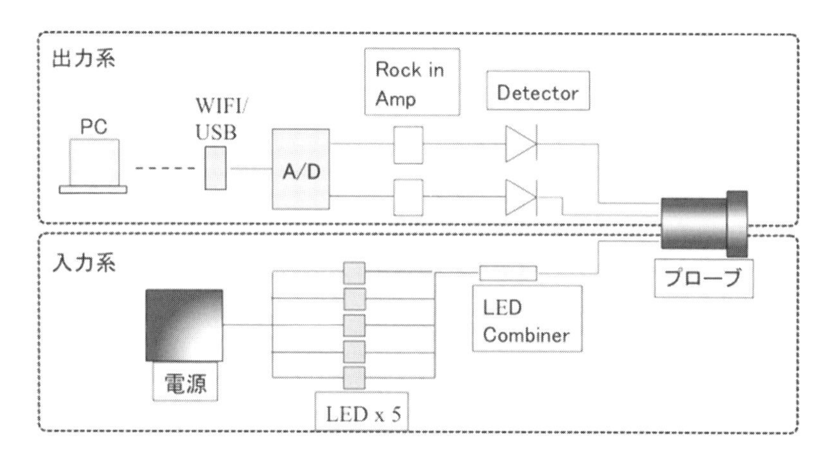

図7　非破壊糖度計試作機の概略図

レーザー技術の進展は著しく，近赤外線領域で波長可変レーザーが気軽に利用できるようになっている。こうした，レーザーを光源として利用すると，輝度が高く，波長分解能が大幅に向上した分光計測が可能となる。そのため，これまでの糖度計に比べて測定精度が数段優れた計測が可能となった。光源で波長が決まるために分光器を利用する必要がないことも特徴であり，精密計測の観点からは，非常に優れた装置となっている。また，機能性成分など他の成分への展開も可能であり，遠隔検出も可能である。しかしながら，本装置は，装置のサイズ，コストは，ランプと分光器を用いた装置よりも大型，高額となっていた。

こうした問題の解決法として，非常にコストが低い，半導体レーザーを利用した非破壊検査装置が開発された。連続的に波長を掃引するのではなく，特定の数波長を切り替えながら照射することにより，分光計測が可能となる。波長の選択が可能となることと，指向性がある光源が利用できることから遠隔から糖度の測定が可能であることが特徴である。本システムでは，サンプリングするために利用する波長の選択が重要となる。

3.3　LEDを利用した小型非破壊糖度計の開発

筆者らはこれまでに，レーザーを用いた非破壊糖度計の開発に成功している。しかしながら，光源としてレーザーを利用する場合，装置が大型な上，非常にコストが高く，これまでに市販されているランプを利用した非破壊糖度計に比べ，精度は向上するが，サイズや価格の改良という点で課題が残る。実際に生産者が圃場や仕分けの現場で使用することを考えると，糖度計は小型かつ安価であることが重要である。そこで，より高精度で，小型・安価なシステムの実現を目指して，光源の半導体光源(LED)への置き換えと，演算プログラムの改良を進めている。

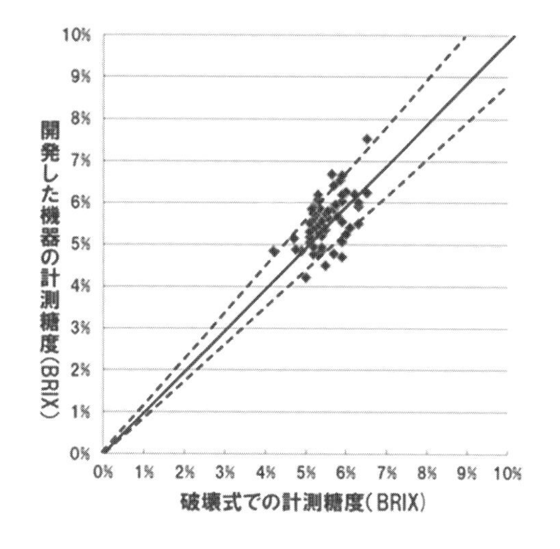

図8　トマトの糖度測定結果

図7に，LEDを利用した非破壊糖度計試作機の概念図を示す。LEDからの光をサンプルに照射し，サンプル内部で減衰した透過光を光検出器で検出する。光源は[3.1]で測定された糖の吸収ピークを含む850 nmから1050 nmまでの間で，糖と相関のある5～6波長程度を選び，それぞれの入射光と散乱光との強度比から糖度を算出する。信号は無線LANで遠隔から受け取れることができ，得られた信号をコンピュータにて演算処理することで，糖度を算出する。

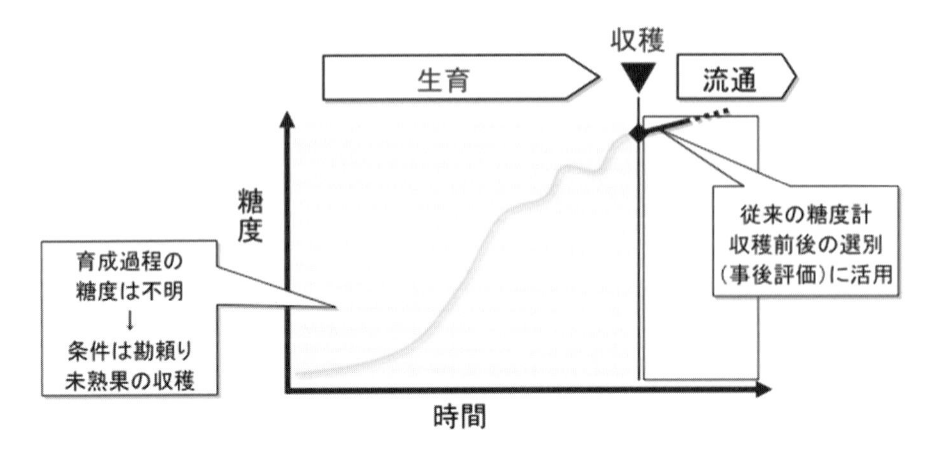

図9　従来の農産物の生産における糖度測定のイメージ

測定結果の一例として，トマトの糖度を測定した結果を図8に示す。グラフの縦軸は非破壊測定による推定糖度，横軸は同一サンプルをつぶして作製したトマト果汁を，市販の破壊式糖度計(ATAGO, PAL-1)で測定した結果である。測定の結果，従来の破壊式糖度計での測定結果と相関する結果が得られた。本手法では，糖度は温度変化や周りの光の影響などを受けやすいため，さらなる高精度化が必要であるが，本研究で，近赤外光を用いた糖度測定が有用であることが確かめられた。

また現在は，圃場での取扱いをより簡便にするため，糖度計本体にマイコンを組み込み，本体のみで直接，糖度を表示するハンディ型糖度計への改良を進めているとともに，本方式の酸度計への応用も目指している。

図10　圃場での計測実験の様子

4. 圃場常設型非破壊糖度センサの開発

[1]で論じたとおり，果物やトマトなどのおいしさの主要因である糖度については，販売価格や品質を左右することから重要視されている。従来の糖度計は，主に収穫前後の産品の等級分類を目的として発展きたため，果汁を使う破壊式や，近赤外分光法を用いた大型の非破壊糖度計が主流である。一方で，生産現場における生育過程での糖度品質のコントロールは，生産者の経験や勘に委ねられているのが現状であるが，近年のスマート農業の発展により，作物の生育条件や農作業の工程と糖度変化の相関関係を把握するための連続的なデータ取得が望まれている。温度，湿度その他の環境データについては，すでにリアルタイムでのモニタリングが実現されているが，糖度については，これまでの糖度計は，図9に示すように収穫前後の測定のみに限られており，農作物の着果から収穫までの連続的な糖度変化は測定することができなかった。

そこで筆者らは，非破壊糖度計の小型化と並行し，長期間連続計測可能な圃場常設型糖度計の開発も行ってきた。[**3.3**]で紹介したLEDを利用した非破壊糖度計を改良し，データをWi-Fiなどで遠隔で，かつ継続的に計測することに成功している。図10に，計測の様子を示す。ビニールハウス内で栽培中のトマトに，光ファイバーでLED光を照射し，戻ってきた光を検出する。得られたデータはパソコンやスマートフォンなどで確認することができる。

これにより，成長過程での糖度を継続的にモニタリングするとともに，ビニールハウス内の温度，湿度，照度などの環境データや土壌データ，施肥の情報などと組み合わせることにより，糖度を向上させるための育成条件の決定を行うことができる。また，収穫前に「食べ頃」を的確に予測することが可能となり，出荷ロスの低減や，単価の向上も期待できる。

5. まとめ

非侵襲糖度計測について，その原理と非破壊糖度計開発の最新動向を紹介した。非破壊糖度計は，従来は出荷時の選別に主眼が置かれていたが，より小型・安価な製品が実用化されることにより，ビニールハウスや果樹園などの生産現場で，収穫前に計測することが可能になる。また，長期間の糖度変化をモニタリングすることにより，農作業の工程や，環境データを組み合わせ，生産技術や品質の向上に資する重要な情報を与えることが期待される。一方で，現在の非侵襲糖度計測は，近赤外分光法が主流であり，温度による誤差や，作物ごとの検量線の設定が必要であるなど，まだまだ課題があるのも現実である。今後も精度向上や，計測手法そのものの探索は必要であると考えられる。

文　献

1) 尾崎幸洋，河田聡編：「近赤外分光法」日本分光学会測定法シリーズ 32，学会出版センター(1996).
2) 下村義昭，岡田龍雄：3 波長の近赤外半導体レーザーを用いた果実糖度の非破壊計測手法の開発，レーザー研究，**33**(9), 625(2005).
3) A. Ishimaru : Wave Propagation and Scattering in Random Media, IEEE Press, New York, 175(1997).

第２項　印刷エレクトロニクスによる土壌水分センサ「SenSprout」

東京大学　川原　圭博

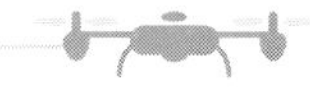

1. 土壌水分計測

植物は土壌に根を張り，土壌から成長に必要な水分，養分，そして酸素を吸収する。「土づくり」は営農上極めて重要である。土壌の物理性は複雑で，土壌特性が多種多様であることから，土壌の様子は経験を積んだ農家であっても直感的に把握することが容易ではない。

土中の水分量を表す指標はいくつか存在する。最もシンプルなものは体積含水率であり，これは土壌全体積のうち，水分が占める割合によって定義され，[m^3m^{-3}]として表す。体積含水率は，水と土の誘電率が大きく異なることを利用して静電容量の変化として近似値を計測することができる。水や土の温度による誘電率の変化，土壌中のイオン濃度などが計測値に影響を与えるものの，静電容量式の計測は極めて安価に行うことができる。

一方，植物の根による吸収や土壌中での水分の移動を考慮した指標が存在する。これを論じる場合には土壌の物理性について言及する必要がある。まず土壌はさまざまな大きさの微粒子からなり，微細構造の中にはさまざまな有機物や微生物が存在する。こうした構造が多孔質として働くため，土壌は，水が浸透すると毛細管現象により重力に逆らって保水しようとする能力を持つ。粘土質の土壌と砂地など土壌の素性の違いでこの力が大きく異なる。マトリックポテンシャルは，この力を負圧単位[－Pa]で表したものであり，土中に水が飽和していれば正の値，不飽和の時は負の値を示す。マトリックポテンシャルが小さいほど，より強く水は土壌に引き付けられ，植物はその水分の摂取が困難になる。一般に土壌のマトリックポテンシャルの範囲は広く，すべての領域を測定できる単一の方法はない。また，後述するように従来のマトリックポテンシャルセンサはこまめなメンテナンスが不可欠で長期間の連続的モニタリングには向かない。

土壌に保持される単位体積当たりの水分量とマトリックポテンシャルには土壌水分特性曲線として示される関係がある。したがって，土壌水分特性曲線が既知の土壌に関しては体積含水率を求めることでマトリックポテンシャルを知ることも可能である。

2. 土壌水分センサの低コスト化

これまで，土壌水分の計測を行うセンサは比較的高価なものに限られ，低価格の水分センサは精度や使い勝手の点で問題を抱えることが多かった。

土壌の誘電率を計測する方法としては，Time Domain Reflectometry（TDR）が最も信頼性の高い測定方法として認知されてきた。しかし，高周波広帯域の電気信号を計測に利用する必要があることから，計測機のコストは高く，主に研究開発用途に利用されるにとどまり，農業従事者が日常的に用いるものではなかった。土壌水分の変化は比較的緩慢であり，瞬時値を計測するよりもその変化を記録し灌水に役立てるといった用途が主流である。しかしながら，これまではロガーが極めて高価であり，大規模に導入できるデバイスではなかった。比較的利用しやすいセンサとして，METER社の5TEなどが普及しているが，これらのセンサも高精度であるものの，高コストで数十万円するものも珍しくなく，一般農家には手が届きにくいものであった。また，通常，土壌のある１点の深度の水分量を計測したいわけではなく，複数の深度における水分分布を計測す

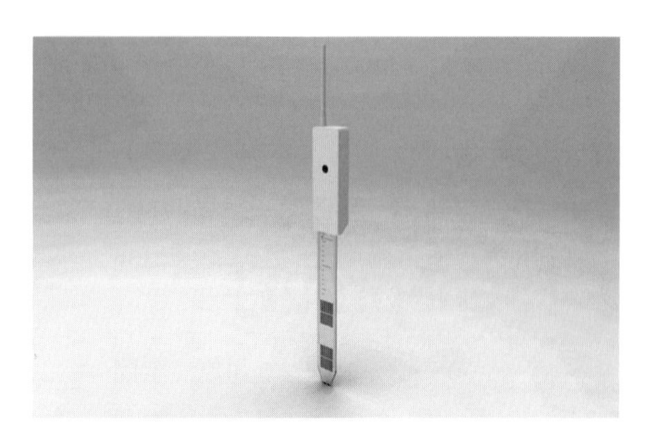

図１　土壌センサ「SenSprout」
製造販売は㈱ SenSprout。

図２　各種センサ
右上からマトリックポテンシャルセンサ，EC センサ，水田水位センサ，土壌水分センサ。

ることが重要である。

土壌に関する情報を簡易かつ高精度に計測するための提案として，筆者らはプリンテッドエレクトロニクスを活用した量産性の高いセンサ電極と，汎用マイコンを用いた共通センサロガー「SenSprout」の開発に取り組んできた[1)-3)]。このセンサではセンサ電極を差し替えることで，共通のロガーを用いて土壌水分量(体積含水率)，地温，土壌の電気伝導率，土壌マトリックポテンシャルの測定が可能であり，さらには水田水位計にもそのまま転用できる(**図 1**，**図 2**)。農家によって，測定したい深さ・点数・パラメーターは多様であり，電極の差し替えで簡単に切り替え可能であることのメリットは大きい。差し替える電極はチップレスかつ薄膜上に実装していることから，印刷技術を応用したロールツーロールでの実装が可能で，量産効率が高い。従来のセンサも１種類のロガーで複数のタイプのセンサに対応可能になっているものの，センサ側で AD 変換まで行って，デジタル通信で測定結果をロガーに集約する形式のため，センサ一つひとつに測定マイコンが必要になり高価になりがちである。これに対し，筆者らは，低コストで大量生産が可能な薄膜金属フィルムを用いて静電容量センサの電極パターンを形成しこれを安価な樹脂製のポールに巻きつける形で静電容量センサ用のプローブを実装した。カスタムメイドで深さ 10 cm から 1 m 程度までの地面に対して垂直な水分分布を 10 cm ごとに計測可能である。静電容量の読み取りは安価なマイクロコントローラを用いて行う。1 つの圃場に複数のセンサを設置することが可能で，複数のセンサ値は無線通信で親機にデータが送信される。計測回路とデータ送信回路は繰り返し使えるが，プローブの部分は用途に合わせて交換，使い捨てが可能にすることを目指して設計・実装されている。

現在，静電容量測定がタッチパネルなどで広く使われるようになり，汎用マイコンでも容易に測定可能になっている。こうした汎用部品を利用して，専用 IC の必要性を減らすことができる。一般的なマイクロコントローラである PIC に内蔵されている Charge Time Measurement Unit(CTMU)はタイマ付きの定電流源として機能させることができ，さまざまな用途で利用可能である。すなわち，CTMU を用いることで，単一のマイコンチップで制御・測定が完了し，測定用回路を別途用意する必要がなくなる。また，充電時間も回路変更なく µs 単位で調整可能なため，センシングパラメータの調整も容易である。

土壌の電気伝導度(EC)を測定する場合，単純に銅などの金属電極を土中に露出させると測定を通した電食の影響で正極が劣化するため，導電性のカーボン塗料でコーティングするなどの処理によって電極を保護する。NTC サーミスタを使用すれば，抵抗の測定を通して温度を知ることができるので，プローブ上にサーミスタを配置することで地温センサとして用いることができる。

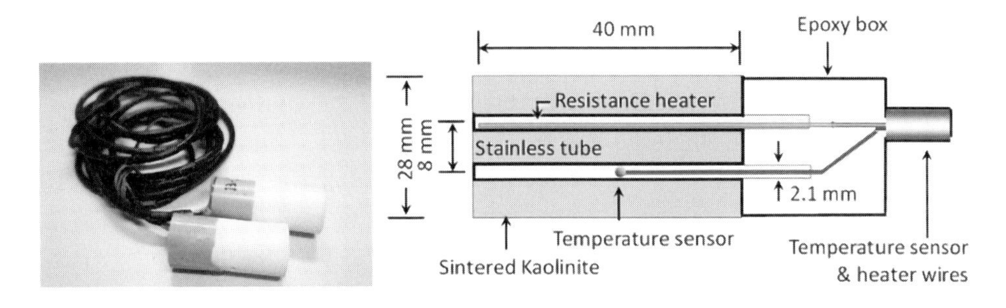

図3　DPHPマトリックポテンシャルセンサ

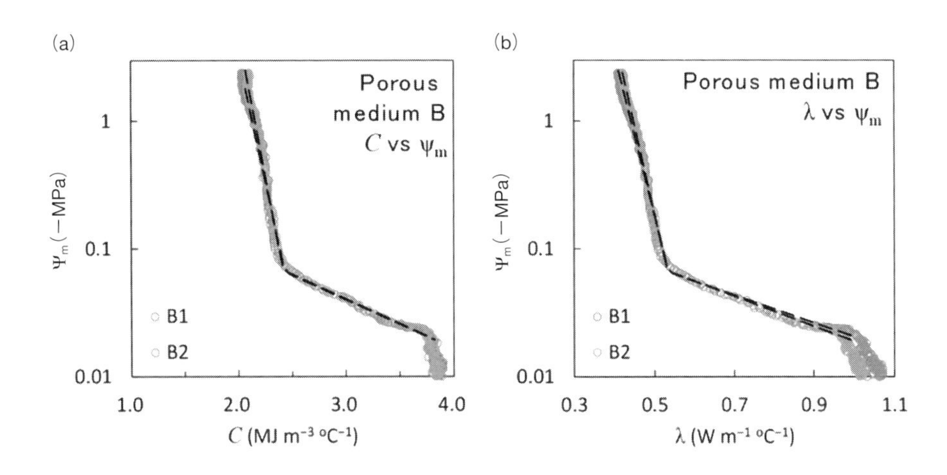

図4　作成したDPHPマトリックポテンシャルセンサのマトリックポテンシャルΨmと熱容量Cの関係性(a)，Ψmと熱伝導率λの関係性(b)

3. マトリックポテンシャルセンサの低コスト化

マトリックポテンシャルを簡易に計測するためによく用いられる装置に，テンシオメーターがある。テンシオメーターは多孔質体によるポーラスカップとガラスやプラスチックの管，その先端に備えた圧力計からなる。管の中に脱気水を充填し，土に先端を挿すとポーラスカップを通じて土壌と水分のやりとりが行われる。このときの負圧を読み取ることでマトリックポテンシャルとする。脱気水を用意し定期的に充填する必要がある他，設置にはある種のコツと慣れが必要であることから手軽な計測とは言いにくい。

より簡易な方法としてポーラスカップに相当する多孔質体中の電気抵抗値を測定することで，多孔質対中の相対的な水分量を求めマトリックポテンシャルに換算する方法がある。筆者らは，銅薄膜極板と石膏により構成されるマトリックポテンシャルセンサを試作した。マトリックポテンシャルセンサに必要な多孔質体の開発を，カオリナイトと炭素粉末の混合体を焼結させることで作成した。

従来提案されていた多孔質体内部に埋め込んだ導体棒の電気抵抗を計測する抵抗式マトリックポテンシャルセンサでは，温度によって計測に誤差が生じる。この温度依存を解決するために，多孔質体中の熱拡散を測定し，マトリックポテンシャルに換算するDPHPマトリックポテンシャルセンサを開発した[4)](**図3**)。開発したマトリックポテンシャルの評価として，黒ぼく土に水をしみ込ませて乾燥機で40℃程度で乾燥させる実験を行った。多孔質体の熱伝導率から−2.5〜−240 mH_2Oという広い範囲のマトリックポテンシャルの推定に成功した(**図4**)。

4. システムの低コスト化の工夫

土壌センサは複数の場所に設置することが多いため，これらを920 MHz帯のIEEE 802.15.4 gの通信機能を用いて，ゲートウェイを介してクラウドに集約する。これにより，土壌環境のデータがリアルタイムにクラウド上に集約されるので，それを分析し灌水の制御に即時反映できる。各センサから3G/4G通信を用いて直接データをクラウドにアップロードすることも可能であるが，消費電力や月額の通信料の関係から，現在では近距離無線通信で集約する方が経済的である。センサからゲートウェイまでは信頼性・簡便性を重視しシンプルなシングルホップ型の通信を採用している。農業用センサでは広大な農地をカバーするため，マルチホップ型の無線センサネットワークの活用が検討されているが，土壌センサについてはデータ量も少なく，リアルタイム性も要求されないため，むしろシンプルな構成の方が，ユーザーとなる農家にとっても理解しやすく，メンテナンスやトラブル対応が容易で都合がよい。通信距離は100 m程度のため，場合によっては多くのゲートウェイを用意する必要が生じるが，太陽電池駆動も可能なので，比較的農地面積の狭い国内においては十分対応可能であると考えている。

一方で，植物体に含有される水分や，ハウスの骨組みの影響などで，圃場における通信品質は劣悪であることが多く，通信の不安定性が問題となることは多い。これは多くの場合，作物が成長するに伴いアンテナを覆ってしまったなど，不可逆的な環境変化に起因するものであり，パケット再送など通信プロトコルでの対処には限界がある。こうした問題に対しては人的労力を投入して対応せざるを得ないため，効率良くトラブル解決するメンテナンスの枠組みを設計するなどの取組みも有意義であると考える。

文　献

1) Y. Kawahara, H. Lee and M. M. Tentzeris : Proc. 2012 ACM UbiComp '12, 545(2012).

2) Y. Shirahama, R. Shigeta, Y. Kojima, K. Nishioka, Y. Kawahara and T. Asami : Proc. IEEE SENSORS 2015 (2015).

3) R. Shigeta, Y. Kawahara, D. Goud and B. Naik : Proc. of IEEE Sensors 2018(2018).

4) Y. Kojima, K. Noborio, M. Mizoguchi and Y. Kawahara : *Japanese Society of Agricultural Informatics*, **26**(4), 77-85(2017).

第３項　微量ガス計測とイチゴ炭疽病診断

国立研究開発法人理化学研究所　湯本　正樹　　国立研究開発法人理化学研究所　和田　智之

1. はじめに

イチゴは我が国の農業生産において収益性が高く，重要な品目である。しかし近年，植物病原糸状菌(カビ)による被害が拡大しており，特にイチゴ炭疽病による年間被害額は約35億円とされ，その防除対策の確立が急務である[1]。イチゴ炭疽病は農薬散布だけでは防除が困難であり，その対策の１つとして感染苗を圃場に持ち込まないことが重要となる[2]。しかし，感染初期においては，外観から感染苗と健全苗を判断することが困難であり，感染苗の圃場持ち込みによる病害発生の連鎖的拡大が問題となっている。そのため，感染苗を迅速に選別するための簡易な病害診断センサの開発が望まれている。

植物の放出ガスには，イソプレンやモノテルペン類，セスキテルペン類をはじめとした生物起源揮発性有機化合物(BVOCs；Biogenic Volatile Organic Compounds)など，数百種類にわたるガス成分が含まれる[3]。これら植物放出ガスは，大気環境への影響として，大気中の粒子状物質の原料になることが知られており，さまざまな環境下(日照条件や温度等)における植物ガス放出量の定量計測は，大気環境を評価する上で重要となる。また，植物放出ガス分析の農業分野における応用として，農作物の微量な放出ガスを分析し病害を早期に診断するための新しい技術開発も進められている。

植物は，常に病虫害による攻撃にさらされており，これらに抵抗するため，さまざまな防御機構を発達させている。例えば，植物の過敏感反応においては，感染細胞の自発的な死とともに，ファイトアレキシンなどの抗菌性物質や植物のストレスホルモンであるサリチル酸やエチレン，ジャスモン酸などが蓄積される[4]。特にバラ科に所属するイチゴは，アウクパリンやエリオボフランが生成されることが知られており，これらの含む一部の成分は植物のストレスシグナルとしてBVOCsの形で植物体外へと放出される[5)6]。

現在，これらのBVOCsを検出・分析することで，イチゴをはじめさまざまな農作物の育成状態のモニタリングや，病害等を非破壊で発見・診断するための新たなセンシング技術の実現が期待される。そこで本稿では，現在，筆者らが取り組んでいる中赤外波長可変レーザーを基礎とした微量BVOCsの検出システムの開発状況と，それを利用したイチゴ炭疽病の非破壊診断の可能性について紹介する。

2. 中赤外レーザーによる微量ガス検知

中赤外線領域(波長2～15 μm)には，分子固有の振動や回転運動に起因する吸収スペクトルが数多くしている。この分子固有の吸収スペクトルが，分子を同定するための指紋として利用可能なため，中赤外線領域は分子の指紋領域とも呼ばれる。測定対象となる分子の吸収スペクトルに波長同調させた中赤外レーザーに，長光路赤外吸収分光法[7)8]を適用することで，ppm, ppbといった非常に低濃度なガス成分を検知することが可能となる[9)-11]。

上記の微量ガス検知に利用される代表的な中赤外レーザーとして２つが挙げられる。１つ目は，非線形波長変換法の一種である差周波発生(DFG；Difference-frequency generation)[12]を利用したレーザーである。２つ目は，中赤外光を直接発振可能な量子カスケードレーザー(QCL；Quantum cascade laser)[13)-15]である。DFGを利用したシステムは，中赤外光を発生させるために，２台のレーザーが必要になるが，その２台のレーザーの波長の組合せを変更することで，広帯域な中赤外線領域で自在に中赤外光の波長が選択できる。さらに２台のレーザーのスペクトル

図1　ガスサンプリングに用いたイチゴ苗

線幅を狭線化することで，0.001 cm^{-1} 以下の高いスペクトル分解能が得られる。一方，QCL は 0.001 cm^{-1} 以下の高いスペクトル分解能と非常にコンパクトな装置が得られるメリットがあるが，QCL に利用される半導体材料の光学特性による制限から，中赤外線領域における波長選択の自由度が低いといった問題がある。筆者らの研究では，検出対象とする BVOCs が，どの波長帯に吸収スペクトルを持つか調査する段階から開始するため，中赤外線領域における波長選択に高い自由度がある DFG を利用したシステムを採用した。

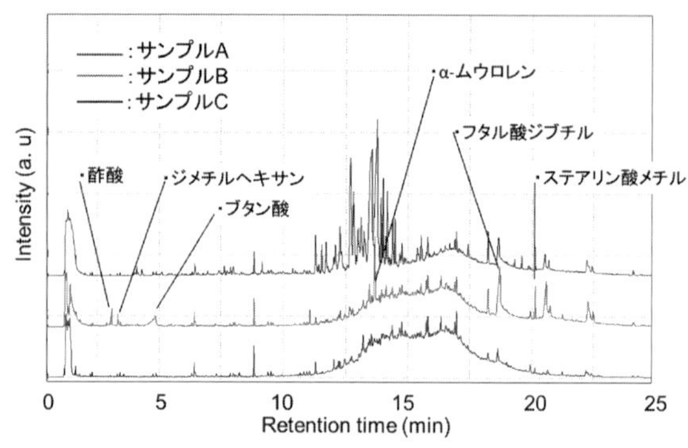

※口絵参照

図2　イチゴ苗からの放出ガスのガスクロマトグラム

3. イチゴ苗放出ガス成分の調査

中赤外波長可変レーザーを用いた BVOCs 検出システムの開発に先立ち，イチゴ炭疽病に感染した苗から放出されるガスの成分を調査した。なお，ガス成分の分析には，ガスクロマトグラフ質量分析計（GCMS ; Gas Chromatography−Mass spectrometry）を用いた。ガス成分の調査には，(A)健全なイチゴ苗，(B)イチゴ炭疽病菌の接種試験後1日が経過した感染苗，(C)イチゴ炭疽病菌の接種試験後1か月が経過した感染苗の3種類を用いた。

図1に実際に利用したサンプル A, B, C の写真を示す。サンプル A と B に関しては目視による感染の診断は不可能である。また，サンプル C はすでに枯死が始まっているものを用いた。サンプル A, B, C から放出されるガスを，ポリフッ化ビニル製のガス分析用サンプリングバックに捕集し，そのバック内に加熱脱着法に利用するためのシリカモノリス捕集材を同封し，一晩放置することで吸着させた。**図2**に測定したガスクロマトグラムを示す。サンプル A, B, C の分析結果から，苗の状態によってそれぞれ異なるシグナルが計測されており，サンプル B からは，ジメチルヘキサン等の揮発性有機化合物が放出されていた。なお，放出ガス成分の違いは，イチゴ苗の個体差の影響も考慮しなくてはならないものの，病気の進行に伴い複数の揮発性有機化合物が植物体内で生成され，体外へ放出されることが推測できる。

図3に，サンプル A, B, C から放出されるガスの中赤外吸収スペクトルを示す。それぞれのサンプルから放出されるガスの赤外吸収スペクトルには水と二酸化炭素の強い吸収線が確認され，サンプル C からは腐食性ガスであるメタンガスの発生が確認された。一方，サンプル A とサンプル B においては，水と二酸化炭素の赤外吸収の影響の少ない 2,900～3,000 cm^{-1} の領域で赤外吸収量の差異が確認された。また，2,900 cm^{-1} 近傍には感染苗特有の吸収スペクトルピークが確認された。植物のストレスホルモンであるサリチル酸やエチレン，ジャスモン酸をはじめ，図2のサンプル B からの放出があったジメチルヘキサンやブタン酸は，3.3～3.4 μm 帯（2,900～3,000 cm^{-1}）の中赤外線領域に CH 伸縮振動由来

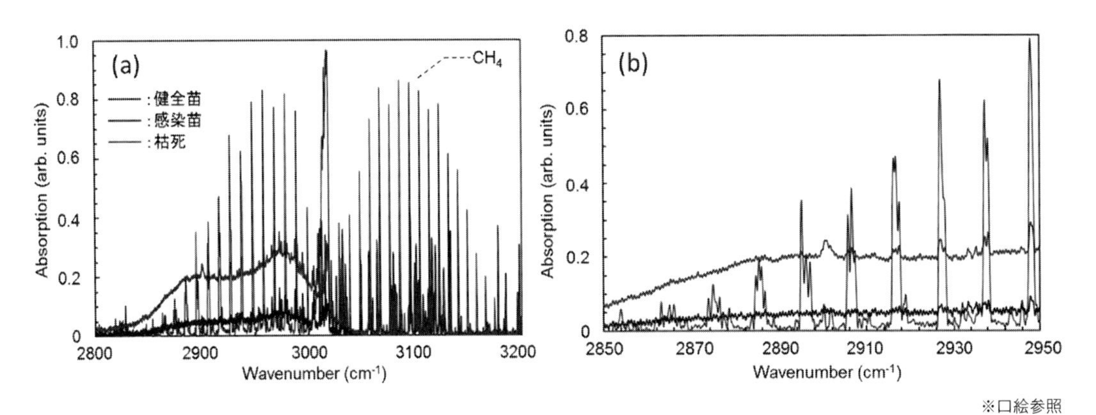

※口絵参照

図3　イチゴの健全苗と炭疽病感染苗の放出ガスの赤外吸収スペクトル
((b)は(a)の拡大図)

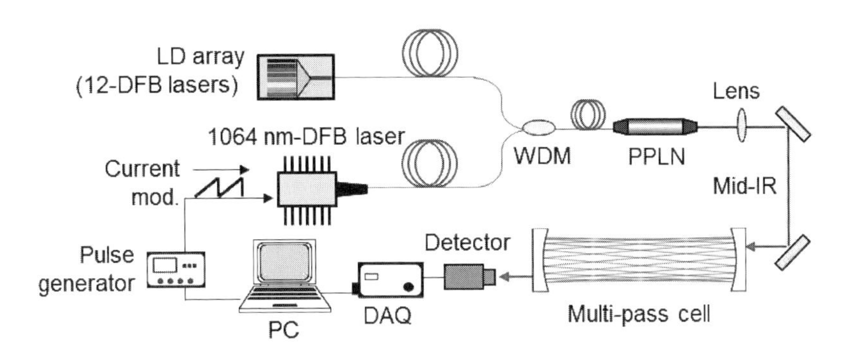

図4　中赤外レーザーを用いた微量ガス検知システム

の強い赤外吸収スペクトルが現れることが知られている[16)17)]。これらの結果から，3.3～3.4 μm 帯(2,900～3,000 cm^{-1})の領域で発振する中赤外レーザーを用いたBVOCs検出システムの開発を推進した。

4. 微量ガス検知システムの開発

中赤外線領域の3.3～3.4 μm 帯(2,900～3,000 cm^{-1})の領域で発振する中赤外レーザーを用いて，イチゴ炭疽病感染苗の放出ガス成分を検出するためのシステムを開発した。**図4**に中赤外レーザーを用いた微量ガス検出システムの概略図を示す。中赤外レーザーは，近赤外領域で単一周波数発振する2台の分布帰還型レーザー(DFBレーザー；Distributed Feedback laser)と，近赤外光を中赤外光へと変換するための非線形周波数変換用セットアップから構成される。非線形周波数変換には導波路型の周期分極反転ニオブ酸リチウム(PPLN；Periodically Poled Lithium Niobite)を用いた差周波発生を利用した[18)19)]。差周波発生のポンプ光用レーザーには波長1,064 nm，出力100 mWで発振するDFBレーザーを用いた。また，シグナル光用レーザーには，複数のDFBレーザーをアレイ状に構成した光源を採用した。1,528～1,564 nmの波長域で自在に波長選択が可能であり，出力は40 mWであった。偏波保持光ファイバーにより伝送されたポンプ光とシグナル光は波長分割多重(WDM；Wavelength Division Multiplexing)カプラにより結合され導波路型PPLNに入射され，中赤外光が差周波光として出力する。またポンプ光用のDFBレーザーに印加する電流を変調制御することで，差周波発生により出力される中赤外光の波長掃引を行った。出力した中赤外光はヘリオット型マルチパスセル(光路長：76 m)へ導入され，セルから射出した中赤外光強度を電子冷却型HgCdTe(MCT)検出器で計測することでセル内に吸引されたガスの吸収分光計測が可能となる。

本システムを用いてメタン(CH_4)イソプレン(C_5H_8)の分光計測を行った結果を**図5**に示す。イソ

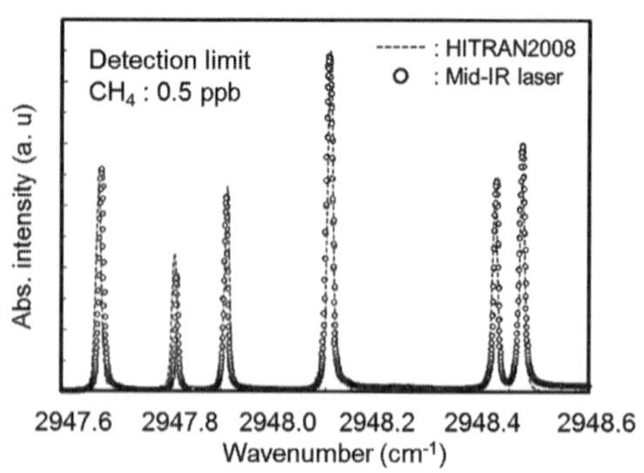

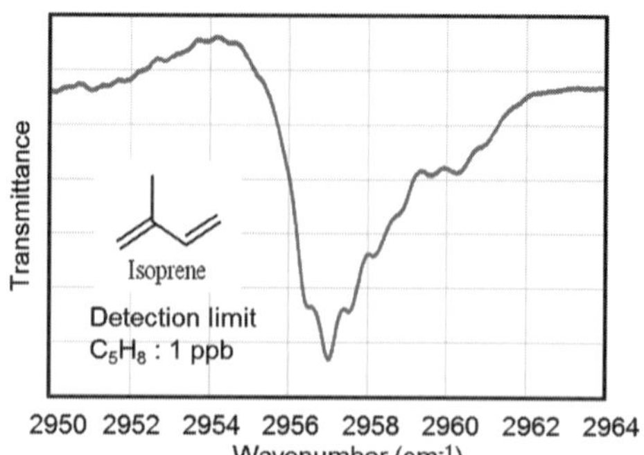

図５　メタンガスとイソプレンガスの分光試験結果

(a)

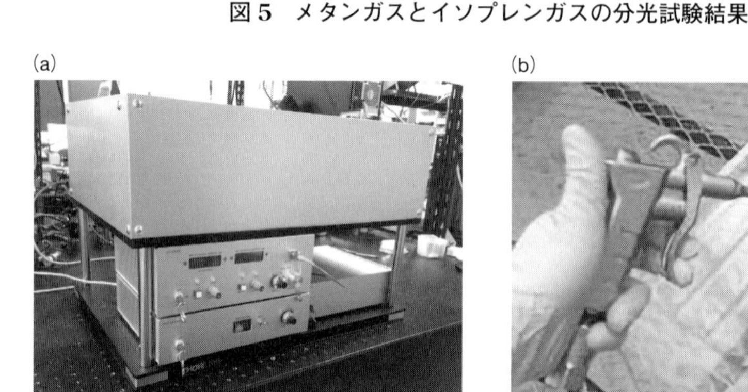

(b)

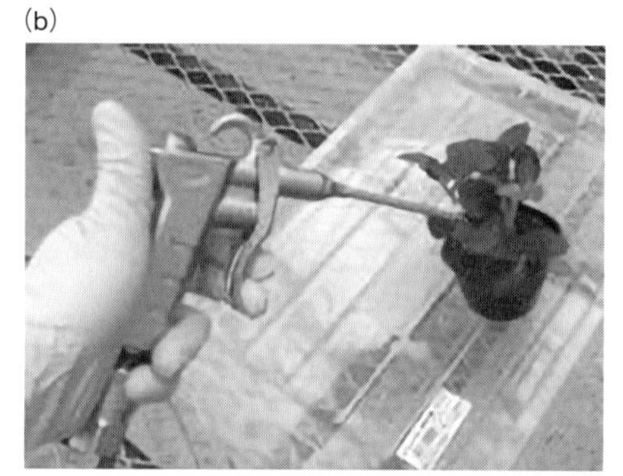

図６　微量ガス検知システム(a)とガスサンプリングの様子(b)

プレンは植物が放出する代表的な揮発性有機化合物であり，温度や照度など周囲の環境変化に応じて放出量が変化することで知られている[20]。メタンとイソプレンは，それぞれ2,948, 2,957 cm^{-1}近傍に特徴的な赤外吸収スペクトルを有する。DFBレーザーアレイから出力されるシグナル光の波長は1,552 nmを選択し，ポンプ光用のDFBレーザー(波長1,064 nm)に印加する電流値を変調することで，2,948, 2,957 cm^{-1}近傍の波長掃引を行った。メタンとイソプレンともに吸収スペクトルの計測に成功し，検出下限を見積もったところ，それぞれ0.5 ppb，1.6 ppbの検出下限が得られた。なお，測定時間は100 msであった。植物が放出するイソプレン濃度はppmオーダーであるため，作物ガス分析には十分な感度が得られている。また，開発した微量ガス検知システムの統合化も進めている。小型のDFBレーザードライバーやマルチパスセルを独自に設計，開発することで，装置サイズがW60×H40×D39 cm^3程度になり，実際の圃場へ持ち込むことが可能になった(**図6**(a))。また，イチゴ苗放出ガスのサンプリングには，トリガー付きのエアガンを採用した(図6(b))。エアガンのノズルをサンプリング対象に近づけてトリガーを引くと周辺のガスを吸引することができる。これにより，片手でのガスサンプリング作業も可能となった。

5. イチゴ炭疽病診断試験

筆者らは開発した微量ガス検知システムを用いて，イチゴ炭疽病の非破壊診断の可能性について検証試験を行った。**図7**にイチゴ炭疽診断試験に用いたサンプルの写真を示す。

イチゴ苗を30株準備し，半数の15株にイチゴ炭疽病菌培地より菌液を作製し噴霧接種した。炭疽病菌接種後，一週間程は目視による病斑の確認はできず，9日経過した時点で目視により病斑が確認された。サンプルの経過観察に併せて，開発した微量ガス検知システムを用いてサンプルから放出されるガスの2,900 cm^{-1}近傍の吸収スペクトルを計測した。得られたスペクトルデータを比較したところ，イチゴ炭疽病の感染苗から放出されたガスに特徴的なスペクトルピークの確認には至らなかった。これは

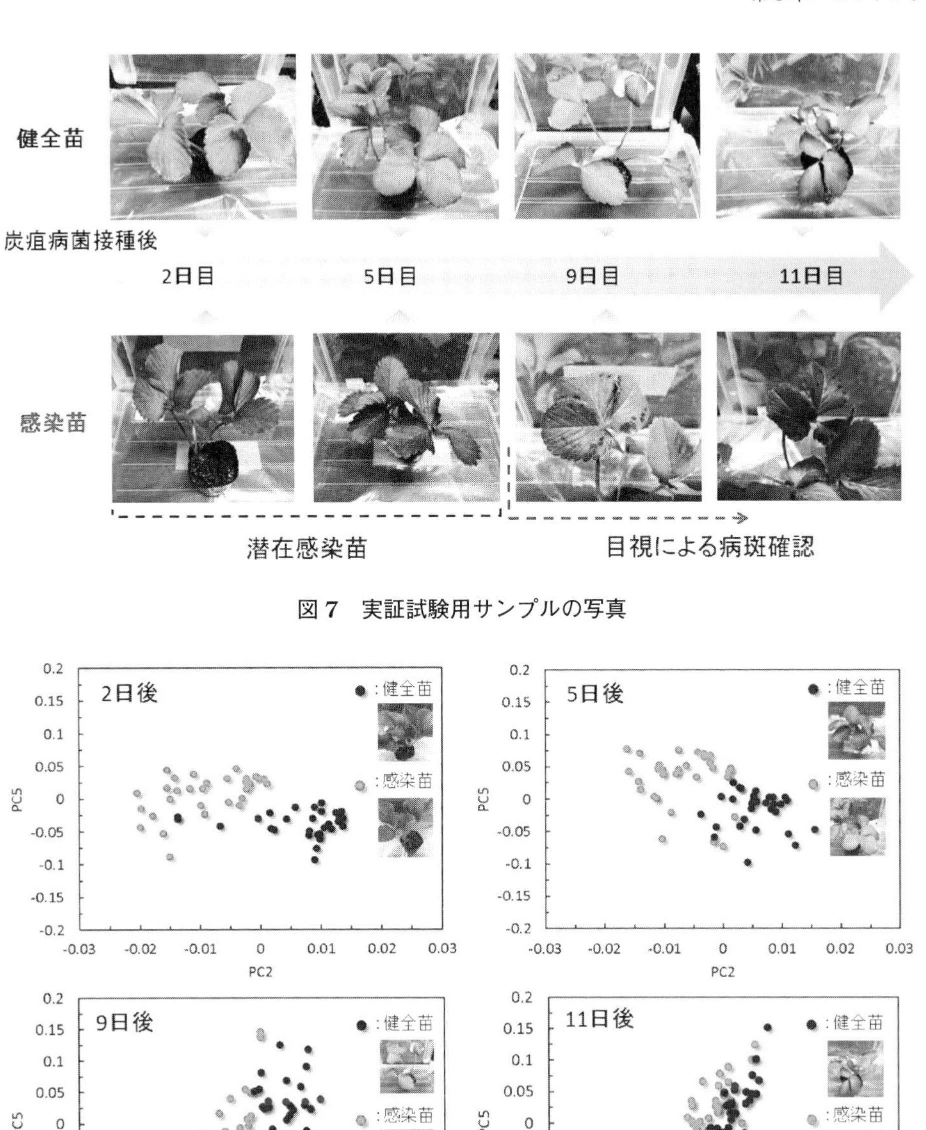

図7　実証試験用サンプルの写真

図8　センサを用いた診断結果

GCMSを用いた加熱脱離法での計測と異なり，吸着剤を用いたガスの濃縮過程を利用できなかったため，極めて低濃度のストレスシグナルの検知には感度が足りなかったか，もしくは中赤外光の波長掃引領域が狭く，測定対象ガスの赤外吸収スペクトルのピークを包含した分光計測ができなかったと推測される。

そこで，得られた結果をもとに主成分分析を行った。**図8**に主成分分析の解析結果を示す。イチゴ炭疽病菌接種後，2日，5日，9日，11日目のすべての時点で，全サンプルから健全苗(非感染苗)と感染苗を分離できることが確認できた。このとき病斑が確認されたのは9日目からであり，それ以前のイチゴ苗は目視による病斑確認ができない潜在感染苗である。潜在感染苗に対して，健全苗と完全に分離できない計測点は，全計測点に対して約15%程度であり，80%以上の確率で潜在感染苗を非破壊診断できる可能性が示唆された。

6. まとめ

本稿では，筆者らが取り組んでいる中赤外波長可変レーザーを基礎とした微量BVOCsの検出システムの開発状況と，それを利用したイチゴ炭疽病の非破壊診断の可能性について紹介した。イチゴ炭疽病菌の潜在感染苗と健全苗から放出される微量なガス成分を分析することで，潜在感染苗を非破壊診断できる可能性があることが分かりつつある。

現在，イチゴ炭疽病の検出には，ポリメラーゼ連鎖反応(PCR ; polymerase chain reaction)等の遺伝子解析が現行法として一般化している。これらは高いランニングコストや煩雑な前処理などの問題から，栽培しているすべての苗を対象にした検査は難しい。本センサは，その簡易的な計測方法故に，遺伝子解析よりも検査対象になる苗の数がはるかに多い。イチゴ炭疽病菌の感染経路は，潜在感染苗の圃場持ち込みがほとんどであるため，事前に苗の感染リスクを非破壊で簡便にスクリーニングすることができれば極めて有効な防除対策になる。苗の感染リスクが高いのか，もしくは低いのかという情報が得られるだけでも事前に対策を施すことができるためである。今後，微量ガス検知技術を用いた病害診断センサの高度化が進み，現行法とそれぞれが特徴を活かしつつイチゴ炭疽病防除に貢献することを期待する。

文　献

1) T. Sato and J. Moriwaki : Molecular re-identification of strains in NIAS Genebank belonging to phylogenetic groups A2 and A4 of the *Colletotrichum acutatum* species complex, *Microbiol. Cult. Coll.*, **29**, 13-23(2013).

2) 石川成寿：これで防げるイチゴの炭疽病，萎黄病，農山漁村文化協会(2011).

3) C. N. Hewitt : Reactive Hydrocarbons in the Atmosphere, Academic Press(1999).

4) R. N. Goodman and A. J. Novackay : The hypersensitive reaction in plants to pathogens : a resistance phenomenon, The American Phytopathological Society(1994).

5) S. M. Widyastuti, F. Nonaka, K. Watanabe, E. Maruyama and N. Sako : Accumulation and Antifungal Spectrum of Rhaphiolepsin as a Second New Phytoalexin in *Rhophiolopis umbellata* Makino, *Ann. Phytopath, Soc. Japan*, **57**, 641-648(1991).

6) R. M. C. Jansen, J. Wildt, I. F. Kappers, H. J. Bouwmeester, J. W. Hofstee and E. J. van Henten : Detection of diseased plants by analysis of volatile organic compound emission, *Ann. Rev. Phytopathol.*, **49**, 157-174(2011).

7) D. E. Heard ed.：Analytical Techniques for Atmospheric Measurement, Blackwell, Oxford(2006).

8) T. Asakawa, N. Kanno and K. Tonokura : Diode laser detection of greenhouse gases in the near-infrared region by wavelength modulation spectroscopy, Pressure dependence of the detection sensitivity, *Sensors*, **10**, 4686-4699(2010).

9) A. A. Kosterev, F. K. Tittel, C. Gmachl, F. Capasso, D. L. Sivco, J. N. Baillargeon, A. L. Hutchinson and A. Y. Cho : Trace-gas detection in ambient air with a thermo-electrically cooled, pulsed quantum-cascade distributed feedback laser, *Appl. Opt.*, **39**, 6866(2000).

10) D. Richter, A. Fried, B. P. Wert, J. G. Walega and F. K. Tittel : Development of a tunable mid-IR difference frequency laser source for highly sensitive airborne trace gas detection, *Appl. Phys. B.*, **75**, 281(2002).

11) J. B. McManus, M. S. Zahniser and D. D. Nelson : Dual quantum cascade laser trace gas instrument with astigmatic Herriott cell at high pass number, *Appl. Opt.*, **50**, A74(2011).

12) R. W. Boyd ed.：Nonlinear Optics, Academic Press(2003).

13) J. Faist, F. Capasso, D. L. Sivco, C. Sirtori, A. L. Hutchinson and A. Y. Cho : Quantum Cascade Laser, *Science*, **264**, 553(1994).

14) B. G. Lee, M. A. Belkin, R. Audet, J. MacArthur, L. Diehl, C. Pflügl and F. Capasso : Widely tunable single-mode quantum cascade laser source for mid-infrared spectroscopy, *Appl. Phys. Lett.*, **91**, 231101(2007).

15) M. Razeghi, N. Bandyopadhyay, Y. Bai, Q. Lu and Steven Slivken : Recent advances in mid infrared(3-5 μm) Quantum Cascade Lasers, *Opt. Mat. Express*, **3**, 1872(2013).

16) J. Uddin, ed.：Macro to Nano Spectroscpy, IntechOpen(2012).

17) J. Coates : Interpretation of infrared spectra, a practical approach, *Encycl. Anal. Chem*, https://doi. org/10.1002/9780470027318. a5606(2006).

18) L. Ciaffoni, R. Grilli, G. Hancock, A. J. Orr-Ewing, R. Peverall and G. A. D. Ritchie : 3.5 μm high-resolution gas sensing employing a LiNbO3 QPM-DFG waveguide module, *Appl. Phys. B*, **94**, 517(2009).

19) T Kazama, T. Umeki, M. Asobe and H. Takenouchi : Single-Chip Parametric Frequency Up/Down Converter Using Parallel PPLN Waveguides, *IEEE Phot. Tech. Lett.*, **26**, 2248(2014).

20) A. Guenther, C. N. Hewitt, D. Erickson, R. Fall, C. Geron, T. Graedel, P. Harley, L. Klinger, M. Lerdau, W. A. McKay, T. Pierce, B. Scholes, R. Steinbrecher, R. Tallamraju, J. Taylor and P. Zimmerman : A global model of natural volatile organic compound emissions, *J. Geophys. Res.*, **100**, 8873(1995).

第４項　植物生体情報プラットフォーム「PLANT DATA」

愛媛大学／豊橋技術科学大学　高山　弘太郎　　PLANT DATA株式会社　北川　寛人

1. はじめに

太陽光植物工場は，太陽光エネルギーを最大限に活用して大規模な農作物生産を行う施設であり，二酸化炭素・気温・湿度等を対象とした環境制御技術と自動化・機械化等の先端工業技術との融合により，地域における農作物生産の効率を最大化するシステムとして確立されつつある[1)2)]。ただし，このように高度化した環境制御技術の性能を十分に発揮させるためには，植物の生育状態に合わせて環境制御の設定値を適切に更新し続ける必要があり，「植物の生育状態の数値化に基づいた見える化」は施設生産の必須技術として注目されている。

2. 問題解決のためのスピーキング・プラント・アプローチ

スピーキング・プラント・アプローチ(SPA; Speaking Plant Approach)コンセプトは，さまざまなセンサを用いて植物生体情報を計測して生育状態を診断し，その診断結果に基づいて栽培環境を適切に制御するというもの[3)-5)]であり，太陽光植物工場の生産性を向上させるための切り札として世界的に注目されている[6)7)]。そして，非破壊・非接触タイプの植物生体情報計測技術は，SPAにおける最重要技術に位置づけられている。平成21年度に創設された愛媛大学植物工場研究センターでは，太陽光植物工場に実装可能な植物生体情報計測技術の開発を推進しており，これまでに，太陽光植物工場で栽培されている作物を対象とした高精度生体情報計測が可能な各種計測システムを提案している。本稿では，当センターで開発され，愛媛大学発ベンチャーPLANT DATA㈱がサービス(ビジネス)化を推進する“植物生体情報プラットフォーム「PLANT DATA」”について紹介する。

3. クロロフィル蛍光画像計測ロボットによる高精度生体情報計測

図１は，愛媛大学植物工場研究センターにて基盤技術を開発し，井関農機㈱より市販されたクロロフィル(以降，Chl)蛍光画像計測ロボット(PD6C)である。本装置は太陽光植物工場内の１レーンを夜間に自動走行し，トマト個体群のChl蛍光画像を計測する。Chl蛍光は，Chlが吸収した光エネルギーのうちで光合成に使われずに余ったエネルギーの一部が赤色光として捨てられたものである。青色LEDを用いて植物葉に青色光を照射(励起光)すると，植物葉は照射光の反射光と光照射により励起されたChl蛍光を発する。CCDカメラの前部にロングパスフィルタ等を配置して青色の反射光成分を除去することで，Chl蛍光画像の撮像が可能となる。

3.1 太陽光植物工場における光合成活性の分布の把握

暗条件に置かれた植物葉に一定の強さの励起光照射を開始すると，Chl蛍光強度が経時的に変化する現象が確認される。この現象はインダクション現象と呼ばれ，大政謙次東大名誉教授により1987年に世界で初めて画像計測された。インダクション現象中の蛍光強度変化を表す曲線をインダクションカーブと呼び，その形状は葉の光合成能力の高低や種々のストレスの影響を受けて変化するため，カーブの形状指標を用いることで光合成機能診断が可能とな

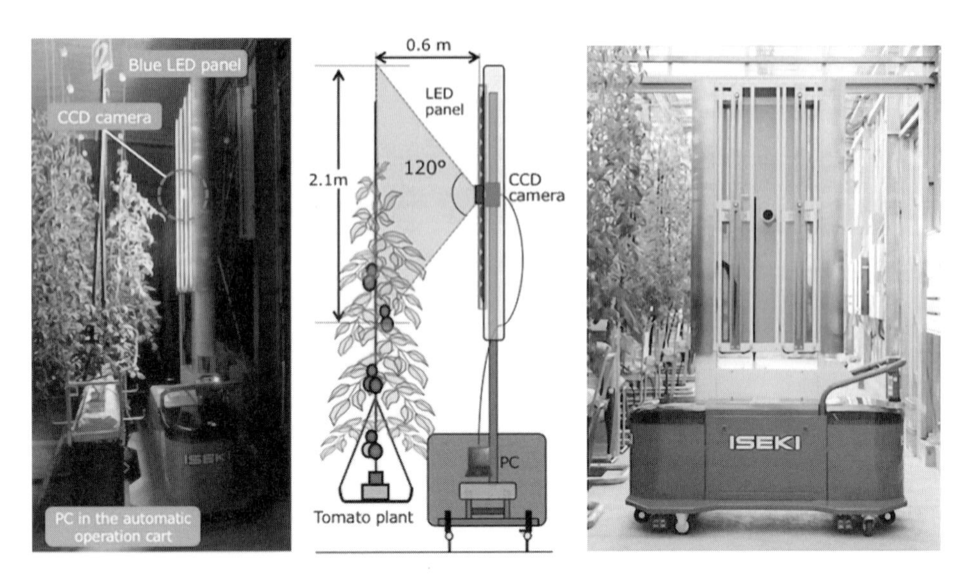

図1　愛媛大学植物工場研究センターの研究成果として井関農機㈱より市販されたクロロフィル蛍光画像計測ロボット

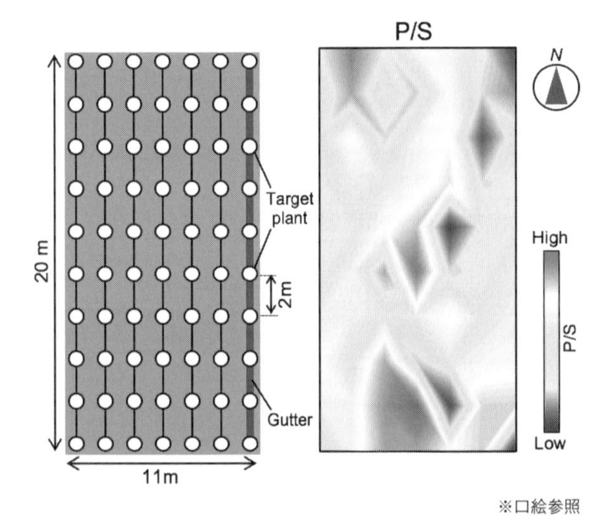

※口絵参照

図2　実験用太陽光植物工場内のトマト個体群の光合成活性マップ

る。**図2**は，Chl 蛍光画像計測ロボットを用いて計測した研究用太陽光植物工場（愛媛大学植物工場研究センター）の1区画（20 m×11 m）の光合成活性マップである。中央南側の植物体の光合成活性が高いことが分かる。

3.2　日単位の成長量の計測

Chl 蛍光画像計測ロボット（図1）は，青色 LED を点灯した状態で1レーンを自動走行することにより，トマト個体群をスキャンする形で連続的な Chl 蛍光画像を取得することができる。筆者らは，この Chl 蛍光画像の中から植物個体を正面（中央）に捉えた画像を抽出するアルゴリズムを開発し（**図3**(a)），1回の計測で30個体以上を対象とした茎頂高（背の高さ）の計測を可能にした（誤検出率0%）。なお，このようにして得られる茎頂高値は正規分布しており，その平均値は個体群全体の平均値とみなすことができる。つまり，前日と当日との茎頂高の差をこの間の茎伸長量と考えることができるため，1日単位（毎日）のわずかな成長の変化の把握が可能となる。図3(b)に，本アルゴリズムを用いて計測した15日間の茎伸長量の変化を示す。本システムを用いることで毎日の茎伸長量の変化を正確に捉えることができる可能性を示唆している。

4. 光合成蒸散リアルタイムモニタリングシステム

太陽光植物工場では，栽培作物の光合成を促進するために，CO_2 施用や補光などのさまざまな環境制御が行われている。また，光合成によって作られる光合成産物の多寡（多い少ない）が全ての成長（栄養成長・生殖成長）に影響を及ぼすため，個体群の光合成量を把握する技術は極めて重要度が高い。また，蒸散作用は，養液中の養分を根から植物体内に取り

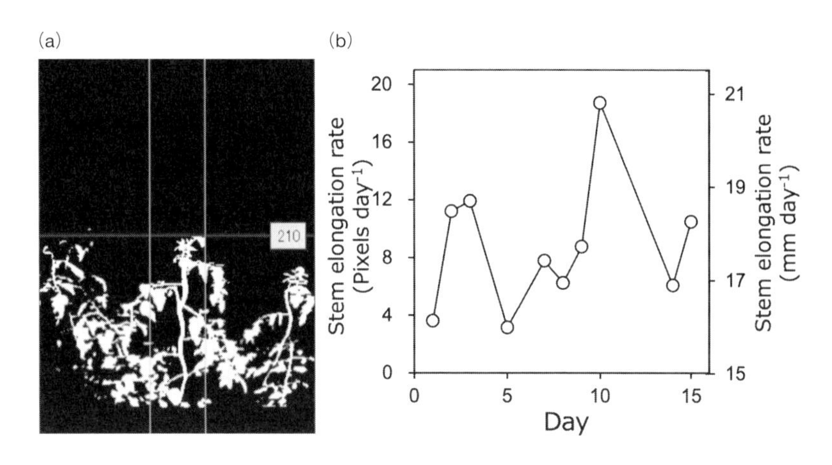

図3　トマト個体群の Chl 蛍光スキャン画像解析(a)に基づいた日単位の茎伸長計測の例(b)

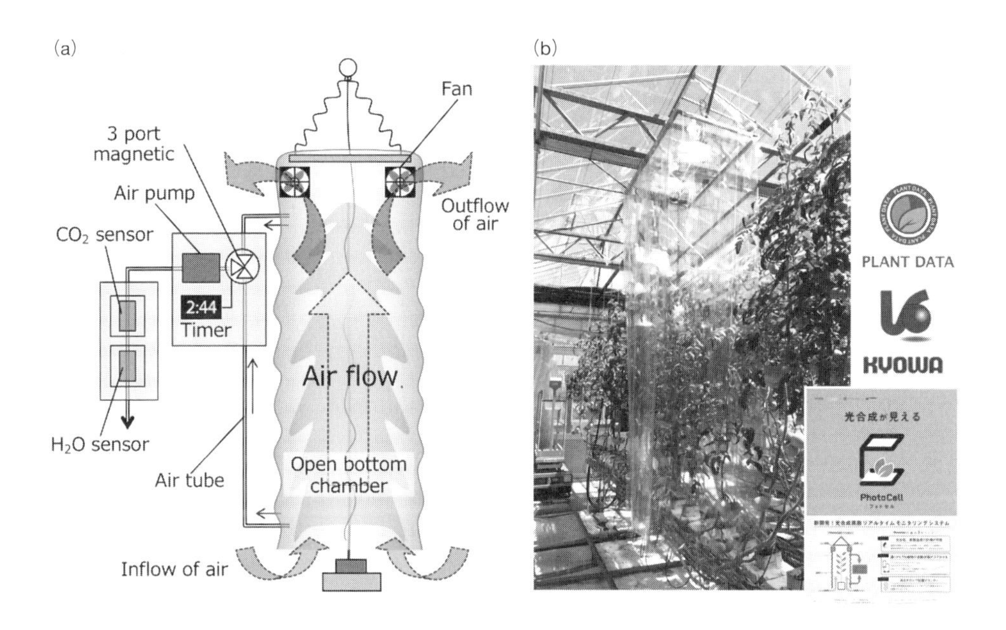

図4　光合成蒸散リアルタイムモニタリングシステムの模式図(a)と写真(b)

込むための原動力となっており，健全な成長を維持する上でも重要である。

図4は，筆者らが開発したトマト個体群を対象とした光合成蒸散リアルタイムモニタリングシステムの模式図と写真である[11]。本システムは，チャンバに栽培されている状態のトマト2個体を内包し，チャンバ上部のファンにより継続的に排気を行いながら，チャンバに流入する空気とチャンバから流出する空気の CO_2 濃度差および H_2O 濃度差を計測することにより(開放型同化箱法)，光合成速度と蒸散速度のリアルタイムモニタリングを可能にする。なお，本システムは，安価な CO_2 濃度センサ・H_2O 濃度センサを用いていながらも高精度な光合成蒸散計測を可能にした画期的なシステムであり，PLANT DATA㈱と協和㈱が共同で近年中の市販化を目指している。

図5は，PLANT DATA㈱が開発中の光合成蒸散リアルタイムモニタリング用ウェブアプリのUI例である。約5分間隔で光合成速度・蒸散速度・総コンダクタンスの変化をモニタリングでき，すべての

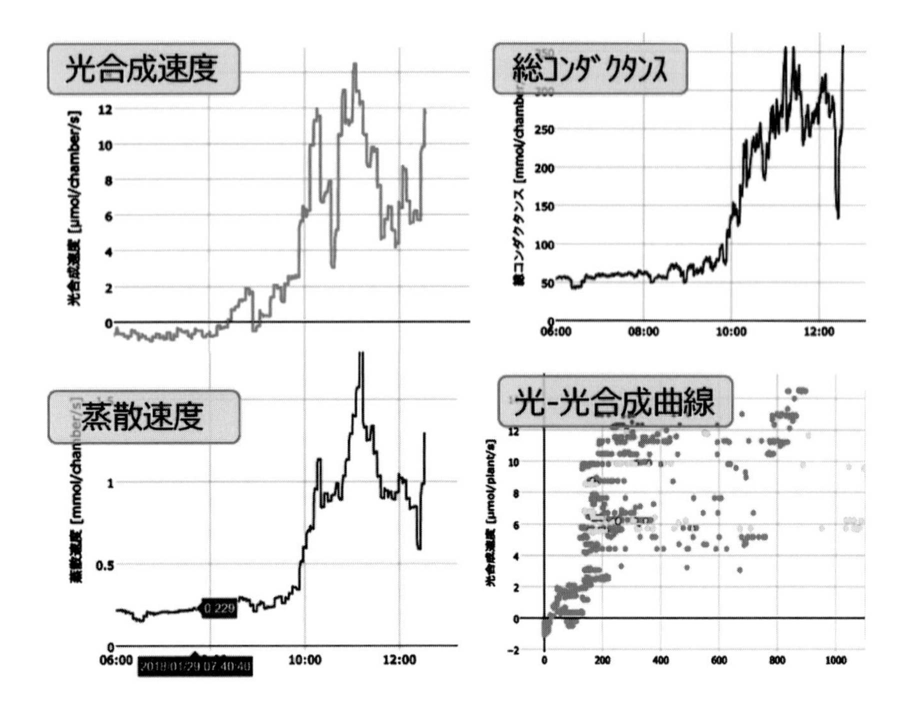

図5　光合成・蒸散・コンダクタンスの変化をモニタリング・記録が可能なウェブアプリの概略

右下：計測データを用いた光–光合成曲線

データがサーバに保存されており，CSV形式でダウンロードも可能である。環境データも同時に取得しているので，取得したデータを用いた簡単な環境応答解析を行う機能も有しており，例えば，図5の右下は，当該日の光強度と光合成速度の関係(光–光合成曲線)を表している。赤色の点群が午前中，緑色の点群が午後のデータであり，午前と午後の光合成活性の変化も可視化できる。

5. 生育スケルトンを用いた樹勢(草勢)の直観的把握

「生育スケルトン」は，茎伸長，茎径，葉数，葉の全長(全幅)といったテープメジャーのみで計測可能な計測項目のみを用いて描画される。**図6**は，長期多段栽培トマトの生育スケルトンデザインである。茎伸長は別色で強調表示されており，茎径や葉の大きさは，変化量や違いを容易に判別できるように係数を乗じて大小関係を強調表示(デフォルメ)している。なお，エキスパート版では，上記のような栄養成長に関する項目に加え，開花段数や収穫段数，開花果房から茎頂までの距離(第一開花果房の高さ)などの生殖成長に関する計測項目についても描画可能である。

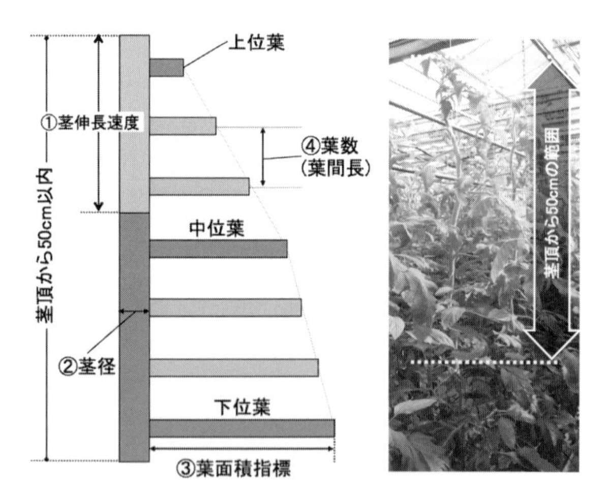

図6　長期多段栽培トマトの生育スケルトンデザイン

図7は，PLANT DATA㈱が提供するウェブアプリ“Skelton Review”である。生育スケルトンを用いた樹勢把握が可能であり，直近4週間にフォーカスした樹勢の変化(左上)や過去の樹勢変化履歴(右上)などを1画面で把握できる。さらに，複数の生産者

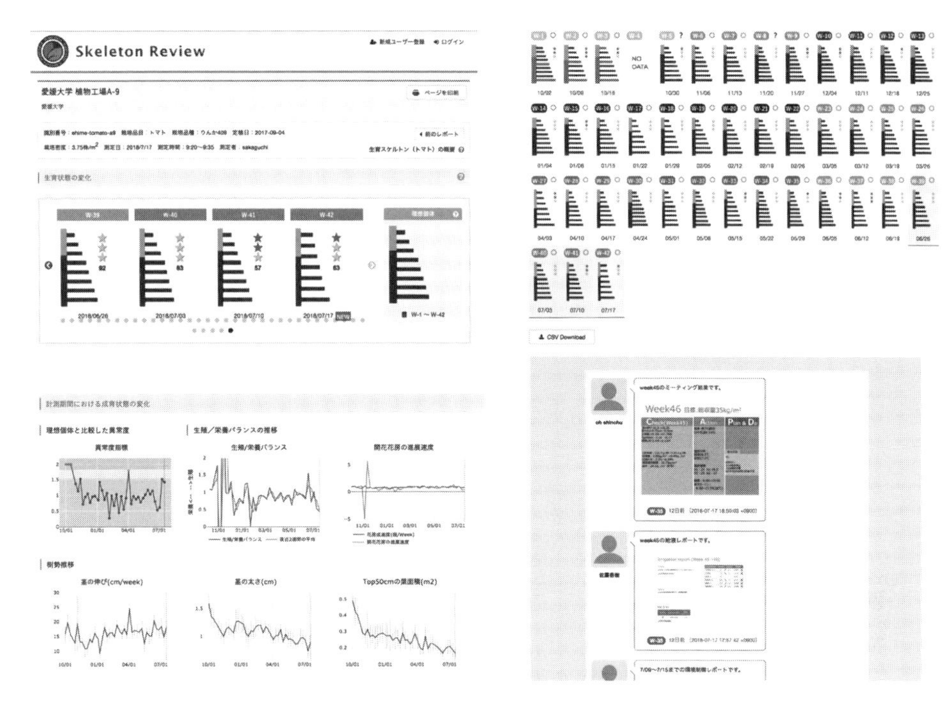

図７　樹勢(草勢)把握ウェブアプリ“Skelton Review”

間で生育状態の比較やチャット形式でのディスカッション(右下)を行う機能を有している。これらはPLANT DATA㈱のサービスとして提供が開始されており，月額数千円で利用できる。詳細については，同社のHPを参照されたい。

6. 植物生体情報計測の収量増大への貢献モデル

「収穫量の期待値」とは，特定の仕様(冷暖房・加湿・補光・CO_2施用等の能力を含む)の施設を特定の地域に設置する場合に期待される年間最大収量であり，個葉光合成モデル・葉群構造モデル・個体群内光環境モデルを統合した個体群光合成モデルを用いることで算出可能である(図８)[12]。ただし，この個体群光合成モデルは，植物体が万全の(生育不良が生じていない)状態であることを前提としているため，ひとたび生育不良が生じると，「収穫量の期待値」は大幅に低減する(図８の「判断・管理ミスによる低減」に相当)。

本稿で紹介した植物生体情報を活用することで，生育不良を早期に検知し，即座に適切な対策を講じることで，「収穫量の期待値」の低減を回避することが可能になり，ひいては年間収量の増大に貢献すると期待される。

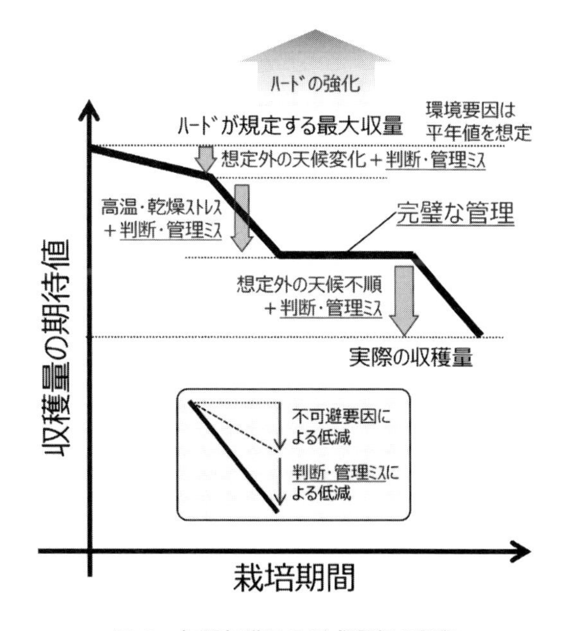

図８　年間収穫量の形成過程の解釈

文　献

1) 日本学術会議：提言 第22期学術の大型研究計画に関するマスタープラン（マスタープラン 2014）(2014).
2) 日本学術会議：提言 第23期学術の大型研究計画に関するマスタープラン（マスタープラン 2017）(2017).
3) A. J. Udink ten Cate, G. P. A. Bot and J. J. van Dixhoorn : *Acta Hort.*, **87**, 265 (1978).
4) Y. Hashimoto : *Acta Hort.*, **106**, 139 (1980).
5) Y. Hashimoto : *Acta Hort.*, **260**, 115 (1989).
6) 橋本康：植物環境工学, **25**, 57 (2013).
7) G. van Straten, G. van Willigenburg, E. van Henten and R. van Ooteghem : Optimal control of greenhouse cultivation, 1–305, CRC Press, Boca Raton, FL (2010).
8) 高山弘太郎, 仁科弘重：植物環境工学, **20**, 143 (2008).
9) K. Omasa, K. Shimazaki, I. Aiga, W. Larcher and M. Onoe : *Plant Physiol.*, **84**, 748 (1987).
10) K. Takayama, Y. Miguchi, Y. Manabe, N. Takahashi and H. Nishina : *Environ. Control Biol.*, **50**, 181 (2012).
11) 下元耕太, 高山弘太郎, 高橋憲子, 仁科弘重：2014 生態工学会年次大会 発表論文集, 17 (2014).
12) 高山弘太郎：農業および園芸, **92**,458 (2017).

第５項　IT 活用による生産支援「食・農クラウド Akisai」

富士通株式会社　若林　毅

1. 富士通が提供する「食・農クラウド Akisai」

富士通㈱（以下，富士通）は，農業の課題解決に向けて，2008 年から全国の農業生産の現場において泥にまみれながら IT 活用の実証実験を行い，その成果に基づいて，2012 年より「食・農クラウド Akisai」というブランドで，食・農分野に向けた多様なクラウドサービスを提供している（**図 1**）。

Akisai は，生産現場での IT 活用を起点に，流通や地域，消費者をバリューチェーンで結び，豊かな食の未来に貢献することをコンセプトとしている。

Akisai の強みはトータルなソリューション体系であるということである。

- 露地栽培や施設園芸，畜産という農業全体をカバー
- 生産から経営・加工販売まで企業的農業経営をトータルに支援
- データ活用を支援するイノベーション支援サービスの提供

2. データに基づく企業的経営の実現

「農業生産管理 SaaS」（Software as a Service）は，現場の日々の作業実績や生育情報をモバイル端末やセンサを使ってクラウド上に収集・蓄積・分析することにより，圃場ごとの品質やコストの見える化を可能にする。生産計画を立て，作業計画に対して日々の作業状況を記録し，蓄積された実績データを分析することで，従来の勘と経験に頼った経営では見え

図１　食・農クラウド Akisai のサービス体系

図２　「農業生産管理 SaaS」の全体イメージ

なかった気づきが得られ，収益性や効率性を高める企業的農業経営が可能となる。

PDCA サイクル実現のために，計画する（Plan），記録する（Do），確認する（Check）の３つのカテゴリ別に，活用シーンごとに分かりやすく機能を提供している。

①計画する
栽培指針，栽培暦，作付計画，適期管理，収穫計画，出荷計画など

②記録する
作業記録，見回り支援，資材購入記録，GAP チェックなど

③確認する
作業進捗・評価，コスト集計，簡易分析，栽培状況，生育予測など

蓄積されたデータを上手く活用しマネジメントに役立てることにより，以下のような効果を上げた事例がある。

●単位面積当たりの収量アップ

これまで勘や経験に頼っていたが，収穫時期予測・生産計画を策定の上，適期作業を徹底したことにより，キャベツの単位面積当たり収量の前年比 30％アップを実現

●作業プロセス改善による効率化

田植え作業の工程別作業時間分析から課題を見つけ，翌年以降に作業プロセスの改善を積み重ね，総作業時間の削減を図り，２年間で約 30％の効率化を実現

●高品質な作物栽培の実現

みかん栽培において，水やりの適正化などの適期作業の積み重ねにより，全収穫量に占める高糖度なブランドみかんの比率を大幅に向上

企業的農業経営を実践している方々は，収量の拡大や品質の向上に長年取り組んでいるが，農業生産で最も重要なことは適期作業の徹底と考えている方が多い。当社では，現場実践を積み重ねてきたスタッフがサポートして，従来は暗黙知であった栽培ノウハウを形式知化する栽培暦の最適化に向けたデータ活用支援も行っている。

また，センサネットワークによる環境情報のモニタリングに関しては，アグリマルチセンシング SaaS を提供しており，センサが計測した各種データをグラフ形式で集約したり，設置場所の地図表示や撮影画像を集約したりと，ダッシュボードとしてデータ活用を支援する。

3. 日本型の先進施設園芸の実現

「施設園芸 SaaS」は，温室内の各種センサデータを蓄積し，最適な栽培を行うためのデータ分析が可能となるほか，暖房や換気扇といった制御機器をパソコンやモバイルからリモート制御することができ，いわゆる施設園芸における IoT といえるサービスである。

■ コンピュータ制御された温室による安定生産を実現
■ クラウドと温室をつなぐことで遠隔モニタリング・制御を実現
■ 日本発のハウス制御に特化した通信規格「UECS」を実装

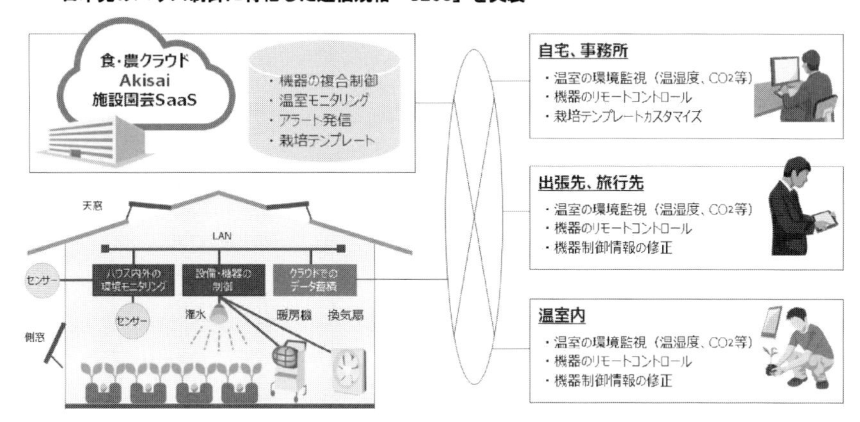

図3　「施設園芸 SaaS」の全体イメージ

■ 牛の行動特性を利用して、万歩計の歩数データの推移から発情時期を検知し、高い受胎率で繁殖させることを可能に
■ 種付けタイミングの見逃しによる酪農・畜産家の損失を激減させ、かつ、雄雌の産み分けにも活用可能

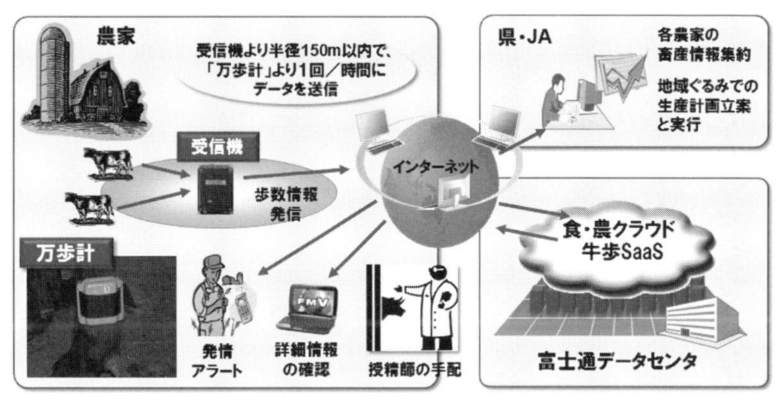

図4　「牛歩 SaaS」の全体イメージ

これにより，生産者はいつでも，どこでも，温室内の情報を見える化し，タイムリーに温室の温度や湿度など環境制御することができ，高品質な農作物を安定供給することが可能となる。

「施設園芸 SaaS」では，複合環境制御を実現しており，センサと連動した環境条件(温度・湿度・日射量・CO_2・養液など)の制御を複数の機器制御を行うことにより実現し，作物や施設にとって最適な環境制御をサポートする。

また，水平自立分散型のオープンなアーキテクチャーであるユビキタス環境制御システム UECS を採用しており，従来のような独自仕様による集中管理型システムではなく，オープンな標準規格に基づいてセンサや制御機器同士が自立分散型で連携・動作するシステムモデルを実現している。したがって，さまざまな企業がオープンに参入可能であり，互いに連携し切磋琢磨しながら業界全体でシステムの高度化やコストダウンを図るモデルである。オープンアーキテクチャーの特長を活かして，スモールスタートでの導入コストや設置の容易さ，システムの柔軟性など，日本の施設園芸における環境制御システムの普及に貢献することを目指している。

4. 畜産の収益力強化への取組み

当社は，畜産分野に向けたクラウドサービスも提供している。

「肉牛生産管理 SaaS」は，牛の個体情報や 1 頭単位のその時点の累積コスト，日々の飼育作業などのデータを一元管理し見える化することで，高品質な牛肉の低コスト生産の実現をサポートする。これにより，畜産農家においては，少人数で多頭数を管理する状況下であっても，品質確保・コスト削減・技術力強化が図れる。

牛の発情検知をサポートする「牛歩 SaaS」では，牛の行動特性を利用して，雌牛の足に付けた万歩計の歩数データの推移で発情時期を検知し，高い授精率で繁殖させることを可能にしている。これにより，種付けタイミングの見逃しによる農家の損失を激減させ，かつ，雄雌の産み分けにも活用でき，畜産農家経営を手厚くサポートしている。

5. 自社実践への取組み

当社では，食・農クラウド Akisai の展開により，さまざまな現場において実績の積み重ねに努めているが，当社自らが自社実践に取り組むことにより，さらなる IT 活用の高度化と新たな農事業のモデルへの挑戦を目指している。

まずは，研究・実証拠点として，2013 年より静岡県の沼津工場の敷地内に Akisai 農場を開設している。ここでは，「施設園芸 SaaS」やセンシングネットワークなど農業 IT/IoT の実践的活用を図るほか，プロフェッショナルとの連携による新たな栽培技術の研究開発に取り組んでいる。

また，完全閉鎖型植物工場における生産・販売事業にも取り組んでいる。2014 年より福島県会津若松市にある半導体工場のクリーンルーム約 2,000 m^2 を活用し，人工光利用による完全閉鎖型植物工場「会津若松 Akisai やさい工場」を運営している。

ここでは，カリウム摂取量に制限がある慢性腎臓病の患者の方々に向けて，低カリウム野菜を「キレイヤサイ」というブランドで量産している。クリーンルームという極めて雑菌の少ない環境で生産しているので，洗わずに食べられる，新鮮さが長持ちするといった特長が好評である。

ここでも，クリーンルーム内の環境モニタリングとコントロール，生育管理システムによる生産プロセス管理，インテリジェントダッシュボードによる経営サポートなど，完全閉鎖型植物工場における IT 活用のリファレンスとなっている。

2016 年 4 月には，静岡県磐田市において「株式会社スマートアグリカルチャー磐田」を，富士通，オ

完全閉鎖型植物工場
会津若松Akisaiやさい工場

クリーンルーム 2,000㎡
- 人工光による高付加価値野菜の栽培技術確立
- ものづくりの品質・コスト管理手法を農業に適用
- Akisaiの閉鎖型植物工場への適用レファレンス

太陽光利用型植物工場
スマートアグリカルチャー磐田

大規模ハウス 4.5ha（第1期）
- 共創により、種苗を含めたフードバリューチェーン全体を俯瞰した新たなビジネスモデル創造
- 健康と美をテーマとした高機能な野菜生産
- 静岡県磐田市における、農業を起点とした地方創生

実証・研究　**沼津Akisai農場**

露地 1,000㎡、ハウス 350㎡
- 食・農クラウド Akisai のショーケース
- 農業ICT/農業IoTの実証・検証の場
- 様々なプレイヤーとのコラボレーション検討の場

図 5　富士通の自社実践への取組み

リックス㈱，㈱増田採種場の共同出資により設立した。磐田市内の約8.5 haの用地に，総面積約4.5 haの大規模ハウス，種苗研究ハウス，集出荷場を建設し，トマト，パプリカ，ケール，葉物野菜各種(ホウレンソウ，パクチー，クレソンなど)を，「美フード(B-Food)」というブランドで生産・出荷している。

本事業において目指しているのは，種苗を起点としたマーケットイン型でのバリューチェーン創造である。日本の強みである高付加価値な種苗・育苗技術を起点に，種苗ライセンス事業など新たな事業モデルの実現を目指して，さまざまな企業・団体・研究機関との共創により事業展開を図っている。

ここでは，「再現性の高い農業」を実現するためにITをフル活用し，生産においては生育状況の見える化，環境制御の高度化，作業管理の見える化に取り組み，収穫・選果においては品質の見える化，経営管理においてはダッシュボードによる経営情報の見える化という，トータルな形でテクノロジー活用型の次世代農事業モデルの確立を目指している。

以上，農業分野におけるIT活用は，農業という産業のイノベーションに大きく貢献できると考えており，今後も富士通は食・農クラウドAkisaiの展開と自社実践という両輪の輪で取り組んでいく。

第６項　茶の生産とスマート茶業

国立研究開発法人農業・食品産業技術総合研究機構　荒木　琢也

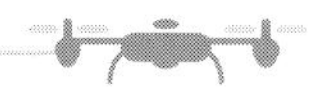

1. 茶の生産体系

茶生産は，茶園における栽培管理と，収穫したチャ新芽を乾燥加工させる製茶加工に大別される。茶園の栽培管理のみを行う生産者や製茶加工までを行う生産者，さらに販売を行う生産者もいる。栽培管理は個々の生産者が行うことが多いものの，製茶加工を大型の共同製茶施設で行う場合も多い。

茶園における栽培管理は，挿し木繁殖された苗木を定植し，その後の枝条構成を考慮した摘心，せん枝を行う 4～7 年間の幼木園管理とうね状に栽植された成木園管理とに分けられ，改植後は 20～30 年以上の期間にわたり生産が続く。成木園管理では 4～5 年に一度の更新作業を除き，樹齢にかかわらず同様の作業を行う。チャの収穫は摘採と呼ばれ，一般的な煎茶生産では年に 3～4 回行い 1,500～2,000 kg/10 a/年を収穫する。摘採は一部の高級茶では手摘みで行われるが，多くがバリカン刃を備えた摘採機で収穫される。摘採後 7～10 日で整枝作業を行い，摘採時に収穫されずにその後伸長した新芽を切除し，次の摘採の時の新芽の均一性を保つ。更新作業は樹冠部をせん除する作業で，葉層のみをせん除するものから地際でせん除するものまで 4 段階ある。摘採を重ねることで枝が細く密生し新芽が小型化したり，樹高が高くなり作業性が悪くなることから，品質向上，収量維持，作業性の確保等のために行われる。肥培管理は摘採前，摘採後を基本として春から秋にかけて分施する。また，根の生育が旺盛となる秋には土壌改良材，たい肥を施し深耕する。病害虫防除は春先から越冬前にかけて状況を確認しながら実施される。

日本で生産される茶の多くは緑茶で，その製造方法はチャの葉に含まれる酵素の働きを加熱により止めて緑色のまま乾燥させるものである。含水率 300～400％d.b. の原料生葉を加熱し，最終的には含水率 5％d.b. 程度まで乾燥させる。国内で生産される緑茶の約 6 割を占める煎茶の場合，蒸熱，粗揉，揉捻，中揉，精揉，乾燥の 6 工程からなる。粗揉工程では約 1 時間で含水率 100％d.b. 程度まで乾燥させる。揉捻工程は非加熱工程で，葉や茎に含まれる水分を均一にする目的で，茶葉を加圧しながら揉みこむ工程である。中揉工程は煎茶製造で 2 番目の乾燥工程で，含水率 30～35％d.b. 程度になるまで，熱風で乾かす。精揉工程は，茶葉を乾燥させながら，細く伸ばす整形を行う工程で，含水率は 13％d.b. 程度になるまで乾燥させる。各乾燥工程においては恒率乾燥により製茶工程中の茶葉の温度が適正温度を保つように制御される。工程や原料の状態により異なるが，恒率乾燥によりおおむね 34～40℃程度を保つように制御される。乾燥工程は煎茶製造の最後の工程で，精揉後の茶葉を保存可能な 4～5％d.b. まで茶葉の温度を 70～80℃に保ち乾燥させる工程である。現在ではすべて機械製茶により製造されている。機械の構造は手揉み製茶法を取り入れた極めて独特な構造をしている。複数の工程に分けた機械化で加工ラインはバッチ式である。

2. 茶園管理

2.1　茶園管理作業の自動化・ロボット化

1980 年代にレール走行式茶園管理システムが開発された[1]（図 1）。うねとうねの間にレールを敷設し，跨型フレームの台車に作業機を搭載したものである。台車には手押し，モーター駆動があり，モーター駆動の場合は自動化が進められ，作業者が茶園の中に入る必要がない。例えば，作業行程の終わり

図１　レール走行式摘採機

であるうねの端を検出すると作業開始地点まで戻るような自動化や，摘採作業の場合，設定距離まで作業を行うと摘採作業を止め，作業者のいるうねの端まで戻ってくる機能も追加された。しかし，レールの設置費や機動性の低さ，小型化された乗用型管理機械の普及などから新規の開発は中止された。

乗用型茶園管理機の無人操作に関する研究開発は2013年から開始され，2018年時点で実用化目前となっている[2]。作業従事者の減少を背景として，摘採作業について先行して進められ，熟練者と同等の作業精度を確保しており，摘採時期の作業負担の軽減が見込まれる。茶園管理機の無人化は摘採作業以外の作業機についても，作業速度連動機能などにより無人化作業に適用可能な技術の開発が進んでいる。

2.2　茶園管理におけるスマート化

茶園におけるセンシングとして実用化されている技術は，土壌埋設型センサによる茶園環境モニタリング装置がある。1990年代に，茶の多肥栽培が茶の根へ悪影響を及ぼすことが心配され，さらに周辺水域への影響などが問題となっており，過剰な施肥を削減して，健全な茶樹の育成と環境負荷の少ない持続的な茶生産に資する技術が求められていた。土壌埋設型ECセンサを利用した茶園土壌中の無機態窒素の推定に関する研究成果を基に茶業関連機械メーカーにより演算速度の短縮化，太陽電池を利用した自動計測データの発受信などの改良が施されて製品化されたもので，国内の茶産地へ導入された(**図２**)。持続的な環境保全型茶生産への転換の促進，防除回数の削減のほか，新たな栽培管理技術開発へ

図２　茶園環境モニタリング装置

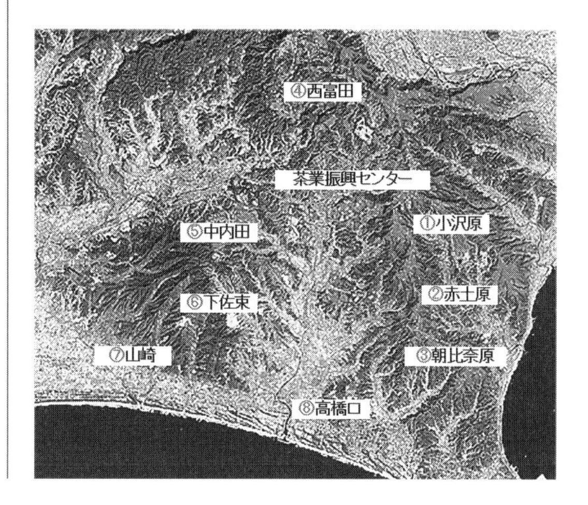

図3　公開されている茶園環境モニタリングシステムのWebページ(JA遠州夢咲)

の基礎データとして活用が期待される。

2018年現在も茶産地で稼働しており，一部はWebサイトで公開されている[3)-5)](**図3**)。pF，無機態窒素推定値，気温，地温，雨量のほか，自動計数フェロモントラップによるハマキガ類の発生の推移も確認できるシステムになっている。

導入後20年近くが経過した現在でも，開発当初から指摘されていた問題点は残っている。モニタリングシステムのメンテナンスで，具体的には各種センサの補正や異常値のチェックなどのハードウエア保守管理のほかデータ収集や演算を行うソフトウエアの維持である。今後，農業の生産現場でのメンテナンスの容易さやデータの安定性などの改良が望まれる。

このほか，病害虫防除においては，前述のフェロモン利用のほか，有効積算温度によるクワシロカイガラムシ発生予察技術が実用化され，前述のモニタリングシステムの気温情報を利用したり，アメダスデータを利用した予測法も実用化された。

茶樹の生体情報計測とそれを利用した技術の開発では，ナガチャコガネ被害箇所のマッピングによる局所防除技術のために，GPSと収量モニターや水分センサを利用した技術が開発されている[6)]。作業をしながら茶園内の収量や水分のばらつきをナガチャコガネの被害箇所として記録し，被害に基づきナガチャコガネの生息域を地図化し，それに基づく局所防除を行うことで，農薬使用量と作業時間の大幅な削減が見込まれる。

また，作業計画立案支援に関してはメッシュ農業気象データで，基準地域メッシュ毎または茶園毎に摘採期予測を行い，作業が集中する収穫時期の作業計画作成を支援する研究も行われている[7)]。

3. 製茶加工におけるスマート化

大型製茶施設では，多数の生産者の原料生葉を受け入れて製茶しており，その生葉の品質を均質化することが，その施設の一次加工品である荒茶の品質を向上させる上で重要である。そのため，栽培指導のほか，受け入れ時の生葉品質の確認を行い，品質向上に向けた指導を行うなどしている。生葉の品質確認には茶生葉評価装置が用いられている。製茶施設に持ち込まれた生葉の全窒素，総繊維，含水率を数分で計測し，受け入れ日時，生産者，茶園，品種などの情報とともに，成分値を伝票出力したり，施設のサーバーに記録したりできる。また，生葉受け入れ時の計量や栽培履歴管理など製茶工場の運営を支援するシステムが実用化されている。

製茶工程はそれぞれ特徴のある機械が用いられ，原料や工程中の茶葉の状態に応じて的確な操作，条件設定が必要であるが，熟練者の高齢化により自動化が求められている。これまでに開発された自動制御技術やセンシング技術，茶葉の乾燥に関する基礎的な知見を統合した製茶工程統轄制御システムが開発されている。このシステムは，各種工程の機械に取り付けられたセンサから，茶葉の状態を直接あるいは計算して求め，エキスパートから収集した製茶に関するファジールールに基づき，適切な機械制御をするものである。現在の大型製茶施設では本成果と同様のシステムが取り入れられ，集中制御化が進められている。工程中の茶葉の状態をリアルタイム検出してフィードバック制御が可能で，さらにエキスパートの経験や知識を取り入れやすいファジー制御は一般化している。

将来的な技術としては，インターネットを使って，任意の場所から製茶工程を監視・制御できるシステムが開発されている。専用プログラムによる遠隔操作機能のほかに，ブラウザによるモニター機能，電子メールによる通知機能を有し，製茶施設外の任意の場所から，製茶工程の監視・制御ができるシステムである。専用プログラムのユーザー間で，システムの操作権を譲渡できるため，離れた場所にいるオペレーター同士の交代が可能となっているため，熟練者の遠隔操作による製茶操作が可能である。

文　献

1）丸峯正吉，浅井久良：茶業研究報告，**66**, 102（1987）.
2）深水裕信：JATAFF ジャーナル，**6**（1）, 24（2018）.
3）JA 遠州夢咲エコネット情報
http://www.ja-shizuoka.or.jp/yumesaki/cha/eco/index.html（2018年10月確認）
4）JA 大井川環境保全情報
http://www.ja-shizuoka.or.jp/ooigawa/eino/ec/index.htm（2018年10月確認）
5）JA ハイナン環境保全型農業ネットワークシステム
http://www.ja-shizuoka.or.jp/hainan/ec/（2018年10月確認）
6）深山大介ら：生物機能を活用した病害虫・雑草管理と肥料削減最新技術集，農研機構，205–208（2009）.
7）中野敬之：茶業研究報告，**120**（別）, 42（2015）.

第7項　人工光型植物工場の可能性

パナソニック株式会社　安達　敏雄　　パナソニック株式会社　松本　幸則

1. はじめに

世界経済フォーラム(WEF)では，毎年ダボス会議のタイミングに合わせて「グローバルリスク報告書」を発表している。本報告書では，グローバルリスクを発生の可能性と，影響の大きさの2軸で評価しており，農業に直接的・間接的に関わるリスクが常に上位に入っている。例えば，2018年度の報告書では発生の可能性が高いリスク，影響が大きいリスク，それぞれ上位10位が記載されている(**表1**)。

この中で，「異常気象」，「自然災害」，「気候変動の緩和や適応への失敗」はいずれのリスクカテゴリーにおいても，上位5位内に上げられており，農業環境を取り巻くリスクが世界規模で高まっているといえる。人口は今後も継続して増加する一方，水不足もあって農業適地は減少する傾向にあり，将来の食糧危機も影響が大きいリスク7位に上げられている。

近年の異常気象や自然災害は，もはや異常ともいえないほど，毎年発生しており，その結果として，農産物の供給不足とそれに伴う市場価格の乱高下が市民生活へ与える影響も極めて大きいことは，日本で生活している我々としても強く実感するところであろう。

これらに加え，農業現場では，消費者の減農薬・無農薬野菜指向の中での薬剤抵抗性病害虫の顕在化，都市化の進行に伴う農業の担い手不足，さらには，日本で特に顕著な就農者の高齢化など，様々な課題が存在しているのが実態である。

上述のリスクや課題を解決するために，農業に工業的アプローチを導入することで農産物生産をより安定化，効率化する取組みが始まっている。具体的

表1　第13回グローバルリスク報告書2018年版(WORLD ECONIMIC FORUM)

順位	発生の可能性が高いリスクの上位10位	影響が大きいリスクの上位10位
1	**異常気象**	大量破壊兵器
2	**自然災害**	**異常気象**
3	サイバー攻撃	**自然災害**
4	データの不正利用または窃盗	**気候変動の緩和や適応への失敗**
5	**気候変動の緩和や適応への失敗**	**水危機**
6	大規模な非自発的移住	サイバー攻撃
7	人為的な環境災害	**食糧危機**
8	テロ攻撃	生物多様性の喪失，絶滅と生態系の崩壊
9	不正な資金の流れ	大規模な非自発的移住
10	資産バブル	感染症の広がり

＊日本語版に基づきパナソニック㈱が作成

には，高度環境制御型農業の推進であり，さらには，近年の Industry 4.0 の流れに沿った，農業への AI/IoT 応用である。

農林水産省は 2013 年 11 月にスマート農業研究会を設置し，ロボット技術や ICT を活用した新たな農業の検討を進めてきた。これは農業機械の自動化やセンシング技術やデータ利活用が含まれる。これらは，従来の勘と経験に基づいた農業を，データに基づく農業に変革する大きな流れになってきている。

本稿では，家庭電化製品メーカー（家電メーカー）の視点から，現在の農業の課題解決に貢献すべく，工業分野で培ってきた技術を，農業分野に適用することで，野菜の安定かつ高効率な生産，さらには高付加価値化に繋がる取組みについて紹介するとともに，今後の発展方向性について述べる。

2. パナソニックの農業取組み，および人工光型植物工場システム開発の取組み背景

家電製品は，極めて単純化した表現をすれば，人々がより快適に生活するための機器，とみなすことができる。したがって，家電メーカーは，人の生活環境を改善する技術を開発してきた，と言える。ここで，「人」を「作物」に置き換えれば，環境制御型農業に役立つ技術となる。また，家電機器の製造を通じて培った高品質・高歩留まりを実現する大量生産技術は，一定品質の野菜を大量に安定生産する技術として活用できる。

このように，家電事業で蓄積してきた，商品開発・生産技術開発・生産/品質管理・工場運営ノウハウなど，従来，モノづくりの中で使われてきた工業系技術を，農業分野に応用することにより，野菜生産の効率化とノウハウのデータ化が図られ，その結果，農業の高度化を実現することが可能になると考えられる。

一例として，現在のパナソニックグループのアグリ分野取組み概要を紹介する（**図 1**）。

従来型の農業分野においては，1967 年から取り組んでいる病害虫防除照明のほか，防霜ファン，換気扇，送風扇，農業用ヒートポンプ空調，浄水・排水処理装置を提供している。さらには，ロボット技術を応用したパワーアシストスーツの農業展開にも取り組んでいる。これらは，家電事業で培った技術の農業分野への水平展開と位置づけられる。

上記に加え，最近は，家電事業で培った照明技術，空調技術，センシング技術，量産技術などを組み合わせ，農業を高度化する次世代農業分野，特に高度環境制御型農業へのソリューション提供に取り組んでいる。具体的には，人工光型植物工場システム[1)2)]，パッシブハウス型農業システム[3)4)]，営農管理システム，およびモニタリング・ICT 環境制御システムの事業を始めている。さらには，研究分野において，トマト収穫ロボット[5)]の開発を進めており，農業分野における省人化に貢献するべく取り組んでいる。また，畜産分野においても，環境制御技術を活かし，次世代型畜舎システムを提供している。

さらに，出口（農産物の販売先）との連携も重要で

図 1　パナソニックグループのアグリ取組み概要

あり，食のバリューチェーン全体を見据えた農産物のサプライチェーンマネジメントも注目を集めてきている。このトレンドの中で，パナソニックでは，野菜の生産～消費までを視野にいれた食産業分野でのお役立ちにも取り組んでいる。具体的には，海外現地(シンガポール)に設置した人工光型植物工場で野菜を栽培，さらに加工も施し，日本品質のサラダパックや業務向け野菜として，これらを現地のスーパー・デパート，レストラン，食堂会社などに供給している。

このように，パナソニックでは，従来農業から次世代農業，さらには食産業に至るまで広く農業・食分野の事業に取り組んできた。これらの中でも，人工光型植物工場は，安心安全な農薬不使用の野菜を天候など外部要因によらず安定して供給することが可能であること，虫，土などの異物混入もなく，生菌数も少ないため，長期保存が可能であること，機能性野菜を栽培可能であることなど，従来の露地栽培とは異なる特徴があり，高度環境制御型農業の究極の形として，近年大きな注目を集めている。

一方で，現在の人工光型大型植物工場の多くは，赤字運営となっているとの報告もある[6]。この原因の最大の課題は野菜の出口すなわち販売先の確保であるが，技術的な課題も山積しているのが実態である。具体的には，不均質な栽培環境，それに伴う歩留まりの低下，主に光熱費や人件費による運営コストが想定以上にかさむこと，施工・栽培ノウハウの欠如などが上げられる。

パナソニックでは，上述した課題に対し，家電製品製造ノウハウを活用した「植物工場プラント開発販売」と植物工場に特有の「栽培レシピ開発」の両面で解決を図っており，以下，その内容を説明する。

3. 開発した植物工場の特徴

3.1　均質な栽培環境

植物工場では，一般的に栽培室を空調設備により温度管理しているが，これだけでは，4 m を超える多段の栽培棚において，高い位置にある栽培棚と，低い位置にある栽培棚との間で，4～6℃を超える温度差が生じてしまい，均質な栽培環境が実現できない。結果として，同一の栽培品種の栽培にあたり，棚間での育成速度が大きく異なり，1株当たりの重量が大きくばらつき，いわゆる重量歩留まりが60～70％程度にとどまるといわれている。

また，棚間温度差の一般的な解決手法として温度に合わせた栽培品種を選んで栽培するなど，農業ノウハウを駆使する事が必要となり，新規参入者においては，取組みをする上での課題になる恐れがある。

これらの課題解決のため，工業系技術から独自に開発した特殊空調技術を用いること，および植物工場プラント施工を一括請負し，コンピュータシミュレーションであらかじめ温度分布を事前検証することで，棚間の温度差を圧縮することに成功している(図2)。さらに，植物一つひとつに最適な風を当てて蒸散を促すことは野菜の成長に非常に重要な要素であり，特殊空調技術は栽培促進の効果も確認できる。これにより，一般レタスにおいて重量歩留まり従来技術比20％以上の改善を実現している。また，このような技術を用いたプラントを導入した植物工場では，全国どこでも栽培作物の均質化が可能であり，出荷の安定化につなげることができる。

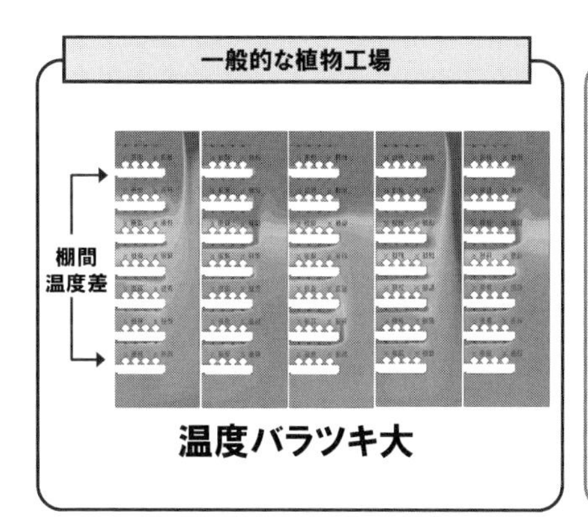

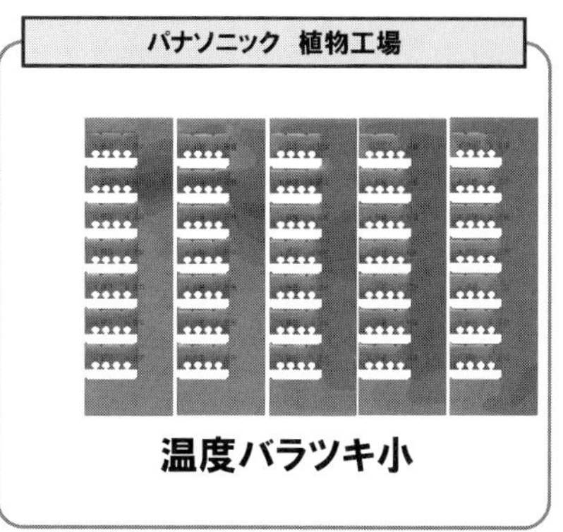

※口絵参照

図2　特殊空調技術による栽培の均質化

特殊空調技術による均質な栽培環境の実現は，無駄な空調費の削減にとどまらず，栽培棚の周囲を反射板で覆うことによる配光最適化で照明効率の大幅アップにも寄与しており，新たに開発した独自の光波長分布を持つLED照明の採用による栽培期間の短縮，2回の植え替えによる栽培密度の最適化と合わせて，植物工場運営コストの大きな部分を占める電気代の削減に成功している。

3.2　省力化

開発した植物工場プラントには，家電製品製造で培ってきた工業系モノづくり技術を導入している。IE(インダストリアルエンジアリング)技術による作業改善，家電製品製造のノウハウを活かした治工具開発による作業性改善，産業用ロボット等ファクトリーオートメーションの技術を活かした自動化設備開発による省力化，自動化制御技術による環境制御など，さまざまな分野で省力化，省人化を実現している。

具体的事例として，種まき，収穫作業等については，種まき治具，栽培プレート自動挿入取出装置(**図3**)などを提供し，初期投資含めたトータルコストを考慮しながら，植物工場運営コストに占める比重の大きい人件費の削減を可能にしている。また，自動化により危険な高所作業をなくし，作業員の安全性を高めることにもつながっている。

3.3　栽培環境制御

開発した植物工場プラントでは，栽培環境として，温度，湿度，CO_2濃度，養液濃度，養液PH，養液温度，照明点灯時間，特殊空調制御など，植物栽培に必要な主要な環境要素を高精度に自動制御する仕組みを備えている。これらの栽培環境パラメーターを栽培者が独自に設定するのは栽培ノウハウと環境制御知識が必要となるため困難なのが現状であった。そこで，標準的な栽培環境パラメーターと制御方法をパッケージ化した，栽培レシピとして提供することで，前述の均質な栽培環境とあわせて，簡単に高品質，均質な野菜栽培が可能となっている。これは，異業種からの新規参入のハードルを著しく下げることにつながっている。

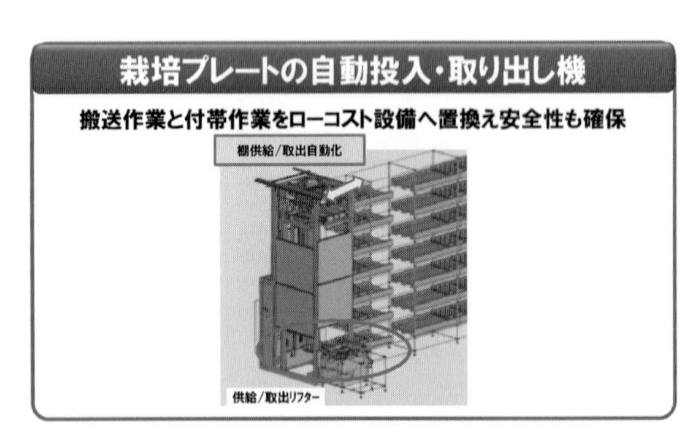

図3　省力化への取組み

3.4　ネットワーク監視

この栽培環境については，ネットワーク接続を基本としており，栽培環境の遠隔監視サービスを提供している。万一栽培環境に異常が発生した場合にも，自動通報で通知が可能となっている。また，ネットワーク対応型で音声双方向通信が可能なウェアラブルカメラを使用したリアルタイムサポートもオプションで対応しており，植物工場の運営を強力にサポートする仕組みを用意している。

3.5　栽培レシピの提供

植物工場運営を強力にサポートするため，プラント開発販売だけではなく，品種毎に最適な栽培条件を抽出し栽培ノウハウをデータ化した栽培レシピの開発も行っている。これは，工業的視点で農業技術をデータ化することであり，独自開発したさまざまな栽培環境を同時に栽培実験ができるインキュベータと呼ばれる設備と，実験計画法のノウハウ，そして家電製品の製造で培った統計処理手法を活用することで，短期間で最適の栽培レシピの開発が可能であることから実現できている(**図4**)。

例えば，機能性野菜の代表的な例である低カリウムレタス栽培の場合，一般的な栽培方法に比べて，上記の栽培レシピ開発手法を適用することで，レシピ開発期間を大幅に短縮しながら，従来に比べ，外葉1枚目からのカリウム含有量を大幅に削減することに成功している(**図5**)。

この例に限らず，野菜の種別よって，あるいは同じ野菜でも品種によって，栽培最適条件は異なってくるため，前述のレシピ開発環境により最適な栽培レシピ提供のサポートが可能である。また，開発した植物工場では照明としてLEDを採用しているが，照明の細かな制御により，栽培期間の短縮や味・食感の制御ができる可能性があり，現在，これらの技術開発に精力的に取り組んでいる。

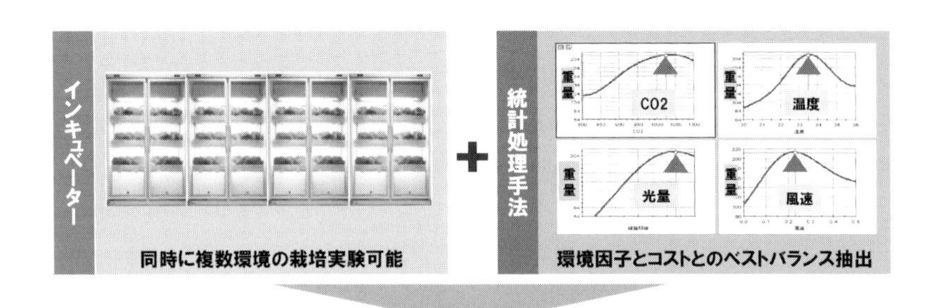

図４　インキュベータと統計処理手法による栽培レシピ開発例

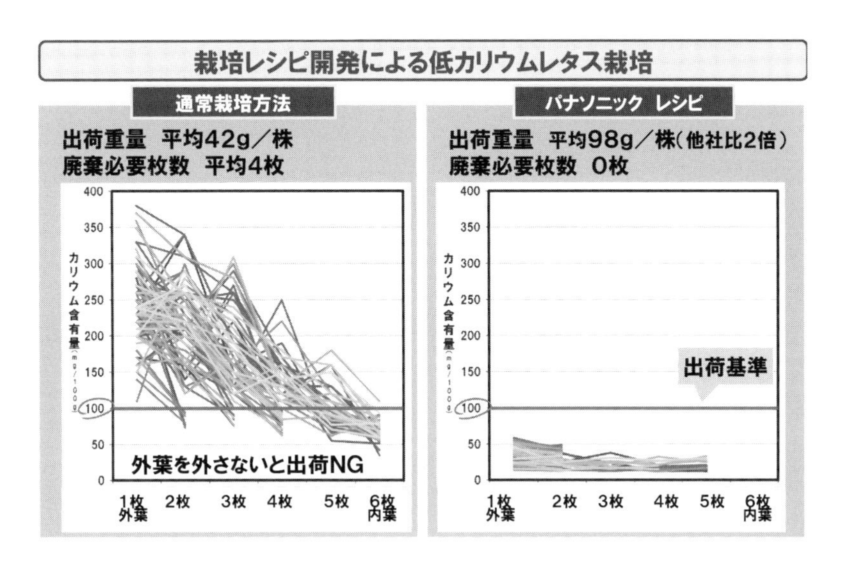

図５　低カリウムレタス栽培

4. 人工光型植物工場の可能性

4.1　AI 適用による人工光型植物工場の高度化

パナソニックでは，植物工場プラントのさらなる進化を目指し，IoT 技術を駆使して日々蓄積される栽培環境測定値，日々収穫される栽培物の重量などのデータをもとに，AI 活用による分析に取り組んでいる。

最近の分析結果では，従来の栽培技術における固定概念を覆すような分析結果も抽出されている。

分析結果をもとに，現在の環境制御技術を進化させ，高度な環境制御技術を駆使することで，より安定的，かつ栽培リードタイムが短い栽培環境の提供が可能になると考えられる。

また，お客様のプラントの遠隔監視への応用で，栽培不具合の予兆管理による栽培指導など，より付加価値の高いサービスを提供可能になる。

これら２つの事例以外にも，AI の展開は，人工光型植物工場を高度化できる可能性が多くあるため，さらなる技術開発に取組んでいる。

4.2　太陽光との併用による人工光型植物工場の応用展開

植物体を形成する炭水化物は，すべて光合成によって生成される。人工光型植物工場では，光合成に必要な光エネルギーは LED や蛍光灯などの照明機器で与えることになる。しかしながら，光合成に利用される光エネルギーは，栽培時に投入された光エネルギーのうち，ごく限られた割合にとどまるため，人工光型植物工場での野菜生産コストのかなりの割合が電気代になる。これが，現在の人工光型植物工場における課題の１つ（高い野菜生産コスト）の原因である。

トマトやイチゴなどの果菜類は，光合成の産物が可食部以外(葉・茎・根など)にも分配されることから，生産コストはさらに高くなり，価格競争力の面で極めて不利となる。このため，現在の人工光型植物工場のほとんどは，レタスなどの葉菜類を前提としたものになっている。

以上のような背景から，太陽光を取り込む採光システムを備える人工光型植物工場の研究開発も行われている[7]。この取組みにおいては，採光システムのコスト低減や，熱の取込みを抑制する仕組みなどが重要な開発要素であるが，これらの技術開発が進めば，人工光型植物工場でのエネルギーコストの削減が実現でき，果菜類栽培も現実味を帯びてくると考えられる。

一方，果菜類向け苗栽培への人工光型植物工場の適用も有望と考えられる。苗半作という言葉があるように，苗品質は果菜類栽培の収量などに大きく影響する。花の分化節位などの品質が安定し，農薬不使用でありながら病害虫リスクが少ない，高品質な苗の安定生産に対するニーズは高い。

すでに，蛍光灯照明を用いた人工光型育苗装置(三菱ケミカルアグリドリーム㈱「苗テラス」[8]など)が商品化されている。今後はLED照明を用いることで，よりエネルギー効率の良い育苗装置が求められている[9]が，蛍光灯とLED照明の波長特性の違いから，一部のトマト品種において，特定の病気リスクが高まるという課題も見えてきており，今後のさらなる研究開発が望まれる。

4.3　海外による日本の農業技術展開に向けて

パナソニックでは，日本，中国，シンガポールを人工光型植物工場の戦略取組み戦略地域として活動している。

特に海外においては，従来，生野菜を食べる習慣がなかった地域でもサラダなどの生野菜を食べるように食習慣が変化してきており，安心・安全な生野菜に対するニーズが高まっている。

そのような中，環境外乱の影響が少なく，かつ栽培品種の種子特性と実際栽培する地域において栽培適合温度が違う場合でも栽培可能な閉鎖環境における人口光型植物工場に対する注目度が高まっている。

将来を見据えて，食料安定供給という社会課題の解決策として重要な位置付けにある人口光型植物工場は，日本発の農業技術として，全世界に展開できる可能性を秘めているため，戦略地域の推進後の展開先を探るべく，各地域のニーズ調査も含め，推進していく予定である。

4.4　高付加価値栽培物における人工光型植物工場の可能性

人工光型植物工場は，現在，事業運営されているものの多くは，葉菜類が中心となっていることは，前述でも述べているが，その主要因は栽培コストにある。

栽培コストに見合う栽培を行うため，高付加価値なものを栽培する傾向も見受けられる。

特徴的な事例として，人工光型植物工場の，栽培環境の制御技術，安定生産，屋内栽培及び徹底した衛生管理といった特徴を活かし，薬の原材料になるような栽培品やワクチンの製造を行うためのタンパク質培養を担う栽培品の栽培等による高付加価値化が可能になるため，研究開発を進める動きもあり，今後の動向を注視したい。

5. おわりに

以上紹介した技術を応用した，福島での植物工場実証実験プラントの写真(**図6**)を示すが，作物が栽培棚の隅々まで均質に栽培できている様子が，野菜の上面部分がフラットなことで確認できる。

福島植物工場実証実験プラント(**図7**)では，家電事業で培ってきたさまざまな技術(照明技術・空調技術・センシング技術・制御技術・ロボット技術・自動化技術・モノづくり技術など)を農業分野に応用展開することで農業の高度化に貢献すべく取組みを推進している。

現在，低菌栽培したレタスを中心に，生で食べられるほうれん草，小松菜など，約1/5を実際に日々販売用として出荷しており，残りはさまざまな栽培実証実験に活用している。

開発した植物工場システム，および栽培技術で農業分野の社会課題解決を図り，農業の発展に貢献していきたい。

図6　均質な栽培環境写真

図7　福島植物工場実証実験プラントの様子

文　献

1) 安達敏雄：パナソニック植物工場のソリューション～工業系技術と農業技術の融合した植物工場について～，設備設計と監理，石川県設備設計監理協会，55(2015).

2) 安達敏雄：植物工場のソリューション～農業技術と工業技術の融合した植物工場について～，電子情報通信学会誌，101(7)(2018).

3) 松本幸則，藤田慎一：ハウス構造の革新に向けた新たな取り組み―低コスト耐候性ハウスの新技術―，農業および園芸，**92**(5), 430-436，養賢堂(2017).

4) Y. Matsumoto and T. Tanizawa : Overview of "Passive Greenhouse" System for Low-cost, labor-saving Operations Assisted with ICT, Proceedings of Seminar for Enhancing Farm Management Efficiency by ICT for Young Farmers ; Crop Production, 29-33(2017).

5) 上垣俊平他：環境認識にAIを用いたトマト収穫ロボット，パナソニック技報，**64**(2), 54-59(2018).

6) 一般社団法人日本施設園芸協会：大規模施設園芸・植物工場実態調査・事例調査(2017).

7) 野末雅之ほか：植物工場技術の研究・開発および実証・展示・教育拠点(9)信州大学，植物環境工学，**25**(2), 65-69(2013).

8) 布施順也：人工光・閉鎖型苗生産装置「苗テラス」の仕組みと活用法，農業技術大系 野菜編2(基244), 2-6(2014).

9) 中野明正他：LED交互照射条件がトマト苗の品質と定植後の根系発達に及ぼす影響，根の研究，**26**(1), 3-9(2017).

第８項　次世代植物栽培システム「CUBE」

国立研究開発法人理化学研究所　和田　智之　慶應義塾大学　神成　淳司

1. はじめに

米国を除く環太平洋経済連携協定(TPP)参加11か国の協定「TPP11」が12月30日に発効する。国内消費者にとっては安い輸入肉や野菜が手に入りやすくなる利点がある一方で，国内生産者にとってはこれまで以上に厳しい価格競争に直面し，輸入品との差別化が求められるようになることが予想されている。しかし，国内の農業就業人口は減少を続けており，2000年の389万人が2016年には192万人と2000年代に入ってほぼ半減している。また，農業就業者の平均年齢は増加しており，2000年の61.1歳が2016年には66.8歳と約6歳高齢化が進み，長時間にわたる農作業がより困難になってきているだけでなく，若い世代への技術の継承が課題になっている。後継者問題は産業全体が抱える課題であり，農業就業者の減少傾向は今後も続くことが予想され，農業人口1人当たりに求められる耕作面積や生産量はますます増加すると考えられる。

少ない人数で生産性を高めるためには，従来の労務の省略化や効率化が重要である。加えて前述のように，広大な土地における高い生産性から低価格で販売される輸入品に対抗するためには，国内品生産物の従来からの利点である美味しさや高品質であることに加えて，栄養価や機能性成分など新たな付加価値を見出していくことが鍵になるかもしれない。生産性と品質は一般的に相反的な関係と考えられており，高い生産性を達成するために，例えば機械化や作業の省略を行えば，品質が落ち，逆に手作業で一つひとつ丁寧な栽培を行えば品質は向上するが生産性は低下する。そこで注目されるのが，ITを使って高度な農業を実現する「アグリ・インフォサイエンス(AI農業情報学)」である。これまで熟練農家が手作業で行ってきた作業をデータ化し，忠実に機械で再現することで，決め細やかな生産管理と人件費の削減という，これまでは相反的と考えられてきた目的を同時に達成することが期待される。そのような精微な栽培を実現するための研究施設AOI-PARC(Agri Open Innovation Practical and Applied Research Center)を2017年に静岡県に建設した。外観図を**図１**に示す。

静岡県は温暖な気候で，日本一高い富士山や日本一深い駿河湾に代表されるように変化に富んだ自然環境を有している。その自然環境を利用して数多く

図１　AOI-PARC外観写真，内部外装

の農産物が生産され，茶やみかんをはじめ，全国８位までに19品目を生産している。農業就業者が減少する中で，農業分野の成長を顕在化していくために，「世界の人々の健康寿命の延伸と幸せの増深」をスローガンに，先端的な科学技術やものづくりの技術を農業分野に応用し，農産物の高品質化，高機能化，高収量化，低コスト化の実現を目指す先端農業プロジェクト「AOI-Project（アオイプロジェクト）」を立ち上げた。このAOI-Projectの中核拠点がAOI-PARCである。AOI-PARCには県内外の研究機関（静岡県農林技術研究所次世代栽培研究センター，慶應義塾大学SFC AOIラボ，国立研究開発法人理化学研究所，（一社）アグロメディカルフーズ研究機構）と民間事業者等（㈱アイエイアイ，鈴与商事㈱，㈱スマートアグリカルチャー磐田，㈲石井育種場，東海大学，NECソリューションイノベータ㈱，㈱ファームシップ，富士山グリーンファーム㈱，富士フイルム㈱，㈱イノベタス（開所時点））が入居し，互いの技術力やアイディア力を持ち寄り，協創して農業の生産性革新に取り組んでいる。

AOI-PARCでは次世代の農業産物の品質向上，品質向上による健康年齢の延長，また環境保護を念頭におき，高品質生産用の植物栽培を実現するための基礎となる栽培法の探求および栽培システムの開発を実施している。基本性能として光（光量と光質），温度，湿度，CO_2濃度，送風など，栽培環境を形成する物理パラメータの制御，さらに養液（種類，濃度）の制御や人工培地の導入など，生化学的なアプローチも可能な系をデザインである。また，複数年にわたり広汎な基礎研究の実施に対応できるよう，随時，改良が可能な構成であり，高効率化，高品質化，システムの小型化など，必要とされる性能を有する栽培システムへの尖鋭化が可能である。

栽培対象に関しては，一般に，植物栽培場では，「葉もの野菜」については実用化に入っており，検証システム構築の初期においてもこれらを供試している。この間に栽培に関する温度，光（光量，光質），CO_2濃度等の基本的な情報を取得する。これにより，高効率・高品質生産に向けた安定した実験系の構築を図り，新局面として，脱「葉もの野菜」を目指す。このとき，高付加価値の観点からの物質生産能や加工性，地域優位性，施設農業発展への寄与などを考慮した選定を行う。現時点では，「葉もの」として，葉レタス，チンゲンサイなど，「脱葉もの」として，ナガボナツハゼなどを想定している。

従来の植物栽培場の構築に関する知見に基づき，各種分析機器の導入あるいは栽培環境のデータ収集・分析に適した検証システムの設計・開発を行った。今後の実験系への柔軟な対応を考慮し，植物栽培システムには，温度調整，光（光量・光質），CO_2濃度，湿度，空調，担体（水溶液・人工培地）等の機能を付与した。併せて，運転環境施設の最適化を図っている。これとともに，レーザー微量分光計測やレーザーレーダー散乱分光計測などのレーザー開発技術および光計測技術を導入し，植物の健康状態，植物栽培環境の状態を計測し，その情報（条件）を植物育成法の高度化に向けてフィードバックさせる。

このように，植物栽培システムにおいて，植物そのものの育成状態と育成環境の情報を育成の高度化にフィードバックさせる総合的な研究，また，物理パラメータ，例えばLEDの正確な波長やスペクトル線幅などのパラメータが植物育成時に与える影響を群細に探求しようとする研究はこれまでにはなかった。これは，計測と計測結果を情報化していくプロセスが非常に重要な課題である。ここに，慶應義塾大学SFCおよび理化学研究所がこれまでに培ってきた，情報科学および光科学技術を活かすことができる。

2. 次世代植物栽培システム「CUBE」と３つの植物栽培システム

AOI-PARCでは４種類の植物栽培システムとして，①パラメーターフル制御式栽培システム，②培地耕用LED調光型栽培システム，③水耕用栽培システム，④水耕用LED訓光型栽培システムを開発導入した。特に，筆者らは，第１のシステムを「CUBE」と呼んでいる。水耕用栽培システムが標準システムとなる。これをより発展させた光源および光量制御型のシステムが水耕用LED調光型栽培システムである。また，土耕栽培の新たな展開，可能性を探求するためのシステムが，培地耕用LED調光型栽培システムである。さらに，従来にはない，人為的に制御可能な物理パラメータをすべて制御するためのシステムがパラメーターフル制御システムである。水耕用栽培システムから得られる実験結果で標準を与え，これと，その他の３つの高機能システムによる実験結果を比較することによって，植物

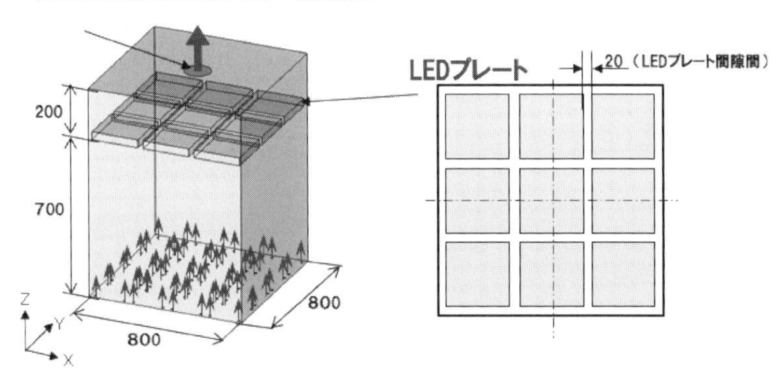

図2　装置概略図

栽培における照射光の効果が，直接的に探求できるようになる。

LED調光仕様の水耕用および培地耕用システムは，RGB 3色のLEDを導入した。さらに，RGBそれぞれの光の輝度を，独立して制御できる機能をもたせた。これによって，光合成の促進，抑制が可能となるだけでなく，自然界にない配光が可能となり，より人工化した植物育成が可能となった。また，それぞれのシステムは，随時システムの改良，例えば，養液の流量制御，循環水の冷却能(冷却機)の変更，波長の異なるLEDへの換装なども可能な基礎実験仕様のデザインとした。パラメーターフル制御システムは，大気の影響を受けずに済む与圧式にし，CO_2等のガス成分，温度，湿度も独立制御できるデザインである。以下4種類の植物栽培システムについて概説する。

2.1　パラメーターフル制御式栽培システム「CUBE」

統計学的に集合体の状態を探求するための手法，あるいは，1個体(の状態)について，1変数の制御に対するさまざまな反応を計測していく還元主義的な研究手法は，研究においていずれも重要である。しかし，今後，さまざまな種対の植物，農作物の効率的栽培法を確立していくためには，まず，個体ごとに反応を詳細に調べていく必要がある。そこで，1個体(あるいは少数)ごとに育成室を仕切り，それぞれの育成室で，さまざまな基礎実験を実施できるよう，温度調整，光(光量・光質)，CO_2濃度，湿度，空調，空気の流れ，担体(水溶液・人工培地)等の制御機能を有する栽培システム(パラメーターフル制御システム)を導入し，栽培を左右する要因のデータ収集を行う。このデータが，栽培装置，栽培環境の最適化，さらに規模の大きい植物栽培施設実現へ向けての基本情報となる。0～35℃の温度範囲，50～90%の湿度範囲，0～5,000 ppmのCO_2濃度範囲，0.5 m/s以下の風速をパラメータの制御範囲となるよう設計，製作を行った。

断熱仕様のボックス式構造であり，このボックス型のシステムを全部で15式ある。各ボックスには，温度制御機，温度検出器，湿度制御機，湿度検出器，3色調光型のLEDを搭載している。また，温湿度条件と風向によるボックス内における環境シミュレーションによって，風を底面から上方向に送る送風系を導入している。CO_2の濃度制御も行う。これらのパラメータの設定値は，制御パネルによって，いずれも細かく制御することが可能である。温度制御機は，1システムに1台搭載しており，室外機による運転が必要である。

ボックス内で光ファイバー-マルチパスセルの光学システムを用いれば，外部からレーザービームを光ファイバーで内部に伝送し，波長をスキャンすることによって，ボックス内環境における，完全に独立した空間における分光分析が可能である。つまり，環境に依存した植物の健康状態を直接的に知ることができる装置である。

装置の概略図を**図2**に示す。また，外観の写真を**図3**に示す。

装置系・装置性能は以下のとおりである。

(1)　育成室内寸：1,000(W)×900(D)×1,400(H)mm

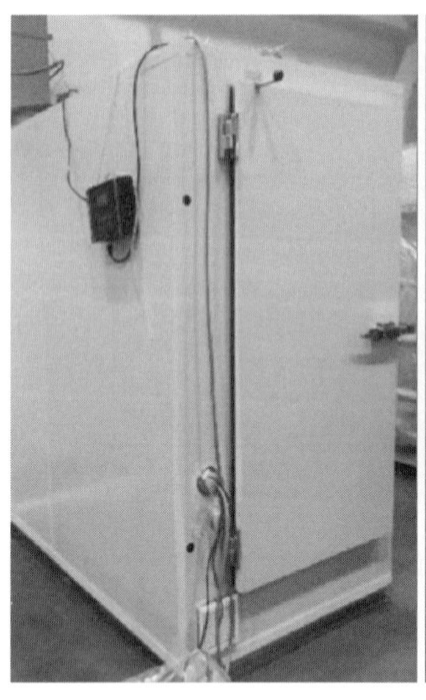

※口絵参照

図3　外観および内部写真

(2) 各育成室の独立操作が可能
(3) LED 光源の性能
　(3-1) RGB 3 色を搭載
　(3-2) RGB 中心波長：660 nm(R), 530 nm(G), 460 nm(B)
　(3-3) LED チップ数：R＝72, G＝24, B＝72
　(3-4) 照射輝度(発光面から 20 cm の距離で測定)
　100 μmol/m^2/s at 660 nm, 10 μmol/m^2/s at 530 nm, 30 μmol/m^2/s at 460 nm
　(3-5) 各波長の照射姉度調整：255 段階(255 段階を 5 ステップずつ変更可)
(4) 設概環境の温度範囲：＋5～30℃
(5) 育成室温度制御 I1 W：0～35℃
(6) 育成室温度制御分解能：＜2℃
(7) 育成室温度維持のフィードバック精度：±1.0℃
(8) 育成室湿度制御幅：50～70％
(9) CO_2 濃度制御幅：0～5000 ppm
(10) 育成室底面から送風：～0.5 m/s

2.2　培地耕用 LED 調光型栽培システム

土耕(培地耕)栽培は水耕栽培に比べ，人件費がかかる，虫がつきやすいという欠点があり，その植物工場への導入は，水耕栽培に対して大きく遅れをとっている。しかし，従来の伝統的な農業を基礎している土耕栽培は，農作物の栄養価を高くしやすい，味がよい，といった点から，食の高品質化，栄養価の増大の面で，大きな利点がある。本事業の次世代栽培システムの開発には，これらの利点に目を向け直し，土耕用栽培法を高度化することを目的の1つとして掲げている。このとき主軸となる実験装置が本システムである。赤，青，緑の3色が調光可能な LED を導入し，全体の照射光強度の調整，各色をそれぞれ独立させて光強度を調光，さらに光照射・非光照射時間の制御を行い，屋内において，土耕栽培による生産の高効率化を目指す。養液注入，循環，土の状態管理等，人件費の削減あるいは，農業人口の減少を想定した栽培の自動化法を考案，導入する。レーザー分光，ライダー計測法を導入し，害虫による植物，農作物の組織劣化にともなって発生するエチレンなどのガス計測による病理診断を行う。また，深紫外光の照射による害虫駆除を試みる。土耕栽培における従来の問題点の解決法を提案，試行錯誤を繰り返す。本システムは，次世代に屋内で土耕栽培場を標準化するための基礎研究を実施するための核となる。

全16式のうち8式は主にイチゴ栽培用，残り8式はトマト栽培用にアレンジした。1式4段式である。イチゴ栽培用は，各段に6本の直管タイプ3光波調光型の LED を搭載している。土耕方式に生じやすい腐食を避けるため，この LED は透明樹脂性の円筒カバーを装着している。それゆえ，近接照射にも適している。赤光は610～660 nm帯域をカバーするワイドバンドである。また，緑光は530 nm近傍に，青光は440 nm近傍にピーク強度が現れるワイドバンドLEDである。3光波の同時照射によって，可視領域で太陽光スペクトルに近いスペクトル形状を形成することが可能であり，またそれぞれの強度制御によって，太陽光スペクトルから逸脱したスペクトルの条件での育成実験も可能である。汎用性の高い養液循環システムを構成することによって，16式のそれぞれの養液濃度を制御することができる。適宜，リザーバータンクを追加することにより，養液の種類の変更も可能である。

トマト栽培用は，高天井用のLEDを導入した。これは白色式であるが，高輝度であるため，つたの長くなる植物では上述のLEDでは輝度が足らず，また近接照射では，上下調盤の可動域に限界があるため使用することが雌しい。配置を変えることなく，光量調盤のみで，距離600 mmから100 mmまでの光照射をほぼ同条件にすることが可能である。

2.3　水耕用栽培システム

植物工場において水耕栽培は主流となっている栽培方法である。本システムを導入し，一般的な栽培条件を設定して，さまざまな植物，農作物の栽培を繰り返す。栽培途中の段階において，また収穫後に，植物，農作物の色，形，水分含有量，糖度，ビタミン，ミネラルなどの栄養価などを計測し，統計処理により植物，農作物の状態を明らかにする（定量化する）。この栽培方法で得られた植物，農作物の状態を定量化するということは，一般的な植物工場で栽培される植物，農作物の標準状態を情報化するということである。この情報は，高効率かつ高品質な植物，農作物を栽培する新しい方法を確立していく上での基準となる。また，この標準的な方法での栽培時に，レーザーを用いた吸収分光，ライダー分光法により，植物，農作物から放出されるガス，栽培環境に含まれるガスを計測，同定する。これにより，植物，農作物の病原菌による罹患とその拡散の状況，栽培環境が植物に及ぼす影響を網羅的に明らかにする。本事業で，植物，農作物の栄養，健康状態の徹底的な定量化，それらと植物，農作物を取り巻く環境との関係，これらを農業者や植物栽培工場に向けて情報化していくため，さらに，栽培方法の高度化，これまでにない栽培法を確立していくために必要である。

全8式で1式4段であり，各段に12本の円筒タイプの空冷式の白色LEDを装着（よってシステム1式当たり48本装着）している。LED照明は，制御ボックスによって輝度の調整が可能である。発熱量が少ないことから，植物の至近距離に近づけて使用する場合にも，葉やけが生じにくい光変換効率が高いタイプを導入した。このため栽培環境の空調設備の負担が低く，したがってエネルギーの消費率が低い。LED−被照射対象の距離を4段階変更することが可能である。また，タイマー機能を有し，照射，非照射の15分ごとの自動切り換えが可能である。リザーバータンクに濃度を決定した養液を蓄えておき，そこからインラインポンプを用いて養液を各栽培トレイに吸い上げる。バルブ操作によって，流量の調整が可能である。また，各段のトレイはこのバルブ操作によって独立運用が可能であることから，それぞれのトレイは遅延を設けて運転することができる。

2.4　水耕用LED調光型栽培システム

植物栽培場において，水耕栽培は，運用コストが問題であり，栽培の高効率化が重要な課題である。これを解決できれば，日本だけでなく，海外，特に北方の農作物の生産が困難な寒冷地域への導入も可能となる。本事業において，この課題に対応すべく，本システムを開発導入し，水耕栽培の高効率化，高度化を推進する研究を展開する。本システムの特徴は，従来の水耕栽培系に3色調光型のLEDを搭載する。今日，LEDが普及し，赤，青，緑色光スペクトルの放射が可能となった。これらのスペクトルを，光合成に関与するクロロフィルの吸収帯（青色帯，赤色帯）に合致させることが可能となっている。赤色の効果は，光合成の促進である。青色は光合成促進とともに気孔開口の効果があり，これによって植物の水分含有量の制御が可能となる。さらに近年，緑色光の光合成への影響が研究されている。光合成の光子エネルギー変換効率を比較すると，緑色光の効果は赤色光と同値度である。以上3色光の照射バランスの植物，農作物栽培への効果を，作物ごとに詳細に調べ定量化し，高効率栽培への基礎を固めていく。本システムにも，レーザーを用いた分光法，ライダー計測法を導入し，栽培段階の植物，農作物の健康管理，環境の影響も合わせて情報化する。

全5式で，水耕用栽培システムと同様1式4段である。このシステムの特徴となるのは，3光波調光型のLEDを搭載している点である。3光波の波長は，660 nm(R), 530 nm(G), 460 nm(B)である。それぞれのLED系は，3対1対3の割合で，R, G, BのLEDで構成されている。各波長の発光輝度は，100 mol/m^2/at 660 nm, 10 μmol/m^2/at 530 nm, 30 μmol/m^2/at 460 nmである。それぞれの発光輝度を255段階で制御することができる。この性能によって，水耕栽培における光照射条件の影響を詳細に研究することが可能である。各LED系の制御コントローラーを追加すれば，システムに搭載したLED系の照射強度，配光をそれぞれ制御することも可能である。このLEDはリザーバータンクの水を循環させて水冷却する。その他，リザーバータンクから濃度を決定した養液を循環させるためにインラインポンプを用いている点,バルブ操作によって,流量の調整が可能である点，各段のトレイを独立運用できる点は，水耕用システムと同様である。

以上4種類の植物栽培システムを用いて，厳密な栽培環境のコントロールを通じて，①単価の高い作物の栽培方法の確立，②作物の栄養，嗜好，機能性成分，あるいは薬効成分を制御することによる付加価値の向上，③生産効率の向上，④照明・空調電力等のランニングコストの削減などを目指す。

3. CUBEの今後の展開

上記では，植物栽培システムをこれまでの農業の延長としてその環境を制御することによる新しい栽培条件を見出すためのシステムとして，次世代栽培システムの利用法を述べた。さらに，近年のゲノム編集技術や，環境因子の制御による遺伝子発現の制御といった新しい利用法も議論され始めている。ゲノム編集技術の進展により塩害に強いなど新しい品種の農作物の研究が進展している。しかしながら，そういった遺伝子の発現条件や，最適な栽培環境の検証は，現実的な現場への転換の前に必要である。あるいは，単に環境の制御から環境因子の制御や，発言する遺伝子を制御することができることが分かり，環境の制御だけでも機能性成分の増量などの効果が進められる。CUBEはあらゆる環境制御できることにより，単にパラメータを変えるだけでなく，もう一歩踏み込んだ植物の栽培研究で利用される計画が進んでいる。

コラム3

先端科学技術の導入による農業の活性化に基づく地域振興

静岡県副知事　難波　喬司

静岡県の農業の現状と課題―革命期ともいうべき大転換期

静岡県では，温暖な気候と変化に富んだ自然環境を利用して，多品種で高品質な農作物が多く生産されている。これらを「農芸品」と呼んでいる。

その中でも，茶とミカンは県を代表する農産物で，産出高では，茶は全国40％超のシェア，ミカンも1，2位を争っている。また，温室メロン，イチゴのほか，バラやガーベラなどの施設園芸も盛んに行われている。そして，競争力の維持・強化のための不断の努力として，技術革新や商品の魅力向上の取組み，農地集積・集約，担い手のビジネス経営体へ移行などを進めている。また，市場のニーズに応え，あるいは先取りする形のいわゆるマーケットインの考え方に基づく商品の魅力向上の取組みも各地で進みつつある。例えば，2015年に「三ケ日みかん」が生鮮食品で全国初めて，また2018年には「高機能性生食用ケール」が生鮮葉物野菜で初めて機能性表示食品として販売された。

しかし，静岡県の農業の生産現場を見ると，非常に厳しい状況にある。全国的な傾向と同様に，「農業産出高の伸び悩み」，「農業就業人口の減少・高齢化」，「耕作放棄地の増加」が大きな課題である。これは，現象として表面化しているものであり，その根底に，農業の生産性向上への科学技術の導入不足，総人口・生産年齢人口減少の中での農業の職業としての魅力の不足などがある。

一方，世界や他の分野という外部環境に視点を広げてみると，革命とも呼べる大きな変化が起こりつつある。例えば，IoT，AI（人工知能），ロボット，遺伝子関連技術などの技術革新が急速に進んでいる。これらの最先端技術が農業にも取り入れられつつあり，今後急速に取り入れられることは確実である。また，需要側では，ゲノムなどの生命科学や社会健康医学などの発達により，個人差を考慮した食と健康，病気の関係性の解明が進んでいる。機能性食品に代表される健康増進効果の高い食品，その材料としての高品質な農作物の需要も，国内のみならず，アジア諸国の経済発展とあいまって，世界の中で急増することが見込まれる。

このように，農業は，需要・供給の両面から見て，まさに革命期ともいうべき大きな転換期にある。

このような大変化と農業の生産現場の厳しい状況が相まって，現状の取組みの単純延長線上の改善・改革だけでは，変化に対応できず，農業に明るい未来を見い出すことはできない。

それでは農業はこのまま徐々に衰退していく斜陽産業なのだろうか。

静岡県はそうは考えていない。農業は，自然の恵みをいただく産業であり，持続し，かつ輝くべき産業である。また，やり方次第で大きく成長でき，また就業者にとっても稼げ，やりがいのある魅力ある産業になると考えている。農業の価値・重要性は，生産額や付加価値額，個人の所得額という指標だけで測ることはできない。安全でおいしい農産物は人々の健康と幸せの増進に貢献する。農村や里山の美しい風景は，人々に潤いを与え，そこでの生業は，地域社会やその環境・景観を維持するために重要な役割を果たしている。食や景観，暮らし方などの空間的・文化的な魅力に惹かれて人々が訪れ，地域に経済効果をもたらし，それが地域社会や環境・文化を継承するという好循環につながる。

静岡県は，このような農業を取り巻く環境変化と農業の重要性を認識し，農業の革新と発展を県政の最重点政策の1つとして，「世界から憧れられる農業のモデル」，すなわち「安全で健康によく，おいしい食物を生産し，世界の健康長寿と幸せの増進に貢献するとともに，人々が美しい風景の中でいきいきと心豊かに働き暮らすという農業」を実現していくこととし，さまざまな取組みを進めている。

先端科学技術による農業の生産性革命の取組み—先端農業推進プロジェクト

閉塞感や将来に対する悲観の打破のためには，新しい需要をつくり出しつつ，生産性を革新するという「イノベーション」が鍵であることはどこでも論じられる。問題は，そのイノベーションをどういう方法で生み出すかである。これまでの単純延長上で，部分最適の現状改善を行っていく方法では，イノベーションはなかなか生まれない。

それは，農業についても同じである。現在および将来の市場が何を求めているのか，というマーケットインの意識を持つとともに，これまでの生産技術の蓄積を活かしつつ最先端の科学技術の本格導入により生産性を革新すれば，農業は稼げる産業，世界の健康長寿と幸せの増進に貢献できる産業となることは可能である。

そこで，静岡県では，農業に生産性革命をもたらす「先端農業推進プロジェクト」を進めている。このプロジェクトは，先端科学技術力や静岡が誇る製造業のモノづくり技術を農業分野に適用・応用することによって，農産物の高品質化，高機能化，高収量化，低コスト化による生産性向上を図り，農業の競争力・収益力を強化するものである。同時に美味と健康長寿を志向するマーケットニーズに適合した農産物やその加工品を開発するなど，マーケットインに基づく需要開拓とそれに合った商品開発，生産拡大，付加価値向上を図るものである。

農食健・農商工・産学官金連携による科学技術・産業振興拠点「AOI-PARC」の設立

「農業の生産性革命」，「健康寿命の延伸に寄与する食品・ヘルスケア関連産業振興」，「厚みのある多分野連携・組織間連携型のオープンイノベーション」，「産学官金連携によるビジネスの創出・起業支援」，昨今，科学技術・産業振興において，これらの言葉がキーワードとして，しばしば唱えられる。これらを推進するためには，社会システムやプラットフォームの設置が不可欠である。

図1　AOI-PARC から駿河湾を望む

そこで，静岡県は，「AOI(アオイ)(Agri Open Innovation)プロジェクト」と名付け，アグリ(農業)を起点とし，オープンイノベーションにより，農(農林水産分野)・食(食品分野)・健(健康分野)連携を推進し，科学技術・産業振興を進めるプロジェクトを 2015 年度から開始した。

まず，慶應義塾大学が持つ AI(Agri-infoscience：農業情報科学)を用いて，農業の匠の技の継承と生産技術の短期習得を図る取組みを，三ケ日みかんとイチゴ(きらぴ香)の栽培で開始した。

また，研究開発・事業化の拠点施設「AOI-PARC (Agri Open Innovation Practical and Applied Research Center)」を 2017 年 8 月に開設した[*1](**図1**)。ここに，産(先端農業等に取り組む企業)，学(慶應義塾大学，理化学研究所等)，官(静岡県)の各分野の先進的な組織と人が一堂に集う。特筆すべきは，研究と事業とを結び付ける「一般財団法人アグリオープンイノベーション(AOI)機構」を同時に設立したことだ。

AOI-PARC の施設としては，第 1 期事業として，共用研究室(5 室)や事業者用レンタルラボ(15 室)，次世代栽培実験装置[*2]をはじめとする最先端の研究実験施設を備えている(**図2**)。それらを活用した 24 の研究開発プロジェクト(種苗開発，生産技術開発，計測技術開発等)がすでに始まっている。

*1　詳細は，http://www.pref.shizuoka.jp/sangyou/sa-310/documents/leaf2.pdf 参照

*2　完全閉鎖型の環境下，光(光量・光質)，温度，湿度，CO_2 濃度等の環境要因を制御し，さまざまな環境(約 30 万通り以上)を再現できる栽培実験装置

図２　次世代栽培実験装置

「AOI-PARC」には，「AOI 機構」が運営する会員制の組織「AOI フォーラム」を 2017 年 8 月に設置した（参加企業等数は 160 団体，2019 年 1 月末日）。会員相互間のビジネスマッチング（連携調整，販路開拓・事業化，資金調達支援等）など，オープンノベーションの場を提供している。AOI 機構には，産学官金出身者から成る事業化プロデューサーやコーディネーターが常駐しており，日々，連携支援を行っている。

静岡県から世界の人々の健康寿命の延伸と幸せの増深への貢献

「AOI-PARC」は，静岡県の拠点ではなく，世界に貢献する拠点としたいと考えている。拠点の核は，イノベーションを創出する「知の集積」である。静岡県は，慶應義塾大学や理化学研究所からの協力を仰いで研究開発力を高めていくが，今後は，国内外の主要研究機関ともネットワークを結び，世界水準の革新的技術を提案していきたい。実用化を目指すのは，例えば，「高機能作物の栽培技術の確立」，「新品種を使った加工食品の開発」，「健康食メニューの開発」などである。

静岡県は，このような先端科学技術の活用と同時に，人材育成（高校大学連携，農林専門職大学の設置等），農業経営の大規模化，GAP（農業生産工程管理）認証取得の支援，農業データ連携基盤への積極的参加，農業用ロボットの開発・普及など，さまざまな取組みを行っている。同時に，マーケットインの考え方を取り入れ，健康長寿を希求する社会ニーズに対応し，おいしく安全・安心で健康増進効果の高い農芸品・食品を生産し，これらを世界に提供していく取組みも進めている。これにより，世界の人々の健康寿命の延伸と幸せの増深に貢献していく。

農業の生産性革命を核にしながら，静岡に行けば，何かが起きる，夢がかないそうだと多くの人が集まり，交流し，また，農業・農村の現場で地域の稼ぐ力が高まり，それで地域社会・環境が保全され，そこに住む人々の幸せの増深につなげていきたい。

データ利活用と栽培ノウハウの継承

慶應義塾大学　神成　淳司

1. はじめに

スマート農業の取組みで主軸となるのはデータ利活用である。農機の自動運転は多種多様なセンサデータと位置情報データ等を活用することにより実現されている。リモートセンシングは，圃場の状態をデータ化する技術であり，植物工場は多様なデータを用いた環境制御により，安定的な作物栽培環境を実現する。

多様なデータ利活用に関する取組みのうち，本稿では特に，データを活用することで圃場の管理や生産性向上に資する取組みについてまとめる。データ活用にはさまざまな資材を管理し，あるいはデータを整理することで無理無駄を省くためのものから，熟練生産者のノウハウ継承といった付加価値を向上させるための取組みまで，さまざまな可能性が存在する。本稿では，データ利活用と栽培ノウハウの継承に関する現状を概観するとともに，今後のデータ利活用における課題を俯瞰する。

2. 情報学としての農業

そもそも，情報学的見地から捉えると，農業は，「作物」，「環境」，「生産者」の三要素が，相互の情報流通に基づき作動するシステムである[1]。「作物」は，生産対象となる作物自身を指す。「環境」は，作物の成育環境全般を指す。具体的には，土壌，風，温湿度，日射量などのざまざまな要素が含まれる。どの「環境」データを取得するかは，作物によって異なることは当然であるが，同じ作物であっても，栽培方法や季節，あるいは地域が異なれば変えることが求められる。「生産者」は，農作業の意志決定・行動主体である。「作物」は，「環境」からの影響と，「生産者」が実施する農作業により，状態を変化させる。「環境」は，「環境」からの変化に加えて，「作物」の成長に伴う影響と，「生産者」が実施する農作業により，状態を変化させる。「生産者」は，自身が持つ目的関数（どのような作物を栽培するのか，どの時期に出荷をしたいのかなど）を踏まえ，「作物」の生育情報，「環境」の環境情報に基づき実施すべき農作業を意志決定し，その実施により「作物」，「環境」に変化を及ぼす。この目的関数には，その都度検討すべき短期的なもの（作物を成長させる，あるいは病害虫への対応など）と，中長期的なもの（出荷時期や品質，あるいは周年での栽培や複数年での栽培を見据えた圃場管理など）が存在する。

本稿で取り上げるのは，このうち，「生産者」要素に関するデータ活用である。「環境」や「作物」から得られた多種多様なデータを整理し，適切に管理，活用するためのものである。適切なデータ管理は，作業の無駄を省き，コストの低減化や安定生産に資することが期待される。その典型的なものが，モノ創り分野の知見の農業分野への適用である。ご存じの方も多いように，トヨタ生産方式は，ジャストインタイム方式（リーン生産方式）とも呼称され，トヨタ自動車が生み出して，世界中で活用されている工場における生産活動の運用方式であり，生産工程における無駄を徹底的に排除することを目的としている。単に農作業の工程の無駄を省くだけでなく，肥料や農薬などの資材管理にまで適用することで，多くの無駄を省くことが期待される。

AI（Agri-InfoScience）農業は，我が国農業の特色である高付加価値化の技術を如何に継承するかという点に関する取組みである[2]。人件費が高く，さらに海外輸出等を考える際には，島国であることから輸送コストが近隣諸国と比較して高い我が国の農業は，諸外国と比較して高付加価値化をいかに伸ばすかが重要となる。AI 農業は，我が国農業の特色の 1 つでもある，農業技術の匠の技継承を目的とする新たな農業分野として 2008 年に提唱され，いくつかの実証を経て2015年頃から順次人材育成のための取組みとして実用化され，国内各地での利活用が進められている。本稿で取り上げる取組みは，いずれも高付加価値化に伴う生産者の収益増大が見込まれる果樹栽培を対象としたものである。例えば，葡萄(ルビーロマン)の取組みは，地域のブランド果実として認定されるための一定水準の果実を栽培するノウハウを継承するための取組みである。認定率が高い生産者と低い生産者の栽培手法を比較した上で，認定率を高める栽培ノウハウを学習するための教材を提供している。学習に基づき栽培ノウハウを継承すれば，認定率が高まることが期待される。また，本章第2節第2項で取り上げる柑橘類，同第3項で取り上げるリンゴなども，今後の地域を担う若手生産者の技能向上により，産地全体の技能レベルを底上げするために栽培ノウハウの教材化を進めている。この他にも，香川県におけるオリーブなど，国内各地へと取組みの輪が広がりつつある。

なお，AI農業に関する取組みは，熟練生産者が中心となって進めるのではなく，市町村などの地方公共団体やJA等の農業団体が中心となり，地域を巻き込む形で取り組まれることが多い。実際，利活用が進む各地での取組みは，いずれも地方自治体が地方創生交付金などの国の補助事業や自治体の独自施策の一環として取り組まれている。

AI農業は，単に機器を購入すれば導入できるというものではなく，対象となる生産物についての生産現場における検討・分析に基づき学習コンテンツがまとめられ，さらにその後の運用についても考えなければならない。また，学習コンテンツとしてまとめられる際には，熟練生産者のノウハウをどのように取り扱うかを検討し，関係者間で合意することも求められる。こういった検討や合意は，従来の農業現場では必要とされておらず，前例も少ない。これらの点について，地方自治体が取り組む場合には，当該地域における第一次産業の次世代への投資として位置づけられ，事業が実施され継続的な体制も検討される。また，熟練生産者のノウハウに関しては，その地域の生産者の技能向上を支えるために地域内でのみ流通させるという合意が取られることが多い。熟練生産者のノウハウについては，JAの作物部会など，同じ地域内であれば熟練生産者が若手生産者に技術指導をしている場合も多く，地域内でのノウハウ流通であれば，理解が得られやすい。このような理由から，自治体が主体となる技能継承への取組みとして進められているのである。

3. データ利活用における課題

今後のデータ利活用のさらなる進展を見据え，より具体的に以下の点の検討が必要である。

まず「データは誰のものか」という点だ。この点については，すでに農林水産省や内閣官房の会議体において検討が進められ，「データは生産者に属する」という基本方針が示されている。ただし，ここで留意すべきは，民法上，無体物であるデータは，所有権の対象とはならないということであり，「データは生産者の所有物」という概念や表記は誤りである。この点については，昨今のビッグデータに関する議論等を踏まえ，経済産業省により，「データオーナーシップ」という概念が提唱されている[3]。この概念に基づき，生産者はデータのオーナーとしてデータ流通に関する枠組みを契約に基づき決定することとなり，農林水産省知的財産課が，農林水産分野におけるデータ契約ガイドラインをまとめている[4]。

次に，「データの共有」に関する点である。より具体的には，「データオーナーシップに基づき，データ流通に関してどのような規範を適用することとするか」である。この点について，生産者の多くは，同一地域内でのデータ共有には違和感を持たない。それは，「作物」，「環境」，「生産者」の各要素データは，いずれも地域内で必要に応じ共有されてきたからである。例えば，隣の畑の「作物」の状態は，生産者がお互いに目視すれば判別可能である。病害虫が発生した場合には，その状況を早期に共有することで被害を低減することが見込まれる。「環境」に関しても，例えば，隣り合った圃場の環境データがどれほど異なるのか。環境データを取得するために圃場にセンサを設置した場合には，そのデータを地域内で共有することも一般的に実施されている。そして，「生産者」に関しても，人手がかかる農作業，例えば，水稲の収穫作業などは，地域内で共同作業として実施されることがあるし，収穫後に乾燥作業が必要とされる小麦は，乾燥設備の使用スケジュールを踏まえて生産者同士が刈り入れ作業のタイミングを調整することが望ましい。このように，地域内でのデータ流通であれば，生産者が契約に同意することが容易であることが推察される。課題となるのは，地域を越えたデータ共有についてである。複数の地域において栽培される作物であれば，これら地域すべてのデータ(「作物」，「環境」，「生産者」いずれの要素にしても)を集約し，ビッグデータとして解析することで，地域内のデータのみを使う場合よりも多くの知見が得られる可能性が高い。特に露地栽培作物に関しては，「環境」の多様性を求めるのであれば，複数地域のデータがあることは非常に重要である。また，特に，AI農業に関していえば，地域ごとのみのデータ共有しか進まないのであれば，例えば，柑橘の学習コンテンツを地域ごとにゼロベースで作成しなければならない。もちろん，地域特有の「環境」や栽培手法による独自コンテンツは存在するのであるが，品種が同一であれば，学習コンテンツの多くは類似したものとなる。従来は，学習コンテンツが全く存在しておらず，ゼロから作成する必要があった。ただ，これからは，既存コンテンツをどのように活かすのか。その際に，個々のコンテンツ所有者(現行では，自治体である場合が多い)へのメリットをどのように供出するかという点に関する規範を改めて整備することが求められるであろう。

そして最後に，「データの信頼性」である。具体的には収集されたデータに改ざんやエラーが含まれていないかという点である。この点に関する議論はまだあまり進んでおらず，さらに言えば実質的に対応する(信頼性を保証する)ことが非常に難しい内容である。例えば，収集した「環境」データが，センサからデータベースに収集する(転送される)過程で改ざんがされていないかを保証するための機能がスマート農業で使用される機器に実装されているだろうか。あるいは，農機などに組み込まれた温湿度センサが正常に作動しているかを検証するための機能も組み込まれているだろうか。こういった機能の搭載はコスト増の要因でもある。ただし，この点に関する議論は今後避けて通れないことは自明である。例えば，一部の「環境」データに誤りがあり，実際よりも10℃低い温度が入力され，それに基づき施設内の温度制御が実施され，栽培中の作物の多くがダメージを受けるといった状況は十分に起こり得る。その際の責任分界をどのように考えるのか。データオーナーがデータに関する何らかの責を追うのであれば，データ提供に際し一定の対価(価格)を要求することが求められるであろう。すなわち，「データの信頼性」とは「データの責任を誰が追うのか」という難しい問題に直面する課題であり，今後のさらなる議論が求められる。

4. データ利活用の展望

本稿では，データ利活用の現状を整理するとともに，今後の課題についてまとめた。データを適切に管理することで無駄を省き，コストを低減することは，農業の産業競争力を高めるためにまず実施すべき必要条件である。その上で，データ利活用に基づく着実な高付加価値化の取組みを進めていくことが重要である。

高付加価値化の代表的な取組みとして，技能継承を目的としたAI農業を取り上げた。地域の優れた栽培ノウハウを継承する手段として国内各地での展開が期待される。一方，今後の議論としては，データ利活用が当たり前の状況となることを見据え，課題となる3点をまとめた。データは分野を超えて連携するものであり，今後，他分野の検討，動向も踏まえた上で，これらの点について具体的な対応を進めていくことが求められる。

文　献

1) 神成淳司：農業情報学，情報処理，**51**(6), 635-641(2010).
2) 農林水産省：農業分野における情報科学の活用等に係る研究会報告書—AI農業の展開について(2009).
http://www.maff.go.jp/j/press/kanbo/kihyo03/pdf/090820-01.pdf
3) 経済産業省：AI・データの利用に関する契約ガイドライン(2018).
http://www.meti.go.jp/press/2018/06/ 20180615001/20180615001-2.pdf
4) 農林水産技術会議：農林水産研究における知的財産について(2018).
http://www.affrc.maff.go.jp/docs/intellect.htm

第１項　圃場生産情報管理における データ活用

国立研究開発法人農業・食品産業技術総合研究機構　吉田　智一

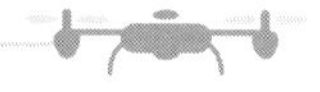

1. 経営の大規模化を支える農業 ICT と圃場生産情報管理場面での利用

農業センサスなどを見ても，この10年ほどで高齢農業者の離農などが主要因となって農地が流動化し，地域農業担い手への農地集約が急速に進んでいる。受け手となる担い手経営では経営規模の拡大とともに広域に分散した圃場を管理する必要に迫られ，従来の経験や勘に頼った生産管理が困難となると同時に，経営・生産を担う人材・労働力や後継者の確保と育成も大きな課題となっている（**表1**）。これらの問題に対して，農業ICTを活用して経営や生産の可視化（可能な限り客観的な数値化・データ化）を進め，従来の経験や勘といったものに裏打ちされていた農業者技術や経営管理ノウハウをデータ化・マニュアル化して，経営全体の管理や年間を通じた販売目標に対する栽培・作付・作業計画作成，個々の作業内容や作業者の配置・労務工程管理などの情報管理を可能な限り透明化し，経営全体の改善・効率化や人材確保・育成や技術継承に活用することが期待されている。

筆者が取り組んでいる「作業計画・管理支援システム（PMS）」は，圃場地図を利用して農場内のさまざまな生産計画・工程管理データの収集と蓄積，可視化を行うソフトの１つである（**図1**）。PMSでは農地（圃場や農用施設等地図上で区画として識別可能な対象）・作付け（農地利用），圃場準備・播種から収穫までの圃場栽培作業に関する情報管理（圃場

表1　兵庫県Y農事組合法人の圃場生産情報管理システム導入前の状況と課題*

組合の方針	特　　徴	問　題　点
(1) 委託された圃場は原則としてすべて受入	①受託している面積も大きいが圃場数が極めて多い ②管内の約1/3の圃場が整備されていない ③圃場整備田であっても35年前の工事であり，水路等の改善が必要である ④委託される圃場は水入れなどの条件が悪いところが多い	①日々の作業指示に時間がかかる ②職員の思い込みで作業する圃場の間違いが多い ③圃場面積が職員に分かりにくく，肥料，農薬等の施用量の間違いが多い ④種子，肥料，農薬等の発注間違い，在庫管理が容易でない ⑤作業の進捗状況の確認ができない。 ⑥圃場１筆ごとの管理（作業履歴）が困難である ⑦栽培履歴の作成，および管理が困難 ⑧各種申請書類の作成，および転記ミスなどによる事務作業が膨大である
(2) 経営収支確保のため，圃場の有効活用を図る	①年間を通じて圃場に何かが栽培されているよう，水稲，麦，大豆，野菜をローテーションさせている ②各作物において省力化，低コスト化の研究を行っており，試験データの整理，分析が必要	
(3) 安定した労働力を確保する	①正職員を常時雇用している。農家以外，地区外の者が多く土地勘に乏しい	

＊Y農事組合法人作成の資料より抜粋して作成

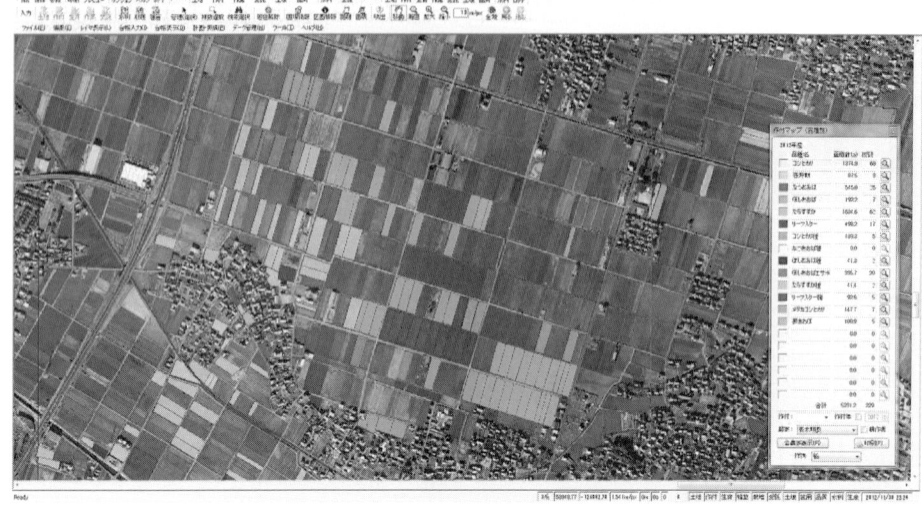

※口絵参照

図1　作業計画・管理支援システム(PMS)

単位)，収穫以降出荷までの農用施設内における農産物生産に関する情報管理(生産ロット単位)が可能となっている。これらの情報(データ)を管理・活用することで，経営体内における円滑な情報共有や農業技術・知識・ノウハウの可視化，技術習得・継承の促進を図り，上記のような課題を抱えた経営体の問題解決を目指している。

2. ICT圃場生産情報管理の現状と課題

2018年現在，ICT圃場生産情報管理分野においてはすでに多くのソフトやサービスが存在している。特にここ数年はクラウド(Webアプリケーション)型の営農情報管理システムが数多く商用化されており，農業機械メーカーも自社製品(農業機械類)の監視・見守りサービスに加えて営農情報管理サービスを展開している。

これらのシステムにはそれぞれの特長や得意分野があると同時に，取り扱う情報項目や操作性といった場面で共通した部分と異なる部分が混在している。圃場生産情報管理という目的またはユーザーインタフェイスとして圃場地図を使用するといった基本的な部分では共通しているが，個々の圃場地図機能や管理できるデータ項目とその操作性といった細かい部分では違いがあり，それが使い勝手や使用感にも大きく影響しているのが通例である。また，初期導入時・運用時において必要となるコストもさまざまである。これらの商用システムには通常お試し版やお試し期間といったものが設定されている場合が多い。それらを試用することによって自身の経営や圃場生産情報管理場面において抱えている課題解決が可能か否か，所要コストや運用体制なども勘案して有効な解決策となり得るか否かを見極めることが肝要である。また，このような農業ICT利用を検討している経営体を支援する普及指導員や営農指導員も同様に試用体験や，導入済経営体等での取組み・運用事例などを通じて，それらの体験を共有し継承しながら農業ICT普及拡大に貢献していく必要がある。

現状では，このようなシステム・サービスの多くはそのメーカーやベンダーがそれぞれ独自に開発・構築している場合がほとんどで，各システムやサービスで使用されているデータの構造や表現形式，コード体系などはそれぞれのシステムやサービス，さらには利用者の入力に依存する(利用者が作成するデータに委ねられている)状況となっている。例えば，作物や作業の名称，使用する農業機械や肥料，農薬の名称などが，システムやサービス，利用する生産者によって異なっているのである。

この“データの互換性や流通性・相互利用できるか否か”といった問題は，農業ICT分野に限らず，古くから依然として存在し続ける大きな技術的課題である。前述したように，最近では農業機械と連動するICTシステムも登場してきているため，例え

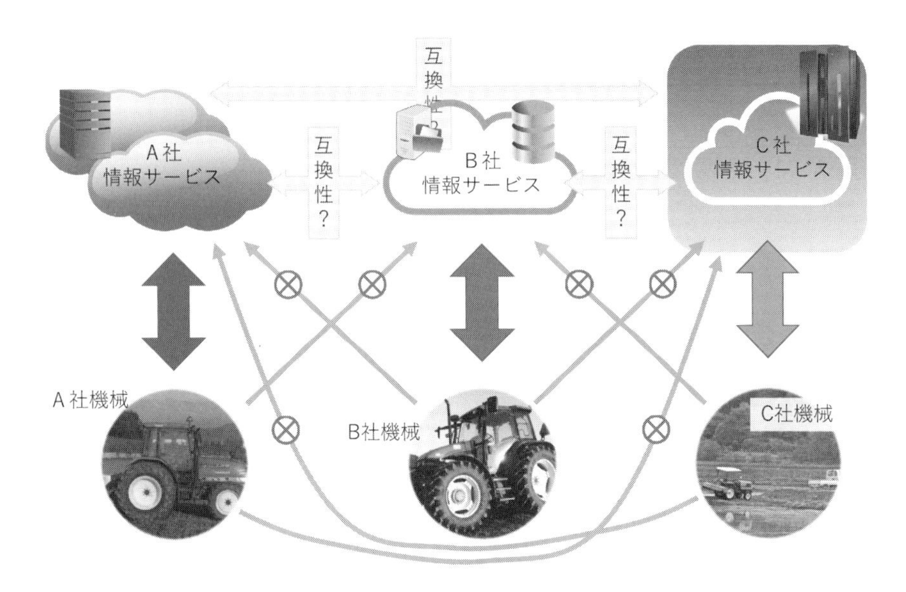

図2　農業機械と連携する圃場生産情報管理システムが抱える課題

ば機械をA社からB社に買い換える際に，それまでA社用のICTシステムで蓄えてきたデータをB社用のシステムに簡単に移行できるかと問われると，それはいささか難しい状況にあると言わざるを得ない(図2)。

3. 農業ICTでの共通化・標準化に向けた取組みの必要性

現状の農業ICTが抱える課題に対して，国はIT総合戦略本部を中心に国家戦略の1つとしてさまざまな分野での「標準化」を進めようとしている。農林水産業分野においても2014年に「農業情報創成・流通促進戦略」が決定され，その中で「農業情報の相互運用性・可搬性の確保に資する標準化や情報の取扱いに関する本戦略に基づくガイドライン等の策定」を行うこととし，農業情報の共通化や標準化に向けた取組みを展開している。

例えば，先に記した農業用語(作物名や農作業名，肥料・農薬の名称や商品コードなど)は普段何気なく使用しているが，農業ICT標準化となると，用語1つにしても最大限の整理と定義づけ，共通化が避けては通れない。こういった農業関連用語がある程度共通化・標準化されるだけでも状況はかなり改善される。各システムまたは利用者がデータ登録する際に標準化された用語またはコード体系などを共通的に利用することで，異なるシステムを使用していても，蓄積されているデータ自体には共通性があるため，異なるシステム間でのデータ交換や相互運用に対する技術的障壁は低くなる。

さらに，今後農業機械や圃場等に搭載または設置された各種のセンサ類(一種の農業IoT：Internet of Things)が多様なデータを収集・発信する「農業ビッグデータ」時代には，従来の圃場生産情報管理データと組み合わせた農業技術に関する新たな知見・ノウハウの抽出や有用データ化の取組みが必然となるが，その際にも収集されるデータの共通化や標準化が前提となっていないと，取り扱うデータ量が膨大なだけに，手が付けられない状況に陥る危険性がある。それは是が非でも避けなければならない。

4. PMSにおける標準化・データ活用に向けた取組み

4.1　システム概要

本稿の冒頭で紹介した「作業計画・管理支援システム(PMS)」は，圃場地図上で農地や作付け・作業進捗状況などをデータ化して可視化するソフトウェアシステムである。

Windows PC上で動作し，無償利用可能なパッケージソフトとしてWeb公開されている(PMS情

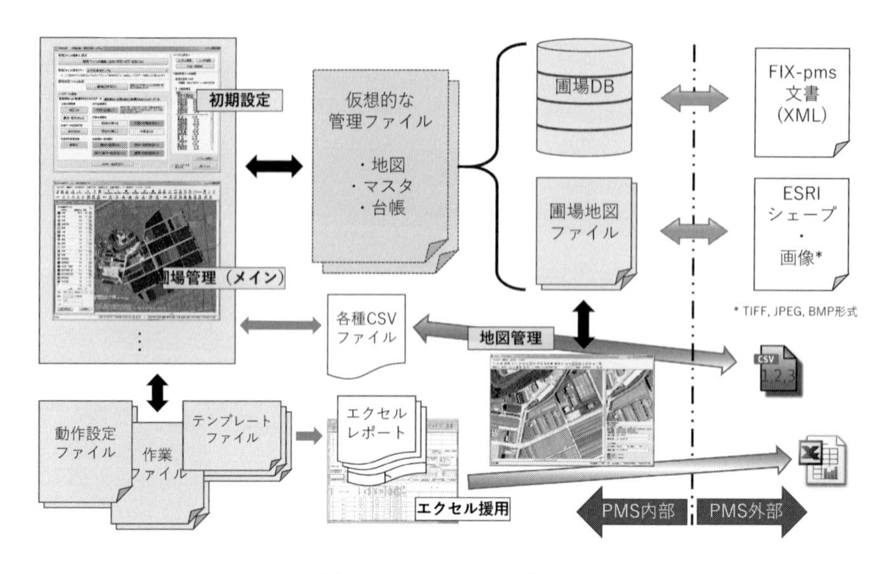

図３　PMS ファイル構成

報公開サイト：http://www. aginfo. jp/PMS/)。

圃場地図上の区画(農地など)にその基本情報(所有関係・耕作面積など)や作付情報(品目・品種，作付面積など，栽培作業進捗情報(作業日・作業名・使用資機材状況など)，収穫実績(収量・品質など)や作業労務管理情報，土壌診断・肥培管理情報を紐付けて区画毎に可視化し(図１)，これらを参照しながら次の作業工程や次年度の作付計画作成・変更等を管理することができる。

PMS は，複数のプログラムやデータベース，圃場地図ファイルなどから構成されている(**図３**)。圃場地図は利用者自身で準備(購入・作成など)する必要があるが，そのための簡単な作成支援ソフトも含まれている。作成される圃場地図は GIS(地理情報システム)と互換性がある ESRI 社提唱のシェープ形式となっているため，地元の役所・公的機関等で運用されている農地管理システムなどの圃場区画データ(ESRI シェープ形式)を入手できる場合はそれを流用することも可能である。

4.2　データの共通化・標準化に向けた圃場生産情報管理データ表現仕様の提示

PMS が取り扱う農地情報や作付情報，農作業情報などは，現状では他の圃場生産情報管理システムと同様に，利用者に依存した，言い換えれば利用者が入力したデータで使用されている用語に基づくデータ管理を行う仕様となっている。このため，[**3.**]で述べた相互運用性・可搬性の問題を内包している。

そこで，PMS では他の圃場生産情報管理システムとのデータ相互運用性・可搬性を高めるために，利用者が登録し PMS が内部管理するデータを，他のシステムと相互交換するための｢圃場生産情報管理データ共通表現形式｣とでも称される形式として｢農業生産工程管理データ表現形式：FIX-pms｣仕様を試作・提唱し，外部データ交換・保存用ファイル形式の１つとして実装している(図３)。

FIX-pms 形式(**図４**)は XML 規格に則り，１つの XML 文書規格として XML Schema により定式化されている(前出の PMS 情報公開サイト内に掲載)。圃場生産情報管理でおよそ取り扱われるであろうと想定される農地や作付け，農作業にかかるデータ項目や農業 IoT で計測されるデータ項目などを，項目名称などの用語レベルではユーザ定義に基づき自由に定義登録できる表現形式となっている。データ記述する際は，用語に相当するユーザ定義の名称が必須項目であるが，そのデータ項目をシステムが管理するための ID・コード類はすべて任意(オプション)指定となっている。さらに，データ記述する際の名称(用語)についても，その定義先を URI で指定できるようになっており，名称(用語)の定義先を参照できる。この仕様により，FIX-pms 文書内に格納されるデータそのもの(用語)については別途体系的に定義された権威のある，共通のものとして認識

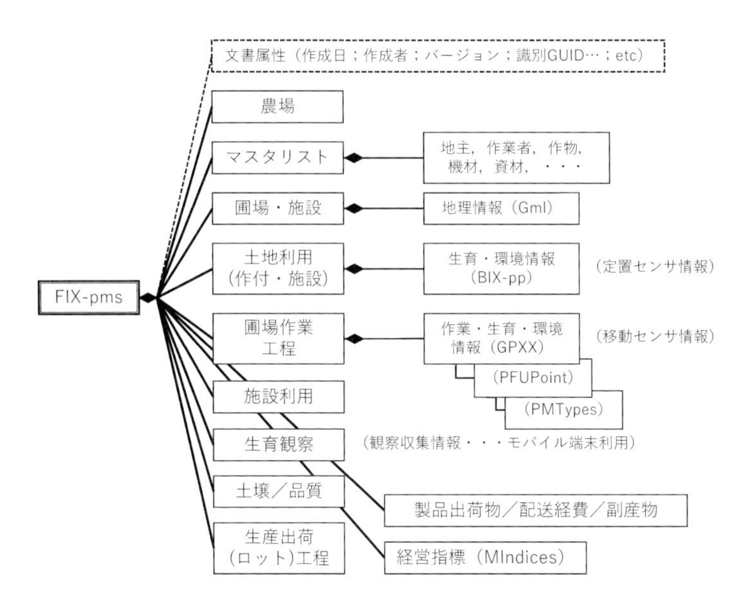

図4　農業生産工程管理データ表現形式 FIX-pms のデータ表現構造（主要部）

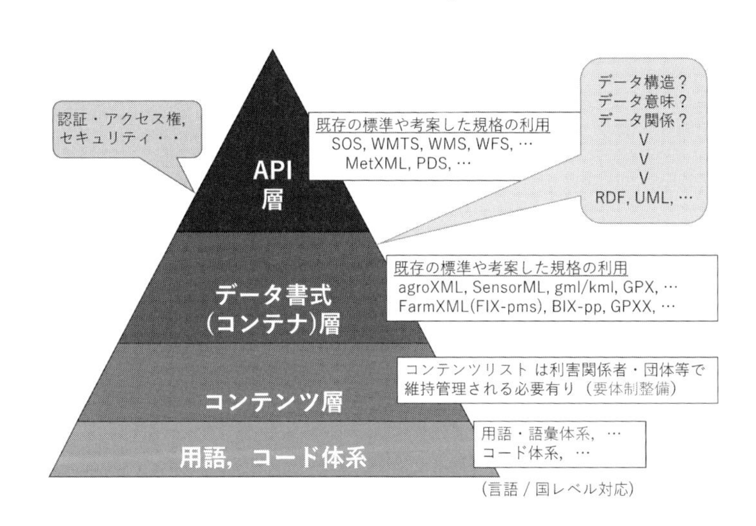

図5　データの共通化・標準化に向けた基本的取組み方向

されている用語を使用する（データとして格納する）ことができるようになっている。

逆に，データに使用している用語が独自に定義されたローカルなものであることも指定できるため，そのような FIX-pms 文書を読み取った際には，農業用語のオントロジーサービス等を利用して，共通のものとして認識されている標準語彙（用語）に置き換えるといった追加処理も可能となってくる。

5. データの共通化・標準化に向けた圃場生産情報管理データに対する今後の取組み

PMS では今後，農業データ連携基盤に搭載される農業共通語彙サービス機能の利用や IT 総合戦略本部から公開されている農業用語ガイドラインへの対応を予定している。このような形で用語の共通化が進み，さらにその用語を含むデータ表現形式が例えば FIX-pms 形式で共通化されてシステム間を流通することになれば，前記したシステム間の相互運

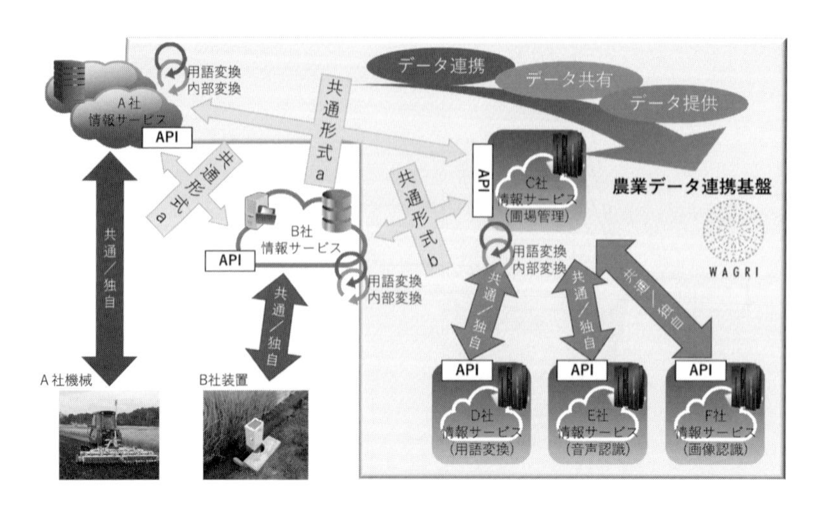

図6　圃場生産情報管理データのフル活用に向けて

用性・可搬性にかかる問題の多くが解決されるものと見込んでいる。無論，そのためには用語・データ表現形式に加え，データ操作のためのAPIについても一定の共通化が必要となってくる(**図5**)。

その上で，関係する複数のシステムを提供するメーカー・ベンダーでの共通用語・共通形式への対応が不可欠であり，農業データ連携基盤上でのデータ交換においてはそのような共通用語・共通形式でのデータ交換・流通が期待されるところである(**図6**)。

第２項　営農・サービス支援システム「KSAS（Kubota Smart Agri System）」

株式会社クボタ　飯田　聡　株式会社クボタ　長網　宏尚

1. クボタが次世代農業に取り組む意義

1.1　日本農業の現状と課題

今，日本農業は多くの課題を抱えており，大きな転換期を迎えている。例えば，2000年に230万戸あった販売農家が2015年には130万戸とほぼ半減している。日本農家の平均年齢は67歳以上と超高齢化しており，今後10年でさらに半減するとの予測もある。

一方で，農業を主業とする担い手農家（プロ農家）や営農集団が増えており，離農農家の農地委託等によりその規模を拡大している。農業政策としても，『規模を拡大し生産の効率化』を促進するため，企業の農業参入の容易化や農地バンク設置などの施策を打ち出しており，2023年に担い手が占める農地の割合は，現状の56％から80％に達するとしている。また，2018年からはこれまで長年続いてきた減反政策も廃止され，日本の農家はいよいよ自立をせまられている。

この状況において，㈱クボタは下記①，②の実現のための支援が重要な課題であると考えている。

① 日本農業が儲かる魅力的なビジネスとして独り立ちすること
② 中山間地を含む農村の活性化，および農業の多面的な機能の発現・維持

1.2　担い手農家の課題とクボタの取組み

日本農業を支える土地利用型の担い手農家や営農組合は，その規模拡大とともに次のような多くの課題に直面している。

【担い手の課題】
① 多数圃場管理の問題
  1）増加する作業者管理の問題
  2）収量，品質低下の問題
② 省力化・軽労化，生産コストの削減
③ 生産品の高付加価値化
④ 人材育成（ノウハウの伝授）
⑤ 販路開拓・拡大

これらの課題解決のため，クボタでは次のような取組みを進めている。

【担い手に対する取組み】
① 高性能・高耐久農機及び低価格農機の開発とサービス体制の充実
② 営農ソリューションの提案強化
  1）鉄コーティング直播＋密播疎植栽培による低コスト化
  2）畑作・野菜作の機械化一貫体系構築など
③ クボタファームの展開，米の輸出や玄米ペースト事業など６次産業化による販売支援

日本農業を魅力ある儲かるビジネスに変えていくためには，これらに加えて農業システム全体を見える化し，フードバリューチェーンの中で「市場に求められる作物を，求められる時期に，求められる量だけ（廃棄の極小化）」作る仕組みを構築すること，すなわちICT・IoT技術を活用したスマート農業システムの開発と普及が不可欠である。そこでクボタは，次世代農業を支える①データ活用による精密化，②自動化による超省力化を軸とするスマート農業について，2010年頃から本格的に研究開発を進めてきた。

2. データ活用による精密化

スマート農業に本格的に取り組むにあたり，多くの担い手農家にヒアリングし，現場の実際の課題や悩みの把握を行った。「日本の田んぼは平均0.2～0.3 ha/枚と非常に狭い。そのため，例えば40 haの稲作農家は200枚以上の田んぼを抱え，それぞれに異なる耕運・田植えから収穫に至る一連の栽培プロセスの管理に追われている。さらに，規模拡大で増加した作業者の管理の問題も発生している。その結果，収量や品質が低下し，かけた労力と結果が釣り合わない場合がある」。このような現場の生の意見をベースに議論を重ねた結果，当時すでに存在した作業記録を目的としたソフトウェアを改良するのではなく，農機のセンサで情報を収集し有効活用することでPDCA型の精密農業を行うという，これまでの日本にはない新しいシステムの開発への挑戦を決めた。

2.1 営農・サービス支援システム「KSAS (Kubota Smart Agri System)」

こうしてクボタが独自に開発した営農・サービス支援システムKSASは，農業機械とICTを利用して作業・作物情報(収量，食味)を収集し活用することで，「儲かるPDCA型農業」を実現する新しいソリューションである。

全体構成は，**図1**に示すとおり無線LAN通信機能を搭載した「KSAS農機」，作業者が作業記録と情報の中継を行う「KSASモバイル」，情報の蓄積と分析を行う「KSASクラウドサーバシステム」で構成されている。この上で担い手農家が利用する営農支援システムとクボタ農機販売会社が保守サポートに活用する機械サービスシステムが稼働しており，それぞれ次のような価値の提供を狙いとしている。

【営農支援システム】

① 高収量・良食味米(作物)づくり
② 安心安全な農作物づくり(トレーサビリティ確保)
③ 農業経営基盤の強化(コストの把握・分析と低減提案))

【機械サービスシステム】

① 迅速で適切なサービスの提供によるダウンタイム低減
② 農業機械のライフサイクルコストの把握と低減

次に，KSASの概要について説明する。

現行KSASの核となる食味収量コンバインは，グレンタンク内のもみ重量と食味の主要な代用特性であるタンパク含有率および水分をリアルタイムに計測するセンサ(ロードセルおよび近赤外分光分析センサ)を搭載しており，計測データは，田んぼ1枚を刈り取るごとに，コンバインの稼働データとともにKSASモバイルを通じて(2019年から直接通信により)，クラウドサーバに送られる(**図2**)。

担い手は，事務所のパソコンからクラウドサーバに蓄積された作業日誌や圃場1枚ごとの収量・食味のばらつきを一目で把握することができる。そのため，土壌分析と合わせることで圃場1枚ごとの特性に合わせた土壌改良や翌年の施肥設計が可能となる。

また，その設計した肥料の散布量データを，モバイルを介しKSAS対応の施肥田植機やトラクタに送信できる。受信したKSAS農機は散布量を自動で調

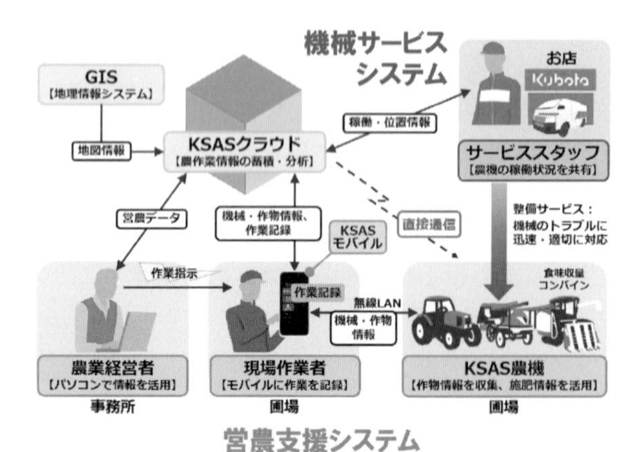

図1　KSASの全体像

図2　食味収量コンバイン

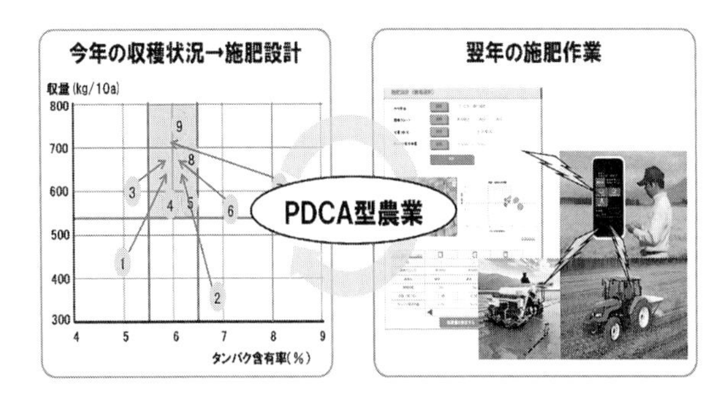

図3　KSASのPDCAサイクル

量する機能を持っているため，農業初心者でも簡単に100枚以上の田んぼを間違いなく施肥を行うことができる。

このように，データ収集とそれを基にした作業計画→栽培・収穫→データ収集…，というサイクルを回すことで収量や食味を上げるとともに施肥量や作業人数・時間を適正化し農業経営を改善し続ける。

これが，これまでの日本農業にはなかった『データに基づくPDCA型農業』である(図3)。

新潟県などでの3年間の実証テストでは，食味(タンパク含有率)の改善・安定化とともに15%の収量増加を確認している。これは40 ha規模で換算すると約30トン以上の増収が期待できることになる。また，食味値による米の仕分乾燥で美味しい米を高い価格で販売することや，水分による乾燥機の仕分での品質の安定化と乾燥コストの低減が可能である。

KSASは，クボタにとって初のB to C製品(システム)であり，ビジネスとしても新たな挑戦が必要であった。そのため，クボタ本体の事業部門に加えて各販社のKSAS推進グループ，クボタシステムズ㈱などのシステム開発会社で事業運営組織を構築し，地域ごとのキャラバン活動や教育研修会開催などの普及活動に取り組んできた。

このようなICT・IoT技術を活用したシステムを担い手農家や営農法人に利活用してもらうにあたっては，想定以上の時間と労力を要している。ただ，上記の地道な活動や継続的な改良により，2014年6月のサービス開始から4年半の間に営農システムでは約1,600軒，サービスシステムを含む全軒数では約6,000軒の契約をいただいている。登録圃場面積は60,000 ha(平均37 ha)，枚数では27万枚(平均150枚)になり，規模の大きい意欲的な担い手を中心に活用の輪が広がってきている。営農支援システムには，KSAS農機と連動する本格コースと農機と連動しない基本コースがあり，それぞれのお客さまの声を集約すると，「煩雑だった圃場の管理業務が減り，楽になった」，「実際に収量や品質が向上する」ということであり，KSASとそのサービスが農家にとって不可欠なものとなってきている。

2.2　KSASの進化の方向性

図4はKSASの進化の方向性を示している。Step. 1は，稲作機械化一貫体系の中で各農機とのデータ連携によるPDCA型農業を実現することであり，開発完了に向かいつつある。また，さらに

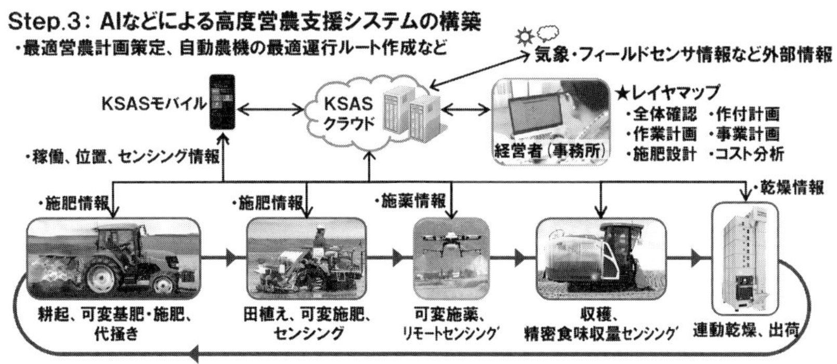

図4　KSASの進化の方向性

図5　KSAS Step. 2の概略

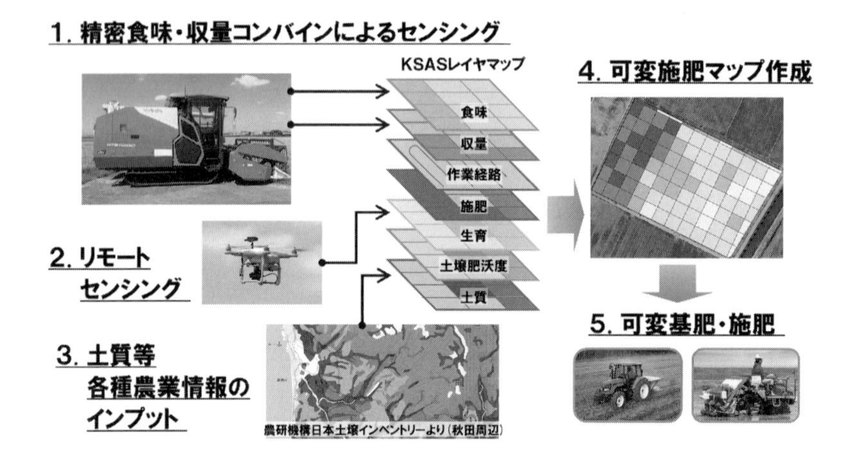

図6　可変施肥

Step. 2, 3と進化させるべく研究開発を進めている。

【Step. 1】機械化一貫体系とのデータ連携による日本型精密農業の実現

① ポストハーベスト機器や中間管理機(乾燥システム：2017年6月に本格販売，乗用管理機：2017年12月からモニタ販売)，さらに農薬散布用ドローンとのデータ連携を進めている。

② 水田稲作から麦・大豆などの畑作や野菜作にも展開中である。

【Step. 2】日本型精密農業の進化(図5)

① 今後も合筆など圃場の基盤整備が進み圃場1枚の面積が拡大すると，圃場1枚の中でのバラツキの管理がますます重要になる。この要求に対応するため，圃場内での土壌や生育環境，生育状況，収量や食味のバラツキをセンシングし，さらに精緻な可変施肥(図6)・施薬ができる農業機械システムの開発に取り組んでいる。つまり，地図・地番情報(GIS)を基に，農機やフィールドサーバでセンシングした圃場環境情報，ドローンや衛星でのリモートセンシングによる生育情報，水管理情報に，気象や種苗，肥料・農薬等資材情報などの外部データを結び付け，レイヤマップとして整理し，これらの蓄積されたビッグデータを解析・活用することで可変施肥や施薬を可能とすべく研究を進めている。

② また，レイヤマップの情報を基に，品種毎の生育予測や病害虫発生予測を行いながら，外部環境の変化に合わせて作業計画や水管理計画の修正・活用ができるシステムの構築を目指している。

【Step. 3】AIなどによる高度営農支援システムの構

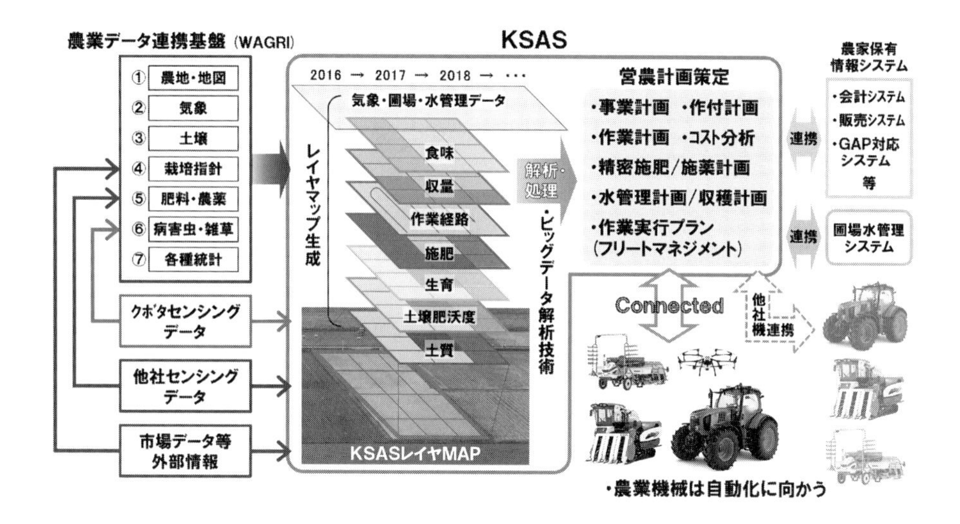

図7　Step. 3の概略（クボタのスマート農業トータルソリューションの将来構想）

築（図7）

① Step. 2の機能に加えて，会計システムや販売システムなど農家が用いる情報システム，流通網や金融機関など市況情報等外部データ，さらには圃場水管理システムなどと連携し，これらから得られるビッグデータを分析，AIなどで活用することで，フードバリューチェーンの中で農家の収益が最大となる事業計画や作付計画の作成を支援できる高度営農シミュレータに進化させていく予定である。

② また，何時，どこで，誰が，どの機械で作業すると効率的か，最適な作業実行プランの作成を支援できるようにしたいと考えている。

2.3　官民データの活用とオープンイノベーション

クボタは，KSASを農家にとって真に有益なシステムにすることで，より多くの農業関係者に使用していただくことを目指している。そのためには，農地・地図，気象，土壌，生育モデルなど蓄積された官民データの活用が必須である。また，他社農機や他社情報システムとの連携も重要であるが，このようなデータ連携やシステム連携はクボタ単独では進められない。そのため，農業データ共通基盤の整備を目指した農業データ連携基盤協議会（WAGRI）にも積極的に参画しており，今後は有効活用を図っていきたい。

また，KSAS Step. 2やStep. 3の実現には多くの技術的課題もあり，NTTグループとの連携やSIP（内閣府戦略的イノベーション創造プログラム）での官民連携などオープンイノベーション体制で研究開発と普及を進めており，今後はさらに連携の輪を広げていきたい。

3. まとめ

今回報告したKSASの狙いは，図8に示すとおりであり，日本農業の課題解決と持続的な発展のため，ICT・IoTを用いて農業の変革を目指すものである。

1. 儲かる農業の実現 ➡ 所得倍増

(1) 収量・食味アップ → ◆売上UP 20%以上

(2) 低コスト化

①増員無しで規模拡大 → ◆作付面積 30～50%UP

②データに基づく施肥設計、精密施肥 → ◆肥料・農薬削減

(3) 求められる作物を、求められる時期に、求められる量だけ生産 → ◆高効率経営の実現 ◆廃棄極小化

2. 環境負荷削減 ➡

(1) 耕作放棄地の活用

(2) 減肥・減農薬

3. 農業の多面的な機能の発現・維持

➡ (1) 中山間地域の農業の活性化

(2) 自然環境や景観の保護

(3) 伝統産業の継承

図8　クボタが目指す次世代農業のビジョン

しかし，スマート農業の普及には，産官学が一丸となって壁を乗り越えていく必要がある。例えば，農業者の意識改革やITリテラシーの向上が不可欠であり，技術習得の場や教育体制の整備等，行政の支援を期待したい。

クボタでは，ICT・IoTにより水環境分野の施設や設備を遠隔監視・診断できる共通プラットフォーム「KSIS（Kubota Smart Infrastructure System）」も開発し上市している。今後，このKSISを基に農業用水管理システムを構築し，KSASと連携させていくことで，より効率的な農業システムを提供していきたいと考えている。

クボタは，これからも次世代農業の実現に向けて尽力していく所存であり，今一層の応援をいただければ幸いである。

第３項　生育管理におけるデータ・情報活用

国立研究開発法人農業・食品産業技術総合研究機構　中川　博視

1. はじめに

作物生産は，気象，土壌，病害虫や雑草などの，さまざまな非生物的・生物的環境条件の影響を受けるため，栽培管理は作物の生育状況と環境条件の両者を考慮しながら行う必要がある。したがって，環境条件と作物の生育状況などのデータや，それらを加工して得られた情報を，いかに栽培管理や営農計画に活かしていくかが，データ駆動型農業の鍵となる。そのために必要な要素は，環境データや作物生育状況のモニタリングデータなどのデータ群，データを基にして処方箋をつくるアルゴリズム，そして加工された情報を届ける情報システムの３つである。ここでは，そのような取組みの一例として，気象データ，気象データを入力変数として作物の生育をシミュレートする作物生育モデル，それらをもとにして栽培管理支援情報を作成・配信する栽培管理支援システムについて紹介する。

2. メッシュ農業気象データ

農研機構では，日本全国の基準地域メッシュ(約1 km×1 kmの空間解像度)単位で提供する「メッシュ農業気象データ」とそれを配信するシステムを開発してきた(**図１**)。

初期のメッシュ農業気象データは，観測値，９日先までの予報，平年値を切れ目なくつないだ一連のデータセットとして，日平均気温，日最高気温，日最低気温と降水量について，気象庁の公表データを用いて作成された[1]。その後，予報データの使用期間を最長26日先まで延長するとともに，気象要素の拡充を進め，現在では，上記の４要素に加えて，日照時間，全天日射量，下向き長波放射量，日平均相対湿度，日平均風速，積雪深，積雪相当水量，日降雪相当水量，1 mm以上降水の有無，予報気温の確からしさのデータを追加している(**表１**)[2]。このうち，日射量，下向き放射量，相対湿度などの，アメダスでは観測されていないが，農業上重要な気象要素を提供しているのも「メッシュ農業気象データ」の特徴である。例えば，下向き長波放射量は，凍害，霜害の発生に関与しており，水田水温を推定する際にも必要である。湿度は，病害の発生に影響するため，病害の専門家から特に要望の強い気象要素である。積雪水量とは，ただの深さ(積雪深)ではなく，ハウスの倒壊などのリスク対策に重要な重さとしての積雪量である。さらに，データの配信システム，表計算ソフトで簡単にネットワーク上からメッシュ農業気象データをダウンロードするためのツール，プログラミング環境の整備と実例集の整備，マニュアルの配布によって，充実した「メッシュ農業気象

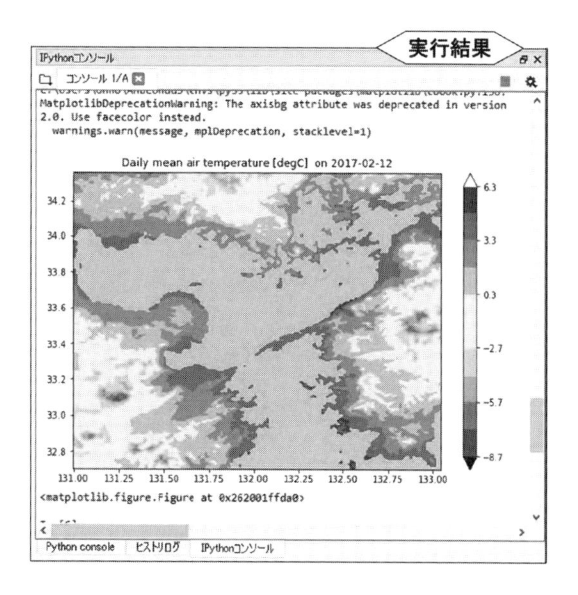

図１　メッシュ農業気象データと気象データ利用ツールを利用して作成した気温分布図の例[2]

表1　メッシュ農業気象データシステムが提供する気象データの一覧

気象要素	単位	記号	過去値	予報値	平年値
日平均気温	℃	TMP_mea	1980年1月1日～前日	当日～26日先	2011年～2020年
日最高気温	℃	TMP_max	1980年1月1日～前日	当日～26日先	2011年～2020年
日最低気温	℃	TMP_min	1980年1月1日～前日	当日～26日先	2011年～2020年
降水量	mm/day	APCP	1980年1月1日～前日	当日～26日先	2011年～2020年
1 mm以上の降水の有無	1：有/0：無	OPR	1980年1月1日～前日	当日～9日先	2011年～2020年
日照時間	h/day	SSD	1980年1月1日～前日	なし	2011年～2020年
全天日射量	MJ/m^2/day	GSR	1980年1月1日～前日	なし	2011年～2020年
下向き長波放射量	MJ/m^2/day	DLR	2008年1月1日～前日	当日～9日先	なし
日平均相対湿度	%	RH	2008年1月1日～前日	当日～9日先	なし
日平均風速	m/s	WIND	2008年1月1日～前日	当日～9日先	なし
積雪深	cm	SD	2008年10月1日～前日	当日～9日先	なし
積雪担当水量	mm	SWE	2008年10月1日～前日	当日～9日先	なし
日降雪相当水量	mm/day	SFW	2008年10月1日～前日	当日～9日先	なし
予報気温の確からしさ	℃	PTMP	なし	当日～26日先	なし

データ」を研究・開発・普及関連のユーザーが利用しやすい環境を整えている[2]。また，ユーザーが，多種の農業関連データに容易にアクセスできるようにするために，気象データについても農業データ連携基盤(WAGRI)経由での提供を可能にした。

3. 作物生育モデル

作物生育モデルとは，作物の生育を，出穂・成熟などの質的な変化としての発育，葉面展開，光合成，呼吸，バイオマスの蓄積，収穫対象器官の形成など，さまざまなプロセスからなるシステムとして捉え，各プロセスをモデル化したもの，すなわち，サブモデルを有機的に積み上げたものである。

各プロセスは，さまざまな研究結果に基づいて，生物学的，理化学的に合理的にモデル化されている。作物生育モデルは，理化学的なパラメータとともに，生物学的なパラメータで記述されている。生物学的パラメータには，作物の品種特性によって大きく変わるものと，比較的一定の値をとるものがある。前者のパラメータを品種毎に決めることによって，さまざまな栽培品種の環境応答性を考慮しながら，日々の作物の生育状況や最終的な収量を推定できるようになる。モデルの入力変数として，気温，日射量，土壌水分量，可給態の土壌窒素量などの環境条件や，窒素施肥などの栽培管理条件があり，これらの変数にデータを入力すると，葉面積，バイオマス(作物全体の乾燥重量)，収穫器官の重量などが出力される。気象予報値などの将来値を入力し，生育・収量を予測することにも使用される。また，葉色，リモートセンシングによるNDVI値などの生育モニタリング情報を作物モデルに同化させることで，予測精度の向上や圃場ごとの微妙な違いを反映させることも可能になる。

4. 栽培管理支援システム

内閣府の戦略的イノベーションプログラムSIP「次世代農林水産業創造技術(2014～2018年度)」で，農業気象災害の軽減と栽培管理の効率化への寄与を目的として農業気象情報システムを開発してきた[3]。農業気象災害に対する早期警戒機能とさまざまな栽培管理支援情報を提供する意思決定支援機能の2つの機能を併せ持つシステムで，栽培管理支援システム「MAgIS」(Meteorological and Agricultural Information System)と呼んでいる。

開発したシステムは，メッシュ農業気象データと作物生育・病害予測モデルなどを組み合わせて，さ

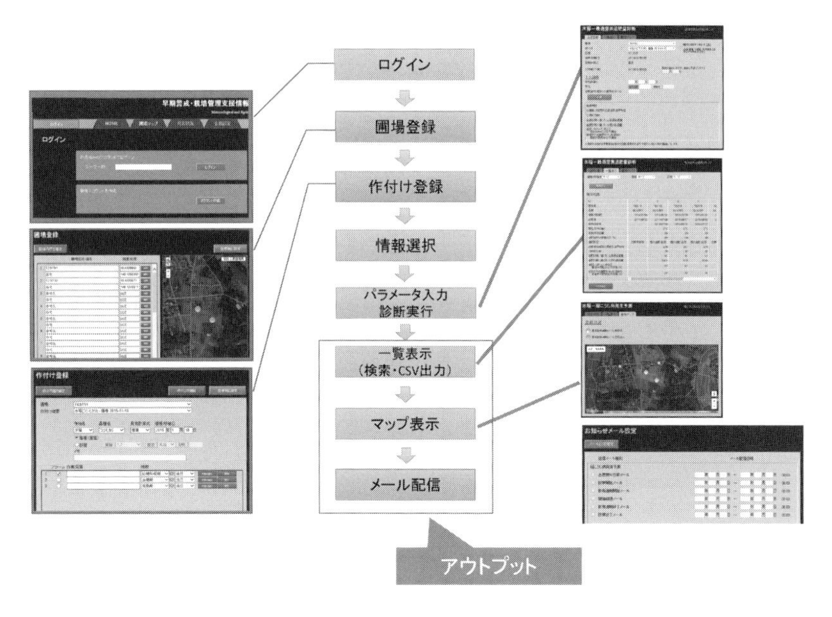

図2　栽培管理支援システムの使用と情報表示の流れ

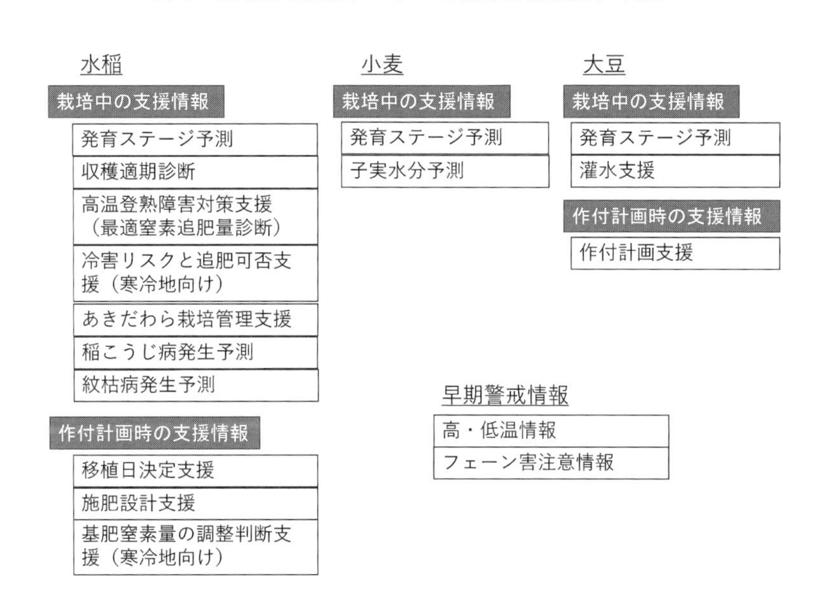

図3　栽培管理支援システムのコンテンツ一覧

まざまな農業情報を提供する「コンテンツ」を搭載したWEBシステムである。ユーザーが与えられたIDとパスワードでログインすると，さまざまな情報コンテンツの利用が可能なる（**図2**）。マップ上で圃場をクリックすると，圃場の緯度・経度が自動的にシステムに入力され，その地点を含む基準地域メッシュの気象データが各情報コンテンツで使用できるようになる。つまり，ユーザーは，気象データに関する専門的な知識がなくても，メッシュ農業気象データの恩恵を受けることができるのである。圃場登録後に，作物を選択し，品種，移植日などの作付け登録を行う。次いで，得たい情報コンテンツを選んで，診断実行すれば，各コンテンツの情報が利用者に配信される。アウトプットは，一覧表示，地図表示，栽培歴表示，グラフ表示，メール配信などが選択できる。

現在，システムに搭載している情報コンテンツを，開発中のものも含めて，**図3**にまとめた。水稲，小

図４　栽培管理支援システムの水稲発育ステージ予測情報表示画面

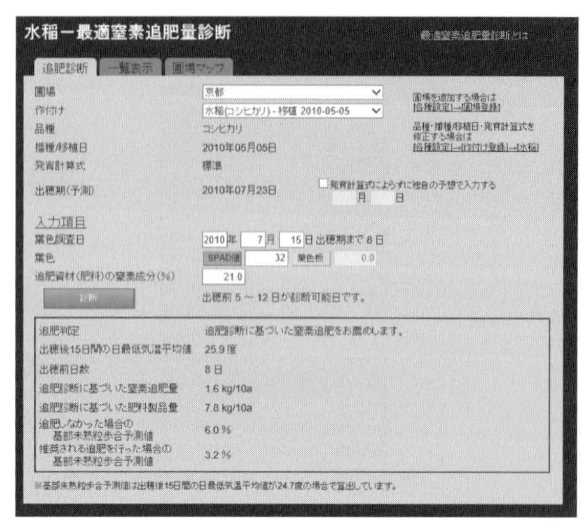

図５　水稲の高温登熟障害回避のための最適追肥量診断情報の表示画面

出穂前５～12日の間に葉色を入力すると，気象予報データを利用して，窒素施肥量のアドバイスが表示される。

麦，大豆の３作物を対象にしている。また，日々情報が更新される栽培期間中の支援情報と作付計画時に使用する支援情報に大別される。また，早期警戒情報として高・低温情報，フェーン害注意情報を搭載している。

適時の栽培管理に貢献する発育ステージ予測情報については，水稲，小麦，大豆の３作物について提供している。出穂期や成熟に向けての発育の進行を温度と日長の非線形関数として表し(第３編第２章第３節参照)，メッシュ気象データを用いて発育ステージを予測する。このように，個々のコンテンツは，気象条件と作物生育や病害との関係を定式化し，気象条件から自動的に情報を作成できるアルゴリズムを作成した上で，システムに搭載したものである。

一例として，水稲の発育ステージ予測情報を紹介すると，ある日に作付けられた，ある品種に対して，初期設定では，幼穂形成期，出穂期，成熟期の予測日が表示される。また，ユーザーが，「幼穂形成の６日後」に「１回目の追肥」を行うなど，予測日を表示したい任意の日を追加することが可能で，**図４**の例では，ユーザーの栽培管理に応じたいくつかの発育ステージが登録されている。図中の帯グラフにある，赤の縦線は，予測を行った日を指しており，それ以前は，気象の過去値を使用した発育ステージの推定であり，それ以降は，気象予報データ・気象平年値データを使用した発育ステージの予測値となる。また，図中の「DVI」は，発育指数 Developmental Index(世界的には DVS と呼ばれるのが一般的)であり，出芽期に0，出穂期に1，成熟期に２の値を取る連続変量で，発育ステージを数値化したものである。近年，登熟期の高温条件で，しばしば白未熟粒が発生し，玄米品質の等級が低下することが問題となっているが，高温が予想される場合に出穂前に窒素施肥をすることで，白未熟粒の発生が緩和されることが明らかにされてきた。**図５**は，水稲の高温登熟障害軽減のために，最適な窒素施肥量をアドバイスするコンテンツの表示例である。出穂前５～12日の葉色データを入力すると気象予報データを利用して，推奨される窒素追肥料が提示され，また，追肥した場合と，しなかった場合の基部未熟粒の発生率の予測値が示される。その他，胴割れ粒対策としての収穫適期診断情報，冷害リスク情報，病害予測情報など，気象情報を利用したさまざまな栽培管理支援情報が提供できるようになってきた。作付計画時の支援として，さまざまな移植日に対する収量や白未熟粒の発生率を，作物生育モデルと多年次の気象データを用いてシミュレーションを行い，最適な作期や栽培可能な期間を示す情報コンテンツなどを開発中である。

以上のような栽培管理支援情報の活用法として，複数のルートを考えている。開発したシステムからダイレクトに生産者や農業関係者に情報配信することのみならず，JA，行政機関，普及所，公設農試などが，独自システムを開発する際の支援，および

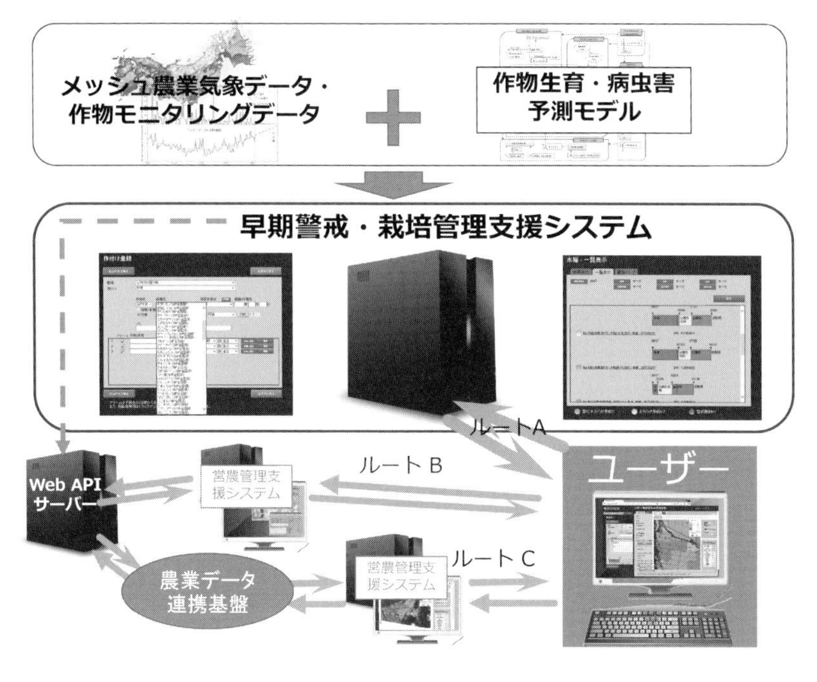

図6　栽培管理支援情報を伝達する3つのルート

ルートAでは，栽培管理支援システムから，直接ユーザーに情報が配信される。ルートBでは，Web APIサーバー経由で，栽培管理支援情報が，各社の多圃場営農管理システムに届けられる。ルートCでは，さらに，農業データ連携基盤を経由してユーザーに情報が届けられる。

発育ステージ予測情報などのコンテンツ単位で必要な情報をAPI（アプリケーション・プログラミング・インターフェース）を通じて配信し，ICT事業者，農機メーカーなどが市販している多圃場営農管理支援システムで，それらの情報を使えるようにすることが重要である[4]。まず，前者は，JAや都道府県の普及関係者の「独自ブランドに最適化したシステムを持ちたい」という要望に応えるためで，後者は，ICT事業者や農機メーカーのユーザーインタフェースに優れた多圃場営農管理システムが，すでに生産者に広まり始めているため，そこに栽培管理支援システムの情報を必要に応じて届けることによって，情報の普及に弾みがつくと考えているからである。特に，**図6**のルートCのように農業データ連携基盤を経由することで，気象情報およびそれを利用した栽培管理支援情報だけでなく，土壌情報などのその他の農業関連データ・情報と組み合わせた，新たな営農ソリューションの開発につながる可能性があり，生産管理におけるデータや情報の活用がより有効なものになると思っている。

文　献

1) 大野宏之，佐々木華織，大原源二，中園江：生物と気象，**16**, 71（2016）
2) 大野宏之，佐々木華織：メッシュ農業気象データ利用マニュアル（2017年版），1-67，農研機構農業環境変動研究センター（2017）．
3) 中川博視：JATAFFジャーナル，**6**(5), 62（2018）．
4) 中川博視：技術と普及，**55**(2), 49（2018）．

第４項　IT と改善による農業生産の効率化

トヨタ自動車株式会社　岡崎　亮太　　トヨタ自動車株式会社　金森　健志

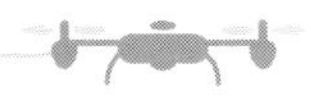

1. 背　景

当社が農業支援に取り組む原点には，企業としてどのような会社でありたいかを示すべく制定された「トヨタ基本理念」のもと，「地域に根ざした企業活動を通じて，経済・社会の発展に貢献する」という強い思いがある。愛知県豊田市内のトヨタ自動車本社工場のある場所は，元々農家の皆様から提供いただいた農地であり，また農業に注がれていた労働力を自動車工業に注いでいただき，今の自動車工業の発展がある。だからこそ自動車産業を育てていただいた「地域」に恩返しをしたいという想いが，当社の農業分野への貢献に対する活動のスタートである。

当社の取り組む農業貢献とは，「担い手に技術・ノウハウが継承され，人も育ち持続的に成長し，またさまざまな農業者の困り事解決につながる農業支援事業を創出することで，産業としての農業の維持拡大に寄与する」ことである。換言すれば，トヨタ生産方式の考えを農業に応用し，効率的な生産により，若い人にとって魅力ある農業を実現し，経営基盤の強化を図ること，現場改善のノウハウを活かし継承し，農業生産を担う人づくり・地域づくりに貢献することである。それらを通じ，個々の農業者の収益確保を確かなものにするとともに，労働時間短縮の実現や単純・重労働からの解放など，従来の農業の過酷なイメージを払拭し，自信をもって将来に向けたチャレンジや人づくりに取り組んでもらえる環境をつくること。そのためにトヨタの人材育成のノウハウを農業にも活用し，その地域に根付かせる事が地域への恩返しになると考えている。

昨今，農業者が高齢化で急速に減少する一方，農業に組織で取り組む大規模農業経営体が増加している。取り組みにあたり，この農業の担い手が変わりつつある点に当社は着目した。減反政策の廃止などこれまで農業者を支えてきた補助金も減少し，この流れはさらに加速すると予想した。

当時，当社が訪問した農業法人では，約 800 の農家から土地を借りる，または作業を受託し，水田 2,000 枚を管理し営農していた。管理水田が年々増加し，作業の管理が複雑になり，ミス・忘れといった問題が増加していた(**図 1**)。また，急速な規模拡大のため人材確保とともに，その育成も経営者の悩みであった。そこで 2011 年から当社は，この農業法人とともに米生産プロセスの改善に着手した。

図１　農業法人の営農モデル

2. 当時の状況

取組み開始当初，経営者は白地図を用いて圃場管理，作業管理を行っていた。管理する水田をマーカーで囲み作業指示をしていたが，水田が点在し，枚数も多く，管理だけでも大変であった。経営者は作業者一人ひとりに，毎朝そのカラーコピーを手渡し，各作業者に口頭で指示をしていた(**図2**)。作業者はこのコピーを持って現場に向かうものの，違う水田で作業してしまうという信じられないミスも起きていた。

作業後には，事務所で作業した水田の名前と面積を白地図から書き写し作業日報を作成していた(**図3**)が，毎日30分程度かかる上，作業後の疲労から作業日報の書き間違いも多く，その情報を元にデータ入力する事務員にも大きな負担になっていた。経営者と作業者で計画と実績を共有するツールは，この白地図と日報だけであり，経営者だけでなく作業者もこのやり方に限界を感じていた。

この現状に対して，当社はトヨタ生産方式の考え方の応用を試みた。ムダの徹底排除のため，ジャストインタイムと自働化という2つの考えを農業に応用し，生産性と品質の向上を図りつつ，原価低減を実現し，ひいては経営基盤強化を実現するという考え方である。そのためには点在する水田での作業をいかに効率良く管理するかがキーであると考え，IT管理ツール「豊作計画」の開発に着手した。

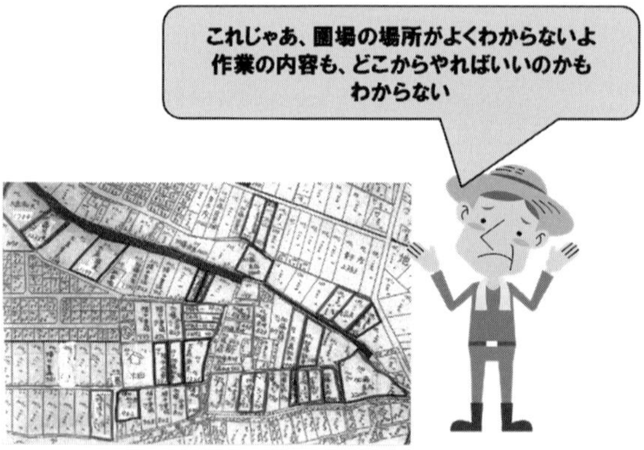

これじゃあ、圃場の場所がよくわからないよ
作業の内容も、どこからやればいいのかも
わからない

図2　白地図

作業終わってから日報書くの疲れちゃうよ
だいたいで書いちゃおう
えっと、どこの圃場だったっけ？
作業日報

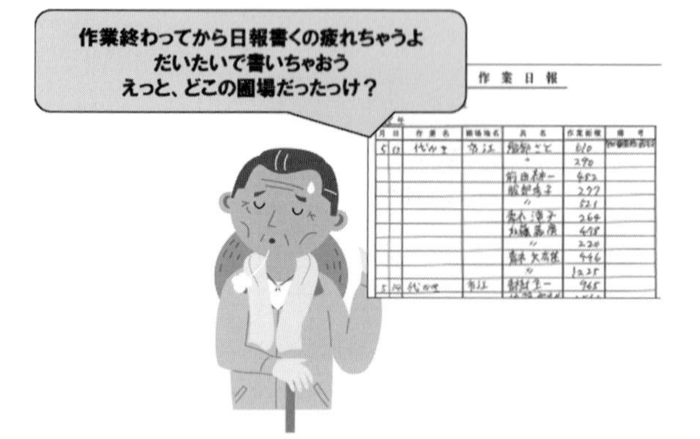

図3　手書き日報

3. 農業の生産管理とは

農業でなぜ生産管理が必要か。生産管理とは，「限られたリソーセス(人・モノ・金)でお客様の要求(需要・納期)を満足させるにはどうしたらよいかを決めること」。生産管理を怠ると作りすぎによる過剰在庫，欠品による販売機会の損失など，さまざまなロスが発生し収益が悪化する。従来の農業界では，作ったものを作っただけ引き取ってもらう形が多く，需給管理はほとんどなされていなかった。また，工程を管理するという考え方もなかった。いつどこでどのタイミングで作業するかも経営者の勘で決定されることが多かった。当社は，このような「かんこつ」に頼りがちな経営から脱却することが重要と考えた。

当社が考える「農業の生産管理」には，まず工程の見える化が必要である。農作業を工程として捉え，流れを作る。工程順序を決めた上で各作業の基準リードタイム(標準的な日数)を設定する(**図4**)。「豊作計画」では，この作付計画パターンを品種ごとに作成し，各圃場に設定することで，圃場ごとの計画が自動的に生成される。それにより圃場単位，日単位で作業の進捗管理，すなわち異常管理が可能になる。

日々作業計画を立て，結果を記録し，さまざまな切り口で振り返り，課題を見つけて改善する。すなわち，PDCAを繰り返し，継続的な改善を続けるために，IT管理ツール「豊作計画」と「現場改善」を組み合わせた農業支援のしくみ構築とその有用性実証を開始した。

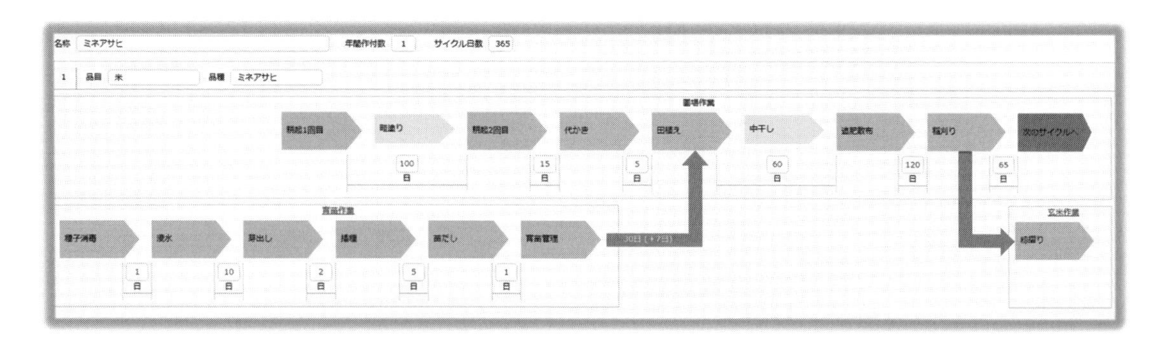

図4　作付計画パターン

4. IT管理ツール「豊作計画」の概要

前述の「農業の生産管理」を農業者でも実現可能にしたのが，IT管理ツール「豊作計画」である。このシステムを活用することで，容易に作業計画を立てられ，その計画に沿って実施した作業を記録できる。その記録を計画に照らし，作業の遅れ進みや効率，コストなどを解析する。それらの結果を振り返り，見つけた課題を解決する。単に作業を記録するだけのITツールではなく，農業の現場に生産管理を取り入れ，PDCAを繰り返し，原価低減につなげられるしくみが大きな特徴である。以下に豊作計画の各プロセスを順を追って説明する。

4.1　作業計画

① あらかじめ事務所のPCで，水田情報を登録しデータ化

② 作付計画パターンを作成し，これを水田1枚1枚に紐付けることで，作業計画を自動生成

③ 日常管理として，ホーム画面で品目，作業ごとの遅れ進みを把握（図5）

＊管理者は，この画面から作業者に作業振当てを実施

④ 作業振当て画面で，地図上の管理水田の位置とピンの表示色で遅れ進みを確認

⑤ 水田を選択し，作業を作業者に振当て実施

＊「振当確定」により，各作業者のスマートフォンに作業指示を配信

4.2　作業記録

⑥ 作業者は，スマートフォン画面で作業指示を確認，現場に到着後，作業指示バーを押す（図6）

↓ホーム画面で進捗管理し作業者へ指示

図5　作業計画の流れ

図6　作業者の流れ

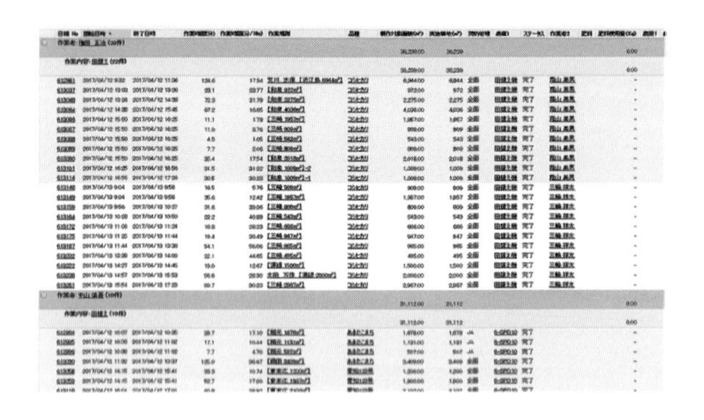

図７　振り返り

⑦　圃場画面で，自分の位置（緑の矢印）と作業圃場（ピン）を確認

⑧　１番目の水田を選択し，作業開始を押して作業着手

　＊作業中は地図上ではピンは緑色で表示，管理者はリアルタイムで作業進捗を確認可能

⑨　作業が終わったら，使用した機材，資材を入力して，作業終了を押す

　＊この時点で作業日報が自動生成される。

4.3　作業振り返り

一日の終わりには，作業日報を一覧で表示させ，振り返りが可能である（図７）。計画に対して作業進捗に遅れ進み，モレ忘れがないか管理し，翌日以降の計画の見直しが可能となる。

また，蓄積したデータを見える化し，工数やコスト分析など，さまざまな切り口で分析を簡単に行うことができ，継続的な改善に有効活用できる。

5.「現場改善」の概要

農業現場に生産管理を取り入れ，PDCA を回して原価低減を図るには，さまざまな改善活動を農業経営体自身で進められるようにすることが必要であり，このような改善の繰り返しを通じて人材を育成できると当社は考えている。

図８は，作業者ごとに必要な作業を明示した計画ボードである。朝礼で作業計画を立て，全員で情報共有して現場へ行く。１日の作業終了後，終礼でその日の結果を全員で共有し，話し合い，翌日の改善へつなげる。そのためには，やはりこのアナログボードが役立つ。

図８　作業計画ボード

それまで経営者の頭の中にしかなかった年間や月間の計画をボードで見える化することで，作業者は前後工程を念頭に置いた上で段取りを自分で考えるようになった。日々の計画，振り返りもシステムとボード両方を使って行う。4S・見える化から始め，全員参加の小集団活動を通じて計画的に改善を進めることで作業者からの発言や提案も増え，活用いただいた農業経営体からは，作業者の当事者意識が向上し，人づくりに役立ったとの声をいただいている。

6. 改善事例

IT 管理ツール「豊作計画」と「現場改善」により，大きな成果を上げた事例を紹介する。

6.1　育苗のムダ削減

改善実証に協力いただいた米生産農家では，毎年田植えに合わせて，大量の苗を育てていた。従来の育苗計画は，大まかな昨年の実績に，その年の請負増加分をプラスし，育苗数量を決めていた。正確な必要数を把握せず，むしろ不足することを恐れ，実際に必要になる以上に多くの苗を育てていた。また，田植えの時期が長期にわたるにもかかわらず，決まった作業日にまとめて一斉に育苗を開始していたため，結果として移植のタイミングには，苗が生長しすぎ，廃棄せざるをえないことも多かった。

当社は IT 管理ツール「豊作計画」を用いることで，

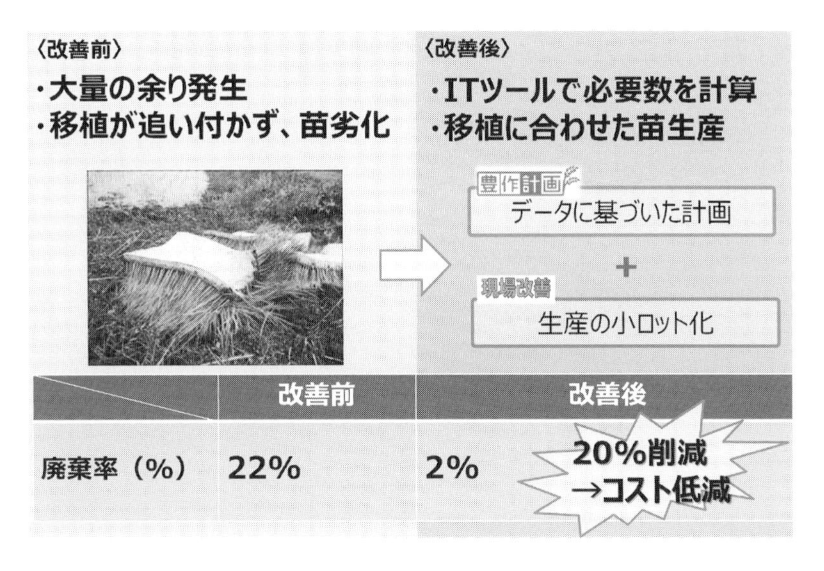

図9　育苗のムダ削除

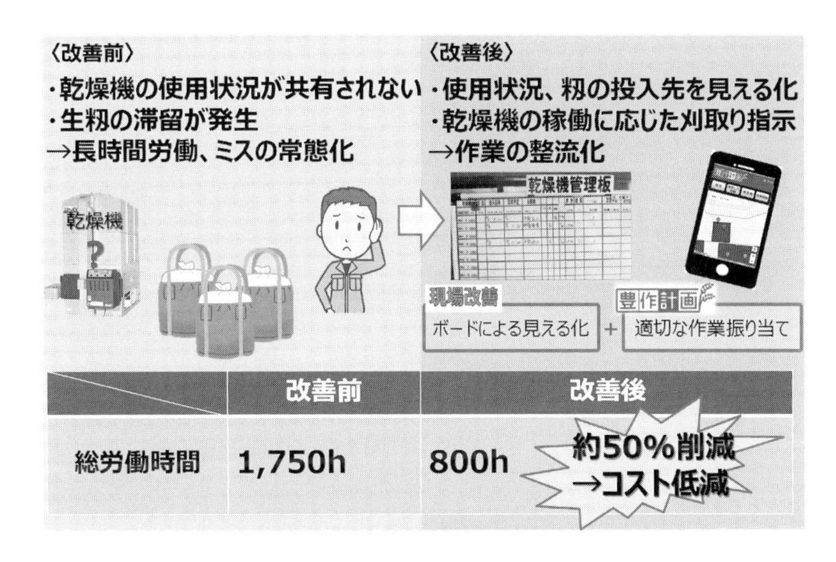

図10　乾燥工程の効率的運用

「ジャストインタイム」，すなわち「必要な時に」，「必要なだけ」，「必要な場所」でという考えのもと，作付計画のデータに基づいて苗の必要数とタイミングを正確に把握，さらに「現場改善」により苗の生産を小ロット化し，移植作業に合わせた小刻みな生産に変更した。それにより徹底的なムダの排除を行い，苗の廃棄率を，22%から2%まで削減し，大幅な苗生産コスト低減につながった。

6.2　乾燥機の効率的運用

従来，生籾の乾燥工程では，乾燥機の使用状況や計画が共有されておらず，現場では生籾を入れたフレコン袋の滞留が発生していた。その結果，乾燥機の効率的利用ができず，稼働率が上がらない上，過度な作業集中から長時間残業にもつながっていた。また，生籾が滞留すれば置き場が必要となり，置き場のムダを生む状況であった。さらには，同じフレコンが同じ場所に大量に並ぶため，取り違えなどの作業ミスが常態化するなど，作業者にとっても管理者にとって深刻な問題であった。

当社は，アナログの乾燥機管理板を導入し，乾燥機の使用状況と籾の投入先を見える化した。これに

図11　地域の改善人材育成

より作業者が，乾燥機の空き状況を共有・確認できるとともに，IT管理ツール「豊作計画」を併用することで乾燥機の稼働に合わせた適切な刈取り指示を出すことが可能になった。その結果，総労働時間が1,750 hから800 hへと約50％削減でき，コスト低減と合わせて，ミス低減による業務品質の向上にもつながった。また，このような総労働時間の低減や業務の平準化は，単なるコスト低減だけでなく，残業が減少し，さらには交代で休暇が取得できるなど，農業の働き方変革にもつながる効果があった。

7. 今後の展開

農業生産を担う人づくり・地域づくりに貢献したいとの想いのもと，地域に根差した当社の活動は，まだスタートしたばかりであるが，農業者の皆様からの紹介もあり，少しずつ関心をお持ちいただける農業者の方が増えつつある。現在は，地方自治体やJAなど地域の農業を支える組織と連携し，普及員・指導員の皆さんとともに農家への改善指導の実施することで，この活動の普及と定着を図っている(図11)。今後さらに多くの地域において農業組織と一体になって，日本の農業基盤強化に貢献できるように活動を広げていきたい。

第５項　農匠プラットフォーム

九州大学　南石　晃明

1. はじめに

農匠プラットフォームは，筆者らが実施している農匠ナビ 10000 プロジェクトにおいて開発実証を行っている農業経営者のためのプラットフォームである。農匠プラットフォームのコンセプトと機能を理解するためには，農匠ナビ 10000 プロジェクトのビジョンと関連研究成果の理解が必要になる。

そこで，まず同プロジェクトについて紹介し，その後，農匠プラットフォームについて述べる。なお，前者については文献 1)および 2)で，後者については文献 3)で詳しく紹介しているので，以下ではこれらの要点を述べる。詳細は，文献 1)～3)をご参照いただければ幸いである。

2. 農匠ナビ 10000 プロジェクトのビジョンと概要

2.1　問題の背景

稲作経営を取り巻く経営環境が大きく変化する中，わが国の基本的な政策方針を示す「日本再興戦略」[4]では，「今後 10 年間で，全農地面積の 8 割が，『担い手』によって利用され，産業界の努力も反映して担い手のコメの生産コストを現状全国平均比 4 割削減し，法人経営体数を 5 万法人とする」とされている。また，こうした政策目標に向けた研究開発の一環として，「攻めの農林水産業の実現に向けた革新的技術緊急展開事業」などが実施されており，①消費者ニーズに立脚し，輸出拡大も視野に入れた新技術による強みのある農畜産物づくり，②大規模経営での省力・低コスト生産体系の確立，③ICT 技術等民間の技術力の活用などにより，従来の限界を打破する生産体系への転換を進めることが，わが国農業政策上の急務とされている[5]。

しかしながら，生産コストの低減をどのように実現するのか，国産米競争力向上のための戦略をどのように描くのかなど，営農現場の実態に即して具体的に検討すべき課題も多く残されている。こうした課題の解明には，当然のことながら，実際に稲作生産・販売を行っている農業経営者自身が大きな役割を果たさなければ，実効性のある戦略と解決手段を解明することはできない。こうした問題意識から，筆者らは「農匠ナビ 1000」研究プロジェクト（第 1 期 2014～2015 年）を構想し，30 ha～160 ha 規模のわが国を代表する稲作経営（農業生産法人 4 社）が参画し，全国 1,000 圃場を対象に大規模な研究開発・現地実証を行った。現在は，第 1 期で得られた成果を全国実証するため，第 2 期（2016～2018 年）の研究を，九州大学を代表機関とする農匠ナビ 1000 コンソーシアムが実施している。このコンソーシアムには，共同研究機関として茨城県，福岡県，農匠ナビ㈱，国立研究開発法人農業・食品産業技術総合研究機構，東京農工大学，協力機関として全国農業協同組合連合会（JA 全農）が参画している。

2.2　研究の目的

従来の稲作試験研究では，個別の稲作栽培技術が主な対象となり，農場全体の実践的な生産管理技術体系の研究開発は不十分であった。経営管理についても，現実に多数存在している稲作農家の経営管理実態についての研究は多いが，大規模稲作経営の経営管理技術に関する実践的な研究開発は極めて限定的であった。

このような諸問題を解決するためには，大規模稲作経営が研究開発に主体的に参画し，水稲の栽培技術や生産管理技術，さらには稲作経営の経営管理術までを含めて，大規模稲作経営のための実践的な技術パッケージを営農現場において確立することが求

図1　農匠ナビ1000プロジェクトにおけるデータフローのイメージ[3)]

められている。わが国の気候風土を強みとし，稲作経営の熟練技能(「匠」の技)を継承しつつ，情報通信技術ICTも最大限活用して，大規模稲作経営に有効な生産経営管理技術基盤を構築することが，農匠ナビ1000研究の究極的な目的である。

農匠ナビ1000プロジェクト研究(第1期)の目的は，以下の3点に資する大規模稲作経営のための実践的な技術パッケージとして確立することであった。

① 大規模化や生産管理・経営管理高度化による農機具費・資材費の低減
② 作業の省力化や技能向上による労働費の低減
③ 収量・品質向上による収益性の向上

こうした技術パッケージを確立することで可能になる生産コスト低減の具体的な研究目標は，全算入生産費を玄米1kg当たり150円まで低下させることであった。これは，平成26年産の全国平均の全算入生産費玄米1kg当たり257円[6)]の58%に相当し，「日本再興戦略」が目指すコスト低減4割を達成できるイノベーションといえる。

こうした研究目標を達成するため，30 ha～160 ha規模の先進大規模経営に着目し，まずはそれぞれの実際に導入・実践されている優れた技術・ノウハウ・技能を可視化した。また，最新のICTを最大限活用し，水田圃場環境情報，水稲生体情報，農作業情報を可視化(計測・表示)し，新たな生産理・経営管理技術の可能性を解明した。さらに，これらの成果を総合化し，上記の①～③を実現し，収量品質向上と生産コスト低減を両立させる稲作経営技術パッケージを提示した。

こうした稲作経営技術パッケージの確立により，先進大規模稲作経営革新(イノベーション)が誘発される。また，先進大規模稲作経営技術を，他の経営や地域へ普及させることが可能になり，わが国の米生産コストの低減が可能になる。なお，将来的には，複数の農業法人の連携，集落営農，JA農協組織での利用も視野に入れ，1,000 ha規模の稲作経営への適用が想定できる。

2.3　研究の枠組みとデータフロー

上記の研究目的にアプローチするため，プロジェクト実証稲作経営4社の全国約1,000圃場の生体情報，環境情報，農作業情報を収集・蓄積し，稲作ビッグデータ構築・解析を行った(**図1**)。

生体情報としては，収量・品質や生育状況がある。環境情報としては，気象条件(日射量，温度など)，圃場条件(地力，排水など)，土壌の物理化学特性，水環境(水位，水温など)がある。農作業情報としては，田植時期や施肥などがある。

3. 農匠プラットフォームのコンセプトと機能

農匠ナビ1000プロジェクトにおける約1,000圃場の収量，水位・水温，土壌成分，圃場特性，生育状況などからなる稲作ビッグデータの解析から，圃場別収量の決定要因の1つが水田の水位・水温であることが解明されており，水管理の改善が圃場別収量の向上に寄与することが期待されている。さらに，圃場試験では，飽水管理により水稲収量が5％程度向上することも明らかになっている。この研究成果は，低収量圃場の水管理改善が農場全体の収量向上に有効であることを意味している。ただし，こうした科学的知見に基づいて，稲作経営者の視点から実際の収量向上に必要となる生産管理改善には，多様なデータを統合し，可視化・解析，農作業自動化までを対象とするシステムが求められる。

そこで，こうした生産管理支援を可能にする農匠プラットフォーム(以下NP)を構想し，現地実証を行っている。以下では，文献3)に基づき圃場カメラと水田センサのデータ統合・可視化，これらの可視化情報に基づく水管理自動化に焦点をあて，NPの活用手順とシステムの最新機能を紹介する。

3.1 農匠プラットフォームの機能と構造

農匠プラットフォームのシステム設計では，上記の各システムのログインIDを有する利用者が，自身のデータを各システム間で相互に転送可能な情報基盤として農匠プラットフォームを活用する場面を想定している。また，各システムへの認証機能を実装することで，データ流失リスクを最小化している。

農匠プラットフォームの基本機能は，以下の3点に大別できる。

① 台帳・マスタデータ共有機能

圃場台帳，作業者台帳，機械台帳，作業項目台帳などの各種台帳・マスタデータについて，農場担当者は，農匠プラットフォームに一度データ入力するだけで，許可した他のシステムへ必要な台帳データを送信できる。

② 計測データ連携機能

IT農機(作業履歴，収量など)，農作業履歴システム，水田センサなどの多様なデータを，農場担当者の視点から圃場をキーとした仮想統合を可能にする。

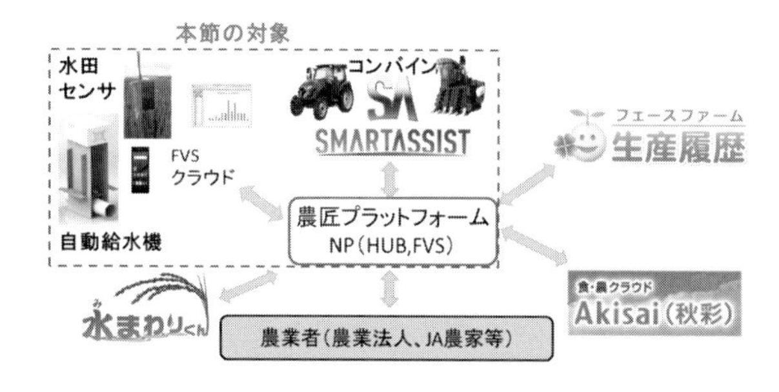

図2 農匠プラットフォームのイメージ[3)]
各システムの名称は，各社の登録商標

③ 統合したビッグデータの可視化・解析支援機能

統合データの基本的な可視化機能とともに，データ解析を行う統計・ビッグデータ解析システムとのデータ共有(エクスポート＆インポート)を可能にする。データのエクスポートの際には，対象データ項目の取捨選択，データの秘匿性担保(データ項目名の削除・変換)を可能にする。

システム構造から見れば，農匠プラットフォームの機能は，以下の2つに大別できる(**図2**)。

(a) 各クラウドシステム間でデータを交換する機能(データ交換ハブ機能，NP-HUB)

(b) 統合化したデータの可視化・解析を支援する機能(可視化・解析支援機能，NP-FVS)

NP-HUBには台帳・マスタデータ共有機能の実現に最小限必要なデータのみ格納する仕組みになっており，原則としてデータは保存しない仕組みとしている。一方，NP-FVSおよび各連携システムは，必要に応じて，データを保存することができる。

NP-HUBに関しては，SMARTASSIST(以下，SA)やFVSクラウドシステムとオンラインでの連携試験を実施済みであり，設計通りの作動が確認されている。その他のシステムについては，本稿執筆時点では，オンラインでの連携試験を実施中か，あるいはオフラインによる連携試験を実施済みである。なお，同じ圃場であっても各システムによって入力された圃場名が異なっている場合があり，各システムでの圃場名を圃場中心位置の類似度によって対応付けるなどの圃場対応付けの工夫がなされている。

3.2 プラットフォームの活用手順とデータフロー

水管理改善による収量・品質向上は，農匠プラットフォームの重要な活用場面である。実際の稲作経営の収量向上を行うためには，①低収量圃場の特定，②低収量圃場における水管理状況などの確認，③水管理改善による収量向上が期待できる圃場の選定と自動給水機設置，④対象圃場の日々の水管理状況の計測と水管理制御といった手順が必要になる。NP-HUBにより，ITコンバインで計測した収量データと，水田センサで計測した水位・水温データを，圃場をキーとして対応付け，データ統合化することが容易になる。これにより，例えば，圃場別収量の度数分布図を表示し，高収量・低収量の圃場を選択し，それらの圃場の水位・水温のデータをグラフや帳票形式で表示することができる。こうしたデータ可視化は，収量圃場間格差の要因解明の起点となるものである。

農匠プラットフォームNPを機能面からやや詳しく見る。

第１に，NPの「データ連携機能」を用いて，SAから圃場別収量データ(kg/10a)を取得し，「データ可視化・解析支援機能」を用いて同一品種などで絞り込みを行った後，収量度数分布図を作成することで，低収量圃場を特定する。なお，圃場別収量は，ITコンバインデータを管理するSAシステムの圃場別収量データを用いる。

第２に，低収量における水管理状況の確認には，NPの「データ連携機能」を用いて，FVSクラウドから圃場カメラ画像データ(60分間隔で撮影)や水田センサデータ(10分間隔で水位・水温計測)を取得する。圃場カメラ画像は，水稲生育や水田土壌・水管理の状態を視覚的に把握するのに有用なデータとなり得る。さらに，「データ可視化・解析支援機能」を用いて，上述の収量度数分布図から，低収量や高収量の圃場を複数選定し，圃場カメラ画像や水田センサデータを対応付けて可視化(写真付きグラフ表示)を行う。こうしたデータ統合・可視化情報を活用することで，低収量圃場と高収量圃場の水管理の違いや，低収量圃場に共通する水管理の状況確認を容易に行うことができる。

第３に，これらの結果を参考に，水管理改善による収量向上が期待できる圃場案の選定を行い，他の条件も考慮して自動給水機の設置圃場を決定する。

第４に，「データ可視化・解析支援機能」を活用して，水稲生育・土壌・水管理状況のデータ(カメラ画像や水田センサデータ)を迅速に統合可視化する。これらの情報を参考に，「自動給水機制御機能」により自動給水機による給水・止水等の水管理を行う。必要に応じて，手動水管理，自動水管理，遠隔制御水管理を組み合わせる。

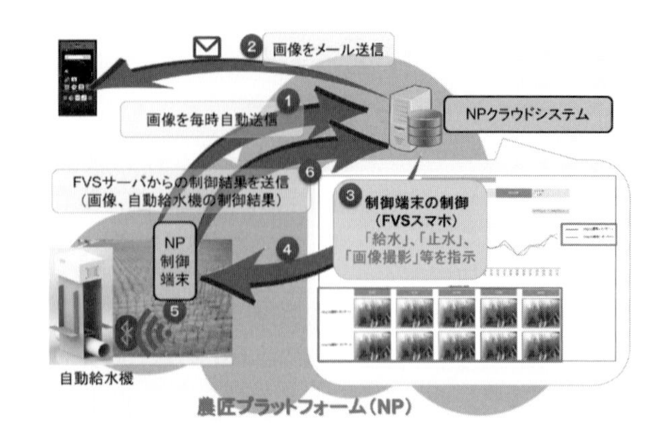

図３　農匠プラットフォームの自動給水機制御のデータフロー[3)]

図３は，農匠プラットフォームNPの自動給水機制御のデータフローを示している。まず，①圃場に設置した制御用端末で画像を毎時自動送信し，水管理状況を遠隔監視する。次に，②利用者のスマートフォンなどへその画像をメール送信する。その後，③NPのクラウドシステムWEB画面で制御端末の制御を行う。具体的には，④自動給水機の「給水」や「止水」，水管理状態の「画像撮影」などを指示する。⑤この指示により，制御端末は画像撮影および自動給水機制御を行い，⑥その結果をNPへ送信する。制御端末と自動給水機とのデータ通信は，Bluetooth接続を用いる。なお，遠隔監視は「農匠千里眼」，遠隔制御は「農匠千里手」の愛称がある。

4. おわりに

本稿では，農匠ナビ1000プロジェクトの問題意識や研究成果を述べた後，農匠プラットフォームの概要を紹介した。本稿で紹介したように，農業ICTの研究開発が進み，ITコンバイン，水田センサ，圃場カメラ，自動給水機などで計測したさまざまな農場内データを，稲作経営が利用可能な段階になっている。これらの計測データは，それぞれの製品・サービスを提供する企業・機関が運営するクラウドシステムなどに保存されることが多く，これらのデータの統合・可視化・解析や農作業自動化などが主要な課題になっている。農匠プラットフォームは，先進稲作経営者の視点から，経営者自身の農場内で発生する多様なデータの統合・可視化・解析支援から水管理自動化まで水稲生産管理支援全般を行うシステムである。農匠ナビ1000プロジェクトで現地実証が進んでおり，実用化が期待されている。なお，本稿の詳細は，文献1)～3)をご参照いただければ幸いである。

付　記

本稿は，農林水産省予算により生研支援センターが実施する「革新的技術開発・緊急展開事業(うち地域戦略プロジェクト)」のうち「農匠稲作経営技術パッケージを活用したスマート水田農業モデルの全国実証と農匠プラットフォーム構築」(ID：16781474，研究代表者：南石晃明)の研究成果に基づいている。

文　献

1) 南石晃明，藤井吉隆編著：農業新時代の技術・技能伝承—ICTによる営農可視化と人材育成，農林統計出版(2015).

2) 南石晃明，長命洋佑，松江勇次編著：TPP時代の稲作経営革新とスマート農業—営農技術パッケージとICT活用，養賢堂(2016).

3) 南石晃明編著：稲作スマート農業の実践と次世代経営展望，養賢堂(2019).

4) 内閣府：日本再興戦略(2013).
http://www.kantei.go.jp/jp/singi/keizaisaisei/pdf/saikou_jpn.pdf

5) 農林水産省農林水産技術会議事務局：「攻めの農林水産業の実現に向けた革新的技術緊急展開事業」について(2014).
http://www.s.affrc.go.jp/docs/kakusin/

6) 農林水産省：農業経営統計調査「平成26年産米生産費」(2015).
http://www.maff.go.jp/j/tokei/kouhyou/noukei/seisanhi_nousan/pdf/seisanhi_kome_14.pdf

第１項　AI農業による技能継承

慶應義塾大学　神成　淳司

1. はじめに

本節では，AI農業（Agri-Infoscience）を取り上げる。AI農業は，さまざまなスマート農業の取組みの中でも，特に篤農家とも呼ばれる熟練農家が有する栽培ノウハウ，いわゆる熟練技能の継承を目的とした一連の取組みを指す。これは，農林水産省が2017年にまとめたスマート農業が取り組むべき5つの方向性の1つである。

本稿では，AI農業が提唱された背景や関連する研究分野の動向，ならびに今後のAI農業の展開について俯瞰する。

2. AI農業提唱の背景

AI農業が提唱された背景を知るために，我が国農業の状況を俯瞰したい。

農林水産省によれば，農業分野の就業人口は，平成7年の414万人から平成29年の182万人へと，わずか20年で半数弱にまで減少した。今後の減少傾向は徐々に緩やかになるものの，減少していくことは確実な状況である。また，平成27年時点の就農者の平均年齢は67歳に達しており，一般的な職種における定年の年齢を上回る状況となっていることがわかる。実際，現状の就農人口を年齢別に比較すると，最も就農者が多いのが75歳以上である。まさに日本の農業は高齢者が支えているのであり，これら高齢の就農者の引退に伴い，さらなる就農人口の減少が予測されるのである。この状況は，我が国農業の生産力が着実に減少することを意味し，それは今後の我が国の安定的な食料獲得の観点から考えると非常に懸念される事態である。よく知られているように，我が国の食料自給率は低水準にある。不足分を輸入に頼っており，その中でも中国から多数の農水産物を輸入している。しかしながら，現状においてすでに，中国は自国の人口を賄うだけの食料生産ができておらず，食料輸入国となっている。世界人口も今後急増していくことを踏まえると，我が国が安定的かつ継続的に食料を輸入できる保証はなく，自国の食料生産を高めていくことが必要とされる。

一方，日本の農業の生産性は諸外国の中でも高水準に位置している。特徴となるのは，高収量と高品質の両立である。単に高収量というだけであれば，日本を上回るところは存在するが，高品質と両立して，高水準の位置にいる点が我が国の特徴である。特に，「篤農家」とも呼ばれる熟練農家の水準は際立っており，年収が数千万円という人も存在している。ただし，誰もが高い生産性を誇っているわけではなく，経験が浅い農家を主体に，諸外国を遙かに下回る生産性に留まっている人も存在しており，気象条件が悪い場合には一般的な平均年収を下回る所得水準に陥る場合もある。

この熟練技能の継承については，スマート農業が始められる以前からさまざまな取組みが進められてきた。そもそも我が国農業において最も一般的に実施されてきたのが，親やその前の世代が培ってきたノウハウを，共同での農作業を踏まえて継承し，そしてその次の世代へと継承していくというもので，至る所で一般的に進められてきた。その中には卓越した技能を有する「匠」や「篤農家」と呼称される方もおり，その栽培指導に多くの人が集まることもあった。この栽培ノウハウに基づく違いというのは，果樹においては糖度や酸度のバランス，見た目などの付加価値の違いの源泉となったり，あるいは収量アップや天候不順の際の収量低減を食い止めるものとなったり，農家自身の収入を大きく左右する要素である。

例えば,「太陽のタマゴ」は，宮崎県産の完熟マンゴーのうち，JA宮崎経済連が定める厳しい商品規格をクリアして認定されたもので，その認定率は県平均で生産量の10％前後であるが，認定率が30％を超える篤農家がいる一方で，認定率が2～3％に留まる経験が浅い農家もいる。当然のことながら，両者の収入には歴然とした差が存在する。このような収入の差異の要因である栽培ノウハウが，従前どおりのやり方であれば，長年の農業経験を経なければ継承できず，一人前になれないということであれば，就農する若年層は減少せざるを得ないだろう。より的確かつ迅速に熟練農家の栽培ノウハウを継承することが求められている。また，長年の経験を積んだ農家の多くが高齢化などにより引退することで，これらノウハウが消失することも懸念される。

このような状況を踏まえ，熟練農家の生産性を，より多くの農家に継承することで，我が国農業全体の生産性向上を目して始められた取組みの1つがAI農業である。

3. 熟練技能の継承に係る取組み―精密農業から農匠ナビまで

2000年前後から農業分野におけるICT活用に関する先駆的な取組みとして世界各地で進められてきた研究領域として精密農業（Precision Farming）がある。厳密に言えば，精密農業には世界各地で異なる定義がなされ，例えば，全米研究協議会では,「精密農業とは，情報を駆使して作物生産にかかわるデータを取得・解析し，要因間の関係性を科学的に解明しながら意思決定を支援する営農戦略体系である」と定義し，英国の環境食料省穀物局では「精密農業とは，1つの圃場内を異なるレベルで管理する栽培管理手法である」と定義される[1]。

それに対し，我が国においては，東京農工大学の澁澤栄教授が「複雑で多様なばらつきのある農場に対し，事実を記録し，その記録に基づくきめ細やかなばらつき管理を行い，収量，品質の向上及び環境負荷低減を総合的に達成しようという農場管理手法」と定義する[2]。

澁澤の定義において着目すべきは，対象となる圃場のばらつきを前提として捉えていることにある。一見したところ均一な圃場においても，空間的・時間的に個々の地点において多様なばらつきが存在している。そのばらつきを的確に把握し，制御することを精密農業の主題として提唱している。

例えば水田は，田起し・代かきなどの作業を例年実施することにより，ある程度均一な土壌環境が整えられているが，これら作業が行われていない果樹栽培においては，数メートル異なった場所の土壌環境は大きく異なることが一般的である。経験が豊富な農家には，このような圃場のばらつきについても過去の経験を踏まえ，水やりや施肥の量を調整することで対応をしてきたが，それを定量的に把握することで見える化し，誰もが対応できるような汎用的な取組みへとつなげることが期待できる。

さらに，このような定量的な把握と見える化を，個々の農作物の状態へと適用することで，きめ細やかな栽培管理を実施しようとする。このように，精密農業とは，圃場や作物の状態をメモなどに記録し，それに基づき実施すべき農作業を実施してきた，従来からの農家のやり方にICTを適用したものであり，データの利活用により農地の大規模化や判断プロセスの明確化に資するものとして現代のスマート農業の基盤を築き，その後の熟練農家に着目したさまざまな取組みを牽引するものとなった。

精密農業の取組みなどを踏まえ進められたのが，熟練農家の技能継承に関する取組みである。取組みの先駆けとしてまず注目すべきは，熟練技能への関心を高めるきっかけとなった，農林水産省による，現場創造型技術（匠の技）活用・普及支援事業（「農業技術の匠」選定事業）である。平成20年度から平成22年度にかけて取り組まれた本事業は，地域活性化に資するような，農業現場において優れた技術を生み出し，実践してきた農業者を「農業技術の匠」として農林水産省が選定し，その技術を普及するためヒアリング等を通じて得られた情報をWeb上に紹介するなどの情報発信を行うとともに，講演や助言指導についても後押しをするというものである。選定対象は,「地域において生産性の向上など導入効果が認められ，地域に普及し，地域活性化などに貢献することが期待できる農業技術（技術体系・品種）を自らが開発・改良した農業者」であり，国内の多数の熟練農家が選定され，国内各地で熟練技能への着目度合いを高める契機となった[3]。そして，この後，具体的な研究プロジェクトとして取り組まれたものに，慶應義塾大学の島津秀雄特任教授らによる「スマートリーン農業アーキテクチャ」と，九州大学の南石晃明教授らによる「農匠ナビ」がある。

「スマートリーン農業アーキテクチャ」とは，農家が作物の出荷時の品質目標を定めた上で，この品質目標に到達するための栽培過程における「その時点での，あるべき品質目標」をあらかじめ算出し，その算出結果と実際の農作物の状態との乖離状況と状況改善施策を提示することで，当初目標への到達度合いを高めようとする取組みであり[4]，「塾モデル」と呼称される手段目標分析モデル（Means End Analysis；MEA）に基づいている[5]。島津らは，露地栽培のミカンを対象に，選果場の出荷時の管理データから品質目標を算出するシステムを国内外複数の圃場において稼動させ，新たに導入した生産方式との連携を合わせて行うことで，出荷価値向上に一定の価値が見込めることを検証した。スマートリーンアーキテクチャのこれら研究成果は，その後のAI農業における学習支援システムへと継承されることとなった。

一方，「農匠ナビ」は，農家の作業技術の数値化およびデータマイニング手法の研究を主体とした取組みであり，農業者が蓄積している経験や知識を可能な限り数値化し，次世代への熟練技能の継承を推進することを目的とする[6]。そもそもが，「農匠ナビ」と「AI農業」は，立ち上げ当初は連携して進められてきたのであるが，さまざまな事象を数値化して捉え分析・把握しようとする「農匠ナビ」と，数値化がし難い経験知・暗黙知に基づく判断技能のより効果効率的な学習環境を構築しようとする「AI農業」とでは，対象とする作物や対象とする作業内容，熟練技能などが異なっていた。実際，「農匠ナビ」は，稲作への適用を主眼とする取組みを進め，生産コスト低減と高品質化・高付加価値化を両立する水稲の栽培・生産管理・経営管理の体系化を目的とするスマート水田農業モデル「農匠ナビ1000プロジェクト」を提唱し，国内各地の生産団体と連携して取組みの輪を広げている[7]。

それに対し，AI農業が対象とする作物は果実や野菜であり，前述の「農業技術の匠」に認定された熟練農家などと連携した取組みが全国各地で進められている。なお，「農匠ナビ」において取り組まれたさまざまな事象のデータ化に関する取組みにおいては，センサやシステムを活用し，農作業・作物生育・環境情報等の多様な情報を計測・蓄積するための多様な取組みが進められ，農業生産工程を管理するデータの記述方式の標準データフォーマットとして今後の利活用が見こまれる表現形式FIX-pms[8]など，本書でも，この後に紹介される農業分野のデータプラットフォーム，「農業データ連携基盤」における利活用が期待されるものも多く供出されることとなった。

4. AI農業

AI農業は，「人工知能を用いたデータマイニングなどの最新の情報科学等に基づく技術を活用して，短期間での生産技能の継承を支援する新しい農業」として，澁澤や筆者らも参加した，「農業分野における情報科学の活用等に係る研究会（農林水産省，2009）」において提唱された我が国発の研究領域である。精密農業が，圃場や農作物の生育環境の精密な記録を主眼としていたのに対し，AI農業においては，記録されたデータを用いた農家自身の意思決定（作業判断）に着目し，その意思決定の継承を，形式知化の手法等を用いることで，意思決定の早期習熟を目的とすることが特徴である。例えば，「作物に水をまく」という作業は，一見すると単純に思えるかもしれないが，「どの作物に，どの程度，水をまくか」という判断が，作物や土壌の状態，あるいはその後の気象状況を踏まえて下されることが望ましい。生理的解析などを踏まえた作物のモニタリング，あるいは土壌や周囲の自然環境の精密なモニタリングを多種多様なセンサを用いて実施し，それらを集約することでエビデンスベースの「判断」を実現することは不可能ではない。ただし，その場合には，多数の多種多様なセンサを圃場に設置することが必要とされ，その時点で経済的な合理性とは無縁の状態へと陥ることになる。実際のところ，高度な技能を有する熟練農家の中には，センサ機器を利用する方も決して珍しくはない。ただ，設置するセンサ機器の数は，施設栽培であれば栽培施設ごとに1～2台程度に過ぎない。センサの代替としての役割を担うのが，個々の農業者の経験というわけである。国内各地で進められてきた多数のAI農業の取組みは，いずれも，このようなセンサを代替するだけでなく，対象となる作物の高付加価値化を成し遂げるための熟練農家の判断技能の継承を目的としたもので，すでに具体的な成果が供出され，取組みの輪が広がりつつある。いずれも，その地域の特産物として今後の発展が期待される作物を対象としたもので，特に高付加価値化が見こまれる果実を対象としたものが多い。

5. 今後に向けて

AI 農業は着実に成果を供出し，普及拡大の道を進んでいる。その一方で，AI 農業が利活用され普及するにつれ，対応すべき課題が明らかになってきた。それは，AI 農業の学習システムとしてデータ化された熟練農家のノウハウをどのように保護し，あるいはどのように流通させるべきかという点である。そもそもが，熟練農家のノウハウは，その農家自身の大切な財産と捉えられるが，現在の我が国の知的財産法においては，ノウハウは知的財産として保護される対象とはなっていない。また，データは，コピー等が用意であることなどから，具体的な「物」とは異なり，所有物としては位置づけられない。このような状況を改めて整理し，データをどのように取引きしていくかを熟練農家の利害を含め，他分野の状況などを踏まえながら検討して行くことが必要とされる。

また，地域間の連携や競合についても改めて検討することが望ましい。特定地域において就農する熟練農家の作業に基づきデータ化されたノウハウを，その他の地域において活用されることに抵抗を覚える方が多いのは事実である。実際，産地間競合が生じている状況において，競合先となる地域へ，自分たちの優れた栽培ノウハウを提供することは，既存の競合のバランスを崩すことにもつながることは容易に予想できる。結果として，現行において，個々の地域において取り組まれたAI 農業の成果は，その地域内のみで流通し，その他の地域に適用されることはない。同じ作物であっても，地域が異なればゼロからノウハウのデータ化を進めなければならない。多くの農家が高齢化している状況も踏まえ，我が国農業全体の底上げを早期に推進するためには，せめて基盤となるノウハウ部分だけでも共有して利活用を図る仕組みを検討していくことが望ましいのではないか。

AI 農業がさらに多くの熟練農家のノウハウを継承し，我が国農業のさらなる発展に資することを期待する。

文　献

1) 農林水産技術会議：日本型精密農業を目指した技術開発，農林水産研究開発レポート，24(2008).

2) 澁澤栄：精密農業，朝倉書店(2006).

3) 島津秀雄ほか：産地の営農指導支援システムの研究開発，人工知能学会誌，**30**(2), 167–173(2015).

4) H. A. サイモン著，稲葉元吉，吉原英樹訳：システムの科学 第３版，パーソナルメディア(1999)

5) 吉田智一ほか：農業生産工程管理データ表現形式 FIX-pms の開発，農業情報研究，**22**(2), 103–116(2013).

6) 南石晃明：情報通信技術 ICT による農業技術継承と人材育成—問題背景と研究枠組み，農業情報学会 2011 年度年次大会講演要旨集，33–34(2011).

7) 農匠 1000：農匠ナビ 1000 プロジェクト公式ウェブサイト．http://www.agr.kyushu-u.ac.jp/lab/keiei/NoshoNavi/NoshoNavi1000/

8) 農林水産省：「農業技術の匠」について．http://www.maff.go.jp/j/seisan/gizyutu/hukyu/h_takumi/

第2項　柑橘類における技能継承

NECソリューションイノベータ株式会社　久寿居　大
NECソリューションイノベータ株式会社　島津　秀雄

1. 概　要

柑橘類には多くの種類があり，中でも日本では温州ミカンの栽培が多い。温州ミカンにも多くの品種があり，それぞれに特色がある。品種や地域によって栽培方法も少しずつ異なる部分がある。栽培においては，一年の間に時期に応じて多くの異なる作業を行う必要があり，永年性作物であるので，今年度の作業が翌年度以降の樹木の状態，果実収穫に影響を与えるため，作業に際しては短期的な状態把握，判断だけでなく長期的な予測に基づく判断が必要となる。

AI(Agri-Infoscience，農業情報科学)システムを活用した柑橘類における技能継承の設計においては，次の3点が重要な検討項目である。

① 技能継承の対象とする農作業を選択
② 選択された農作業の勘所を見極めて，学習可能な知識に整理
③ 整理された知識を使った効果測定

第一に，技能継承の対象となる農作業の選択では，すべての農作業を対象とする必要はなく，収量や品質への影響が大きい作業，熟練者と未熟練者との差が大きい作業，多くの人手がいる作業を優先して選択するのがよい。農林水産省の統計資料[1)]によると，ミカンにおいては，整枝・せん定，中耕・除草，授粉・摘果，薬剤散布，収穫・調製，出荷労働などの作業のうち，収穫・調製，授粉・摘果，出荷労働などに多くの労働時間が使われている(**表1**)。また，ベテラン生産者や指導員にヒアリングを行うと，整枝・せん定と摘果が収量や品質への影響が大きく，熟練者と未熟練者との差が大きい作業との回答が多い。したがって，技能継承の対象として，整枝・せん定，摘果，収穫などの作業が候補となる。産地や品種によっては，摘果を粗摘果と仕上げ摘果に分けて行ったり，摘花を行ったり，家庭選果を行ったり，貯蔵を行ったりすることもあり，産地や品種によって技能継承の対象とする作業を変えてもよい。

表1　全調査農家平均ミカンの労働時間(1戸当たり，10a当たり)

作業別労働時間	187.80
整枝・せん定	16.76
中耕・除草	18.79
授粉・摘果	26.22
薬剤散布	18.23
収穫・調製	57.36
その他の作業	28.11
出荷労働	22.33

第二に，農作業の勘所は，熟練者の作業と未熟練者の作業を動画などで記録し，比較分析することで見極めを行う。このときに，作業者がどこを見ているかを記録できるアイカメラを利用したり，作業しながら考えていることを話してもらったり，記録された映像を見ながら熟練者にヒアリングを行ったりといったことも合わせて行う。農作業の勘所が抽出されれば，それを学習可能な問題の形で整理する。

最後に，効果測定では，被験者を選定し，被験者の技能がどれくらい向上するかを評価する。技能の向上度合いは，例えば以下のように評価する。また，これらの方法を組み合わせて評価してもよい。

① 被験者に問題を解かせることにより，学習前後で正解率がどれくらい上がるかを評価する。
② 被験者に問題を解かせる前と後に，実際に圃場でその作業をしてもらい，熟練者や指導員が

採点する。学習前後で点数がどれくらい上がるかを評価する。農作業の勘所としていくつかのポイントが明らかになっていれば，勘所ごとに採点するようにしてもよい。

③　被験者に問題を解かせる前と後に，別々の木を対象に実際に圃場でその作業をしてもらい，収穫時にそれぞれの収量，品質を比較する。被験者が行う作業以外は，栽培条件を変えないようにすべきである。効果を最も明確に測定できるが，時間もコストもかかる方法である。

以下では，上記の設計における課題を中心に，温州ミカンの栽培技術の形式知化を対象に取り組んだ事業を紹介する。本事業は，慶應義塾大学が静岡県から受託した「AIシステムを核とした農芸品の新栽培技術開発・継承事業」(2015年度～2017年度)において，その一部をNECソリューションイノベータ(株)が慶應義塾大学から受託，実施したものである。静岡県にてAIシステムを活用し，以下の2つを目的として実施した。

1) 既存生産者の生産力向上
“匠の技”の産地内共有と技能継承による産地全体の品質向上

2) 新規就農の促進
新規就農者が栽培技術を早期習得することによる経営の安定と地域定着

AI農業の考え方では，何に注目してどう判断するかが栽培技術のポイントであり，そのポイントを学べるようにさまざまな状況の圃場や農作物の写真をベースに学習コンテンツを作成する。合わせて，栽培マニュアルの電子化を行い，栽培マニュアルに個々の学習コンテンツを関連付ける形で整理する。体系的な知識と個別の経験とを関連付けて学べるようにすることで，栽培技術の形式知化を達成する。

以下では，栽培マニュアルの電子化，栽培知識の体系化を説明し，その後，学習コンテンツの設計方針，作成した学習コンテンツの例，学習コンテンツを用いた学習の効果測定について説明する。

2. 栽培マニュアルの電子化と栽培知識の体系化

体系的な知識は，栽培マニュアルから作成する。栽培マニュアルは，すでに形式知化された文書をベースに，相互にリンクが張られたHTMLファイルとして作成する。JAの協力を得て，JAが保有する栽培暦や防除暦，講習会資料等を提供いただき，HTMLファイル化して作業名同士にリンクを張る。栽培暦とはカレンダーベースでいつごろどの作業を行うかが記載されたものであり，防除暦はカレンダーベースでいつごろどんな農薬を散布するかが記載されたものである。講習会資料は，JAが生産者に栽培技術を確認・指導するために年に数回実施されている講習会で使われる資料であり，多くは毎年少しずつ更新される。

栽培マニュアルは，全体でどんな作業があり，いつごろどんな作業を行うか，何のためになぜその作業を行うのかといった全体を見通すための知識である。栽培マニュアルを骨組みとして学習コンテンツを肉付けする。栽培マニュアルから具体的なケースを学ぶための学習コンテンツへリンクを張ることで，作業の意味を知った上で実践的な技術を習得できる仕組みを提供する(図1)。

3. 学習コンテンツの作成方針

すでに形式知化された文書として収集された栽培暦や防除暦，講習会資料などから，学習コンテンツ作成の対象とする作業を，せん定，粗摘果，仕上げ摘果，収穫，家庭選果とした。対象とする作業は，収量や品質への影響が大きい作業，熟練者と未熟練者との差が大きい作業，多くの人手がいる作業を優先して選択した。

作業ごとにどのような学習コンテンツを作成するかについては，熟練者の作業と未熟練者の作業を比較分析し，差異の大きい部分を重点的に選択した。熟練者と未熟練者の作業の比較分析にはアイカメラの動画と，作業の様子を4方向から撮影した動画を利用した。動画を使った比較分析の他に，熟練者や指導員へのヒアリングも並行して行い，作業ごとに重点的に学習コンテンツ化する部分を決定する。

アイカメラとは，眼鏡に外向きと内向きのカメラが付いた形状になっており，外向きのカメラで装着者が見ている画像を撮影し，内向きのカメラで装着者の目を撮影することで，装着者が見ている画像に装着者の視線位置を重畳表示する(図2)。

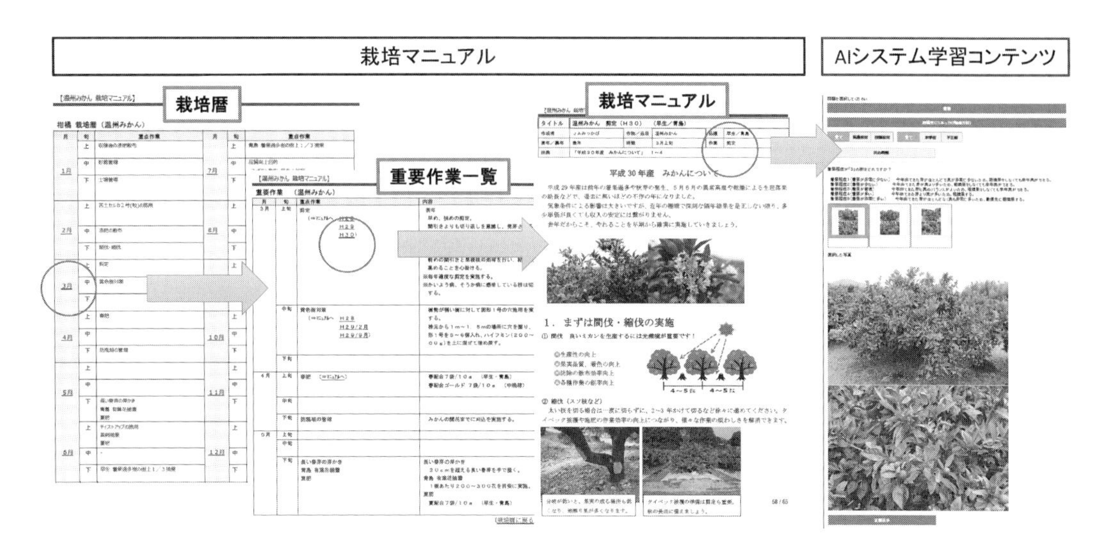

図1　栽培マニュアルと学習コンテンツの関連付け

図2　アイカメラによる撮影画像とアイカメラの装着画像

4. 作成した学習コンテンツ

静岡県のプロジェクトでは，温州ミカンの栽培作業のうち，せん定，粗摘果，仕上げ摘果，収穫，家庭選果に関して学習コンテンツを作成した。経験年数の少ない生産者や一時雇用者を対象として，栽培作業別の基本学習コンテンツ316問を作成した。また，経験年数の多い生産者向けには，質重視や量重視などの栽培方針ごとにコンテンツを分類した学習コンテンツ124問を作成した。

学習コンテンツは，問題文と写真が提示され，回答を選択すると正解と解説が表示されるようになっている。学習コンテンツは2つのタイプがあり，第一のタイプは，観察した状況の中の「どの部分か」を判断させるタイプの問題であり，表示された画像をタッチ(ポインティング)して回答する。第二のタイプは，複数の観察した状況の中で「どの状況か」を判断させるタイプの問題であり，複数の画像の中から1つの画像を選択して回答する。

図3は第二のタイプの学習コンテンツの例であ

図3　学習コンテンツの例

り，「風ズレの程度が理由で，摘果するものを選んでください」という問題文と3枚の写真が提示される。3枚の写真は，それぞれタッチすると拡大された写真が下部に表示され，「正解表示」ボタンをタッチするまで選択を変更できる。「正解表示」ボタンをタッチすると，正解の写真と「果実表面積10％以上の被害果は摘果します」という解説が表示される。

5. 学習コンテンツの効果測定

JAが実施している生産者向けのセミナーの参加者25名を対象に，学習コンテンツの効果検証実験を行った。セミナーの参加者は未熟練者から熟練者まで，専業農家だけでなく兼業農家も含め，学習意欲のある生産者である。

検証実験は以下のように行った。

① 粗摘果作業に関するセミナー受講後に，セミナー参加者25名を学習者グループ12名と未学習者グループ13名に分割した。

② 未学習者グループ13名は，学習コンテンツで学習せずに，粗摘果作業を行い，作業結果を指導員が目視評価した。

③ 学習者グループ12名は，粗摘果作業に関する学習コンテンツを用いて30分学習した後に，粗摘果作業を行い，作業結果を指導員が目視評価した。

目視評価においては，作業の速さや樹勢の判断など，8項目を粗摘果作業における重要な評価ポイントとした。複数名の指導員が採点者として被験者の作業を観察し，評価ポイントごとに5段階で採点した。なお，産地として習得すべき技術基準を「3」とした。

学習者グループと未学習者グループの目視評価の結果を比較したものが**表2**である。8項目の評価ポイントにおいて産地基準に満たない技術レベル（評点1～2）だった被験者に注目すると，未学習者グループでは全項目で産地基準に満たない技術レベル

表2　目視評価結果

	産地基準に満たない技術レベル（1～2）		産地基準より高い技術レベル（4～5）	
	未学習者	学習者	未学習者	学習者
摘果部位の優先順位	8%	0%	23%	42%
ウチ成りの摘果	23%	0%	15%	33%
樹勢の判断	23%	0%	15%	25%
作業後の着果量	31%	0%	15%	33%
作業の速さ	15%	0%	15%	17%
判断の速さ	23%	0%	0%	17%
スソ成りの摘果	38%	17%	15%	25%
葉数の判断	31%	8%	8%	25%

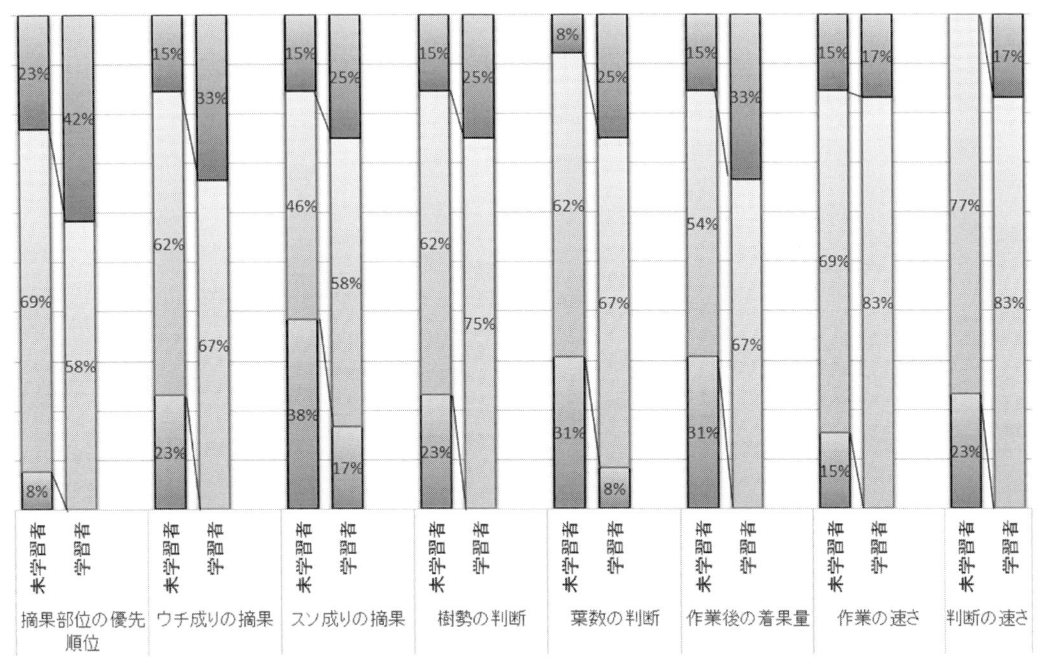

※口絵参照

図4　目視評価結果のグラフ

の被験者が存在し，平均では全体の20％が産地基準に満たない技術レベルであった。学習者グループでは，6項目で産地基準に満たない技術レベルの被験者が0であり，平均では全体の3％が産地基準に満たない技術レベルであった。産地基準より高い技術レベル（評点4～5）だった被験者に注目すると，未学習者グループでは，平均で全体の13％が産地基準より高い技術レベルであった。学習者グループでは，平均で全体の27％が産地基準より高い技術レベルであった。

結果をグラフ化したものが**図4**である。学習者グループと未学習者グループを比較すると，学習者グループでは産地基準に満たない技術レベル（赤色）の被験者が大幅に少なく，産地基準より高い技術レベル（紫色）の被験者が大幅に多くなっている。

以上から，単にセミナーを受講するだけの場合に比べて，学習コンテンツを用いた学習を組み合わせることにより，産地全体として技術レベルの底上げが達成できることが示せた。

文　献

1）農林水産省：農業経営統計調査 野菜・果樹品目別統計 平成12年産野菜・果樹品目別統計
https://www.e-stat.go.jp/stat-search/files?page=1&layout=datalist&toukei=00500201&tstat=000001013460&cycle=7&year=20000&month=0&tclass1=000001033698&tclass2=000001033699&tclass3=000001036960

第３項　ブドウ「ルビーロマン」における技術伝承

株式会社NTTドコモ　平川　喬

1. ブドウ「ルビーロマン」とは

ブドウ「ルビーロマン」は石川県育成の品種で，平成18年から県内産地へ苗木を導入し，産地化を推進するとともに，「鮮やかな赤色」，「国内最大級の大粒」を武器に，生産者，農業団体，市場，県などの関係者が一体となってブランド化を進めてきた（図１，図２）。

図１　ルビーロマン（写真提供：石川県）

図２　生産圃場の様子

2. ルビーロマンにおける課題

ブランド化を図るため，生産者自ら厳しい出荷基準『着色（専用カラーチャート3～4番），1粒重20g以上，糖度18度以上』を設け，平成20年に地元金沢市場に初出荷，平成22年には東京市場へも出荷を開始した。初出荷から10年を経過した現在でも，平成30年の初競りでは一房111万円の値を付けるなど高値で市場取引され，市場からはもっと出荷量を増やしてほしいとの要望が強い。

ルビーロマン栽培においては，熟練の技術を要するジベレリン処理や摘粒などの管理作業での少しのミスや，夏季の高温による着色不足などにより，出荷基準をクリアできない房が発生しており，商品化率は5割程度と他のブドウに比べて低いとともに，出荷量も大きく伸びていない。このため，出荷量の増加に向けた商品化率の向上が課題となっていた。

3. 課題解決に向けた対応

商品化率の高い生産者の技術・ノウハウは，これまでの長いブドウ栽培の経験から得られたものであり，その内容のほとんどは形式化されていない暗黙知として位置づけられている。

ルビーロマンのさらなるブランド力の強化に向けては，この高い技術を有する生産者の暗黙知の情報を速やかに形式知化し，産地全体に普及させることが重要である。そこで，ICTやAI技術を活用して，商品化率の高い生産者の技術・ノウハウを作業現場で収集し，学習コンテンツとしてデジタル化することで，新規就農者や初級者などが効率的に技術習得できるシステムを構築した。その学習支援システムの概要を図3に示す。

具体的には，これまでの研究から商品化率への影響が大きいと考えられる「ジベレリン処理」，「摘粒」

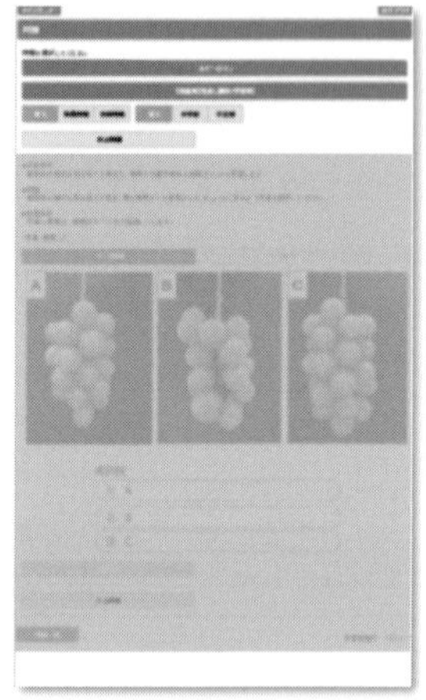

図4　学習コンテンツの作成イメージ（資料提供：石川県）

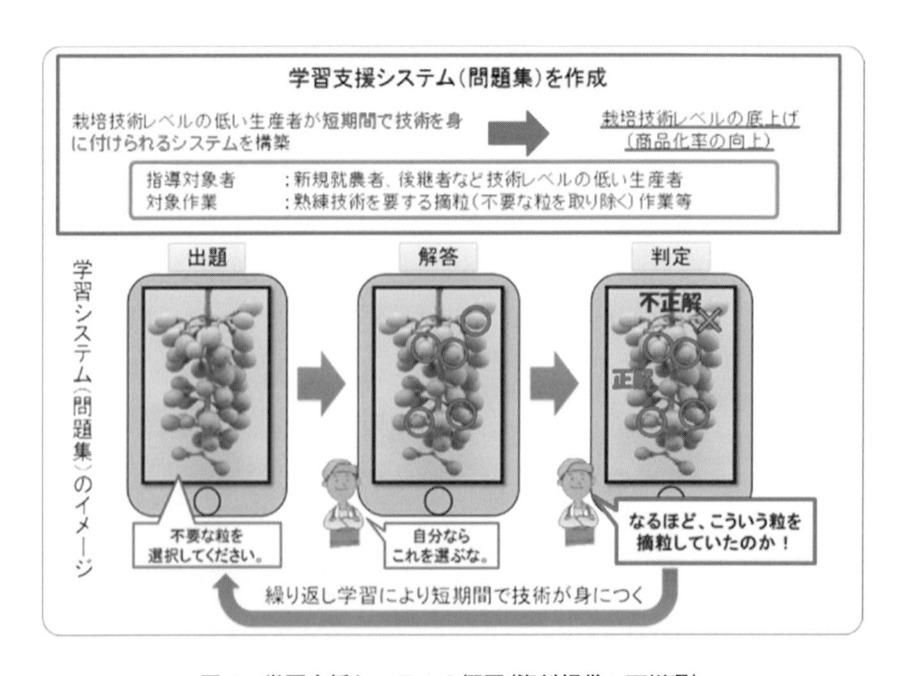

図3　学習支援システムの概要（資料提供：石川県）

の作業を対象に，商品化率の高い生産者と低い生産者との作業の比較に基づき，学習コンテンツを作成した。コンテンツイメージを**図4**に示す。

また，作成した学習コンテンツをタブレット端末等に提供し，生産者がいつでも技術を習得できるシステムとして構築したところであり，技術・ノウハウの普及による商品化率の向上を目標に現在も取組みを推進している。

4. 1次産業に向けた方針

NTTドコモ㈱は，中期戦略2020「beyond宣言」に基づき，日本の成長とより豊かな社会の実現を目指し，新たな価値創造をパートナーの皆様と協創し実現したいと考える。昨今のビックデータ・AI・IoTを支えるためのインフラとしても，無線技術は欠かせない要素技術として位置付けられている。

1次産業分野においても，親和性の高いLPWA（Low Power Wide Area）のような，低速ではあるものの省電力・広域性を兼ね備えた新しい無線技術が，現場ニーズからプロダクト化され，すでに広がりを見せつつある。今後はそれら加え，超高速・多数接続・超低遅延などを実現するための次世代通信“5G”の展開も見込まれる。

NTTドコモ㈱は，このような無線技術を軸に，パートナーの皆様と新たな価値を協創し，日本が抱える社会課題の解決や地方創生に向け，より一層尽力したい。

第４項　リンゴにおける技術継承

キーウェアソリューションズ株式会社　久保　康太郎
キーウェアソリューションズ株式会社　相馬　　麗
キーウェアソリューションズ株式会社　吉村　和晃

1. リンゴにおける技術継承

本稿では青森県弘前市のリンゴの技術継承の取組みについて紹介する。

1.1　リンゴについて

リンゴはバラ科リンゴ属の落葉高木で，多くの古典書にも見られるように古くから人々に愛されてきた果物であり，生食のみならず，調理や菓子など広く食されている。日本では，青森県の生産量が最も多く，品種として「ふじ」が最も多く栽培されている。リンゴ栽培は，剪定や土壌改良から始まり，受粉や摘果，袋掛けなどの主とした作業のほか，時期に応じた薬剤散布や施肥に加え，除草や雨避けなどの環境整備，収穫・出荷作業といった１年通じた作業が必要となる(図 1)。

1.2　取組みの背景と目的

弘前市は，青森県の西部に位置し，人口約 17 万 3 千人の都市である(図 2)。市農作物の作付面積の 65％をリンゴが占めており，リンゴ産業が重要な基幹産業となっている。近年は人口減少や高齢化などにより，リンゴ生産従事者の減少が懸念されている。リンゴ栽培は年間を通してさまざまな作業があることや，技術習得に要する期間が長いことで技術継承が難しく，新規就農者の拡大を阻む課題の１つと

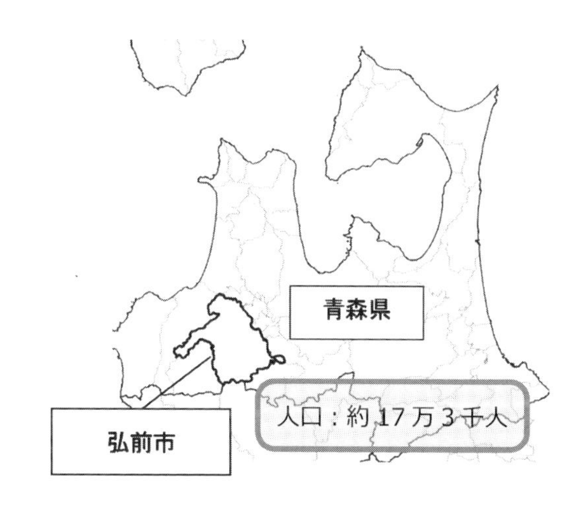

図２　弘前市(提供：青森県弘前市)

作業内容	1月	2月	3月	4月	5月	6月	7月	8月	9月	10月	11月	12月
雪害対策												
剪定												
土壌改良												
薬掛け												
草刈り												
授粉												
摘花・摘果												
袋掛け												
支柱入れ												
除袋・反射シート張り												
葉取り												
玉まわし												
収穫・出荷												
園地後片付け												

図１　リンゴ栽培の年間スケジュール(提供：青森県弘前市)

なっていた。課題解決のため，新たな熟練技術の継承を行う環境構築の必要性があり，AI農業による技能継承の取組みが開始された。

2. 剪定作業の熟練技術の継承

ここでは，リンゴ生産の熟練技術の継承として，リンゴの剪定作業に焦点を当て，その取組みを紹介する。

2.1　剪定作業とは

剪定作業とは不要な枝を切除することによって，樹を自然環境に適応させる作業のことである。リンゴの樹にとって健全な生育のために剪定が必須の作業となっており，剪定作業を長年行わないと枯死するケースがあるだけでなく，収穫量や品質のベースラインも決まってしまう非常に重要な作業である。個性を持ったリンゴの樹の全体状況を的確に判断し，どの枝を切除していくか判断する剪定作業は，熟練度によって効率や品質に大きく差が出るだけでなく，習熟に最も時間を要し技術継承が極めて困難な作業である。

2.2　剪定作業の技術継承方法

AI農業の技術継承の1つの手法として，疑似的な体験を繰り返しその結果をフィードバックすることで効率的に技能を学習する手法がある。摘果など2次元画像でイメージできる作業に関しては，写真やイラストなどで疑似的な経験を行う環境を構築しやすいが，剪定作業は3次元の樹をイメージすることが必要であり，疑似体験環境の構築が難しい課題があった。以下に，リンゴの樹や枝を3Dモデル化し，仮想空間で疑似体験し学習できる環境を構築する取組みを紹介する。

2.3　リンゴの樹の3次元モデル作成

リンゴの樹の3次元モデル作成に適した手法として，手作業によるモデリング，シミュレーションソフトウェアによるモデリング，レーザースキャナー，イメージベースドレンダリングによる取込みを検討した。それぞれの手法の概要と特徴は以下のとおりである。

① 手作業によるモデリング

デザイナーが3Dデザインソフトを使って3Dモデルを作り上げる手法。

② シミュレーションソフトウェアによるモデリング

樹の生育シミュレーションを行う専門ソフトウェアを使って，3Dモデルを作り上げる手法。

③ レーザースキャナーによる取込み

レーザー照射の反射光を計測・計算することで，周囲の物体の座標を取得して3Dモデルを作り上げる手法。

④ イメージベースドレンダリングによる取込み

対象物の写真を複数枚撮影し，その写真を合成加工することで3Dモデルを作り上げる手法。

疑似体験におけるリンゴの樹の再現度と普及展開のためのコスト要件により，レーザースキャナーによる取込みとイメージベースドレンダリングによる取込みの併用を行うこととした。樹全体の骨組みのイメージについてはレーザースキャナーにより取り込んだ3次元モデルを使って作成し，高繊細な表現が必要な樹の一部の枝のイメージについてはイメージベースドレンダリングにより取り込んだ3次元モデルを使って作成している。

2.4　樹全体の骨組みのモデルの作成

樹全体の骨組みのイメージについてはレーザースキャナーにより取り込んだ3次元モデルを使って作成している。取込みには据え置き型のレーザースキャナーを用いて，1つの樹に対して複数箇所からのスキャニングを行った(図3)。複数箇所からスキャンしたデータを専用の編集ソフトを用いて3次

図3　レーザースキャナー

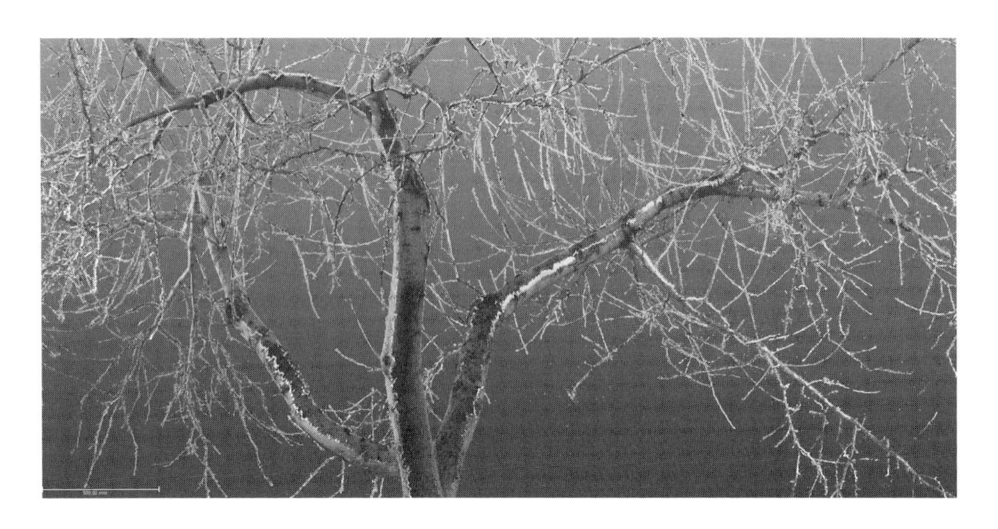

図4　リンゴの樹の3次元モデル

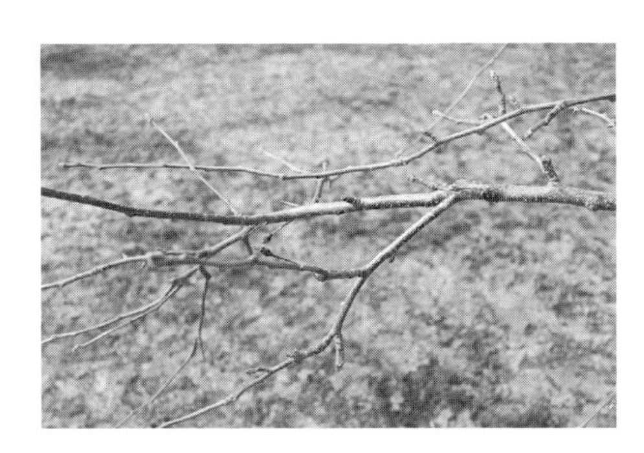

図5　3次元モデルの元のリンゴの枝の写真

元データを合成する(図4)。

3次元データを確認し，リンゴの樹に適したスキャニング箇所，位置取り(距離，角度，高さなど)，スキャニングのパラメータ(スキャン精度，スキャン回数など)のチューニングを行い，イメージどおりのスキャンができるまで調整を重ねている。屋外での樹木のスキャニングは，風などで枝先が揺れたり，雪などのノイズが入るため，スキャン精度を下げるなどのパラメータ調整に工夫が必要である。

2.5　高精細な表現が必要な樹のモデルの作成

高精細な表現が必要な樹の枝などのモデルについては，写真をベースとしたイメージベースドレンダリングによって作成している。モデリングには写真を利用する。1つのモデルに対して数百枚の写真が必要である(図5)。写真を専用ソフトウェアで加工することで3次元モデルとして加工している(図6)。リンゴの樹の写真撮影，加工，3Dデータ確認を繰り返し，リンゴの樹に適したカメラの機種，撮影のモード，撮影パラメータ(絞り，露出など)，撮影の画角，撮影距離，撮影密度，画像のRAW現像方法，加工手順，加工パラメータなどのチューニングを行い，イメージどおりの3次元モデルができるまで調整を重ねている。イメージベースドレンダリングは，複数の写真の中に映りこんでいる特徴的な部分(特徴点)を紐づけていくことによって，それぞれの写真の相対的な撮影位置を計算し，それに基づいて3Dモデルを作成する手法である。したがって，できるだけ多くの特徴点を正確に記録し，かつ写真間で多くの特徴点を共有するように写真撮影することと，特徴点の抽出と計算のためのパラメータを適切に調整することが必要である。

図6　写真から作成したリンゴの樹の枝の3次元モデル

2.6　技術継承環境

作成した3次元モデルの技術継承環境としてタブレット，ヘッドマウントディスプレイの2つの方式を検討している。それぞれの機器の概要と特徴は以下のとおりである。

①　タブレット

タブレット型のPC。広く普及しているため，利用してもらえる環境を整えやすいが，モニター上で手を使って3次元を閲覧するため，視覚表現や手が塞がってしまうことがデメリットである。

②　ヘッドマウントディスプレイ

頭からかぶることによって眼前にディスプレイを配置し，そこに映像を映し出す機器である。ディスプレイが眼前にあることから広い視野に映像を映し出す事が可能で，さらにハンズフリーで映像を見ることが可能であるが，広く普及しておらず，専用に機器の購入などが必要である。

本取組みでは，現場での実証により3次元のイメージのしやすさから，ヘッドマウントディスプレイを採用している。

また，3Dモデルの表示方式として，VR表示，AR表示，MR表示の3つを検討した。それぞれの方式の概要と特徴は以下のとおりである。

①　VR（Virtual Reality，仮想現実）

現実世界の視界を遮断し，仮想空間の映像のみ表示する方式である。視野が広く没入感が高いが，周囲の現実世界の様子を見ることはできない方式である。

②　AR（Augmented Reality，拡張現実）

現実世界の視界を透過し，その上に仮想空間の映像を表示する方式である。現実世界の周辺の様子と仮想空間の映像を同時に見ることができる。

③　MR（Mixed Reality，複合現実）

現実世界の視界を透過し，その上に仮想空間の映像を表示し，さらに現実世界に仮想空間を連携させる方式である。例えば，現実世界のテーブルの上で仮想空間上のボールを跳ねさせることができる。仮想空間の映像を現実世界に自然に調和させることが可能である。

本取組みでは，指導者と学習者が同じ樹を見てコミュニケーションを取る現場ニーズがあることから，お互いを視認可能で樹の表示位置を固定可能なAR，MRの表示を想定して検討を進めたが，実証の段階では，技術継承の実用に耐えうるだけの視野角の広さと，普及可能な価格を満たすMR機器がなかったため，VR表示を採用している。

2.7　3次元モデルを活用した剪定作業の技術継承

作成したリンゴの樹の3次元モデルをVRヘッドマウントディスプレイに表示し，実際に生産現場の営農指導員や生産者を対象として，剪定の場所が判断できるか疑似体験（**図7**）してもらい，体験後に効果をヒアリングしている。その結果，仮想空間での3次元モデルによるリンゴの樹の表現は，個人差はあるものの，現実世界で枝を見ているのに近い感覚であり，剪定場所を判断できるということが確認できた。剪定が必要なリンゴの樹をさまざまなパターンで3次元モデル化し仮想空間上に保持することで，剪定する枝を判断する作業を繰り返し疑似体験する技術継承の環境を実現することが可能となった。

図7　VRヘッドマウントディスプレイによる3次元モデル確認イメージ

3. 今後について

技術継承環境の発展のためには，さまざまなリンゴの樹の3次元モデルが必要不可欠であるため，現場の生産者が簡易に3次元モデルを作成できる手法を検討している。また，剪定後のリンゴの樹がどのように成長したかをフィードバックするため，剪定後の3年後，5年後等の経過したリンゴの樹の推移を疑似経験できる環境の準備も進めている。ICTにより現実に近い疑似体験ができる環境を構築することで，熟練技術者が30年間現場で経験してきたことを，新規就農者が数日で疑似体験できることを可能とし，少しでも知識を継承することの支援ができれば幸いである。

第５項　技能継承に基づく地域連携

Orchard & Technology 株式会社　末澤　克彦

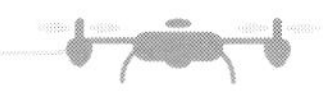

1. 継承されるべき技能の開発・普及・定着の現状と課題

1.1　市場競合を勝ち抜くための地域ブランディング戦略とノウハウや技能の囲い込み

日本農業は戦後の復興期を経て，高度成長期に大きく発展を遂げた。その後，貿易摩擦が顕在化，農産物の自由化圧力が強まるなど，農産物をめぐる環境は激変。日米農産物交渉，GATT ウルグアイラウンドと WTO 農業協定などにより日本農業は否応なく国際化の流れに入り，市場における農産物の競合は国内産地のみならず外国農産物との競合を意識せざるを得ない状況となった。安い輸入農産物との差別化を図るため，生産者は県や JA 部会など地域農業にコミットメントする組織とともに品質を全面に打ち出す地域ブランディングを推進した。この戦略はさらに地域独自品種の開発やオリジナリティあふれる栽培技術を差別化源泉として強化されてきた。

従来比較的オープンにされてきた生産に関するノウハウと技能は，競合産地との競争優位を保つ観点から，新たに開発された品種・栽培技術と組み合わされた地域オリジナル栽培体系にパッケージ化され，地域を跨いで幅広く水平展開される機会は減少した。

1.2　地域ブランドのコモディティ化，後継者不足と技能継承の危機

図１は国内農産物の総産出額と農家の手取りである生産農業所得の割合の累年統計である。国内市場環境が量的に飽和し，質的競争に変化した昭和50年代後半以降，生産農業所得割合は大きく低下してきた。この原因をマーケティング的に解釈すると，低価格な輸入農産物と棲み分けるためのブランディングと品質競争は一定成功したものの，デフレマインドの中で農産物の価格上昇に対する抵抗感により，生産側が提起した高品質化は，少なくともその一部において消費者に認知されないコストであり，結果的に農家手取りが低下したと推察される。すなわち，数多くの国内産地が提唱した高品質化と

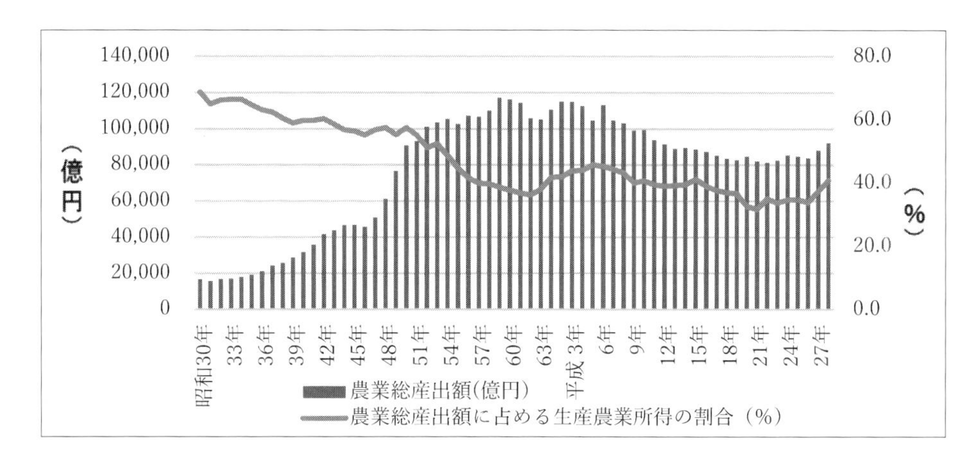

図１　年次別農業産出額および生産農業所得割合
農林水産省「農林総産出額及び生産農業所得統計」より

その象徴である地域ブランドはコンセプトの同質性・同時性がゆえにコモディティ化が進んだと考えられる。

県やJA部会など地域農業の最適化を狙った高品質化戦略は国全体の中では市場拡大につながらず，輸入農産物に押され縮小傾向となった「高品質」市場の中で徐々に経営が厳しくなってきた。この限界感は農家の世代交代や経営継承をためらわせ，個々の生産者は高い技能を持つにもかかわらず，後継が育たない現状を招いた。

地域の農家において世代を跨いで継承されるべき技能は継承者が大幅に不足する危機を迎え，その存続が危ぶまれることになった。

2. 新しいビジネス環境下において求められる技能継承の垂直・水平展開

2.1　企業的経営における技能継承の垂直展開

農家の高齢化に伴う大量リタイアが現実の波として押し寄せ，農業をめぐる環境は今後短期間で確実かつ劇的に変化する。さまざまな国産農産物の生産能力の低下懸念，市場のニーズを量的にも満たしえない状況の発生，輸入品代替できない作物のチャンスロスと，国内市場での国産農産物の不足感は強まってきた。

この対策として，現場では大規模化，企業化等の経営が指向され，さらにICT技術を生かした精密化，自動化，機械化，省力化等生産性向上技術による経営の効率化が進められてきた。

家族中心に進められてきた農作業の垂直的技能継承はここで大きな転換を迎える。

1つは，家の後継者ではなく，従業員等への継承という変化である。生活体験や農業体験の暗黙の前提は希薄化しているため，ノウハウの細部もふくめ共通理解を推進するための「企画された学習」が重要となる。ここで「企画された」とは技能を理解体得するための農作物や気象，土壌などの前提条件，学習の流れや到達すべき目標などが見える化されている状態である。科学的データをもとにした客観的評価に基づくノウハウの構築とその実現のための技能の学習機会が従業員に与えられ，技能が継承される。

近年は農業現場の人手不足への対応から海外技能実習生を採用する農家も少なくない。このとき作業員として現場に立つ技能実習生に対して求める作業技能の習得には，さらに言葉の壁を乗り越え，文化の違いや暗黙の前提を必要としないわかりやすさが

表1　職階ごとの必要スキルと求められる技能を学ぶためのICT技術支援内容

行動/対象者		ワーカー 雇用者(初期)	マネージャー 現場責任者	オーナー 経営者
観察 Plan	必要スキル	作業対象植物の基本理解および状態理解	作業対象植物の生育予測，目標モデルとの乖離把握，作業前の植物の状態検知および作業後の植物の状態予測(短期・中長期)	経営開始判断，リスクマネジメント，資金計画，適地診断
	ICT技術支援	植物の基本理解(作業学習システム)	病害虫診断支援，生育予測モデル，環境のモニタリング制御	投資分析，作付計画，圃場評価，リスク評価(保険含む)
作業 Do	必要スキル	作業内容の理解と基本習熟，作業器具施設の理解と適正使用方法	作業内容および処理のCP*の理解，作業工程管理と作業習熟，作業器具・施設の適正使用と維持管理	作業コストと収益構造との連携理解，農園全体の工程管理
	ICT技術支援	農作業学習システム(基礎レベル)	収量・品質・栽培履歴記録，分散圃場遠隔管理	栽培全般のコストと収益予測(原価分析，作業工程管理)
判断 See, Action	必要スキル	マニュアルと比較して作業が適切か？の判断	検知，予測に基づいた作業内容の修正	作業の最適化，作物への働きかけの総合診断
	ICT技術支援	生育予測モデルからフィードバックされる作業学習システム	生育(品質)予測モデルとモニタリングおよび乖離度評価と対策の指導支援	出荷予測，販売計画に基づいた生産工程管理

＊CP：コストパフォーマンス

重要となってくる。

次に農家から企業へというマネジメントの組織形態の変化により，ワーカー，マネージャー，オーナー等の職階分離が生じてくる。必然として，農作業体系と技能は職階ごとにその求められる内容が異なってくる(**表1**)。

生業的経営では分離し得なかった技能の階層構造が発露し，階層ごとに求められるスキルを高度化するための道具としてのICT技術も当然異なった内容としての支援が必要となる。オーナーかつワーカーである生業農家の技能をそのまま一体的に継承するのではなく，職階ごとに求められる技能に再構築することが必要になる。

2.2　経営のリスクマネジメントと技能継承の水平展開

経営の大型化，専門化は生産の効率性を向上させるメリットを生む一方，気象の影響により集中するリスクに対するマネジメントが重要となってくる。近年は異常気象が常態化していることから，供給責任あるいは業務継続性(BCP；Business continuity planning)を確保するためには気象災害による被害を激甚化させない経営的な知恵が求められる。

施設栽培による気象制御が最も一般的なBCP向上対策であるが，近年の気象変化を見ると対応はコスト的にも容易ではない。実際の災害発生地域では，むしろ大型経営あるいは専作化，団地化した産地においてリスクが集中し，商品供給の途絶やその後の経営再開が難しくなるような被害事例も見られる。

近年は日本列島の南北差を生かしたリレー出荷として，品質や収穫期，規格等を調和させた連携生産が行われるようになってきた。経営として一体性を持ちつつ，距離が離れた地域間の連携により共通規格の農産物生産を行う，あるいは連続出荷を行うなどのビジネスモデルである。このビジネスモデルはリレー出荷を行うだけでなく，遠隔地であるがゆえに発生する気象リスクを一定分散する効果が得られる。

距離的に離れながらも一体的経営を行うビジネスモデルは生産に関する技能については従来のOJTを中心とした“見て覚える”，あるいは“一緒に体験を積むことで覚える”という技能継承方法は有効ではない。さらに，気象や土壌の異なった地域において，従来の土着的に発展してきた技能はその有効性の事前想定が容易ではない。

そこで，地域の実情に応じた技能の収集，評価，再構築が求められる。新しいノウハウは常にデータに基づいたアップデートが行われ，その結果地理的な距離を超える一般性，普及性のある技能を継承することが産地維持の基礎的要件となる。

3.　技能継承に基づく地域間連携のユースケース

3.1　協調的輸出促進における地域連携と技能のブラッシュアップ

産地の相乗的効果を期待する連携には，需要フロンティアとして輸出への対応力強化が解決すべき課題としてまず意識される。

現時点で地域農業の主要なステークホルダーである都道府県単位での輸出についてはいくつかの成功事例があるとともに，数多くの課題を抱えている。

圧倒的な物量を持つ産地の場合，あるは印象的な差別化を図ることができる農産物を持つ産地では外国市場においても一定の存在感がある。しかし，多くの地域で行われているプロモーションは個別地域ごとかつスポット的実施にとどまり，外国消費者には生産される地域の認識さえも十分でないケースもあろう。

輸出におけるマーケティング戦略を考える場合，長期連続出荷などを前提に地域が連携することで提案できる商品コンセプトを考え，その価格や販売場所を確定するとともに，共通の販売促進戦術を打ち出すことが常道としての課題解決プランとなる。

この地域連携は遠隔地での技能継承が核になる。目標となる商品コンセプトに従った農産物を各地域で生産するためには，商品の品質や量，時期などを異なった産地ごとに決められた役割の中で計画生産する必要がある。この計画は実際生産において各産地が持つノウハウの棚卸，相互融通，相互活用が不可欠となり，結果的に技能のブラッシュアップ効果と共有の人材育成成果をもたらすものと考えられる。

3.2　協調的人材育成と地域間連携

現在の地域農業にとって最も懸念される課題は農業後継者の育成問題である。

歴史のある産地には匠と呼ばれる篤農家が存在する。そして，その篤農家の技は従前，見返りを求めず産地内で共有され，産地の強みとして強く意識されてきた。しかし，産地構成員の高齢化や後継者不足あるいは関係指導機関の業務量増大により地域の人材育成能力，技能継承能力は低下しつつある。さらに流通の大型化に伴い，個別産地のサイズは相対的に縮小し，生産ボリューム確保のために複数産地の集合による連携生産が必要となってきた。また，技能保持者の年齢や今後の世代交代の時間的余裕からも地域の農業後継者は地域内で農業のノウハウや技能を何年もかけて学ぶ時間的余裕はなくなってきた。この課題を解決するには，共通の課題を持つ複数産地が協力しあうことが有効で，人材育成を協調領域とした産地連携が必要となる。

匠の技の有効性をより広い範囲で共有するために，技の標準化が必要となってきた。当然その技術の普及は地域で囲い込むのではなく，複数産地で共有理解することが求められる。技能の優秀性，有効性以外に流通可能性の評価が重要である。異なった産地でその技能が効果を発揮しうるかの経営的判断が重要となる。

本章第2節で紹介されてきた各種作物における技能継承事例はまさに科学的観点からの技能の優秀性，有効性を検証するとともに，流通可能性(他産地での有効性)を評価することにより，従来の地理的な産地概念を超える新しい産地連携を目指すものである。

現在行われている産地連携は都道府県内など距離的に近い産地の組合せが多いが，今後は相互補完的なあるいは相乗的効果を期待した県域を越えた連携が期待される。

3.3　小規模産地，農家における技能継承に基づく新しい地域連携

小売業において生業的商店，いわゆるパパママストアは物流の革新とモータリゼーションの普及により大規模小売店舗に置き換わった。しかし，近年は情報武装によるコンビニエンスストアの躍進により大規模小売店舗の存在感が変化しつつある。

このアナロジーを農業に当てはめると，生業的農業は生産技術革命により大規模な企業的経営に主役を渡す進化が容易に想定される。しかし，その後の進化形として，農業におけるコンビニエンスストアの位置付けとはどのようなものとなるか？

図2は2010年の世界農林業センサスの公表数字を図にしたものであるが，日本農業の経営体の大半は小規模模経営である。しかし，経営規模別の売上げシェアはどうであろう。この公表数字をもとに筆者が販売金額規模別の中央値を仮定し，この中央値×階層ごとの経営体数を算出し，パレート分析したものが**表2**である。一般に農業従事者1名当たり500〜700万円程度の売上げがないと従業員は雇えないとの現地事例をもとに，家族労働力以外の雇用

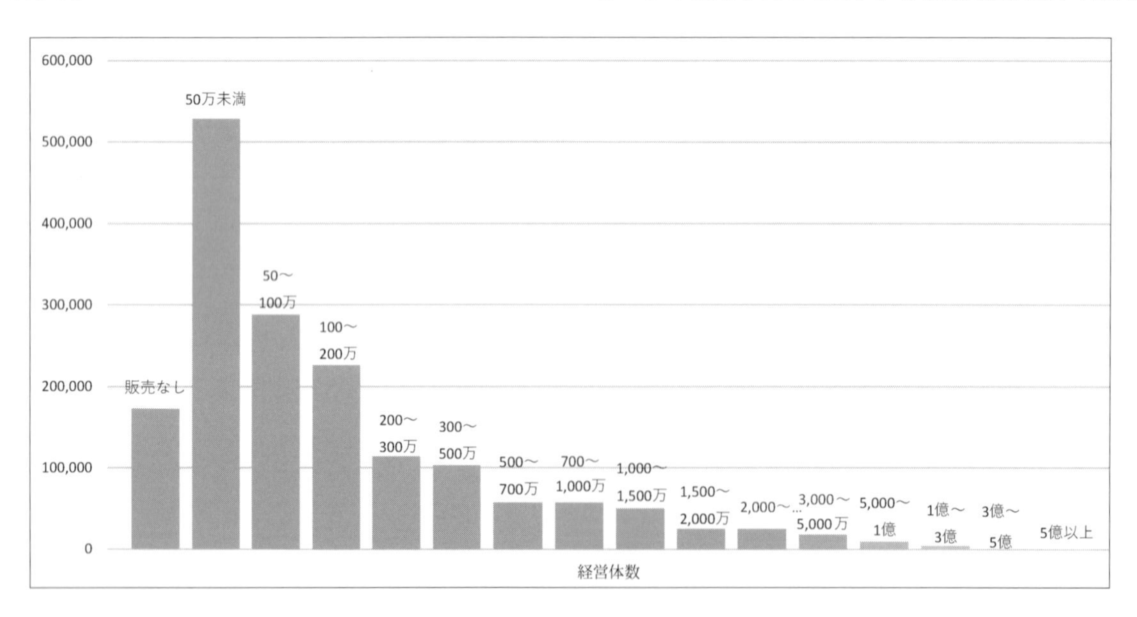

図2　農産物販売金額規模別経営体数
2010年世界農林業センサスより

表2　日本の農業経営体の農産物販売金額規模別のパレート分析

販売金額規模	販売金額中央値	階層ごと経営体数	累積経営体数	階層別販売金額(億円)	累積販売金額(億円)
5億以上	6億	714	714	4,284	4,284
3億～5億	4億	670	1,384	2,680	6,964
1億～3億	2億	4,193	5,577	8,386	15,350
5,000～1億	7,500万	9,289	14,866	6,966.75	22,317
3,000～5,000万	4,000万	18,212	33,078	7,284.8	29,602
2,000～3,000万	2,500万	24,910	**57,988**	6,227.5	**35,829**
1,500～2,000万	1,750万	25,142	83,130	4,399.85	40,229
1,000～1,500万	1,250万	49,853	132,983	6,231.625	46,461
700～1,000万	850万	57,096	190,079	4,853.16	51,314
500～700万	600万	57,246	247,325	3,434.76	54,748
300～500万	400万	102,718	350,043	4,108.72	58,857
200～300万	250万	113,929	463,972	2,848.225	61,705
100～200万	150万	225,910	689,882	3,388.65	65,094
50～100万	75万	288,050	977,932	2,160.375	67,254
50万未満	25万	528,644	1,506,876	1,321.61	68,576
販売なし	0	172,508	1,679,084	0	68,576
		1,679,084		68,576.025	

*2010年世界農林業センサスより筆者作成

を前提とした企業的経営は2,000万円以上の売上規模であると仮定する。このレベル以上の経営体は累積数で5.8万，全体の3%の経営体で3.5兆円となり，全体の概ね半分を売り上げる構造となる。すでに日本農業の大宗はこのように企業的な経営主体が担っているといえる。

その一方で，耕作放棄地の増加，農業インフラ等の維持が困難となる地域は多い。小規模農家の経営をいかに革新してゆくかは国土の維持保全の面からも極めて重要である。

農業のノウハウ革新と優秀な技能継承の面からも，このような小規模農家は解決すべき課題が多い。しかし，従来サービス的に行われてきた技術指導は関係機関の業務効率化から売上規模の大きな経営体へシフトしてきており，結果的に小規模経営体への対応は減少しつつある。

ICT技術は地域的分散，小規模，時間的離散を克服する有効な技術である。小規模な農家，分散する圃場，一同に会することができにくい兼業農家などへの技術支援，技能学習機会の提供こそ，ICT技術を生かすべき課題解決分野ではないだろうか？

前述の「農業におけるコンビニエンスストアとは？」に対する1つの示唆として，流通ニーズ情報をもとに，即応性に優れた小規模農家や小規模産地を生産単位として，その単位への適切な技能継承を実施することで生産の組織化を行い，さらに生産と消費のロジスティックを最適配送で実現するスマートフードチェーン，というシナリオが描ける。

従来の「地域」を超えた連携における技能継承は，スマート農業という新技術のもとで実現される地域活性化の新たな取組みといえる。

第６項　技能継承における今後の展望

慶応義塾大学　島津　秀雄

1. はじめに

1990 年代初頭に，IT を使って組織内の知の共有や継承を効果的に行う研究領域としてナレッジマネジメント[1]が注目された。その考え方は広く普及したが，暗黙知から形式知への変換方法や形式知の継続的な供給や保守は，今日でも未だ大きな課題である。農業分野における技能継承に注目している AI (Agri-Infoscience) 農業[2]は，農業のナレッジマネジメントであり，上記課題を共有している。課題解決のための１つの可能性は，Web 2.0 にある。Tim O'Reilly が 2005 年に提唱した Web 2.0 の概念[3]は，図１に示す定義からなるが，その後の IT の進化を的確に予測し，10 年以上前に提案されたものにもかかわらず，今もその予測に沿って発展している。特に，この定義の中の２と４が AI 農業の課題解決に役立つと期待される。２は，Wikipedia に代表されるように多くの利用者が参加して，彼らの判断や知識を集めると(集合知)，それ自身が非常に価値のある知識になることを主張している。４は，ソフトウェアを継続的に提供するサービスと捉えるべきという主張である。従来ソフトウェアは，パッケージ製品化されてバージョン 1.0, 2.0, 3.0, …のように定期的にリリースされてきたが，その代わりにインターネット上に最新版を提供し，常時改版していく形態(永遠のベータ版)にすることで，リリース速度もソフトウェアの品質も飛躍的に向上するという考え方である。

1. プラットフォームとしての Web
2. 集合知の利用
3. データは次世代の「インテル・インサイド」
4. ソフトフェア・リリースサイクルの終焉
5. 軽量なプログラミングモデル
6. 単一デバイスの枠を超えたソフトウェア
7. リッチなユーザー経験

図１　Web 2.0 の定義

本稿では，[**2.**]で，農業に関連する形式知の作成や保守の課題を説明する。[**3.**]では，この課題を解決するものとして，Web 2.0 に基づく AI 農業のモデルを提案する。[**4.**]では，農業の技能継承で，AI 農業とは異なるアプローチであるディープラーニング，遠隔農業との比較を行う。

2. 農業に関連する形式知作成や保守における課題

本項では，ある専門家(以下，専門家 A と呼ぶ)が自らの暗黙知を形式知化にした知識を，別の複数の専門家(以下，専門家 B，C と呼ぶ)に提示して，それぞれからその知識の問題を指摘してもらい，知識を改良し保守していく事例をもとにして，その課題を議論する。

AI 農業の考え方に基づいて，農作業を暗黙知から形式知するシステムとして，農業技術学習支援システム[4]がある。これは，暗黙知を形式知化する時に**図２**に示すように，形式知を一問一答型のクイズ問題の形式で表現することが特徴である。同システムはクラウド上で常時動作しており，作物の種類や農作業の種類ごとにトピックが分かれている。専門家が，ある作物の農作業に関する方法や「コツ」を形式知として作成するときは，特定のトピックを選択し，その下にクイズ問題とその正解の対を複数問題作成していく。一方，学習者は，インターネットを通じてシステムにアクセスし，トピックを選択すると，システムからクイズ問題が提示されるので順

新たな問題の提示

問題文：　「粗摘果すべき果実にマークしてください」

学習者による回答

学習者が，写真の樹木の上で摘果すべき場所をタッチすると，赤○が表示される。

正解と解説の表示

学習者の入力後，システムが正解が青○で表示され，解説（作業のコツ）が表示される。

図２　クイズ問題の例

次解いていく。解くたびに正解と理由が提示される。クイズ問題については，特定領域の専門家が作成したGAP，有機JAS，HACCPなどの認証取得に向けたクイズ問題集が有料で提供される場合[5]と，産地内で県の普及指導員やJAの営農指導員が問題を作成し産地の農業者に公開される形で使われる場合がある。後者の場合は，一般に農作業のうちの剪定や摘果のような修得が難しい作業について数十問が作成されている。１つの作物の複数の作業に関してそれぞれ数十問ずつのクイズ問題が作成され，作物全体で数百問規模のクイズ問題が蓄積されている産地もある。

図２は，カンキツ栽培の中で重要な作業である摘果作業について，ある産地の専門家Ａが作成した粗摘果のクイズ問題の一例である。摘果作業とは，栽培の途中で未熟な果実を取る作業で，カンキツの場合，収穫までの間に粗摘果，仕上げ摘果など１～２回行う。この作業には，「この実を取ったら，この枝の実のつき方はこれからどうなるか」という近未来を予測する力が必要である。摘果技法としては，基本戦略は存在し，図２のクイズで記載されている正解は，「最初に取るのは，この中で一番小さいこれとこれ。この実とこの実はくっついていて，日が当たらないし，果実同士が擦れてキズになるので離すように一方を取る」である。このクイズ問題を含む問題集をカンキツの専門家Ｂと専門家Ｃに見てもらった結果の一部を以下に紹介する。

（1）専門家Ｂによる指摘：クイズの中の前提条件の記載が不十分

摘果は，栽培の方法やカンキツの品種によって摘果戦略は変わるし，正解も異なるので，それがクイズに記載されないといけない。この問題は，特定の産地のために作った問題なので，品種や作り方は，暗黙的に決められているのかもしれないが，クイズ問題をより普遍的にするには，それらの明記は必要である。具体的には，品種と栽培方法により以下のように摘果戦略は異なるし，同じクイズ問題にしても正解も異なる。

前提条件（品種＝温州ミカン＆栽培方法＝マルドリ）
⇒　摘果戦略（ストレスがかかり小玉になるので，粗摘果では大玉の実を残す）
前提条件（品種＝温州ミカン＆栽培方法＝露地栽培）
⇒　摘果戦略（ストレスがかからないので，粗摘果では小玉の実を残す）
前提条件（品種＝中晩柑）
⇒　摘果戦略（大玉の方が商品価値が高いので，粗摘果では大玉の実を残す）

（2）専門家Ｃによる指摘：その年に特有な気象や現象への対応ができていない

毎年違う気象（日照，降雨量など）によって，ミカンの大きさや着果の程度が異なるので，基本戦略は

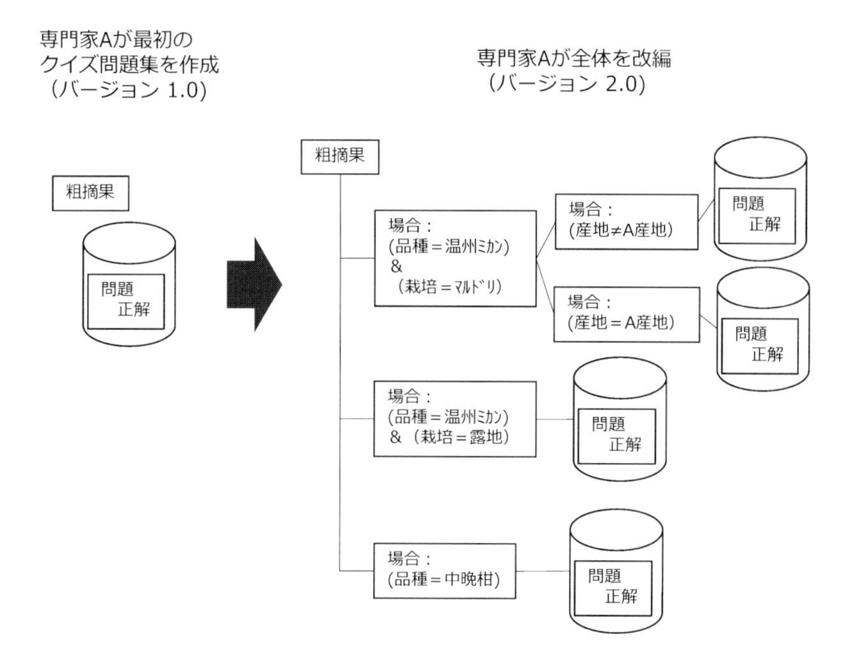

図3　専門家による指摘に基づきクイズ問題集を改版させる例

同じであっても，それらを反映し臨機応変な戦略変更への対応が必要である。例えば，夏の果実の日焼け対策は大事であり，通常は摘果時に日焼け果になりそうな実を摘果対象とするが，日照の特に厳しい年は，産地の指導員は，本来なら摘果対象である枝の上部の実を下部分に対する日除けとして捨て果実として残しておいて，出荷時に捨ててください，という指導をする場合もある。この場合も，正解は異なってくる。このような状況を反映するには，典型的な気象を何パターンかに分類して，上記の品種や栽培方法のように場合分けして解決するのだろうが，場合分けの数が増えすぎて，クイズ問題集の保守が困難になるのが心配である。

これらの専門家による指摘を，元の問題に反映すると，**図3**のようになる。矢印の左側は，専門家Aが当初作成した元の問題集である(バージョン1.0と呼ぶ)。これに対して，まず，専門家Bの指摘に従って，粗摘果トピックの直下を品種と作り方によって問題設定条件の場合分けを行い，それぞれごとにクイズ問題と正解の対を配置するように変更した。次に，専門家Cの指摘に従って，さらに場合分けがなされる。専門家Aが担当した産地は，(品種＝温州ミカン)かつ(栽培方法＝マルドリ栽培)だったので，産地に特有な戦略なのか，汎用な戦略なのかを分類して，(産地＝A産地)か(産地≠A産地)によって分類し，それぞれごとにクイズ問題と正解を配置している。

このように，第三者による指摘を反映していくことで，形式知が品質向上していく。しかし，現在の同システムは，紙出版と同様，一度問題集がリリースされると，日々改版するのではなく，定期的に(例：1年ごと)に，本人自身やさまざまな専門家から追加，改修の指摘を溜めておき，次のリリース時にまとめて反映する方法である。1つのクイズ問題ごとに上記のような改修が必要だとすると，数10問，数100問の問題集の保守や改修は非常に大変なコストが必要なことが容易にわかる。

3. Web 2.0に基づくAI農業のモデル

Web 2.0が推奨するのは，アーキテクチャをオープンにして，「作る人は私，使う人はあなた」ではなく，「皆で作り，皆で使う」形態である。ナレッジマネジメントにWeb 2.0の考え方を導入することはさまざま検討されており，例えば，文献6)では，従来のナレッジマネジメントで管理するストック型の知識源とブログやSNSなどのコミュニケーションメディアを組み合わせて知識源を増殖させていく，集合知形成のモデルを提案している。

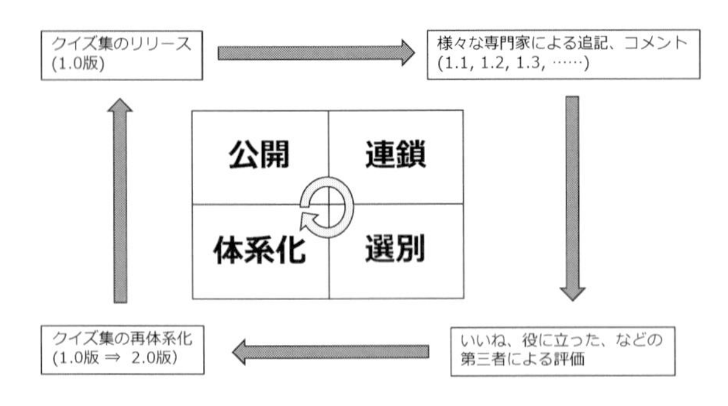

図4　集合知形成のプロセス

集合知形成は，**図4**に示すように，「公開」，「連鎖」，「選別」，「評価」の4ステップが繰り返されて増殖していくプロセスで説明される。

ここで「公開」は，元の知識源を第三者に公開することである。[**2.**]の例でいえば，専門家Aによるクイズ問題集の1.0版をリリースすることに相当する。「連鎖」では，公開された知識源に対して，参加者がSNSなどのコミュニケーションメディアを使って，引用したり，参考情報をリンクさせたり，気づきや自分の意見やコメントを書き加えたりなどの操作を行い，知識源とコミュニケーションメディアの情報源の間のつながりを増やしていく。[**2.**]の例でいえば，専門家BやCが自らの意見を，ブログやSNSを使って表明することに相当する。これら追加された意見表明は元の知識源と一緒に第三者に公開されるので，クイズ問題集のバージョンとしては，1.1, 1.2, 1.3…となっていくとみなすことができる。「選別」では，連鎖によって情報源や知識源に追加されたリンク情報に対してある指標を与えて計数化させ，個々の情報源や知識源の価値を評価し序列化する。[**2.**]の例でいえば，第三者の参加者が，元のクイズ問題や専門家BやCの意見に対して，「いいね」，「参考になった」などの評価を追加していくことになる。「体系化」では，選別され評価された情報源や知識源に対して，新たな見直しを行い，再体系化をする。これは，次の公開ステップにつながる。[**2.**]の例でいえば，専門家Aが，1.0版に対するさまざまな参加者からの意見を反映して，2.0版を作成することになる。

このような集合知形成プロセスを実現するには，**図5**に示すように，学習支援システムを第三者からの追加や批評を受容するオープン型モデルに改変する必要がある。例えば，現在のクイズ問題は，(問題，正解＋理由)の2組で構成されているが，これを(外部追記型の条件，問題，正解＋理由，外部評価)の4組に拡張する必要がある。専門家BやCの指摘は，「外部追記型の条件」として，専門家Aの作成したクイズ問題の中に直接追記できるようにする。図5では，追記の例として，専門家Bが追記した品種と栽培方法の細分化の追加記述と，専門家Cが追記した産地Aにおける捨て果実戦略の追加記述がある。一方，「外部評価」とは，専門家だけでなく一般の参加者による，個々のクイズ問題に対する評価(例：「いいね」，「役に立った」)を加えていく仕組みである。

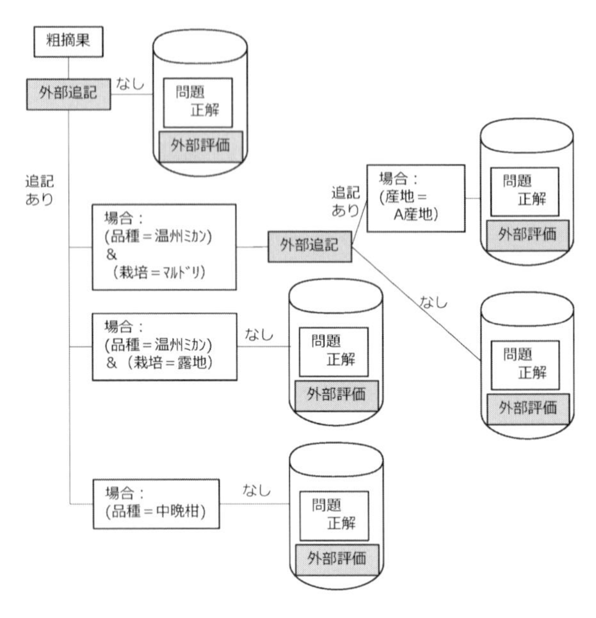

図5　オープン型のAI農業のモデル

4. 技能継承手法の比較

本項では，技能継承の実現方法として，AI農業と最近注目されている他の手法の比較を行う。まず，AI農業については，本稿ではクイズ形式による学習支援システムを例示したが，同システム以外の実現形態も当然考えられる。特にWeb 2.0に基づくAI農業の実現方法としては，[**3.**]で紹介した，ある専門家が元のコンテンツを公開し，それに対して他の専門家が追記していくモデルの他にも，Slack

表1 技能継承手法の比較

	概要	メリット	デメリット
AI農業	技能を形式知化し、教育ツールとして提供	形式知が蓄積される	人の育成に時間がかかる
ディープラーニング	技能を深層学習し、人はAIの指示で単純作業員化	技能習得が不要になる	実用化までに時間がかかる
遠隔農業指導	人は遠隔からの専門家の指示で単純作業員化	技能習得が簡単になる	指導する専門家が不足する

のようにチャット機能をベースに整理，検索機能を提供することでフロー情報をそのまま知識ベース化していくアプローチもあるし，Wikipediaのように不特定多数の専門家が同等の立場で，項目ごとに追記，改変を重ねていくモデルもあるので，今後も，さまざまな発展の可能性が希求されていくことになる。

AI農業は，人手によって専門家の暗黙知を形式知化する。しかし，近年では，GPUの計算能力の飛躍的向上を使ったディープラーニングに代表されるようなパターン処理のアルゴリズムやその応用が注目されている[7]。また，4K対応ビデオカメラが普及期になり，8K対応やスマートフォン搭載が今後進むと，いつでもどこでも臨場感のある遠隔ビデオ会議が可能になる。これも技能継承の今後に影響を与える。今後の解決方向としては，AI農業，ディープラーニング，遠隔農業指導の3つがあると思われる。3つの手法を**表1**に比較している。

AI農業は，継承すべき技能を形式知化し，それを使って人を教育する手法である。そのメリットは，技能の形式知が蓄積されること，デメリットは，人の育成に時間がかかることである。どれほど素晴らしい教育用ツールが与えられても，学習者が専門家になるには，それなりの習得期間が必要である。

ディープラーニングは，継承すべき技能を人間の代わりにAIで計算機に学習させる手法である。ひとたび実現されれば，人間はAIの指示で単純作業をすればよいので，人間自身が技能継承しなくてもよい。例えば，摘果の例でいえば，人間がカンキツの枝にカメラを向けて撮影すると，AIがその画像を処理して「この実とその実を取ってください」と指示してくれるとしたら，人間は摘果に関する知識は一切なくてもその指示に従って作業できてしまう。このメリットは，ひとたび実現できれば，誰でもできる単純作業に転換できることであり，デメリットは，あらゆる作業に適用するには，まだ実用化に当分時間がかかることである。[**2.**]で述べたように，摘果のクイズ問題を解くのに，クイズ問題だけから判断すると，複数の異なる正解が存在することになる。正しく正解するには，クイズ問題とともに，その背後にあるさまざまな前提条件を理解させる必要がある。それらも含めてディープラーニングをさせようとすると，この前提条件の部分もAIに渡さなくてはならない。しかし，単にカンキツの枝の画像とその正解を渡すのとは異なり，前提条件の部分をどのような形でAIに渡すべきかが困難な課題である。また，ディープラーニングは，一般的に数十万から数百万の例題を必要とするが，カンキツの写真をとり正解を示すという作業を数十万以上の回数行うことの困難さも大きな課題であるので，実用化には当分時間がかかると思われる。ディープラーニングの実用化は，単純に写真だけから判断できるような領域(例：ある実が病気かどうかを外観から判断する)で先行すると思われる。

遠隔農業支援は，4Kや8K対応ビデオカメラで臨場感のある映像のやりとりで，現場の作業者が遠隔にいる専門家から指導を受ける方法である。このメリットは，専門家が確保できればすぐに実現可能な点である。一方，デメリットは，専門家の不足である。今でも，産地では，県の普及指導員やJAの営農指導員は，農業者200～300人に1人の割合で配置されている場合が多く，専門家の時間を時分割したら，農業者1人当たり5分の割り当てのような状況になりかねないことである。したがって，遠隔農業支援は，重大な病気や害虫の発生の判断など緊急を要する事案に限定しての利用などの制限をつけて展開するのが望ましい。

5. まとめ

本稿では，技能継承の今度の発展について概観した。AI 農業については，Web 2.0 に基づくオープン型のモデルへの発展が知識源の継続的な増殖や保守の課題解決をすると期待される。AI 農業に加え，適用領域を限定したディープラーニングによる実現や，限られた専門家を圃場まで行く時間を節約し，重要な事案に限定して問題解決にあたってもらう仕組みとしての遠隔農業支援を組み合わせていくことが，今後の方向となると思われる。

文　献

1）野中郁次郎，竹内弘高，梅本勝博：知識創造企業，東洋経済新報社(1996).

2）神成淳司：IT と熟練農家の技で稼ぐ AI 農業，日経 BP 社(2017).

3）T. O'Reilly : What is Web 2.0(2005).
http://www.oreillynet.com/pub/a/oreilly/tim/news/2005/09/30/what-is-Web 2.0.html

4）神成淳司，久寿居大，工藤正博，小野雄太郎，沼野なぎさ，神谷俊之，島津秀雄：AI(Agri-Informatics)に基づく学習支援システムの研究開発，人工知能学会誌，**30**(2)，174–181(2015).

5）実践的な農業知識の習得を支援する「NEC 農業学習サービス」を提供開始―「GAP」「有機 JAS」「HACCP」の理解促進を ICT で支援.
https://www.nec-solutioninnovators.co.jp/press/20180925/index.html

6）島津秀雄，小池晋一：ナレッジマネジメント：KM 再考：Web 2.0 時代のナレッジマネジメント，情報処理，連載，**47**(7)(2006).

7）Google official blog : Using large-scale brain simulations for machine learning and AI.
https://googleblog. blogspot.jp/2012/06/using-large-scale-brain-simulations-for.html

コラム 4

施設野菜経営における データ活用による競争力強化

株式会社浅井農園　浅井　雄一郎

㈱浅井農園の概要

㈱浅井農園は三重県津市において，1907 年の創業から百余年にわたり緑花木の生産を生業としてきた。2008 年より第二創業として太陽光利用型ハウスにおけるミニトマトの生産を開始した。事業開始当初からハウス内の温度や湿度，CO_2 濃度等を常時センシングして最適環境に制御するオランダの複合環境制御システムの導入により植物体地上部環境の最適化を実現するとともに，ロックウール培地を用いた養液システムおよび排液リサイクルシステムの導入により植物体地下部環境の最適化に取り組んできた。植物体の地上部と地下部両方の環境を最適化することで生産量を最大化している。ミニトマト事業開始から 10 年で，生産面積は自社直営農場 1.6 ha，グループ会社農場 7.2 ha，生産委託農場 3.4 ha と合計 12 ha を超え，国内でも有数の経営規模に成長した。これらの圃場を管理する生産チームは，パートタイムのクルーを中心にグループ全体で 300 名を超えており，地域に新たな働く場所と機会を創出している。

生産されたミニトマトは，グローバル GAP を取得した自社出荷施設（図 1，図 2）で丁寧に選別，検品，梱包された後，市場を介さず，直接全国の量販店や外食店，ホテル，生協等に出荷している。自社で全国流通販売網を構築することにより，顧客との距離が近くなり，顧客のニーズが収集しやすくなる。また，収集した顧客ニーズに基づき，研究開発チームは新しい品種開発や商品開発に取り組む。浅井農園では研究開発から生産，流通，加工（一部のみ）まで一貫した強い農業バリューチェーンを構築することにより収益性の高い農業モデルの開発に取り組んでいる。

また，浅井農園は「常に現場を科学する研究開発型の農業カンパニー」をスローガンに，すべてのクルーが一丸となり，施設園芸分野において新たな品種開発や高度栽培管理技術，先進的な AI や農作業ロボット等に関する研究開発に取り組むことで，ただの作業者ではなく，農業者であり，科学者でもある「アグロノミスト（農学士）」集団になることを目指している。本稿では浅井農園におけるデータ活用による生産性向上など農業生産現場における業務改善の取組みについて説明する。

図 1　本社出荷施設と研究棟

図 2　ハウス内部の様子

データ活用の目的

浅井農園の農業生産現場におけるデータ活用には大きく3つの目的がある。第一の目的は「見える化」である。我が国における従来の主な農業経営体は個人もしくは家族であったため，農業者自身の頭の中だけで栽培計画から振り返りまでのPDCAサイクルを自己完結できた。しかし，浅井農園のように数百名のスタッフが協働して農産物を生産，アウトプットをしていく組織的農業においては，自分たちの組織の存在意義やどこに向かうのかといった経営理念やビジョンの共有から始まり，各事業部門における事業計画やKPI等の目標管理，業務進捗管理，評価制度，業務改善に到るまで組織内部でPDCAサイクルを高速に回転させていくために農業経営におけるさまざまな数値の「見える化」が必要なのである。これまで漠然と頭の中で考えていたこと，感覚的に捉えていた情報，暗黙知となっていた情報を，各種センサを用いて自動的にリアルタイムでモニタリングを行ったり，ITシステムの導入により効率的に情報処理を行い分析することで，暗黙知として埋もれてしまっていた情報やノウハウ等を形式知化し，組織に属する仲間全員で共有することが可能になる。

次に，データ活用の第二の目的が「業務改善」である。「見える化」によりさまざまな情報が明示され，共有できるようになると，それらの情報を活用して各生産現場における業務改善が可能になる。例えば，浅井農園のトマト生産ハウスでは，ハウス内の栽培環境や植物体の状態，作業進捗状況などが，「正常」な状態なのか，それとも「異常」な状態なのかをリアルタイムで確認することが可能になっている。ハウス内環境については複合環境制御システムを用いてリアルタイムでモニタリングし，植物体については定期的な生育調査やクロロフィル蛍光測定など植物体生育診断により「異常」を早期に検知する。また，労務管理システムの導入により，作業データをリアルタイムで収集，分析することにより，作業計画通りに進捗しているか，すべてのスタッフの1時間当たりの作業量や生産性などを管理することができ，作業遅れの防止や，スタッフ教育，目標管理，人事評価などに活用することができる。これらのデータ活用は，自分たち独自の基準に対して，「異常」や「課題」を早期に発見して，最適な状態に改善を実施していくための活動である。

最後に，データ活用の第三の目的が「予測」である。農業生産現場における「見える化」と「業務改善」を繰り返していくと，過去の膨大なビッグデータと経験値としての業務改善ノウハウが蓄積してくる。これらの経験データを基にして，未来に起こりうるさまざまなリスクを「予測」し，未然にそれらを防ぐための「予防」のアクションへと発展させていく。この「予測」については，浅井農園においてもまだ開発段階であるが，データ解析能力の向上やAIの活用等により，実用化される日は近いと考えている。

データ活用による生産性向上の取組み

生産性とは，経済学における生産活動に対する構成要素の寄与度あるいは資源から付加価値を生み出す際の効率の程度のことであり，生産性向上の取組みはより少ないインプット(資本や労働等)からより多くのアウトプット(価値)を生み出す活動である。ミニトマトは，野菜の中でも特に多くの労働力を必要とする生産品目であることから労働生産性に着目し，果実品質を維持しながら単位面積当たりの生産量を最大化および最適化し，単位面積当たりの作業時間を最小化することを目標として下記のような取組みを実施した。その結果，ミニトマト生産量は10 a当たり27トンと全国平均の3倍以上を達成し，労働時間においても事業開始直後に比べて約50%削減することに成功した。

① ミニトマトの生産量最大化の取組み

- 多収量性トマト品種の開発および品種に適した栽培管理技術の確立
- 高軒高ハウスにおける光利用効率最大化と施設環境制御技術(地上部・地下部)の確立
- 栽培環境計測および植物体生育計測による生育状態の見える化と最適化　など

② ミニトマトの労働時間最小化の取組み

- 全作業が胸の高さ，両手で実施できる設備仕様設計，高生産性オペレーションの確立(**図3，図4**)
- 労務管理システムの導入による作業進捗管理と目標管理，評価方法の確立
- 全圃場におけるGlobal GAP認証の取得，5S活動や業務の標準化による作業の効率化など

図３　高所作業の様子

図４　摘葉作業の様子

今後のデータ活用型農業の展望

ミニトマト生産事業開始から10年が経過し，生産現場における「見える化」による課題発見と「業務改善」による課題解決に取り組みながら生産性向上を実現してきた。今後の展望として，数年前から企業との共同研究によりトマトの収穫作業などを行う農作業ロボットの開発に取り組んでおり，それらの実用化に向けてさらに実証を加速させている。農作業ロボット導入による機械化，自動化が実現すれば昼間だけでなくこれまで利用できなかった夜間も作業を進めることができる上，ロボットの作業量を調整することでヒトの作業量の平準化にも役立ち，また大幅に労働力を削減する事が可能になるであろう。ヒトとロボットが協働する未来型の農業生産現場において，そこに本稿で述べたデータ活用の仕組みが本格的に機能すると考えられる。つまり，これまでヒトが頭の中で考えていた事を，「見える化」して，システム化することができれば，それらの情報，システムをAIとして搭載された農作業ロボットは栽培現場で最適な作業を遂行できる可能性が高いと考えられる。

世界の人口は，2050年には100億人に達すると予想されている中，人類の食糧生産システムにおける持続可能性の観点からも農業現場における生産性向上の取組みは重要であり，工業分野で優れた技術，競争力を有する企業の多い我が国が貢献できる余地は大いにあると期待している。

第３編

農業データ連携基盤

農業データ連携基盤の現状と今後

慶應義塾大学　神成　淳司

1. はじめに

あらゆるデータがつながることで多様な価値観や社会変革を促そうとするSociety 5.0への取組みが進められる中，防災，インフラ，モノ創りなどさまざまな分野における「データ連携基盤」の構築が検討されている[1)2)]。「データ連携基盤」とは，主としてインターネット上に構築される，当該分野に関する多様なデータを連携させ，データ利活用を図る場であり，Society 5.0推進の基盤となる存在と位置づけられる。Society 5.0の推進主体としての研究開発が進められる「戦略的イノベーション創造プログラム（SIP）」では，2014年度から実施された第1期研究開発において，分野毎，分野間でのデータ連携基盤に関する検討が進められてきた[3)]。

この検討を踏まえ，SIP第1期の課題である「次世代農林水産業創造技術」の一環として，平成28年度より新たに実施されたのが，「農業データ連携基盤」（通称，WAGRI。以下，WAGRIと略記）である[4)]。WAGRIは，我が国農業分野の基盤を担うことが期待されるデータプラットフォームとして構築されてきた[5)]。本稿では，WAGRIの概要と今後の可能性についてまとめる。

2. データ流通時代の到来

ネットワークインフラの整備やクラウド技術の進展により，すでにクラウド等を活用したデータ流通は世界的なトレンドである。世界規模でこの流れを牽引する4大企業と呼称されるGAFA（Google，Apple，Facebook，Amazon）は，他を圧倒する個人データを収集し，さまざまな分野の経済活動に大きな影響を与えている。このような流れを受け，2014年に，我が国政府のIT総合戦略本部において，「農業情報創成・流通促進戦略」が閣議決定され，農業分野におけるデータ利活用を関係各省が連携して進める体制が整備された[6)]。この戦略には，農地台帳の整備など，既存の農林水産分野の取組みにおけるデータ集約や利活用を図るとともに，多様な農業関連データの標準化，ならびに利活用を促進するためのポータビリティ，インターオペラビリティの推進が示されており，関係する会議体や各省の施策により具体的な取組みが進められてきた（本書第1編第1章～第3章参照）。

データ利活用を推進する際に重要なのは，データのポータビリティとインターオペラビリティである。データのポータビリティとは，あるサービスが特定の利用者について蓄積したデータを，そのサービス以外の異なるサービスに移動可能であることを意味している。また，データのインターオペラビリティは，多様な事業者をまたいでデータの利活用を図る際に，異なる事業者が収集したデータであっても相互に連携させたり，異なるサービス上でデータが利活用可能であったりすることを意味している。この傾向は世界的な潮流であり，プライバシー保護に関する議論が進められているEUにおいては，2018年5月に施行された一般データ保護規則（GDPR；General Data Protection Regulation）により，個人に関するデータのポータビリティ権として両者が明記され，EU域内の個人データを取り扱う全事業者について準拠が義務づけられている[7)]。GDPRは，EU域内の個人データを取り扱う限り，EU域外が主たる活動領域である事業者であっても準拠が義務づけられている。EUで活動するあらゆる組織は，データ流通を前提に，事業戦略，サービス提供を組み立てなければならない。

この傾向をさらに加速化させているのが，オープンデータに関する取組みの高まりである。オープンデータとは，誰でも自由に使えて再利用もでき，かつ誰にでも再配布できるようなデータを指す。さま

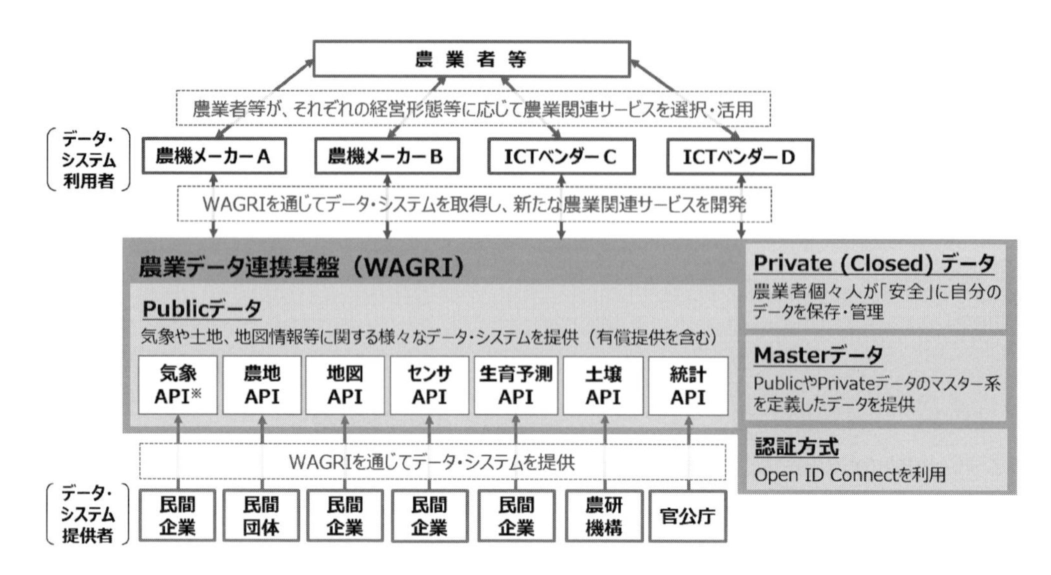

図1　農業データ連携基盤

ざまなデータをオープンデータとして公開する取組みが主に科学技術分野において以前から進められており，上述したデータ流通の流れなどを受け，さらに加速化している。具体的には，政府や自治体が収集・整備したデータをオープンデータとして提供するというものが，2010年前後から世界各国において進められてきた。我が国においても，2012年に，やはり政府のIT総合戦略本部が「電子行政オープンデータ戦略」を策定[8]し，政府が保有している多様なデータのオープンデータ化を推進するとともに，地方自治体における取組みを促進してきた。さらに，2016年には，オープンデータの推進や各種手続きのオンライン化などの取組み推進に関する計画策定を全都道府県に義務づける「官民データ活用推進基本法」が施行され，我が国全体でのオープンデータに向けた取組みが進められてきた[9]。

3. WAGRI

3.1　WAGRIとは

すでに本書においてもさまざまな取組みが紹介されているように，スマート農業の進展に伴い，農業分野におけるデータ利活用は全世界的に広まってきており，インターネットを介した，いわゆるクラウドサービスも珍しいものではなくなってきている。このうちいくつかのサービスにおいては，企業を越えたサービスやデータの連携が図られているものの，多くのサービスは未だ他サービスとのデータ連携が図られていない，各組織独自のソリューションを展開するもので，独自フォーマットを用いているため他のサービスとデータを比較することすら困難であるものも存在している。

この状況に対し，取組みが開始されたのが，WAGRI*1である。WAGRIとは，日本を意味する「和(WA)」，さまざまなものが連携する「輪(WA)」と農業を意味する「AGRI」を組み合わせた造語である。WAGRIとは，インターネット(クラウド)上に構築された，農業に関する多様な情報の流通を実施するためのハブとなる基盤である(**図1**)。この取組みは，内閣府の戦略的イノベーション創造プログラム(SIP)「次世代農林水産業創造技術」の一環として，2016年3月に開催された政府の未来投資会議において発表された。そして，具体的な推進体制である研究コンソーシアムが，農業生産法人，農機メーカ，ICTベンダー，大学や研究機関など23組織が参加して2017年5月に設立された。その後，2017年12月にはプロトタイプが稼働を開始し，2018年4月より全国各地の圃場での実証を経て，現在に至っている。WAGRIにより，我が国農業分野におけるデータ流通を加速させ，多くの農業者がデータを当たり前のように利用する状態を早期に実現するとともに，今まで農業分野とはあまり関わりがなかった，

＊1　https://wagri.net/

表1　提供されるデータの一例

データ・システム	内容	提供元
肥料	肥料登録銘柄情報	農林水産消費安全技術センター(FAMIC)
農薬	農薬登録情報	農林水産消費安全技術センター(FAMIC)
地図	地図データ，航空写真の画像データ	NTT 空間情報
農地	農地の区画情報(筆ポリゴン)	農林水産省
	農地の区画形状，用排水の整備状況等(ほ区ポリゴン)	農林水産省
	農地の緯度経度情報(農地ピンデータ)	全国農業会議所
気象	最長3日先までの気象情報(1 km メッシュ)	ハレックス
	最長26日先までの気象情報(1 km メッシュ)	ライフビジネスウェザー
	府県などの広域な気象情報	気象庁
生育予測	水稲の生育予測システム	ビジョンテック
土壌	土壌の種類や分布が分かるデジタル土壌図	農研機構
その他	手書き文字認識システム	EduLab

AI分野のベンチャー企業などの多様な組織が農業分野に参入する基盤を提供することで，農業分野全体の活性化を促すことが期待される。そのために，WAGRIには，次の3つの機能が実装されている。

第一に，さまざまな農業ICTサービス，農業機械，あるいは圃場に設置されたセンサデータなど農業に関わる多様なデータが，農業ICTベンダーなどの組織の壁を越え，異なるシステム間でのデータ連携や活用を実現する「データ連携機能」である。WAGRIに参加する企業や組織は，自分たちが保有するデータやサービスを，WAGRIを介して他の企業や組織へ提供したり，その逆に他者のものを活用したりできる。さまざまなデータやサービスを連携させるハブとしての機能である。

具体的には，農林水産省が整備してきたさまざまなデータベースや，国立研究開発法人農業・食品産業技術総合研究機構(以下，農研機構)における水稲の生育予測等の多様な研究成果に加え，病害虫や雑草，気象予測やAIの活用，さらには音声認識なども検討されており，2018年度には一部地域において先駆的な活用が，地域全体で作物の生育状況データを共有するといった取組みとともに進められてきた。なお，提供されるサービスが有償であるかそれとも無償であるかは，サービスの提供側が決定する。利用側は，サービスの内容を踏まえ，有償のものを利用するのか，それとも無償とするのかを選択することが可能である。

第二に，農林水産省などの公的機関，農研機構などの研究機関や大学，そして民間企業などの組織が保有する多様なデータを蓄積し，農業データ連携基盤に参加する企業や組織へと提供する「データ提供機能」である。すでに農林水産省等の関連省庁や農研機構，あるいは研究コンソーシアム参加企業は，保有データのWAGRI上への提供を順次進めている。具体的には，地図，気象，土壌，肥料，病害虫，そして市況データ等の各種統計情報などである。また，その中には，例えば，地図や気象データなど，公的機関が提供する無償のものと，主に民間企業が提供する有償のものの双方が存在しており，目的に応じたデータ活用がコンソーシアム内で進められている。**表1**に，提供されているデータの例を示す[*2]。

第三に，一定のルールに基づき，農業者個々人のデータの共有や比較が可能となる「データ共有機能」である。個々の参加組織が，自分たちのデータを安全に蓄積し，管理運営が可能な場所(領域)を，WAGRI上に構築する。これによって，個々の組織は，自分たちの判断に基づきデータを保護し，また必要に応じ，特定利用者等とのデータ共有を実施することが可能だ。この機能により，例えば，生産部

*2　取得可能なデータやシステムの最新状況は，農業データ連携基盤のWebを参照(https://wagri.net/)。

会内での栽培データの共有などが着実に進むことが予想される。

従来，このような取組みは提唱されることはあっても，具現化するためには既存システムの改修を含めた莫大なコストが必要とされるために実現は不可能と思われてきた。それに対し，WAGRIは，Dynamic APIという手法を用い，個々の組織が既に保有する多様なシステムやサービスの改修を，接続に要する最低限度の範囲に狭めることで，費用を大幅に抑制しつつ，全世界的な情報流通の流れを踏まえた短期間でのプロトタイプ稼動が実現されたのである(本書第3編第1章第3節参照)。

国内各地では，SIPの取組みの一環として先駆的な実証が進められている。今後の農業分野におけるデータ利活用の方向性の1つである各種手続きのオンライン化に関する実証(本書第3編第1章第2節参照)や，地域全体での情報連携を推進する実証(本書第3編第2章第2節，同第5節参照)など実際の圃場における取組みに加え，研究成果の新たな社会実装手法として，データ提供機能を活用した取組み(本書第3編第2章第3節，同第4節，同6節参照)も進められている。研究成果を論文として発表することに加え，研究成果として得られたデータや構築されたサービスを，前述のデータ提供機能を用いてWAGRI上へ提供するというこれら取組みは，研究成果を社会実装する新たな手段として広く利用されることが期待される。

3.2　本格稼動に向けて

2017年8月，プロトタイプ稼動に先立ち，WAGRIを，SIP研究コンソーシアム以外の多様な組織に活用いただくことを目的とした，農業データ連携基盤協議会(以下，協議会)が設立された。プロジェクトの社会実装を見据えた場づくりとしての協議会は，プロジェクトの最終段階において設立されることが多い。一方，本協議会は，本格稼働の1年半以上前に設立され，2018年4月から協議会会員へのWAGRIの試験的な利用機会提供が開始されている。研究期間内であり，十分なサポート体制が準備できていないため，新規利用開始が，毎月5組織程度と限定されているものの，着実に利用組織は増加し，さまざまなソリューションが展開されている。協議会会員数も，2018年10月時点において250を超え，今後の展開が期待される。

データ提供や利用の際に用いる規約や各種ガイドラインの整備も重要な課題である。データ提供と利用に関する規約などは実証実験に先立ち，整備済みであるが，世界的なデータ流通における取組みの拡大を受け，前述したEUの一般データ保護規則(GDPR)や我が国の不正競争防止法(2018年改訂)などへの対応も求められている。米国ではデータ流通におけるプラットフォームの役割と責務に関する議論がFacebookやTwitter，YouTubeなどのプラットフォーマーを対象に繰り広げられている。これら動向も踏まえ，適切なデータ流通を支える基盤としての対応を継続的に進めることが望ましい。

4. 今後の展開

2018年10月，農研機構は，WAGRIの本格稼働に向けた体制整備として，農業情報研究センターを設立した。プラットフォーム運営に求められる持続性と中立性が備わった体制整備により，参加組織もさらに拡大し，まさに我が国農業を支える基盤としての発展が期待される。

WAGRIを知らない農業者も未だ数多い。2018年には，農林水産省によりWAGRIの説明会が全国で開催されたことで名称自身は徐々に知られるようになってきているものの，具体的にどのようなもので，どのように日々の農作業が変わっていくのかをイメージできる人はごく限られている。WAGRIがどのような変化をもたらすのかを具体的に農業者に示すことで，利用の裾野を広げていくことが求められるだろう。その一方で，諸外国の動きも急速であり，後れを取らずに推進することも重要である。

EUは，農業プラットフォームに関する取組みIoF2020(Internet of Food and Farm 2020)を開始している[10]。ワーヘニンゲン大学が中核となり，2017年～2020年までの4年間で，約42億円の投資により，5分野19件の先駆的取組みを推進し，プラットフォームの普及を図る。この他にも欧州や米国ではさまざまなプラットフォーム型サービスが手がけられようとしている。今後，これらの取組みと必要に応じ連携を図りつつ，国際標準等も視野に入れ，WAGRI自身の国際展開を含めた取組みを進めていかなければならない。さらに，これら競合のプラットフォームとの差別化要因として，我が国農業の特色である高品質・高付加価値化を進展させるために，農研機構に加え，理化学研究所や静岡のAOI-PARC等の研究拠点と連携するとともに，多様な情報を取り扱う情報銀行や，我が国初のデータ取引市場としての展開が期待される。

文　献

1) 紅林徹也：Society 5.0の実現に向けたプラットフォームのあり方，経営の科学，**61**(9), 568–574(2016).

2) 内閣府：Society 5.0.
http://www8.cao.go.jp/cstp/society5_0/index.html

3) 内閣府：分野間データ連携基盤の整備に向けた方針案.
http://www8.cao.go.jp/cstp/tyousakai/datarenkei/3kai/siryo1.pdf

4) 神成淳司：農業データ連携基盤の展開と未来図，技術と普及，全国農業改良普及職員協議会機関誌，**54**(12), 24–26(2017).

5) 内閣府政策統括官(科学技術・イノベーション担当)：次世代農林水産業創造技術.
http://www8.cao.go.jp/cstp/gaiyo/sip/keikaku/9_nougyou.pdf

6) 高度情報通信ネットワーク社会推進戦略本部(IT総合戦略本部)：農業情報創成・流通促進戦略.
https://www.kantei.go.jp/jp/singi/it2/kettei/pdf/senryakuzenbun_140603.pdf

7) EU GDPR : EU GDPR.org.
https://eugdpr.org/

8) 高度情報通信ネットワーク社会推進戦略本部(IT総合戦略本部)：電子行政オープンデータ戦略.
https://www.kantei.go.jp/jp/singi/it2/pdf/120704_siryou2.pdf

9) 官民データ活用推進基本法.
https://www.kantei.go.jp/jp/singi/it2/hourei/detakatsuyo_honbun.html

10) IoF2020 : Internet of Food and Farm 2020.
https://www.iof2020.eu/

第１節　海外における農業 IoT 活用事例

慶應義塾大学　中島　伸彦

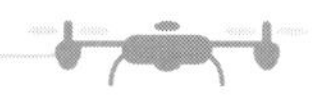

1. はじめに

我が国においても，㈱クボタ，ヤンマー㈱，井関農機㈱をはじめとする農機メーカーや富士通㈱，日本電気㈱などの IT ベンダーをはじめとして，さまざまな事業主体が農業に対して IoT の活用を進めてきている。

海外においても数多くの IoT が活用されており，精密農業（Precision agriculture）と呼ばれている。

北米においては過去 10 年で大きく精密農業が大きく成長しており，Roland Berger の推計によれば，北米の精密農場市場は 2014 年には約 14 億ドルで世界市場の半分以上を占めている。

その中でも特に利用されている精密農業技術は，**図１**に示すように GPS を活用したガイダンスやオートステアリング技術であり，世界最大の農業機械メーカーである米国 Deere & Company 社（ブランド名は John Deere）が世界で最初に GPS 情報を自動走行農機に活用した。

GPS によるガイダンスやオートステアリングは，資材販売店の推定によれば 2017 年には 60％の農家に導入されており，2020 年には 72％と大半の農家が活用すると予想されている。

次に普及率が高いのは，グリッド/ゾーン土壌サンプリングおよび収量モニタリングで，2017 年には，すでに 40％以上がこれらの技術を導入してお

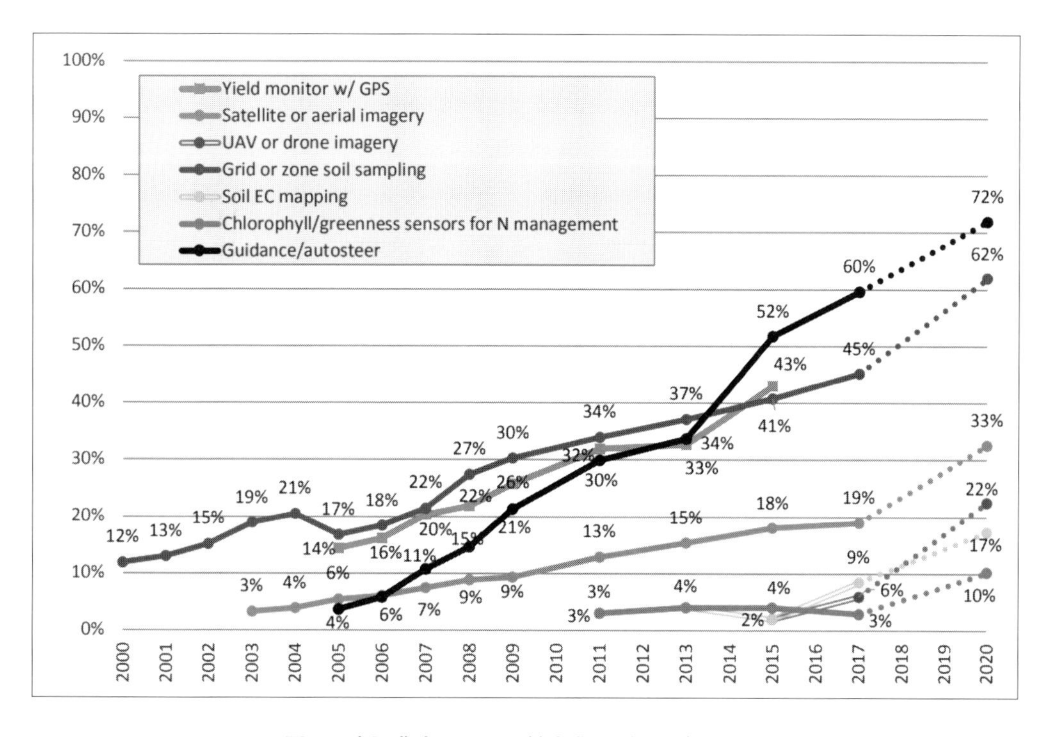

図１　米国農家における精密農業利用率（推定値）

出典：Purdue University, Precision Agricultural Services Dealership Survey Results（2007）

図2　Deere & Company 社の営農管理システム MyJohnDeere

り，今後急速に成長すると予想されている。

さらには，圃場内のエリアごとに種や肥料などの投入を可変に管理，調整する技術である可変作業技術(Variable rate technology ; VRT)も着実に増加する傾向で，石灰や肥料の散布ではすでに米国農家の4割が活用しており，2020年には5割を超えると予想されている。

MarketsandMarketsによれば，世界のVRTの市場は2017年～2022年にかけて年間9.65％で成長し，2022年には22億4000万米ドルの規模に成長すると予測されている。

これはVRTの費用対効果が高いためであり，肥料の可変散布においては販売店の8割が初期導入費用およびランニングコストを超えた効果があると答えている。

VRTは，マップベースと呼ばれる地図に基づいて事前に設定する方法だけではなく，例えばトラクターによる耕運時に得られた土壌等の状態に合わせてリアルタイムに肥料等の散布を変化させるようなセンサーベースと呼ばれる技術も使われている。

2. 営農管理サービス

農業IoTには，これまでに述べてきたような自動運転やVRTおよびセンサといったハードウェア分野だけではなく，そうした機器やセンサから得られたデータ等を用いて圃場の情報や日々の農作業情報や成育情報を管理することで，営農にどのぐらいの時間やお金が掛かっていて，どのぐらいの作物が生み出されているのかが可視化される。さらには，作物ごとの作業時間やコスト，作業者ごとの効率性，圃場ごとの差異などを見える化することが可能であり，農作業の効率向上や生産性の向上につなげることができる。

こうした仕組みは営農管理システムと呼ばれ，例えば前述のDeere & Company社からは，**図2**のようにMyJohnDeere(マイ・ジョンディア)という名称で提供されている。

内容としては，農機・圃場・作業管理をするためのアプリおよびWebサービスであり，John Deere社の農機との連携だけでなく，他社のソフトウェアやアプリケーションなど，多くのサード・パーティーとの連携機能を備えている。

基本の利用量は無料。利用データが大きくなったり，コンサルティングを受ける際には，サービス単位で課金を行う。

こうした営農管理システムは，米国Deere & Company社やMonsanto Company社(現バイエル社)などのメジャー企業だけではなく，多くの新興企業によってもさまざまな農業管理のセンサやアプリケーションが開発されている。

例えばデータを活用した営農管理スタートアップのFarmLogsは，**図3**のような営農管理システムを提供している。料金プランは，ベーシックなプランは無料。月額約10ドルのエッセンシャルプラン以上で，農作業の自動記録や市況，農作業記録生成機能などが使用可能。月額約100ドルのプレミアムプランでは，衛星画像による農作物への脅威(病害虫や管理エラー)の通知機能がある。

こうした営農管理サービスの多くはクラウドベー

図3　FarmLogs のサービスと価格

スで，基本サービスは無料で利用可能となっている。これは，Deere & Company 社ではMyJohnDeereサービス単体での収益化が目的ではなく，自社農機を売るための重要な要素として位置づけられているためである。

では，営農管理サービスの差別化はどのように行われているのであろうか。

スペイン Hispatec 社の主力製品は ERPagro という農業用 ERP（Enterprise Resources Planning）システムであり，農場における生産管理から倉庫管理，取引状況，流通だけではなく，会計やファイナンスといった分野まで営農に関して一貫した管理が可能なシステムとなっている（図4）。ERPagro は，スペインの食品分野企業の市場トッププレイヤーに限ると 50％のシェアを有している。

Hispatec 社が本社を置いているスペインのアルメリア県は，オランダの後を追ってトマトやパプリカを施設栽培している地域である。平均 2.1 ha の農家が 15,000 件集まって約 30,000 ha の栽培面積を有する欧州最大規模の野菜の生産地となっており，衛星からもハッキリとビニールハウスの白い色が見え，プラスチックシーと呼ばれている。

スペインの後を追い上げてきているアフリカ等との競争を勝ち抜くためには，きちんとした品質を保った上で安価に安定供給をし続ける事が求められる。そのためには，G-GAP 等の認証を受けることが必須となる。スーパーなどの顧客からの要望も厳しく，G-GAP 認証を得なければ市場から締め出される。

Hispatec 社は非営利法人 Global GAP のパートナーでもあり，スペインにおける G-GAP 認証の監査プロセスには同社のソフトウェアも使われている。ERPagro には，G-GAP 認証を受ける際に必要な種苗，資材等サプライヤーを含めたすべての記録を行うことが可能となっている。

また，欧州は窒素汚染について規制が厳しく，状況を正確にモニタリングする必要があるために，スペインでは農作業の記録を取ることが義務化されており，生産者にとっては G-GAP に求められる作業内容の詳細記録に対するインセンティブがある。

さらには，選果場を運営している会社にも Hispatec 社のシステムが導入されており，生産者から運び込まれたトマトは生産者ごとに自動選果機で大きさや色・糖度などで 24 種類の企画に選別されて EU 中の消費地に出荷されていく（図5）。

アルメリア地方のトマトの競争力は，G-GAP 認証を取得した品質がしっかりとしたトマトが 24 種類もの規格毎に大量に安定供給され，しかもそのトレーサビリティーが高い次元で確保されており，データとしても提供可能なことである。

Hispatec 社の顧客がドイツ政府から病原性大腸

図4　ERPagro

図5　自動選果機

図6　商品情報が表示されている「7フレッシュ」の売り場

菌汚染の疑いを掛けられたことがあるが，ERPagroに記録されていたサプライチェーンの情報から原産地から小売までトレース可能情報が管理されており，他地域で生産されたことが分かり，無関係であることが証明された事例もあった。

こうした安全性に対する消費者のニーズは，食品安全性の事故が多発している中国においても非常に顕著であり，北京の生鮮食品販売店である「7フレッシュ」では，**図6**のようにモニターに産地・生産者・検疫情報・糖度などの商品情報が表示されている。こうした情報は，消費者からは単なる表示ではなく，重要な情報として認識されており，顧客はモニターを真剣に見ながら商品を選定している。

情報の開示により顧客の信頼を獲得する一方で，顧客に「商品情報の開示がない店はダメだ」という意識を持たせることによって顧客ロイヤリティーを高めている。

3. おわりに

このように海外における農業IoTは，GPSを利用した農機自動運転や種や肥料など資源投入を可変に管理調整するVRTによる生産性の向上やコスト削減から普及が始まり，圃場内の各種状況や作物の状況を取得する各種センサも活用した営農管理システムによる農業の見える化と効率や生産性の向上，さらにはG-GAP等の認証を活用した販売現場までの一貫したトレーサビリティーの確立と非常に幅広い分野に活用されてきている。

さらには，AI技術の活用による成育状況や病虫害情報の早期把握，データ連携基盤によるさらなる農業情報の活用などさまざまなIoT技術の萌芽が見られており，今後も農業分野におけるIoT技術の適用は一層進んでいくと考えられる。

第２節　データフォーマットと利活用

秋田県立大学　上原　宏

1. はじめに

農業データは，作物自体の品種特性や，生育状態，農作業管理に係るデータ，あるいは生育環境に係るデータなど非常に多様であり，知識処理を目的としてそれらをどのような構造でプラットフォーム化するかは，他の産業分野に比べても一筋縄ではいかない課題を内包している。

以下では，農業データ連携基盤のデータ構造について，まず全データに共通する基本的な考え方，基本データフォーマットについて述べる。続いて，空間情報を有するデータのデータ処理上の課題とそれを解決するためのデータ構造について述べ，最後にマスタデータの構造とその利得について，機械学習による知識処理の結果を含めて紹介する。

2. 農業データ連携基盤の基本データフォーマット

ビッグデータを単に膨大なデータと捉えるならば，決して新しい概念ではない。例えば，金融機関のオンラインシステムや公共交通機関の予約管理システムなどは，数千万のユーザーによるトランザクションを非常に高い信頼性のもとで管理するために長年運営されており，大量データの処理という意味で歴史あるプラットフォームである。こうしたトランザクション系データと現代のビッグデータとの大きな違いは，予測可能性にある。トランザクションは，プラットフォーム側であらかじめ厳密に定義されたデータフォーマットに従ってユーザーに入力要求した結果のみを扱うため，データは予見された状態で扱われる。一方，ビッグデータでは，異なる利用目的を念頭に生成された多様なデータを扱うため，プラットフォーム側がそうした多様性を吸収できる柔軟なデータ構造を有することが必要である。他の産業分野と比較しても，農業ビッグデータのデータ構造は多様性，予見の困難性がとりわけ大きい。プラットフォーム構築にあたっては，こうしたビッグデータの特性に対応し，かつ計算機によるさまざまな情報処理を容易化するようなシンプルなデータ型を採用することが重要である。

Json（JavaScript Object Notation）は，ビッグデータの複雑な構造にシンプルなデータ表現で対応できるデータ型であり，データの意味を表すキーと，キー値のペアを基本単位として，階層構造や配列構造を自由に表現することができる。Json は，ごく少数の記号ルールによって，あらゆるデータ構造を表現できることからビッグデータにおけるデファクト標準として普及が進んでいる。また，ビッグデータを管理するデータベースシステムも Json に準拠したものが開発されており，RDBMS のように取り込むデータをあらかじめ定義することなく，Json データ型のままで高速に保管，検索できる noSQL と呼ばれるデータベースが普及している。

農業データ連携基盤も，クラウド基盤上に noSQL データベースを構築し，主として Json に準拠したデータ型によるデータ管理を実現している。農業データは，大きく，気象，土壌，農地など地理空間との対応関係を持つものと，空間とは独立したものとに分けられる。以下，これらについて Json を基本データ型としてどのように構造化しているか，利得，課題，例外処理を含めて述べる。

3. 空間情報データ

地域特性を反映した栽培ルール，生育予測などの知識を農業ビッグデータから獲得するにあたっては，関連するデータがすべて同一地理空間において同期する必要がある。以下，農業地理空間を属性情報として有するデータについて述べる。

3.1　ポリゴンデータ

例えば，土壌データは数 km 単位で異なる特性を示し，また各特性に該当する地理空間は，非常に入り組んだ複雑な地形を示すため，膨大な地理空間情報が必要となる。**図１**は，数 km の土壌領域を Json で表現したものである。土壌特性を意味するテキストデータに続けて，小数点以下 14 桁の緯度経度の数字列が約 800 個並んでいる。このような膨大な数字列で全国の土壌をカバーするため，データ量は極めて膨大なものになる。1 単位の土壌データに含まれる緯度経度を頂点として線分で結ぶとその地形をポリゴン図形として表現できる。Json では，地理空間でのポリゴン図形表現等を目的とした標準的なデータ型 geoJson と呼ばれる規格があり，この規格に準拠することで，膨大な緯度経度列からなるデータ処理のパフォーマンスを向上することができる。

図２にその例を示す。この図は，農業データ連携基盤の筆ポリゴン（農地区画）を取得して標準的な GIS（地理情報システム）を用いて航空写真地図上にレイヤ表示したものである。

図２(a)はズームアウトした状態で，多くの筆ポリゴンが描画されている。筆は本来，矩形を単位とするが，円形で囲った部分のように部分的に三角形で描画されているものが見られる。図２(b)は同じポリゴンについてズームインした結果を示す。図２(a)と図２(b)で同一の番号は対応する筆ポリゴンである。ズームレベルを上げると，明らかに変形していた筆ポリゴンが本来の矩形に整形描画されていることがわかる。これは，GIS が geoJson データをブラウザ上に再描画する際に，ズームレベルに応じて描画に必要な緯度経度列の粒度を自動的に変えた結果である。すなわち，ズームレベルが低い（ズームアウト状態）ときには，多くの筆を描画する必要があり，ポリゴンデータ量が大きくなることから，筆単位当たりの緯度経度データ粒度を下げる。一方，ズームレベルが高い（ズームイン状態）ときには，描画対象の筆数が小さいため，筆単位の緯度経度データ粒度を上げるように調整する。こうした機能は，geoJson フォーマットを前提に多くの GIS ソフトウ

[{'PrefectureCode': '5', 'SoilName': 'グライ低地土', 'SoilLargeCode': 'F2',
'SoilMiddleCode': 'F2', 'SoilSmallCode': 'F2', 'Polygons': [{'Coordinates':
[{'Latitude': 39.94785327326453, 'Longitude': 139.94917032719306},
{'Latitude': 39.949492549091346, 'Longitude':
139.94972935120717}, {'Latitude': 39.95501187166544, 'Longitude':
139.95837164416596}, {'Latitude': 39.969037792875056,
'Longitude': 139.9794768313014}, {'Latitude': 39.98408389827826,
'Longitude': 140.00188628703512}, {'Latitude': 39.98971239136062,
'Longitude': 140.0109013059738

図１　Json での表現例

(a)

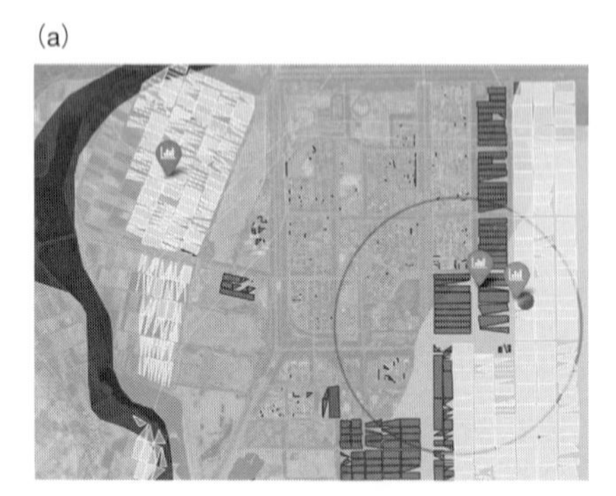

ポリゴンの粒度が低いため，欠けて見える。

(b)

ズームインすると自動的にポリゴン粒度が上がる
（歴然とした矩形表現となる）

※口絵参照

図２　レイヤ表示例

エアで実装されている機能である。このように，データ構造をJsonの標準規格に準拠させることは，クライアント側での描画処理パフォーマンスの向上などの利得をもたらす。

ただし，ポリゴンデータの描画処理にはGISおよびプログラミングに関するある程度の知識が必要となる。また，ポリゴン粒度を自動調整するとしても筆のように細かなポリゴン単位の描画では，なお多くのデータ量を要する。こうしたことから，geo-Jsonとは異なるデータ構造を必要に応じて利用可能とすることも有効である。

3.2　ラスタデータ

農業地理空間データの中には，微気象など，地理空間上にマッピングするにあたって実体としての地形情報を伴わないものがある。この場合，格子状に分割した地理空間（タイル）に各データ（微気象の各要素等）を割り当てておき，ユーザーからのリクエストに含まれる緯度経度に対応するタイルデータを返却するという方式で実現する。この場合は，扱うデータの地理空間上での粒度に対応してタイルの粒度（メッシュ粒度）を一定にする。地図タイルは一般に，航空写真地図のように，ユーザーが描画したいズームレベルに応じて，解像度を自動調整してイメージ描画するようなケースで利用される。異なる解像度での描画に対応できるよう，同一イメージについて異なる解像度，異なるメッシュ粒度のタイルをデータとして用意する。微気象の場合，農業地理空間上で表現するものは，あくまで気象データ，つまりイメージでなく数値データである。しかし，地形情報を持たない地理空間データに対してユーザーが他の地理空間データと同期して取得することを可能とするため，データの内部表現としてタイル構造を採用している。

タイル構造は，地理空間情報を適切な解像度でパフォーマンスよくイメージ描画する上で有効であり，前述のとおりこの目的で使われることの方が一般的である。農業データ連携基盤では，上記筆ポリゴンなど，緯度経度に係るデータ量が非常に大きいものについては，ベクタデータに加えてタイルデータに変換したデータ構造も用意している。取得したデータに何らかの演算を行い，データ解析をする目的にはベクタデータ形式を，ブラウザ等でパフォーマンスよく可視化する目的にはラスタデータ形式をというように目的に応じて選択的利用を可能としている。

4. マスタデータ

農業データには，数値データの他にテキストデータが含まれる。農作業記録，日誌，農業系新聞，およびSNS書き込み等，農業テキストは膨大であり，これらを計算機で処理することでさまざまな知識獲得が期待できる。しかし，農業語彙は，用語および表現の多様性から，そのままでは自然言語処理を適用することが難しい。農業データ連携基盤では農業語彙に関連するさまざまなマスタデータを整備することで，膨大なテキストデータの分類，トピック検出等の処理の容易化を目指している。以下，いくつかのマスタデータについて，テキストデータの知識処理への適用例とともに述べる。

4.1　作物語彙・農作業語彙

表1は，イネの種籾を播く作業に関する語彙の一覧である。同一作物に関する同一作業項目において多くのバリエーションがあることがわかる。また，これらの語彙には特定の作業対象や場所語彙を伴うものがある。計算機による通常の自然言語処理によると，例えば，“乾田直播”は，「乾田/直/播」という単語（形態素）列に分割認識され，本来の農業語彙の形をとどめることができない。また，これらの専門語彙をそのまま語彙認識するより，“イネの播種”というように上位カテゴリーで認識したほうが，場合によっては知識処理上有効な場合もある。そこで，農業テキストデータに自然言語処理を適用する際に，農業に関する専門語彙，およびそれらの上位カテゴリーを判定可能にする辞書（農業語彙辞書）を整備した[*1]。**図3**[*2]に，この辞書を用いて農業関連の過去記事5年分を類似する8つのトピックに分類したものを示す。

これは，農業語彙辞書にもとづいて，計算機によ

＊1　同辞書は，共通農業語彙“CAVOC”(http://www.cavoc.org/about.php)の農作物語彙体系（CVO），および農作業基本オントロジー（AAO）を階層化データとして移行したものである。

＊2　オープンソースpyLDAvis(https://github.com/bmabey/pyLDAvis)により潜在的ディリクレ分配法の適用結果を可視化した。

表１　イネの種籾を播く作業に関する語彙

作業 カテゴリー	作業名	行為	対象	副対象	場所	作物例
は種	は種	播く	種子			
は種	苗箱播種	播く	種子	育苗箱		イネ
は種	湛水直播	播く	種子		水田	イネ
は種	鉄コーティング直播	播く	鉄コーティング種子		水田	イネ
は種	乾田直播	播く	種子		乾田	イネ
は種	不耕起播種	播く	種子		不耕起圃場	イネ
は種	緑肥用種子播種	播く	緑肥用種子			
は種	苗床播種	播く		苗床		
は種	セルトレイ播種	播く				

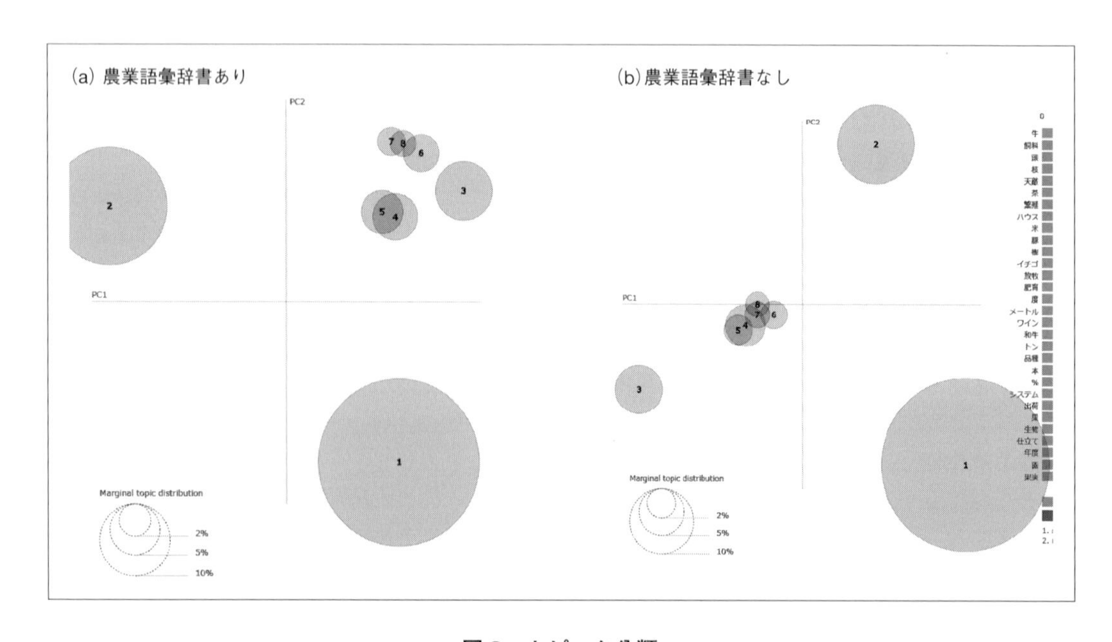

図３　トピック分類

る単語認識（形態素解析）を行った上で，記事文書ごとに混在しているトピックを，単語間の関係性から機械学習で自動的に分類したものである。トピック分類のための機械学習としては，潜在的ディリクレ分配法（LDA）を用いた。また比較の対象として，農業語彙辞書を用いずに同様なLDAでトピック分類した結果を図３(b)**に示した。図３(a)および(b)の各円がLDAで検出されたトピックである（円中の番号はLDAで自動的につけたトピック番号である）。また，円間の距離はトピック間類似度を，円の大きさはトピック分布を表す（円が大きいほど当該トピックの確率が大きい）。**表２**，**表３**に図３(a)，図３(b)のそれぞれの各円に分類された主な単語集合を示した。また同表の３列目“クラスラベル”には，単語集合に対してラベル付けしたトピック名を表記している。LDAは教師なし学習であり，分類トピック総数は任意の値をあらかじめ与えるともに，ラベル付けは人手による意味解釈にもとづいている。ここでは，トピック総数は８とした。

図３(a)では，８つのトピックが３つの領域に明確

表2　農業語彙辞書ありにおけるトピックの単語集合

トピック番号(構成比率)	主な出現語彙	主な出現語彙
1(53.7%)	イネ，米，ダイズ，は種，飼料，牛，圃場，施肥	稲作トピック
2(26.5%)	枝，樹，ブドウ，加温，ハウス，果実，定植，イチゴ，糖度，ジョイント，ミカン，せん定	果樹トピック
3(6.6%)	牛，頭，肥育，出品，飼料，繁殖，枝肉，感染，和牛	畜産トピック
4～8(13.2%)	豚，飼料，頭，牛，TMR，トウモロコシ，受精卵，受胎，鶏，ウイルス，感染	飼料・繁殖トピック

表3　農業語彙辞書なしにおけるトピックの単語集合

トピック番号(構成比率)	主な出現語彙	クラスラベル
1(69.7%)	米，ダイズ，播種，飼料，水稲，圃場，施肥	稲作トピック
2(14.3%)	枝，茶，ワイン，ブドウ，番茶，ハウス，果実，糖度，ミカン	果樹・茶トピック
3(5.4%)	牛，頭，豚，肥育，放牧，飼料，分娩，枝肉，牛舎，子牛発情，和牛	畜産・酪農トピック
4～8(10.6%)	飼料，鶏，卵，バラ，ハウス，ペレット，切り花，鉢，豚，放牧，天敵，アブラムシ，ワイン，小豆，サツマイモ	?

に分離されている。トピック1は表2の単語集合から稲作に関するトピックであると解釈できる。単語集合中の“ダイズ”とは転作作物の関係性，“牛”は飼料米としての関係性から同一トピックに分類されたものと考えられる。同様に，トピック2は果樹に関するトピックと解釈できる。作物名“ブドウ”，“イチゴ”，“ミカン”の他に，ジョイント，定植，糖度など，果樹栽培独特な単語が含まれる。トピック3～8はいずれもトピック確率が比較的小さいものであり，図中右上に集中している。トピック3は，“牛”，“和牛”，“肥育”，“繁殖”等畜産に関連するトピックを示している。トピック4～8はトピック確率が小さく，含まれる単語も比較的一貫性が乏しいが，例えば，4には“豚”，“牛”，“鳥”が，6には“牛”，“受精卵”，“受胎”，“鳥舎”など家畜に関する単語が多く出現することから，この領域は，畜産，家畜に関連するトピックの領域と解釈できる。

図3(b)も同様に8つのトピックに分類した結果を示しているが，図3(a)と比較すると，出現単語から一貫した意味解釈が可能なトピックが相対的に少ない。トピック1および3は，それぞれ水稲，畜産に関するトピックと解釈することができる。一方，2は果樹に関する語彙，“ブドウ”，“ミカン”と，“茶”が含まれ，果樹トピックとは解釈できない。また，中心部に位置するトピック4～8の語彙からは，一貫性のある解釈は困難である。また，図3(b)は，トピック1の確率が突出して大きいことを示しており，また水稲に所属する単語が，全記事の出現単語の約70%を占めることから，分類に大きな偏りが起きていることがわかる。

以上，農業語彙辞書が計算機による農業関連文書処理の精度向上に有効であることをLDAを例に示した。農業語彙辞書は，各語彙とその上位カテゴリーからなる階層構造の他に，語彙と密接に関連する他の語彙およびその語彙間の関連性に関する情報を保有している(表1の見出し“対象”，“副対象”，“場所")。このように語彙と語彙の関連性を利用することで，文書処理の性能をさらに向上させることが期待できる。

4.2　その他マスタデータ

農業データ連携基盤では，農業語彙辞書の他，農薬マスター，肥料マスター，イネ品種特性マスター等を用意し，細分化された専門用語の整備を併せて実施している。農業語彙辞書が語彙の階層関係，語彙間の関係属性を主とするのに対して，これらのマスターは専門用語の意味情報の正確な提供を主目的とする。例えば，イネ品種特性は，**表4**のとおり，約30種類の属性情報を有する。これらは，例えば各栽培ステージにおけるイネの状態を当該品種の標準的な特徴と比較評価する際のレファレンスとして利用することができる。

表4　イネ品種特性の属性情報

早晩性　熟期　草型　出穂期　成熟期　登熟日数　稈長　穂長　穂数　芒の多少　芒の長短　穎色　ふ先色　護穎色　脱粒性　耐倒伏性　耐冷性　耐干性　穂発芽性　葉いもち耐病性　穂いもち耐病性　白葉枯耐病性　縞葉枯耐病性　イネワイカ耐病性　紋枯耐病性　ごま葉枯耐病性　玄米収量　玄米千粒重　玄米品質　玄米等級　食味　蛋白質含有率　アミロース含有率

本稿では，農業データ連携基盤のデータフォーマットの基本的な考え方を述べた上で，空間情報データとマスタデータについて，それぞれに実装したデータ構造の特徴およびそれを用いたアプリケーションによるパフォーマンスを紹介した。農業データエンジニアリングでは，今後さまざまなアプリケーションが実用化されることが期待される。アプリケーションにより，求められるパフォーマンスは多様であり，それに応じてデータ構造も常に見直しが必要となる。農業データ連携基盤は，Json フォーマット，noSQL データベースを基本に将来のさまざまなニーズに応じて，データ構造を柔軟に変更，拡張できるようデータ構造を実現している。

第3節　API活用によるデータ連携

株式会社ネクストスケープ　小杉　智　株式会社ネクストスケープ　中川　弘一
株式会社ネクストスケープ　佐藤　拓也

1. 農業データ連携基盤(WAGRI)の機能

●データの連携・共有・提供

スマート農業の実現に向け，農業分野におけるICTの利活用事例が多数報告されている。一方で，垂直統合型の単独事業は，データやサービス単位での相互連携がなく，データの散在や形式のバラつきにより，効果的な活用ができていなかった。

農業データ連携基盤(以下，WAGRI)では，農業ICTの抱える課題を解決し，農業の担い手がデータを使って生産性向上や経営改善に挑戦できる環境を生み出すため，データの「連携」・「共有」・「提供」機能を備えている。

データ連携とは，国内のICTベンダー，農機メーカー，関係省庁，大学や研究機関の枠組みを超え，「各社が独自に持ち合わせている農機やセンサなどのデータが結びつくこと」である。1社の単独事業によるビジネスは商品やサービスを作ることで価値を生み出す一方，WAGRIは各社の「つながり」を生むだけでなく，取引やサービスを「創造する」ことで新たな価値を見出す。また，これまで競合となり得る企業同士であっても，WAGRIでのデータ連携を相互に可能とすることで，利用者の利便性は大きく向上し，将来的な自社製品の成長につながる。

次に，データ共有は「一定のガイドラインの下で，各社が待ち合わせているデータが共有可能となること」である。単体では活用限度のあるデータでも，組合せ次第では，高付加価値を生み出すサービスやシステム改善につなげることも可能である。また，前提として，WAGRIにおけるさまざまなユースケースに合わせて，どのような行動が許され，推奨されるのか。あるいは，どのような行動が禁止され，思いとどまるよう促されるかをガイドラインなどで設定する必要がある。最終的には複数の価値提案により，企業の強みを最大限発揮できる補完的イノベーションを可能とする。

最後に，データ提供とは「目的に応じてデータを公開し，データプラットフォームにおける情報提供を活性化すること」である。具体的には，WAGRIでAPIを作成し，目的に応じて提供先を選択することを指す。すでにWAGRIに準備されたAPIを呼び出し，各社の保有データやアプリケーションとの連携が実現可能である。WAGRIの登場以前は，気象や土壌といった特定の外部機関・企業からのデータは調達が困難だった。利用目的や調達に向けた交渉はもちろんのこと，利用方法や仕様の個別調整を実施する必要があったためである。しかし，WAGRIでは従来のケースに対しても期間短縮や開発コストを抑えられる強みがある。

このようにWAGRIは，データの「連携」・「共有」・「提供」，それぞれのユースケースに対して，実現性の高いデータプラットフォームである(図1)。

2. API(Web)

2.1　APIの特徴

API(Application Programing Interface)は，システムやアプリケーションが他アプリケーションに対して，その機能を利用可能とし，提供のための接続方法や手続仕様である。近年はAPIといえば，Web技術を用いたWeb APIを指すことも多い。

実装方法としては，SOAP[*1]とREST[*2]が挙げられるが，利便性の高いRESTを用いる場合も多い。WAGRIにおいても，RESTで実装されたWeb API(以降，APIはWeb APIを指す)により，データを「連携」・「共有」・「提供」させる。APIでは，Webサー

＊1　SOAP ; Simple Object Access Protocol

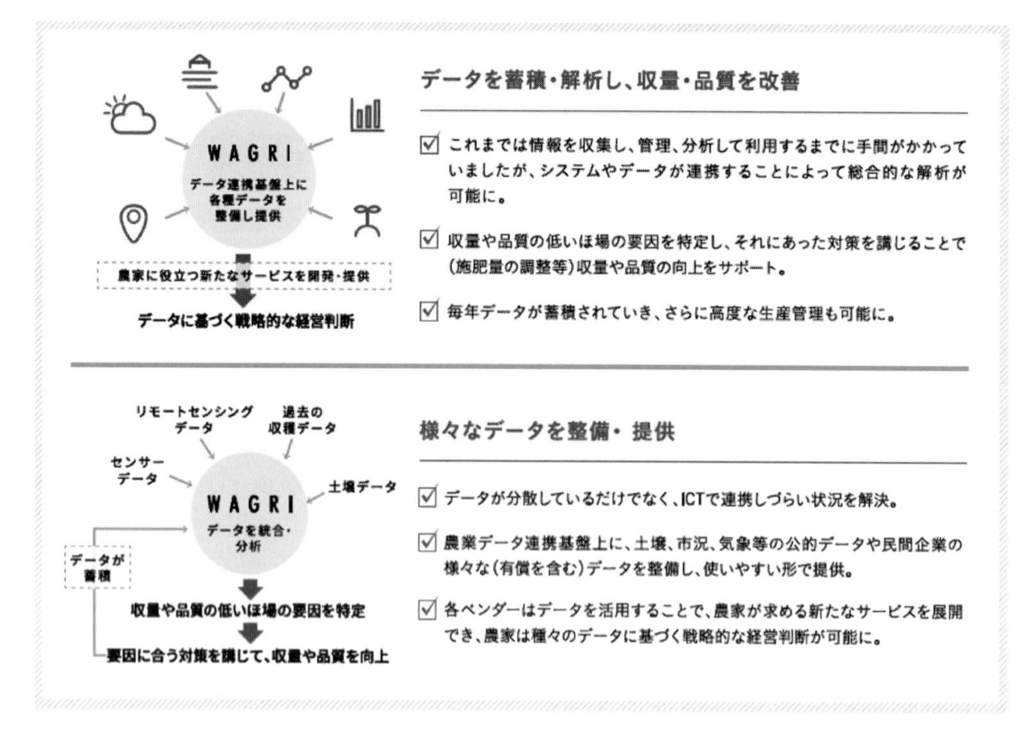

図1　WAGRIの可能性[1)]

バとWebクライアントの通信連携をするhttps(http)のプロトコルを使う。通信のプロトコルとしてhttps(http)を利用することで，連携するサーバ間のネットワークで煩雑な設定なども少ない。呼び出しにはホームページにアクセスする場合と同様のURLを使う。以上のように，Webの技術を基礎としたAPIを用いることで，安全と利便性を併せ持ちながらデータアクセスを行うことが可能である。企業や団体がAPIを公開する事例も多く，銀行では口座情報などにアクセスできるAPIも公開されている。

APIの公開により，「外部サービス」との連携も容易に可能となった。さまざまなサービスが相互に連携する時代において，接着剤のような役割を担い，サービスのさらなる活性化を促すようになった。APIはWebのシステム間だけでなく，スマートフォンのアプリケーションもAPIを使ってサーバとの通信にも利用される。

APIの利用に向けては，連携の呼び出し方法だけでなく，どのようなデータを必要とするかなどの条件指定方法を含めて理解する必要がある。返ってくるデータの内容をどのような形式で表現するかも同様である。そして，仕様どおりに動くようプログラミングする。作成したAPIを公開するには，Webの技術を利用して通信するため，実施するサーバも必要である。また，セキュリティに関しては一層注意すべきであり，利用状況などを把握する仕組みも必要性が増すと思われる。

2.2　WAGRIのAPI

WAGRIでは主に**表1**に示すAPIが用意されている。これらのAPIを呼び出すことにより，インターネット経由で安全に農業経営などに役立つデータの取得・提供が可能になる。

WAGRIでは，大きく「Master系API」，「Private

＊2　REST ; REpresentational State Transfer
SOAPは異なるコンピュータ上で動作するプログラム同士がネットワークを通じてメッセージを連携するための規約の1つ。1999年に発表され，2000年5月にW3Cが最初の標準規格を勧告した。2000年台前半には企業システムのWebサービス化とともに普及が進展するかに思われたが，複雑な仕様が次第に敬遠されるようになり，RESTと呼ばれるシンプルな設計原則に則った，軽量なWebサービス仕様(RESTful APIとも呼ばれる)の方が好まれるようになった。

表1　APIの分類

Master系	農　薬
	肥　料
	農作物名
	その他
Private系	
Public系	土　壌
	農　地
	生育予測
	地　図
	気　象
	土　壌
	その他

系API」,「Public系API」の3つにグルーピングされる。Master系APIは，農薬や肥料などの農業データの中でマスター的なデータ内容を提供し，農薬や肥料などが該当する。Private系APIは，クローズドな領域にデータを格納した上で，定められた相手のみに公開を制限するものである。対して，Public系APIは，WAGRIの利用者すべてに公開するものである。以上のようなAPIがカテゴリ別に多数揃う(**図2**)。

代表的なAPIとしては気象，地図，農地，土壌，営農管理系，生育予測，センサ，手書き文字認識などが挙げられる。2018年度中には音声認識APIや降水量・日射量APIなども提供予定である。

APIの作成に関しては，WebのAPIを公開するためのサーバ(および公開するネット環境)，APIのリファレンスやセキュリティが重要である。

3. Dynamic API

3.1　Dynamic APIの特徴

WAGRIにおいてDynamic APIは中核を成す，いわばコア機能である。Web APIを用いたデータ連携が近年の主流となっている旨は先述したとおりであるが，プログラミングなどの技術スキルも求められるため，IT化が十分に浸透していない農業従事者や法人企業からは敬遠されがちである。従来の課題を解決すべく，Dynamic APIは容易にAPIを作成し，提供可能な機能を用意している。また，サーバや個別の環境構築を準備・用意する必要もない。

保有データを提供したい場合，①データ連携の手段(APIなど)がない，あるいは②データ連携のAPIを開発済みの2ケースに分類できる。WAGRIでは，①を想定し,開発者向けの管理機能を提供している。提供したいデータの定義を定めることで，プログラミングをすることなく，データに対して自動的に登録・更新・取得・削除などのメソッド(処理)を持たせることができる。個人差はあるが，保有データを提供するAPIを作成し，公開と併せて数分で設定完了も可能である。②であればGateway[*3]方式によ

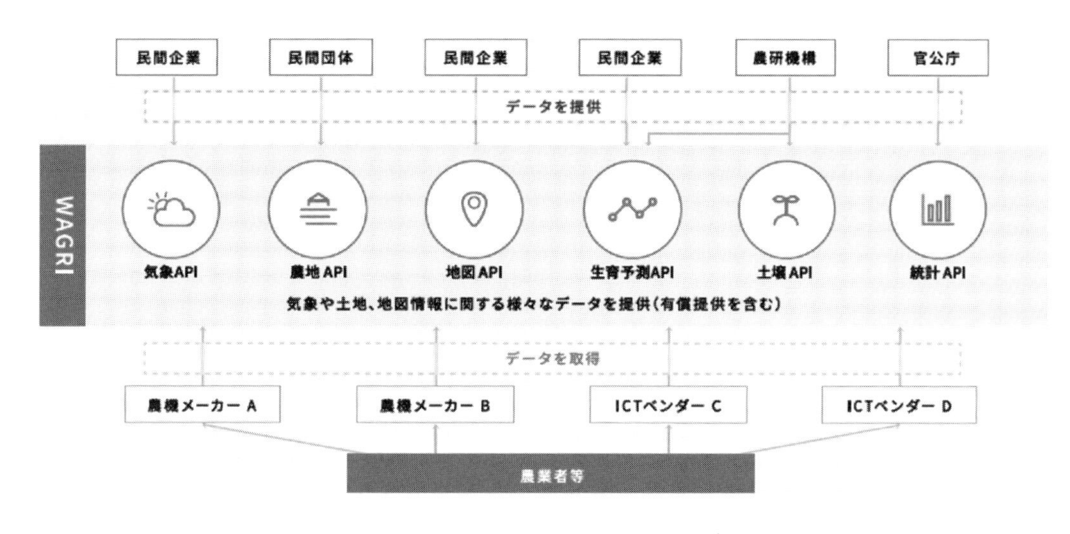

図2　WAGRIの構成(イメージ)[1)]

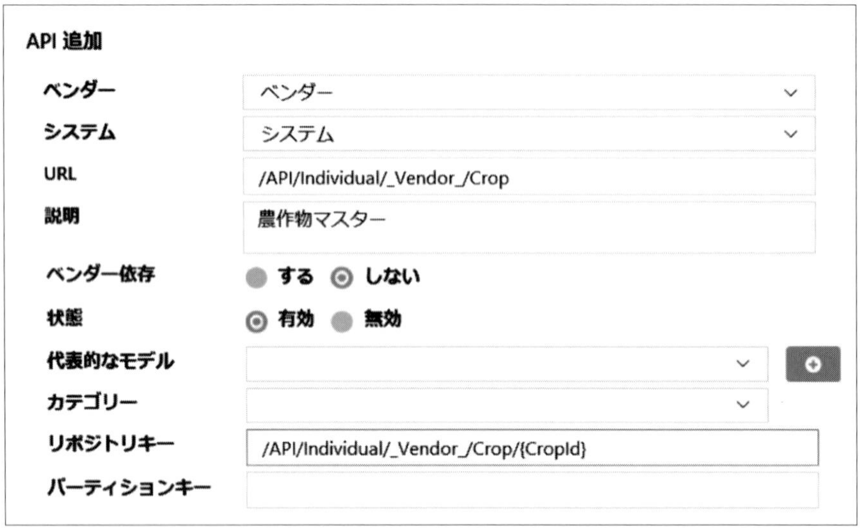

API追加
ベンダー　ベンダー
システム　システム
URL　/API/Individual/_Vendor_/Crop
説明　農作物マスター
ベンダー依存　する　しない
状態　有効　無効
代表的なモデル
カテゴリー
リポジトリキー　/API/Individual/_Vendor_/Crop/{CropId}
パーティションキー

図3　API管理機能の画面ショット(一部抜粋)

り，WAGRIと直接，データの連携が可能である。以上のように，煩雑なプログラミングを行うことなく，すべてのAPIが管理機能上で容易に操作・設定できる。これは利用を目的としたケースにおいても同様である。なお，データ公開に関してはフルオープンとするだけでなく，管理機能でAPI/ベンダー単位での公開(Public)，非公開(Private)といったアクセスコントロールも可能である。

3.2　その他機能

Dynamic API以外にも，WAGRIではデータ提供者，利用者の目的に合わせた機能を用意している。CSVファイルなどを取り込むだけでなく，取り込み時にデータ加工が可能となるETL[*4](Extract Transform Load)機能はデータ提供者からの期待も大きい。提供後の利用状況をAPI/ベンダー単位で把握するメータリング[*5]機能は将来的な課金制度の導入判断に役立つだけでなく，計測数値の表示によるダッシュボード形式でより直感的な利用状況把握も可能である。セキュリティの観点ではベンダー(ユーザー)/システム単位での認証機能をもち，パラメータやレスポンスといった詳細な情報についても登録可能である(図3)。

4. データ連携の事例

4.1　クライアントアプリの概要

WAGRIで提供されているデータの活用事例としては，埼玉県の本庄地域での実証実験[*6]をはじめとした象徴的案件と呼ばれる事例が全国各地で実施・検討されている。

弊社も独自にスマートフォン向けの簡易デモアプリを開発した。これは商用向けでなく，本書を含めて，あくまでもWAGRIの対外的な説明向けに用意したものである。アプリの名称については，以下「クライアントアプリ」とする。クライアントアプリは利用者全てに公開されているPublic系APIの「気象

*3　Gateway：コンピュータネットワークにおいて，通信プロトコルが異なるネットワーク同士がデータをやり取りする際，中継する役割を担うルータのような機能を備えた機器やそれに係るソフトウェア。

*4　ETL：データベースなどに蓄積されたデータから必要なものを抽出(Extract)し，目的に応じて変換(Transform)，データを必要とするシステムに格納(Load)する工程。CSVファイルやXMLファイルなど多様なデータ形式を読み込めるのが特徴。

*5　メータリング：APIなどの利用状況を収集し，分析/評価を行うことで，APIの有効活用を目的とした機能。

*6　本庄地域での実証実験：大手農業メーカーやICTベンダーの製品にかかわらず作業記録を詳細化し，相互にデータ共有可能な仕組みをGAP(Good Agricultural Practice，農業生産工程管理)認証に結び付けようとする取組み。

図4　クライアントアプリの画面ショット（©NTT 空間情報㈱）
※口絵参照

API」，「土壌 API」，「農地 API」，「地図 API」の大きく4テーマを活用した。特徴としては，民間企業が提供する営農管理システムを参考とし，各データを重ね合わせて画面に表示することにより，担い手が希望する条件の調った農地を探し出すことが可能である。クライアントアプリの画面ショット（**図4**）だと，例えば地図の特定地点における土壌属性や圃場の地目を表示するなどが可能である。他にも選択した地点の気象情報を天気，気温，湿度でそれぞれ表示することも可能である。気象や農地情報などはデータ量が膨大であるため，通常は1～2か月程度の開発期間が発生する（目安）。対して，弊社ではWAGRI上のAPIを通じ，先述したDynamic APIの特徴を有効利用しながら，数日でアプリ開発を完了した。

4.2　説明会での活用

クライアントアプリは，2018年7月より順次開催されているWAGRIの全国ブロック説明会において，デモ動画として利用されている。参加者の方々にもWAGRIにおけるデータ活用のサンプルとして，利用イメージが沸きやすいとの声も多く届いている。参考事例として，今後は民間企業などがWAGRIを活用したアプリ開発に向けたイメージの一翼を担うことができれば幸いである。

5. WAGRIポータルサイトの活用

5.1　ポータルサイトの役割

WAGRIには，インターネットに向けて情報を公開するポータルサイトがあり，フォーラム開催や説明会の開催案内などを発信している。協議会会員企業間の開発コミュニティ構築の一助となるべく，コンテンツ拡充を今後も継続予定である。ポータルサイトにおける重要な役割の1つが，APIの仕様を公開することであり，サービス価値や情報レベルの向上が期待される。そのためには，APIの利用方法を的確にご理解いただく必要があるため，ユースケースに基づいたドキュメントを用意し，より多くのユーザーに利用いただけるよう公開が望ましい。

ドキュメントの公開については，インターネット上での公開が主流であり，Webサーバに仕様を載せることが最も一般的である。注意するべき点として，APIに変更を加えた場合，ドキュメントも最新化しておかなければならない。ドキュメントの更新は後回しになってしまいがちだが，実際のAPIの動きとドキュメントが異なると利用者が混乱し，信頼を損なう恐れもある。

APIの仕様公開に向け，公開用Webサイトを構築することはデベロッパーにとって負担である。しかし，WAGRIでは，Dynamic APIの機能で容易にAPIを作成できると同時に，APIの仕様を自動的にポータルサイトに公開できるようになっている（**図5**）。加えて，サンプルコードなどの情報を自由に付加できる。自社サイトへのリンクなども設定可能で，ひとまず，自社サイトを参照してほしいケースに便利である。また当然ながら，APIの仕様を変更するために，管理機能でAPIの変更を行った場合は，その変更点がポータルサイトで公開しているAPIの仕様にも反映される。

ポータルサイトでは，APIを利用目的などでカテゴライズし表示している。APIの検索機能も用意し

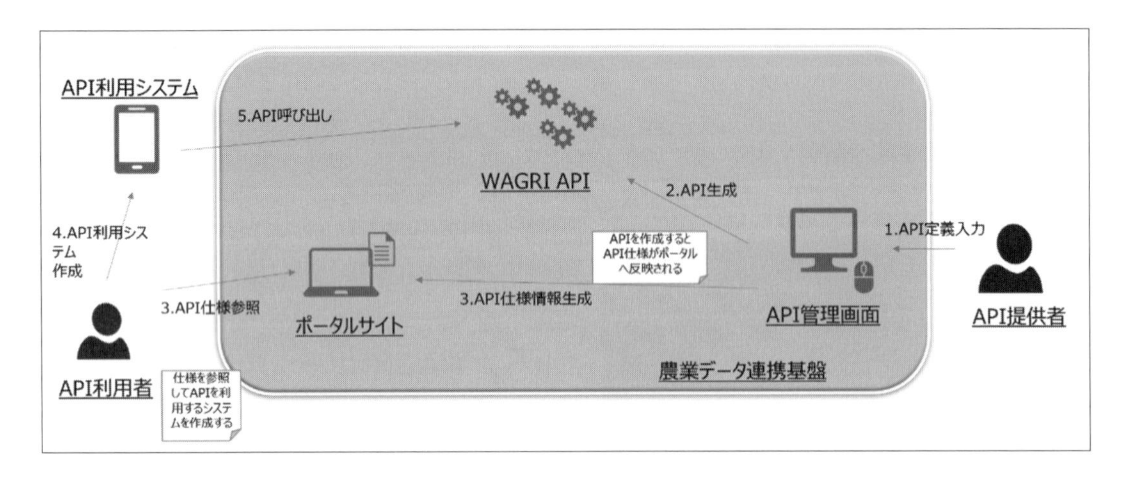

図5　WAGRIにおけるAPI管理画面とポータルサイトとの連携

ており，利用者にとって，目的に応じたAPIを発見しやすくし，利用方法も把握できるようになっている。

利用者・提供者にとっても，APIへのフィードバックは重要な情報であり，今後はAPIの評価や質問事項などを入力する仕組みも検討予定である。

6. 弊社の開発手法

6.1　DevOpsの実現

2018年度は試験運用中の段階であるが，WAGRIの開発では，改善のフィードバックサイクルを迅速かつ安定的にまわすために，開発(Develop)と運用(Operation)の壁を取り除いたDevOpsを実践している。

安全なデプロイ[*7]を確実に行えるように，自動ビルド，自動テスト，自動リリースができる環境を整備している。これにより，ソフトウェアの成果物のリリースにおける人為的な作業ミスが可能な限り発生しないようにしている。また，作業プロセス時間の短縮化も実現している。これらのビルドやテストのプロセスはコミュニケーションツールと連動しており，それらが失敗した場合は，上長を含めて，チームのメンバー全員に即座に通知される。このような仕組みを通し，毎日のリリースが可能な状況を実現した。小規模なリリースを繰り返し可能とすることで，スピード感のある価値提供が可能となる上，万が一誤った場合におけるリカバリも容易である。

2019年度からの本格運用に向け，整備しなければならない点はあるが，弊社は日々継続的な学習を繰り返し，自律的なプロセス改善を行うチームを目指している。チーム内のヒエラルキーをなくし，マルチファンクショナルな要員育成を継続することで理想的なチームに近づくと考えている。

6.2　マイクロサービスアーキテクチャとドメイン駆動設計

WAGRIのシステム設計では，なるべく小さく独立したサービス単位で構築をするマイクロサービス化したアーキテクチャとしている。利用者の認証や課金等の個別機能で分離させて，独立性を高めている。

適切に分離されたアーキテクチャでは，依存関係が少なく，シンプルなため，不具合の発生が少なく，結果的にリリースまでの時間も短い。また，万が一とある箇所で，不具合が発生しても安全な切り離しを行うことで，部分的にサービス継続が可能だ。将来的には，利用者が多くなった際にスケールアップを考慮する場合，サービス自体の停止やリプレースする時でもサービス単位での実施が可能である。

特徴としては，重要度の高いビジネスロジックの独立性を高め，最適な形で構築するためのドメイン駆動設計(Domain-Driven Design)と多層アーキテクチャで開発を行っていることである。UI中心のMVC層，ビジネスロジックを持つ，ドメイン層，デー

＊7　デプロイ：元々は展開するという意味で，システムを利用可能な状態にすること。

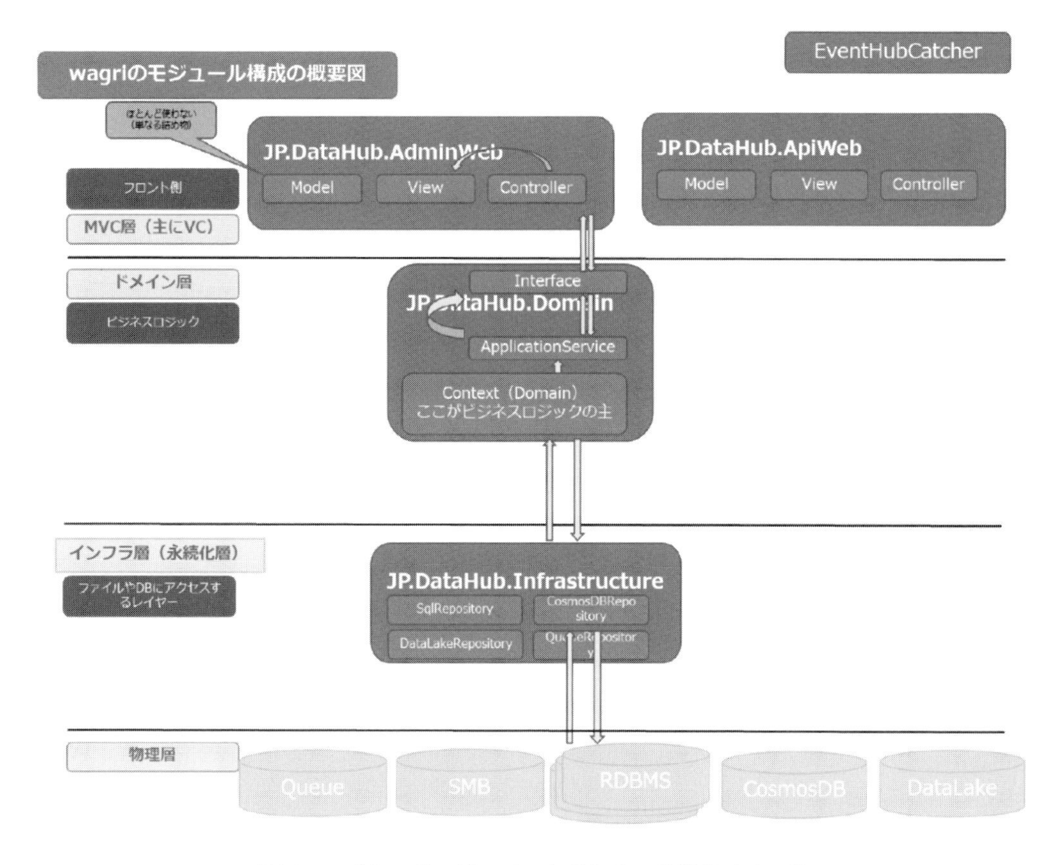

図6　マイクロサービスアーキテクチャの構成イメージ

タの保存を制御する永続化層，そしてデータを物理的に保存している物理層という大きく分けると4層のモジュール構成から成り立つ(図6)。

データを保存する永続化層とビジネスロジックを分離しているため，永続化層の製品やサービス固有の手続などに従って実装を行うことなく，ビジネスロジックが「どうあるべきか」という本来フォーカスするべきところに集中できる。例えば，APIを作成する時に選択したデータを永続化するサービス(製品)を，作成後に変更をすることも可能である。本稿で述べた手法を日々実践することで，ビジネス環境の変化に対応し，素早く価値を届けることを実現している。

文　献

1) 株式会社電通：農業データ連携基盤フォーラムプログラム(2018).

コラム5

プラットフォーム構築による新たな農産物流通

株式会社農業総合研究所　及川　智正

はじめに

Passion for Agriculture～農業に情熱を～。㈱農業総合研究所は一言でいうと，農業×ITベンチャー企業です。ITを駆使し，クリエイティブに新しい農産物流通を創造する会社が，㈱農業総合研究所です。昨今農産物流通は，既存流通をはじめさまざまな流通経路が広がってきました。その農産物流通の変化に一番寄与していることは，ITの進化と普及そして，物流の変化と発達です。㈱農業総合研究所は，この2つの変化を活用し，独自の物流プラットフォームとITプラットフォーム，そして決済プラットフォームを開発し，今までにない新しい農産物プラットフォームを，生産者とスーパーマーケット(以下，スーパー)へ提供をしています。

さて，ここで簡単に私の自己紹介をさせていただきます。1975年東京生まれ。現在，和歌山県で農業ベンチャー初の上場企業(東証マザーズ：証券コード3541)を経営しています。東京農業大学農学部経済学科出身であり，卒業論文制作の際，日本の農業の未来に危機を感じたことが，この世界に入るきっかけです。会社員を6年間経験した後，結婚を機に和歌山県で新規就農し，ここから，私の波乱万丈人生がスタートしました

私は単に生産をしたいから，農業を始めた訳ではありません。かねてから，『農業は，仕組みが悪いから衰退している』と考えていました。しかしながら，簡単に仕組みといっても，まず現場を体験してみないとわからないことが，沢山あるのではないかと思い，和歌山で自ら農業生産を3年実践し，大阪で産直青果店を1年経験しました。総じて感じたことは，生産も大変でしたが，販売も同じく大変だったということです。そして双方の現場を経験したにもかかわらず，立場が変わると考え方が変わるということを，身をもって感じ，この水と油の関係は，両方の現場を経験した人間ではないとコーディネートできないのではないかと思いました。また，両方分，生産と販売が交わる部分，流通という部分を良くしなければ，農業は良くならないのではないかと強く感じました。そこで，思い切って青果店を売却し，流通をトータルグランドデザインする会社，農業総合研究所を設立したことが事業のスタートです。

「物流×IT」で生産者と生活者をつなぐ

農業総合研究所の基幹ビジネスは，「農家の直売所」という農産物流通プラットフォーム事業です。「農家の直売所」は，独自の物流プラットフォームとITプラットフォームを駆使することにより，全国約8,000名の生産者と都市部スーパー1,200店舗をダイレクトにつないでいます。農産物流通を説明する上で一番重要なことは，物流の構築です。かさばる上に，鮮度が要求され，そしてグラム単価が安い青果物を，どのように安価に生活者の口元まで運ぶかという課題に対し，我々が取り組んでいる，物流改革，独自の物流プラットフォームの特徴3点について説明します。

1つ目は，全国90拠点の集荷場です。地方の空き倉庫を集荷拠点にし，地元の生産者とコミュニケーションをとり，誰でも簡単に青果物を出荷できる仕組みを構築しています。北は北海道，南は沖縄まで，全国32都道府県に拠点を構えてます。そのうち22拠点は自社運営，その他は提携先に業務委託をしています。鉄道バスなどの運輸会社や，宅配倉庫などの物流会社，地方卸売市場，選果会社などの農産流通会社，農業生産法人，農業資材などの農業関係会社，そして郵便局やJAなど地元に根付いた組織にも協力をいただくことにより，集荷拠点は

現在全国拡大中です。また，近くに集荷場がない生産者でも，東京大田・大阪摂津の自社運営の物流センターへ直接輸送いただければ，出荷できる仕組みになっています。

2つ目は，鮮度と熟度です。原則翌日の朝までにスーパー店頭へ届ける物流になっています。物流をアウトソーシングすることにより，効率良い物流を集荷場ごとに構築しています。自社センターを活用し，一度商品を都市部に集約し大量に流通させることにより，効率化を図っています。

3つ目は，物流コストです。スーパー向けに物流プラットフォームを構築することにより，大量流通，大量販売を実現し，また，独自のプラスチックコンテナ物流や，商品受発注のない仕組みを構築することにより，コストの削減を図っています。そして，生産者が集荷場へ持込み，生活者がスーパーへ買いに来るモデル構築により，ファースト1マイルおよびラスト1マイルを自社で手掛けず，中心の物流が太い部分だけを，プラットフォーム化することもコスト削減につながる要因だと考えています。簡単に，スピーディーに，そして安価に青果物を大量流通できる物流プラットフォームが「農家の直売所」の特徴です(図1)。

一方，物流プラットフォームだけでなく，ITプラットフォームの活用も「農家の直売所」の特徴です。近年，スマートフォンやタブレット端末等の普及，さまざまなIT技術革新が進んでいますが，農産物流通を説明する上でも，ITの発展・普及は重要です。次に，我々が取り組んでいるIT改革，ITプラットフォームの特徴を3点説明します。

1つ目は，都会のスーパーの情報がダイレクトにわかることです。我々のITプラットフォーム「農直」を通じて，生産者は日ごとの売上だけでなく，年間・月間売上，各スーパーごとの売上情報，出荷品目や出荷量，立地や面積，他生産者の販売価格や市場仕入れの販売売価等，わざわざスーパーに行かなくても，さまざまな定量的定性的な情報を得ることができるシステムになっています。

2つ目は，生産者のこだわりや気持ちが生活者に届く仕組みです。スーパーの店頭にデジタルサイネージを設置し，生産者の動画を配信しています。また，スマートフォンにて専用のアプリをダウンロードすることで，自宅でお気に入りの生産者動画を家族で見ることができます。ただ，野菜を食べるのではなく，生産者の気持ちも一緒に心に届くような仕組みとなっています。

3つ目は，「ありがとう」，「美味しいよ」が双方向に届くという点です。ITを駆使し，簡単にメッセージや気持ちを伝えられる仕組みになっています。また，生産者をお気に入り登録することもでき，登録するとお気に入り生産者の野菜が，スーパーに届く前にお知らせが届き，また，生産者から生活者へお礼の言葉を伝えることができます。

我々が作りたいものは，販売先，販売状況を可視化すること，そして「ありがとう」がダイレクトに届く仕組みにすること，この定量的・定性的な情報を伝達する仕組みです。そして，定量的・定性的な情報を直接ITで繋げることができたら，新しい農業の仕組みを創造することができるのではないかと考えています(図2)。

ハイブリッドプラットフォームを目指して

まとめますと，「農家の直売所」は，独自の物流プラットフォームとITプラットフォームを活用した中規模農産物流通プラットフォームです。

既存市場流通と農家の直売所を比較すると生産者には次のようなメリットがあります。

① 末端売価を自由に決めることができる

② 好きな販売店舗を選択できる

株式会社農業総合研究所
Nousouken Corporation
産地
生産者
約8,000名
農産物を
集荷場へ出荷
売上・相場情報
物流プラットフォーム
ITプラットフォーム
集荷場
90拠点
販売データ
生活圏
小売店
約1,200店舗

図1 農家の直売所フロー

図2 売場

③　好きな農産物を生産できる
④　出荷制限なく好きなときに好きなだけ出荷できる
⑤　市場流通へ出荷できない規格外品なども美味しければ出荷ができ，今まで出荷できずに産地廃棄していたものまでお金に変えることができる。

これらのメリットにより，生産者はメーカーポジションで考えることができ，努力した分だけ収益を上げることができます。さらに，自由度，収益増加だけでなく，もう1点メリットがあります。それは，約1,200店舗の都会のスーパーの売り場を使って，自由に情報の発信をすることができるということです。都会のスーパーを活用し，自社の農園や商品の宣伝等をすることにより，お客様を農園へ呼び込むツールとして活用することができるということです。ただ，都会からお金を引っ張ってくるだけではなく，都会の人々を地方へ，そして農園へ，呼び込むようなプラットフォームになっている点も「農家の直売所」のメリットといえます。

我々はこのプラットフォームを活用し，熊本市と連携し地震災害復興のPRや，募金活動などを行っています。また，これから都道府県や市町村と連携し，生産者が出荷する農産物と一緒に地元の観光情報やクーポン券など添付することにより新しい地方創生の方法も，模索して行きたいと考えています。また，この「農家の直売所」プラットフォームを軸に，外食産業向けや末端生活者向けビジネス，農産物以外の鮮魚，加工品，酒等の流通ビジネスなど新しい分野にも進出して行きます。目指すプラットフォームは，ネットで完結するプラットフォームではなく，ネットとリアルを融合させたハイブリットプラットホーム，一言で表すと，『リアルなAmazon』です。

ビジネスとして魅力ある農産業の確立へ

ここまで，弊社のビジネスモデルを説明してきましたが，設立時のスタート資金は現金50万円だけ，ビジネシスモデルなし，仲間なしの何もない起業でした。日本をそして世界を良くしていくためには，農業流通を真剣に考える会社が必要だという気持ちだけで設立した会社が，㈱農業総合研究所です。ゼロそして無からのスタートです。農業を本気で良くしていきたいという気持ちが誰よりも強かったからこそ，10年間会社を継続することができ，そして，会社を9年間で上場させることができたのではないかと思っています。農業は作ることだけではなく，生活者の口に入るまでをコーディネートすることが仕事・使命だと考えています。生産から消費までを総合的に研究することが，農業では大切なことだという思いを会社名に込めました。私がやりたいことは，「持続可能な農産業を実現し，生活者を豊かにすること」です。そして，「ビジネスとして魅力ある農産業を確立」を実現していくために，「農業の産業化」，「農業の構造改革」，「農業の流通革命」この3つを事業化していきたと考えています。農業は日本，世界の人々の心と胃袋を満たす産業です。この農業が衰退しない仕組みを，生産者とともに確立していきたいと考えています。

さて，最後に，今回のテーマである「スマート農業」で，私が実現したい「農業の流通革命」について，3点説明します。

1つ目は，選択肢を拡大することです。さまざまな流通の選択肢を作ることにより，生産者そして生活者がともに流通の選択ができる仕組みを作ることです。

2つ目は，生産者がメーカーポジションで仕事ができる仕組みを作ることです。自分自身で，好きな末端売価を決め，好きなものを生産し，そして好きなものを好きな時に好きな分だけ出荷できる仕組みを構築し，リスクを背負って努力した生産者が成長できる仕組みです。

3つ目は，感謝の気持ち「ありがとう」が届く仕組みを作ることです。生活者から生産者へ「ありがとう」，そして，生産者から生活者へ「またよろしく」。この「ありがとう。またよろしく」，この言葉がダイレクトに届く仕組みを構築することにより，双方向にモチベーションがあがる仕組みを作っていきたいと考えています。

この3つを具現化&ビジネス化したものが「農家の直売所」です。生産者，生活者，スーパー，そして㈱農業総合研究所，四方良しの新しい農産物プラットフォームです。

私は，今がとても良い時代だと思っています。弊社のような会社が8年で上場でき，11年間継続することができる時代です。この良い時代，リスクを恐れずにチャレンジし続けることが，成功への近道だと考えます。「成功」の対義語は，「失敗」ではなく「挑戦しない」ことです。まず，「やる」ことが大切です。皆様にとって，少しでも新しいことに挑戦しようと思っていただければ幸いです。

第１節　農業分野における行政手続きのオンライン化

慶應義塾大学　中島　伸彦

1. はじめに

総務省の地方公共団体定員管理調査結果によれば，図１のように地方公共団体の職員数は平成６年をピークとして大きく減少傾向にある。

これは，表１のように教育・警察・消防および病院や水道等の公営企業等会計部門を除いた一般行政部門においても同じ傾向であり，その中でも特に農林水産分野の市町村職員数が大きく減少してきている。

我が国では今後も少子高齢化が続き，より福祉関係の人員へのシフトも想定されるために，全体的な行政職員数も減少しつつ農林水産部門の人員数は減少が大きくなることが想定される。

こうした事態に対応しつつ，さらに本来の生産性や効率性の向上をサポートすることに力を入れるた

表１　一般行政部門ならびに農林水産部門の地方公共団体職員数

	区　分	全団体	都道府県	市町村
平成 29 年	一般行政	915,727	231,523	684,204
	農林水産	80,651	50,071	30,580
平成 16 年	一般行政	1,069,151	282,394	786,757
	農林水産	106,757	65,129	41,628
減少率	一般行政	−14％	−18％	−13％
	農林水産	−24％	−23％	−27％

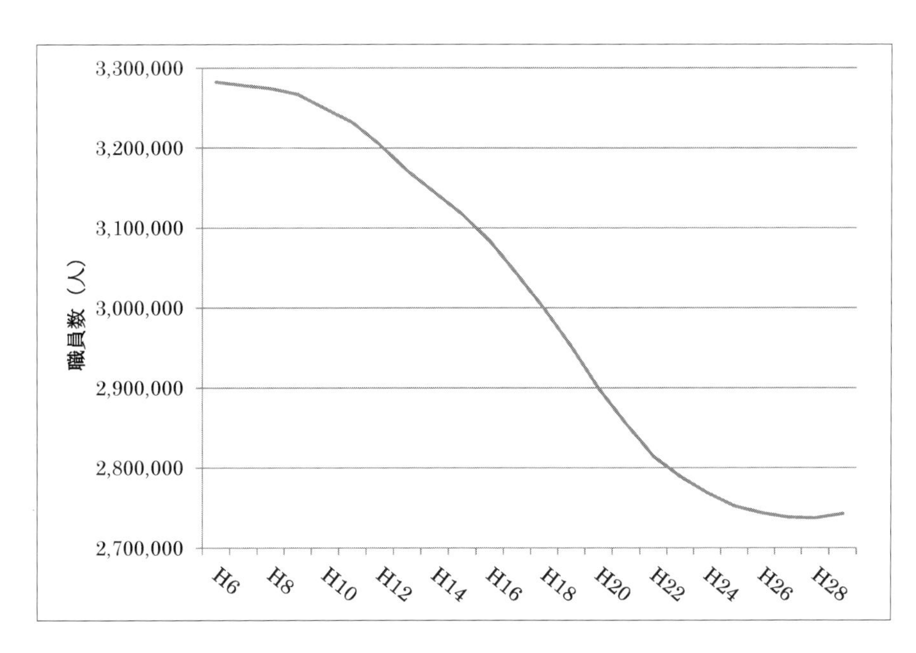

図１　地方公共団体総職員数の推移

出典：総務省

めには，地方公共団体における農林水産部門の事務効率化を一層進めていくことが求められる。この切り札と考えられるのが，補助金申請などの各種行政手続きのオンライン化(電子化)である。

一般的な地方公共団体事務においてもオンライン化は有効であるが，実際には一般住民の自治体窓口の平均利用回数は年平均で1回を下回っているために効果が低く，さらに住民からはIDや電子申請方法を忘れてしまったりする。一方で，農業従事者は各種の補助金申請や農業指導等によって地方公共団体等とのやり取りが一般住民に比べて多く，農林水産部門での行政手続きのオンライン化は効果が大きい。

2. 行政手続きのオンライン化

行政手続きのオンライン化により，窓口での受付や簡単なチェック自動化などの事務処理の効率化が可能となる。

ただし，行政手続きのオンライン化は受付部分だけを電子化すれば効果が上がるものではない。稟議などの業務フローを自動化することにより決済手続きが容易になり，そのための決裁文書作成および回覧作業がなくなり，決済の進捗状況も一目瞭然で時間の短縮につながる。もちろん，不必要な決裁ルートや紙であったために同じ内容が複数回決済されているなどの業務自体を見直す事も求められる。

また，ペーパーレス化により伝達・共有の容易さ，検索など操作性の向上，文書保管のスペース削減や適切な廃棄も可能となる。電子化されることによって適切な閲覧制限によるセキュリティ強化も実現される(**図2**)。

行政手続きの電子化は，行政の効率化だけではなく農業従事者の負担軽減も実現される。

例えば，更新が必要な手続きにおいては，前回の申請内容が表示されていて必要な部分だけを修正して申請をすることで手間を省くことが可能となる。申請後の進捗確認や差し戻し時の修正等も画面上で容易に行え，そのたび毎に窓口や郵送での受け渡しを行わなくてもよい。

さらには，新しい手続きの申請においても，予め自分の住所氏名や構築面積・作物等の基本的な情報を蓄積しておけば，その内容を転送することで何度も同じ内容を記入する必要がなくなる。

こうした基本的な情報に加えて，各種のセンサを用いた栽培情報のデータや出荷データなどを活用する事により，複雑な申請情報の提出が求められる申請に対しても必要最低限の情報追加での提出が可能となる(**図3**)。

また，農業従事者が申請手続きの進捗状況を確認可能なように農家ポータルを用意しておくことで，通知を含めた各種のやり取りを郵便等の紙で行う必要がなくなる。

この農家ポータルに，農業従事者それぞれに合わせて申請可能な補助金や申請期限の迫っている手続き等をプッシュで掲載することにより，農業従事者からは自分が利用可能な手続きを忘れてしまうことがなくなり，かつ，自らに関する農林水産手続きの状況をこれから行うものを含めて一覧で閲覧することが可能となる。

これらの手続きオンライン化を実現するためには，もう1つ重要な機能として，それぞれの農業従事者をきちんと認証し，その認証結果を複数の機能複数の主体の間で連携をすることが求められる。

例えば，経営所得安定対策においては，その補助申請時に認定農業者であれば認定証の写しの添付が

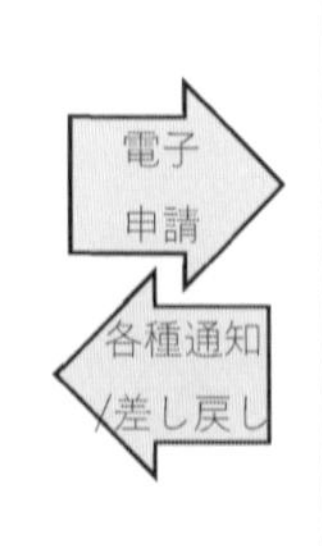

図2　地方公共団体から見た行政手続きのオンライン化

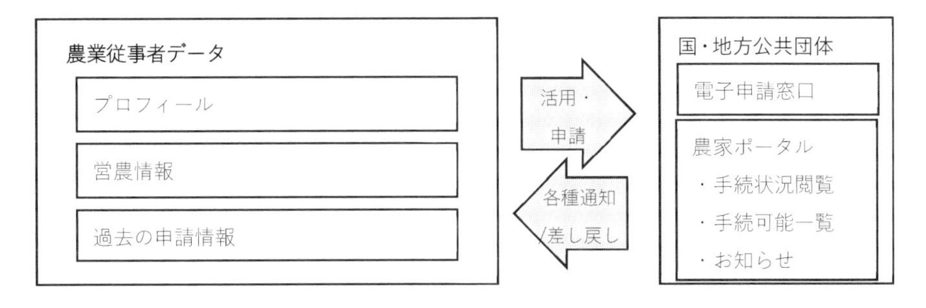

図3　農業従事者から見た行政手続きのオンライン化

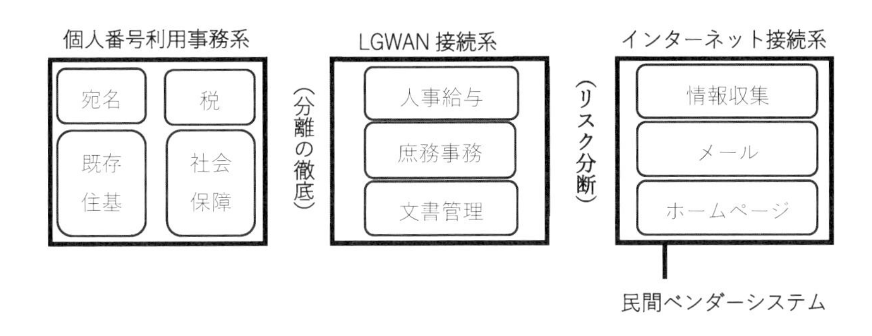

図4　自治体情報システム強靱性向上モデル(総務省資料を基に作成)

求められる。**図4**において，過去の申請情報を呼び出して提出することになるが農業従事者データと地方公共団体手続きが同じシステム同じ主体であればよいが，場合によっては異なったシステムとして運用される。その場合には，農業従事者データ側で認証をした農業従事者のデータを間違いなく地方公共団体手続き側に認証結果と共に渡して申請を続けることが求められる。

また，手続きの稟議フローにおいては，市町村が決裁を行う手続きもあれば国が決裁を行う手続きも存在しており，とある農業従事者が行っている申請は複数の組織を跨いだ形で申請手続き状況を集約して見られるようにすることが求められる。

さらには，申請や稟議の課程には市町村と都道府県といった複数の主体が関与したり，協議会という任意団体が決裁に関与しているため，こうした複雑な決裁主体の認証も求められる。

申請を行う農業従事者も，個人もあれば法人もあり，複数の農業従事者が契約を結んだ共同体という形も存在している。それに加えて，実際の申請書類を地方公共団体の職員やJAの職員が申請手続きを手伝うといった代理申請も可能とすることが求められている。

こうした各種主体の認証とともに，ワークフローにおいても関与可能であり，かつ個人情法等のセキュリティが遵守されることが必要となるなど，複雑な処理を実現しなければ，現状行われてる手続き処理に劣ってしまうことになる。もちろん，すべての手続きをオンラインで行う必要はなく，例外的な処理の場合には手作業で行うことでカーバーできればよいが，主要な手続きフローについてはオンラインで行うことが求められる。

農業従事者の営農情報は，実際には各種ベンダーが提供する営農情報管理システム上に蓄積されている場合もあり，各ベンダーの認証情報と申請システムの認証情報を連携することが求められる。さらには，各種耕作情報は複数ベンダーの農機具やセンサを通じて収集されることもあり，民間の間でも当該認証情報を連携できることが望ましい。

こうした，農業従事者認証エコシステムの構築を見据えて，全体の仕組みを設計することが必要となる。

また，地方公共団体は自治体情報システム強靭性向上モデルによって，図4のように，庁内のネットワークを個人番号利用事務系，LGWAN 接続系(通常業務)，インターネット接続系の3つにされており，民間との間でエコスシステムを構築するには特別な処理が必要となる。

最後に，農業分野における行政手続きのオンライン化の行政側の効果としては，前述の効率化などにとどまらず，下記のようなさまざまな効果が想定される。

・地方公共団体が行った手続き等の，国や県への報告の自動化
・各種統計データ収集の簡素化
・補助金等の申請状況を早期に把握した上での機動的な政策運営
・各種政策効果の効果をより詳細に分析可能（EBPM につながる）

第２節　情報連携に基づく地域全体での営農（本庄地域）

NECソリューションイノベータ株式会社　島津　秀雄
NECソリューションイノベータ株式会社　久寿居　大
NECソリューションイノベータ株式会社　北村　晃一

1. はじめに

多くの人がスマートフォンやタブレットを使ってインターネットに日常的にアクセスする中で，Tim O'Reillyが2005年に提唱したWeb 2.0[1)]の中の「集合知」の考え方が，社会の至るところで現実化しつつある。集合知とは，Wikipediaに代表されるように，多くの利用者が参加して，彼らの判断や知識を集めると（集合知），それ自身が非常に価値のある知識になると言う考え方である。Amazonの「この商品を買った人は，こんな商品も買っています」のような情報も，広義では単純な購買履歴を収集し分析することで得られる価値ある集合知である。それでも2005年当時は，インターネットにアクセスする単位は，PCや携帯電話を持っている人間が基本であったが，今日では，あらゆるものがIoT端末に変化するのが容易になったため，IoT端末がトランザクションをやりとりすることで，購買履歴のような単純なデータの送受が至るところで発生し，それらを集計し分析することで，集合知が生まれる可能性が格段に大きくなった。一例が，コマツの「KOMTRAX」である。これは，自社の建機にGPSやセンサを装備してIoT端末に変身させ，位置情報や稼動状況をサーバに集約しそのデータを活用することで保守管理や稼動率向上を実現したサービスである。同社は2017年には，LANDLOG社を共同で設立し，収集したデータをオープンにする建機のデータ基盤の提供を開始した。同様に，自動車業界もコネクテッドカーという名称で，車のIoT端末化を進め，新たな集合知を生み出す競争がなされている。

農林水産省は，次世代の農業を「スマート農業」と位置付け，ICT活用によって農業を強化する取組みを政府全体で取り組んでいる。その施策の１つとして，現在，農林水産省を中心に農業データ連携基盤協議会が設立され，農業に関連するさまざまなデータの相互連携，流通を目的とした農業データ連携基盤（WAGRI）の開発が2017年度から開始され，各種の実証実験が進められている（https://wagri. net/）。WAGRIの使い道の１つは，集合知の実現である。農業者や農機をIoT端末とみなし，生産活動から生まれる小さなデータをWAGRIに収集し分析することで，新しい価値ある知識が生成される可能性がある。そうなれば，農業者がコネクテッド・ファーマーと呼ばれる存在になる。

2017年12月から，内閣府 戦略的イノベーション創造プログラム（SIP）「次世代農林水産業創造技術」（管理法人：農研機構生研支援センター）の一環で，WAGRI上で，メーカーの壁を越えた農業機械や農作業データの共有についての実証実験が，埼玉県本庄市の本庄精密農法研究会，JA埼玉ひびきの，NECソリューションイノベータ㈱，井関農機㈱，ヤンマー㈱，㈱クボタ，富士通㈱の協力で行われている。このプロジェクトの目的は，WAGRIを活用したコネクテッド・ファーマーの実現である。

以下，［**2.**］では，農業者同士を「つなぐ」コミュニケーションメディアの活用の概要を述べ，［**3.**］では，コネクテッド・ファーマーのモデルを説明する。［**4.**］では，本庄の事例を紹介し，［**5.**］で今後の課題について述べる。

2. 農業者同士を「つなぐ」コミュニケーションメディアの活用

ICTは，過去20数年の間に，社会のコミュニケー

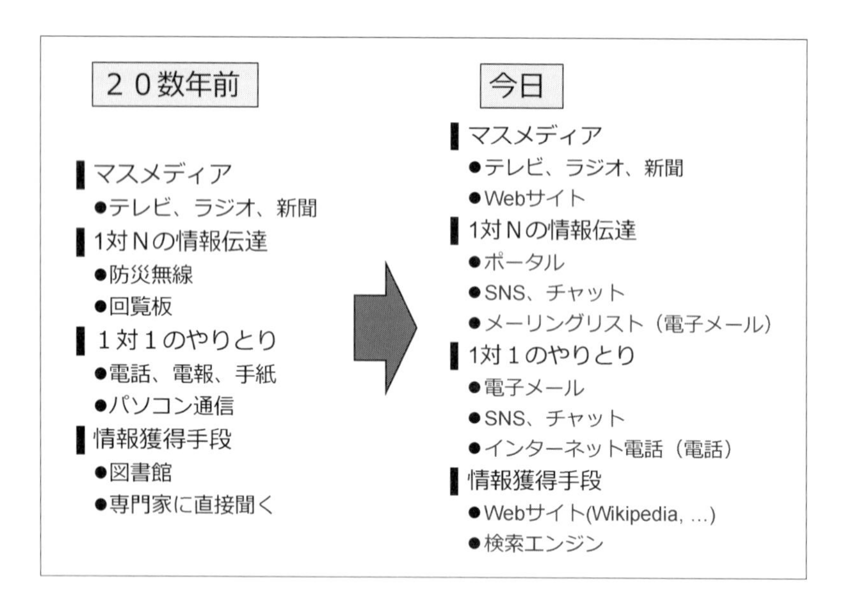

図1　コミュニケーションメディアの変化

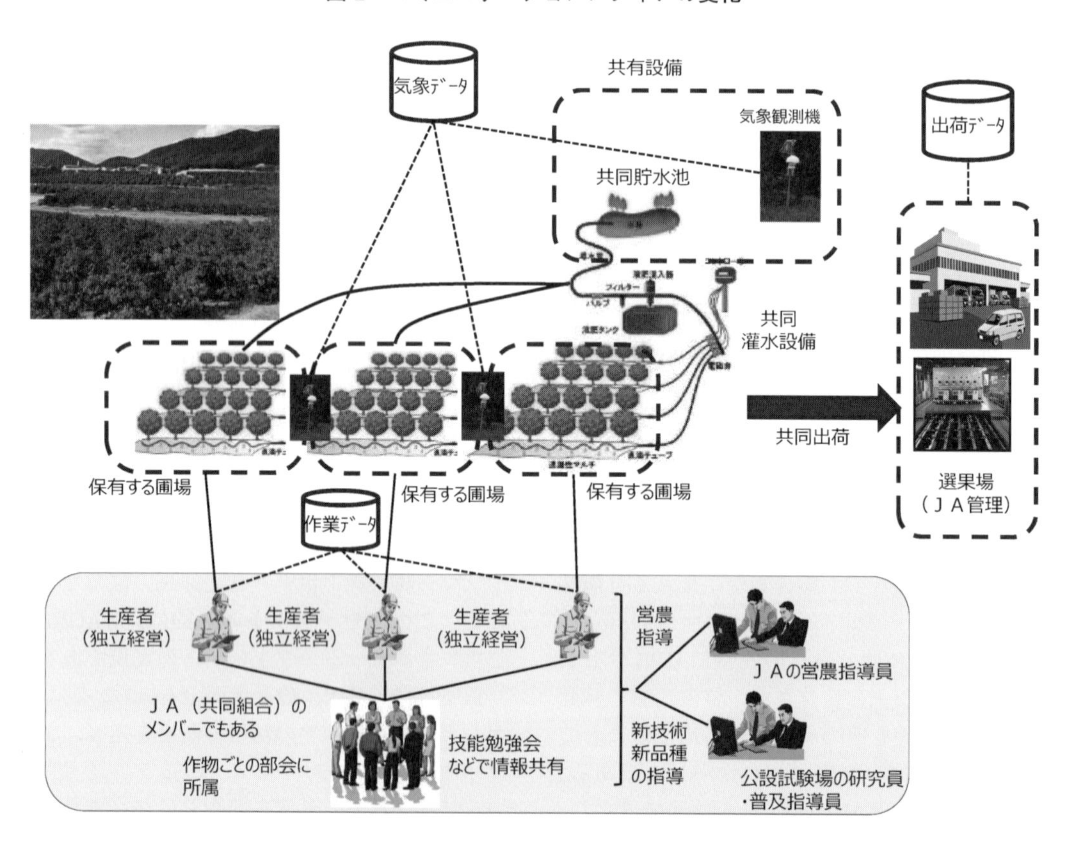

図2　産地全体を管理するICT

ションメディアを数多く創出してきた。**図1**は，インターネット接続機能を標準搭載したWindows 95出現以前の20数年前と現在とのコミュニケーションメディアの違いを比較したものである。20数年前は，今では信じられないが，個人同士をつなぐメディアは，電話と手紙が主体だった。しかし，今日では，Webサイトは，世界に発信するマスメディアであるし，1対Nの対話，1対1の対話のいずれでも，チャットや電子メール，インターネット電話などが，個人同士をつなぐ主要なメディアに欠かせないものとなっている。しかも，それらの新しいコミュニケーションメディアのほとんどは，電話料金を除けば，無料で使えるようになっている。これらのコミュニケーションメディアを，農業者同士の協力にもっと使ってもらうことが大事である。

個々が独立経営者である農業者同士が持っているさまざまなリソース(機械や土地，時間や知恵)を活用しあうことで，もっと地域や産地全体のパワーアップにつながる。従来だと，農業者同士のリソースの状況を知ろうとしたら，会いに行って話をするか，自宅に戻って電話するしか方法がなく面倒なのでやりすごしてしまう場合も，ICTによりさまざまなリソースの「見える化」が可能になるし，新しいコミュニケーションメディアを使ったやりとりも容易になった。例えば，出荷量の調整が必要な時や飛び地の作業を誰かに代行してもらいたいときに，スマートフォン上で出荷予定量や圃場の電子地図を参照しつつ，部会のメンバーにグループ同報機能を使って，調整作業を瞬時に相談することを確実に行えるようになる。さらに，産地全体のような大きな集団の場合には，**図2**に示すように，産地内のインフラ(例：選果場など)や設備群(例：用水路，ため池など)を共有し，その管理や運営を協力して行う場合もある。ICTを使って，産地内の設備や圃場の環境，作物の生育状況，産地内の農業者の作業状況を共有されるように地域のインフラをリノベーションし，農業者は，自分のスマートフォンでその状況を常時見ることができることで，産地全体の協働化が進むようになる[2)]。

3. コネクテッド・ファーマーのモデル

コネクテッド・ファーマーのモデルは，農業者が農作業の状況をデータセンターに定期的にあげていき，データセンターでは，収集したデータを分析して付加価値を創出し，農業者に付加価値として還元し，第三者に提供するモデルである。農業者が農作業を行う環境としては，①通信機能つき農機を使って作業をする場合，②通信機能なしの農機を使って作業をする場合，③農機を使わず作業をする場合，の3種類を想定する必要がある。

今回の実証実験では，以下の4つの設計方針を立てた。

(1)　通信機能つき農機については，農機メーカーごとの独自データ形式と農機メーカーで共通な共通データ形式に分離させること

共通データ形式部分は，“農業者id，農機id，日時，位置”の4組を単位レコードとした。“農業者id，農機id”は，事前農業者に払い出したものを使う。“日時，位置”については，農機メーカーは，すでにそれぞれ独自のデータ形式を持っているが，一意に決め，各社の側で変換する。

(2)　通信機能なしの農機を使っての作業や農機を使わない作業については，スマートフォンを帯同し，計測用アプリケーションを稼動させながら作業をすること

計測用アプリケーションは，定期的(今回は1分ごと)に，共通データ形式“農業者id，農機id，日時，位置”の4組と作業の種類データをデータセンターに送出する。

図3では，農機メーカーA社の通信機能つき農機を農業者CとDが，農機メーカーB社の通信機能つき農機を農業者Eが，農機メーカーC社の通信機能なしの農機を農業者Fが使い，農機を使わない作業を農業者Gが行っている例を示している。A社とB社は，自社に独自のデータセンターを持ち，通信機能付き農機のデータは従来から自社データセンターに送出されている。本実証実験では，通信機能付きの農機のデータを，自社のデータセンターに加え，WAGRIのデータセンターにも，その一部のデータが送出する仕組みを，農機メーカーで用意した。一方，通信機能なしの農機を使って作業をする場合や，農機を使わない作業をする場合は，スマートフォンを帯同してアプリケーションを起動して作業をしてもらい，WAGRIのデータセンターに作業データが送出する仕組みを用意した。

(3)　共通データ形式の収集データからの付加価値創出は，複数の事例を提示し，データ活用の可能性や課題検討に寄与させる

WAGRI上の共通データ形式の収集データからの付加価値創出は，将来的には，利活用条件を満足した第三者に提供され，そのアイデアによって，さまざまなサービスが創出されていく予定であ

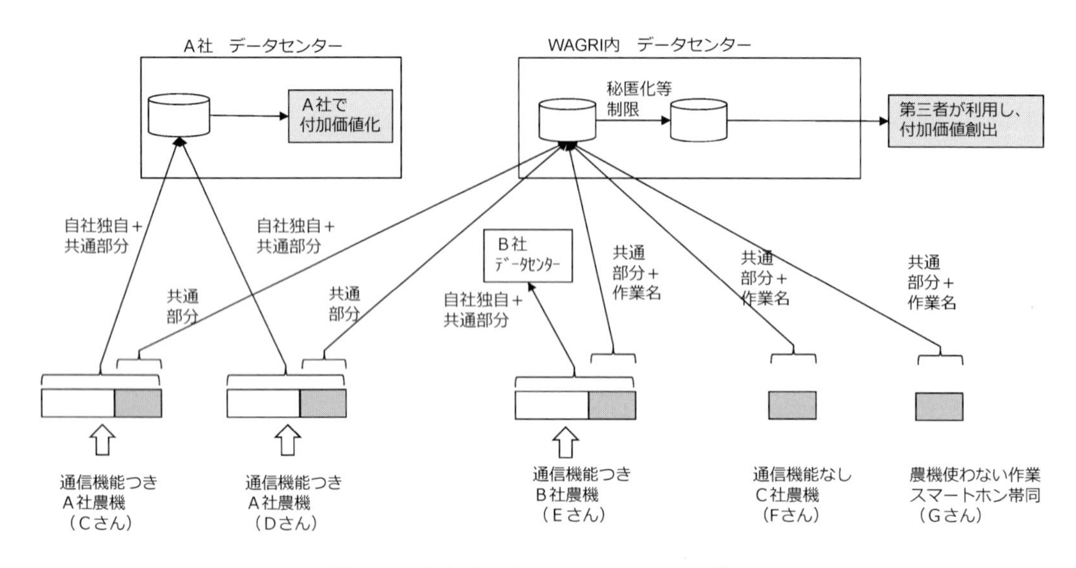

図３　コネクテッド・ファーマーのモデル

る。収集された共通データ形式のデータについては，WAGRI でアクセス権管理を行い，WAGRI がアクセスのための API の提供している。今回は，ICT ベンダーがアクセス権を付与され，上記 API を使ってそれぞれ収集したデータを活用してのサービスを別個に開発し，実証実験に参加した農業者に提供している。

(4)　協調領域と競争領域の明確な切り分け

市場で競合する農機メーカーや ICT ベンダーが，ある部分で足並みを揃える場合，市場の健全な発展や利用者の利便性を考えて，どの部分を相互に協調する協調領域とし，どの部分を互いに切磋琢磨しあう競争領域にするかに関する共通認識をしておくことが重要である。協調領域は，通信機能つき農機から送出するデータについて，従来の農機メーカー独自のデータを自社のデータセンターに送出することに加え，各社が共通形式のデータを WAGRI に送出するところである。一方，競争領域については，１つは，農機メーカーごとの独自データ形式に基づく各種サービスである。独自データ形式の中には，農機の保守のためのデータ（例：エンジンの状態など）や詳細な位置データなどが含まれ，各社で独自の保守サービスや盗難防止や盗難時探索サービスなどに使われている。２つめの競争領域は，WAGRI 上の共通データを使った付加価値サービスである。今回，ICT ベンダー２社が担当した部分は，今後広く公開されて，競争領域となる例である。なお，そのときには，図３に示すように収集したデータをそのまま公開するのではなく，何らかの秘匿化処理を行う必要がある。

4. 事例紹介：本庄地区におけるコネクテッド・ファーマーの実証実験

コネクテッド・ファーマーの実証実験を 2017 年度と 2018 年度に実施中である。実証実験には，JA 埼玉ひびきの（代表理事組合長：金井幹雄）に所属する本庄精密農法研究会（代表：宮崎広之）の農業者のうち約 20 名が参加している。一部の人は農機メーカー３社の通信機能付き農機を保有し，残りの人は，通信機能なしの農機を保有している。どの農業者も，農機を使わない作業も行うので，スマートフォンを貸与し，作業中に計測アプリケーションを稼動してもらっている。

収集したデータからの付加価値創出のサービスとして，NEC ソリューションイノベータ㈱は，農業者の作業軌跡を表示する機能を提供している。**図４**に軌跡表示の一例を示しているが，通信機能付き農機の場合も，スマートフォン上の計測アプリケーションの場合も同様に表示され，軌跡を選択すると，吹き出し表示で農業者 id や作業の種類が提示される。同様に，富士通㈱は，農業者ごとの作業の種類や時間を一覧表示する機能を提供している。

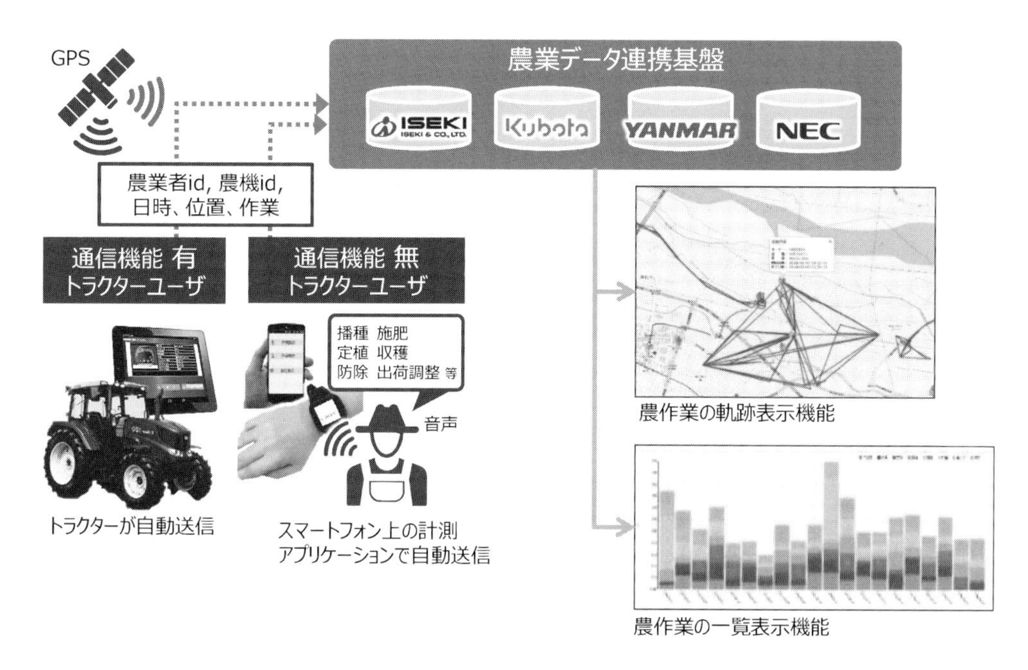

図4　実証実験の概要とICTメーカーによる付加価値送出サービスの例

なお，今回のサービスの提供範囲は，実証実験に参加する本庄精密農法研究会の農業者に限定している。同研究会のメンバーは，それぞれ地域が同じで気心が知れている間柄なので，実証実験を開始するときに，互いの作業軌跡や作業内容が見えることを説明し，同意を得ている。また，農業者の固有名詞は使わず，農業者idという形で匿名化している。しかし，実際にサービスを開始すると，さまざまな問題を指摘された。例えば，畑の上で農作業をしているときのデータは見られてもよいが，作業の途中で私用を済ませるときに，スマートフォンの計測アプリケーションを中断することを忘れてしまうと，その間の移動軌跡もすべて他の人たちに見られてしまうので，そこだけ消去できるようにしたいという要望や，軌跡を見ることで，自分の農機がどこの納屋に格納しているかが一目でわかってしまうので盗難防止の観点からはその部分をぼかしてほしいという要望など，実際に使ってみて初めてわかる課題が多々あった。気心知れている仲間内でのデータ共用でもこのような状態なので，第三者に公開する場合は，秘匿化の条件を精密に設計する必要があることを認識した。

5. 今後の発展

現在，本実証実験を遂行中であるが，2つの課題を列挙しておく。

1つは，データを提供する農業者に直接的なメリットを感じてもらえる付加価値サービスの提供である。現在のサービスは，見ていると楽しいが，毎日の農作業に必須の機能にはなっていない。そこで，現在，収集した農作業データからGAPに基づく管理に必要なデータの一部を半自動的に整備する仕組みを設計中である。これにより，農業者に直接的なメリットを感じてもらうことを期待している。

2つは，共通形式データの付加価値化に関するデータの秘匿化や知的財産としての取扱いに関する方針確立である。すでに述べたように共通データには，多くのプライバシーに関わる情報が含まれており，秘匿化は重要な一方，付加価値の高い情報の創出の可能性も大きい。

農業データに関しては，2つのガイドラインが用意されている。内閣官房情報通信技術(IT)戦略室による「農業ITサービス標準利用規約ガイド」[3]は，農業ITサービスの提供時，特に権利や義務について，農業者やITベンダーがどこに注意して確認する必要があるかを示すことを目的とし，その対象は，契

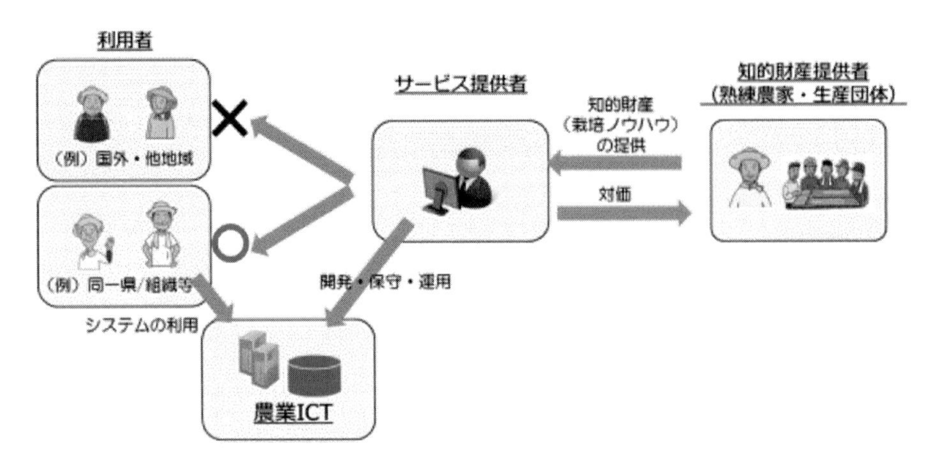

図5　知的財産の開示範囲の考え方
文献4)から引用。

約書およびサービス利用者とサービス提供者との間における取り決めである。一方，農林水産省と慶應義塾大学SFC研究所による「農業ICT知的財産活用ガイドライン」[4]は，農業ITサービスの開発時(農業知財の農業IT化)および提供時に，現場の農業知財の円滑な活用促進と保護のために，どこに留意して確認する必要があるかを示すことを目的とし，その対象は，主に農業生産者側協力者(知財保有者)と農業ITサービス開発/提供者との間における取り決めである。ガイドラインによると，圃場で取得される各種のセンサーデータ(例：気温，日照など)の所有権は，その圃場の持ち主である生産者に帰属し，その利用については，生産者と利用希望者の間で取り決めをする。生産者の技術やノウハウを暗黙知から形式知化した知財物については，生産者と変換を行った実行者(例：ICTベンダー)の共有物とするが，その共有の割合は，当該知財物の価値ならびに暗黙知から形式知への変換に伴う労力に応じて協議して決定する。本実証実験の例でいうと，**図5**に示すように，本庄精密農法の農業者同士で作成された知財は，その中では共有化するが，他の産地には展開させない，あるいは，展開する場合は有償化する，という考え方がある。このような知財の流通制御の仕組みを提供するのはサービス提供者(例：ICTベンダー)であるが，流通制御のルールは，生産者とサービス提供者との間で取り決めされる。今後，WAGRI上でのデータを使った付加価値サービスを商用化していくときには，これらのガイドラインに従うことで，農業者の知恵が勝手に盗まれるのではないかという農業者不安が払しょくされ，農業分野でもデータ活用が進み，農業界全体が底上げされていく未来を期待する。

文　献

1) O'Reilly, Tim : What is Web 2.0(2005).
http://www.oreillynet.com/pub/a/oreilly/tim/news/2005/09/30/what-is-Web2.0. html

2) 島津秀雄，神成淳司：ルーラル・ナレッジマネジメント―学習する産地を目指して，パテント誌，**69**(15)，46-57(2016).

3) 内閣官房：農業ITを安心して使うために！―農業ITサービス標準利用規約ガイド概要版.
http://www.kantei.go.jp/jp/singi/it2/senmon_bunka/shiryo/shiryo22.pdf

4) 慶應義塾大学：農業ICT知的財産活用ガイドライン，慶応義塾大学Webサイト.
http://agri-ip.sfc.keio.ac.jp/

第３節　ビッグデータを活用した生育予測の精緻化

国立研究開発法人農業・食品産業技術総合研究機構　中川　博視
株式会社ビジョンテック　岡田　周平

1. はじめに

ビッグデータというと，数十テラバイトから数ペタバイトに及ぶような巨大なデータをイメージすることが多いと思うが，農業に関して，ある目的をもった解析を行おうと思った場合に，使用できるデジタル化されたデータが一連のセットとして揃っている場合は，まだ少ないというのが実情ではなかろうか。例えば，都道府県などの平均収量などの統計データは，紙媒体，あるいはフォーマットの揃っていないデジタルデータでは，容易に入手できる。しかし，ビッグデータ解析に必要な個々の農家圃場における収量や品質のデータを，広く大量に入手するのは困難であり，個々の研究調査事例で，数個からせいぜい数十個程度の調査データを解析するのが普通であった。それに比べて，気象データのような環境情報は，すでに大量のデータがインターネット経由で入手可能である。例えば，農研機構のメッシュ農業気象データシステムを利用すると，日本全国にわたって約 1 km のメッシュ単位で，最大 30 年×14 の気象要素について日単位の気象データが利用できる。足りないのは，収量・品質データと収穫に至る途中段階の作物の生育データである。しかしながら，リモートセンシング技術や収量コンバインなどの各種のセンシング技術によって，それらの限界も克服されつつある。環境情報に加えて，それらの収量・生育データが揃うようになれば，さまざまなビッグデータ解析ができるようになるだろう。

一方で，作物生育・収量に関する既存の知識やデータを合理的に取り込んだ作物生育予測モデルが存在する。このようなモデルは通常，数十～数百個のパラメータで記述され，数十～百個程度の観測データに基づいて決定されていることが多かった。作物生育モデルでは，既存の知識を構造に持ち込むことによって，必要なデータ数を少なくすることができるということがいえよう。つまり，全パラメータを観測データから決めているわけではなく，既存の実験結果を利用した経験式や物理的な方程式のように固定的に与えられるプロセスもあるため，自由度を低下させることができるのである。しかし，あるデータセットを用いてパラメータ化されたモデルを他の品種や他の地域に当てはめるときには，そのたびに必要なデータを得る実験を行い，パラメータを再決定あるいは調整する必要があるため，作物生育モデルの専門家の手を離れて，一般のユーザーが自由に使用するのは困難であった。

作物の生育という場合，厳密には葉の拡大や重さの増加を表す「生長」と花芽分化，開花，成熟などの質的な変化を表す「発育」の両者を含んでいる。この中で，発育に限れば，その時期を予測する発育ステージ予測モデルのパラメータは 2～10 個程度であり，また，出穂期など，観測が比較的容易な形質であるために，データを収集しやすい。そこで，ここでは発育ステージ予測モデルの１つである出穂期予測モデルを対象にして，数千個～数万個程度の中規模のデータを「ビッグデータ」と称し，それを用いて出穂期予測モデルの精緻化を図るための取組みについて紹介する。出穂期については，その規模のデータの蓄積が進んできたために，従来の数十個程度のデータを扱っていたときと違う扱いが可能になりつつある。ユーザーが，データを入力し，モデルを自動チューニングする仕組みをつくれば，生育予測技術の利用の拡大につながると考えている。ここでは，そのような取組みの第一段階として，生育予測の中でも，生産現場からの要求度が高く，データの入手しやすい発育ステージ予測モデルの精緻化について紹介する。

2. 発育ステージ予測モデル

作物は，播種後，発芽(芽が種子から出ること)・出芽(芽が土から出ること)し，条件が整うと，花芽分化(イネ科作物では幼穂分化という)した後，出穂・開花し，やがて成熟する。このような形態と機能の変化を発育と呼び，形態的に識別できる特徴的な事象を発育ステージと呼ぶ。イネの場合，出穂期の認識が栽培管理上で最も重要視されること，出穂までの日数が環境条件や品種によって大きく変わることから，発育ステージ予測モデルの中でも，出穂期予測モデルに対する要望が強い。

出穂期は，主に気温と日長によって制御されている。その反応性を品種ごとに関数化したものが出穂期予測モデルである。モデルでは，DVS(発育ステージ)という連続変量に対して，出芽期，出穂期，成熟期にそれぞれ0, 1, 2などの任意の数値を与え，その間の発育ステージの進行速度をDVR(発育速度)と定義する。両者の関係は，式(1)で表せる。

$$\mathrm{DVS} = \Sigma \mathrm{DVR}i \tag{1}$$

ただし，DVRiは出芽後i日目のRVR値である。そして，DVRと気温Tおよび日長Lとの関係を，パラメータ$\theta(=\{\theta_1, \theta_2 \cdots \theta_n\})$を用いた適当な関数式で定義する。

$$\mathrm{DVR} = f(\boldsymbol{\theta}; T, L) \tag{2}$$

このパラメータ$\boldsymbol{\theta}$を，さまざまな環境条件下で栽培されたある品種の出穂までの日数と気温および日長条件を用いて，非線形最小二乗法などによって決定する。すると，**図1**のような発育速度DVRと気温・日長との関係が得られ，それを用いると気温と日長の経過から，積算気温より精度高く，出穂期が予測できるようになる。同様な方法を幼穂分化期までの発育相や登熟相にも適用することが可能である。DVRの温度・日長反応を表す式として，日本では，下記の堀江・中川(1990)の式がよく使われている。

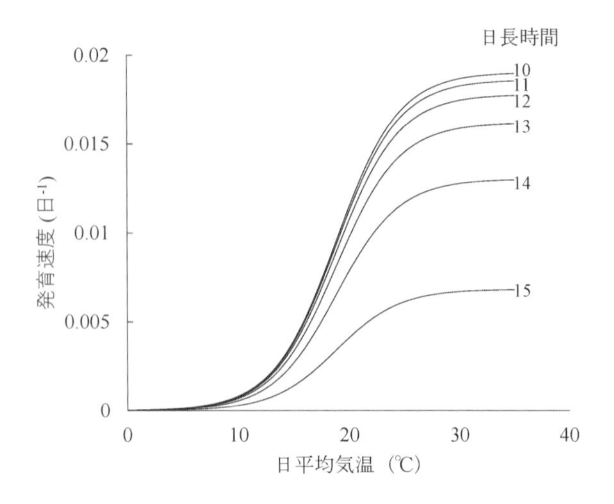

図1　出穂期予測モデルで推定された水稲品種日本晴の発育速度DVRと日平均気温および日長との関係

$$DVR = \begin{cases} \dfrac{[1-\exp\{B(L-L_c)\}]}{G[1+\exp\{-A(T-T_h)\}]}, & (L < L_c) \\ 0, & (L \geq L_c) \end{cases}$$

ここで，A, B, T_h, L_c, Gはパラメータで，それぞれ，温度係数，日長係数，発育速度が最大値の1/2になる気温，限界日長，最適条件下の最小の出穂日数を意味している。これらのパラメータを品種毎に決定すると，例えば，図1のような関係が得られ，出穂期予測に用いることができる。

3. モデルのチューニング

出穂期予測モデルの推定精度は，研究者が丁寧にとった栽培データを対象にした場合，二乗平均平方根誤差にして2〜3日程度である。栽培現場で，栽培管理に求められる実用精度としては，±2,3日程度に収まることが求められる。しかしながら，メッシュ農業気象データの誤差の影響，育苗法などの栽培条件の違いや用水の水温の違いなどのモデルに考慮されていない要因の影響のために，実際の農家圃場における出穂期予測モデルの推定精度は，研究現場で得られる誤差より大きいことが多い。

そこで，出穂期予測モデルの精度を高めるために，モデルを適用する圃場の過去の出穂期データを入力すると，パラメータが自動的にチューニングされる仕組みをつくり，栽培管理支援システムに実装した(**図2**)。この機能は，1枚の圃場単位，1戸の生産

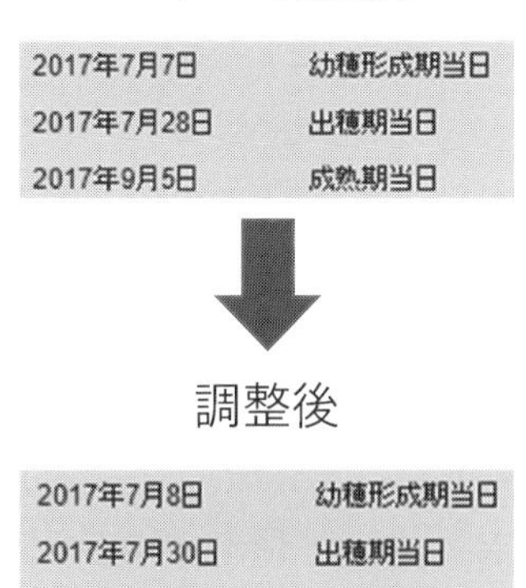

図２　水稲出穂期予測モデルのパラメータ自動チューニング機能

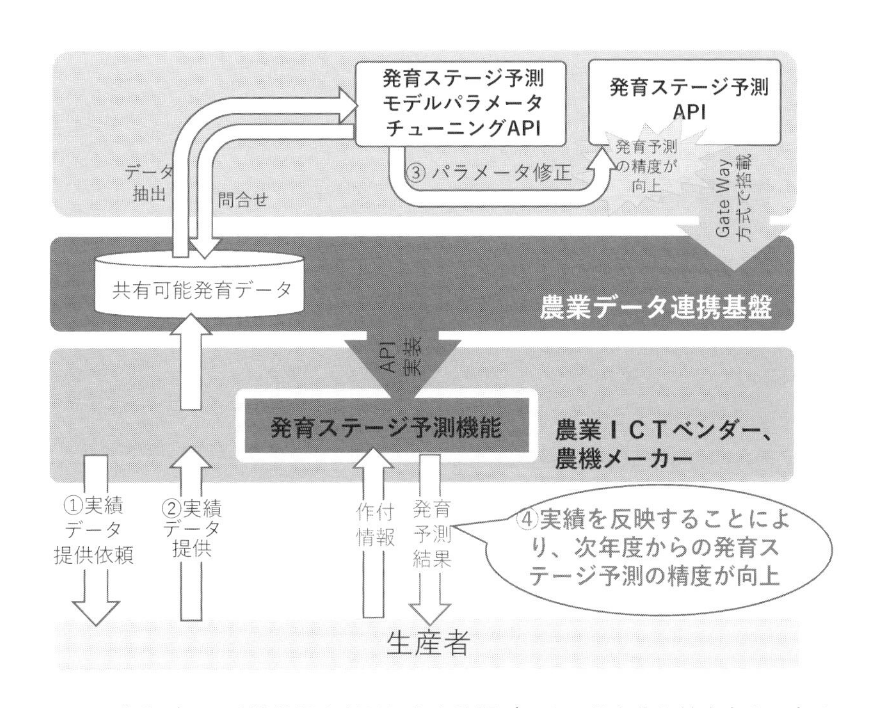

図３　農業データ連携基盤を利用した出穂期データの共有化と精度向上に向けた取組みの概念図

者単位で使用することができるが，図３のように，複数の生産者が，農業データ連携基盤を通じてデータを共有化，ビッグデータ化できれば，さらにパラメータチューニングの効率化や出穂期予測の精緻化が図れることになる。そのような取組みの一例を以下に紹介する。

4. ビッグデータを活用した地域別パラメータの作成

水稲発育ステージ予測 API は，過去に行った作付けの発育ステージの情報を取り入れることで，圃場毎にモデルを調整し，予測精度を高めることができる。予測精度が向上することは，作付情報を登録

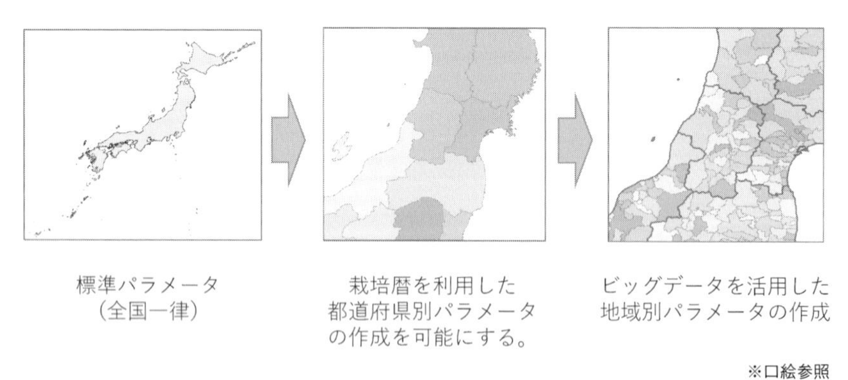

図4　発育ステージ予測モデルのパラメータ精緻化のイメージ

するモチベーションになり得るが，圃場の数が多くすべての圃場について登録することが困難な場合や，過去の作付けの田植日，出穂期，成熟期(収穫日ではない)の記録がなく登録できない場合が考えられる。そこで，散在する圃場の作付情報を周辺圃場の精度向上にも活用する方法の開発に取り組んでいる。この方法は，農業情報サービスを行うICTベンダー，農機メーカー，試験研究機関など，水稲発育ステージ予測APIの利用者から作付けに関する実績データが農業データ連携基盤に提供され，そのデータ(ビッグデータ)が利用可能になることを前提としている。

現在の水稲発育予測APIは，品種ごとに，全国一律のモデルで，圃場の位置ごとの日平均気温と日長を入力変数として予測を行っている。灌漑水温や土壌の肥沃度などはモデルに含まれないため，モデル作成時にデータを収集した圃場と栽培条件が大きく異なる圃場や地域においては，予測精度が低下する。

登録圃場数が少ない場合は，画面で結果を確認しながら最適なモデルを選択する方法を採り得る。しかしながら，発育予測APIは，専門知識を有しない組織の利用や大量圃場の自動処理が想定され，確実で精度の良い発育予測結果が返送される仕組みが求められる。ビッグデータを用いた全国のモデル調整は，このような課題の解決策として有望であり，以下のような技術を開発しながら実用化に向けて進んでいる。

① モデルパラメータを行政界ごとに分割して作成し，利用する技術
② モデルパラメータを栽培暦と日平均気温の平年値，日長の平年値を使って作成する技術→実績データがない地域でも精度が向上する可能性がある
③ ビッグデータを活用して得られたデータやパラメータを集約して地域のモデルパラメータを更新する技術

図4にモデルパラメータを行政界ごとに分割するイメージを示す。このように行政界ごとにパラメータの調整を可能にすることにより，全国各地で安定した精度が得られる下地ができる。次に，従来から全国各地で作られている栽培暦の情報を利用することにより，都道府県レベルの区分によるモデルパラメータの調整が可能になる(栽培暦は，全国の自治体やJAが作成しており，栽培品種の発育ステージや，発育ステージに応じて行うべき作業を記した暦で，生産現場で利用されている)。そして，ビッグデータを活用することが可能になれば，市区町村レベルのモデルパラメータの調整も可能になる。

圃場ごとのモデル調整機能では，実際の田植日，出穂期，成熟期の年月日を入力することにより，モデルの計算パラメータの1つを調整し，予測結果を実際の出穂期，成熟期に近似させる。一方，栽培暦を使ったモデルパラメータの調整では，特定の年のデータではなく平年値を使って調整を行うようにする。ビッグデータを活用した地域パラメータの調整では，実際の作付データに基づき，圃場ごとのモデル調整パラメータを計算した後，市区町村レベルの行政界別に平均することにより地域を代表するパラメータを求めることができる。

ビッグデータを活用した手法については，サンプル数が少ないと，地域の特徴を捉えたパラメータ設定ができない可能性があるので，実際のデータを活用した現地実証を行う必要性がある。十分な実証が

行われ，ビッグデータを活用したモデル調整法が確立された後は，圃場の位置情報，品種，調整パラメータを収集することによって発育ステージ予測の精緻化が可能になる。

5. ビッグデータ活用の展望

出穂期のような比較的，観察が容易な項目については，データが蓄積されつつある。そのような先行的な取組みの成功事例を作ることによって，農業におけるビッグデータの蓄積と利用に弾みをつけたいと考えている。今後，さらに，収量，品質データや，生育途中の作物に関するデータ，あるいは土壌データや水温データといった環境データなど，一連のデータがセットになった形で多数蓄積されると，出穂期予測モデルで行ったようなモデルのチューニングが，総合的な作物の生育・収量予測モデルについても可能になる。それが実現できると，経済性を考慮した作付計画支援，作目選択，経営規模と農業施設への投資計画支援など，コンサルティングにつながるような営農ソリューションの開発に，ビッグデータがより容易に利用できるような環境整備の一助となる。

文　献

1）堀江武，中川博視：日本作物学会紀事，**59**(4)，687(1990).

第4節　GISを活用した栽培管理

株式会社日立ソリューションズ　西口　修

1. 当社の取組み

㈱日立ソリューションズでは，20年以上前から独自のWeb GIS製品であるGeoMation[*1]地理情報システムを世に出し，主に電力会社の設備管理といった大規模ユーザー向けの地図利用プラットフォームとして提供してきている。2004年からは，GISの活用ノウハウを農業向けに適用したGeoMation農業支援アプリケーションの提供を開始し，これまで全国50以上の農業協同組合や農業共済組合，自治体等で採用されている。

GeoMation農業支援アプリケーションの主な機能は，GISを活用した圃場の情報管理である。圃場情報を地図とリンクさせてきめ細かく管理することで，台帳だけでは見えなかった個々の圃場情報の関連性が視覚的に表現され，統合的な情報利用と営農業務の効率化を支援している。作付情報の管理や耕作地の面積把握による輪作体系の維持や生産者の作付計画を支援するといった，主に農協の営農指導員が使用する情報管理ツールとして利用していただいている(**図1**)。

また，圃場情報の管理機能の他に，正しく維持された圃場の形状や作付作物の情報を他の目的でも活用できるよう，圃場の地図と連携した施肥設計機能や衛星画像解析機能等をオプション機能として提供し，最適な肥料の種類や量をアドバイスしたり，収穫前に取得した衛星画像の解析結果に基づいて小麦の収穫順番決めの意思決定を支援している。

特に北海道での利用が多く，道内の耕地面積の4割以上はGeoMation農業支援アプリケーションを

※口絵参照

図1　GeoMationで表示した圃場図

＊1　GeoMationは，㈱日立ソリューションズの登録商標。

使って管理されるところまで浸透している。

2. 農協職員が情報を維持管理する利点

畑作においては作付作物の情報や圃場の形状の変更は毎年のように発生するが，GeoMation 農業支援アプリケーションを導入している農協では，紙に手書きされた情報を生産者から回収し農協でデータ更新を行っている。

この方法のメリットは，システムの操作に不慣れな生産者が圃場ごとの作付計画を直接変更するよりも，操作に慣れた農協職員がまとめて情報を維持管理することで，生産者の負担を軽減した上で情報を正しく維持できることにある。

また，地域全体の情報を農協が一元管理することで，得られるサンプル数が多く，個々の生産者の情報だけでは気づきにくい圃場ごとの生育の違いに気づきやすくなり，その要因を土壌タイプや肥料の量や投入タイミングと見比べ，農協の営農指導員によるデータに基づいた的確なアドバイスにつなげることが可能となる。自分の栽培方法に自信を持っているベテラン生産者に対し，農協の営農指導員が地域全体のデータに基づいてアドバイスができれば，ベテラン生産者も気づいていない改善点が見つかる可能性があり，生産者も納得できる指導ができることになる。

3. 生産者が利用する農業地図利用の現状

インターネット地図サービスの普及により，このサービスを使って自分の農地の場所を地図に重ねて表示し，情報の内容によって圃場を色分けするなど視覚的に情報を把握できる農業クラウドサービスが2011年ごろから市場に投入され始めた。

散在する農地の作業を委託され，営農規模が拡大している担い手が増えているが，農地の場所がよくわからず，他人の圃場で作業したり，作業もれが発生したりするミスが起こりやすい。地図を活用するとそれらのミスをなくすことができるし，タブレットやスマートフォンの普及によって圃場の地図を現場で活用すれば，新たに採用した土地勘のない雇用者に作業を依頼しても，スマートフォンのGPS位置情報を活用して，間違いなく目的の農地に到着することができる。

当社では，農業GISの新たな可能性を模索するため，2017年に東北から九州にかけて，主に稲作を中心に営農を行っている，地域ごとの代表的な農業法人18法人に対し，GISや農業ITの活用に関して直接ヒアリングを実施した。その結果，多くの農業法人で無料あるいは有料の農業ITサービスを利用していることが分かったが，課題も多く指摘を受けた。それらの課題をまとめると以下のとおりとなる。

- データの初期登録が大変で，利用の入り口でつまずいている。
- 操作方法に関して周囲に聞ける人がいない。また，高機能なツールを使いこなせず単純機能しか使えていない。
- データを記録しても効果がすぐ得られない。利用効果がいつ出るか見えないので長続きしない。自分の記録だけだとデータの数が少なく，傾向を見つけられない。
- 記録の正確さを維持するのが大変。

4. 農業データ連携基盤（WAGRI）が提供するデータ提供機能の活用へ

同じ頃，SIPの中で農業データ連携基盤（通称WAGRI）の研究プロジェクトが始まり，当社も研究チームの一員として参画することになった。

WAGRI普及のためには，WAGRIを活用したサービスを実際の農業現場で活用してもらい，その効果を広くPRすることが重要である。[3.]で述べたように，必ずしも生産者が現状の農業ITに満足していないことがわかっていたため，生産者が農業ITに対して抱いている課題も同時に解決できる道筋が示せれば，WAGRIの利用者も増え，普及につながる可能性が高くなる。そのため，当社の農協に対する農業GISビジネスの経験から，今回は県の普及指導員と生産者という関係に着目し実証に取り組むことにした。具体的には，県が新たに認定したパン用小麦に含まれるタンパク含有量を安定させる栽培方法の研究を，普及指導員と栽培研究会のメンバが共同で取り組んでいる研究会でWAGRIの仕組みを使ってもらう実証である。

実証を進めるにあたり，定めた目標は以下のとおりである。

- WAGRIが提供する3つの機能，「データ連携機

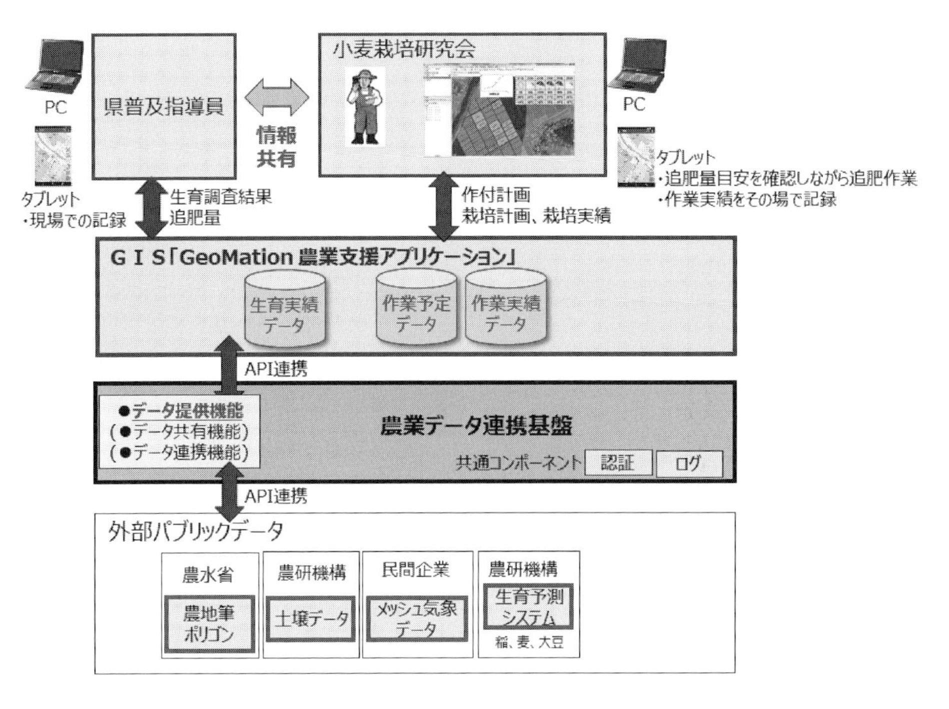

図2　実証システム構成

能」,「データ共有機能」,「データ提供機能」のうち，現場への適用効果をいち早く示しやすい「データ提供機能」を実証現場に適用し，効果を評価することで，WAGRI の早期普及を目指す。

- WAGRI が「データ提供機能」を通じて提供する外部パブリックデータの有効性を示す手段として，生産者，県の普及指導員が互いに情報を共有しながら取り組む実証・評価を行う。これにより，自治体，生産者を含めた現場レベルでの情報活用のレベルアップを図り，情報を活用した農業の普及につなげる。
- 政府や自治体，研究機関が所有しているオープンデータ活用の実績を作り，具体的な効果を示すことで，オープンデータのさらなる整備を後押しし，また提供されるデータの精緻化に結び付ける。

5. WAGRI を活用した実証

これまで，パン小麦のタンパク含有量の安定化の取組みは，以下のように行っていた。

小麦のタンパク含有量を調整するには出穂期の追肥が重要とされている。普及指導員は毎年3月上旬から4月下旬にかけて農家ごとの代表圃場の生育調査を実施し，茎立期や出穂期を推定する。出穂期になると，数10 km の範囲に散在している全圃場を対象に SPAD 計[*2] を用いて葉色の調査を行い，県が定めた SPAD 値に対応する追肥量を生産者に伝える。小麦収穫後は，タンパク含有量，重さ，水分量等を計測し，収穫後に開催する報告会で結果を研究会のメンバと共有することで，翌年度の栽培改良に結び付けている。結果の共有には，表計算ソフトで出力した一覧表を使っていたが，数字の羅列のためデータ相互の関係が見づらく，結果の共有が難しいという課題があった。

WAGRI を活用した取組みに変えることでデータ共有の仕組みは以下のように変わった。

実証システムの構成を**図2**に示す。

WAGRI が提供するデータや利用者が登録するデータは，GeoMation 農業支援アプリケーションを介して生産者や普及指導員が使用する PC やタブレット，スマートフォンの画面に地図と組み合わせて提供され，すべての関係者の間で共有される仕組みとしている。

＊2　SPAD 計：植物の葉に含まれる葉緑素量を計測する装置。

※口絵参照

図3　実証の画面例

生産者は1kmメッシュの天気予報や，生育予測システムが推定した茎立期，出穂期，成熟期を参考に日々の農作業を行い，播種日や追肥量などの作業実績データを登録する。普及指導員が出穂期に測定したSPAD値や追肥量の目安をシステムに登録すると，生産者は翌日から追肥作業が行えることになる。これまで普及指導員が各生産者宅を戸別訪問し，測定結果や追肥量の目安を直接伝えていたが，その手間が省けることになった。

スマートフォンの画面例を**図3**に示す。左側は1時間ごとの天気予報を表示したもの，右側は計測したSPAD値によって圃場を3段階に色分けした様子を示している。生産者は現場でこの画面を確認することができるため，例えば追肥作業の前に画面から追肥量を確認し，圃場ごとの追肥を正しく行えるようになった。

生産者や普及指導員が登録したデータは，すべて個々の圃場に関連した情報として管理されるため，GISの可視化機能を使ってデータを色分け表示することで，表形式では分かりづらかったデータ間の関係性が視覚化できるようになっている。

6. 普及指導員と生産者の情報共有により期待される効果

2018年10月に，WAGRIを活用したシステムを利用開始後，初めての報告会が開催された。その場で出されたコメントは以下のようなものである。

- SPAD値，タンパク含有量をすべてマップ化したことにより，その比較が容易になった。
- 出穂期に追肥したにもかかわらず，タンパク含有量が上がらなかった圃場があった。逆に追肥しなくてもタンパク含有量が上がった圃場もあり，入力した作業実績データ（施肥実績など）から理由を考察することができ，気づきを得ることができた。
- 全マップ化したこと，生産者が情報を共有できることがタンパク含有量の安定につながっている。

ここで紹介した取組みは2018年2月に始まったばかりである。WAGRI利用の効果をどれだけ訴求できるか，結論が出るのはこれからであるが，これまでの取組みから，以下の点が期待できると考えている。

- WAGRIが提供する筆ポリゴンを活用することにより，従来課題であった初期登録時の圃場データ作成の手間が省略できる。

- 複数の生産者や普及指導員が同じ仕組みを利用することで，操作に関する壁を低くし，生産者がデータを登録すれば普及指導員から的確なアドバイスを期待できるようになることで，データ登録の動機付けをすることができる。
- すべてのデータが圃場に関連付けてGIS上で一元管理されるため，普及指導員がデータの関係性を把握しやすくなり，データに基づいて圃場特性に合った的確なアドバイスにつなげることで，普及指導員のサービス性を向上させることができる。また,そこで得られたノウハウは,データに基づいた栽培方法となるため，今後新たに栽培に参加してくる生産者に対して栽培方法を的確に伝達することができるようになる。
- データを共有しているので，普及指導員がデータの記入ミスに気づくことが可能となり，正確なデータの記録につながる。

これらは，いずれも[**3.**]に挙げた農業ITが抱える課題を解決する手段として期待される。

7. WAGRIの将来展望

WAGRIを継続的に運用していくためには，できるだけ広範囲に活用してもらい，同じプラットフォーム上にできるだけ多くのデータを蓄積することで，それぞれの地域に適した栽培方法を形式知化し，データに基づいた農業の実践につなげていくことが重要である。現在，WAGRIプラットフォームをスマートフードバリューチェーン全体に機能拡張する構想が議論されているが，バリューチェーンの一番川上に位置する生産現場の情報が正しく網羅的に登録されることが，スマートフードバリューチェーン構想の一番の鍵となる。

そのためには，先進的な取組みを実践している農業法人だけでなく，幅広い生産者にWAGRIを活用してもらう必要があるが，そこで重要となるのが栽培指導するアドバイザーの関与と考えている。

生産者に対して栽培指導を行っている組織は，都道府県の普及指導員以外にも，農協の営農指導員，契約栽培農家を抱えている食品関連企業や小売業など数多い。これらが生産者の栽培状況を確認しながら的確な栽培指導を行い，結果を農業データ連携基盤に蓄積していくことで，価値の高いデータが数多く集まるだろう。

システムにデータに基づいたノウハウが蓄積されれば，自分のデータを登録すればアドバイスが返ってくる仕組みの構築につながる。地域の農産物のブランド化には品質だけでなく量も必要であるが，ノウハウの蓄積により幅広い生産者にブランド化を目指す農作物の栽培に参加してもらえるようになる。WAGRIを活用した生産現場での正しいデータの蓄積は，将来のスマートフードバリューチェーン構築に確実につながることを期待したい。

第5節　NTTグループの農業×ICTの取組みと農業向け音声認識技術

日本電信電話株式会社　久住　嘉和

1. NTTグループの取組み概要

日本の農業は就業人口の急速な減少や高齢化，耕作放棄地の増加などさまざまな課題を抱えているが，ICT(情報通信技術)はこれらの課題の解決に貢献できると注目されている。NTTグループは主力の通信事業に加え，金融や不動産，建築，電力などの領域にも積極的に事業を拡大し，今や約940社，28万人を抱える企業グループとなった。これまでの事業展開で培ったICTを活用してデジタルトランスフォーメーションを起こし，さまざまな産業の競争力の強化や社会的課題の解決，ライフスタイルの変革に向けた総合的な価値提案を行っている。農業も重点分野として位置づけ，日本電信電話㈱(NTT)や東日本電信電話㈱，西日本電信電話㈱，㈱NTTドコモ，㈱エヌ・ティ・ティ・データを中心に約30のグループ会社と連携し，全体戦略やビジネス,研究開発など多岐にわたる検討を行っている。グループ各社が持つ全国規模の通信インフラや不動産等の資産，研究所の先端技術などを活用し，農業をはじめ，水産業や林業を含めた1次産業向けのソリューションや技術を提供している(**図1**)。一方で，NTTグループは農業生産そのものを行っておらず，専門知識やノウハウが不足していることから，新た

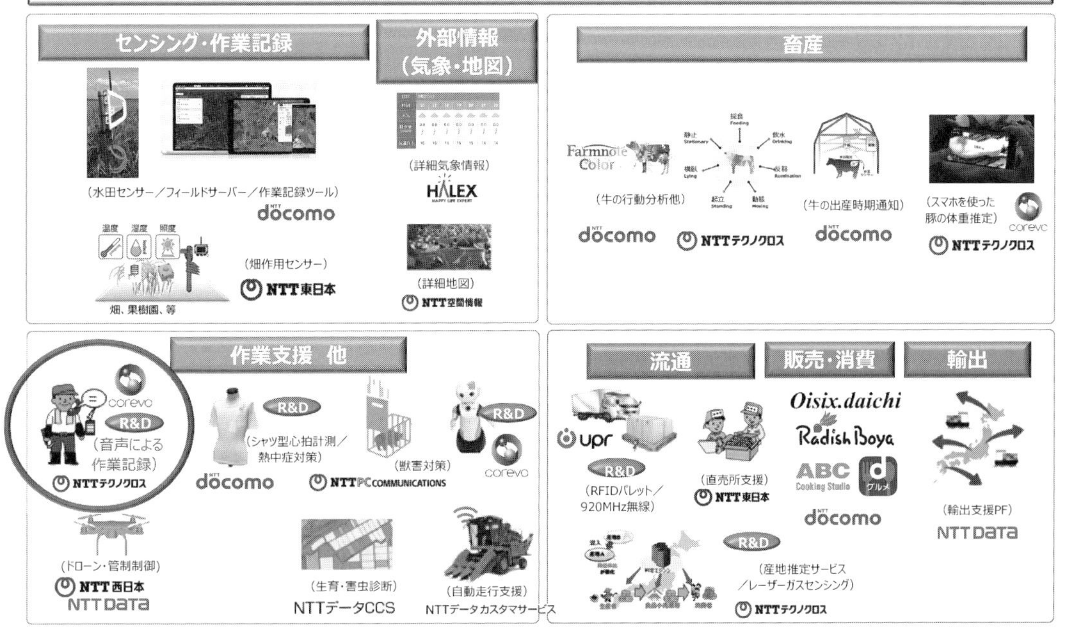

図1　NTTグループ農業ソリューションマップ

なビジネスモデル「B2B2X」により，真ん中のセンターBにあたる農業分野で影響力を持つ外部パートナーと連携しながら取組みを進めている。具体的には，農機メーカーやJAグループ，農業生産法人，自治体等との協業や大学との共同研究，また複合的な連携として，産官学で連携する「農業データ連携基盤（WAGRI）」への参画など，いくつものプロジェクトを並走させ，より効果を高めようとしている。

2. NTTグループの音声認識技術

農業分野において，ICTは実証段階から社会実装へと進みつつあり，IoT（Internet of Things）やAI（人工知能）は注目されている。IoTについては，水田センサーやフィールドサーバ，営農支援システム，ロボット等が実証段階から社会実装段階になりつつある。一方，AIについては実証段階のものが多いものの，ここ数年，ディープラーニング（深層学習）という機械学習の一種の登場により飛躍的に進歩し，見る・聞く・理解する・考える・話すといった人のような認知機能をコンピュータで実現できるようになった。NTTグループにおいても，AI関連技術群を「corevo®（コレボ）」[*1]というブランドで統一し，さまざまなパートナーとともに社会実装に向けた取組みを進めている。特に，人の発した音声を，単語，長文によらずテキストに変換できる音声認識については，40年以上前からの研究開発をベースとしており，非常に強みを持つ技術の1つである。1,000万語という超大語彙から高速で最適な単語を選び出して音声をテキスト化すること，および音声の特徴をNTT独自のDeep Neural Network（DNN）という技術を用いることで精緻に表現することにより，音声認識の精度を大幅に改善することができた。2015年に米国で開催された技術評価国際イベントでは，従来の限界を超える認識精度を実現し，参加25機関中トップの成績を達成した[*2]。この音声認識技術を用いて製品化したものが，高精度音声認識ソフトウェア「SpeechRec」であり，さまざまなシーンで利用されている。例えば，コンタクトセンターにおいて，オペレータとお客様の通話を音声認識し，大量のデータからさまざまな分析を行い，顧客の潜在ニーズやサービスの課題発見に活用したり，あるいは作業現場において設備点検や日報の入力など，業務用データ入力として音声による入力を活用するシーンが増えている。また，対話ロボット，サイネージとして，銀行や証券会社の窓口，カラオケボックスなどにおけるカラオケ用曲名検索端末等のアミューズメント系の場面にも活用が始まっている。

3. 音声認識技術の農業分野における活用

農業分野にはさまざまな課題があるが，農業関連データのデジタル化と活用もその1つである。データがデジタル化されないとICTに取り込めず，農家の次のアクションや行動に資するデータ分析まで到達することができない。また，IoTセンサー等で得られる情報は，自動的にデジタルデータとしてクラウドに蓄積・収集されるが，人を経由しないとデータ化できない作業記録等については，いかにデータの入力を簡易化するかがポイントとなる。農作業中は手が汚れていたりすることが多く，キーボードが使いづらいことは容易に想像される。また，作業が終了し，自宅でその日の作業記録を行うことも手間のかかることである。これらの背景から，音声認識に対する要望，期待が高まってきている。NTTグループでは，多数の農業向けソリューション（図1）の中で，前述の音声認識技術SpeechRex[*3]を入力IFの簡易化を実現するツールとして位置づけ，JAグループや農機メーカーをはじめとする農業関係者への提供や実証実験を進めている（**図2**）。農業用のSpeechRexについては，辞書登録機能を活用して，農業特有の専門用語，例えば，農作物の品種や肥料や農薬等を登録しており，認識辞書を強化し，認識精度を高めていることが特徴である。また，単語レベルにとどまらず，比較的長い文章や会話などの自由発話にも対応できる。このSpeechRexを活用することにより，農作業や農機を運転中にもマイクを使って，農家が実施した作業を簡易的にかつリアルタイムで記録することが可能になる。SpeechRexはクラウドサービスであるため，利用

＊1　NTTグループのAI関連技術「corevo®（コレボ）」
http://www.ntt.co.jp/corevo/

＊2　ひずみなし音声強調とディープラーニング新技術により音声認識を高精度化
http://www.ntt.co.jp/news2015/1512/151214a.html

＊3　SpeechRex
http://www.v-series.jp/speechrec/about_speechrec.html

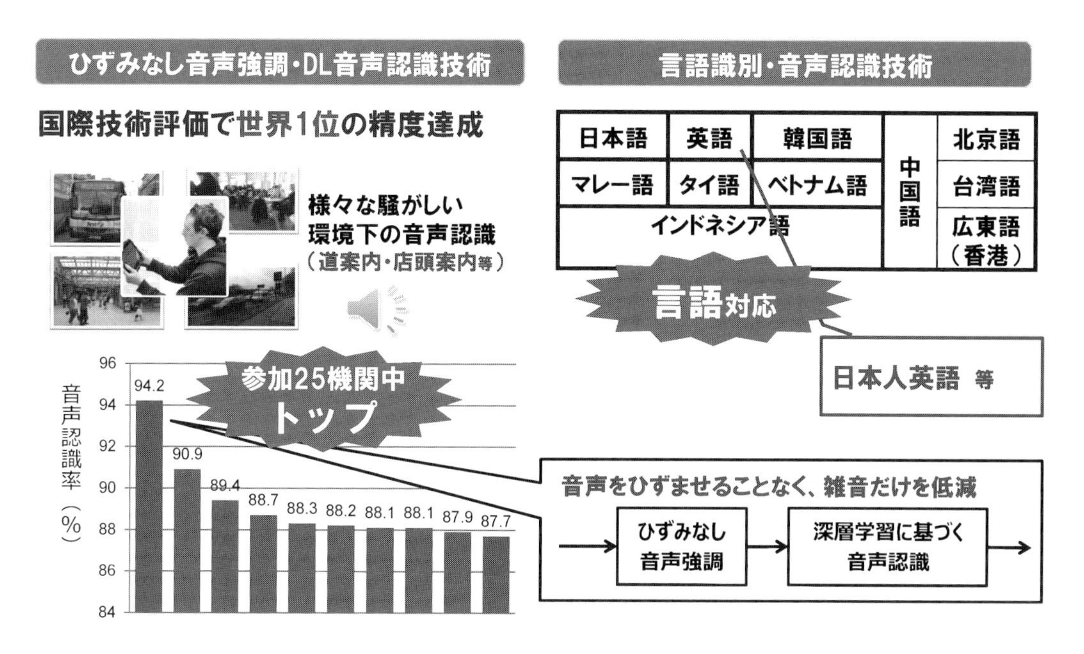

図2　NTT音声認識技術

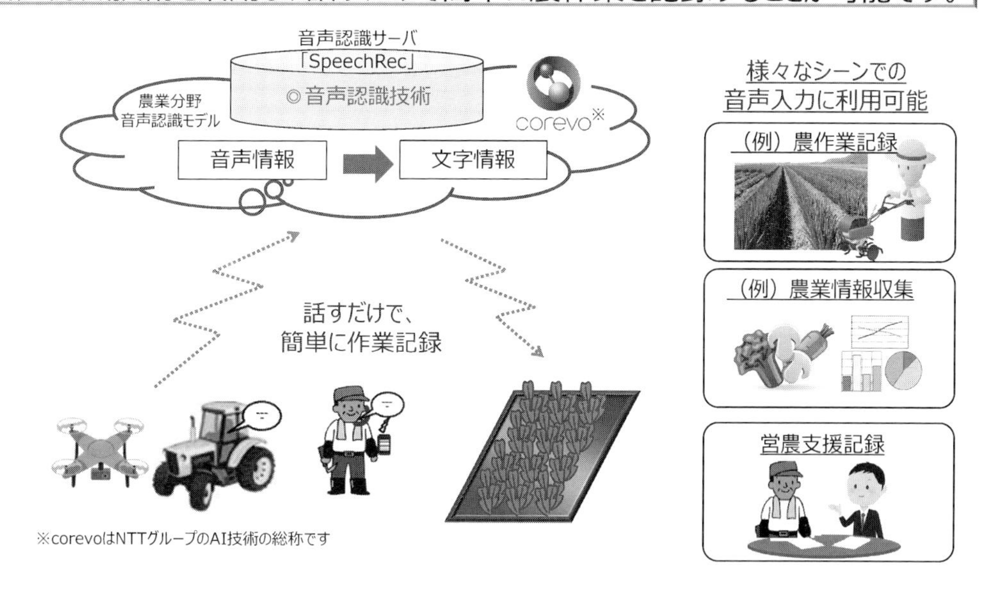

図3　音声認識技術の農業分野での活用イメージ

者はアプリケーションをスマートホンやタブレットにインストールするだけで利用が可能となる。農作業をデジタルデータとして記録される意味合いは大きい。作業内容や日時，場所に加え，作業のポイントやコツなどの情報がデータ化されると，例えば，個人での作業の振り返りや将来の作業計画への活用，部会単位での良い作業の例，悪い作業の例を比較共有して部会全体としてのレベルの向上，客観的な事実に基づいた営農指導等にも活用することが可能になるなど，農業におけるさまざまなシーンでの活用が期待される（図3）。

4. 音声認識技術の農業データ連携基盤(WAGRI)への展開

NTTグループはNTTをはじめ，WAGRIに計8社が参加している。すでに，㈱ハレックス気象サービスやNTT空間情報㈱の地図のサービスをWAGRIとAPI連携しているが，今回の音声認識技術で3つ目のAPI連携を予定している。WAGRIへ参画する企業に加え，その企業サービスを契約する農家等がWAGRIを経由して音声認識技術を活用できるように取組みを進め，農作業情報収集の簡易化に貢献したい。また，将来的には，音声認識のみならず，音声を通じた農業ICTサービスやロボットの遠隔制御等への実現も目指す。

今後も農業分野における選ばれるバリューパートナーを目指してNTTグループ各社が密に連携して取組みを進めるので，今後の活動に期待していただきたい。

第６節　手書き文字認識技術の現状と農業への展望

株式会社 EduLab　佐竹　真悟

1. はじめに

近年，業務効率化のために OCR(Optical Character Recognition)と呼ばれる文字認識技術の研究開発が進んでいる。従来の OCR は，ルールベースによるパターン認識が主流であった。このため，文字の形のパターンが決まっている場合，すなわち活字の認識に対しては一定の成果が得られていたが，文字の形が一定ではない場合が大多数である，手書き文字の認識は不得手としていた。しかし，深層学習技術をはじめとした機械学習技術の著しい発達により，既存の認識手法とは異なる新たな手法が提案され，手書き文字に対しても高精度な認識を行えるようになった。これらの技術の進展を受けて，OCR 導入の検討を進める企業および団体が増加している。

このような背景の中，当社でも従来の OCR とは異なる，深層学習技術に基づく AI(人工知能)を活用した文字認識技術の研究開発を行っており，手書き文字のデジタル化サービス「DEEP READ」を提供している。本稿では，DEEP READ の説明，および今後の農業分野における活用と展望について述べる。

2. 手書き文字認識サービス「DEEP READ」

2.1 概要

一言に手書き文字認識と言っても，文字認識の適用先によって，認識すべき対象は大きく異なる。学力試験における記述式の答案を例に挙げると，国語の答案の場合は，平仮名・カタカナ・漢字，数学の場合は，数式中に現れる数字・記号を正しく認識する必要がある。また，申込書や請求書といった帳票を考えると，郵便番号やメールアドレスのように出現する文字種に制限がある項目や，チェックボックスや丸囲みといった選択肢が出現する場合もある。このように，認識対象に何らかの制約がある場合は，対象に特化した工夫を施すことで認識性能の向上が見込まれる。

DEEP READ では，文字認識を行う項目ごとに，認識を行う文字種の設定をすることができる。現在は，あらゆる文字種の認識を行う設定の他，数字，小数，カタカナ，アルファベット，メールアドレス，チェックボックスなどを選択できる(2018 年 10 月 1 日現在)。このように，あらかじめ項目に特定の文字種しか出現しないと分かっている場合は，文字種を選択することで，より高精度な認識を行うことが可能となる。

2.2 日本語を対象とする複数文字認識

複数文字認識とは，文字間の区切りが明示されていない状態で複数の文字の認識を行うことである。複数文字認識において日本語を取り扱う際の問題点は，パーツの組み合わせで表現される文字が多いことである。例えば，漢字の場合，偏と旁で構成される文字があるため，文字間の区切りが与えられない複数文字認識では，本来一文字として認識されるべき漢字が，偏と旁で別々に認識されてしまう問題が生じる(**図 1**)。DEEP READ の開発初期では，認識対象の文字列を文字認識の前に一文字単位に分割し，それぞれの文字に対して認識するアプローチを採用していたが，文字がパーツの組み合わせで表現される場合，事前の文字分割が正しく行われず，誤認識の原因となっていた。この問題を解決するために，DEEP READ では，事前分割を行い一文字ずつ

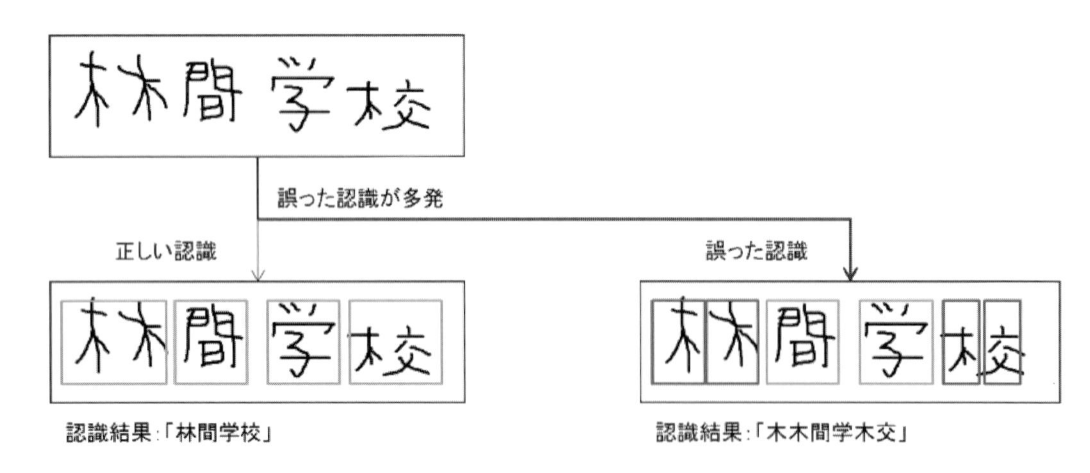

図1　複数文字認識における誤認識の一例[1]

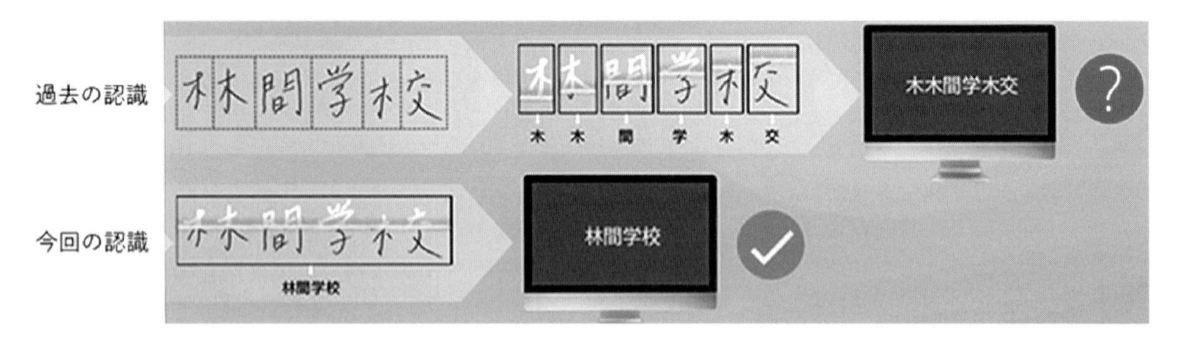

図2　DEEP READによる複数文字認識イメージ[1]

認識する方法ではなく，事前分割を行わず複数文字を同時に認識する手法の開発を行った。その結果，複数文字でも正しく認識することが可能となった(図2)。

2.3　選択肢の認識

チェックボックスや丸囲みといった選択肢の認識は，利用される記号にある程度の制限があるため，ルールベースの手法を適用することが可能である。しかし，選択肢の認識ではノイズが多いという課題がある。例えば，選択記号と枠線・選択対象の重なりや，枠からの選択記号のはみ出しなどが挙げられる。また，背景部分に補助線が存在するなど，適用先のフォーマットに依存したノイズも存在する。

ルールベースは汎用性に乏しく，これらのノイズに対処するためのルールを事前に策定し，適用先に合わせてルールを調整するのは大きなコストとなる。そのため，DEEP READの選択肢の認識では，文字認識と同様にノイズを軽減するための適切な前処理を施した上で，深層学習技術を適用している。これにより，汎用性を担保しつつ，高精度な認識を実現している。

2.4　認識結果の補正

高精度な文字認識を実現する上で，文字認識の認識精度そのものを向上させることは重要であるが，システムが誤認識した結果を補正する仕組みもまた重要である。補正を行うためのアプローチとしては，大きく分けて2つのアプローチが考えられる。

まず，辞書を利用した補正が挙げられる。辞書による補正では，辞書データと認識結果の文字列を照合することで，誤認識された文字列を検知し補正を行う。この手法では，誤認識を正確に検知し補正を行えるが，辞書に登録されていない文字列の補正は行うことができない。例えば，農業分野のように適用先が特定の分野に特化している場合，専門用語が利用される可能性もある。このような場合は，専門用語に特化した辞書を別途用意することで，性能向上が期待できる。

次に，統計的なアプローチが挙げられる。統計的なアプローチでは，認識結果の文字列がどれだけ正しそうかを判定するモデルを用意する。そして，このモデルを利用して誤認識した文字列を検知し，補正候補の文字列へ置換や削除の操作を行う。この手法では，辞書による補正と比較して柔軟に認識結果の補正を行うことができるが，モデルを学習するための大量のテキストデータが必要となる。

DEEP READ では，現在認識結果の補正は行わずに，業界トップクラスの認識精度を実現している。これは，当初想定した適用先がテストの自動採点であり，誤答を正答に補正してしまう可能性があるからである。しかし，採点以外の場面においては自動補正に対するニーズがあるため，補正機能の開発も行っている。これにより，さらなる認識精度の向上が期待できる。

2.5　性能評価

DEEP READ の単文字認識[*1]については，業界トップレベルである98.66％の認識率を達成している(2016年6月時点)。また，その後の研究開発により，複数文字認識において93.5％の認識率を実現した(2017年9月時点)。この認識率は，日本語の住所・名前等からランダム抽出された，35,000件の複数文字認識用サンプルで検証した結果である。サンプルサイズが大規模なだけでなく，サンプル中にはそもそも人が見ても判別が難しい文字や，乱雑な文字も含まれていたことに注意されたい。また，DEEP READ では，数字やカタカナ，チェックボックスなど，項目ごとに認識対象の種別を指定することができるが，これらの認識においても同等以上の精度を実現している。DEEP READ の処理能力については，サーバー1基を利用した場合，1時間に10万項目の読み取りが可能であり，処理に利用するサーバー数を増加させれば，さらなる高速化も可能である。

＊1　単文字認識とは，枠線内に書かれた手書きの単文字を認識することである。

3. 農業分野における応用

3.1　デジタル化プロセスの効率化

文字認識システムを農業分野において活用する方法として，紙媒体データのデジタル化を行う際の補助が挙げられる。具体的には，発注書や申込書といった帳票に対して，従来行われていた人手による書き起こしを，文字認識システムに置き換える。これにより，デジタル化プロセスに伴う人的および時間的コストを削減でき，業務の効率化を行うことが可能となる。

3.2　紙媒体のデータベース化

［**3.1**］で述べた内容は，すでに企業および団体で実施されているデジタル化プロセスを，文字認識システムによって効率化するという試みであった。一方で，農業従事者によって蓄積された農業日誌のように，そもそもデジタル化の試みが行われていない資料も広く存在しうる。特に，農業従事者の平均年齢が65歳を超えている現状，これらの資料の大部分はデジタル化されずに紙媒体で保存されている可能性は高い[2)]。このため，これらの資料に対して文字認識を行いデジタル化することで，過去の資料をデータベース化し活用することが可能となる。

過去の資料をデータベース化することで考えられる活用法として，まず検索機能が挙げられる。一般論としての情報はインターネットにより収集できるが，過去の資料がデータベース化されることで，その土地ごとの土壌や気候に合った事例を検索することが可能となる。これにより，その土地で新たに農業に従事したい新規参入者に技術を継承でき，さらに，既存の農業従事者が過去の収穫日や収穫量を参照する際にも助けになる。また，デジタル化した記録のデータベースを農協などの団体が管理することで，団体に加入している農業従事者の状況把握や，出荷した農作物を追跡することが容易となる。

次に，統計的な解析を行うことも可能となる。過去の農作業の記録を集計し，気象情報などの外部情報と，デジタル化された農作業の記録を組み合わせることで，収穫量や必要な農薬量などを統計的に分析，予測することが可能になる。

3.3　デジタル機器への情報入力支援

近年，IoT(Internet of Things)技術の導入により

農業のIT化が進み，かつデジタルネイティブ世代の農業従事者が増加している。これを受けて，今後はタブレット端末やクラウドサービスといったデジタル技術を活用した農業がますます盛んになっていくと考えられる。しかし，既存の農業従事者はデジタル技術に慣れ親しんでいない高齢者が多くを占めており，デジタル機器を用いた情報入力は障壁が高いと予想される。このことから，デジタル機器への情報入力を支援するシステムが必要である。

デジタル技術に慣れ親しんでいない農業従事者は，これまで手書きによって農業の記録を行っており，今後も手書きによる記録を続ける人もいると考えられる。そこで，DEEP READのような手書き文字認識システムを用いて情報のデジタル化を行うことで，デジタル機器への情報入力を支援できる。これにより，農業従事者がこれまで行ってきた記録作業の流れを大きく変えることなく，サービスを利用することができる。特に，手書き文字認識システムは，帳票のような定型の用紙に対して強みを持つため，農業従事者が記入する用紙の規格を統一することで，高い精度で手書き記録のデジタル化が可能になる。また，将来的には定型の用紙ではなく，フリーフォーマットの用紙に対しても手書き文字認識を行えることが予想され，入力支援を行える媒体の幅は今後も広がっていくと考えられる。

4. まとめ

本稿では，深層学習技術に基づいた手書き文字認識システムである，DEEP READを用いた今後の農業分野における活用と展望について述べた。1つ目は，デジタル化プロセスの効率化である。従来の活用方法と同様に，農業分野の企業および団体においても，人手による書き起こしプロセスを文字認識システムと置き換えることで，時間的・費用的コストの削減を行うことができる。2つ目は，紙媒体のデータベース化である。紙媒体で蓄積されている農業に関する記録をデータベース化することで，検索や統計的な解析への応用が期待できる。最後に，デジタル機器への情報入力支援である。これにより，デジタル機器に慣れ親しんでいない農業従事者でも，紙媒体で行ってきた記録作業の流れと大きく変えることなく，サービスを利用することができる。デジタル機器を活用した農業は，今後ますます盛んになっていくと考えられる。このような中で，手書き文字認識システムがどのような役割を担えるか，動向を見守りたい。

文　献

1）株式会社EduLab：プレスリリース.
https://edulab-inc.com/press-release/20170906.html
2）農林水産省：農業労働力に関する統計.
http://www.maff.go.jp/j/tokei/sihyo/data/08.html

第１節　農業データ連携基盤の展望

国立研究開発法人農業・食品産業技術総合研究機構　寺島　一男

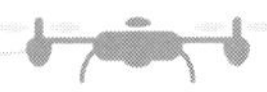

1. 農業データ連携基盤の運営体制

1.1　運営体制

農業データ連携基盤は，内閣府の戦略的イノベーション創出プログラム「次世代農林水産業創造技術」中の研究開発プロジェクトの１つとして取り組まれ，2018 年現在では試験運用が行われている段階にある。その運営に関しては，上記プロジェクトに参画，あるいは協力する企業や研究機関を構成メンバーとする幹事会が設置され，研究開発課題としての運用と研究推進が図られてきた。特に公的機関あるいは民間企業が保有する有用なデータベースやアプリケーションの農業データ連携基盤への搭載，それらの組合せによる有効活用について試験的な取組みが行われている。一方，こうした研究開発プロジェクトに参画していない企業や団体にも農業データ連携基盤の広範な利用を促すため，農業データ連携基盤協議会が立ち上げられた。協議会についても代表機関による幹事会が設けられ，事務的な運用部分，例えば協議会への参画機関の諾否や ID 払い出し機関の承認，各種連携，広報活動の実施などが取り組まれてきた。SIP 研究開発プロジェクトとしての幹事会と協議会との間では密接な連絡がとられ，連携してこの事業の推進が図られている。しかし，2018 年度でこの研究開発プロジェクトが終了することから，2019 年度からの本格運用に向け，農業データ連携基盤の運営体制について再構築を図る必要がある。これについて，内閣府の SIP ガバニングボードからは，農業データ連携基盤の公共性を担保し，持続的で公平性の高い運営を図る必要のあることから，国立研究開発法人である農業・食品産業技術総合研究機構（以下，農研機構）がその運営母体を担うべきとの指摘が行われている。この趣旨に従いつつ，今後の運営体制については農業データ連携基盤協議会の中核をなす主要な企業や研究機関からなる運営体制ワーキンググループを立ち上げ，検討を進めているところである。2019 年度については，農研機構に新たに設置された農業情報研究センター内に担当室を設け，対応を必要とする運営業務に対処することとしている。また，こうした運営に対して，農業データ連携基盤の利用者やデータの提供者の意向が伝わる仕組みが必要なことから，前述した農業データ連携基盤参画の代表機関については，2019 年度以降も農研機構の担当室との間で必要な意見交換を継続する予定である。さらに本格的な運営組織の設立については，こうした関係者の意見に配慮しつつ，その仕組みや体制について引き続き検討を加えていくことになる。

1.2　経費管理

農業データ連携基盤の持続的な運営を図る上でもう１つの課題のなるのが経費管理である。農業データ連携基盤の稼動には，各種データベースやアプリケーションを格納するサーバーの確保と，これらコンテンツの維持管理などに資金を必要とする。また，農業データ連携基盤に提供されるコンテンツの一部は，民間企業により作成され，更新が行われているなど，企業としての費用負担がかけられた商品でもある。したがって，こうしたコンテンツを利用する機関は対価の支払いが求められる。このようなサービスの提供や利用にかかる費用のやりとり，すなわち商用運用を担保する仕組みが必要で，農業データ連携基盤の持続的な運用を図る上で重要な課題といえる。公的な資金調達にてこれらを支えるべきとの意見もあるが，必ずしも継続性が保障されない公的資金に頼ることは，自律的で効率の良い利用システムへの発展を逆に阻害する可能性もある。無論，農業データ連携基盤が参画企業に適正な利潤をもたらすにはしばらく時間が必要となるであろうし，それまでの間は公的資金の活用も視野にいれざるを得な

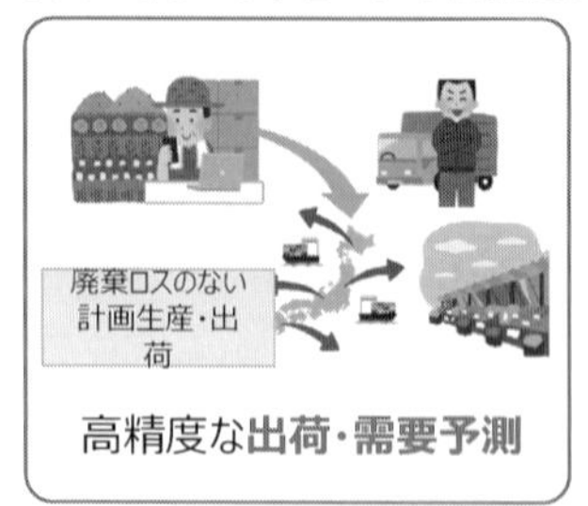

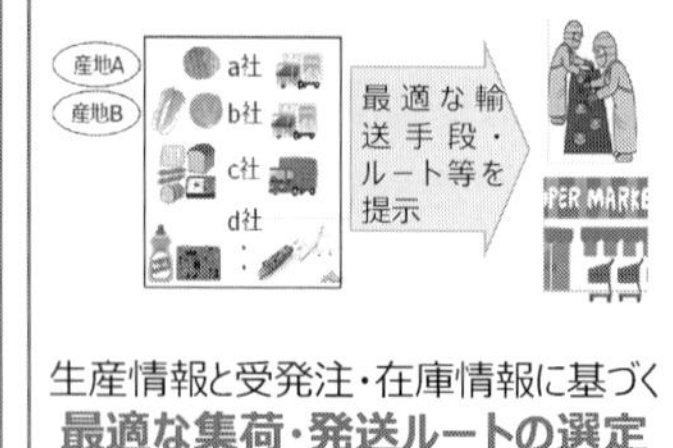

図 1　スマートフードチェーンの創出
資料：農林水産省

いともいえるが，将来的な展望も見据え，民間の資金による運営の円滑化と効率化を目指していくべきであろう。さまざまなビジネスモデルを想定しつつ，関連企業や農研機構をはじめとする研究機関との間でリーズナブルな課金のシステムを論議し，理想的な経費管理体制の構築を目指す必要があると考えている。

2. 農業データ連携基盤の機能拡張

2.1　スマートフードチェーン

これまで農業データ連携基盤に搭載されたデータは，気象，土壌，作物の発育予測，圃場のポリゴンや地理的情報など，主に農業が実際に営まれている生産現場で採取され，生産の効率化に関わる範囲に属するものが大部分であった。こうしたデータベースやアプリケーションは，農業労働者数が減少して経営規模が拡大する中，適正な生産管理を支えるためにはまず整備すべき必要な内容といえる。しかしながら，農業生産がそもそも食料の供給を通じて食品産業につながり，最終的には食卓での消費まで通じていることを考えた場合，生産部分だけでなく，流通，販売，消費にいたるまでのデータの連携もまた重要度が高い。特に食品の流通として重要な食材の鮮度や品質に関するデータは，流通段階や消費段階で関心が高く，また生産管理条件もこれに影響を及ぼすことから，当該品目に関して生産，流通，販売にいたるまでこうした情報が流通するようなシステム構築が求められるであろう。このためのセンシング手法や非破壊での評価方法の開発，これらのデータに基づく評価指標の構築と農業データ連携基盤との連携が今後は期待される。これにより農産物や食品に伴う特徴的なシステム，すなわち，スマートフードチェーンの構築に対し，農業データ連携基盤が大きく貢献していくことが可能となるであろう（図 1）。

2.2　対象作目の拡大

生産現場への対応についてもいくつかの課題を指摘したい。農業データ連携基盤に搭載されている現在のコンテンツは，稲，麦，大豆を中心とした土地利用型作物が主体となっており，露地野菜や施設野菜，果樹などの園芸作物，バレイショやサツマイモといった畑作物に関するデータが乏しい現状にあ

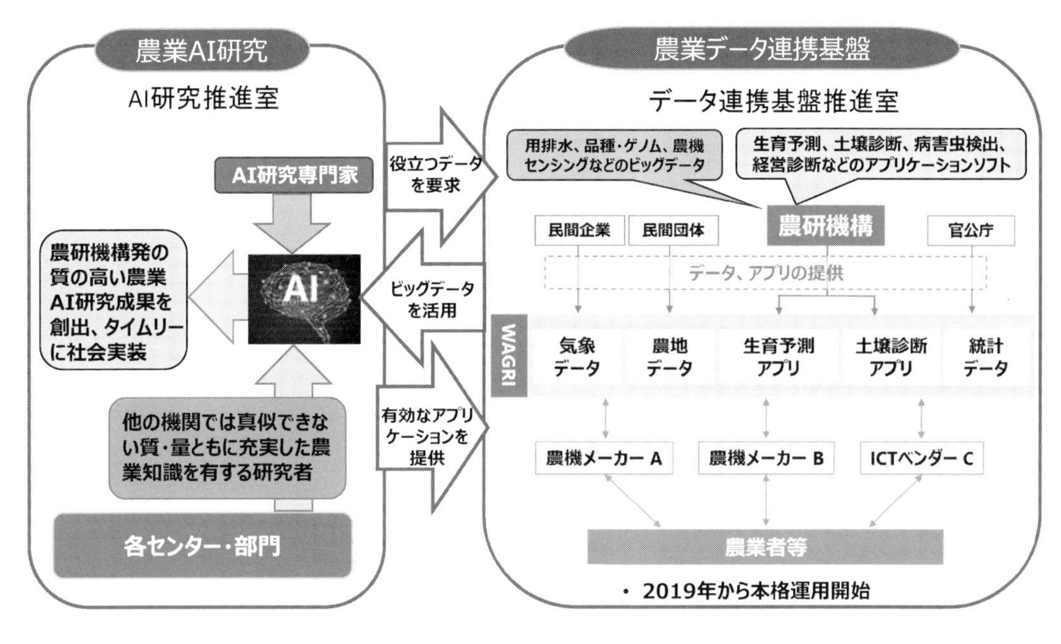

図2　農業情報研究センターにおける農業データ連携基盤と農業AI研究

る。近年，水田作と野菜作とを組み合わせた複合経営が増加する中，こうした野菜等を含めた多様な作物に関するデータやアプリケーションを早急に蓄積する必要がある。現在，レタス等の葉菜類における生育予測技術等の搭載が検討されているが，農研機構など関係する研究機関の一層の努力が必要である。また，病害虫等の阻害要因に関しての情報は各地に集積されているものの，それらの有効利用はまだ不十分な状況にある。あわせて病害虫防除の根幹となる診断技術については，今後画像等のデータ集積を図り，これとAI技術等を組み合わせたシステム構築が有効となろう。病害虫関係については，各地で保有されているデータを収集整理し，新たな情報技術を活用するなど，防除に有効で利用しやすいシステムの構築が求められる。また，今後の大規模経営を支援するためには，経営解析ソフトの充実が必要である。すでにFAPS-DBの農業データ連携基盤に搭載される予定となっているが，技術体系の構築が一部の県に限られている。こうした点の取組み強化が必要である。

以上のような課題以外に，農業者が行う事務手続き簡素化に向け，各種の申請手続き等について，農業データ連携基盤を活用した電子化と簡素化も検討されている。すなわち，農業者が容易に農業データ連携基盤上に蓄積したデータなどを利活用できるような仕組みを設けることにより，手続きの大幅な簡素化，利便化が進むことが期待されている。

3. 農業情報研究の拠点

農研機構では2018年10月に農業情報研究センターを新たに設置し，農業データ連携基盤の運用を担うデータ連携基盤推進室とAI研究を実施するAI研究推進室とが設けられた(図2)。AI研究にはビッグデータの集積が必要であるが，当センターでは，特に信頼度が高く専門性にも根ざした純度の高いデータに基づくAI研究が期待できる体制が組まれている。新たな農業生産，あるいは経営，流通等を含めたスマートフードチェーンにまで踏み込んだアルゴリズムの提供を実施し，その成果を農業データ連携基盤に搭載していく仕組みとして，この新たな組織を有効に活用していく必要がある。特に，さまざまな作物への展開といった横方向のだけでなく，より精度が高く利用価値の高いデータベースやアプリケーションの提供等，データの深堀を可能とする方向での発展を期待したい。

農業情報研究センターでは，上述したような農業データ連携基盤の運営にあたるほか，農業データ連携基盤の広報，普及活動も重要な取組み課題としている。農業データ連携基盤の存在については，東京を中心とした関係機関の間では認知度が高まっているが，生産現場を含めた地域における認知度は残念ながらまだ低いといってよいだろう。これは本格運用がまだ開始されていないということもあるが，その効果が現場で認識されるレベルまで，システムの汎用化や効果の提示が十分でないところに問題がある。現在，象徴的案件としていくつかの新たなシステムが農業データ連携基盤を利用して実地に試みられているが，これらの内容も含め，センターが中心となって，より広範な民間企業や生産者に向けてその活用とこれを用いた新たなビジネス展開に結びつける取組みを展開することが望まれる。

第3編　農業データ連携基盤

第3章　農業データ連携基盤の展望と期待

第2節　農業データ連携基盤への期待

株式会社日本総合研究所　三輪　泰史

1. スマート農業の台頭

1.1　スマート農業の分類

近年，IoT（モノのインターネット），AI（人工知能），ロボティクス等の先進技術を活用した「スマート農業」が注目を集めている。農林水産省では，スマート農業を農業の成長産業化のための重要な政策として位置付けており，他省庁と連携して研究開発を積極的に推進してきた。2018年度は自動運転トラクターや農業用ドローン等が次々と市販化に至り，スマート農業政策は研究開発から実装の段階へと移行している。

このように注目度の高いスマート農業であるが，その商品，システムは多岐にわたる。本稿では，スマート農業技術を「スマート農業の眼」，「スマート農業の頭脳」，「スマート農業の手」の3つに分類する（図1）。

「スマート農業の眼」とは，センサーやカメラ等を用いたデータ取得のことである。具体例としては，農業用ドローンによる農地の低層リモートセンシング，人工衛星による農地のリモートセンシング，農業ロボット用センサーによる糖度，含水率，大きさ等の計測，収量コンバインによるコメ等の収穫量の計測等が挙げられる。「スマート農業の頭脳」とは，農業データを「覚えること」と「考え，判断すること」に関するものである。前者では，多くのシステム企業から営農支援アプリケーション・生産管理アプリケーション等の農業ICTサービスが提供されている。他方で後者の分析機能については，いまだ発展途上であるといえよう。AIを用いた画像解析による病害虫診断等，比較的単純な分析や判断は実用化レベルに到達しているが，一方で農業者自体を代替するような機能，すなわち農作業全般の判断・自動化，農業経営のAI化といった高度な内容については，今後のさらなる研究開発が望まれる。

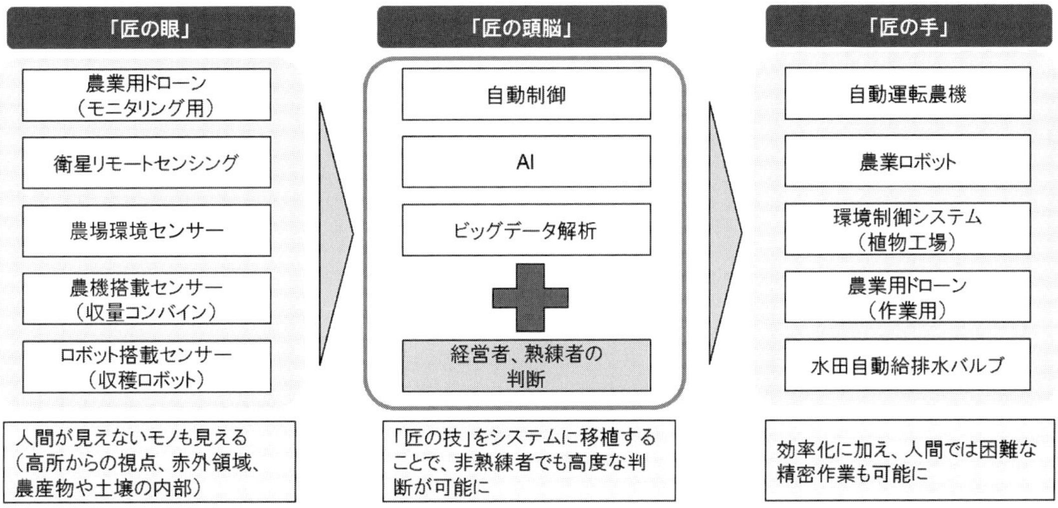

「匠の眼」
農業用ドローン（モニタリング用）
衛星リモートセンシング
農場環境センサー
農機搭載センサー（収量コンバイン）
ロボット搭載センサー（収穫ロボット）
人間が見えないモノも見える（高所からの視点、赤外領域、農産物や土壌の内部）

「匠の頭脳」
自動制御
AI
ビッグデータ解析
経営者、熟練者の判断
「匠の技」をシステムに移植することで、非熟練者でも高度な判断が可能に

「匠の手」
自動運転農機
農業ロボット
環境制御システム（植物工場）
農業用ドローン（作業用）
水田自動給排水バルブ
効率化に加え、人間では困難な精密作業も可能に

図1　スマート農業の3分類

筆者作成。

1.2　普及が進む農業ICTサービス

「スマート農業の頭脳」の中核にあたる営農支援アプリケーション・生産管理アプリケーション（農業ICTサービス）として，富士通㈱のAKISAIやウォーターセル㈱のアグリノート等の多くのサービスが実用化されている。農業者は，スマートフォン，タブレットPC，パソコン等のさまざまな機器でそれらのアプリケーションを利用可能である。アプリケーションを用いて，日々の作業内容（例：「いつ，誰が，どの畑に，どのような肥料を，どれだけ投入したか」）を入力するとともに，気象庁や民間気象会社の提供する気象データ，さらには現場に設置した農場環境センサーから取得される温度，湿度，日照時間，風速，土壌の含水率等の環境情報，ドローンや人工衛星で撮影した画像等の多岐にわたるデータが蓄積される。

経営者や農場長はこれらの作業データや環境データを分析し，圃場ごとの栽培状況の把握，作業計画の最適化，現場ノウハウの全体共有，リスクの洗い出し等を行う。従来は農作業日誌に手書きで記録されていた情報がデジタル化され，入力・閲覧・分析が容易になったことで，製造業の工場管理と同様にPDCA（Plan-Do-Check-Act）を実施できるようになったのである。そのため，他産業での経験を活かして農業の経営改善に成功する事例も増えている。

2. 農業データ連携基盤で期待される効果

2.1　農業データ連携基盤の主な機能と効果

農林水産省や内閣府が中心となり，各社の生産管理システムを総合的に下支えする「農業データ連携基盤」と呼ばれるデータプラットフォームの構築が進んでいる。2017年度より，筆者がサブプログラムディレクターとして関わる内閣府「戦略的イノベーション創造プログラム（SIP）次世代農林水産業創造技術」の一環として，農業データ連携基盤のプロトタイプが構築された。また，農業データ連携基盤協議会（WAGRI）には2018年10月段階で240を越える企業・機関が加盟している。

農業データ連携基盤には大きく2つの機能がある。1つ目が，公的データ・研究成果の共有化である。国，公的研究機関，民間企業は，消費者のニーズに答えた農産物の栽培に役立つ，公的データ・研究成果・独自サービスを多数保有しているが，これまでは各自別々に提供され，データ形式も異なっていたため，農業者にとっての使い勝手は不十分であった。新たに立ち上がった農業データ連携基盤では，公的データ・研究成果がデータプラットフォーム上で共有化され，また民間企業のデータ，サービスもプラットフォーム経由で容易にアクセス可能となる。

2つ目が，農業者の任意参加によるビッグデータ蓄積である。先述の生産管理システムで蓄積した各農業者のデータに関して，農業者が自主的に栽培履歴データ等の一部を匿名化して農業データ連携基盤にアップロードすることで，匠の技が集約したビッグデータを作り上げることができる。ノウハウの共有化や，新たな研究開発の促進に役立つと期待されている。ただし，農業者の栽培データはノウハウの塊であり，競争力の源泉であることから，その取扱いには十分な配慮が求められる。

農業データ連携基盤には，官民のさまざまな研究成果がデータベースやアプリケーションとして実装されていく予定である。農業者は農業データ連携基盤を通して，官民の農業関連データ（例：気象データ，土壌データ，肥料データ，農薬データ，農地形状データ，リモートセンシングデータなど）や最新の研究成果を基にしたアプリケーション（例：農研機構の稲収穫予測アプリケーションなど）を利用することができるようになり，利便性が飛躍的に高まっている。また，農業データ連携基盤には農作業，生育状況，栽培環境等を対象とした標準データフォーマットが設けられており，それを使うことで異なる企業の生産管理システムのデータであっても比較，統合を行えることも特徴的である。

2.2　農業データ連携基盤の活用方法

プロトタイプで試行されてきた農業データ連携基盤の活用方法を見てみよう。各社の農業ICTサービスで蓄積したデータは，さまざまな活用が可能で，その1つが収穫予測システムである。蓄積された栽培履歴（田植えをした日付など）や気象データ（過去の履歴および将来の予報）等を用いて，農作物の収穫時期の高精度な予測が可能となっている。これにより，農業者は人手が不足しやすい収穫期の人員確保，早めの営業活動，加工施設・倉庫・運送トラック等の早期手配，等が可能となり，経営改善効果が期待される。

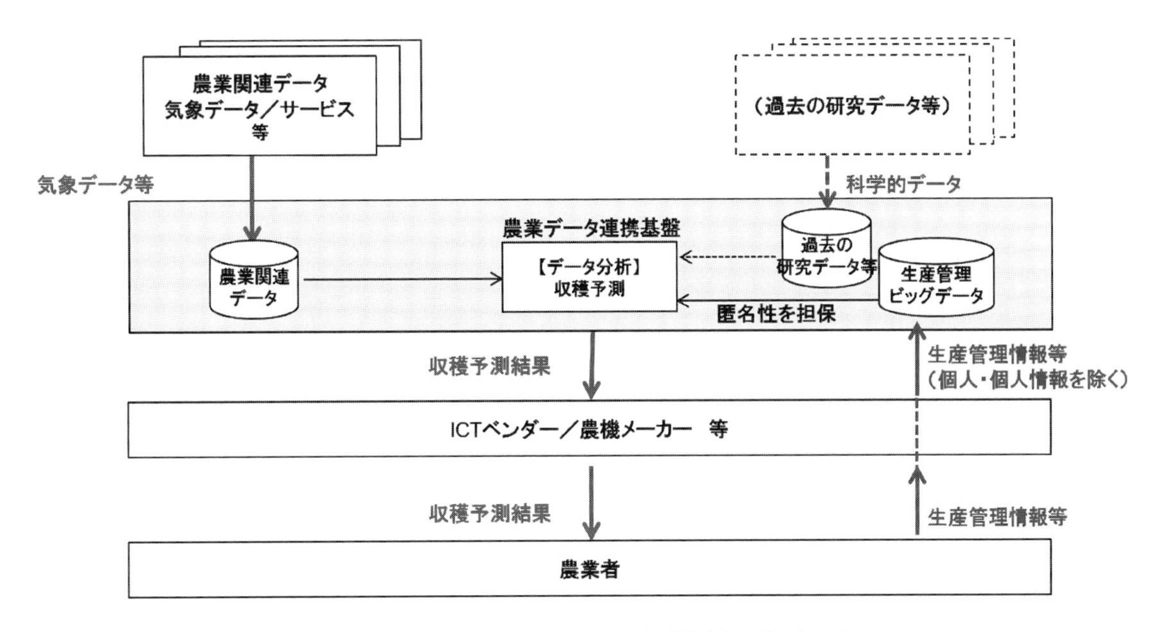

図2　農業データ連携基盤を活用した収穫予測アプリケーション
筆者作成。

農業データ連携基盤の機能は今後もさらなる拡張がなされていく予定である。2018年度より開始された内閣府「戦略的イノベーション創造プログラム（SIP 2期）スマートバイオ産業・農業基盤技術」の第2期では，農業データ連携基盤と流通・加工・販売・外食等を結び付け，ICT/IoTを駆使した高度な「スマートフードチェーン」を構築する研究開発が進められている。

3. 農業データ連携基盤の普及に必要な要素

農業データ連携基盤を早急に普及させるには，さまざまな仕掛けが求められる。

1つ目が，利用者が安心して利用できる環境の整備である。特に，利用者が注視しているのが，個人のデータが外部に流出したり，無断で利用されたりしないかという点である。農業データは農業者のノウハウの塊であり，適切な管理が欠かせない。そのような声に対して，農林水産省は農業データの取扱いに関する「農業分野におけるデータ契約ガイドライン」を2018年12月に策定した。

2つ目が，農業者との間でのギブアンドテイクの関係を構築することである。現在広く利用されている検索や翻訳といったウェブサービスでは，サービス向上のためにユーザーの利用履歴等の一部を利用することの許諾を求められることがある。このようなサービスでは，安価ないしは無償でサービスを利用できる代わりに，データの一部を運営者に提供するというギブアンドテイクが成り立っている。農業データ連携基盤を介して提供されるアプリケーション等でも，同様の関係性を構築し，ユーザーが積極的にデータ提供を許諾するモデルを作る必要がある。例えば，農産物の収穫日や収穫量を予測するアプリケーションの精度向上には，さまざまな品種ごとに多数の栽培データが必要となる。これまでは研究機関が時間と手間をかけて自らデータを取得していたが，今後は「農業者とともに」データを充実させていくものが増えるだろう。当然，アプリケーションの精度向上や機能充実はユーザーである農業者のメリットとなる。

ただし，ギブアンドテイクでは「ギブ」と「テイク」のバランス感や，農業者の納得感が重要である。ある無償のウェブメールサービスがユーザー個人のメールの内容まで解析していて物議を醸したことが記憶に新しいが，農業データの場合も個人情報や中核となるノウハウの取扱いには十分な注意と配慮が求められる。

3つ目が，国事業や国立の研究機関の研究成果や取得データの，農業データ連携基盤での積極的な公開である。最近の農林水産省の委託事業，補助事業では，農業データ連携基盤との接続や，研究成果をアプリケーション化，データベース化して基盤に実装することが条件となっているものも出ており，今後の充実が期待される。

農業データ連携基盤は多くの農業者を支える役割を担っており，持続的な運営が不可欠である。そのためには，農業データ連携基盤の運営主体が，本基盤の運営に要する費用に見合った収入が得られるようにしなければならない。利用者数の限られる本運用初年度から十分な収入を得るのは非現実的であり公的な支援が欠かせないが，中長期的には収支が均衡して自走できるようにすべきであろう。

4. 農業データ連携基盤を活用したバーチャルフードバレー構想

近年，ICT・IoT・AI等を活用したスマート農業，ゲノム編集やマーカー育種を始めとしたバイオテクノロジー等，農業技術の進歩が目覚ましい。農業技術の研究開発が重視され，多くの予算が投じられている。一方で世界には日本農業と並ぶ，もしくは凌駕する農業技術立国が存在する。例えば，オランダは環境制御システム分野でリードしており，イスラエルの農業技術(例：灌漑技術)も世界各地で導入されている。また品種改良ではモンサント等の種子・化学メジャーが優位となり，優れた品種を生み出す能力に乏しい途上国，新興国では，種子メジャー・化学メジャーへの依存度が急騰しているともいわれている。

現時点では優位性を保つ日本農業も，研究開発の速度を緩めれば，すぐに世界で遅れをとってしまう状況にある。グローバル化が進む中で，日本農業も研究開発を加速する必要性が高まっているのである。国内マーケットでの優位性確保に加え，アジア地域への海外展開のチャンスも存在する。

日本の農業分野の研究開発の課題は何であろうか。日本の農業分野の研究開発予算が欧米諸国に比べて極端に低いわけではない。一方で，農業分野の研究開発投資に対する民間投資はかなり低い点が課題である。つまり，今後スマート農業等の先進的な農業が普及する中で，民間企業の研究開発の活性化が重要となる。そのためには，公的研究機関の技術シーズを民間に円滑に技術移転し，効率的かつ迅速な商品化を行うことが欠かせない。

ベンチマークとして，効率的な研究開発体制を築き，世界有数の農業技術大国，農産物輸出大国となったオランダを見てみよう。オランダは農業系の国立大学や公立農業試験場をワーゲニンゲンUR(ワーゲニンゲン大学が中核)に大胆に集約した。そしてワーゲニンゲンURとさまざまな国の民間研究機関(日本企業も含まれる)でフードバレーを形成し，世界有数の農業技術国の地位を確立した。オランダはこのように徹底的な選択と集中で成功をおさめた。ただし，背景には，国土が狭く，また優良な市場であるEU市場を抱えるというオランダ特有の条件がある。

日本の農業技術の研究開発は大きく分けて，①大学・大学院，②公立農業試験場，③農研機構(国立研究開発法人)，④民間企業，⑤一部の篤農家にて推進されている。オランダと比べて小規模分散しており，似たような研究が複数の研究機関で実施されている例も散見される。グローバルな視点での研究開発競争ではなく，国内の研究機関，特に地域間での競争が多く，全体最適とは遠い状況だ。例としては，都道府県ごとのコメ，イチゴの開発等が挙げられる。他方で，日本の国土は南北に長く，高低差も大きく，地域ごとに作物や農業形態が大きく異なる。単なるオランダの模倣による研究拠点の過度な集約化は，日本の強みである多様性を棄損してしまい，得策ではないだろう。

多様な品目，農業技術といった日本独自の強みをいっそう強化するための，新たな研究開発体制の構築が急務である。日本でも各地でフードバレー的な地域の研究開発拠点が立ち上がっているが，あくまで地域内に閉じたものだ。地域間で似たような研究開発が多く，効率性が悪い。一方，農業の研究開発においても，コンピューターシミュレーションをはじめとした，データ解析をベースとしたものが増加している。ICT/IoTを効果的に活用すれば，オランダのように研究開発拠点を一極集中させずとも，データを集約，共有することで，研究者間の連携が可能になる。つまり，農業データ連携基盤をはじめとするデータ駆動型農業を推進すれば，多様性と効率性を両立した，オランダのワーゲニンゲンを凌ぐ「バーチャルフードバレー」が構築可能なのである。バーチャルフードバレーの構築には，さまざまな研究機関の研究成果の共有を可能にするデータ標準化，国

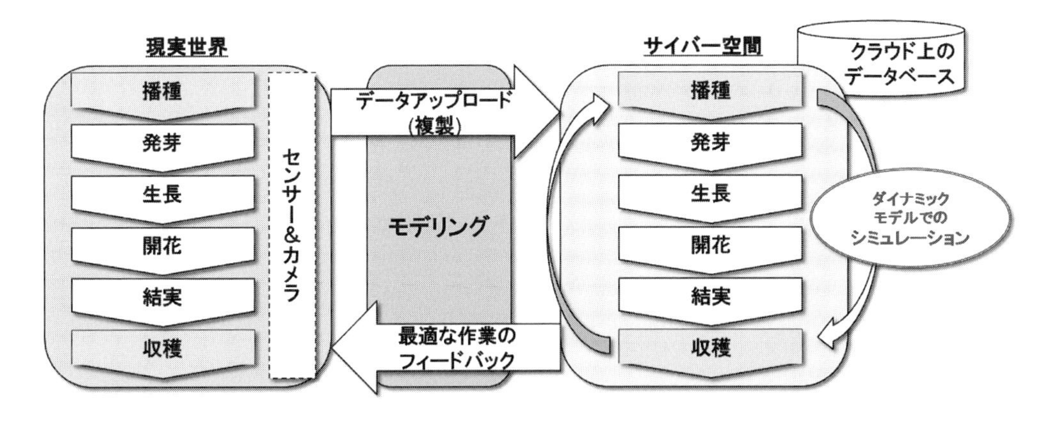

図３　日本総研が推進する「農業デジタルツイン」
筆者作成。

費による研究における研究データ公開の義務化，研究機関と民間企業の橋渡しを担うマッチング機関の創設等が求められる。

5. 農業データ連携基盤と他分野データ連携基盤との連携可能性

政府が推進する“Society 5.0”とは，「サイバー空間（仮想空間）とフィジカル空間（現実空間）を高度に融合させたシステムにより，経済発展と社会的課題の解決を両立する，人間中心の社会（Society）」と定義されている。これまでの人類の歴史を振り返り，狩猟社会（Society 1.0），農耕社会（Society 2.0），工業社会（Society 3.0），情報社会（Society 4.0）に続く，新たな社会を指すもので，第５期科学技術基本計画において我が国が目指すべき未来社会の姿として提唱されている。

Society 5.0 では，ヒトとモノがつながり，情報が共有され，新たな価値を生み出す仕組みの構築が掲げられている。それを支えるのが，①IoT（モノのインターネット），②AI（人工知能），③ロボティクスの技術である。これらは，前述の通りスマート農業を織りなす根幹的技術に他ならない。

Society 5.0 は，サイバー空間（仮想空間）とフィジカル空間（現実空間）を高度に融合させたシステムにより実現する。その代表例が「デジタルツイン」[*1]である。Society 5.0 のサイバー空間には，フィジカル空間のセンサーからの膨大な情報が集積されており，サイバー空間にてこれらのビッグデータを AI が解析し，フィジカル空間の人間にフィードバックすることで，研究開発・製造・維持補修等の高度化が図られる。

このようなモデルを推進するためには，さまざまな分野に分散しているデータを集約化し，一元的に取り扱えるようにしなければならない。そこで，内閣官房主導で，分野横断型のデータ連携基盤の構築に向けた検討が推進されている。農業だけでなく，防災，海洋，交通等の多岐にわたる分野ごとのデータ連携基盤をさらに束ねた分野横断型のデータ連携基盤が構築されることにより，これまで分野ごとに閉じてしまっていたデータ活用が社会全体に広がっていくと期待されている。

＊1　デジタルツイン：フィジカル空間上の製品をサイバー空間上で仮想的に複製すること。

索　引

英数・記号

ア行

カ行

サ行

タ行

ナ行

ハ行

マ行

ヤ行

ラ行

ワ行

スマート農業

自動走行、ロボット技術、ICT・AIの利活用からデータ連携まで

発行日　2019年3月22日　初版第一刷発行

監修　神成　淳司

編集協力　農林水産省，内閣官房情報通信技術(IT)総合戦略室，戦略的イノベーション創造プログラム(SIP)「次世代農林水産業創造技術」

発行者　吉田　隆

発行所　株式会社 エヌ・ティー・エス
東京都千代田区北の丸公園2-1 科学技術館2階　〒102-0091
TEL：03(5224)5430　http://www.nts-book.co.jp/

制作・印刷　株式会社 双文社印刷

ISBN978-4-86043-584-4

表紙写真：PIXTA

NTSの本

関連図書

	書籍名	発刊年	体 裁	本体価格
1	翻訳版　Agricultural Bioinformatics ～オミクスデータと ICT の統合～	2018 年	B5 386頁	30,000円
2	オーグメンテッド・ヒューマン ～ AI と人体科学の融合による人機一体、究極の IF が創る未来～	2018 年	B5 512頁	48,000円
3	人と協働するロボット革命最前線 ～基盤技術から用途、デザイン、利用者心理、ISO13482、安全対策まで～	2016 年	B5 342頁	42,000円
4	飛躍するドローン ～マルチ回転翼型無人航空機の開発と応用研究、海外動向、リスク対策まで～	2016 年	B5 380頁	45,000円
5	自動車オートパイロット開発最前線 ～要素技術開発から社会インフラ整備まで～	2014 年	B5 340頁	37,000円
6	電気自動車の最新制御技術	2011 年	B5 272頁	37,800円
7	三次元画像センシングの新展開 ～リアルタイム・高精度に向けた要素技術から産業応用まで～	2015 年	B5 402頁	39,000円
8	実践　ニオイの解析・分析技術 ～香気成分のプロファイリングから商品開発への応用まで～	2019 年	B5 288頁	34,000円
9	賞味期限設定・延長のための各試験・評価法ノウハウ ～保存試験・加速（虐待）試験・官能評価試験と開発成功事例～	2018 年	B5 246頁	32,000円
10	植物工場生産システムと流通技術の最前線	2013 年	B5 570頁	41,800円
11	進化するゲノム編集技術	2015 年	B5 386頁	42,000円
12	バイオマス由来の高機能材料 ～セルロース、ヘミセルロース、セルロースナノファイバー、リグニン、キチン・キトサン、炭素系材料～	2016 年	B5 312頁	45,000円
13	巨大構造物ヘルスモニタリング ～劣化のメカニズムから監視技術とその実際まで～	2015 年	B5 362頁	28,000円
14	IoT 時代のサイバーセキュリティ ～制御システムの脆弱性検知と安全性・堅牢性確保～	2018 年	A5 224頁	3,000円
15	進化するヒトと機械の音声コミュニケーション	2015 年	B5 366頁	42,000円
16	次世代 IC タグ開発最前線	2006 年	B5 424頁	37,400円
17	ヒューマンエラーの理論と対策	2018 年	B5 334頁	42,000円
18	スマートロジスティクス　～ IoT と進化する SCM 実行系～	2018 年	B5 294頁	32,000円
19	科学技術計算のための Python　～確率・統計・機械学習～	2016 年	B5 310頁	6,000円
20	Julia データサイエンス ～ Julia を使って自分でゼロから作るデータサイエンス世界の探索～	2017 年	B5 308頁	3,600円
21	地盤・土構造物のリスクマネジメント ～地盤崩壊・液状化のメカニズムとその解析、監視、防災対策～	2019 年	B5 338頁	42,000円
22	豪雨のメカニズムと水害対策 ～降水の観測・予測から浸水対策、自然災害に強いまちづくりまで～	2017 年	B5 434頁	42,000円

※本体価格には消費税は含まれておりません。